焊接工程师入门丛书

埋 弧 焊

陈裕川 编著

机 械 工 业 出 版 社

本书系统阐明了从事埋弧焊工作必须掌握的专业知识，其中包括埋弧焊原理、特点，焊接工艺及施工技术，焊接设备类别和基本构成、工作原理及技术特性，结构材料的基本特性和焊接性，焊接材料的种类、性能及其影响因素和选用原则，各种金属材料的焊接工艺等。

本书可作为焊接技术人员入职学习资料，也可作为焊接工程师的常备参考书籍。

图书在版编目（CIP）数据

埋弧焊/陈裕川编著．—北京：机械工业出版社，2019.6（2025.1 重印）
（焊接工程师入门丛书）
ISBN 978-7-111-62652-7

Ⅰ.①埋…　Ⅱ.①陈…　Ⅲ.①埋弧焊　Ⅳ.①TG445

中国版本图书馆 CIP 数据核字（2019）第 083787 号

机械工业出版社（北京市百万庄大街 22 号　邮政编码 100037）
策划编辑：吕德齐　责任编辑：吕德齐
封面设计：鞠　杨　责任校对：李锦莉　刘丽华
责任印制：郜　敏
北京富资园科技发展有限公司印刷
2025 年 1 月第 1 版·第 3 次印刷
184mm×260mm·20 印张·491 千字
标准书号：ISBN 978-7-111-62652-7
定价：89.00 元

电话服务
客服电话：010-88361066
010-88379833
010-68326294

网络服务
机　工　官　网：www.cmpbook.com
机　工　官　博：weibo.com/cmp1952
金　　书　　网：www.golden-book.com
机工教育服务网：www.cmpedu.com

前　言

本书是“焊接工程师入门丛书”的第三分册。本套丛书的编写出版，旨在帮助刚走出校门进入焊接工程领域的年轻技术人员尽快掌握必要的焊接专业理论知识，以成为一名称职的焊接工程师。在现代各制造行业，焊接技术已作为一种不可或缺的制造技术得到了广泛的应用，发挥着越来越重要的作用，迫切需要一大批技术过硬的焊接专业技术人才。为解决这一矛盾，机械工业出版社组织编写出版了这套基本能满足专业技术培训要求的焊接工程师入门丛书。

本套技术丛书以各种传统焊接工艺方法为主题，深入浅出且系统地阐明了从事焊接工程技术工作必须掌握的专业知识。其中主要包括焊接方法的原理、特点，焊接工艺及施工技术，焊接结构材料的基本特性和焊接性，焊接材料的种类，性能及其影响因素和选用原则，焊接设备的类别和基本构成、工作原理及技术特性，各种金属材料的焊接工艺及接头质量的控制技术等。丛书的内容突出实用性兼顾先进性。以适当的篇幅介绍已在实际焊接生产中得到有效应用的各项先进技术。

埋弧焊是一种传统的高效焊接方法，在锅炉、压力容器、船舶、重型机械和建筑钢结构制造业中应用相当普遍。近30年来，为适应各类焊接结构的高速发展，开发出了多种效率更高的埋弧焊工艺方法，进一步扩大了应用范围。在现代工业进入信息化时代以来，各种先进的数字化和智能化控制技术在新一代埋弧焊设备中也得到了富有成效的应用，极大地提升了埋弧焊设备的可靠性和自动化程度。本书以较大的篇幅较详细地讲述了现代埋弧焊设备，新工艺和新材料的专业知识。相信本书所提供的技术资料对广大读者定有所启发和裨益。

本书由陈裕川高级工程师编写，廖奎光高级工程师审稿。

本书的作者和审者虽然都从事焊接工程技术工作50余年，全面系统掌握了焊接专业理论知识，并具有丰富的生产实践经验，但埋弧焊涉及的知识领域十分广泛，相关技术还在不断改进和革新中，所以书中难免存在不足和谬误，敬请广大读者批评指正。

陈裕川

目　录

前言

第 1 章　概论 …… 1

1.1　埋弧焊的发展史 …… 1

1.2　埋弧焊过程原理及其特点 …… 1

1.3　埋弧焊的优缺点及适用范围 …… 3

1.3.1　埋弧焊的优缺点 …… 3

1.3.2　埋弧焊的适用范围 …… 3

1.4　埋弧焊工艺方法的分类 …… 4

第 2 章　埋弧焊设备及工艺装备 …… 5

2.1　埋弧焊设备的种类及构成 …… 5

2.2　埋弧焊工艺装备的分类 …… 5

2.3　埋弧焊用焊接电源 …… 5

2.3.1　对埋弧焊焊接电源的基本要求 …… 6

2.3.2　交流埋弧焊电源 …… 6

2.3.3　埋弧焊用整流电源 …… 9

2.3.4　AC/DC 波形控制埋弧焊电源 …… 19

2.3.5　埋弧焊电源的选择原则 …… 26

2.4　小车式埋弧焊机 …… 27

2.4.1　轻型小车式埋弧焊机 …… 29

2.4.2　重型小车式埋弧焊机 …… 30

2.4.3　小车式带极埋弧堆焊机 …… 36

2.5　悬挂式埋弧焊机头 …… 38

2.5.1　NA—X 系列埋弧焊机头 …… 38

2.5.2　A2 ~ A6 系列埋弧焊机头 …… 40

2.6　埋弧焊设备的自动控制系统 …… 46

2.6.1　对埋弧焊设备自动控制系统的基本要求 …… 46

2.6.2　埋弧焊设备自动控制系统的构成 …… 47

2.6.3　PEH 型系统控制器 …… 48

2.6.4　PEK 型系统控制器 …… 51

2.7　埋弧焊设备焊缝自动跟踪系统 …… 56

2.7.1　标准型接触式焊缝自动跟踪系统 …… 56

2.7.2　自适应焊缝自动跟踪系统 …… 64

2.7.3　激光视觉传感焊缝自动跟踪系统 …… 67

2.8　埋弧焊焊接工艺装备 …… 74

2.8.1　立柱-横梁焊接操作机 …… 74

2.8.2　侧梁式焊接操作机 …… 79

2.8.3　龙门架式焊接操作机 …… 81

2.8.4　焊接滚轮架 …… 83

2.8.5　焊接变位机 …… 89

2.8.6　焊接翻转机 …… 95

2.8.7　焊接回转台 …… 101

第 3 章　埋弧焊用焊接材料 …… 103

3.1　埋弧焊过程的冶金特点 …… 103

3.2　埋弧焊过程的主要冶金反应 …… 103

3.2.1　硅、锰还原反应 …… 103

3.2.2　碳的烧损 …… 104

3.2.3　去氢反应 …… 104

3.2.4　脱硫和脱磷反应 …… 105

3.3　埋弧焊焊剂 …… 105

3.3.1　埋弧焊焊剂的型号和商品牌号 …… 105

3.3.2　埋弧焊焊剂的分类 …… 109

3.3.3　对焊剂性能的基本要求 …… 110

3.3.4　埋弧焊焊剂制造方法 …… 111

3.3.5　常用埋弧焊焊剂的标准化学成分 …… 114

3.3.6　焊剂的质量检验 …… 115

3.3.7　埋弧焊焊剂的选用 …… 117

3.3.8　焊剂的包装、储存与烘干 …… 121

3.4　埋弧焊用焊丝 …… 122

3.4.1　埋弧焊用焊丝国家标准 …… 122

3.4.2　埋弧焊用焊丝的型号和牌号 …… 122

3.4.3　埋弧焊焊丝的质量检验 …… 148

3.4.4　焊丝的包装、储存和焊前清理 …… 152

3.4.5　埋弧焊焊丝的选用 …… 153

3.5　埋弧焊焊剂与焊丝的选配 …… 159

3.5.1　碳钢和低合金钢埋弧焊焊剂与焊丝的选配 …… 159

3.5.2　不锈钢埋弧焊焊剂与焊丝的选配 …… 159

3.5.3　常用钢种埋弧焊焊丝与焊剂的选配 …… 160

3.6　高效埋弧焊焊接材料 …… 160
3.6.1　埋弧焊用药芯焊丝和金属粉芯焊丝 …… 160
3.6.2　药芯焊丝(金属粉芯焊丝)埋弧焊用焊剂 …… 163
3.6.3　高效、高速埋弧焊焊剂 …… 165
3.6.4　埋弧焊用带极 …… 167
第4章　埋弧焊工艺及技术 …… 176
4.1　埋弧焊工艺基础 …… 176
4.1.1　埋弧焊焊缝形成和结晶过程的一般规律 …… 176
4.1.2　焊接参数对焊缝成形的影响 …… 177
4.2　埋弧焊接头和坡口的设计 …… 184
4.2.1　埋弧焊接头和坡口形式的设计原则 …… 184
4.2.2　埋弧焊接头坡口标准 …… 185
4.2.3　焊接衬垫 …… 192
4.3　埋弧焊焊前准备 …… 194
4.3.1　接头坡口的制备 …… 194
4.3.2　焊材的准备 …… 195
4.3.3　工件的组装 …… 195
4.4　埋弧焊操作技术 …… 196
4.4.1　引弧和收弧技术 …… 196
4.4.2　电弧长度的控制 …… 196
4.4.3　焊丝位置的调整 …… 197
4.4.4　焊道顺序的排列 …… 198
4.4.5　引弧板和引出板的设置 …… 199
4.5　埋弧焊焊接参数的选择 …… 200
4.5.1　焊接参数的选择依据 …… 200
4.5.2　埋弧焊工艺方法和焊接参数的选择 …… 200
4.5.3　埋弧焊工艺的优化设计 …… 202
4.5.4　各种接头埋弧焊典型焊接参数 …… 203
第5章　碳钢埋弧焊工艺 …… 214
5.1　碳钢的基本特性 …… 214
5.1.1　概述 …… 214
5.1.2　碳钢的标准化学成分和力学性能 …… 214
5.2　碳钢的焊接性及埋弧焊特点 …… 214
5.2.1　碳钢的焊接性 …… 214
5.2.2　低碳钢埋弧焊特点 …… 216
5.2.3　中碳钢埋弧焊特点 …… 217
5.2.4　高碳钢埋弧焊特点 …… 218
5.3　碳钢埋弧焊工艺要点 …… 218
5.3.1　低碳钢埋弧焊工艺要点 …… 218
5.3.2　中碳钢埋弧焊工艺要点 …… 218
5.3.3　高碳钢埋弧焊工艺要点 …… 219
第6章　低合金钢埋弧焊工艺 …… 220
6.1　概述 …… 220
6.2　低合金钢的分类 …… 220
6.3　低合金钢的基本特性 …… 221
6.3.1　常用低合金钢的标准化学成分和力学性能 …… 221
6.3.2　低合金钢的焊接性 …… 223
6.4　低合金钢埋弧焊工艺 …… 227
6.4.1　焊前准备 …… 227
6.4.2　焊接材料的选择 …… 230
6.4.3　埋弧焊工艺方法的确定 …… 244
6.4.4　埋弧焊焊接参数的选定 …… 245
6.4.5　低合金钢埋弧焊接头的焊后热处理 …… 246
6.5　常用低合金钢埋弧焊接头的典型力学性能 …… 249
6.5.1　Q355钢埋弧焊接头典型力学性能 …… 249
6.5.2　Q390钢埋弧焊接头典型力学性能 …… 249
6.5.3　13MnNiMoNbR钢埋弧焊接头典型力学性能 …… 250
6.5.4　15MnMoVN调质高强度钢埋弧焊接头典型力学性能 …… 250
6.5.5　15CrMoR低合金耐热钢埋弧焊接头典型力学性能 …… 250
6.5.6　12Cr1MoVR低合金耐热钢埋弧焊接头典型力学性能 …… 251
6.5.7　12Cr2Mo1R低合金耐热钢埋弧焊接头典型力学性能 …… 252
6.5.8　22NiMoCr37核能容器用钢埋弧焊接头典型力学性能 …… 252
6.5.9　3.5Ni低温钢埋弧焊接头典型力学性能 …… 252
第7章　中合金钢埋弧焊工艺 …… 254
7.1　概述 …… 254
7.2　中合金钢的基本特性 …… 254
7.2.1　中合金耐热钢的基本特性 …… 254
7.2.2　中合金低温钢的基本特性 …… 254
7.3　中合金钢的焊接性 …… 255

7.3.1 中合金耐热钢的焊接性 ………… 255
7.3.2 中合金低温镍钢的焊接性 ……… 257
7.4 中合金钢埋弧焊工艺 ………………… 258
7.4.1 中合金耐热钢埋弧焊工艺 ……… 258
7.4.2 中合金低温镍钢埋弧焊工艺 …… 263
7.5 中合金钢埋弧焊接头典型力学性能 ……………………………… 265
7.5.1 中合金耐热钢埋弧焊接头典型力学性能 …………………… 265
7.5.2 中合金低温镍钢埋弧焊接头典型力学性能 ………………… 267
第8章 高合金钢埋弧焊工艺 ……………… 269
8.1 概述 ……………………………………… 269
8.2 高合金钢的基本特性 ……………………… 269
8.2.1 高合金不锈钢的基本特性 ……… 269
8.2.2 高合金耐热钢的基本特性 ……… 273
8.3 高合金钢的焊接性 ……………………… 276
8.3.1 高合金不锈钢的焊接性 ………… 276
8.3.2 高合金耐热钢的焊接性 ………… 287
8.4 高合金钢埋弧焊工艺 …………………… 291
8.4.1 高合金不锈钢埋弧焊工艺 ……… 291
8.4.2 高合金耐热钢埋弧焊工艺 ……… 304
8.5 高合金耐热钢埋弧焊接头性能 ……… 308
参考文献 ……………………………………… 311

第1章　概　　论

1.1　埋弧焊的发展史

埋弧焊是一种在焊剂层下进行电弧焊的方法，早期又称为焊剂层下自动电弧焊。国际上通用的英文名称为Submerged Arc Welding，简称SAW。埋弧焊于1930年由俄国人Robinoll发明。1935年，碳化物联合企业（Union Corbide）在美国注册了第1个埋弧焊专利。自1940年开始，埋弧焊逐步在工业生产中推广应用，特别是第二次世界大战爆发后，军械装备需求量剧增，刺激了埋弧焊的高速发展。苏联时期的乌克兰巴顿焊接研究所，因将埋弧焊成功应用于重型坦克等战车的生产，使坦克产量翻番而荣获国家最高奖赏——列宁勋章。

我国于1956年从苏联引进了埋弧焊工艺与设备，并在锅炉、压力容器、船舶、机车车辆、建筑结构、起重机械和矿山机械制造中得到了实际应用。迄今，埋弧焊已成为我国工业生产中最通用的焊接方法之一。

在世界工业发达国家，埋弧焊作为一种高效焊接方法颇受重视，并开发出多种新型高效埋弧焊方法。据1976~2004年的统计资料，埋弧焊在这些国家工业生产中的平均应用比例为15%~20%，尤其在锅炉，压力容器和储罐制造业中，其应用比例高达35%左右。

进入21世纪以来，随着世界工业现代化的推进，埋弧焊设备摆脱了陈旧的电磁控制模式而进入到一个全新的发展阶段。美国Lincoln公司率先推出了全数字控制Power Wave AC/DC1000新型埋弧焊接系统。全面采用了当今最先进的计算机数字控制技术、网络控制技术、晶体管开关逆变技术和焊接电流波形控制技术，使这种新型埋弧焊机不仅具有各种优异的电气特性，而且扩展了埋弧焊方法的工艺适应性。之后，瑞典ESAB公司也研制成功新型AC/DC波形控制逆变埋弧焊电源和数字控制系统，其功能与Power Wave AC/DC1000埋弧焊设备基本相同。这两款先进的埋弧焊设备已投入商品化生产，并进入世界焊接市场，在高端工业部门已得到实际的应用，也使埋弧焊方法成为一种现代精细加工技术，展现了全新的面貌。

近20年来，在埋弧焊焊接材料方面也有令人瞩目的发展。首先，随着焊接结构用新钢种不断涌现，研发出了与之相匹配的埋弧焊焊丝，并列入了相应的埋弧焊焊丝标准；其次，药芯焊丝，特别是金属粉芯焊丝在埋弧焊生产中的应用范围迅速扩大，其在提高焊接效率和改善焊缝质量方面的优越性已得到业内人士的广泛重视；最后，为进一步提高埋弧焊的效率，增强其工艺适应性和降低焊缝金属扩散氢含量，研制成功多种新型埋弧焊焊剂、包括高碱度焊剂、高速埋弧焊焊剂和铁粉焊剂等。

迄今，埋弧焊已成为大型、重型和厚壁焊接结构制造中不可或缺的高效焊接方法。

1.2　埋弧焊过程原理及其特点

埋弧焊是利用焊丝与工件之间在焊剂层下燃烧的电弧，熔化焊丝、焊剂和母材金属而形成焊缝，连接被焊工件。埋弧焊时，颗粒状焊剂对电弧和焊接区起保护作用，而焊丝则作为填充金属，并与熔渣产生一定的冶金反应。

埋弧焊过程如图1-1所示。焊机导电嘴和工件分别与焊接电源的输出端相接。焊丝由送丝机构连续向覆盖焊剂的焊接区给送。电弧引燃后，焊剂、焊丝和母材在电弧高温的作用下立即熔化并形成熔池。熔渣覆盖住熔池金属及高温焊接区，起良好的保护作用。未熔化的焊剂具有隔离空气、屏蔽电弧光和热辐射的作用，并提高了电弧的热效率。

熔融的焊剂与熔化金属之间可产生各种冶金反应。正确地控制这些冶金反应的进程，可以获得化学成分、力学性能符合预定技术要求的焊缝金属。同时，焊剂的成分也影响到电弧的稳定性、弧柱的最高温度以及焊接区热量的分布。熔渣的特性也对焊缝成形起一定的作用。

埋弧焊时，可以采用较短的焊丝伸出长度并可在焊接过程中基本保持不变。焊丝可以较高的速度自动给送。因此可以采用大电流进行焊接，从而可达到相当高的熔敷率。图 1-2 所示曲线对比了各种埋弧焊与焊条电弧焊的熔敷率。从中可见，埋弧焊的熔敷率比焊条电弧焊高出 1 ~ 10 倍；另外，埋弧焊是一种高电流密度焊接方法，具有深熔的特点，一次行程熔透深度可达 20mm 以上，因此，它是一种高生产率焊接方法。

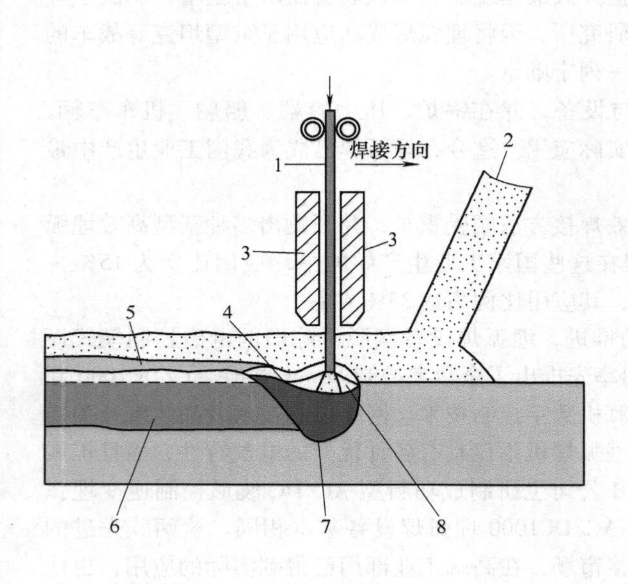

图 1-1 埋弧焊过程示意图
1—焊丝 2—焊剂 3—导电嘴 4—熔池
5—焊渣 6—已凝固的焊缝金属
7—熔池金属 8—电弧腔

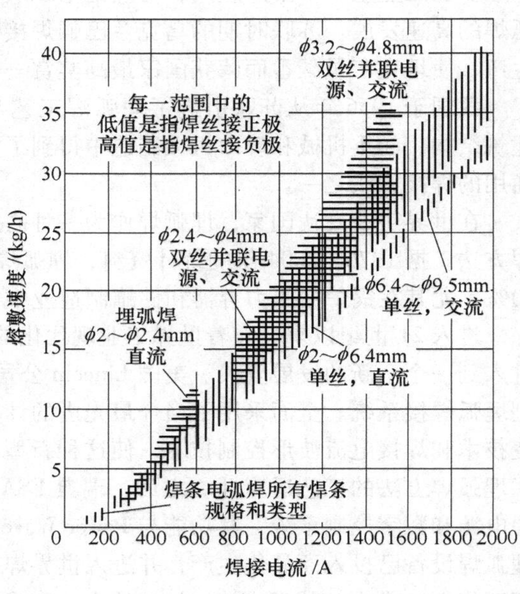

图 1-2 各种埋弧焊方法与
焊条电弧焊熔敷率的对比

现代埋弧焊设备按焊接过程的自动化程度可分为机械化和全自动化两大类。机械化埋弧焊设备，除了焊丝的给送，焊接小车的移动或工件的旋转（变位）由相应的传动机构驱动外，焊接过程的启动、停止、焊丝对中、焊接参数的设置与调整以及焊接程序等仍需靠焊工手工操作。

全自动埋弧焊设备是一种由自动控制系统和执行机构自动完成焊接全过程的装置，其中包括焊接机头对焊缝轨迹的自动跟踪、焊接参数的预置、自动反馈控制和焊接程序的自行生成等。焊工只需在焊前作必要的调整工作，按下启动按钮后，无须再对设备进行干预。全自动埋弧焊设备可以是小车式埋弧焊机，也可以是各种焊接操作机为主体的大型焊接设备。

1.3　埋弧焊的优缺点及适用范围

1.3.1　埋弧焊的优缺点

1. 优点

埋弧焊与其他电弧焊方法相比，具有以下优点：

1）埋弧焊可以以相当高的熔敷率高速完成厚度不受限制的对接、角接和搭接接头。多丝埋弧焊特别适用于厚板接头和表面堆焊。

2）单丝或多丝埋弧焊可以通过单面焊双面成形工艺，一次行程完成厚度20mm以下的直边对接接头，或以双面焊完成40mm以下的直边和单边V形坡口对接接头，可以达到相当高的焊接效率，取得可观的经济效益。

3）利用焊剂组分对熔池金属脱氧还原反应以及渗合金作用，可获得力学性能优良、致密性高的优质焊缝金属。焊缝金属的性能容易通过焊剂和焊丝的选配加以调整。

4）埋弧焊时焊丝熔化过程中不产生任何飞溅，焊缝表面光洁，焊后无须修磨焊缝表面，节省了焊接辅助时间。

5）埋弧焊过程无弧光刺激，焊工可集中注意力操作，焊接质量易于保证，同时劳动条件得到改善。

6）埋弧焊易于实现机械化和自动化操作，焊接过程稳定，焊接参数调整范围宽，可以适应各种形状工件的焊接。

7）埋弧焊可在风力较大的露天场地施焊。

2. 缺点

埋弧焊也存在以下缺点：

1）埋弧焊设备的占地面积较大，一次投资费用较高，并需配备预处理焊丝、焊剂的辅助装置。

2）使用普通熔炼焊剂焊接时，每层焊道焊接后必须清除焊渣，增加了焊接辅助时间。如果清渣不净，还会产生夹渣之类的缺陷。不过，近期已研制出脱渣性良好的烧结焊剂，只要焊接参数选配恰当，焊后焊渣会自动脱落，可省去清渣工序。

3）埋弧焊只能在平焊、船形焊及横焊位置进行焊接。焊接过程中对工件的倾斜度也有严格的限制，否则焊剂和焊接熔池难以保持正常的状态。

1.3.2　埋弧焊的适用范围

随着埋弧焊焊丝和焊剂新品种的发展和埋弧焊工艺的不断改进，目前可焊接的钢种有：低碳结构钢、w（C）小于0.6%的中碳钢、低合金高强度钢、耐热钢、耐候钢、低温用钢、铬和铬镍不锈钢、高合金耐热钢和镍基合金等。淬硬性较高的高碳钢，马氏体时效钢、铜及其合金也可采用埋弧焊焊接，但必须采用特殊的焊接工艺才能保证接头的质量。埋弧焊还可用于不锈耐蚀合金、硬质耐磨合金的表面堆焊。

埋弧焊适用于各种形式的焊接接头，包括直边对接、V形坡口对接、U形坡口对接、T形角接接头和搭接接头。

埋弧焊可用于最小厚度为4mm的各种板材、型材和管材的焊接，工件的最大厚度可达600mm。最常用的厚度范围为10～350mm。

目前，埋弧焊是各类焊接结构制造业中应用最广泛的机械化焊接方法之一。特别是在锅炉、压力容器、风电和水电设备、大型管道、轨道交通车辆、起重机械、船舶、海洋工程结构、桥梁及炼油化工装备生产中，埋弧焊已成为主导焊接工艺，具有不可替代的作用。

1.4 埋弧焊工艺方法的分类

最近20年来，埋弧焊作为一种高效、优质的焊接方法取得了很大的发展，已演变出了多种高效埋弧焊工艺方法，并在工业生产中得到了实际的应用，达到了预期的效果。埋弧焊按焊接电流的种类、焊丝数量及电极形状、焊丝受热条件、附加添加剂种类和方式、坡口形式和焊缝成形条件等进行分类，如图1-3所示。各种现代埋弧焊方法的工作原理及优缺点详见参考文献［10］。

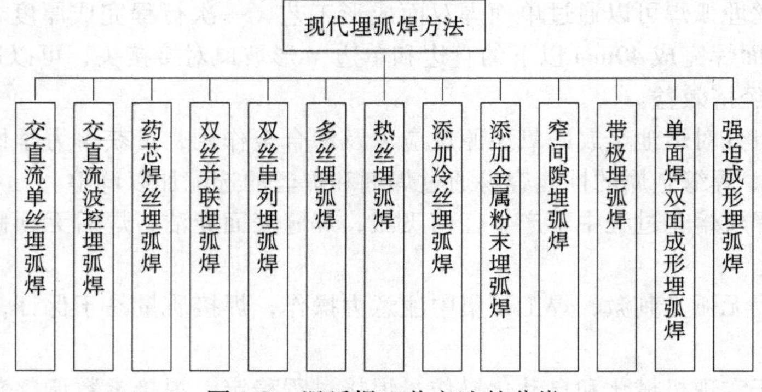

图1-3 埋弧焊工艺方法的分类

第 2 章　埋弧焊设备及工艺装备

2.1　埋弧焊设备的种类及构成

埋弧焊设备按焊接过程的自动化程度可分为机械化埋弧焊机、自动埋弧焊机和全自动埋弧焊机三大类。机械化埋弧焊机即焊接设备（小车、焊接机头）的移动和送丝由电动机驱动，而焊接过程的启动、停止，焊丝对中和焊接参数的调节仍需由焊工手动操作。自动埋弧焊机是指焊接全过程，包括焊缝跟踪、焊接参数检测并反馈控制和焊接程序均由焊机自动完成。全自动埋弧焊机又称自适应控制埋弧焊机，其焊接过程自动化程度比自动埋弧焊机更进一步，借助现代高度灵敏传感器和反应速度极快的电子检测电路，对焊接过程中可能出现的形位偏差能以最快速度予以自适应，使焊接熔池始终保持良好的状态。焊接过程中能持续稳定保持预置的各重要焊接参数。使用这种自适应控制埋弧焊设备时，操作工只需在焊前做必要的预调整和焊接参数的设置。设备启动后，操作工无须再干预。整个焊接过程将按预置的程序和焊接参数自动完成。

通用埋弧焊设备的结构形式可分为小车式焊机和悬挂式机头两种。

一台完整的埋弧焊机由焊接机头及其移动机构、送丝机、焊丝校正压紧机构、焊接电源和控制系统等几部分组成。焊接机头还应包括焊丝盘支架、焊剂斗和输送回收器、十字滑板、导丝管和导电嘴等。

2.2　埋弧焊工艺装备的分类

埋弧焊工艺装备主要指焊接机头移动机械（通称焊接操作机）、焊件变位机械、焊件输送机械及其他辅助装置。

焊接工艺装备按其自动化程度可分为机械化焊接装备、自动化焊接装备和全自动化焊接装备。

埋弧焊机头移动机械主要有立柱-横梁式焊接操作机、侧梁式焊接操作机和龙门架式焊接操作机三种。焊件变位机械按其结构形式和功能可分焊接滚轮架、焊接变位机、焊接翻转机和焊接回转平台。焊接操作机与焊件变位机械往往组合使用而构成各种焊接中心。焊件输送机械主要有上、下料装置和输送辊道等。常用的辅助装置包括操作平台、焊丝盘支架、焊剂回收输送装置和排烟尘通风机等。

2.3　埋弧焊用焊接电源

埋弧焊用焊接电源按其输出电流的种类可分为直流电源和交流电源两大类。按控制电路的特性可分为模拟信号控制电源和数字信号控制电源两种。按焊接电源整流回路半导体器件的种类，可分为硅二极管整流电源、晶闸管整流电源和 IGBT 晶体管逆变整流电源三个系列。可同时输出直流和交流电的 AC/DC 波形控制新型埋弧焊焊接电源已批量生产并投放市场。

2.3.1 对埋弧焊焊接电源的基本要求

根据埋弧焊的工作特点，其焊接电源应满足以下基本要求：

（1）高的输出功率　埋弧焊大多数使用600A以上的大电流，以达到高的焊接效率，因此焊接电源应具有足够高的输出功率。

（2）持续稳定的输出特性　埋弧焊通常用于厚壁接头或长焊缝的焊接，连续焊接时间相当长。为确保焊缝质量的一致性，焊接电源应具有较强的抗干扰能力，对电网电压的波动应有较高补偿性能，使输出特性持续保持稳定。

（3）长期运行可靠且无故障　焊接电源长期运行可靠不出故障，是焊接作业高效率的重要保证。现代大工业生产的连续性要求焊接电源在10年之内运行正常，不出现任何故障。一旦突然停机，将会造成很大的经济损失。

（4）合乎要求的外特性　为使电弧能持续稳定地燃烧，按送丝系统的控制方式（等速或变速），埋弧焊电源应具有图2-1所示的缓降和水平的外特性，当电弧长度受外因影响而变化时能产生有效的自调节作用。

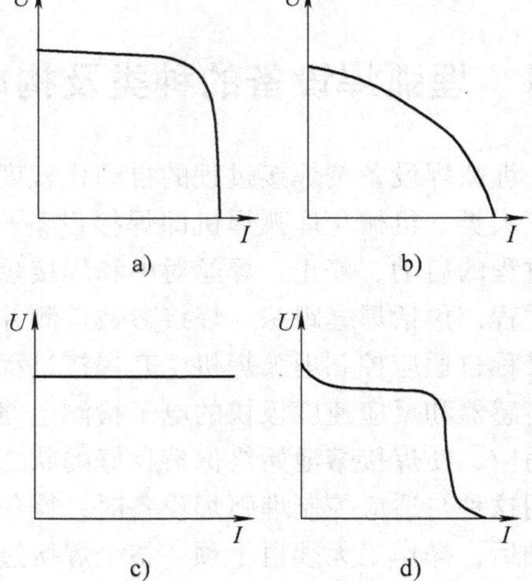

图2-1　埋弧焊电源的外特性

a）陡降　b）缓降　c）水平　d）复合

2.3.2 交流埋弧焊电源

交流埋弧焊电源实际上是一种降压变压器，将电网电压降低到适于焊接的电压，其等效电路见图2-2。其中 $U_f=\sqrt{U_0^2-(I_fX_2)^2}$，由此可获得图2-3所示的下降外特性曲线。

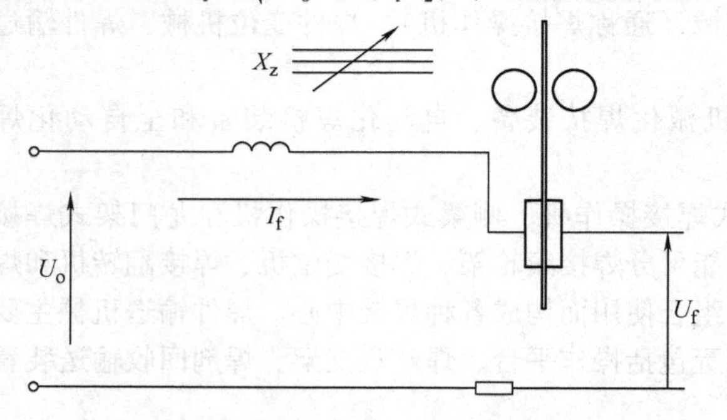

图2-2　弧焊变压器等效电路

U_o—弧焊变压器空载电压　U_f—电弧电压

X_z—弧焊变压器内阻抗　I_f—电弧电流

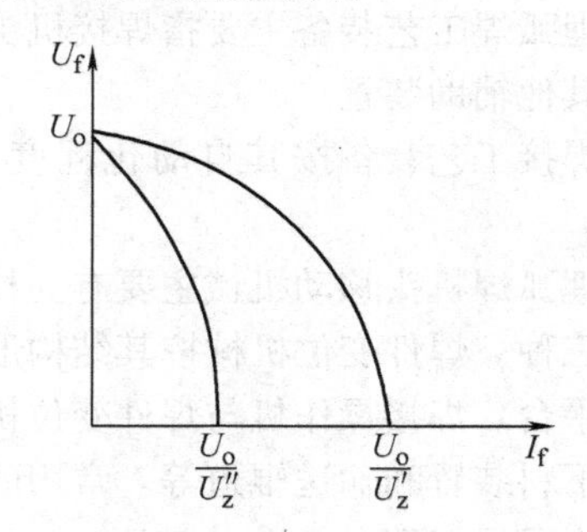

图2-3　交流埋弧焊电源的下降外特性

下降外特性是利用弧焊变压器的内阻抗 X_z 实现的。为调节变压器的输出电流，X_z 应在一定范围内可调。其调节方式有多种，最常用的有串联电抗器式（BX2型）和增强漏磁式（BX1型）。

串联电抗器式弧焊变压器的结构如图2-4所示。它是在二次回路中串联电抗器产生阻抗 X_z，通过调节该电抗器中的活动铁心间隙 δ 来改变 X_z 值。

增强漏磁式弧焊变压器的结构如图 2-5 所示。它是在主变压器的磁通回路中产生较大的漏磁通，并在漏磁通回路中增加一活动铁心，移动该铁心的位置，即改变漏磁通回路的间隙 δ，以调节漏磁通量，从而改变变压器的内阻抗 X_z 值。

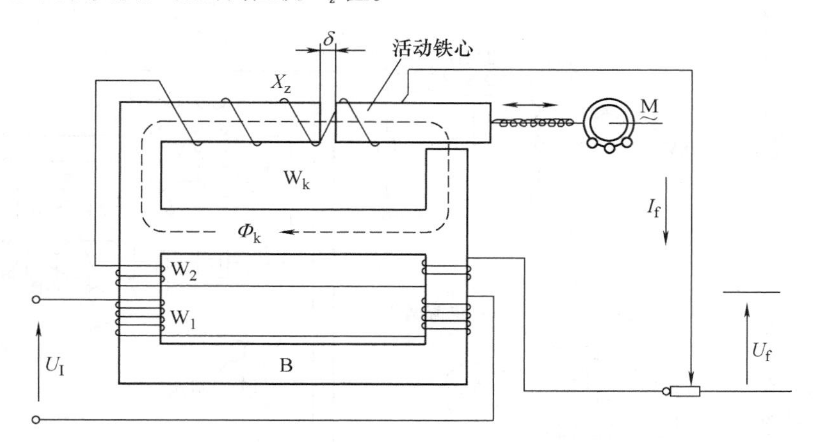

图 2-4　串联电抗器式弧焊变压器结构示意图

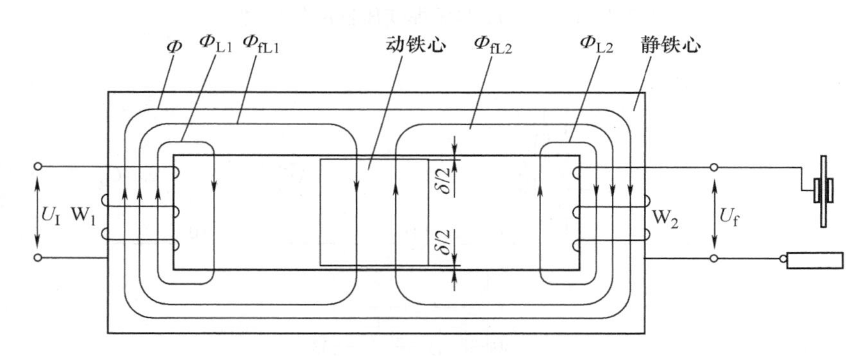

图 2-5　增强漏磁式弧焊变压器结构示意图

这两种弧焊变压器均为动铁心结构，铁心可由电动机带动以调节焊接电流，同时也可对其进行遥控。

动铁心变压器工作时，铁心不可避免会产生振动，并发出噪声，同时振动也会造成间隙 δ 的变化而导致焊接电流的变动，因此应从铁心设计和制造工艺上采取措施，尽量减少振动。增强漏磁式弧焊变压器采用了梯形动铁心，使两个间隙的垂直分力相互抵消，起到了降低铁心振动的效果，如图 2-6 所示。

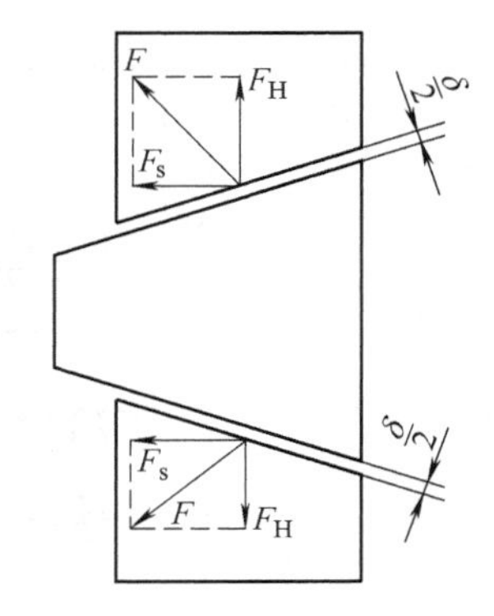

图 2-6　增强漏磁式弧焊变压器梯形动铁心的电磁力分析

增强漏磁式弧焊变压器的另一个优点是，由于内部漏抗大，可省略外接电抗器，既节省了铁心原材料，又减小了变压器的体积和重量。

BX2-1000 型串联电抗器式弧焊变压器和 BX1-1000 型增强漏磁式弧焊变压器的电气原理图分别示于图 2-7 和图 2-8。其技术特性参数列于表 2-1。

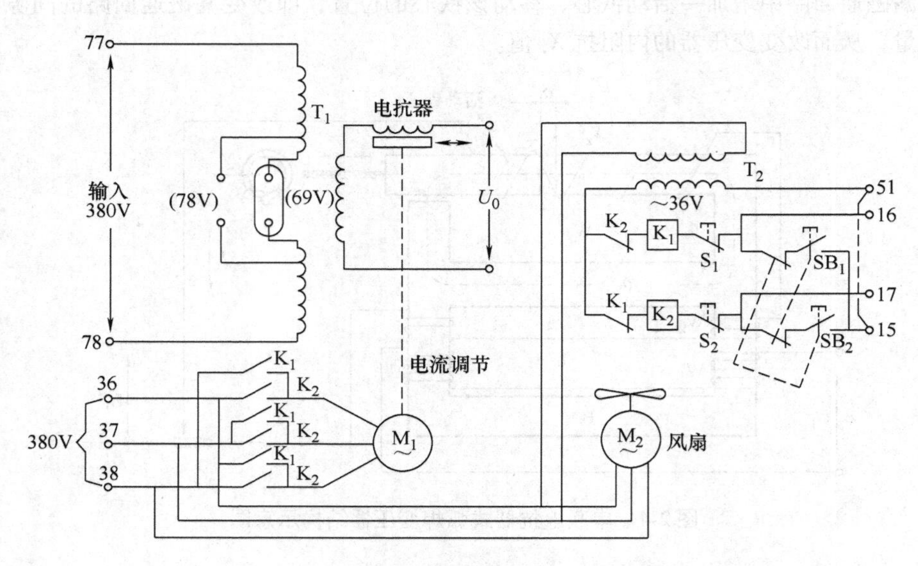

图 2-7 BX2-1000 型弧焊变压器电气原理图

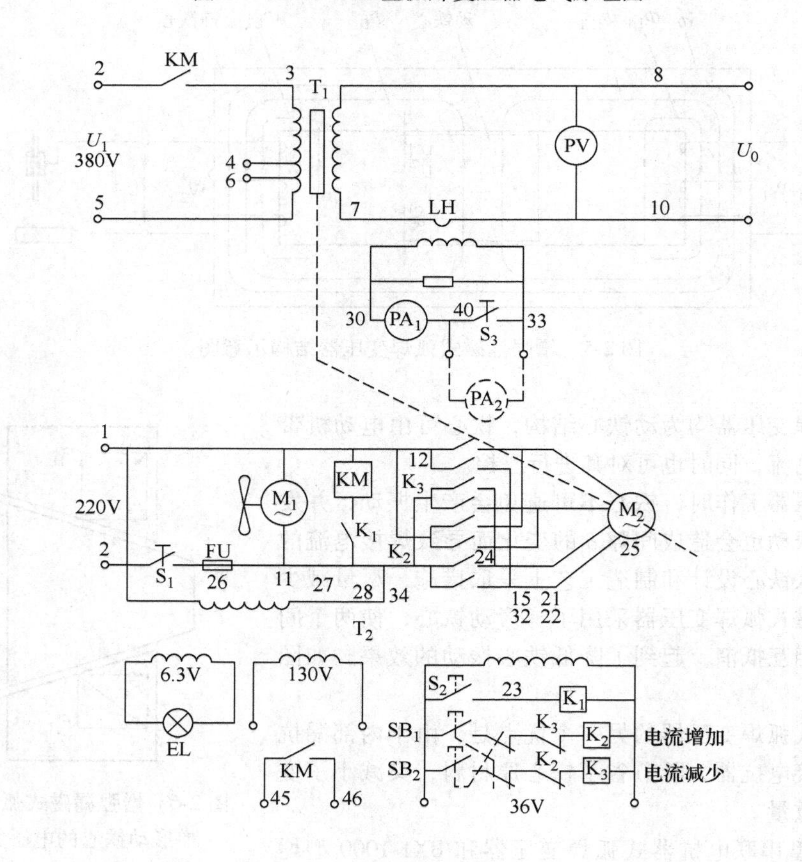

图 2-8 BX1-1000 型弧焊变压器电气原理图

表 2-1　国产交流埋弧焊电源技术特性数据

主要技术特性	型号		
	BX1-1000	BX2-1000	BX2-2000
输入电压/V	380	380	380
输入功率/kVA	77.75	76	170
空载电压/V	75	69～78	72～84
额定工作电压/V	44	42	50
焊接电流调节范围/A	400～1200	400～1200	800～2000
额定负载持续率（%）	60	60	50
重量/kg	520	560	890

2.3.3　埋弧焊用整流电源

现代埋弧焊用整流电源主要有 ZXG 型磁放大器式硅整流电源、ZX5 型晶闸管整流电源和 ZX7 型逆变式整流电源。

1. 磁放大器式硅整流弧焊电源

磁放大器式硅整流弧焊电源结构框图如图 2-9 所示，主要由主变压器 T、磁放大器 AM、硅整流器组和输出电抗器 LD 四部分组成。

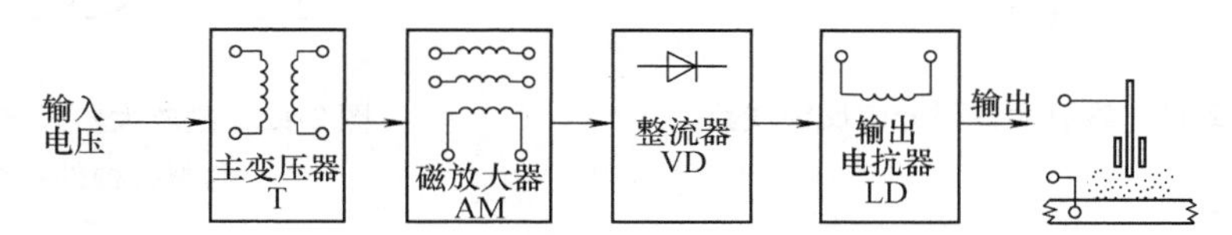

图 2-9　磁放大器式硅整流弧焊电源结构框图

其中主变压器 T 的作用是将 380V 电网电压降到焊接所要求的空载电压（70～80V），磁放大器的功能是控制整流电源的输出特性和调节焊接电流，硅整流器组 VD 是将主变压器二次侧的交流电压整流成直流电压，输出电抗器 LD 起滤波和改善动特性的作用。

在这种硅整流弧焊电源中，磁放大器是核心部件，其电磁结构如图 2-10 所示。

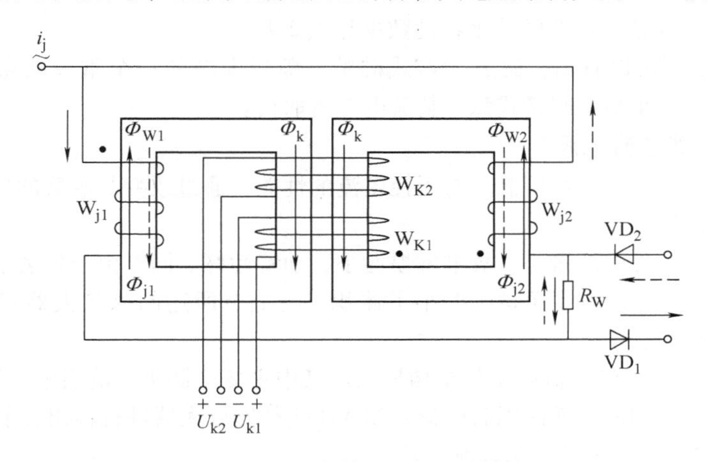

图 2-10　磁放大器基本电磁结构

在磁放大器两个独立铁心回路中，分别绕有工作绕组 W_{j1} 和 W_{j2}，它们按电源的正负半周分别由二极管 VD_1、VD_2 导引交替串联在输出回路中，输出电流通过这两个绕组会在磁回路中产生磁通，磁化铁心，使输出电流增加，并形成正反馈过程。因工作绕组即为反馈绕组，故称为“全部内反馈”，其反馈作用很强，而产生水平的输出特性。

为了获得埋弧焊所要求的缓降外特性，可在磁放大器电路中设置内反馈电阻 R_m，如图 2-11 所示。其作用是在交流电的负半周时引入反向电流，产生退磁磁通 ϕ_{n1}、ϕ_{n2}，削弱了正反馈作用，使磁放大器变成部分内反馈，其输出特性变为下降曲线。减小 R_n 值，正反馈作用降低，外特性的陡度增加，如图 2-12 所示的曲线 b 和 c。$R_n=0$ 时，磁放大器变为无反馈，则产生陡降的外特性（图 2-12 中的曲线 d），$R=\infty$ 时，则形成平特性（图 2-12 中的曲线 a）。

为调节输出电流，磁放大器的回路中增设了两个控制绕组 W_{k1} 和 W_{k2}，产生控制磁通 ϕ_{k1} 和 ϕ_{k2}（图 2-10 中示出叠加后的磁通 ϕ_k），用来改变磁回路的工作点，W_{k1} 接入励磁电流，改变铁心的饱和度，以调节输出。W_{k2} 为反偏绕组，磁通 ϕ_{k2} 与 p_{k1} 方向相反，对铁心起去磁作用，确立磁通回路的起始工作点，以调节输出的最小值。

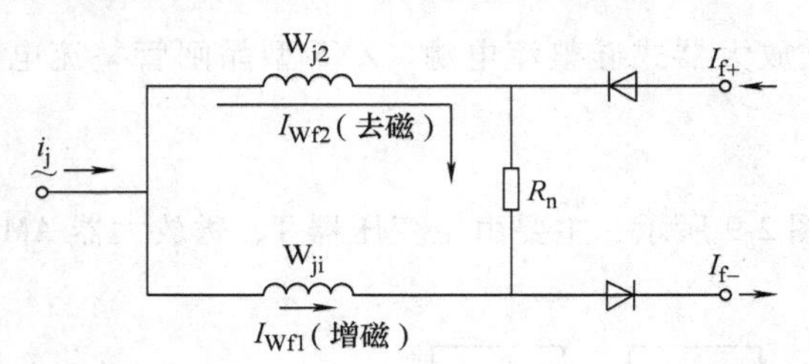

图 2-11　磁放大器部分内反馈线路

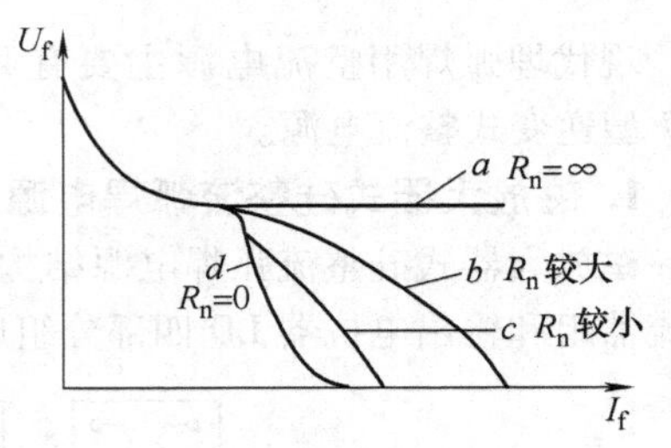

图 2-12　磁放大器式硅整流弧焊电源各种外特性

磁放大器式硅整流弧焊电源在我国早已定型生产。ZXG—1000R 型埋弧焊硅整流电源的电气线路图如图 2-13 所示。

由图可见，该硅整流电源一次回路由三相变压器供电，整流回路使用 6 个硅二极管和 6 个工作绕组 $FD_1\sim FD_6$。控制绕组共 2 只，其中主控制绕组 FK_1 调节输出电流，励磁电流由稳压 TS，整流器组 UR_1 提供，电位器 RP_1 调节输出电流。偏移绕组 FK_2 除了偏置作用外，也有电网补偿作用，即电网电压越高，去磁作用越强。电阻 $R_{11}\sim R_{13}$ 为内反馈电阻。

ZXG 系列埋弧焊硅整流电源的技术特性数据见表 2-2。

从表 2-2 中的数据可以看出，磁放大器式硅整流弧焊电源的一个重大缺点是体积大、重量大、耗材多。目前正逐步被晶闸管式弧焊整流电源所取代。

2. 晶闸管式弧焊整流电源

晶闸管式弧焊整流电源是利用晶闸管可控整流的性能，通过改变晶闸管的导通角控制输出电流并产生不同的输出特性。

这种整流电源的内部电感量小，故电磁惯性小、动特性好。同时由于省去了一组笨重的磁放大器，降低了材料消耗，减轻了重量，缩小了体积。与上节所述的磁放大器式弧焊整流电源相比，具有明显的优越性。

图 2-14 是晶闸管式弧焊整流电源的结构框图。其中主变压器 T 和输出电抗器 LD 的作用与磁放大器式弧焊整流电源相同。而晶闸管整流器组 VH 代替磁放大器进行输出控制。晶闸管整流器组的导通角则由触发器电子线路 AT 控制。

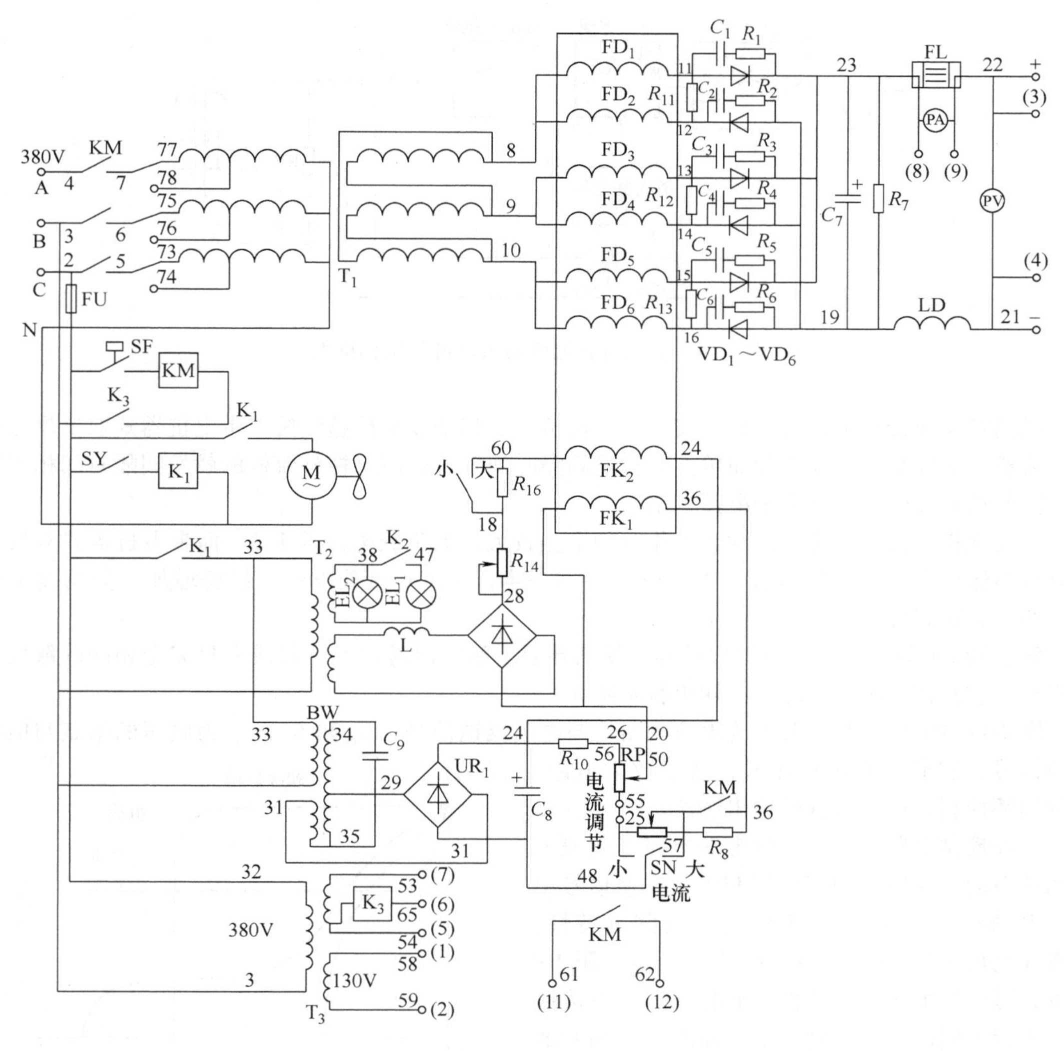

图 2-13 ZXG-1000R 型埋弧焊硅整流电源电气线路图

表 2-2 ZXG 系列埋弧焊硅整流电源的技术特性数据

主要技术特性	型号	
	ZXG—1000R	ZXG—1600
输入电压/V	380	380
输入功率/(kV·A)	82	160
工作电压/V	25 ~ 45	36 ~ 44
额定焊接电流/A	1000	1600
焊接电流调节范围/A	100 ~ 1000	400 ~ 1600
额定负载持续率（%）	80	80
质量/kg	820	1600

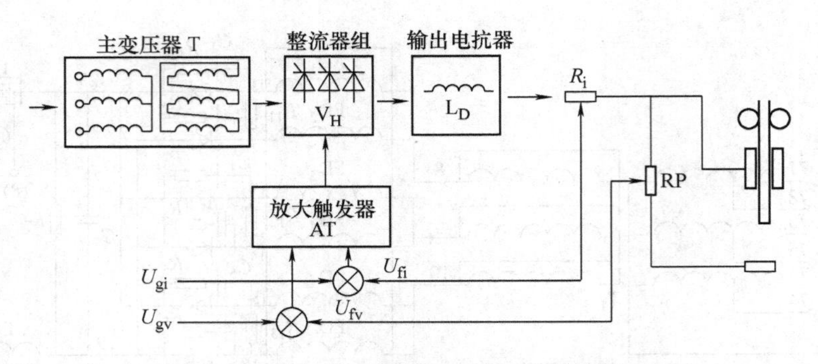

图 2-14 晶闸管式弧焊整流电源的结构框图

晶闸管整流器组可接成三相全波半控整流桥、三相全波全控整流桥或带电抗器式双反星形全控整流桥。半控整流桥线路较简单，但触发间隔时间较长；而全控整流桥的触发间隔时间相对较短，因此动特性较好，有利于电弧稳定。

全波全控整流桥中每个晶闸管工作时的电流较大，为负载电流的1/3。而带电抗器式双反星形全控整流桥中，每个晶闸管的工作电流要小一半，为1/6负载电流。但需增加一只均衡电抗器，两者各有利弊。

触发器 AT 为晶闸管提供触发脉冲，使其导通。触发器通常由三只或六只完全相同的触发单元组成。它们按不同的相位依次输出触发脉冲。

图 2-14 中的 U_{gi} 和 U_{fi} 分别为电流的给定与电流反馈信号。U_{gv} 和 U_{fv} 分别为电压的给定与电压反馈信号，它们分别进行比较，通过放大电路，实现闭环控制，可获得各种输出特性。

特性控制电路将整个弧焊电源电路连接成一个闭环系统。在电流的闭环控制中，反馈信号由电阻 R_i 提供，使电源产生恒流的陡降外特性；或者在电压的闭环控制中，反馈信号由电阻 RP 提供，可产生恒压的平特性。而将电压与电流的反馈进行不同的组合，则可获得如图 2-15 所示的多种外特性。

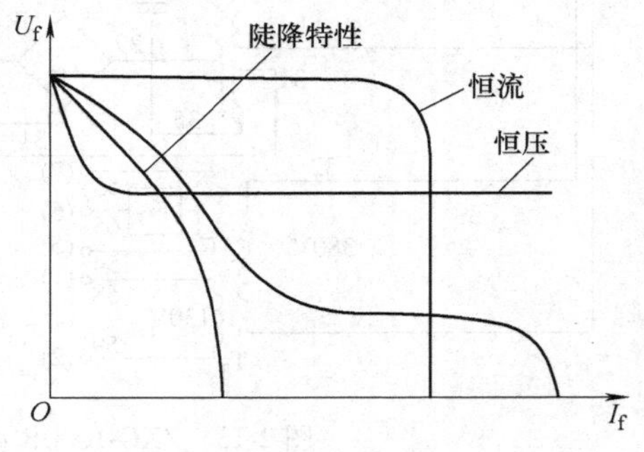

图 2-15 晶闸管弧焊整流电源的各种外特性

国产埋弧焊用晶闸管整流电源大多数采用带平衡电抗器双反星全控整流。图 2-16 为 ZX5—1000 型晶闸管整流弧焊电源的电气线路图。其技术特性参数见表 2-3。

表 2-3 ZX5—1000 型晶闸管整流弧焊电源技术特性参数

主要技术特性参数	型号 ZX5—1000—1	主要技术特性参数	型号 ZX5—1000—1
输入电压/V	380	焊接电流调节范围/A	100 ~ 1100
输入功率/(kV · A)	82	负载持续率（%）	80
工作电压/V	24 ~ 44	质量/kg	500
额定焊接电流/A	1000		

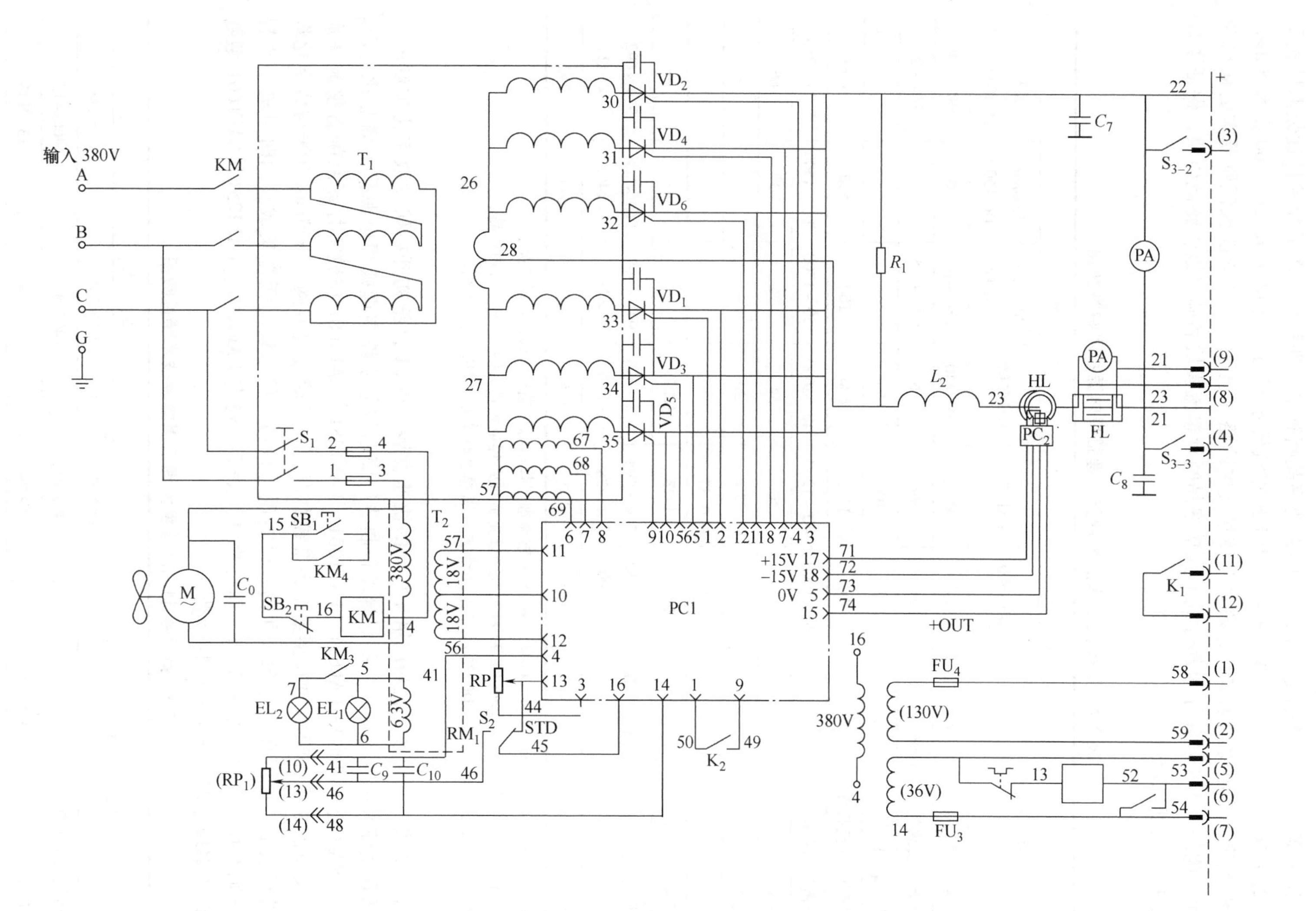

图2-16 ZX5—1000型晶闸管整流弧焊电源电气线路图

在国际上，输出电流1000A以上的大功率直流埋弧焊电源中，晶闸管整流弧焊电源仍占主导地位。国外著名焊接设备制造厂商生产的大功率晶闸管整流埋弧焊电源的技术特性数据见表2-4。LAF-1250/1600DC型埋弧焊电源采用三相半控整流桥主回路，而Idealarc DC 1500型和Subarc 1000/1250型埋弧焊电源则采取三相桥式全控整流主回路。但这些电源均能保证所要求的输出功率和特性。此外，由于选用了可靠性高的大功率晶闸管整流模块和硅二极管整流模块，保证了焊接电源工作的高度稳定性。

表2-4 国外大功率晶闸管整流埋弧焊电源技术特性数据

主要技术特性	型号					
	LAF1000	LAF1250	LAF1600	Idealarc DC-1000	Idealarc DC-1500	Subarc DC 1000/1250
输入电压（3相50/60Hz）/V	400/440	400/440	400/440	380/410	460	380～440
输入电流（负载持续率100%）/A	64	99	136	112/93.5	184	109～94
熔断器容量/A	63	100	160	—	—	—
最大焊接电流(负载持续率100%）/A	800	1250	1600	1000	1500	1000
焊接电流调节范围	40～1000	40～1250	40～1600	150～1300	200～1500	100～1250
空载电压/V	52	51	54	72	70	66
空载损耗/W	145	220	220	—	—	—
效率	0.84	0.87	0.87	—	—	—
防护等级	IP23	IP23	IP23	—	—	—
外形尺寸（长/mm×宽/mm×高/mm）	646×552×1090	774×598×1428	774×598×1428	991×567×781	965×566×1453	914×692×692
质量/kg	330	490	585	372	644	292

注：1. LAF100、LAF1250、LAF1600DC型晶闸管整流埋弧焊电源是瑞典ESAB公司产品。
2. Idealarc DC-1000、Idealarc DC-1500型晶闸管整流埋弧焊电源是美国Lincoln公司产品。
3. Sabarc DC1000、Sabarc DC1250型晶闸管整流埋弧焊电源是美国Miller公司产品。

为适应现代工业向数字化和网络化控制的快速发展，自21世纪初开始研发数字化控制的大功率晶闸管整流埋弧焊电源。一些焊接设备制造厂商已将数字控制埋弧焊电源投入商品化生产。例如瑞典ESAB公司已推出LAF631、LAF1001、LAF1251、LAF1601型数字控制晶闸管整流埋弧焊电源。其特点是可以配用PEK型数字系统控制器，并可通过局域网、Profibus总线与数字化焊接设备进行通信，也可直接与PLC通信，以实现与自动焊接系统的无缝集成。同时可进一步提高焊接电源本身的参数控制精度和工作可靠性。表2-5列出LAF1001、LAF1251、LAF1601型数字控制大功率埋弧焊电源的技术特性数据。

表2-5 数字控制晶闸管整流埋弧焊电源技术特性数据

主要技术特性	型号		
	LAF 1001	LAF 1251	LAF 1601
输入电压（3相50Hz）/V	400/415	400/415	400/415
输入电流（负载持续率100%）/A	64/64	99/99	136/136
熔断器容量/A	63	100	160

（续）

主要技术特性		型　号		
		LAF 1001	LAF 1251	LAF 1601
最大焊接电流/A	负载持续率100%	800	1250	1600
	负载持续率60%	1000	—	—
最高工作电压/V		44	44	4
焊接电流调节范围/A		40～1000	40～1250	40～1600
空载电压/V		52	51	54
空载损耗/W		145	220	220
效率		0.84	0.87	0.86
功率因数		0.95	0.92	0.87
防护等级		IP23	IP23	IP23
外形尺寸（长/mm×宽/mm×高/mm）		646×552×1090	774×598×1428	774×598×1428
质量/kg		330	490	585
备注		符合EN60974-1和IEC974-1标准技术要求		

3. 逆变式弧焊整流电源

逆变式弧焊整流电源是先将工频交流电整流成直流，再由晶体管开关电路转变成20kHz以上的高频交流电，然后再进行降压整流及滤波，输出平稳的直流电，其结构框图如图2-17所示。

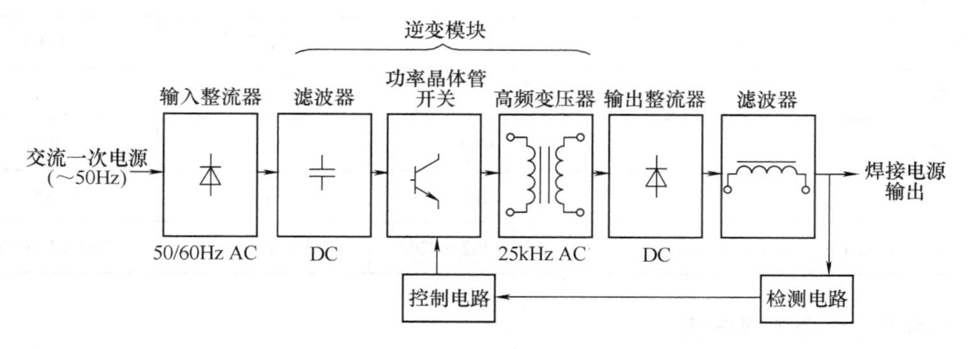

图2-17　逆变式弧焊整流电源基本结构框图

对于埋弧焊用大功率逆变整流电源，开关电路大多采用IGBT大功率晶体管。在高的工作频率下，通过调节导通占空比，以开关形式实现输出控制。控制电路可将整个系统实行电压、电流或混合闭环控制，可产生焊接工艺所要求的各种输出特性。

逆变式整流弧焊电源由于工作频率高，与前两种弧焊整流电源相比，具有以下优点：

（1）体积小、重量轻　因变压器的体积与工作频率成反比，频率越高，体积越小。逆变电源的工作频率在20kHz以上，相对于50Hz工频来说，主变压器等电感性部件的重量可明显降低，便于搬运和安装。

（2）制造成本降低　因主变压器和电抗器体积大幅度减小，节省了大量硅钢片和铜线。虽然IGBT大功率晶体管及其控制线路板的价格较高，但总的制造成本降低很多。

（3）提高功率因数，节能效果显著　逆变式整流弧焊电源与晶闸管整流弧焊电源相比，在相同容量下，铜、铁的电能消耗明显减小，节能效果显著。同时在逆变式整流弧焊电源的输入和输出电路中均接有起储能作用的电容器，可减少无功损耗，提高功率因数。

（4）响应速度快　因工作频率高，故控制速度很快。同时电路的电感小，惯性也小，因而动态响应速度相当快。可对电弧的能量参数实现精确控制，从根本上提高了焊接质量。

ZX7—630 CC/CV、ZX7—1000 CC/CV 和 ZX7—1250 三种型号的逆变式弧焊整流电源的技术特性数据见表 2-6。

表 2-6　国产埋弧焊用逆变式整流弧焊电源技术特性数据

主要技术特性		型号		
		ZX7-630CC/CV	ZX7-1000CC/CV	ZX7-1250
输入电压（50/60Hz）/V		380/±15%	380/±15%	380/±15%
额定输入功率/(kV·A)		35	56	70
额定输出电压/V		44	44	44
不同负载持续率下输出功率（A/V）	60%	630/44	1000/44	1250/44
	100%	480/39.5	775/44	1000/44
焊接电流调节范围/A		50～630	112～1000	112～1250
空载电压/V		80	90	90
空载损耗/W		300	300	300
效率（%）		85	95	85
功率因数		0.93	0.93	0.93
绝缘等级		F	F	F
防护等级		IP21	IP21	IP21
质量/kg		54	85	85
外形尺寸（长/mm×宽/mm×高/mm）		685×302×820	760×380×820	760×380×820

4. 晶闸管交流埋弧焊电源

在多丝埋弧焊中，为避免电弧之间的相互干扰，防止电弧偏吹，除了主电弧（前置焊丝）采用直流电源供电外，其余各电弧都应由交流电源供电。某些特殊的埋弧焊工艺，例如厚壁接头窄间隙埋弧焊，为防止在深而窄的坡口内产生电弧磁偏吹，也需要采用交流电源。但普通的交流埋弧焊电源输出电流为交流正弦波，这种波形过零点的时间较长，使电弧不很稳定，故难以满足高质量的技术要求。改用矩形交流波形可以克服上述正弦交流波形的缺点。因为矩形波交流电过零点的时间极短，电弧仍能稳定燃烧，且不会产生磁偏吹。矩形波交流电源可采用晶闸管整流元件，其输出特性不亚于晶闸管整流弧焊电源。

晶闸管矩形波交流弧焊电源主回路原理图如图 2-18 所示。其中 LS 为一只电感量很大的电抗器，即所谓储能电抗器。它的作用是通过晶闸管 VH_1～VH_4，将主变压器的能量进行吸收和释放。在主变压器二次电压的正负两个不同的周期内，晶闸管组成 VH_1、VH_3 与 VH_2、VH_4 两对，轮流进行触发导通，形成如图 2-18 所示的回路。

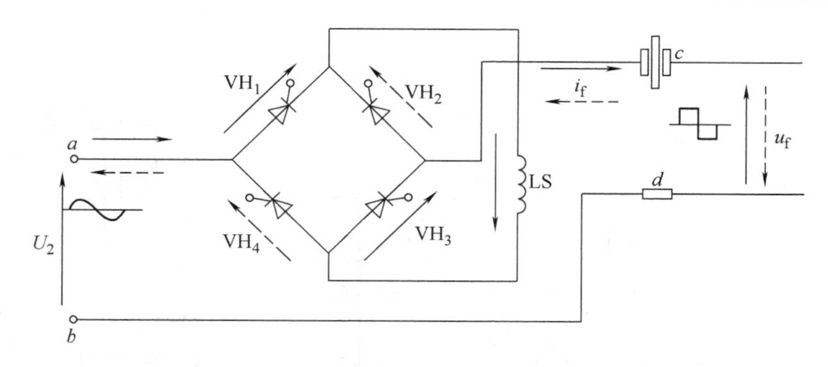

图2-18　矩形波交流弧焊电源主回路原理图

1）a 点→VH_1→LS→VH_3→U_f→b 点。

2）b 点→U_f→VH_2→LS→VH_4→a 点。

电抗器LS吸收和释放能量的作用可由图2-19所示的波形来说明。

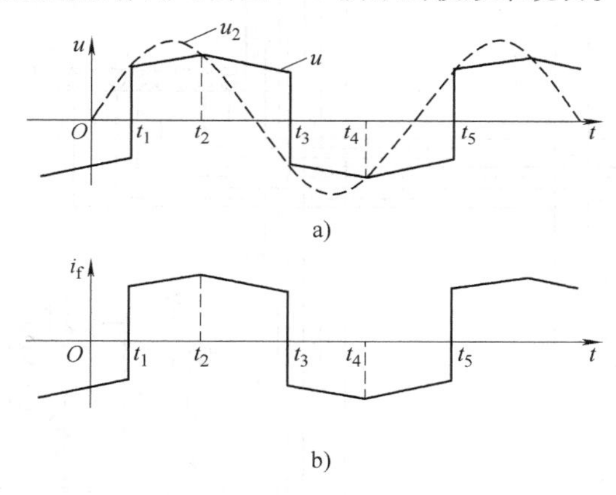

图2-19　储能电抗器LS的作用

在图2-19a中，$t_1 \sim t_2$ 期间，$u_2 > u_f$，LS储存能量；$t_2 \sim t_3$ 期间，LS释放能量；$t_3 \sim t_4$ 和 $t_4 \sim t_5$ 期间分别重复上述过程。这样使流过LS的电流基本恒定，而晶闸管 VH_1、VH_4 与 VH_2、VH_3 的交替导通，将全部电流"切换"到负载，使负载电流为图2-19b所示的矩形波。

国产SQW—1000型晶闸管矩形波交流埋弧焊电源的电气原理图如图2-20所示，其技术特性数据见表2-7。

表2-7　SQW—1000型晶闸管矩形波交流埋弧焊电源技术特性数据

主要技术特性	型号：SQW—1000	主要技术特性	型号：SQW—1000
输入电压/V	380	额定焊接电流/A	1000
额定输入功率/(kV·A)	84	负载持续率（%）	100
空载电压/V	92	质量/kg	450
工作电压/V	26～55		

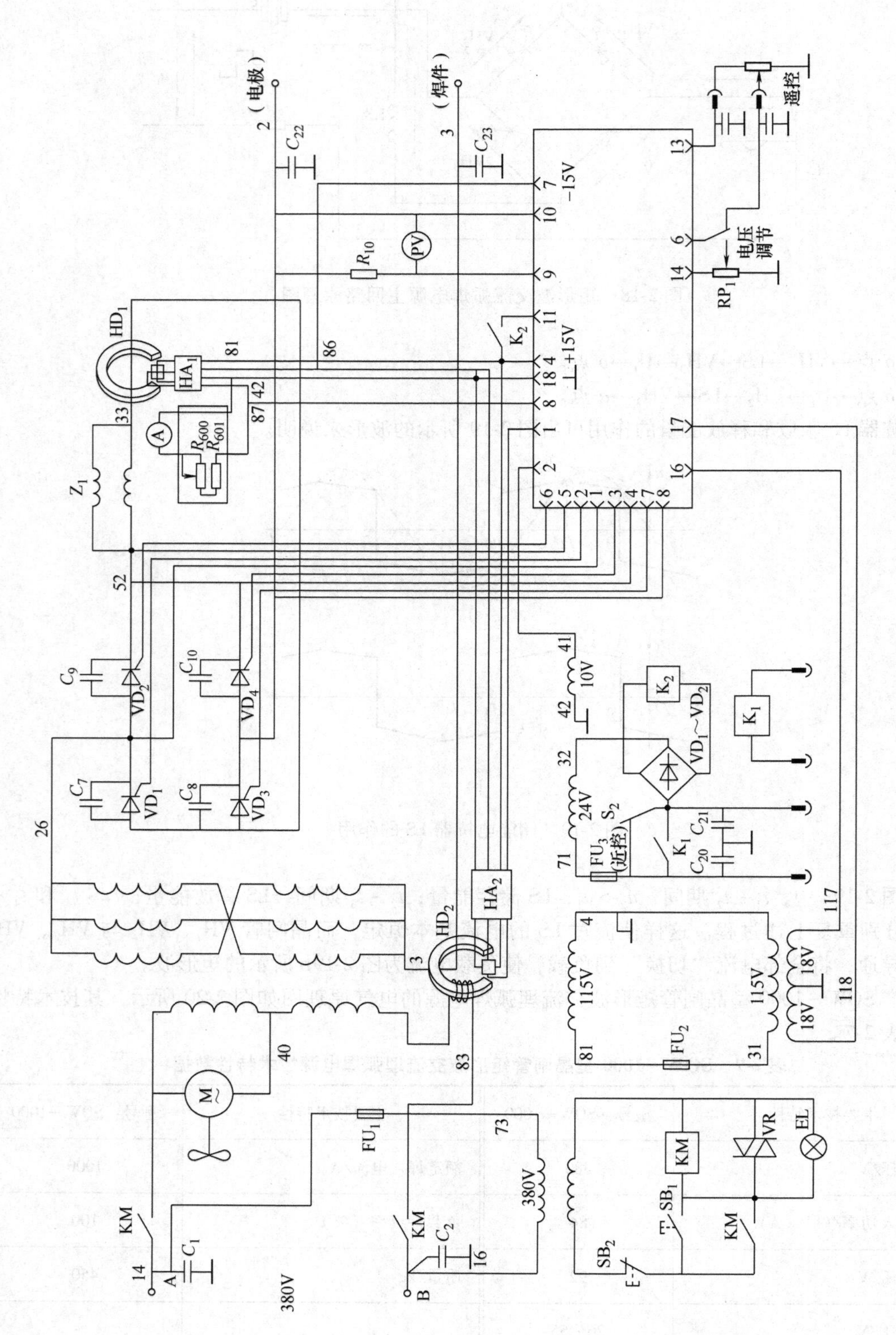

图 2-20 SQW—1000 型晶闸管矩形波交流弧焊电源电气原理图

在国际焊接市场上的一些晶闸管交流矩形波埋弧焊电源的技术特性数据见表2-8。

表2-8　国外晶闸管交流矩形波埋弧焊电源技术特性数据

主要技术特性		型号			
		TAF800（ESAB）	TAF1250（ESAB）	Idealarc AC1200（Lincoln）	Idealarc AC1500（Lincoln）
输入电压（单相50Hz）/V		400/415	400/415	460	380
一次输入电流/A		—	—	182	310
不同负载持续率下的最大焊接电流/A	100%	800	1250	1200	1500
	60%	1000	1500	—	—
最高工作电压/V		44	44	44	44
焊接电流调节范围/A		300~800	400~1250	200~1500	240~1500
空载电压/V		71	72	—	86
空载损耗/W		230	230	—	—
效率		0.86	0.86	—	—
防护等级		IP23	IP23	IP23	IP23
外形尺寸（长/mm×宽/mm×高/mm）		774×598×1428	774×598×1428	970×560×1453	965×566×1358
质量/kg		495	608	712	748

注：TAF 801、TAF1251AC型数控交流埋弧焊电源的技术特性基本相同于TAF800、TAF1250AC型电源。

埋弧焊参数和焊接程序的控制相应由PEH或PEK型系统控制器来完成。

2.3.4　AC/DC波形控制埋弧焊电源

1. AC/DC波控埋弧焊电源的特点

以美国林肯公司的Power Wave AC/DC 1000 SD型电源为代表的波控埋弧焊电源是一种全数字控制晶体管逆变整流多功能电源，它全面引入了计算机软件控制、网络控制和焊接电流波形控制等先进技术，使其具有以下功能。

(1) 焊接电流的波形控制　利用计算机软件可对焊接电流波形主要参数实行精确的数字控制，从而获得优异的电弧特性。图2-21所示为可控制的各种波形参数，并可取得以下效果。

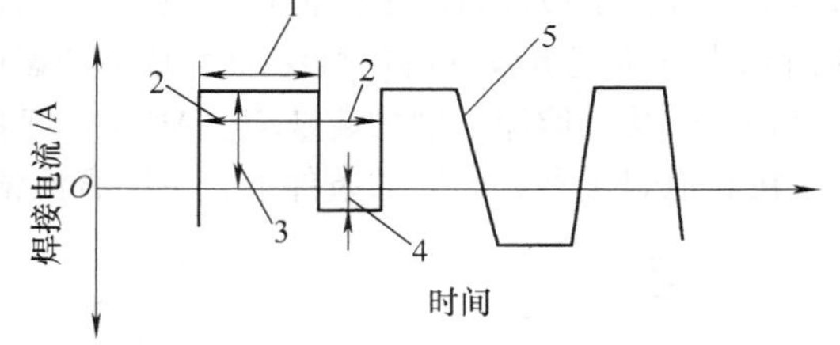

图2-21　可控制的焊接电流波形参数
1—脉冲宽度　2—频率　3—正半波电流值　4—负半波电流值　5—跃迁率

1）电弧的终极控制。可按各种特定的技术要求，对焊接电流波形各参数进行精确的设定和控制，以获得最佳的电弧特性。

2）电源输出特性的动态控制。焊接过程可以自动调整焊接电流、电弧电压或电弧功率，可在其发生变化时瞬时修正，以保持稳定的输出特性。

3）恒压、恒流特性的控制。当波形参数和送丝速度发生变化时，可对其进行快速调制，以保持其恒定的状态。

(2) 交流频率的控制　对于矩形波交流电，频率的增减改变了电弧在峰值电流的时间，即改变了电流的有效值。当频率降低时，电弧在峰值电流的时间增加，同时电流在正负半波转折区的时间缩短；而频率增高，则产生相反的变化。其总的趋势是，频率增加，电弧更加稳定，熔透深度则减小；频率降低，熔透深度加大，电弧稳定性变差。通常输出电流频率可在 10～100Hz 范围内调节，以满足各种埋弧焊工艺，包括多丝埋弧焊工艺的要求。

（3）电流波形对称度的控制　电流波形对称度是表征正、负半波幅值之比。正确设定电流波形的对称度，可以获得较高的熔敷率。图 2-22 所示为电流波形对称度对熔透深度和熔敷率的影响。增加对称度，可加大熔深，降低熔敷率；减小对称度，则增加熔敷率，减小熔深。图 2-23 所示为不同交流波形对称度下，熔敷率与焊接电流的关系。从图中可见，对称度为 25%、直流负偏置 20%、频率 35Hz 的条件下，焊丝的熔敷率最高。大多数交流波控埋弧焊电源的交流电波形对称度可在 25%～75% 范围内调节。

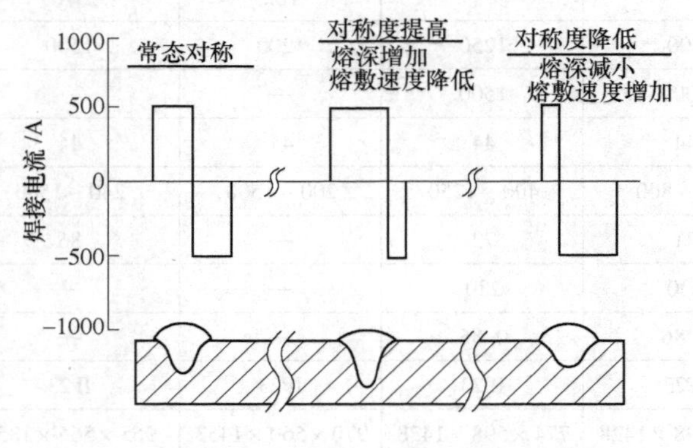

图 2-22　电流波形对称度对熔透深度和熔敷率的影响

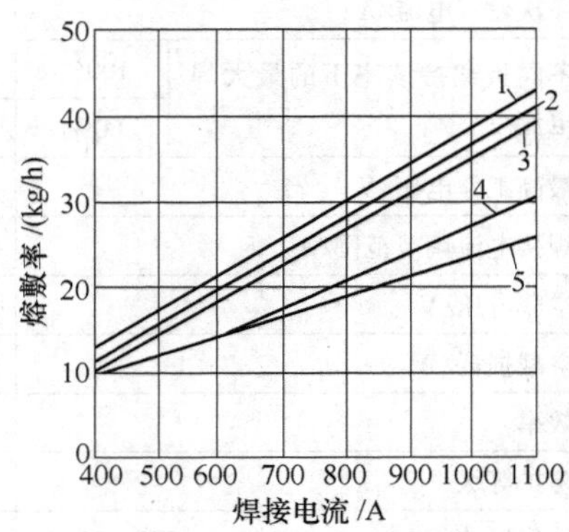

图 2-23　不同波形对称度和偏置值下熔敷率与焊接电流的关系
1—对称度 25%、直流负偏置 20%、频率 35Hz
2—对称度 25% 交流波　3—对称方波
4—对称度 75%、直流正偏置 10%、频率 35Hz　5—直流反接

（4）直流偏置值的控制　直流偏置值是指正极性和反极性时的电流值。正极性时的电流值称为正偏置，反极性时的电流值称为负偏置。控制直流偏置值可以改变熔敷率和熔透深度。图 2-24 所示为直流正负偏置值对熔深和熔敷率的影响。加大正偏置可增加熔深，降低熔敷率；加大负偏置，则减小熔深，增加熔敷率。AC/DC 埋弧焊电源通常可在 −25%～25% 范围内调节偏置值。在其他焊接参数相同的条件下，不同直流偏置值对熔深的影响如图 2-25 所示。

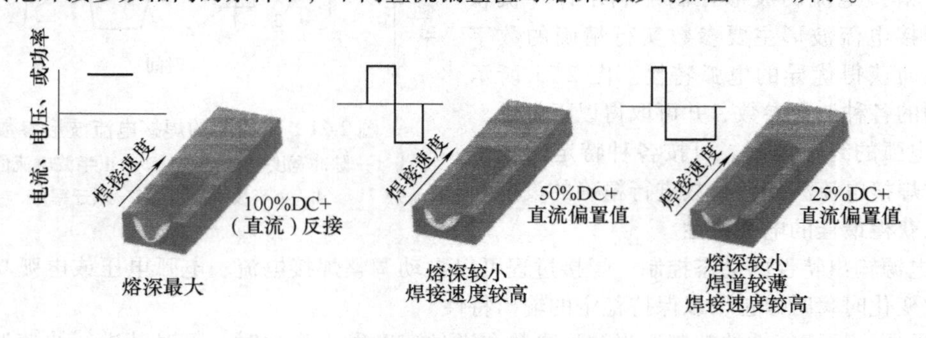

图 2-24　直流偏置值对熔敷率和焊缝熔深的影响

（5）交流波形相位的控制　在传统的多丝多弧埋弧焊中，电弧的偏吹往往成为降低焊接质量的主要原因之一。采用 AC/DC 埋弧焊电源，可以通过移相技术避免电弧偏吹。图 2-26 所示为

在多弧埋弧焊系统中，当两个电弧的交流波相位差为 90°时，可以达到最稳定的状态。

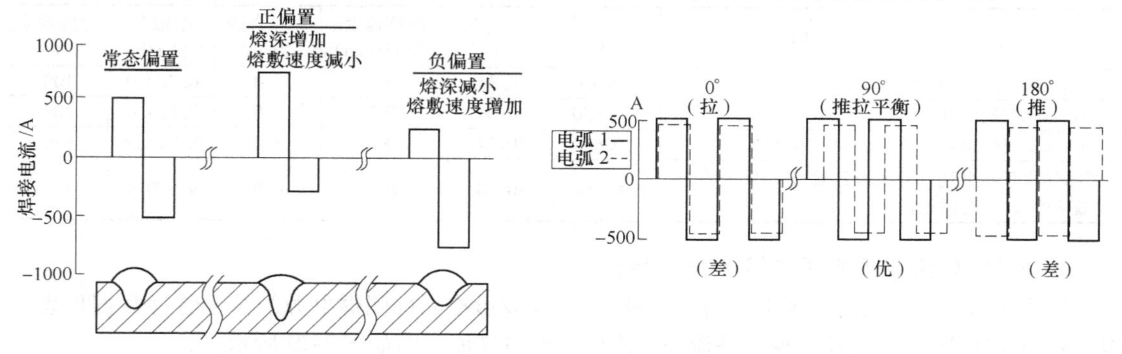

图 2-25　直流偏置值对熔透深度的影响

图 2-26　在多弧埋弧焊系统中，利用交流波形移相平衡各电弧的相互作用

（6）多丝埋弧焊焊接参数的协同控制　在多丝多弧的工况下，对关键的焊接参数进行协同控制，可以获得最佳的焊缝成形和最高的焊接效率，如图 2-27 所示。

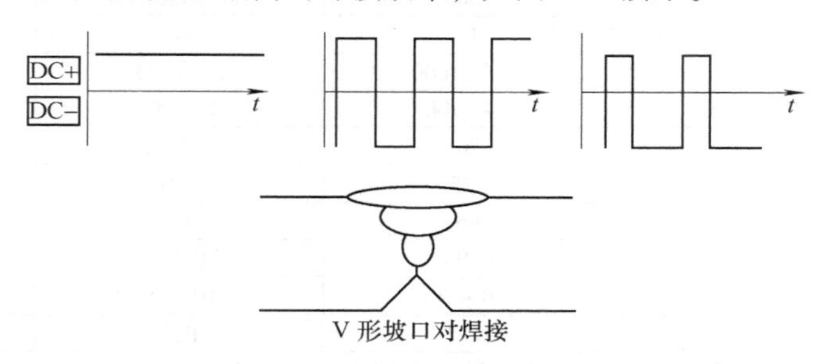

图 2-27　多丝多弧工况下主要焊接参数的协同控制

厚板 V 形坡口对接焊中，根部焊道焊接时，前置电弧采用直流反接，以达到足够的熔深，焊接填充焊道时，则改用方波交流电，并按对焊道形状的要求，设置对称度、频率和相位差，以获得最佳的焊缝成形；焊接盖面层焊道时，后置电弧采用负偏置值较大的变极性直流电，提高熔敷率，以形成较平坦的焊道形状。

图 2-28 所示的数据表明，在多丝多弧焊系统中，调整前置电弧和尾随电弧交流波形的对称度和直流偏置值可进一步提高焊接效率。

表 2-9 列出不同波形参数下，双弧串列埋弧焊的对比数据。双弧交流波形对称度为 25%，直流偏置值 25%（焊丝接正极）的埋弧焊效率比常规的双丝串列埋弧焊提高了 35%。

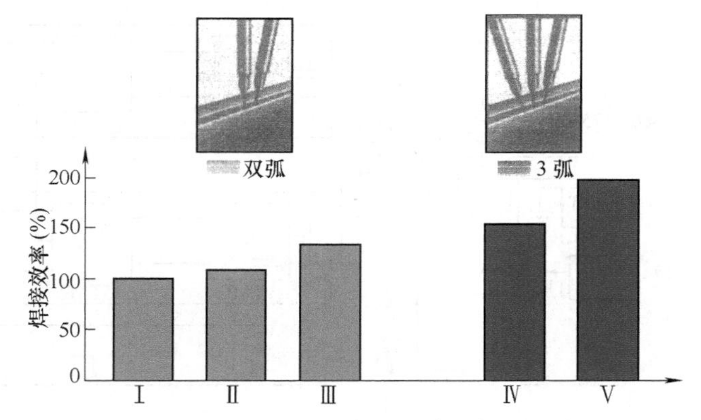

图 2-28　多丝多弧焊系统中不同焊接参数对焊接效率的影响

Ⅰ—前置电弧直流反接，尾随电弧对称交流波　Ⅱ—前置电弧、尾随电弧均为对称交流波　Ⅲ—前置电弧方波交流，负半波 75%；尾随电弧方波交流，负半波 75%，直流偏置值 30%
Ⅳ—前置电弧直流反接，第 2、3 丝对称交流波
Ⅴ—前置电弧方波交流，负半波 75%，第 2、3 丝方波交流，负半波 75%，直流负偏置值 30%

表 2-9　不同波形参数下，双弧串列埋弧焊效率的对比

双弧串列埋弧焊波形参数	焊接电流/A	电弧电压/V	焊接速度/(mm/min)	焊丝直径/mm	熔敷率/(kg/h)	焊接效率(%)
常规 DC/AC 双丝串列	650/650	30/34	787	4.0	6.7/8.0	100
AC/AC 双丝串列、对称交流波	650/650	30/34	787	4.0	7.8/8.0	109
AC/AC 双丝串列，交流波对称度 25%	650/650	30/34	787	4.0	9.45/9.6	130
DC/AC 双丝串列，交流波对称度 25%，直流偏置 25%，焊丝接正极	650/650	30/34	787	4.0	9.9/9.9	135

2. AC/DC 波控埋弧焊电源的技术特性

目前在国际焊接设备市场上出售的三种 AC/DC 波形控制埋弧焊电源的技术特性数据见表 2-10。数字控制 AC/DC 晶体管逆变整流埋弧焊电源的电气原理图如图 2-29 所示。

表 2-10　三种 AC/DC 波控埋弧焊电源的技术特性数据

主要技术特性		型号		
		PW AC/DC 1000SD	Aristo 1000AC/DC SAW	Subarc AC/DC 1000
输入电压 3 相 50/60Hz/V		380/400/460	380～575	380/400
输入电流/A		82/79/69	86～57	140/141
额定输出（负载持续率 100%）	电流/A	1000	1000	1000
	电压/V	44	44	44
焊接电流调节范围/A		100～1000	0～1000	350～1250
工作电压调节范围/V		24～44	14～50	25～44
空载电压/V		70	121	71
空载损耗/W		225	200	—
效率（%）		86	88	—
功率因数		0.95	0.93	—
工作温度范围/℃		-10～+40	-10～+40	—
防护等级		IP23	IP23s	—
外形尺寸（长/mm×宽/mm×高/mm）		1184×501×1284	865×610×1320	865×610×1320
质量/kg		363	330	540

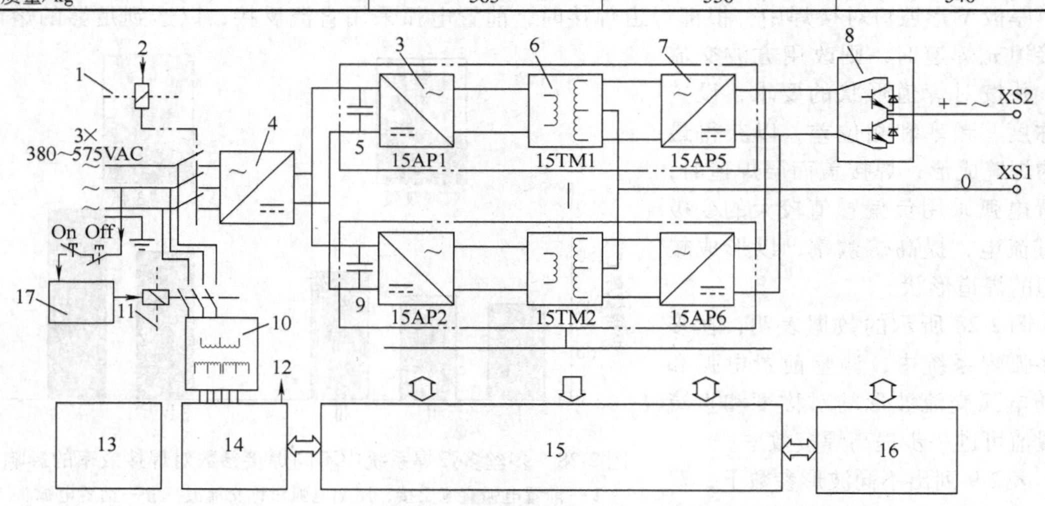

图 2-29　数字控制 AC/DC 晶体管逆变埋弧焊电源电气原理图

1—主接触器　2—接主电源　3—一次逆变　4—一次整流器　5—电源线路板①　6—变压器　7—二次整流器　8—二次逆变和直流极性开关　9—电源线路板②　10—辅助变压器　11—启动接触器　12—接主接触器　13—网关电路板　14—主电源板　15—控制电路板　16—AC 控制电路板　17—电源开关线路板

Power Wave AC/DC 1000 SD 型波控埋弧焊电源前面板上的接口设置如图 2-30 所示。焊接参数的设定、调节和显示，波形参数的调整，焊接程序设置以及焊接启动和停止等功能由与其相配的 MAXsa10 控制器来完成。MAXsa10 控制器的外形及面板布局如图 2-31 所示。焊接电源、控制器与焊接机头的连接方式如图 2-32 所示。

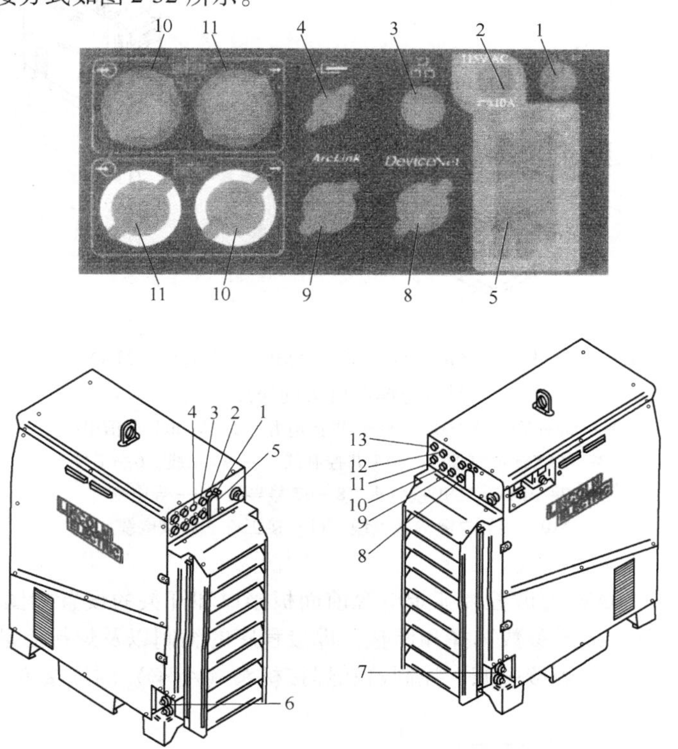

图 2-30　Power Wave AC/DC 1000SD 型波控埋弧焊电源前面板接口设置
1—送丝机驱动电路断路器（10A）　2—输出电源（10V）断路器　3—区域网接口
4—工件检测线接口　5—辅助电源输出接口　6—输出端子（接焊丝）
7—输出端子（接工件）　8—设备网接口　9—Arclink 通信接口（5 芯）
10—并联输出　11—并联输入　12—主电源输出　13—主电源输入

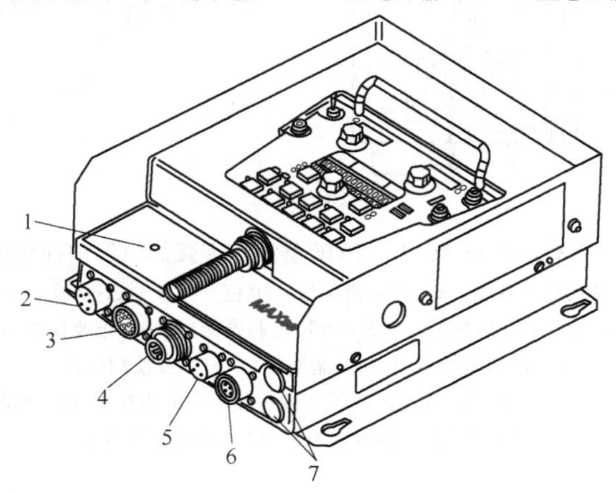

图 2-31　MAXsa 10 控制器外形及面板布局和接口
1—状态指示灯　2—遥控盒插座　3—MAXsa22 或 29 送丝机控制电缆插座
4—Power Wave AC/DC 1000SD 型焊接电源 ARCLINK 控制线插座
5—焊剂斗控制线插座　6—T6C-3 小车控制线插座　7—备用插孔

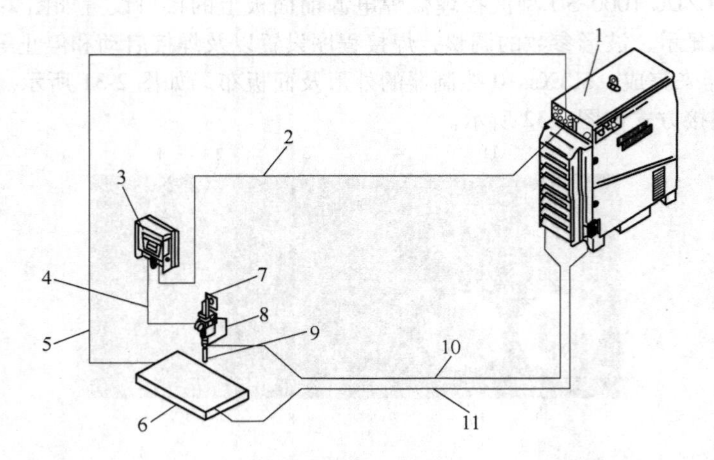

图 2-32　Power Wave AC/DC 1000SD 焊接电源，MAXsa10 控制器与焊接机头的连接方式

1—PowerWave AC/DC1000SD 焊接电源　2—Arclink 通信电缆　3—MAXsa 控制器　4—14 芯控制线　5—检测线　6—工件　7—MAXsa22 焊接机头　8—67 号导线　9—导电嘴　10—接导电嘴焊接电缆　11—接工件的焊接电缆

Aristo 1000 AC/DC SAW 型波控埋弧焊电源前面板接口和开关的设置如图 2-33 所示。焊接参数的设定、调整和显示，波形参数选择和调整，焊接程序的编制以及焊接启动和停止等功能则由 PEK 型系统控制器来完成。焊接电源、控制器和焊接机头（小车）的连接方式如图 2-34 所示。

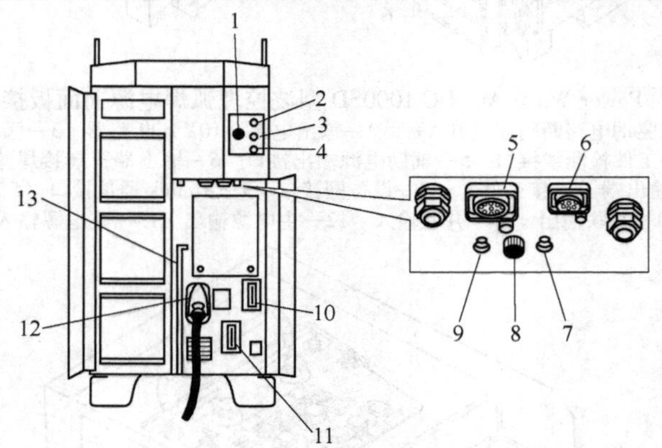

图 2-33　Aristo 1000 AC/DC SAW 型波控埋弧焊电源前面板的设置

1—控制模式选择开关　2—故障指示灯（橙色）　3—按钮开关（白色开）　4—按钮开关（黑色关）　5—PEK 控制器接口　6—维修检测接口　7—工件检测线接口　8—熔断器　9—机头检测线接口　10—接工件的焊接电缆输出端子　11—接机头的焊接电缆输出端子　12—主电源输入电缆线接口　13—检测电缆线接口

Subarc AC/DC 1000 型波控焊接电源控制面板的设置如图 2-35 所示。在面板上可直接调节焊接电流、电弧电压、交流方波对称度和频率等。焊接参数的数显和焊接程序的编制则由与其相配的 HDC 1500DX 控制器实施。焊接电源与控制器及焊接机头的连接方式如图 2-36 所示。

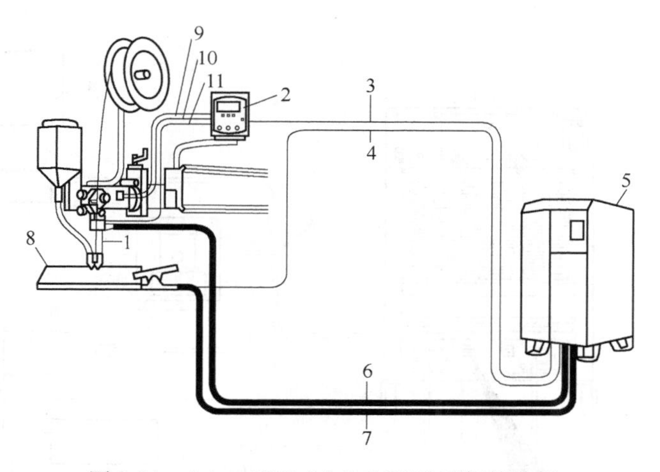

图 2-34　Aristo 1000 AC/DC SAW 型焊接电源、系统控制器和焊接机头连接方式

1—焊接机头　2—控制器　3—控制器电缆线　4—工件检测线　5—焊接电源　6—接机头焊接电缆　7—接工件的焊接电缆　8—工件　9—焊接速度检测线　10—电动机控制线　11—电弧电压检测线

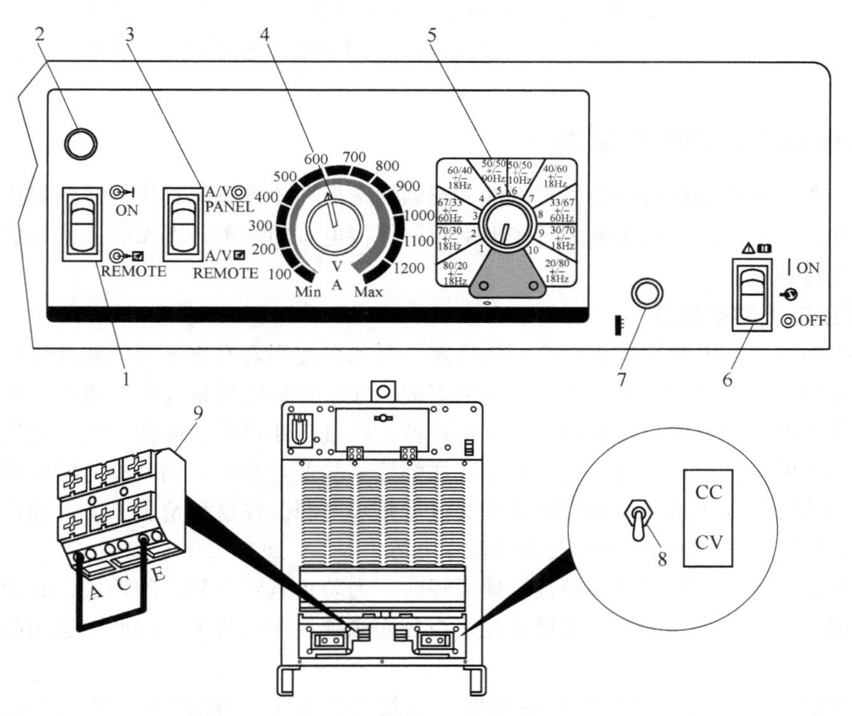

图 2-35　Sabarc AC/DC 1000 型焊接电源控制面板的设置

1—输出控制方式选择开关　2—输出电流指示灯　3—电流/电压调节方式选择开关　4—电流/电压调节旋钮　5—功率/对称度调节旋钮　6—电源开关及指示灯　7—过热指示灯　8—CC/CV（恒流/恒压）选择开关　9—接线端子 TE1

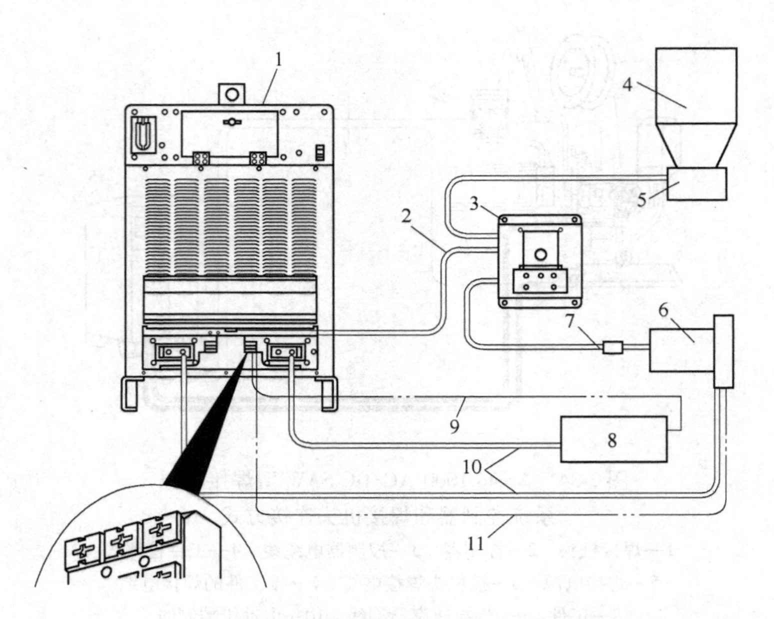

图 2-36 Subarc AC/DC 1000 型焊接电源与控制器及焊接机头连接方式
1—焊接电源 2—焊接电源控制电缆线 3—HDC 1500 DX 控制器 4—焊剂斗
5—电磁阀 6—焊接机头 7—10 芯电动机控制电缆 8—工件 9—检测线
（接端子板 1T 端子 N） 10—焊接电缆 11—检测线（接端线板 1T 端子 P）

2.3.5 埋弧焊电源的选择原则

埋弧焊电源是埋弧焊设备中的关键部件，正确地选择埋弧焊电源直接关系到焊接生产过程的效率和经济性。原则上，埋弧焊电源可按拟采用的焊接电流的种类、埋弧焊工艺方法、电源容量和输出特性进行选择。

1. 按焊接电流种类选择

在埋弧焊中，直流电弧总是比交流电弧稳定。但如果使用含有稳弧剂的酸性焊剂，交流电弧仍能保持持续稳定并能焊制出质量符合要求的焊缝。如果对焊缝质量无特殊要求，从经济性考虑应尽量选用交流埋弧焊电源，这种电源不仅价格低，而且工作可靠、维修方便。交流埋弧焊在焊接易产生磁偏吹的构件时更具有一定的优势。在焊接某些低合金铬钼钢时，为使焊缝金属的低温冲击韧度达到特定的高要求，往往必须使用交流埋弧焊电源。在这种情况下，为确保焊缝的高质量，应选用方波交流电源或 AC/DC 波控埋弧焊电源。

在低合金高强度钢，特别是厚壁接头埋弧焊时，为防止氢致冷裂纹的形成，必须使用低氢碱性埋弧焊焊剂。由于这种焊剂含有大量氟化钙组分而必须使用直流电，因此应选用晶闸管整流埋弧焊电源。

从以上分析可知，在选择埋弧焊电源时，满足焊接工艺要求是第一位，其次是考虑其经济性。

2. 按焊接电源所需容量选择

焊接电源的所需容量主要取决于选定的埋弧焊工艺方法、接头的壁厚和连续焊接的时间。例如三丝串列单面焊双面成形埋弧焊工艺，当接头板厚超过 30mm 时，前置焊丝和中间焊丝的电流可能达到 1300A 以上，这就必须选用额定焊接电流 1500A 的直流和交流埋弧焊电源。厚壁接头环缝多层多道焊接时，连续焊接时间可能是几个小时，甚至几十个小时。为这种焊接作业选择焊接电源时，必须考虑焊接电源的负载持续率。但很多焊接电源生产厂的样本或产品说明书中只标明该焊接电源设计计算时假定的或相关标准规定的负载持续率，例如60%或80%。如果在实际的焊接生产中，负载持续率大于焊接电源的额定负载持续率，则应按下列公式计算许用焊接电流I。

$$I = I_e \sqrt{F_{se}/F_s}$$

式中　I——埋弧焊电源许用焊接电流（A）；

I_e——埋弧焊电源的额定电流（A）；

F_s——实际负载持续率（%）；

F_{es}——额定负载持续率（%）。

如实际使用的焊接电流超过了许用焊接电流，则应选择额定电流大一挡的焊接电源。

3. 按焊接电源的输出特性选择

埋弧焊机的送丝控制方式有等速和变速两种。对于等速送丝系统，弧长的恒定依靠电弧自身的调节作用，故应配用平特性或缓降特性的埋弧焊电源；变速送丝系统有弧压反馈和焊接电流反馈两种，对于弧压反馈送丝系统，由于电弧受强迫调节，可以选择略陡降特性的埋弧焊电源，以提高焊接电流的稳定性。如送丝系统的动态响应速度相当快，则可配特性陡降的埋弧焊电源。而焊接电流反馈的送丝系统，则应使用平特性的焊接电源，以保证弧长不变，送丝速度的强迫调节，使焊接电流保持稳定。同时，无论哪种送丝系统，均要求短路电流大些，以利引弧。

2.4　小车式埋弧焊机

小车式埋弧焊机是一种应用范围较广的通用型埋弧焊机，可在水平位置或倾斜度不大于15°的斜面上完成平板对接、搭接、T形构件角接、筒体内外纵环缝和法兰平面环形焊缝的焊接，如图2-37所示。

小车式埋弧焊机按结构形式可以分成轻型和重型两大类。轻型小车式埋弧焊机主要用于薄壁构件的细丝埋弧焊，最大焊接电流不超过800A。重型小车式埋弧焊机则用于厚壁构件的粗丝埋弧焊和双丝串列埋弧焊，最大焊接电流可达2000A。现代小车式埋弧焊机，按其控制系统的特性可分为模拟信号控制和数字信号控制两种。

a)　　　　b)

图2-37　小车式埋弧焊机行走方式

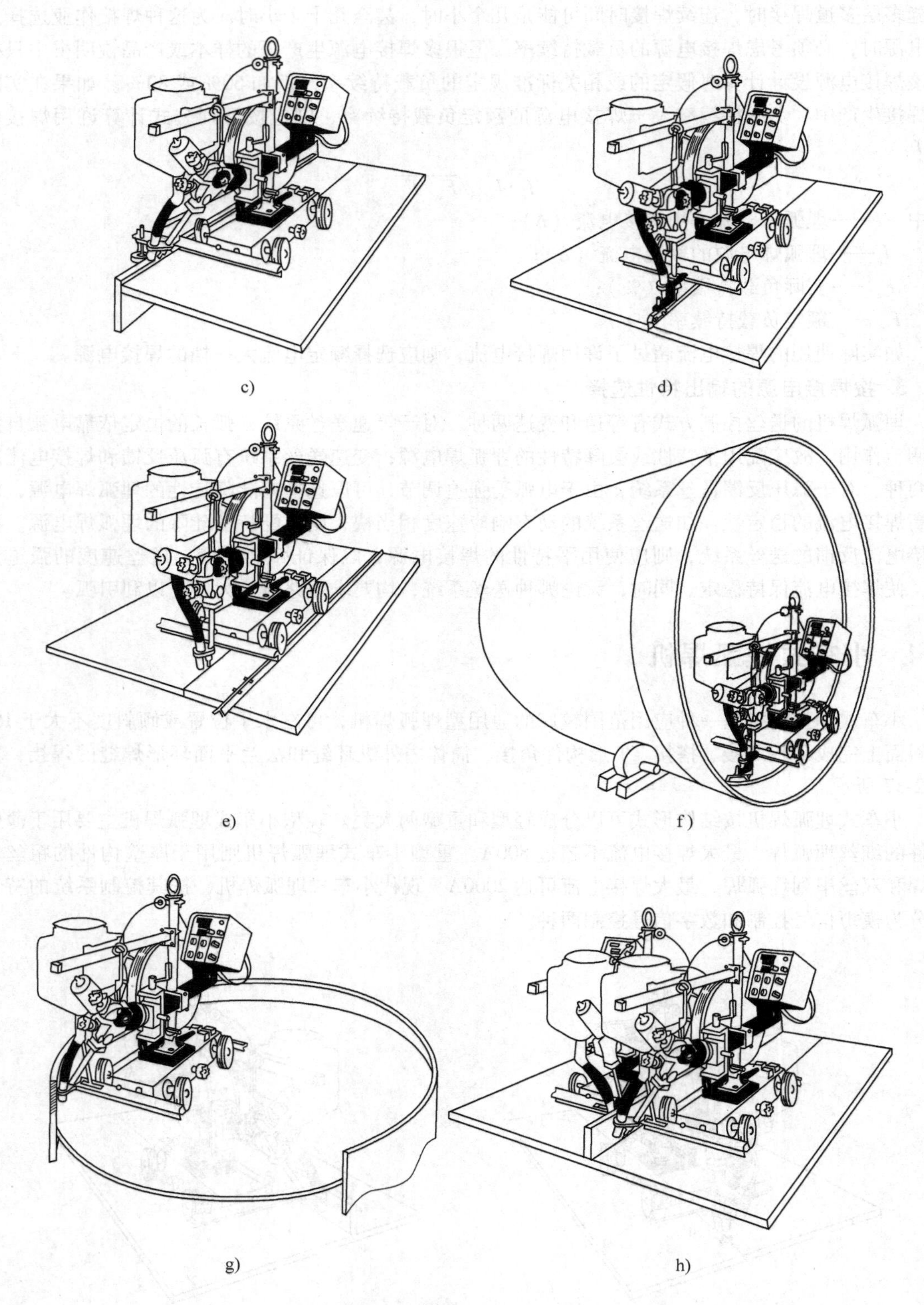

图 2-37　小车式埋弧焊机行走方式（续）

2.4.1　轻型小车式埋弧焊机

轻型小车式埋弧焊机的特点是结构紧凑、体积小、重量轻、适应性强、使用方便。可以焊接各种形式接头的直线焊缝和大直径圆周焊缝，在各类焊接结构的生产中得到较广泛的应用。在国内外已生产出多种型号的轻型小车式埋弧焊机，如我国生产的 MZ-500 型、ESAB 公司生产的 A2 型和 Lincoln 公司生产的 AT-7 型小车式埋弧焊机。

图2-38为A2型轻型小车式埋弧焊机的实物照片。其由4轮行走焊接小车、可手动旋转的支架、手动十字滑架、送丝机、导电杆和焊嘴、焊剂斗、焊丝盘及支架、控制盒和导向附件等组成，可进行单丝和双丝并联埋弧焊。其中控制器可按焊接工艺的要求配备 PE1、PEH 型模拟信号控制器或 PEK 型数字信号控制器。焊接电源可选用 LAF 800 DC 型晶闸管整流弧焊电源和 TAF 800AC 型晶闸管交流方波弧焊电源。焊接小车与焊接电源及控制器的电气连接方式如图2-39所示。

图2-38　A2型轮型小车式埋弧焊机实物照片

为焊接圆筒体内环缝，A2型埋弧焊小车可改装成三轮结构，如图2-40所示。适用于最小内径为1100mm筒体内环缝焊接。

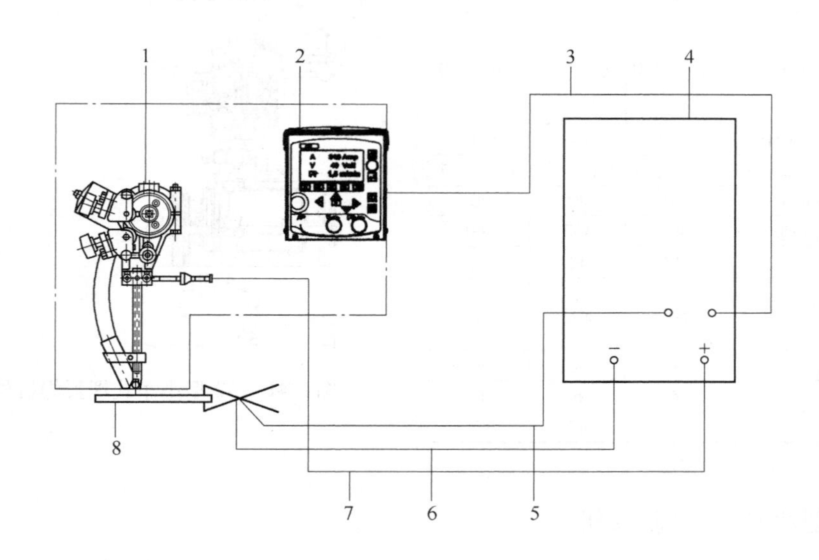

图2-39　A2型埋弧焊小车与焊接电源及控制器电气连接方式

1—A2型埋弧焊小车　2—PEK型控制器　3—控制线　4—焊接电源　5—检测线
6—焊接电缆（接工件）　7—焊接电缆（接焊嘴）　8—工件

A2型轻型小车式埋弧焊机的技术特性数据见表2-11。焊机的外形尺寸如图2-41所示。

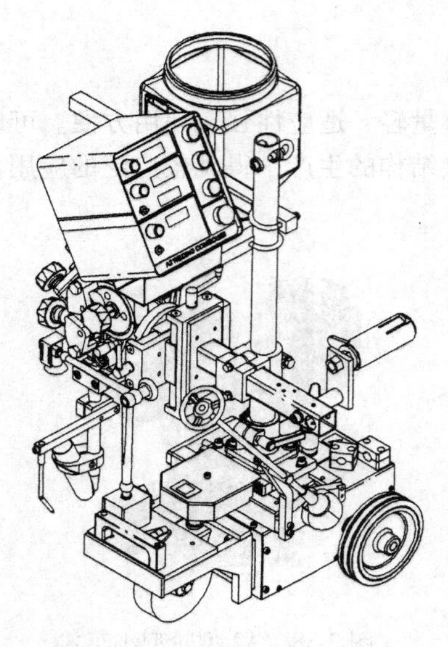

图 2-40 适用于筒体内环缝焊接的三轮焊接小车外形结构

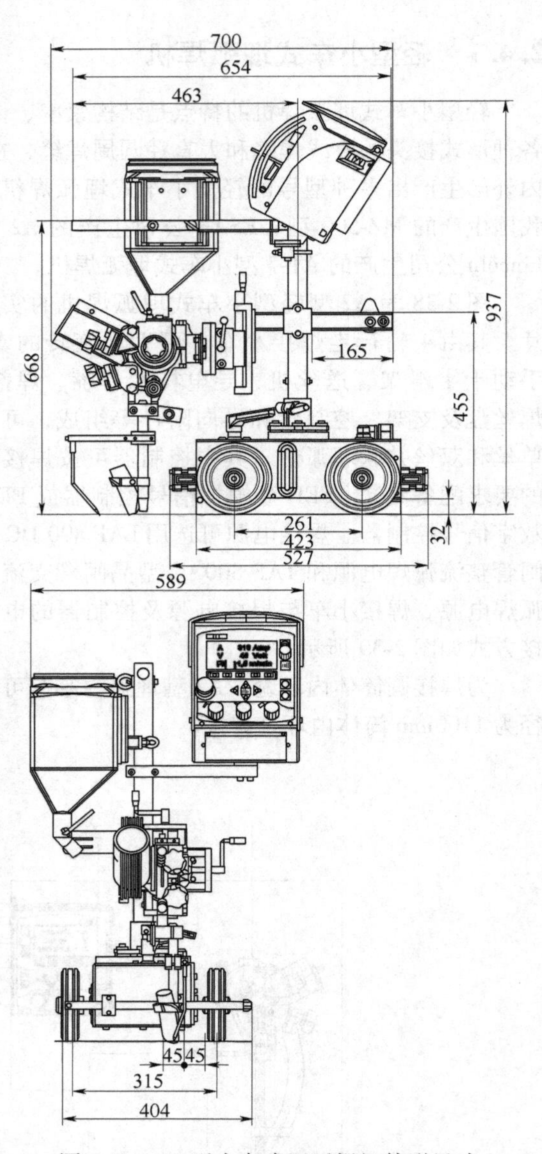

图 2-41 A2 型小车式埋弧焊机外形尺寸

表 2-11 A2 型轻型小车式埋弧焊机技术特性数据

主要技术特性	单丝 SAW	并联双丝 SAW	三轮焊接小车
适用焊丝直径/mm	1.6～4.0	2×（1.2～2.5）	1.6～4.0
最高送丝速度/(m/min)	9.0	9.0	9.0
小车移动速度/(m/min)	0.1～1.7	0.1～1.7	0.1～1.7
十字滑架行程/mm	90	90	90
旋转滑板调整范围/(°)	360	360	360
控制电压/V	42	42	42
最大承载电流(100%)/A	800	800	800
焊丝盘质量/kg	30	30	30
焊剂斗容量/L	6	6	6
小车质量/kg	47	47	47

注：三轮焊接小车最大倾斜度 5°。

2.4.2 重型小车式埋弧焊机

重型小车式埋弧焊机的特点是结构稳重，承重量大，承载电流可高达 3000A，行走平稳。可进行粗丝（最大丝径 ϕ6.0mm）和双丝串列埋弧焊。在国内外同类型小车式埋弧焊机中，技术特性先进、工作稳定可靠的重型小车式埋弧焊机系统有 ESAB 公司生产的 A6 Mastertrac 型和 Lincon 公司生产的 Cruiser Tractors 型埋弧焊小车等。

1. A6 Mastertrac 型埋弧焊小车

A6 Mastertrac 重型小车式埋弧焊机的全貌如图 2-42 所示。这是一种 4 轮驱动自动行走的焊接小车，其行走速度由测速反馈控制，以保持焊接速度持续稳定。单丝焊和双丝并联埋弧焊时最大许用承载电流达1500A。

小车支架采用矩形截面的管材制成，承载能力较大，可以同时安装两台送丝机、两个控制器和两套手动十字滑板而构成双丝串列高效埋弧焊机，如图2-43所示，其型号为A6 Mastertrac Tandem。

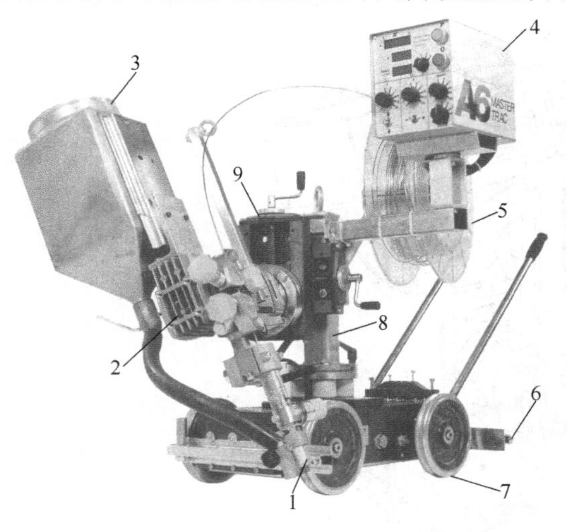

图2-42　A6 Mastertrac型埋弧焊小车
1—焊轮　2—送丝电动机　3—焊剂斗　4—控制器
5—焊丝盘　6—靠模轮　7—行走小车
8—支架　9—手动十字拖板

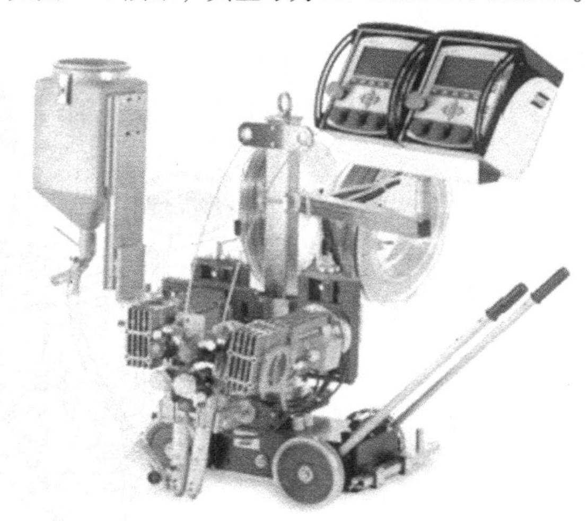

图2-43　A6 Mastertrac Tandem型
双丝串列埋弧焊小车

A6 Mastertrac焊接小车的结构如图2-44所示。其主要组成部件有：4轮行走小车，焊丝支架，送丝机构，手动十字滑板、送丝电动机及减速箱，焊剂斗，送焊剂软管，导丝管及导电嘴等。

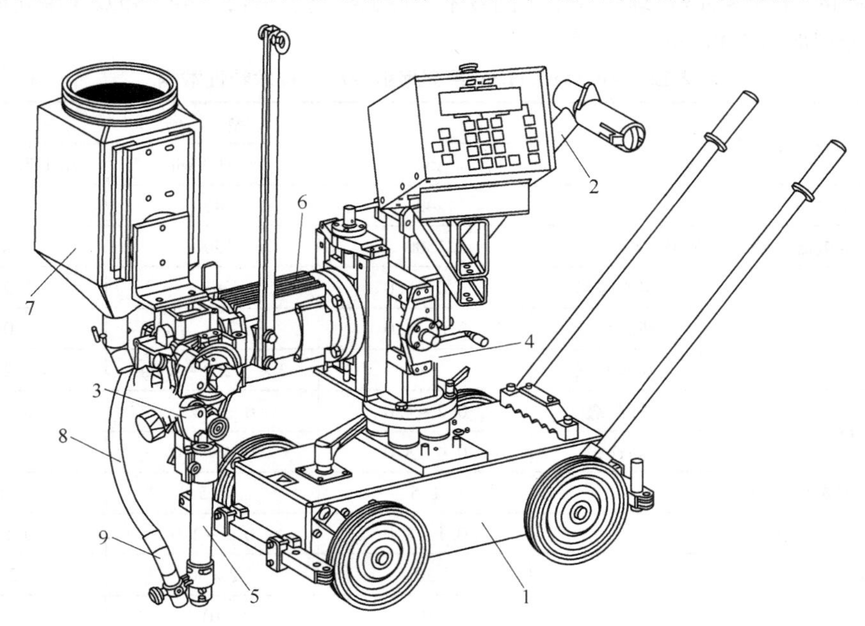

图2-44　A6 Mastertrac焊接小车的结构
1—行走小车　2—支架　3—送丝机构　4—手动拖动　5—导丝管
6—送丝电动机　7—焊剂斗　8—送焊剂软管　9—送焊剂嘴

A6 Mastertrac Tandem 双丝串列埋弧焊小车的结构如图 2-45 所示。从中可见，由于采取了模块化设计，各部件的结构基本与单丝埋弧焊小车相同，只是数量上的增减，小车支架在初步设计时，已经考虑到其功能的扩展。

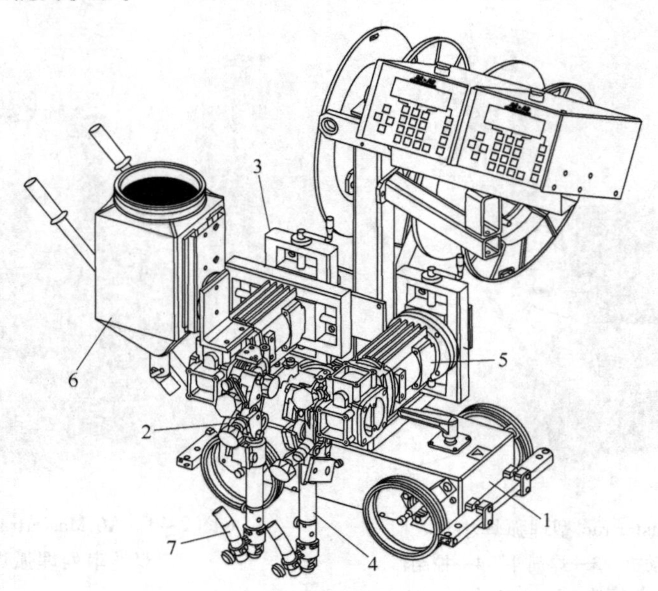

图 2-45 A6 Mastertrac Tandem 双丝串列埋弧焊小车的结构
1—行走小车 2—送丝机构 3—手动拖板 4—导丝管
5—送丝电动机 6—焊剂斗 7—送焊剂嘴

各种形式的 A6 Mastertrac 埋弧焊小车的技术特性数据见表 2-12。单丝和双丝串列埋弧焊小车的外形尺寸分别如图 2-46 和图 2-47 所示。

表 2-12 A6 Mastertrac 系列埋弧焊小车技术特性数据

主要技术特性		型号		
		A6TF	A6TF Twin	A6TFE2（Tandem）
控制电路电压（AC）/V		42	42	42
许用最大承载电流（负载持续率 100%）/A		1500	1500	2×1500
适用焊丝直径	实心焊丝	3.0~6.0	—	3.0~6.0
	药芯焊丝	3.0~4.0	—	3.0~4.0
	双丝并联	—	2×（2.0~3.0）	2×（2.0~3.0）
送丝速度/(m/min)	标准级	0.2~4.0	0.2~4.0	0.2~4.0
	高速级	0.4~8.0	0.4~8.0	—
焊丝盘制动力矩/(N·m)		1.5	1.5	1.5
小车行走速度/(m/min)		0.1~2.0	0.1~2.0	0.1~2.0
焊丝盘质量/kg		30	2×30	2×30
焊剂斗容积/L		10	10	10
小车质量（不包括焊丝和焊剂）/kg		110	110	158

注：表列数据引自 ESAB 公司最新产品样本。

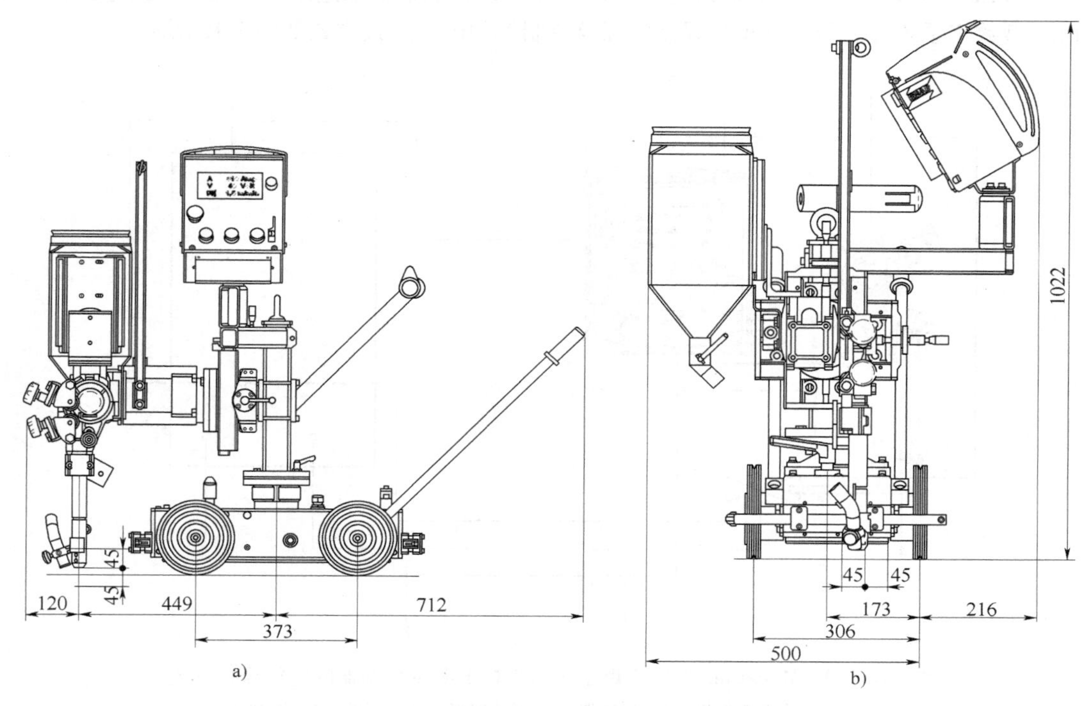

图2-46 A6TF Mastertrac 型埋弧焊小车外形尺寸

a）主视图 b）侧视图

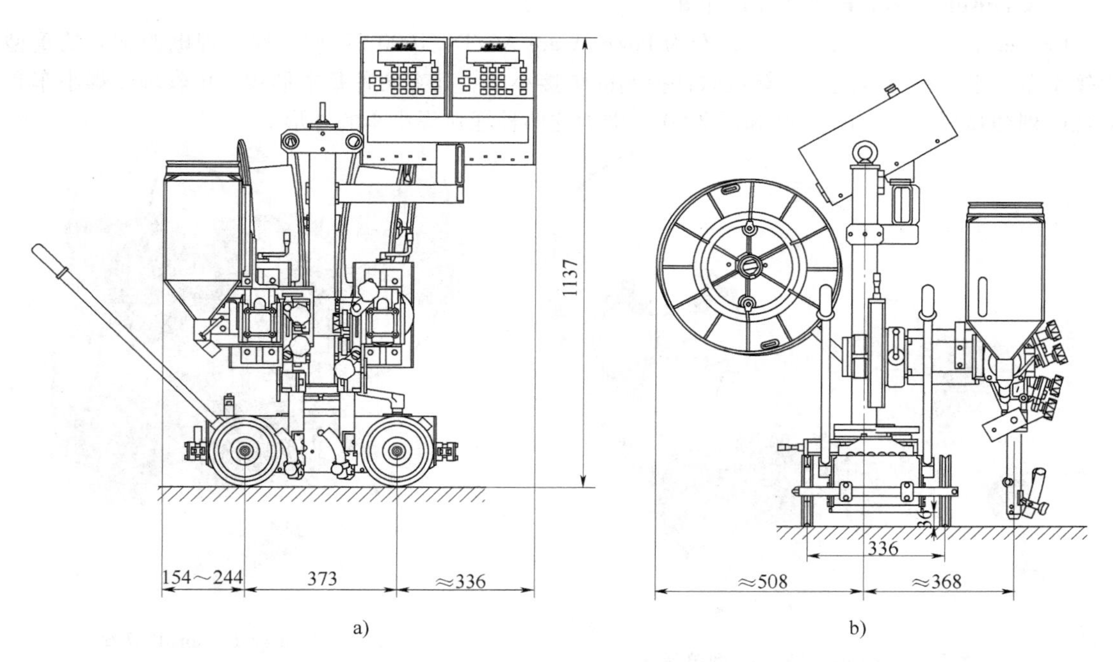

图2-47 A6 TFE2 Mastertrac 型双丝串列埋弧焊小车外形尺寸

a）主视图 b）侧视图

A6 Mastertrac 系列埋弧焊小车原则上配 PEH 型系统控制器。如选用数字控制焊接电源，则应配 PEK 型数字系统控制器。小车与焊接电源及控制器的电气连接方式如图 2-48 所示。

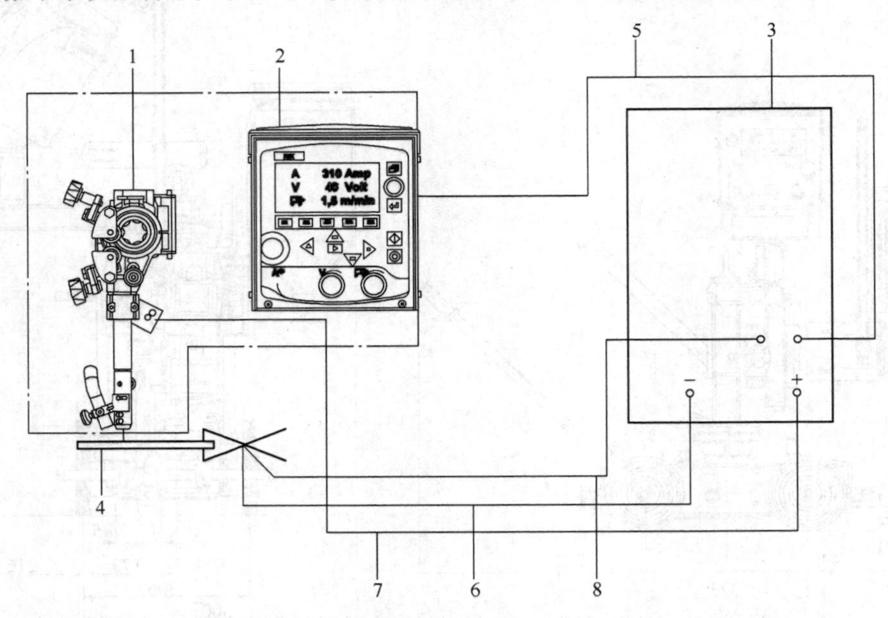

图 2-48 A6 Mastertrac 型埋弧焊小车与焊接电源及控制器的电气连接方式

1—小车式埋弧焊机 2—控制器 3—焊接电源 4—工件 5—控制线
6—接工件焊接电缆 7—接导电嘴焊接电缆 8—检测线

2. Cruiser Tractor 型埋弧焊小车

Cruiser Tractor 型埋弧焊小车是专为 Power Ware AC/DC 1000 SD 波控埋弧焊电源配套的重型焊接小车，也是一种以现代计算机软件控制的焊接小车。其有两种基本形式：单丝埋弧焊小车和双丝串列埋弧焊小车。图 2-49 和图 2-50 分别为这两种埋弧焊小车的外形。

图 2-49 Cruiser Tractor 型单丝埋弧焊小车外形

图 2-50 Cruiser Tractor 型双丝串列埋弧焊小车外形

为适应不同形状的接头，焊接小车可将4轮行走改成3轮行走的方式，如图2-51所示。

这种新型埋弧焊小车具有结构紧凑、紧固耐用的特点，行走十分平稳，故取名为“巡航小车”。其行走速度由测速反馈控制，可精确保持所要求的速度。小车控制盒功能强大，界面直观友好，可设定所有的焊接参数，包括交流波形参数。

Cruiser Tractor型焊接小车三维结构如图2-52所示。其主要组成部件有：立柱、垂直和水平滑板、托架、送丝机、焊丝校直机构、行走小车、滑动横梁、前后导杆和导轮以及控制盒等。

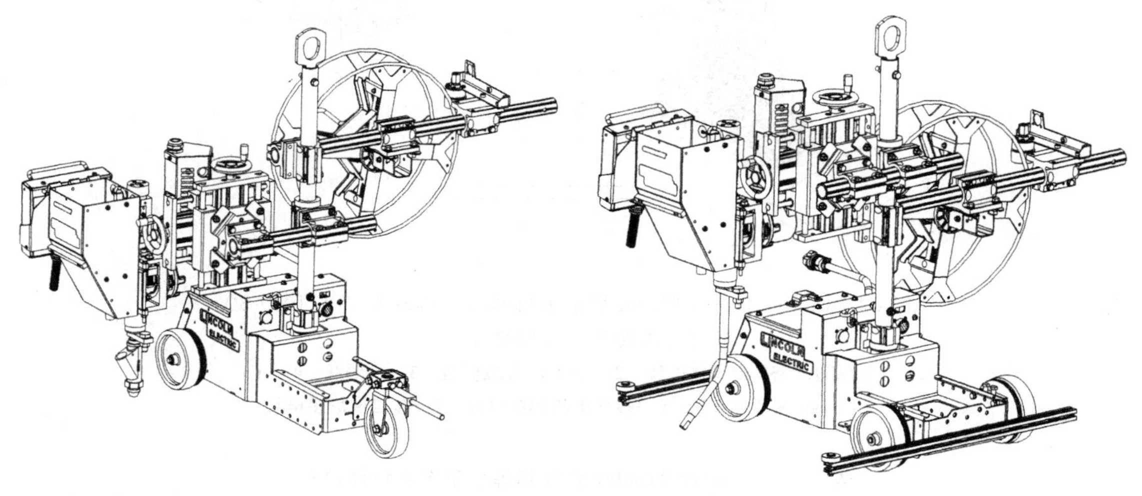

图2-51 Cruiser Tractror型3轮行走小车的结构

图2-52 Cruiser Tractor型焊接小车的结构

Cruiser Tractor型埋弧焊小车的技术特性数据见表2-13。小车外形尺寸如图2-53所示。焊接小车与焊接电源的电气连接方式如图2-54所示。

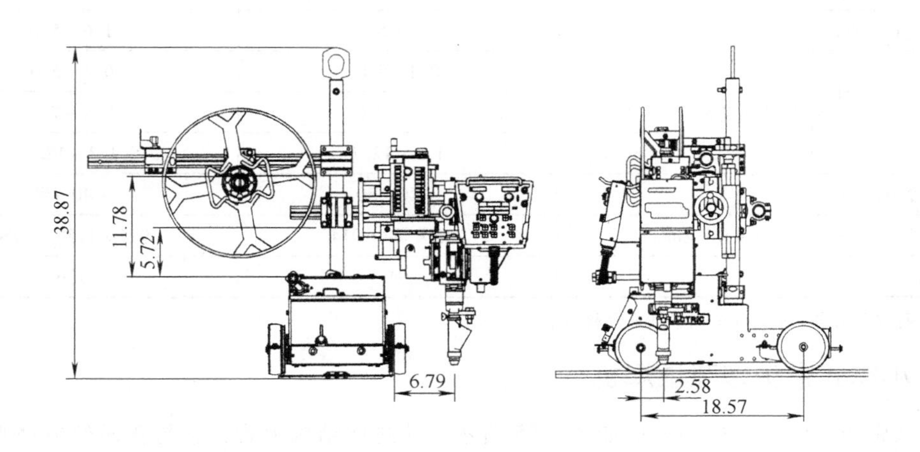

图3-53 Cruiser Tractor型埋弧焊小车外形尺寸

（图中的尺寸单位为in，1in＝25.4mm）

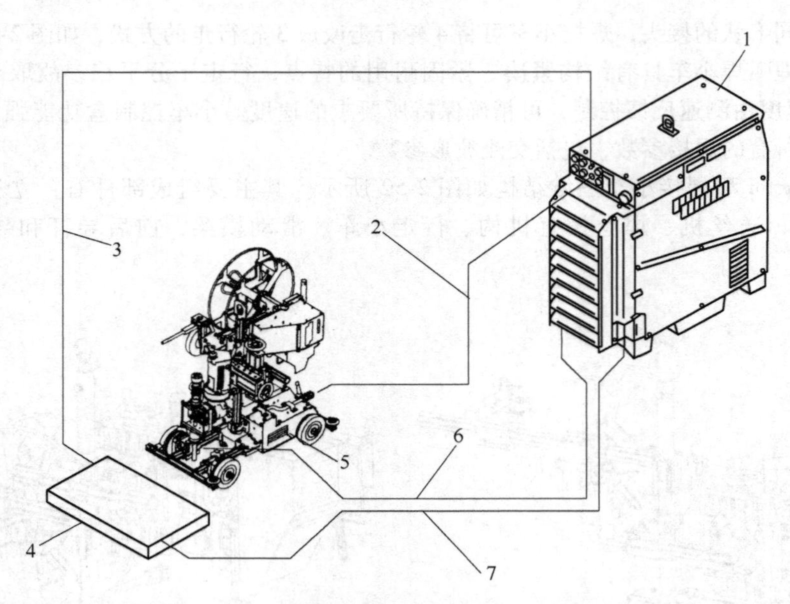

图 2-54　Cruiser Tractor 型埋弧焊小车与 Power Ware AC/DC 1000 SD 焊接电源的电气连接方式

1—AC/DC 1000SD 型焊接电源　2—Arclink 局域网线　3—检测线　4—工件
5—Cruiser 埋弧焊小车　6—接导电嘴焊接电缆　7—接工件焊接电缆

表 2-13　Cruiser Tractor 型埋弧焊小车技术特性数据

<table>
<tr><th colspan="3" rowspan="2">主要技术特性</th><th colspan="2">型　号</th></tr>
<tr><th>Cruiser Tractar</th><th>Tandem Cruiser Tractor</th></tr>
<tr><td colspan="3">控制器输入电压/V</td><td>40 DC</td><td>40 DC</td></tr>
<tr><td colspan="3">输入电流/A</td><td>8.0</td><td>8.0</td></tr>
<tr><td colspan="3">额定承载电流（100%负载持续率）/A</td><td>1000</td><td>2×1000</td></tr>
<tr><td colspan="3">小车行走速度范围/(m/min)</td><td>0.25～2.5</td><td>0.25～2.5</td></tr>
<tr><td colspan="3">适用焊丝直径/mm</td><td>1.6～5.6</td><td>1.6～5.0</td></tr>
<tr><td rowspan="3">送丝速度范围/(m/min)</td><td rowspan="3">齿轮箱速比</td><td>142:1</td><td>0.4～5.0</td><td>0.4～5.0</td></tr>
<tr><td>95:1</td><td>0.4～7.6</td><td>0.4～7.6</td></tr>
<tr><td>57:1</td><td>1.3～12.7</td><td>1.3～12.7</td></tr>
<tr><td colspan="3">工作温度范围/℃</td><td>-40～50</td><td>-40～50</td></tr>
<tr><td colspan="3">外形尺寸（高/mm×宽/mm×长/mm）</td><td>736×584×914</td><td>927×1156×1054</td></tr>
<tr><td colspan="3">质量/kg</td><td>94</td><td>136</td></tr>
</table>

注：表列数据引自 Limcolm 公司最新产品样本。

2.4.3　小车式带极埋弧堆焊机

小车式带极埋弧堆焊机的外形如图 2-55 所示。从总体结构上看，它与普通丝极埋弧焊机相似。在许多实际应用场合，可以直接利用标准型小车式埋弧焊机，并更换配备适用于带极的给送辊轮和导电嘴组件，其典型的结构如图 2-56 所示。

图2-55　小车式带极埋弧焊机的外形

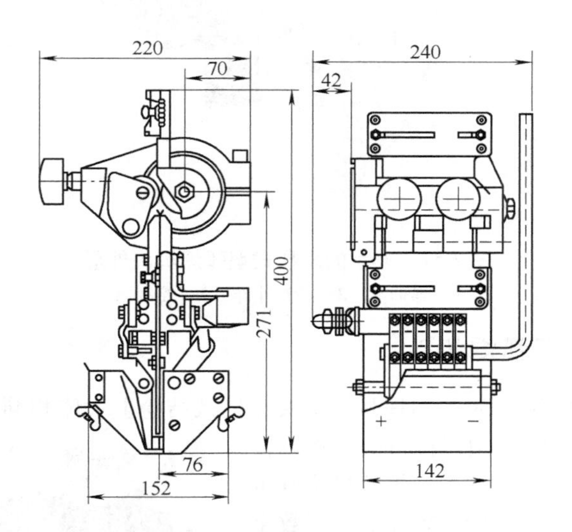

图2-56　带极送进辊轮和导电嘴组件结构及外形尺寸

这种标准型带极给送机构的技术特性数据见表2-14。

表2-14　标准型带极给送机构技术特性数据

最大承载电流/A	1500	适用焊带厚度/mm	0.5
送带轮直径/mm	50	送带速度/(m/min)	0.2~4.0
适用焊带宽度/mm	30~100	—	—

2.5 悬挂式埋弧焊机头

悬挂式埋弧焊机头通常与各种焊接操作机组合使用，是所有自动化埋弧焊装备不可缺少的重要组成部分，应用相当普遍。

图2-57所示是一种典型的悬挂式埋弧焊机头外形，主要由送丝机构、焊枪及其调节装置、横向和纵向拖板机头固定支架、电气控制盒、连接电缆线、焊剂斗和输送软管及焊丝盘支架等组成。

图2-57 典型的悬挂式埋弧焊机头外形
1—焊剂斗 2—行走小车 3—控制箱

2.5.1 NA—X系列埋弧焊机头

美国林肯公司生产的NA—X系列埋弧焊机头在机械结构上大体相同，主要差别在于电气控制盒的功能。NA—3和NA—5型焊接机头的控制盒可配用直流埋弧焊电源，而NA—4型焊接机头则可配用交流埋弧焊电源。NA—5R型控制器装有数字通信接口，可以直接与数字程序控制的自动化焊接装备电控系统相接。图2-58所示为选用NA—5R型焊接机头，并安装在侧梁操作机上的双丝并联埋弧焊装备的外形。

图2-58 安装在侧梁焊接操作机上的NA—5R型机头组成的双丝并联埋弧焊装备外形

NA—X系列埋弧焊机头具有结构简单，调节灵活，操作方便的特点。通过不同的组合可以构成图2-59所示的各种埋弧焊设备。焊接机头除了可作水平和垂直方向的调节外，还可朝不同方向作旋转和倾斜，如图2-60所示，以适应各种形状接头的焊接。

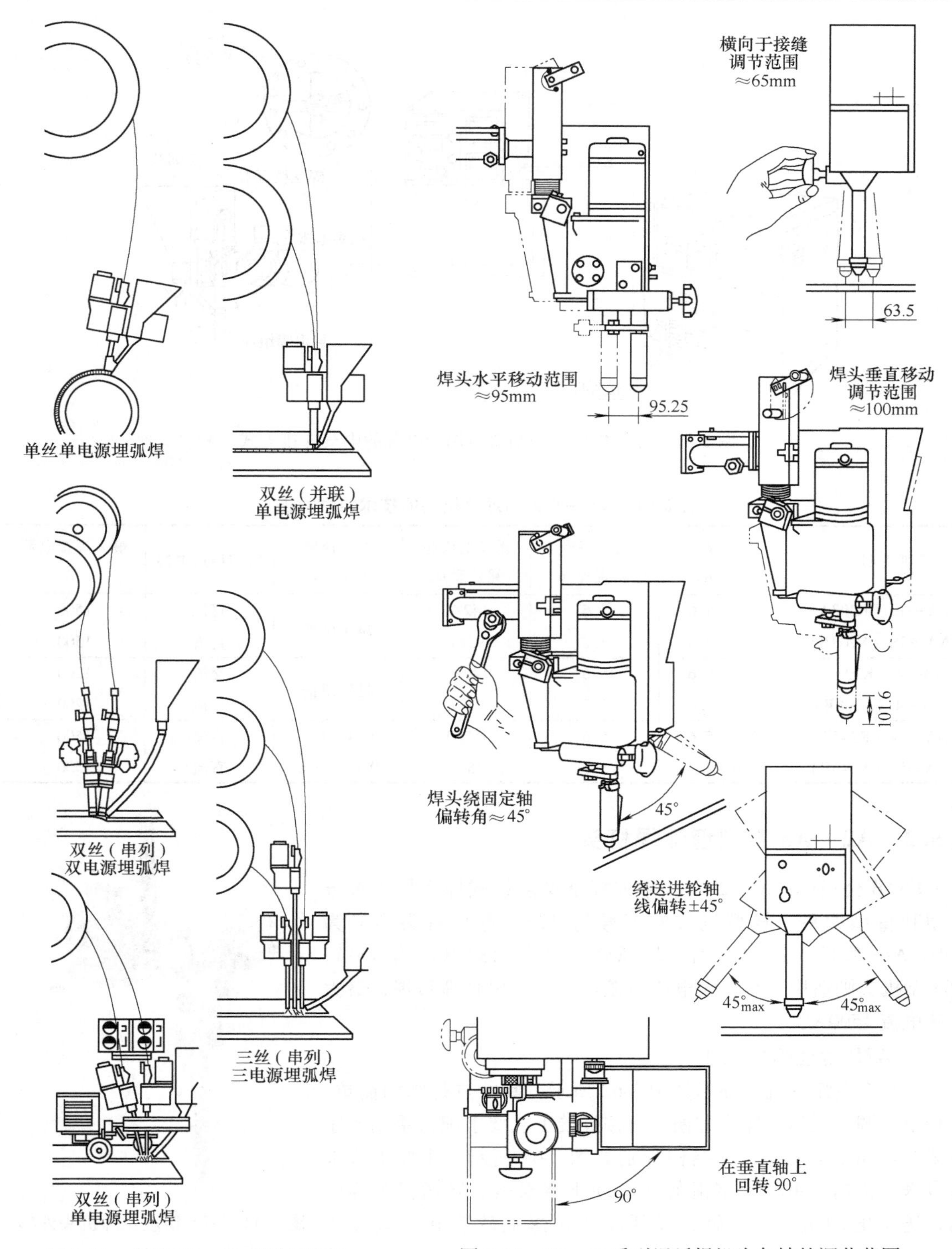

图2-59　利用NA—X系列埋弧焊机头构成的各种埋弧焊设备

图2-60　NA—X系列埋弧焊机头各轴的调节范围

焊接机头、控制盒和焊接电源之间的电气连接如图2-61所示。NA—X系列埋弧焊机头的技术特性数据见表2-15，可以基本满足自动化程度不高的埋弧焊装备的要求。

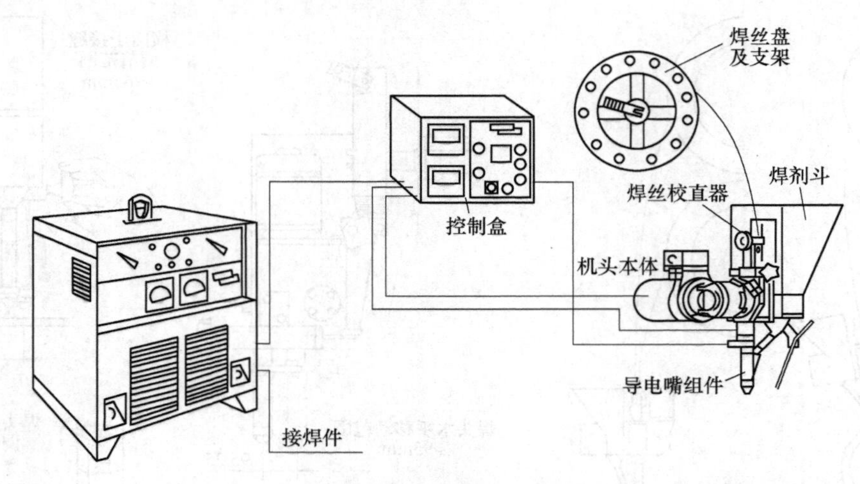

图 2-61 焊接机头、控制盒与焊接电源的电气连接方式

表 2-15 NA—X 系列焊接机头的技术特性数据

机头型号	适用焊丝直径/mm	实心焊丝最大直径/mm	送丝机齿轮箱传动比	送丝速度/(m/min)	适用焊接电源	最大焊接电流/A
NA—3S (K208A)	2.4~5.6	5.6	142/1	弧压反馈	直流	1500
NA—3S (K208B)	1.6~2.4	3.2	95/1		直流	1500
NA—4 (K208A)	2.4~5.6	5.6	142/1	弧压反馈	交流	1200
NA—4 (K208B)	1.6~2.4	3.2	95/1		交流	1200
NA—5s (K346A)	2.4~5.6	5.6	142/1	0.4~7.4	直流	1500
NA—5s (K346B)	1.6~2.4	3.2	95/1	0.6~10.8	直流	1500

2.5.2 A2~A6 系列埋弧焊机头

ESAB 公司生产的 A2~A6 系列标准型悬挂式埋弧焊机头分轻型和重型两种。轻型机头的型号为 A2S，重型机头型号为 A6S。A2S 型机头适用于细丝埋弧焊，最大承载电流为 800A，A6S 型机头则适用于粗丝大电流埋弧焊和双丝串列埋弧焊，最大承载电流 1500A。

1. A2S 型埋弧焊机头

A2S 型埋弧焊机头外形如图 2-62 所示，其特点是结构简单、体积小、调节灵活、操作方便。可按焊接工艺要求配备手动十字滑架或电动十字滑架，其结构分别如图 2-63 所示。主要组成部件有送丝机构、手动十字滑架或电动十字滑架、导丝杆和导电嘴，送丝电动机、导向针、焊剂斗和送焊剂软管和焊丝盘支架等。

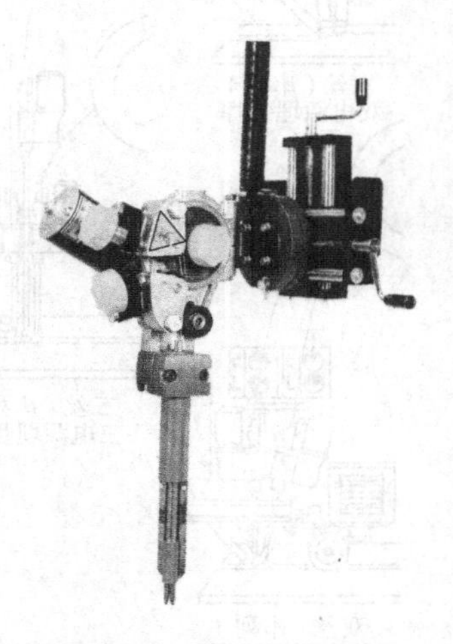

图 2-62 A2S 型埋弧焊机头外形

A2S 型埋弧焊机头按焊接生产过程自动化程度的要求可配 PEI 型简易自动控制器和 PEK 型数字系统控制器。焊接电源可按焊接工艺的要求配 LAF 型直流埋弧焊电源或 TAF 型交流埋弧焊电源。A2S 型焊接机头与控制器和焊接电源的电气连接方式如图 2-64 所示。

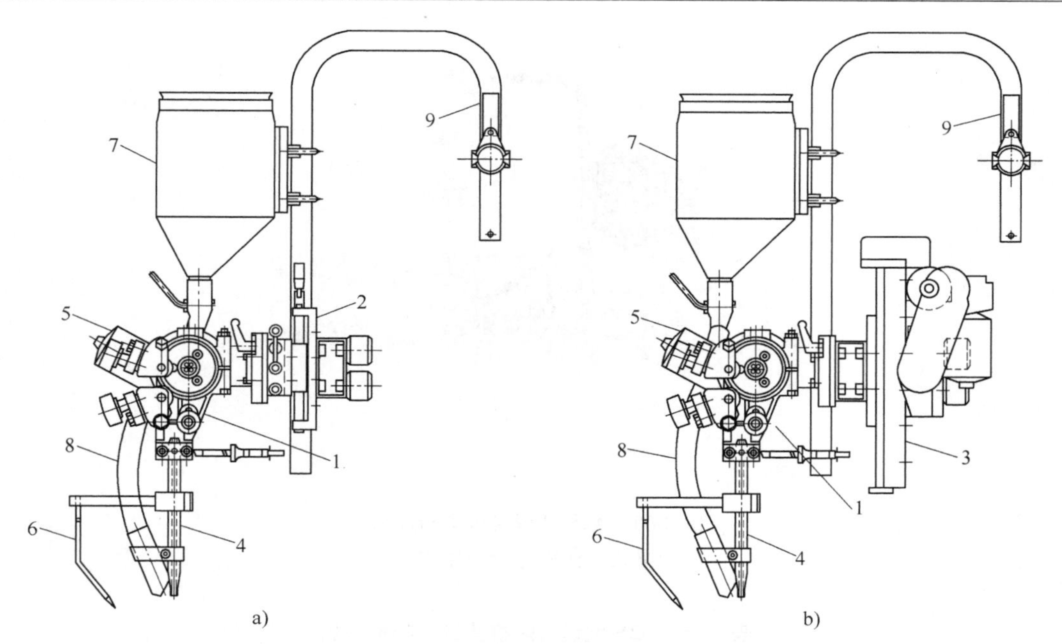

图 2-63　A2S 型埋弧焊机头结构示意图

a）配手动十字滑架　b）配电动十字滑架

1—送丝机构　2—手动拖板　3—电动拖板　4—导丝管　5—送丝电动机

6—指针　7—焊剂斗　8—送焊剂软管　9—焊丝盘支架

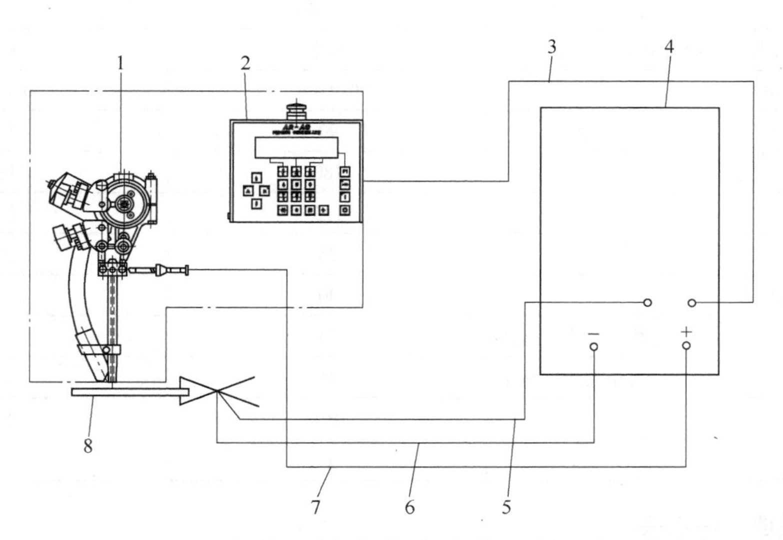

图 2-64　A2S 型焊接机头与控制器和焊接电源的电气连接方式

1—A2S 型焊接机头　2—控制器　3—控制线　4—焊接电源　5—检测线

6—接工件焊接电缆　7—送导电嘴焊接电缆

A2S 型埋弧焊机头具有单丝埋弧焊和双丝并联埋弧焊功能。采用双丝并联埋弧焊时，只需更换焊丝送进轮、导丝管和导电嘴等附件。

A2S 型埋弧焊机头可与各种焊接操作机配套使用，图 2-65 所示为其与简易侧梁操作机组合使用实例。A2S 型埋弧焊机头的技术特性数据见表 2-16。

图 2-65　A2S 型焊接机头与简易侧梁式操作机组合使用实例

表 2-16　A2S 型埋弧焊机头技术特性数据

主要技术特性		型号	
		A2SF J1	A2SF J1 Twin
适用焊丝直径/mm	实心焊丝	1.6～4.0	2×（1.2～2.0）
	药芯焊丝	1.6～4.0	—
最大承载电流（负载持续率 100%）/A		800	800
送丝速度/(m/min)		0.2～9	0.2～9
十字滑架行程/mm	手动	90	90
	电动	180	180
焊丝盘制动力矩/(N·m)		1.5	1.5
侧向倾斜度（最大）/(°)		25	25
焊丝盘最大质量/kg		30	2×30
质量/kg	配手动十字滑架	23	23
	配电动十字滑架	45	45
防护等级		IP10	IP10
焊剂斗容积/L		6	6

2. A6S 型埋弧焊机头

A6S 型悬挂式埋弧焊机头是重型机头，其外形尺寸（图 2-66）比 A2S 机头大，显得结实、稳固、可靠、耐用，同时具有较好的柔性。可用于单丝埋弧焊、双丝并联埋弧焊和双丝串列埋弧焊。

A6S 型埋弧焊机头按焊接工艺要求可分别配手动十字滑板、电动十字滑板和双送丝机构，其外形分别如图 2-67、图 2-68 和图 2-69 所示。

A6S 型埋弧焊机头的主要部件有：送丝机构、送丝电动机及减速器、手动或电动十字滑板、导丝及导电嘴、焊丝盘支架、焊剂斗和输送软管等。在双丝串列埋弧焊机头上还增设了特种焊丝矫直机构。

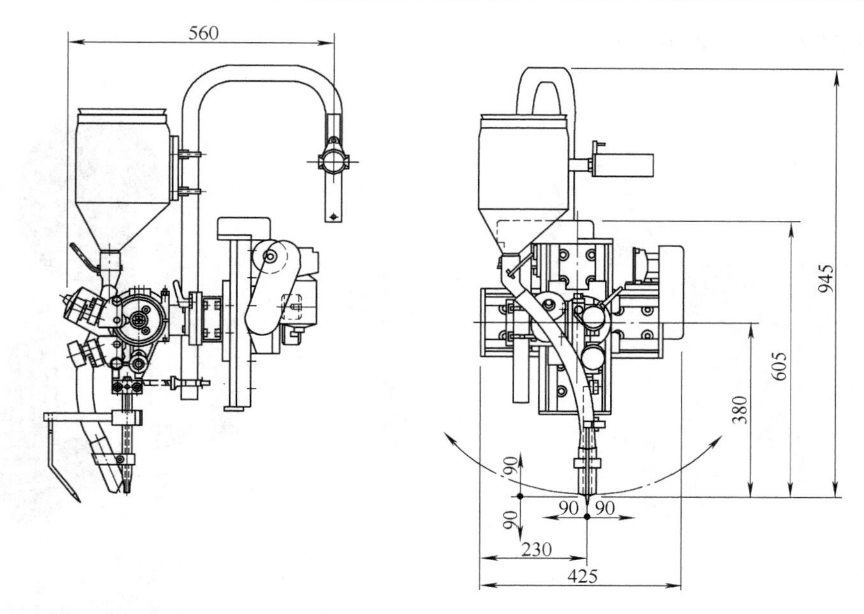

图2-66　配电动十字滑架的A2S型焊接机头外形尺寸

图2-67　配手动十字滑板的A6S单丝埋弧焊机头外形

图2-68　配电动十字滑板的A6S双丝并联埋弧焊机头外形

由图2-67～图2-69可见，这些机头虽然用途不同，但因采取了模块化设计，主要的核心部件都选用了相同的标准件，如送丝机、十字滑板等。

A6S型焊接机头的送丝电动机具有较大的功率，可平稳给送最大直径为ϕ6.0mm的实心焊丝。如更换给送轮、压紧轮及导电块，也可给送最大宽度为100mm的带极，以进行带极埋弧堆焊，焊接机头的外形如图 2-70 所示。

图 2-69　A6S 双丝串列埋弧焊机头外形

图 2-70　A6S 带极埋弧堆焊机头外形

A6S 型埋弧焊机头通常配 PEH 型系统控制器。如选用数字控制或波控埋弧焊电源，则应配 PEK 型数字系统控制器。如果焊接机头配备焊缝自动跟踪系统，则应加装 A6GMD 或 A6GMH 型自动跟踪控制器。双丝串列埋弧焊机头与控制器及焊接电源的电气连接方式如图 2-71 所示。

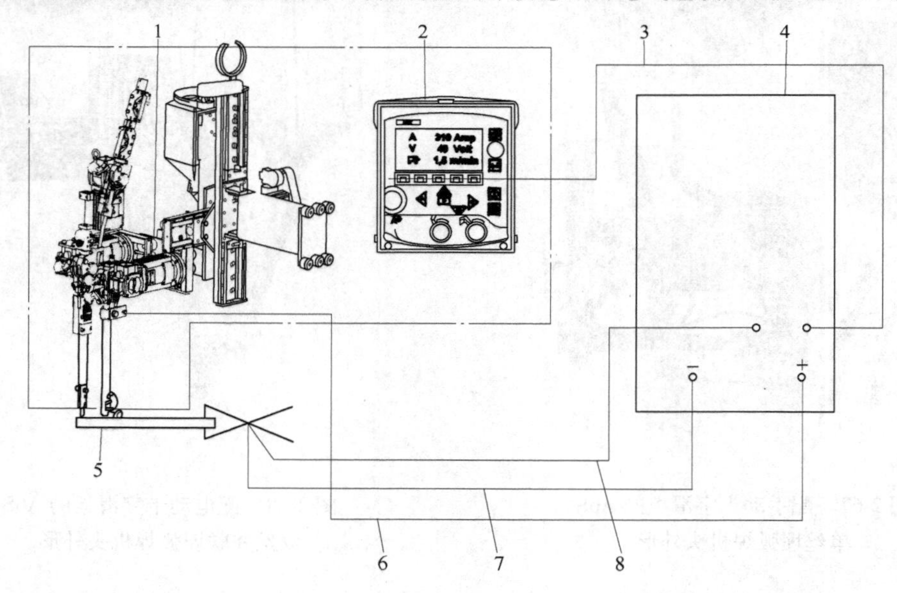

图 2-71　A6S 双丝串列埋弧焊机头与控制器及焊接电源的电气连接方式

1—A6S 双丝串列埋弧焊焊头　2—PEK 控制器　3—控制线　4—焊接电源　5—工件
6—接导电嘴焊接电缆　7—接工件焊接电缆　8—检测线

A6S 型埋弧焊机头的技术特性数据列于表 2-17。单丝和双丝串列埋弧焊机头的外形尺寸如图 3-72 和图 2-73 所示。

表 2-17　A6S 系列埋弧焊机头技术特性数据

主要技术特性		型号	
		A6SF	A6S Tandem
额定承载电流（负载持续率 100%）/A		1500	1500
适用焊丝直径/mm	实心焊丝	3.0~6.0	3.0~6.0
	药芯焊丝	3.0~4.0	3.0~4.0
	并联双丝	2×（2.0~3.0）	2×2.5
送丝速度/(m/min)	标准档	0.2~4.0	0.2~4.0
	高速档	0.4~8.0	0.40~8.0
焊丝量制动力矩/(N·m)		1.5	1.5
焊丝盘质量/kg		2×30	4×30
十字滑板行程/mm		手动 210，电动 300	355×595
侧向倾斜度（最大）/(°)		25	—
旋转滑板行程/(°)		±180	90
焊剂斗容积/L		10	10
质量/kg		手动 58，电动 75	215

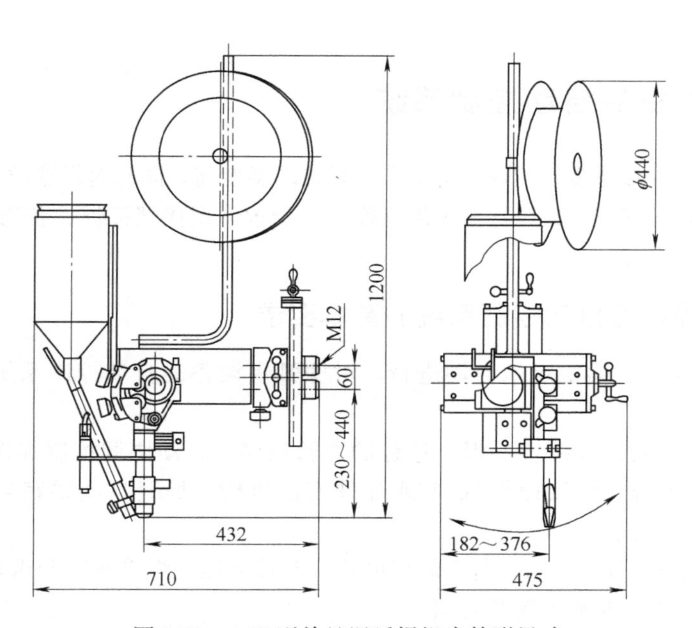

图 2-72　A6S 型单丝埋弧焊机头外形尺寸

A6S 型埋弧焊机头可与各种焊接操作机组合使用，构成多种用途的自动埋弧焊装备。利用标准型 A6S 单丝埋弧焊机头可方便地组装成 3 丝、4 丝、5 丝和 6 丝埋弧焊设备，实现多丝高效埋弧焊。

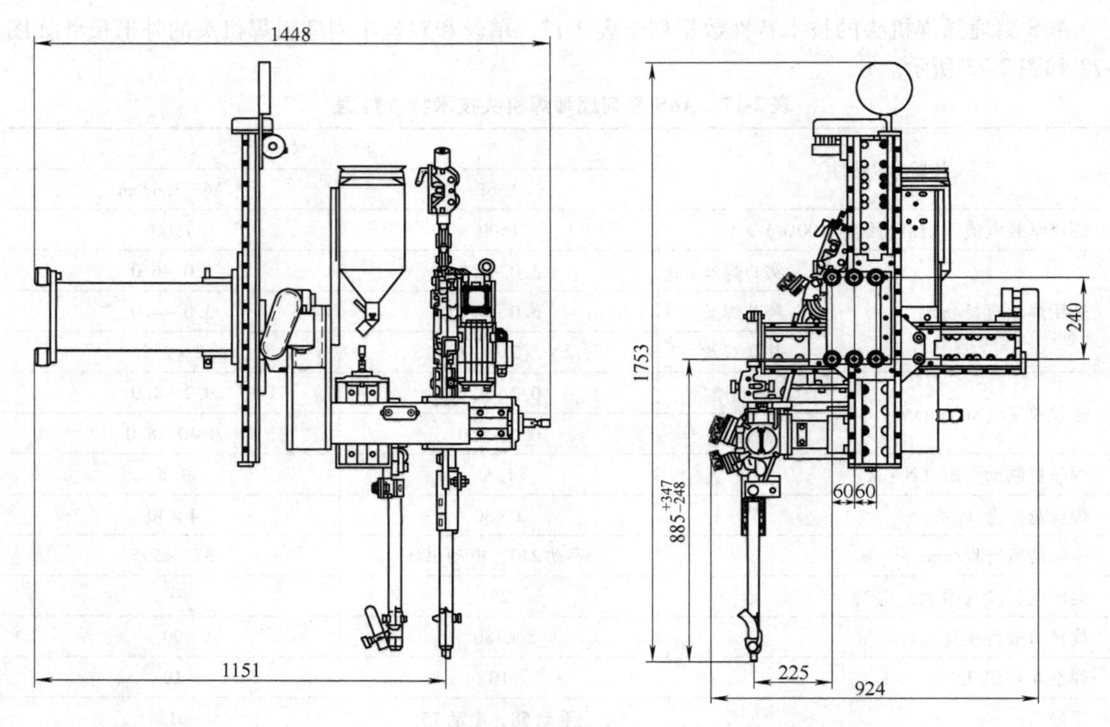

图 2-73 A6S 型双丝串列埋弧焊机头外形尺寸

2.6 埋弧焊设备的自动控制系统

埋弧焊的特点是焊接速度快，焊接电流大，焊接区温度高。同时对焊缝质量要求高。因此埋弧焊过程应尽可能自动完成，减少甚至无须操作工的干预。现代埋弧焊设备通常配备功能齐全、自动化程度高的控制系统。

2.6.1 对埋弧焊设备自动控制系统的基本要求

为保证埋弧焊过程连续稳定地自动进行，对埋弧焊设备的自动控制系统提出了以下基本要求：

1）应按厚壁接头或长焊缝埋弧焊全过程的逻辑程序，自动协调控制焊接机头（或行走小车）、送丝机、焊接电源、焊接操作机和/或焊件变位机构，焊缝自动跟踪器和其他辅助装置（如焊剂输送回收器）等。

2）焊前可预置主要焊接参数，包括焊接电流、电弧电压、焊接速度和送丝速度等，并在焊接过程中闭环反馈控制，精确保持预置值。

3）焊接过程中应清晰地数字显示主要焊接参数，以便实时监控。除自动反馈控制外，必要时也可手工调整。可根据质量控制要求的等级，实时记录各主要焊接参数，并打印成质量记录文件。

4）可按实际焊接工艺要求，设定焊接全过程的焊接程序，并可分别按时序、脉冲信号或数字信号进行自动程序控制。

5）控制器面板（人机界面）操作应简便，界面友好，直观、清晰、图形化。

6）为适应现代工业信息化、网络化的快速普及，控制系统应具有计算机软件控制和网络控制的功能。

为满足上述技术要求，现代埋弧焊设备自动控制系统已普遍采用功能强大的微处理机、PLC、DSP（数字信号处理器）、工控机和小型计算机作为核心控制元件。图2-74示出最新一代的大型埋弧焊装备以PC机为基础的自动控制系统及其人机界面。

图2-74　现代大型埋弧焊装备自动控制系统及其人机界面

2.6.2　埋弧焊设备自动控制系统的构成

现代埋弧焊设备自动控制系统典型的结构框图如图2-75所示。其由三大部分组成：第一部分是主控器模块，它通过各种传感器发出的信号自动反馈控制各主要焊接参数、修正焊枪的位置，保证所要求的焊道成形和熔透深度，并按焊接工艺的要求，编制焊接过程时序。第二部分是可编程序逻辑控制器（PLC），它作为主控元件之一，起到焊接系统控制器和外设输入/输出界面的作用。通过串行接口，利用用户定义寄存器，可编制100多组动作程序。串行接口也可用于上传或下载各种焊接参数，并构建系统控制器的控制功能。第三部分是传感器检测模块。在焊接过程中，不断向主控制器输入实测信号，经比较放大驱动执行模块，进行快速的反馈控制。传感器模块主要由电弧电压、焊接电流、位移和速度等传感器组成。

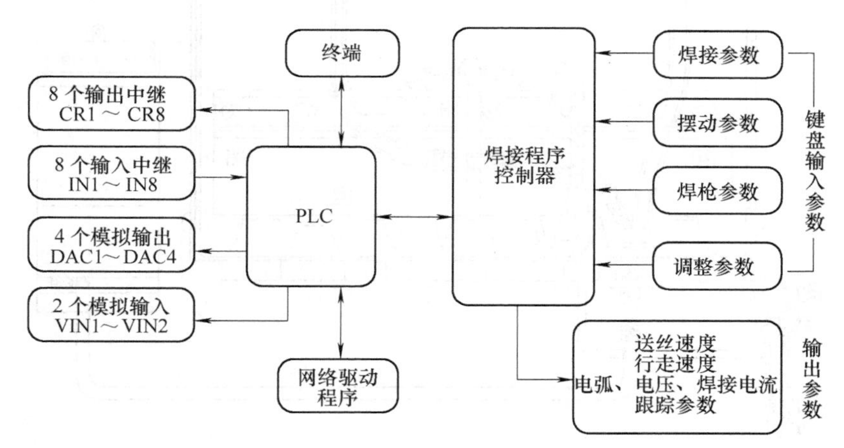

图2-75　现代埋弧焊设备自动控制系统结构框图

自动控制器与焊接电源、送丝机、机头电动十字滑架，焊接操作机或焊接小车、焊件变位机械和各种传感器通过相应的接口，采用普通控制电缆线（传送模拟信号）或数字通信电缆、网络控制电缆线连接。

为操作和管理上的方便，自动控制系统通常还可外接遥控盒，用于焊前调整焊枪的位置和其他执行机构的定位。必要时，还可在焊接过程中修正焊接参数。遥控盒上的荧光屏显示预置的主要焊接参数和实测的瞬时值。

2.6.3 PEH型系统控制器

PEH型系统控制器是ESAB公司早期研发成功的标准型焊接系统控制器。其外形如图2-76所示。它以微处理机作为核心控制元件，并与焊接电源控制电路板、送丝机和焊接机头（或行走小车）电动机控制和调整模块、I/O（输入/输出）控制元件，通过总线电缆集成。其连接方式分别如图2-77和图2-78所示。

PEH系统控制器以计算机软件选单的方式在控制面板上设定所要求的焊接参数和焊接程序，基本上可实现焊接过程的自动化。控制面板上的按键、开关和显示屏的布局如图2-79所示。

图2-76 PEH型系统控制器外形

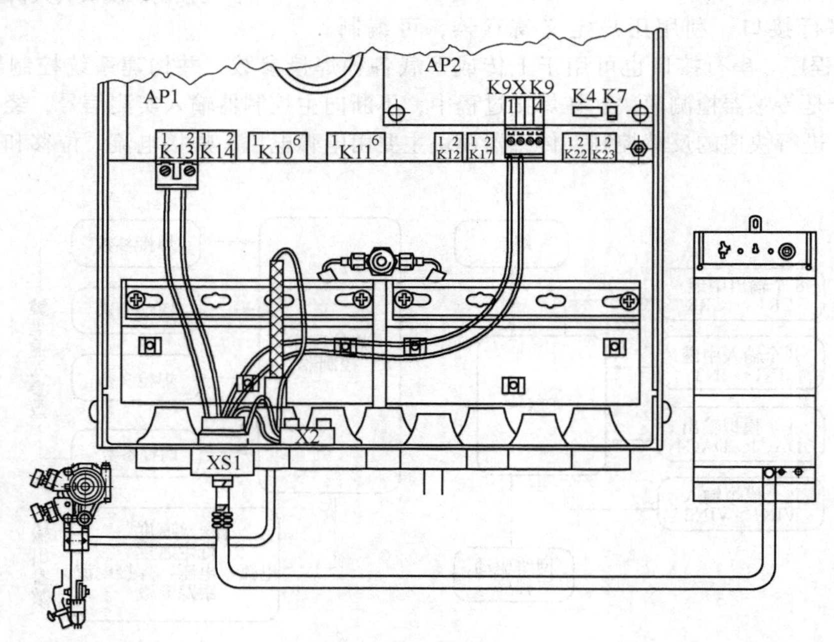

图2-77 PEH型系统控制器与焊接电源和焊接机头的电气连接方式

按下带箭头的数字键，可在焊接过程中增/减焊接电流、电弧电压和行走速度。

按＊号键和#号键或按9号键（黑色）+#号键或按9号键+＊号键可浏览选单各行设定的参数。

PEH型系统控制器软件具有若干层选单。最主要的选单形式分主选单，设置选单和系统预置选单，如图2-80所示。

主选单可用于设定下列焊接参数，单位长度上（cm）的热输入焊接电流、送丝速度、电弧电压和焊接速度，显示屏上可数显预置值。

设置选单则用于设定引弧方法、焊接结束方式、焊接方向、恒流或恒速送丝调节方式、焊丝种类、焊丝材料类别和焊丝直径等。

系统预置选单用于设置与焊接设备系统配置相关的参数，如焊接电缆的长度、控制线和信号检测线长度、焊接电源和送丝机的型号等。

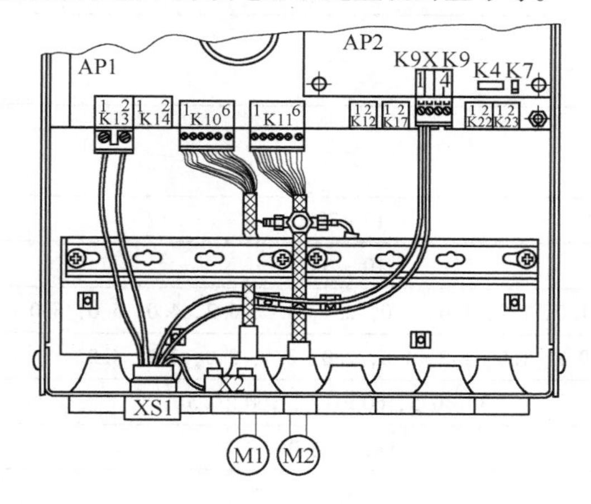

图 2-78　PEH 系统控制器与送丝电动机和焊机行走电动机的电气连接方式

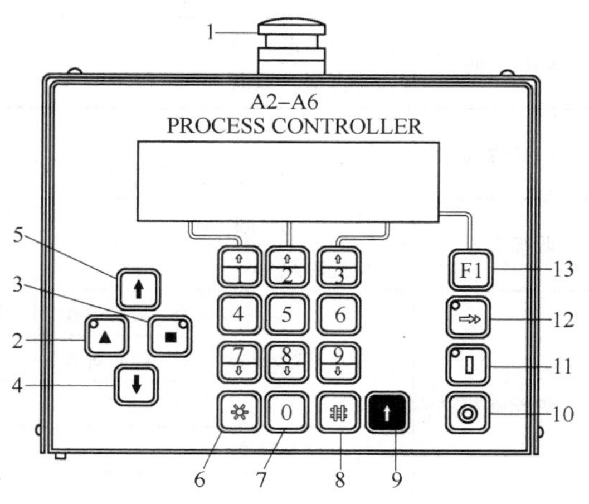

图 2-79　PEH 型系统控制器面板上功能键，开关和显示屏的布局

1—急停开关　2—反抽焊丝　3—正向行走　4—反向行走　5—下送焊丝　6—变换选单　7—数字键　8—输入键　9—换档键　10—停焊键（返回至手工模式）　11—启动焊接（转至自动模式）　12—快速送丝或机头快速移动键　13—滚动页面键或关闭阀门

在主选单上可设置的参数显示如图 2-81 所示。

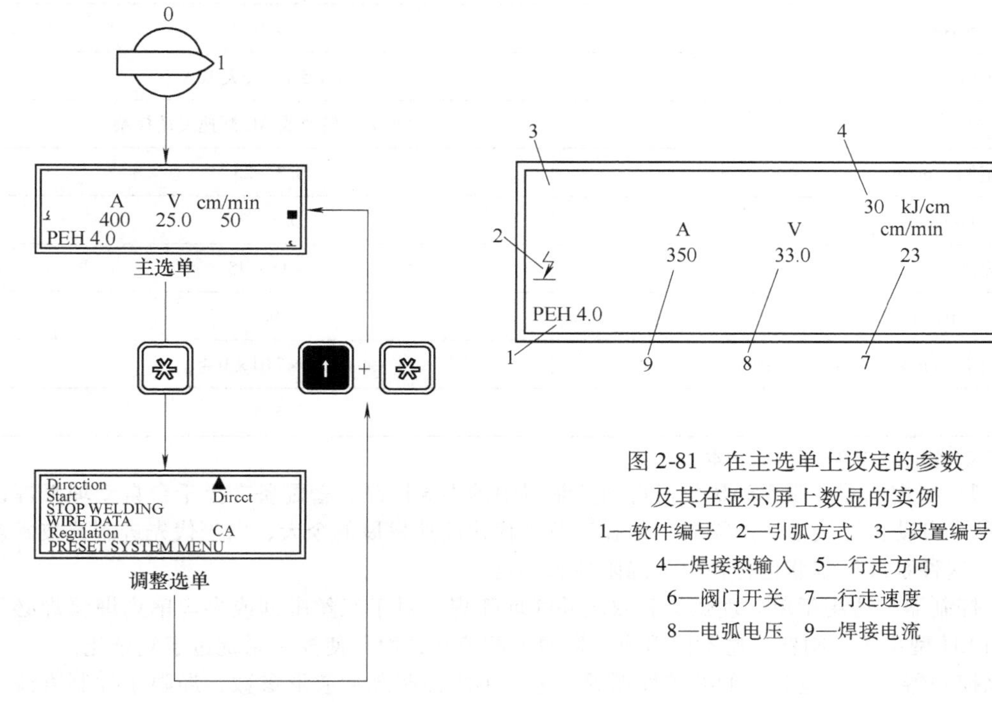

图 2-80　PEH 型控制器软件选单层次

图 2-81　在主选单上设定的参数及其在显示屏上数显的实例

1—软件编号　2—引弧方式　3—设置编号　4—焊接热输入　5—行走方向　6—阀门开关　7—行走速度　8—电弧电压　9—焊接电流

设置选单上可设定的各种参数及其范围见表2-18。

表2-18 在设置选单上可设定的参数及其范围

可设置的焊接参数			
参数类别	参数名称及符号		参数范围
焊接方向	△（三角形）单向 □（方形）双向		—
引弧方法	直接引弧 划擦引弧		—
收弧方式	填补弧坑时间/ms		10~3000
	反烧时间/ms		10~2000
焊丝参数	焊丝直径/mm	实心焊丝	0.8，1.0，1.2，1.6，2.0，2.4，3.0，3.2，4.0，5.0，6.0
		药芯焊丝	0.8，1.0，1.2，1.6，2.0，2.4，3.0，3.2，4.0
		焊带	30×0.5，60×0.5，100×0.5
	焊丝材料种类		Fe，不锈钢
	焊丝根数		1.2
电流调节方式	CA（恒流） CW（恒速送丝）		

PEH型系统控制器的技术特性数据列于表2-19。

表2-19 PEH型系统控制器技术特性数据

主要技术特性	型号
	A2-A6 PEH
额定输入电压AC 50/60Hz/V	42
额定负载（max）/(V·A)	900
电动机电枢电流/A	连续5A，最大10A
送丝速度控制方式	电子驱动模块或AC测速反馈控制
送丝速度范围/(m/min)	0.3~25
焊接速度/(m/min)	0.1~2
工作环境温度/℃	-15~45
相对湿度（max）(%)	98
外形尺寸（长/mm×宽/mm×高/mm）	355×210×164
重量/kg	5.5

注：表载数据引自ESAB公司产品样本。

PEH型系统控制器曾是ESAB公司自动控制器中的主导产品，曾配备在上千台自动埋弧焊设备上，满足了自动化焊接生产的需要。但在工业现代化高速发展的今天，以当代先进制造技术观点来分析，这种系统控制器也存在以下局限性和不足。

1）该控制器只适用于单丝埋弧焊和双丝并联埋弧焊。对于双丝串列或多丝串列埋弧焊必须配备多台PEH型系统控制器。这不但造成了资源上的浪费，而且使控制系统过于复杂化。

2）该控制器不能适应先进的波控埋弧焊工艺，不能控制脉冲波形参数，局限于控制直流电和普通方波交流电。

3）该控制器配备了以模拟信号驱动的微处理机，不能控制现在已普遍采用数字控制的焊接电源、送丝机和焊接机头行走小车等。更不能通过局域网对焊接系统进行网络控制。

2.6.4 PEK型系统控制器

为克服PEH型控制器上述缺点，ESAB公司研发成功并已定型生产的PEK型系统控制器是一种以网络控制为基础的数字系统控制器，已装备于该公司生产的各种埋弧焊设备，其外形如图2-82所示。

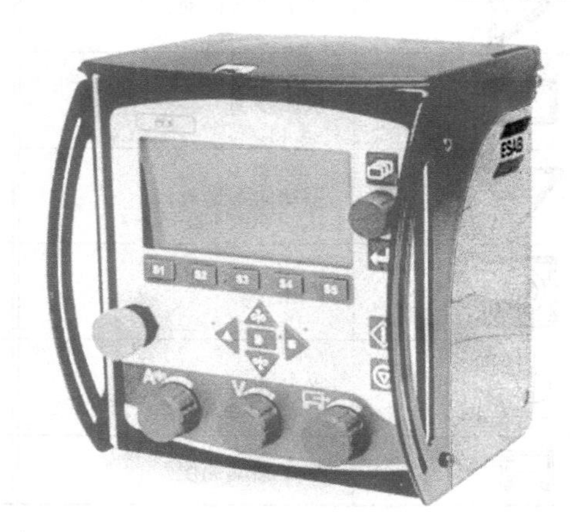

图2-82 PEK型数字系统控制器外形

PEK型数字系统控制器具有以下特点：

1）通过局域网总线传递数据，并以数字信号进行控制。

2）可驱动编码器反馈控制的电动机，使焊接设备各种线性运动精度达到顶级的水平。

3）可同时控制焊接电源（包括数控焊接电源）、焊接机头及其行走机构（行走小车或立柱横梁操作机）、送丝机和焊缝自动跟踪系统（包括激光跟踪）。并适应双丝串列埋弧焊。

4）以计算机软件多层选单的方式设置和调整各焊接参数和焊接程序。

5）可储存255组焊接参数。所选用的焊接参数可直接存储于USB闪存盘中。

6）利用USB端口备份和传递数据。

7）借助Weld Point软件可将实际使用的焊接参数在PC机上或通过局域网在中央控制器上文件化。

8）设置了5个软键，可按焊工的意愿或按特殊的焊接工艺要求，构建焊接程序。

9）可通过计算机软件升级，无限扩展控制器的功能。

10）采用大尺寸液晶显示屏，便于焊接参数的设置和实时检测。

11）控制面板的界面友好，并采用清晰的文本选单。

图2-83所示为PEK型系统控制器面板的布局。其中直观图形和符号说明见表2-20。

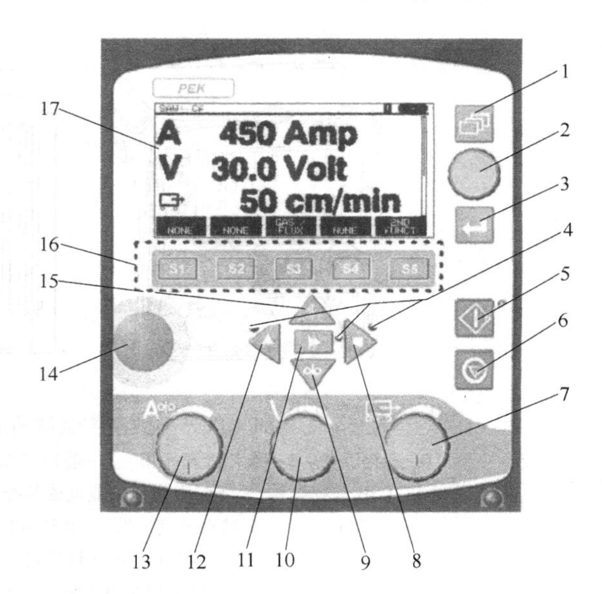

图2-83 PEK型系统控制器前面板布局

1—选单键 2—定位旋钮（移动鼠标） 3—输入键 4—指示灯 5—焊接起动 6—焊接停止 7—行走速度调整旋钮 8—小车行走手动键 9—送丝手动键 10—电弧电压调整旋钮 11—快速行走键 12—小车行走手动键（反向） 13—焊接电流调整旋钮 14—急停开关 15—焊丝回抽手动键 16—软键 17—显示屏

表 2-20　PEK 型控制器面板各种符号图形意义

符号图形	代表意义	符号图形	代表意义
	主选单		回车键（输入键）
	手工单向移动		手动双向移动
	快速移动		手动焊丝回抽
	手动向下送丝		启动
	停止	A	焊接电流
	送丝速度	V	电弧电压
	小车移动速度		

控制器前后面板上各种接口的设置如图 2-84 所示。

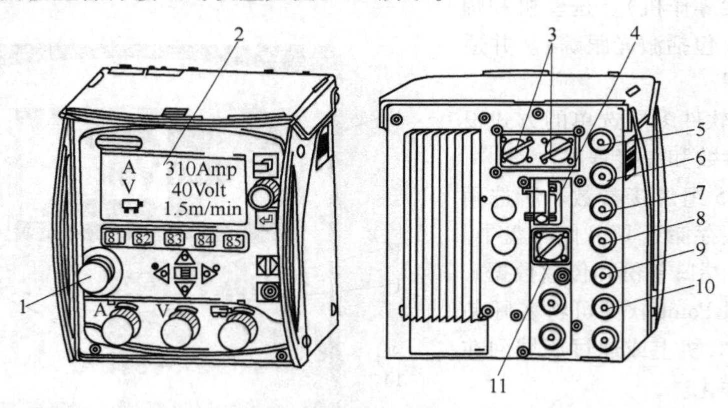

图 2-84　PEK 型数字控制器前后面板接口的设置

1—急停开关　2—大尺寸显示屏　3—遥控器或服务工具接口（接控制局域网）　4—USB 闪存器接口　5—限位开关或电磁阀控制线接口　6—送丝速度反馈控制线接口　7—机头移动速度反馈控制线接口　8—电弧电压反馈控制线接口　9—焊接机头移动小车电机控制线接口　10—送丝电机控制线接口　11—焊接电源控制电缆线插孔

控制器计算机软件设置了主选单、配置选单、工具选单、焊接数据设置选单、度量选单、焊接数据存储选单、快速模式选单。

按控制面板上的选单键 1，即可进入主选单，图 2-85 所示为主选单的格式。在主选单上可以选择焊接方法、工艺方法、调节方式、焊丝种类和直径。通过移动光标，还可进入其他子选单。

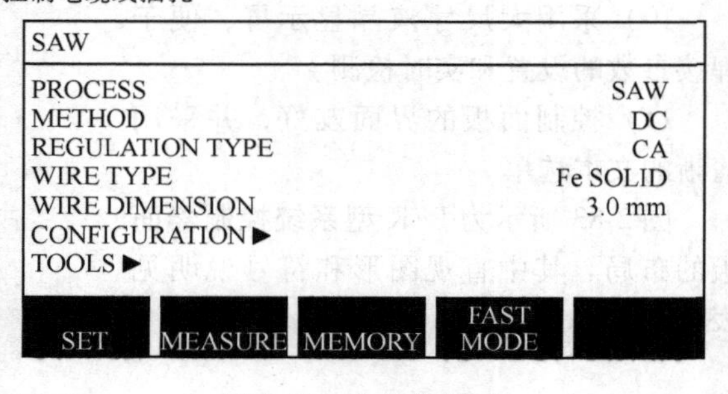

图 2-85　主选单格式

图 2-86 所示为配置选单格式。在配置选单上可以选择语言、修改密码、构建设备配置、调整焊机和网络设置等。按所选用的焊接电源种类，配置选单有不同的格式。

工具选单的格式如图 2-87。在工具选单中，可以传递各种文件、设置和检测极限编辑器、检查质量、查阅生产统计数据、成本核算、误差及故障记录等。

CONFIGURATION
LANGUAGE ENGLISH
CODE LOCK
GENERAL CONFIGURATION ▶
MACHINE CONFIGURATION ▶
CABLE LENGTHS ▶
MAINTENANCE ▶
NETWORK SETTINGS ▶
QUIT

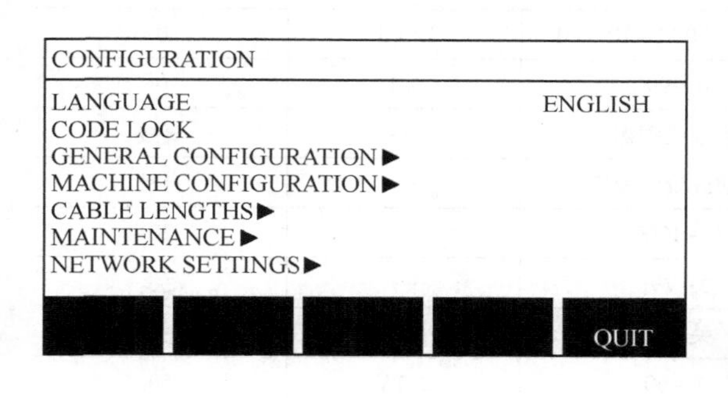

图 2-86　配置选单格式

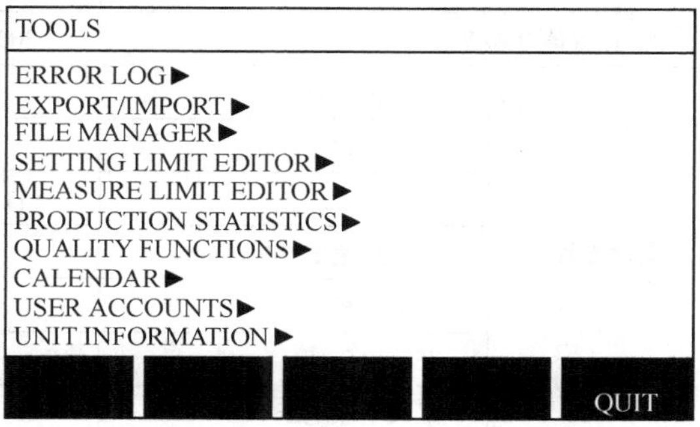

TOOLS
ERROR LOG ▶
EXPORT/IMPORT ▶
FILE MANAGER ▶
SETTING LIMIT EDITOR ▶
MEASURE LIMIT EDITOR ▶
PRODUCTION STATISTICS ▶
QUALITY FUNCTIONS ▶
CALENDAR ▶
USER ACCOUNTS ▶
UNIT INFORMATION ▶
QUIT

图 2-87　工具选单格式

焊接数据设置选单有多种格式，取决于所选用的焊接方法。图 2-88 所示为一种埋弧焊焊接数据选单格式。可以设置埋弧焊各种焊接参数，包括电弧电压、焊接电流、焊接速度、焊接方向、启动和停止参数以及动态控制方式等。图 2-89 所示为另一种交流波控埋弧焊焊接数据选单格式。在该选单上，除了可设置常规的埋弧焊参数外，还可设置交流电频率、交流波的对称度和交流偏置值等参数。埋弧焊各焊接参数设置范围见表 2-21。

SAW WELD DATA SETTING
VOLTAGE 20.5 V
CURRENT 395 A
TRAVEL SPEED 0 cm/min
DIRECTION ■
START DATA ▶
STOP DATA ▶
DYNAMIC REGULATION AUTO
SETTING LIMITS ▶
MEASURE LIMITS ▶
QUIT

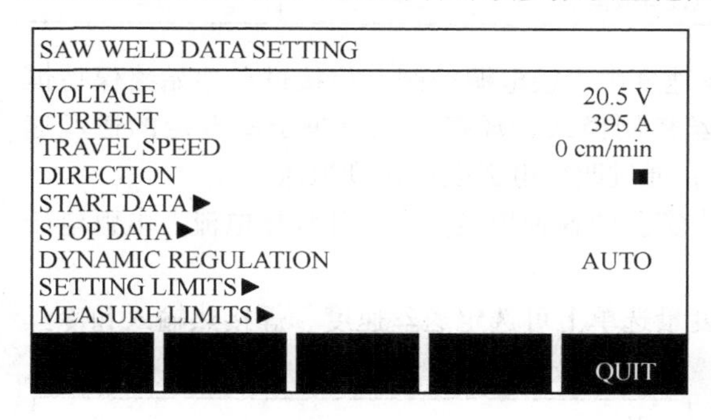

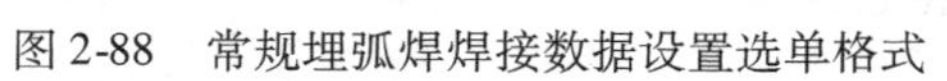

图 2-88　常规埋弧焊焊接数据设置选单格式

SAW WELD DATA SETTING
VOLTAGE 24, 0V
CURRENT 3200A
TRAVEL SPEED 30cm/min
DIRECTION ■
AC FREQUENCY 50HZ
AC BALANCE 50%
AC OFFSET 0 A
START DATA ▶
STOP DATA ▶
REGULATION PAR. ▶
QUIT

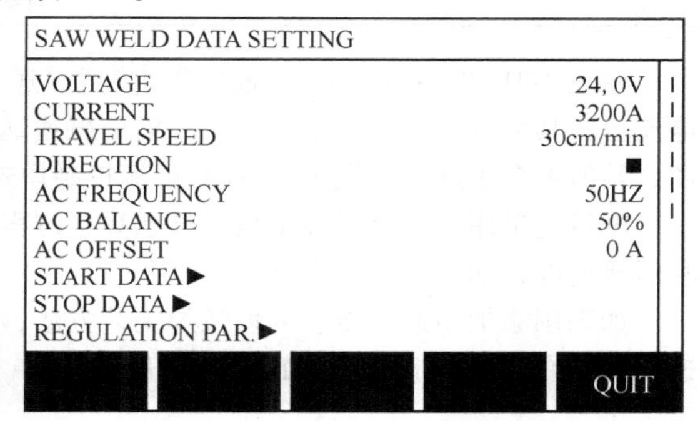

图 2-89　交流波控埋弧焊焊接数据设置选单格式

表 2-21　埋弧焊焊接参数设置范围

焊接参数	设置范围	调节增量	复位后数值
电弧电压/V	14～50	0.1 (1)	30
焊接电流 (CA) /A	0～3200	1	400
送丝速度 (CW) /(m/min)	0～2500	1cm/min	300
焊接电流 (CC) /A	0～3200	1	400
冷丝给送速度 (CW) /(cm/min)	0～2500	1	300
冷丝启动延时 (CW) /s	0～99	0.1	2.5
焊接速度/(cm/min)	0～200	1	50
焊接方向	▲ ■		■

（续）

焊接参数		设置范围	调节增量	复位后数值
AC 频率/Hz		10～100	1.0	50
AC 对称度（%）		25～75	1.0	50
AC 偏置值/(A/V)		-300～300/-10～10	1/0.1	0
启动参数	焊剂预送时间/s	0～99	0.1	0
	引弧方式	直接或划擦	—	直接
	慢送丝	自动或设置速度	—	自动
	慢送丝速度/(cm/min)	0～1000	1	20
	启动定相	关或开	—	关
	开路电压	关或开	—	关
	最大空载电压/V	5～60	0.1V	50
停焊参数	焊剂延迟停送/s	0～99	0.1	0
	填补弧坑	关或开	—	关
	填补弧坑时间/s	0～10	0.01s	1.0
	返烧时间/s	0～10	0.01s	1.0
	停焊相位	关或开	—	关
控制参数	动态控制	自动或设置数值	—	自动
	电感量	自动或设置数值	—	自动

在表 2-21 中，CA 是恒电流值控制模式，送丝速度由焊接电源控制，焊接过程中始终保持恒电流值，其值可在主选单上设定。CW 是恒速送丝控制模式，焊接电流取决于所选定的送丝速度，其值可在主选单上设定。CC 是恒流控制模式，通过改变电弧电压达到恒流。

度量选单用来在显示屏上数字显示焊接过程中实测的各种焊接参数，如焊接电流、电弧电压和焊接速度，如图 2-90 所示。

如采用添加不通电冷丝的埋弧焊工艺方法，度量选单上可选定送丝速度、焊接热输入和冷丝速度，并在荧光屏上显示，如图 2-91 所示。

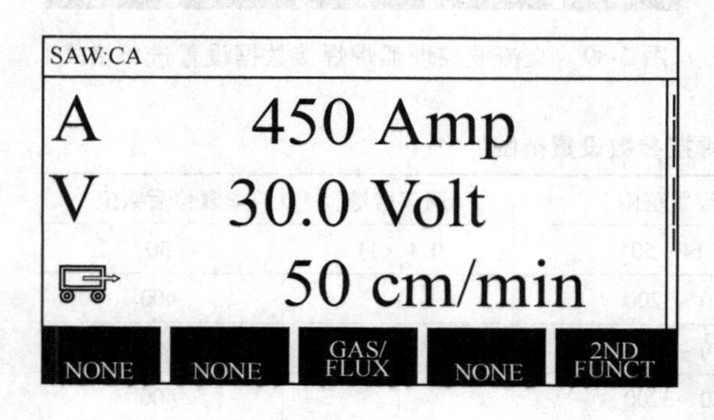

图 2-90 度量选单可设定在荧光屏上数显的焊接参数

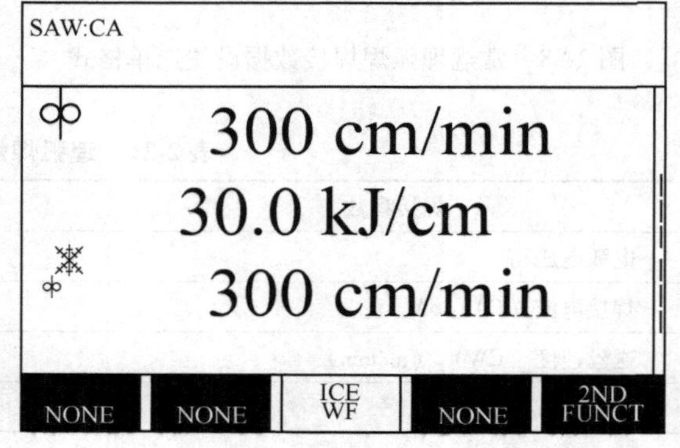

图 2-91 采用添加冷丝埋弧焊时，度量选单上可设定在荧光屏上数显的焊接参数

在焊接数据存储选单上可以存储、调用、删除和复制各组焊接数据，最多可存储 255 组焊接

数据。

在快速模式选单上，可以通过软键连接到焊接数据存储单元。所选定的存储单元编号可显示在快速模式选单的右上角，如图 2-92 所示。

PEK 型系统控制器的一项重大改进是增设了功能强大的配置选单，特别是其子选单——焊机配置选单，为便捷地构建不同用途的自动焊接系统提供了可能。在该子选单中可以设置各种焊接机头代码、送丝电动机、移动轴和外部轴电动机。双丝串列焊接机头配置，工作程序的设定和焊接电源的并联等。图 2-93 示出焊机配置子选单格式。

16
A 450 Amp
V 30.0 Volt
50 cm/min
WELD DATA 1
WELD DATA 2
WELD DATA 3
WELD DATA 4
2ND FUNCT

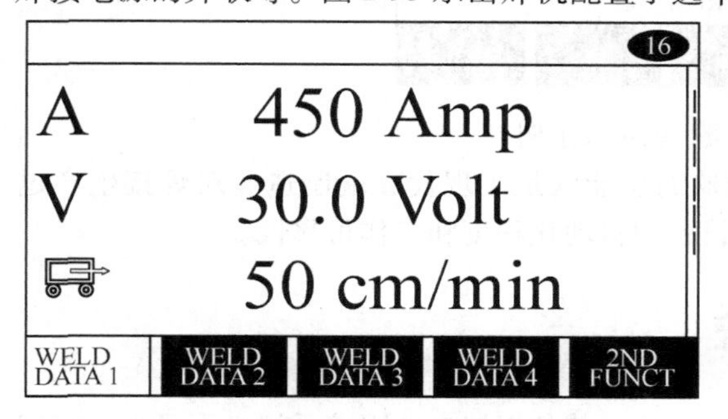

图 2-92　快速模式选单显示屏格式

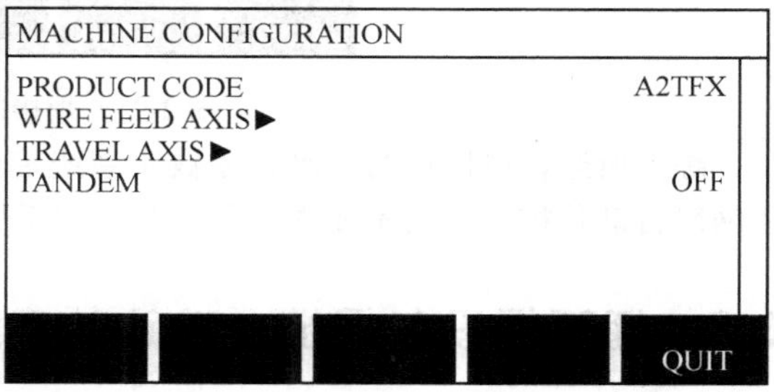

MACHINE CONFIGURATION
PRODUCT CODE A2TFX
WIRE FEED AXIS▶
TRAVEL AXIS▶
TANDEM OFF
QUIT

图 2-93　焊机配置子选单格式

当以双丝串列电弧焊接时，必须使用两台焊接机头，并应设定两焊头之间的距离，如图 2-94 所示。同时应保证两台控制器上所设定的焊头间距和移动速度完全相同。通常主控制器控制前置机头，副控制器控制尾随机头。机头的移动速度应始终由主控制器控制。

尾随机头
前置机头
两机头间距

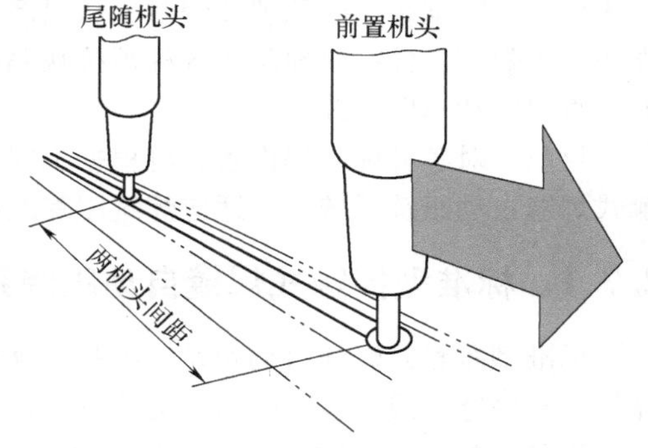

图 2-94　双丝串列埋弧焊时两焊头的间距

PEK 型系统控制器也可控制 Aristo 1000 AC/DC 波控埋弧焊电源。当双丝串列埋弧焊机配用这种焊接电源时，在焊接数据设置选单上可以设置同步交流或交流移相等参数。

PEK 型系统控制器的另一项重要的功能是可实现网络控制，并可将管理软件（Weldpoint）通过网络总线接入局域网。

PEK 型系统控制器可借助工具子选单完成以下工作：

1）误差记录，包括误差次数、误差发生时间、发生故障的单元以及误差的管理代码等。

2）输入/输出信号的传递，包括焊接数据设置、系统配置、参数极限、度量极限、误差记录、质量记录和生产数据统计等。

3）文件管理，包括焊接数据和质量数据文件或文件夹的建立、更名、复制、粘贴和删除。

4）焊接参数极限的设置，包括电弧电压、送丝速度、焊接电流和焊接速度最小和最大值的设置。

5）参数测量值极限的设置，包括电弧电压、送丝速度、焊接电流、焊接速度和热输入最小和最大测量值的设置。

6）生产统计数据的计算和显示，包括燃弧时间、焊丝消耗量和焊缝道数等数据。

7）焊接质量数据记录，主要包括焊接启动时间，连续焊接时间，每条焊缝焊接过程中焊接电流、电弧电压和焊接热输入最大值、最小值和平均值。并可存储多达 100 条焊缝的数据。图 2-95 所示为焊接质量数据记录示例。

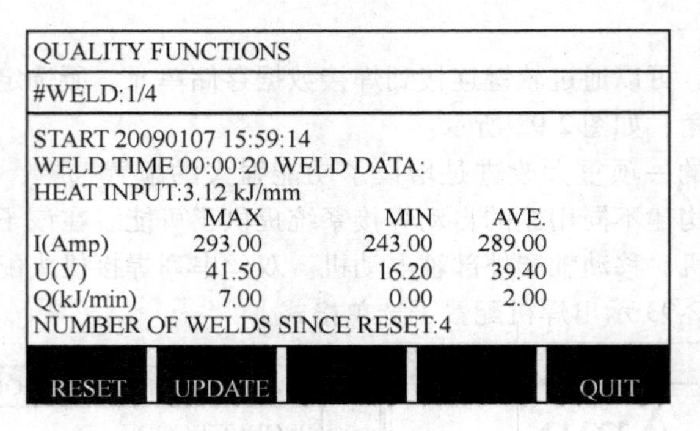

图 2-95　焊接质量数据记录示例

综上所述，可以认为，PEK 型数字系统控制器的功能满足了现代高端制造业对焊接生产过程网络自动化控制的技术要求，并提升了埋弧焊设备的自动化程度和工作可靠性。

2.7　埋弧焊设备焊缝自动跟踪系统

在现代埋弧焊设备中，为实现焊接过程的全自动化，装备焊缝自动跟踪系统必不可少。在实际焊接生产中，接头的坡口准备和装配总会存在某些偏差。在焊接圆柱形工件环缝、曲线焊缝或长焊缝时，不可避免会产生形位偏差，而为保证焊缝质量，焊丝必须对准接缝中心。在焊接厚壁筒体环缝，特别是窄间隙埋弧焊时，从根部焊道直到盖面层焊道要求连续不断地进行，以达到最高的焊接效率，并有效地防止各种焊接缺陷的形成，焊接机头在焊接过程中必须实行双向跟踪，即垂直跟踪和横向跟踪。

目前，对各种埋弧焊设备，可根据不同的技术要求，配备三种焊缝自动跟踪系统：标准型接触式焊缝自动跟踪系统、自适应焊缝跟踪系统、激光视觉传感焊缝自动跟踪系统。

2.7.1　标准型接触式焊缝自动跟踪系统

标准型接触式焊缝自动跟踪系统是一种精密的焊接自动化器件，采取接触传感的方式，并以光敏、电磁感应或电容传感器作为检测元件，最高跟踪精度可达 ±0.1mm。可以满足各种自动埋弧焊设备，包括窄间隙埋弧焊装备的技术要求，图 2-96 所示为这种焊缝自动跟踪系统探头部分。

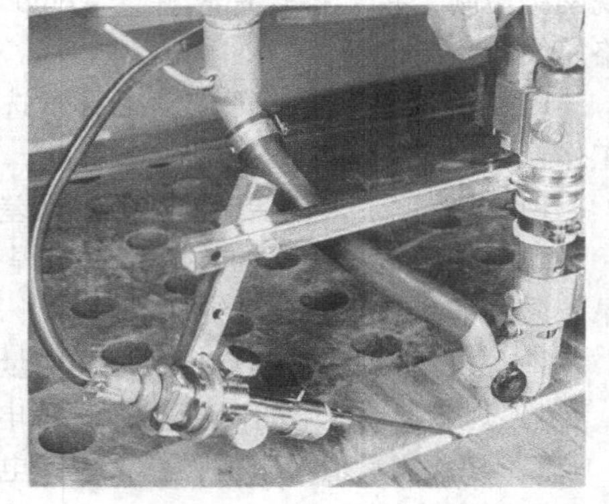

图 2-96　标准型接触式焊缝自动跟踪系统探头部分

目前在世界上已有多家自动化焊接设备制造商能够生产质量稳定、性能可靠的这类焊缝自动跟踪系统。如美国的 Jetline engineering 公司和瑞典的 ESAB 公司等。

ESAB 公司研制成功并定型生产的 A6-GMD 型接触式焊缝自动跟踪系统，在各种埋弧焊设备中得到成功的应用，取得了预期的效果。之后该公司又推出了新一代 GMH 型焊缝自动跟踪系统，不仅改进了控制器的操作界面，引入了计算机网络控制技术，并可与激光视觉传感焊缝跟踪器集成，如图 2-97 所示。

1. A6-GMD 型接触式焊缝自动跟踪系统

A6-GMD 型接触式焊缝自动跟踪系统的构成如图 2-98 所示。其由精密探头（传感器）、控制器、电动十字滑板、遥控盒和控制电缆线等组成，其中电动十字滑板要求采用伺服电动机驱动，并由直线导轨和高精度滚珠丝杠组成。

A6-GMD型焊缝自动跟踪系统控制器接口和开关设置及简要说明如图2-99所示。遥控盒开关、按键和指示灯的功能说明如图2-100所示。

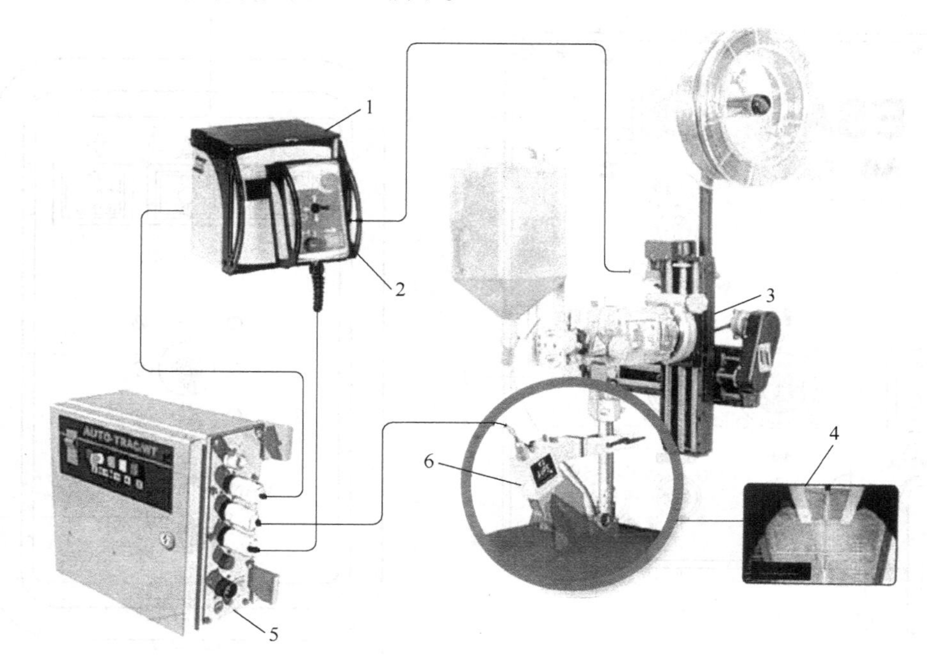

图2-97　GMH型焊缝自动跟踪系统与激光视觉传感焊缝跟踪器的集成
1—GMH焊缝跟踪控制器　2—遥控盒　3—A6S电动拖板焊头
4—电视监控器　5—激光视觉跟踪控制器　6—激光摄像头

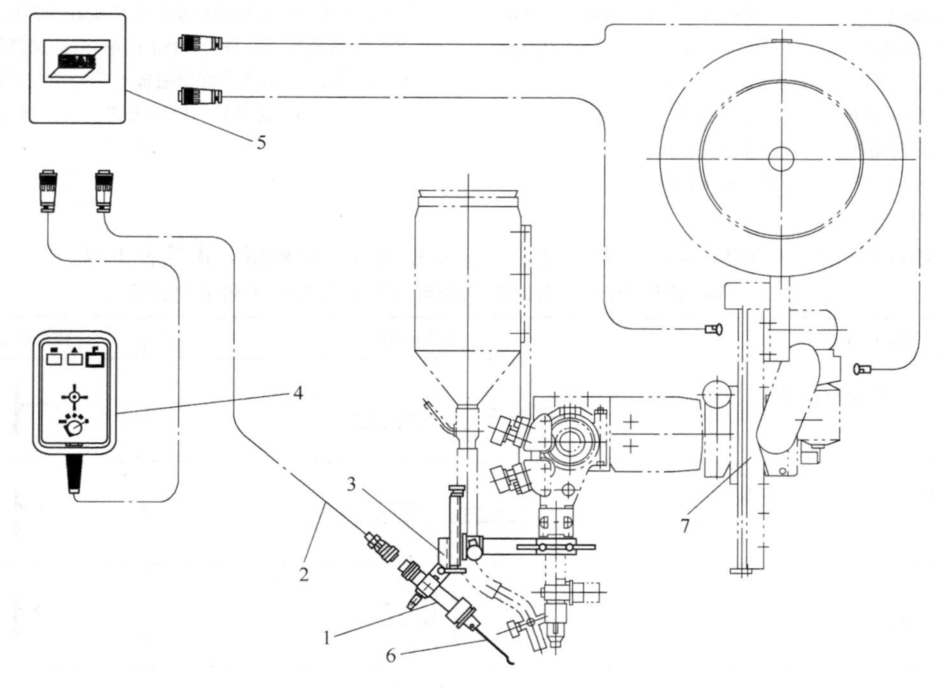

图2-98　A6-GMD型接触式焊缝自动跟踪系统构成
1—传感器组件　2—控制电缆线　3—手动十字滑架　4—遥控盒
5—GMD控制器　6—探针　7—A6S电动拖板焊头

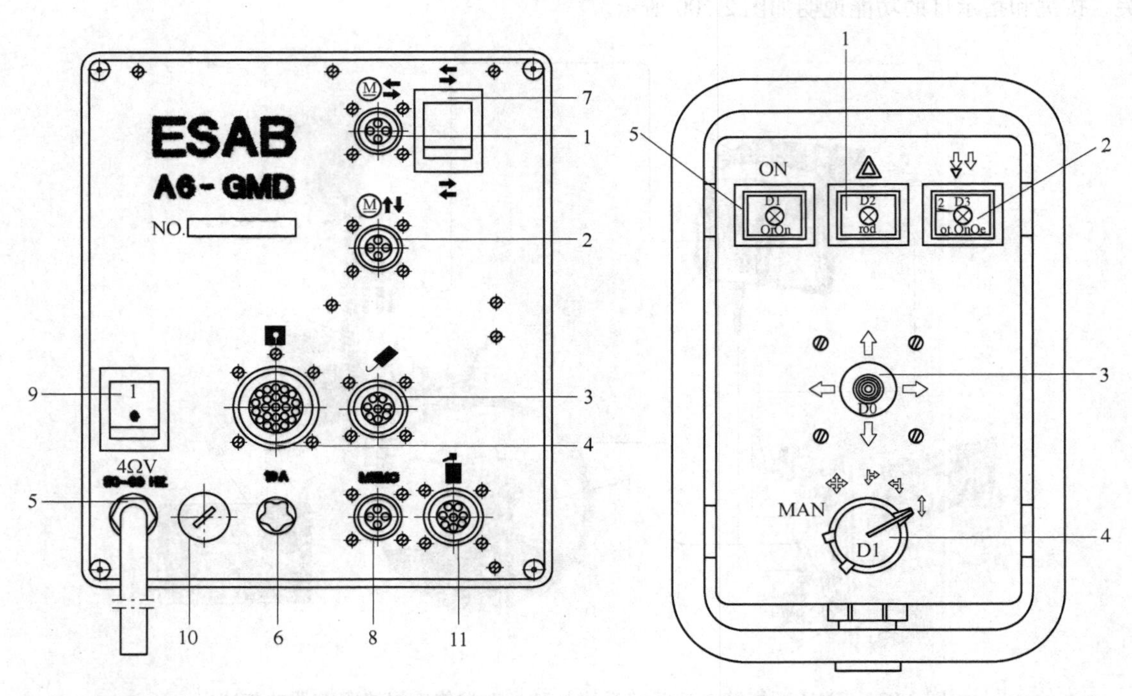

图 2-99 A6-GMD 型焊缝自动跟踪系统控制器接口及开关设置

1—4 孔插座(接横向拖板电动机) 2—4 孔插座(接垂直拖板电动机) 3—8 孔插座(接探头) 4—23 孔插座(接遥控盒) 5—电源线(接 42V ~) 6—熔断器 7—开关(转换横向拖板行走方向) 8—3 孔插座(接存储器) 9—电源开关 10—备用插座 11—8 孔插座(接限位开关)

图 2-100 A6-GMD 型焊缝自动跟踪系统遥控盒开关和指示灯设置

1—红色指示灯(指示灯亮表示探头在工作区外) 2—带橙色指示灯按键(手工操纵、高速选择键) 3—操纵杆(手工操纵伺服拖板上/下、左/右移动) 4—5 段开关(选择接头跟踪方式) 5—绿色指示灯(指示电源接通)

A6-GMD 型焊缝自动跟踪系统可跟踪的接头形式和相对应的控制方式见表 2-22。

表 2-22 A6-GMD 型焊缝自动跟踪器可跟踪的接头形式和控制方式

接头形式	接头图形	控制方式
端接接头、直边对接接头、角接接头		
V 形坡口对接、单边 V 形坡口对接接头	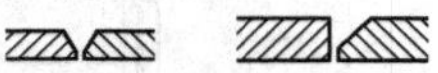	
单边 V 形坡口 T 形接头		
单面 U 形坡口、双 U 形坡口对接接头		

（续）

接头形式	接头图形	控制方式
单边 U 形和双边 U 形坡口对接接头		
双面 V 形坡口对接接头		
双面单边 V 形坡口对接接头		
双面单边 V 形坡口 T 形接头		
搭接接头、T 形接头、角接接头、直角接头		

探头与焊接机头的机械连接方式及探针与焊丝之间相对位置调节范围如图 2-101 所示。采用不同形状的探针，可跟踪的各种形式接头如图 2-102 所示。探头的内部结构如图 2-103 所示。

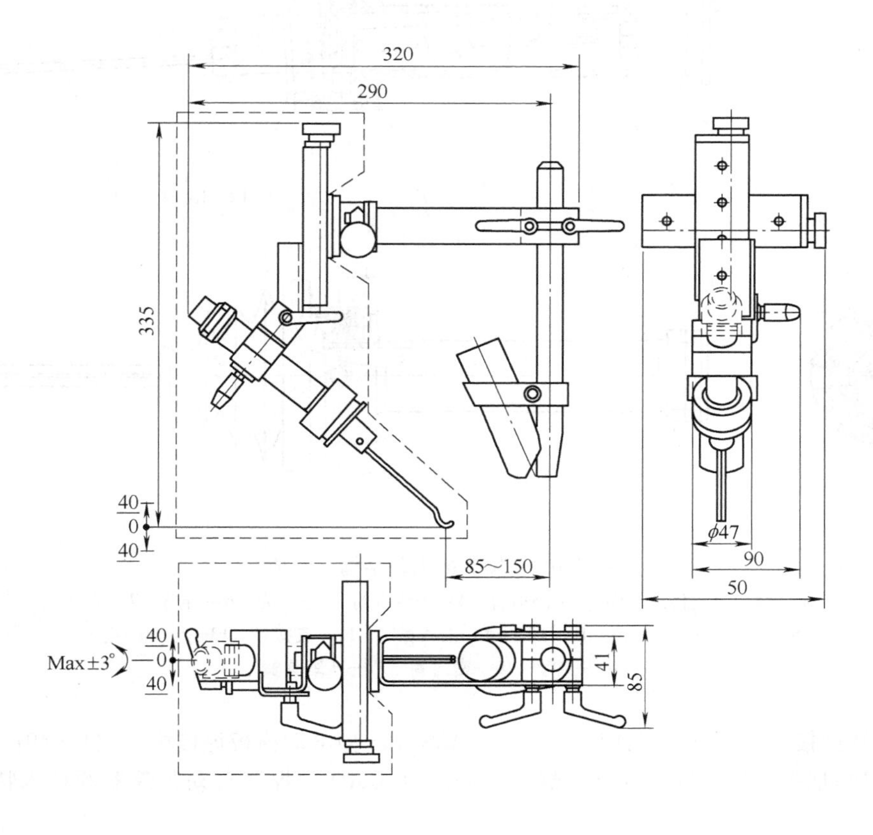

图 2-101　探头与焊接机头的机械连接方式及探针与焊丝相对位置的调节范围

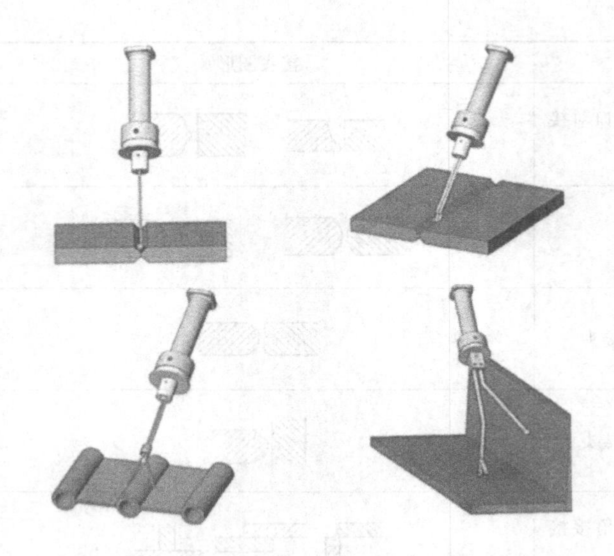

图 2-102　采用不同形状探针可跟踪的接头形式

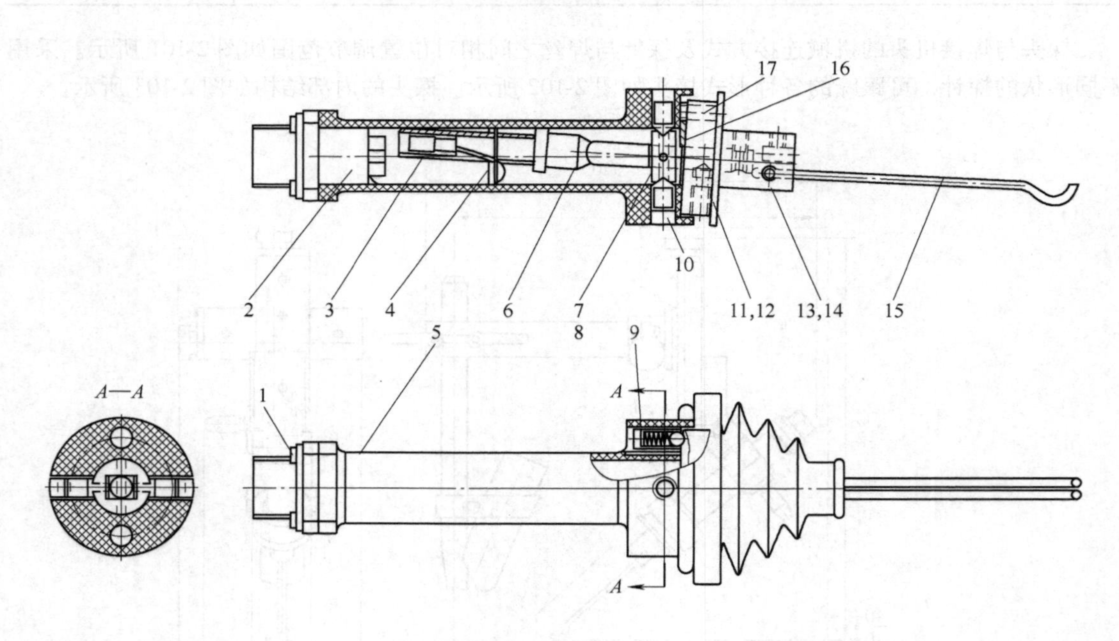

图 2-103　探头的内部结构及组成

1—螺钉　2—传感元件　3—漫射管　4—绝缘套筒　5—外壳　6—导臂　7—节叉
8—销钉　9—压力销　10、12、14—止动螺钉　11—支撑环　13—导臂固定环
15—探针　16—密封圈　17—压缩弹簧

A6-GMD 型接触式焊缝自动跟踪系统可与 A2S-A6S 型电动拖板焊接机头配套使用，并可集成于立柱-横梁焊接操作机，构成全自动焊接中心。A6-GMD 型焊缝自动跟踪器的技术特性数据列于表 2-23。

表 2-23　A6-GMD 型焊缝自动跟踪器的技术特性数据

主要技术特性	数据值	主要技术特性	数据值
型号	A6-GMD	电动机定子电压/V	40
工作电压（AC50/60Hz）/V	42	励磁电压/V	48
许用功率/(V·A)	460	最高适用环境温度/℃	45
传感器灵敏度/mm	±0.1	适用焊接方法	埋弧焊，GMAW
手动微型十字滑架行程/mm	80		

2. A6-GMH 型接触式焊缝自动跟踪系统

A6-GMH 型接触式焊缝自动跟踪系统的构成与 A6-GMD 型跟踪系统基本相同，只是控制器和遥控盒的功能有所不同。图 2-104 所示为 A6-GMH 型焊缝跟踪系统控制器的外形。其控制面板的设置如图 2-105 所示。

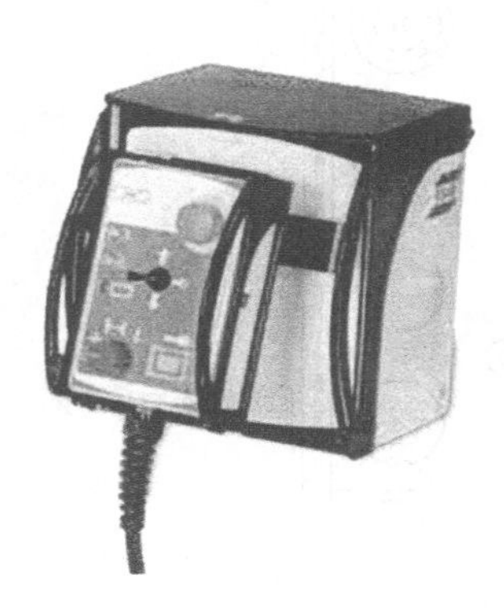

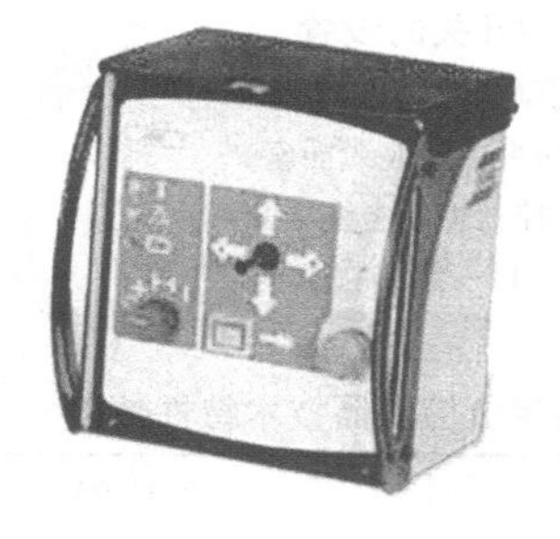

图 2-104　A6-GMH 型焊缝跟踪系统控制器外形

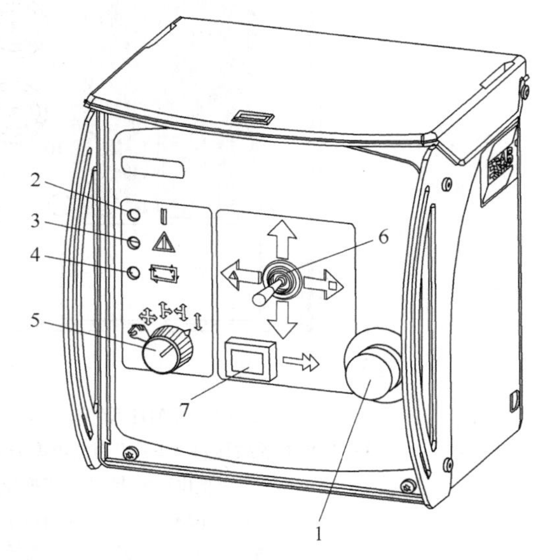

图 2-105　A6-GMH 型焊缝跟踪系统控制器面板的设置

1—急停按钮　2—白色信号灯（表示电源接通）　3—黄色警报灯（表示导向探针位置已超出有效工作范围）　4—绿色信号灯（表示正在自动跟踪）　5—5 位开关（用于选择跟踪方式）　6—控制手柄（用于手控操作电动拖板上、下、左、右移动）　7—带指示灯按钮（用于选择低速、高速手控定位）

GMH 型控制器后面板上接口和各种开关的设置如图 2-106 所示。

GMH 型跟踪系统探头与微型手动十字拖板之间的连接及其与埋弧焊机头的机械连接方式与 A6-GMD 型跟踪器完全相同，如图 2-101 所示。这类标准型焊缝自动跟踪系统的水平和垂直有效跟踪范围均为 ±40mm。对于壁厚超过 80mm 的厚壁接头，这类标准型探头就失去了全程跟踪的功效。其解决办法是增配图 2-104 所示的 PAV 型焊接机头定位控制器。当垂直跟踪行程接近其极限位置时，手控 PAV 控制器的定位手柄，将焊接机头提升至有效跟踪范围内。另一种解决方案是改用位移传感探头，使垂直跟踪范围扩大到 300mm 以上。

GMH 型焊缝自动跟踪系统和 PAV 型焊接机头定位控制器的技术特性数据列于表 2-24。可跟踪的各种接头形式和自动跟踪方式相同于GMD型焊缝自动跟踪器（表2-22）。其中U形坡口对接控制方式适用于窄间隙埋弧焊。

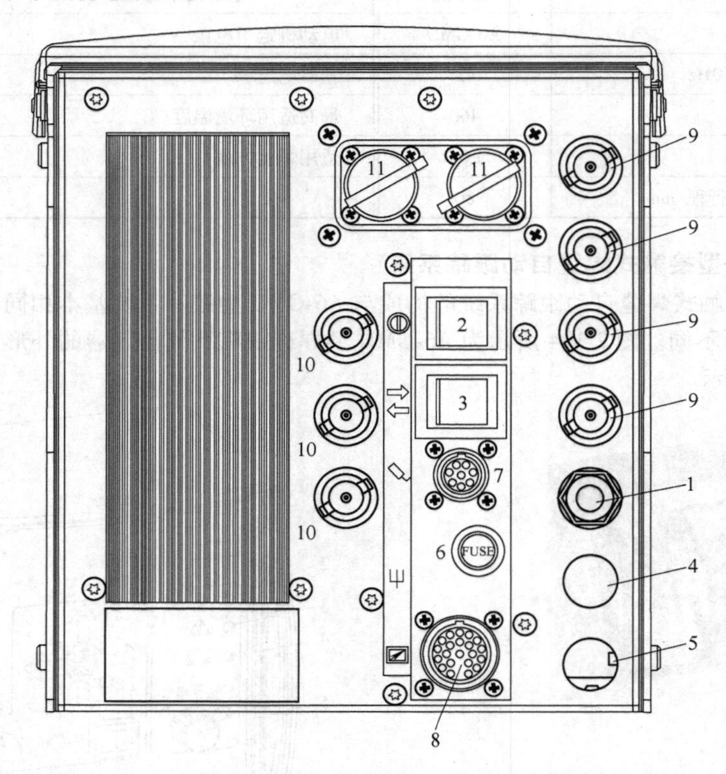

图2-106 GMH型控制器后面板上接口和各种开关的设置
1—42V电源线接口 2—控制器电源开关 3—水平拖板电动机旋转方向转换开关
4—垂直拖板电动机控制电缆插座 5—水平拖板电动机控制电缆插座
6—熔断器（10A） 7—探头控制线8芯插座 8—遥控盒控制电缆线23芯插座 9—限位开关连接线插座 10—备用插座 11—维修接点

表2-24 GMH型焊缝自动跟踪系统和PAV型焊接机头定位控制器技术特性数据

主要技术特性	型号GMH	型号PAV
供电电压AC 50/60Hz/V	42	42
输入电流/A	15	15
负载持续率（%）	100/6A	100/6A
输出功率/（V·A）	450	450
熔断器容量/A	10	10
电动机转子电压DC/V	40	40
励磁电压DC/V	60	60
电动机控制器	4分段开关	4分段开关
适用环境温度/℃	-15~45	-15~45
适用大气相对湿度max（%）	98	98
手动微型十字拖板行程/mm	80	—

（续）

主要技术特性	型号 GMH	型号 PAV
传感器灵敏度/mm	±0.1	—
防护等级	IP23	IP23
外形尺寸（长/mm×宽/mm×高/mm）	246×235×273	246×235×273
质量/kg	6.2	1.3
遥控器外形尺寸（长/mm×宽/mm×高/mm）	205×135×118	—
微型十字拖板质量/kg	1.6	—
探头质量/kg	0.6	—

GMH 型焊缝自动跟踪系统的操作步骤如下：

1）焊接开始前，将焊接机头转至待焊接的接缝附近，并使十字拖板的工作行程调整到焊接起始点至结束点的全程高度和横向偏移范围之内。

2）将5位开关拨到所要求的跟踪方式位置，如图2-108所示。

3）操纵手柄开关，将导向探针水平移动到图2-107所示的位置，如果只需垂直跟踪，则可将探针定位于接缝起始点。

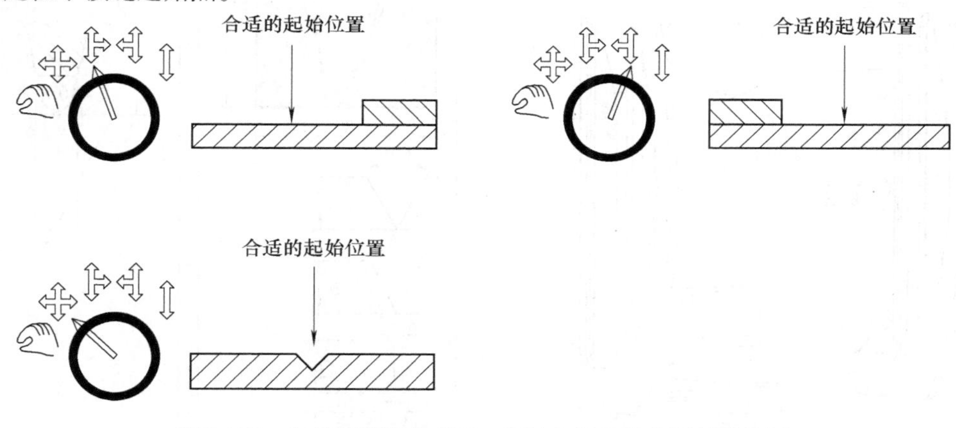

图2-107　在各种跟踪方式下，探针在焊前的合适起始位置

4）操纵手柄开关，将焊接机头向下移动，直到黄色指示灯熄灭。如果启动焊缝水平跟踪，则焊接机头将自行移至最合适的位置。

当选用电感式探头，其操作步骤如下：

1）焊接开始前，将焊接机头移至待焊接的接缝附近，并使十字拖板的工作行程调整到焊接起始点至结束点的整个高度和横向偏移范围之内。

2）将5位开关设定在垂直跟踪位置。

3）操纵控制手柄将探针向下移动，直至黄色信号灯熄灭。焊接机头将自行垂直移动至最合适的位置。

4）将5位开关设定在垂直向右跟踪位置。

5）操纵控制手柄，将探针水平移动至最合适的位置，直到黄色指示灯熄灭。

6）将5位开关设定在垂直水平跟踪位置。黄色信号灯熄灭，焊接机头将自行水平和垂直移动至最合适的位置。如信号灯不熄灭，则应从第1步开始，重复操作一遍。

上述操作步骤既可直接在GMH焊缝自动跟踪控制器面板上进行，也可使用遥控盒来完成。

图 2-108 所示为遥控盒面板上按钮和开关的设置。其与控制器面板上的设置完全相同。

2.7.2 自适应焊缝自动跟踪系统

自适应焊缝自动跟踪系统的英文名称为 Adaptive Butt Welding System，简称 ABW 系统。它是一种智能型焊缝自动跟踪系统，基本上可取代焊工的手工操作，并具有较高的判断能力。在厚板对接接头的焊接中，从根部焊道开始，到填充层再到盖面层的焊接，可连续实时跟踪接缝轨迹，测量接缝不同部位的几何形状和尺寸，不断地计算每层的焊道数。根据所要求的填充金属量，自动设定每道焊缝的焊接参数。这种 ABW 系统主要由专门设计的焊接机头、可程控的焊缝扫描探头、工控机和独特的计算机软件等组成，赋予了全自适应的功能。焊接过程中，不仅能自动跟踪接缝，而且能根据实测的焊缝截面积和形状，随机调整焊丝的熔敷量，形成质量完全符合要求的焊道。已研制成功的 ABW 系统适用于厚 150mm 以下的 V 形、U 形坡口和窄间隙对接接头，各种坡口的尺寸要求如图 2-109。

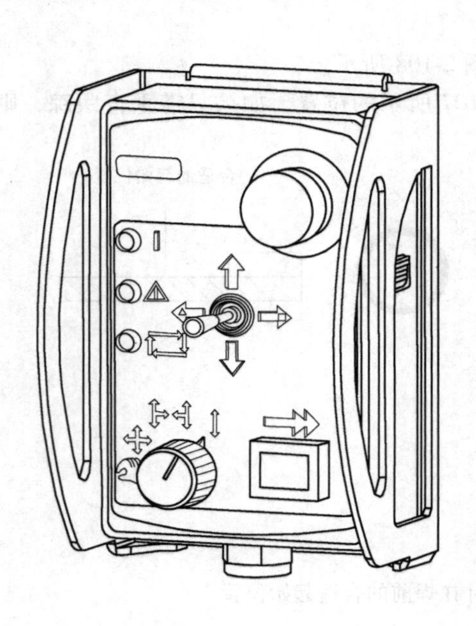

图 2-108 GMH 型焊缝自动跟踪系统遥控盒面板的设置

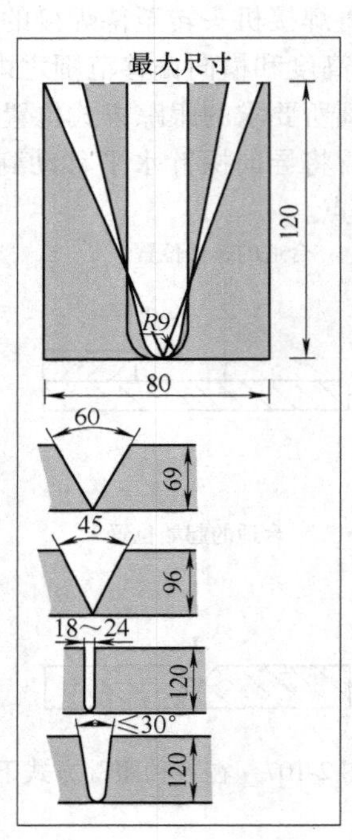

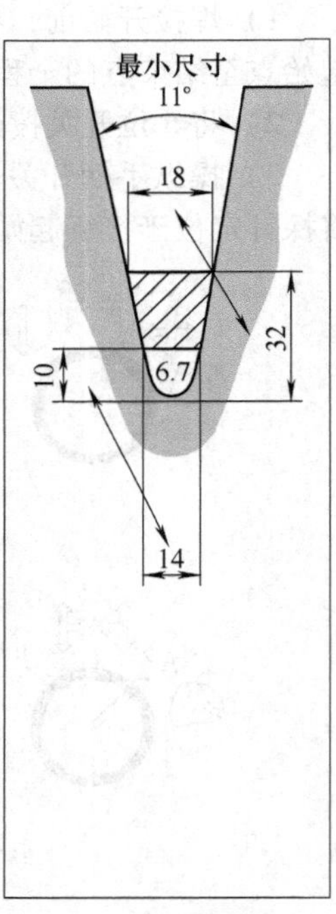

图 2-109 自适应焊缝自动跟踪系统适用的坡口形状和尺寸

1. 自适应焊缝自动跟踪系统的工作原理

自适应焊缝自动跟踪系统工作原理示于图 2-110。焊接机头的 Z 轴和 Y 轴由伺服电动机控制，并可程序控制。在焊接机头的前端装上自动测量探头。焊接过程中，探头从接头的底部到顶部并越过坡口边缘连续检测接缝坡口外形尺寸。同时自动记录一连串 $X/Y/Z$ 坐标数据，存储于计算机中，为全自动控制提供必要的参照数据，以实现图 2-111 所示的自适应功能。

自适应焊缝自动跟踪系统可以配备图 2-112 所示的接触传感探头，也可采用激光视觉传感探头，其工作原理分别如图 2-113 和图 2-114 所示。系统软件根据激光摄像采集的接缝形状和几何尺寸数据，自适应控制焊接参数，以修正接缝全长上横截面积的偏差，并控制焊接速度，调整熔敷金属量，控制焊接电流调整焊道的高度，同时按接缝实测宽度确定每层焊道数和排列位置，形成合乎要求的优质焊缝。

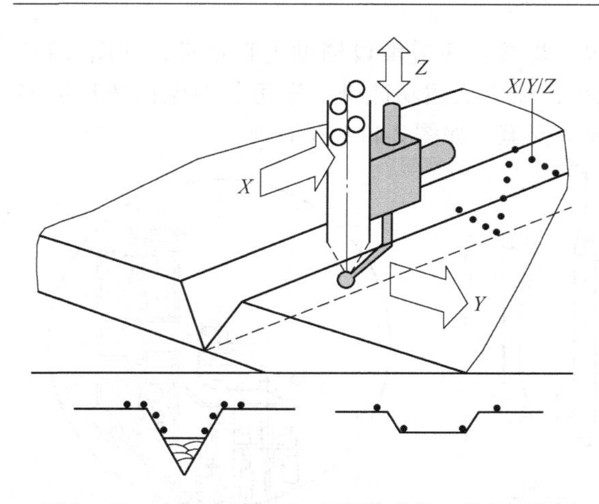

图 2-110　自适应焊缝自动跟踪系统工作原理图

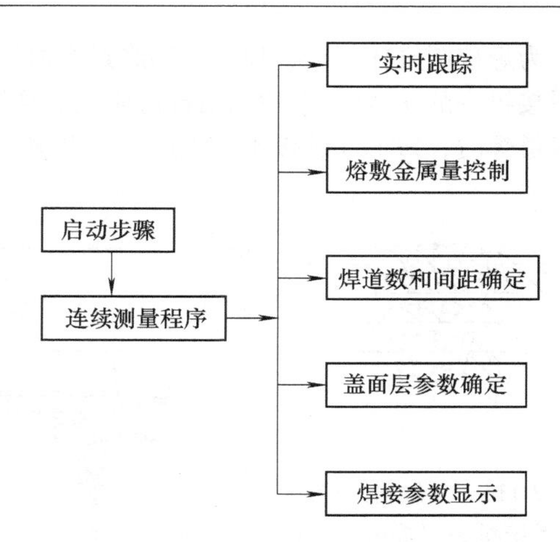

图 2-111　自适应焊缝自动跟踪系统的自适应功能

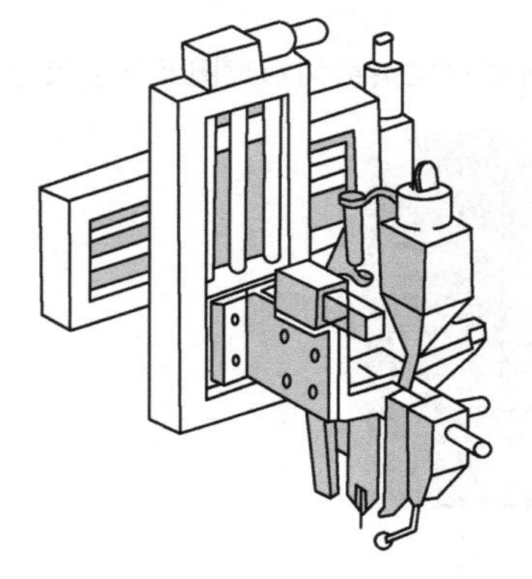

图 2-112　配备接触传感探头的自适应焊缝跟踪系统示意图

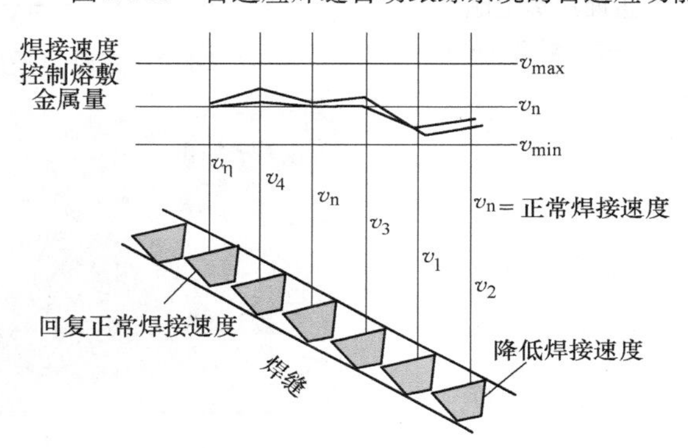

图 2-113　激光视觉传感的自适应焊缝跟踪系统焊接速度的自适应程序控制

为进一步扩展自适应焊缝自动跟踪系统的功能，可将探头的横向拖板改成伺服电动机驱动而形成三轴自适应跟踪系统。图 2-115 所示为配备这种三轴自适应跟踪系统的窄间隙埋弧焊机头外形。使用这种机头，除了可全自动完成窄间隙对接接头外，还可进行标准型 V 形坡口和 U 形坡口的多层多道自动埋弧焊，盖面层的焊道数最多可达 5 道，如图 2-116 所示。

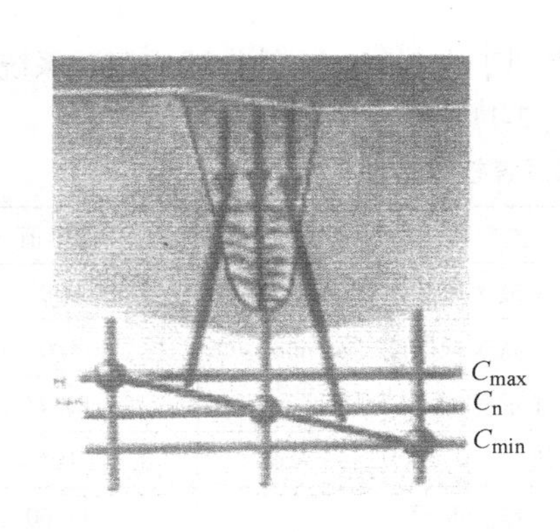

图 2-114　激光视觉传感的自适应焊缝跟踪系统焊接电流自适应程序控制

图 2-115　配备三轴自适应跟踪系统的窄间隙埋弧焊机头外形

为焊接圆锥体环缝、加强环和底封头内环缝等，焊接机头应增设辅助垂直拖板，如图 2-117 中焊接机头的 Y_1 轴。这种三轴自适应跟踪系统机头，除了上述功能外，还可在厚壁筒体环缝多层多道焊时，每道焊缝按预设程序，并以固定的斜率变道，如图 2-118 所示。

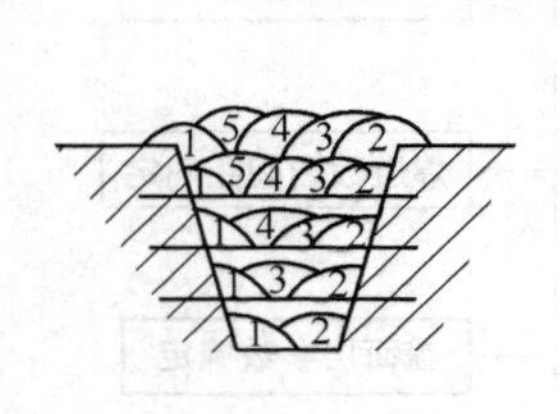

图 2-116　三轴自适应跟踪系统机头焊接填充层和盖面层焊道顺序

1～5—焊道顺序号

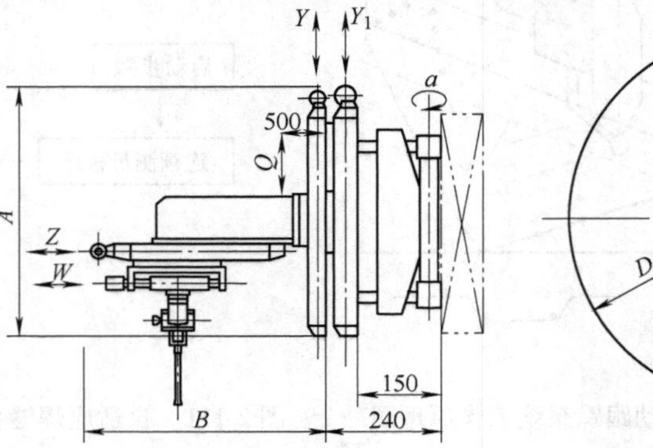

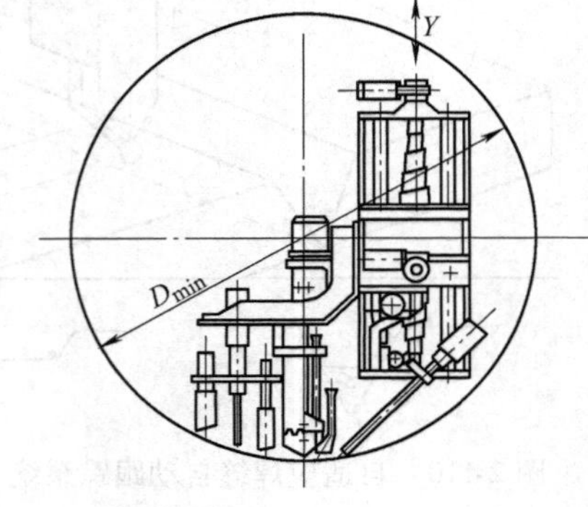

图 2-117　三轴自适应跟踪系统焊接机头结构示意图及外形尺寸

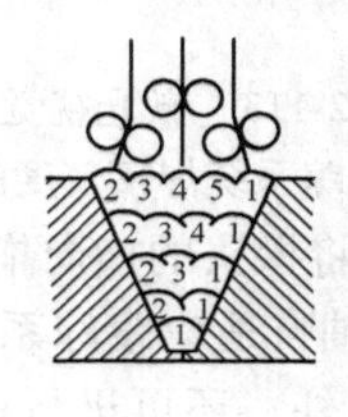

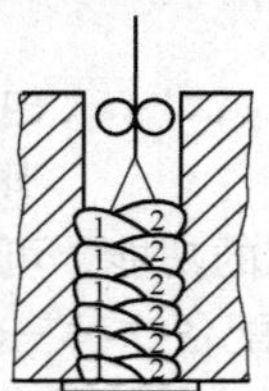

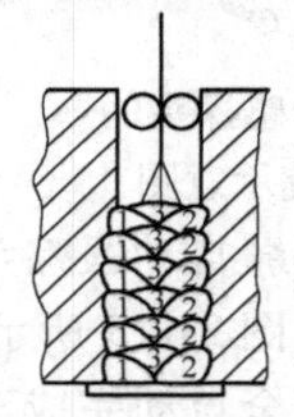

图 2-118　焊道排列顺序及变道方式

2. 自适应焊缝跟踪系统的技术特性

接触式探头自适应焊缝自动跟踪系统的技术特性数据列于表 2-25。三轴自适应跟踪系统的技术特性数据见表 2-26。其焊接机头外形尺寸标注代号如图 2-117 所示。

表 2-25　接触式探头自适应焊缝跟踪系统技术特性数据

主要技术特性	数据值	主要技术特性	数据值
型号	ABW	焊接机头最大承载电流/A	800
探头种类	可程控 2 轴导向探头（接触式）	送丝机最高送丝速度（m/min）	4.0
		工控机显示屏	10.4″
伺服驱动十字拖板行程/mm	200×200	防护等级	IP65
导电嘴偏转机构	步进电动机控制	控制器工作温度/℃	0～60
控制系统	工控机/CPU486LC-33MHz+软件包	允许环境相对湿度（max）（%）	95
		焊接机头质量/kg	140

注：表载数据引自 ESAB 公司产品样本。

表2-26　三轴自适应跟踪系统技术特性数据

主要技术特性	数据值	主要技术特性	数据值
型号	SDG	跟踪精度/mm	±0.1
探头种类	3轴导向探头（接触式）	每层焊道数	1～5
伺服驱动十字拖板行程/mm	200×200，400×400	工件最高温度/℃	400
Y、Z轴移动速度/(mm/min)	0～1000	供电电压50Hz/V	380
W轴移动速度/(mm/min)	0～300		

焊接机头外形尺寸

拖板行程/mm	D_{min}/mm	A/mm	B/mm	Y/mm	Z/mm	W/mm	α（°）	Q/kg	P/kg
200×200	1100	700	750	200	200	75	0～90	200	140
400×400	1200	900	750	400	400	100	0～90	200	160

2.7.3　激光视觉传感焊缝自动跟踪系统

激光视觉传感焊缝自动跟踪系统与前述接触式焊缝自动跟踪系统相比，具有工作可靠、反应灵敏、跟踪精度高，且不受接头形式限制的特点。20世纪80年代已在焊接机器人工作站上得到应用。近年来，这类焊缝自动跟踪系统在技术上日趋成熟，其应用范围不断扩大。

1. 激光视觉传感焊缝自动跟踪系统的构成

激光视觉传感焊缝自动跟踪系统的基本构成如图2-119所示。其主要由激光视觉传感器、系统控制器、操作界面、高精度电动十字滑架和焊枪夹紧机构等组成。

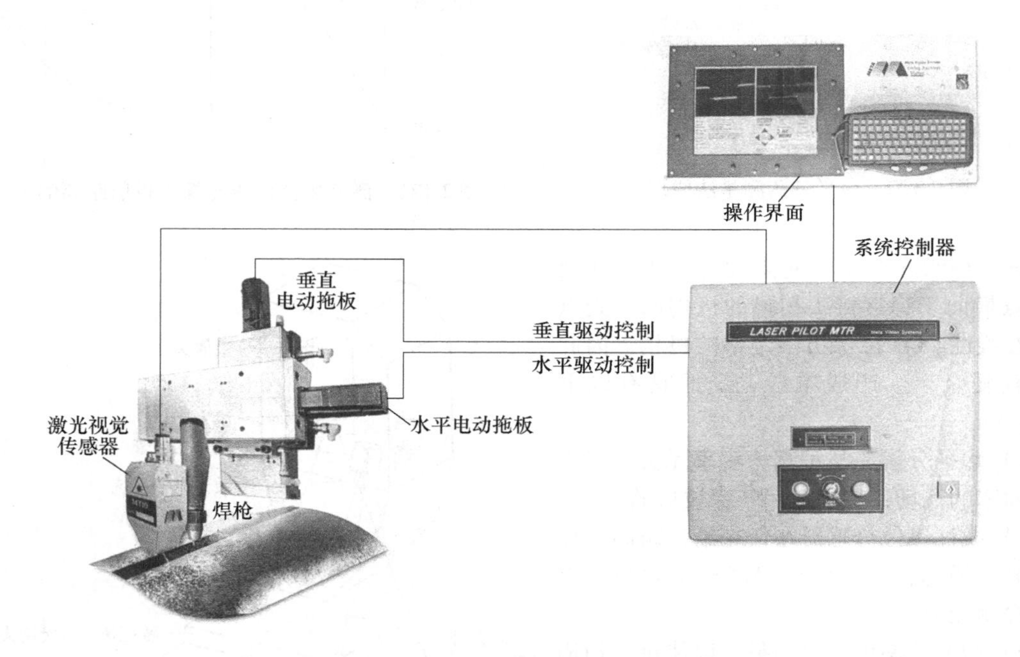

图2-119　激光视觉传感焊缝自动跟踪系统的构成

2. 激光视觉传感跟踪系统工作原理

激光视觉传感系统的基本构想是利用三角测量法，从影像中提取精确的三维信息。激光三角测量的原理是利用激光作为光源，可使影像轮廓分明，现有的CCD或CMOS摄像机可清晰地摄取激光影像。在激光视觉探头内以特种方式同时安装了激光发生器和摄像机。当激光投射到被测焊接接头上时，所形成的激光带形状由摄像机成像，从中可析取焊接接头形状的三维数据，如图2-120所示。

在厚壁接头多层埋弧焊中，目前主要采用两种激光视觉传感焊缝跟踪系统。一种是较简单的低成本激光跟踪系统，但要求操作工手工调整各道焊缝正确的起始位置。另一种是高级激光跟踪系统，它能自主决定各道焊缝的合适位置，并控制整个焊接过程，特别适用于窄间隙或准窄间隙对接接头埋弧焊。

3. 激光传感器

激光传感器又称激光探头，它有两种形式。最常用的激光探头是将激光带投射到焊接接头上，摄像机使光带按接头外形成像，并按三角测量原理编码成三维数据。所形成的视频影像发送到控制系统，驱动焊接机头拖板水平和垂直位移。图2-121所示为三个不同距离的投射表面和相应的影像位置，说明影像位置与探头投射距离之间成一定的比例关系。

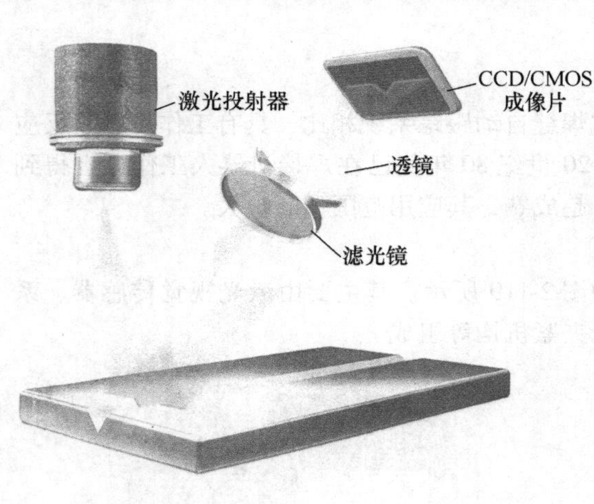

图2-120　激光三角测量法原理

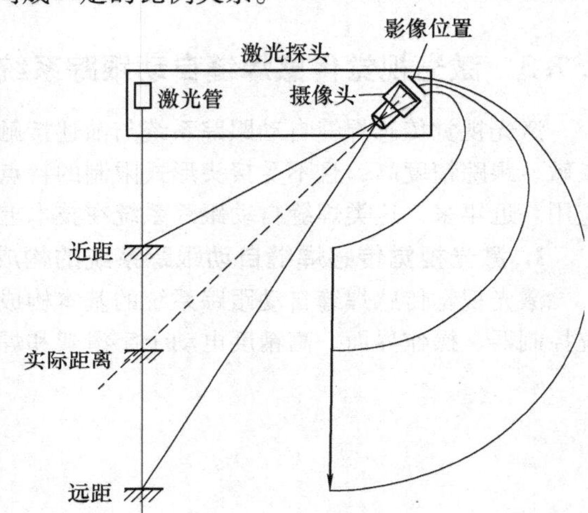

图2-121　激光影像位置与探头投射距离的关系

另一种激光探头以光点代替光带，并装有光点横向于焊接接头扫描的机构以及光点影像在线性CCD摄像机中定格的机构。因此结构较复杂，生产成本较高，但具有以下优点：

1）水平分辨率与垂直分辨率无关，可产生深而窄的视场，特别适用于深坡口的探测。

2）线性影像传感器在任一给定瞬间只探测激光扫描部位。因此可提高对反射强烈表面的探测能力。

3）激光功率可加以调整，以使每次扫描时达到最佳的信号质量。

标准型激光视觉传感器的内部结构如图2-122所示，主要由摄像头、透镜、滤光片、激光二极管和激光光学系统等组成。

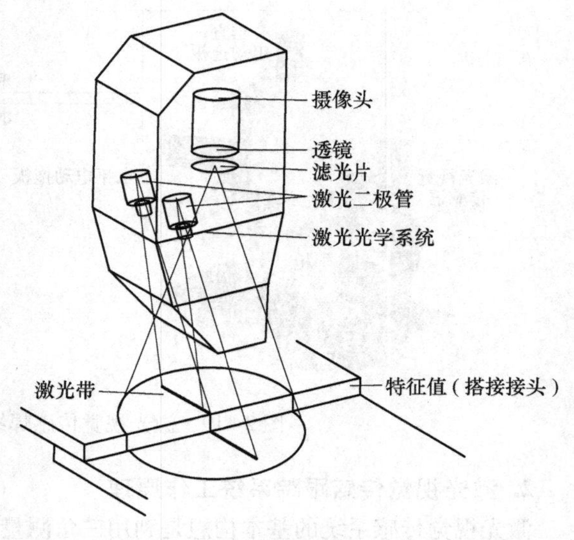

图2-122　激光视觉传感器的内部结构示意图

4. 激光视觉传感跟踪器控制系统

激光视觉传感跟踪器控制系统也有两种形式。一种是采用专门为跟踪系统设计的 RISC 单板计算机，其中包括影像处理和 I/O 功能。这是一种低成本功能强大的单板机，其缺点是不能标准化生产，另一种控制系统是利用标准化控制元件，如 PCI 总线、个人计算机和 Windows 操作系统等，其优点是利用现成的标准化硬件和软件，可配备图形用户界面，并可进行网络连接，同时 Windows PC 操作系统是大家所熟知的，便于推广应用。

激光视觉传感跟踪控制系统可直接或间接控制焊接机头的十字滑架，做上/下、左/右位移，确保焊丝在焊接过程中始终处于最合适的位置。

对于厚壁接头多层埋弧焊，控制系统的功能可分为简易型和自适应（全自动化）型两种。

（1）简易型控制系统　使用简易型控制系统时，在每道焊缝焊接之前，操作工需将焊接机头正确定位，使焊丝对准接缝中心，或离坡口侧壁的距离符合规定值，并在控制盒上按下相应按键，将其作为基准位置存储。焊接过程中，激光视觉传感跟踪系统将使焊接机头自动保持正确的位置，形成合格的焊道。图 2-123 所示为厚 140mm 对接接头多层埋弧焊焊接实况，该埋弧焊机头配备了简易型激光视觉传感跟踪系统，图 2-124 所示为所焊接头的横断面宏观照片。从中清楚可见，焊道排列十分整齐，焊道之间以及焊道与坡口侧壁的熔合良好，说明自动跟踪的效果令人满意。

图 2-123　厚 140mm 对接接头多层埋弧焊激光视觉跟踪实况

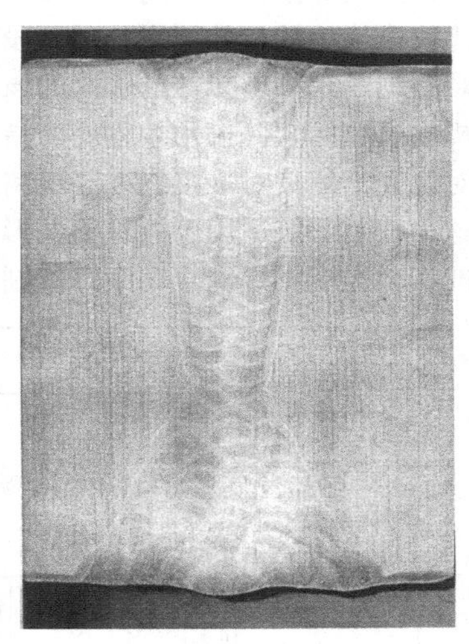

图 2-124　厚 140mm 厚壁埋弧焊焊缝横剖面宏观照片

（2）自适应控制系统　自适应控制系统不仅可使焊丝始终跟踪焊缝的轨迹，而且可以实现厚壁接头焊接过程的全自动化。

厚壁对接接头的整个焊接过程可以分成以下 4 个阶段：根部焊道焊接、余热焊道焊接、填充焊道焊接和盖面焊道焊接。

焊接根部焊道时，激光探头跟踪接缝底部的中心线，以保证良好的焊透。必要时，在根部焊道焊接过程中，可以借助焊接机头的辅助装置在接头表面画出基准线，以利盖面层焊道焊接时，探头正确无误地跟踪。

根部焊道焊完后，紧接着以较低的焊接电流自动进行二道余热焊道的焊接，以防止填充焊道焊接时发生烧穿。

焊接填充焊道时，探头首先测量当前焊接位置的接头坡口宽度、控制系统根据实测坡口宽度决定该填充层的焊道数。例如2道或3道，焊完每层最后一道填充焊缝时，探头将测量接头坡口的剩余深度，控制系统据此判断是否继续进行填充层的焊接。当实测的剩余深度低于门限值时，控制系统将自动停止填充层的焊接而进入盖面层的焊接。根据实测的坡口宽度决定盖面层的焊道数。

对于激光探头来说，盖面层的焊接往往会遇到问题，因为焊接坡口可能已被填满而难以辨认接头坡口边缘，无法再正确跟踪。为解决这一难题，可在焊接机头上装备线性跟踪摄像头，为全程跟踪提供补充参照数据。在这种情况下，激光视觉探头负责高度控制，而线性跟踪摄像头则控制横向位移。

(3) 激光视觉传感跟踪控制系统的构成　标准型激光视觉传感跟踪控制系统由以下4个模块组成：激光视频采集模块、分段模块、比较模块和析取模块。

激光视频采集模块的作用是将视频影像从传感器的摄像管中输送到数据采集板，并将其数字化后加以存储，同时滤光片沿每行视频信号旋转，以识别典型激光带的宽度和形状，并沿着每行视频寻找最接近的选配特征。

分段模块是分析采集板中的激光带数据，并将其分成行。为此使用了预编程的信息，例如待探测的斜率（角度）。同时需要识别所检测接缝上可能出现的阶梯或中断点尺寸。例如搭接接头的阶梯，薄板对接接头的间隙或坡口角引起的转折点等。

比较模块中的软件用来鉴别分段程序软件定义的数据行，并确定哪些行是接缝形成的。这是实际观察到的视频影像与已输入的该种焊接接头理论形状相比较的结果。

析取模块的软件按预编程序的指令析取接缝的信息，并通过精密的十字滑板调整焊枪与接缝的相对位置，使其对准接缝中心或离坡口边缘保持规定的距离。

这种控制系统适用于各种不同形状的接头，并可按接头坡口的标准几何形状进行预编程。这种标准型激光视觉焊缝自动跟踪控制系统的外部接线图如图2-125所示。

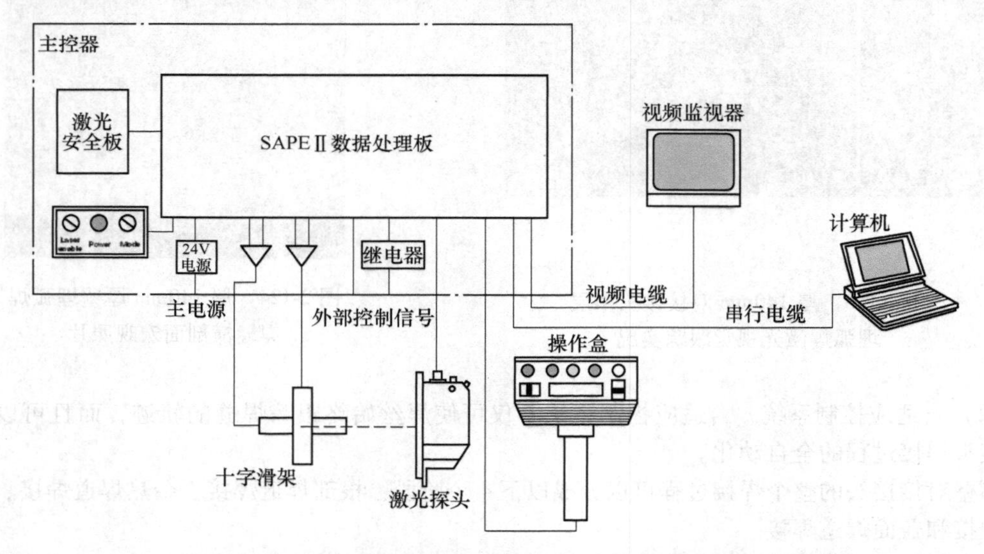

图2-125　激光视觉焊缝自动跟踪控制系统外部接线图

图2-125所示的操作盒具有两行荧光显示屏、自定中心微动开关（左/右，上/下）、启动和停止按钮、激光管开/关及报警灯、误差按键及报警灯。

拨动主控制器上的选择开关，可将操作盒设定在准备模式或跟踪模式。在准备模式下，利用操作盒可完成下列操作：

1）选择待检测接缝的形式。

2）点动十字滑板。

3）接通激光视觉传感器，并测量接缝的位置。

4）调整激光束的亮度。

5）示教所要求的接缝位置。

6）启动焊缝自动跟踪系统。

在跟踪模式下，可以实现以下控制和显示功能：

1）按下任一点动按钮，可将焊枪移至预定位置。

2）显示屏显示接缝在探头下的位置误差。

3）按接缝形式按键，显示当前的接缝形式。当焊接正进行时，如果同时按下点动按钮，可变更接缝形式。

4）按停止按钮，可中止十字滑板动作，并关闭激光器。跟踪系统也可通过遥控信号启动或停止。

5）显示屏显示出有效跟踪所拍摄的影像总数。此值表示跟踪精度，并应>80%。

与激光视觉传感跟踪系统相配的电动十字滑板的行程可分为250mm×250mm、125mm×125mm、75mm×75mm三种，其外形尺寸如图2-126所示。

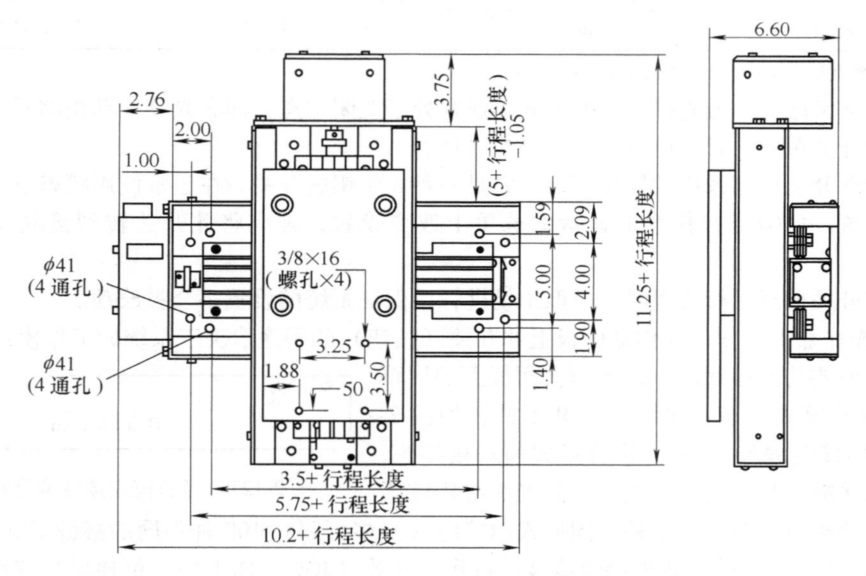

图2-126　精密电动十字滑板的外形尺寸

注：本图尺寸的单位为in，1in≈25.4mm。

标准型激光视觉传感焊缝自动跟踪系统的主要技术特性数据见表2-27，传感器的最高灵敏度可达0.1mm。

5. 激光视觉焊缝跟踪系统的操作程序

（1）标准型激光视觉焊缝跟踪系统的操作程序　标准型激光视觉焊缝跟踪系统可以使用主控制器上的开关，也可用操作盒按一定的程序操作。

1）在主控制器上操作。在主控制器上装有三个开关，即电源开关（ON/OFF），启动激光器钥匙开关和模式钥匙开关。按下电源开关（按钮），接通系统电源，绿色按钮指示灯亮。同时在操作盒屏幕上显示自动检测信息。如果内部检测一切正常，几秒钟后将显示待机信息。如果再按一次此绿色按钮，系统关闭。

表 2-27 标准型激光视觉传感焊缝跟踪系统主要技术特性数据

主要技术特性	数据值	主要技术特性	数据值
型　　号	JST 型	型　　号	JST 型
激光二极管参数（2 支）	40MW，36 级，波长 670mm	传感器外形尺寸（高/mm×宽/mm×深/mm）	100×38×64
激光器光学系统（2 支）	微型平行光管，束成形光学系统	传感器质量/g	340
激光器安全措施	硬件和软件联锁	控制器输入电压/V	115/230 AC/单相
光带宽度/mm	16（投射距离）65 35（投射距离）75 65（投射距离）85	频率/Hz	50/60
像素值	水平 742×垂直 582	功率/W	400
视场深度/mm	17（投射距离）65 35（投射距离）75 75（投射距离）85	控制器外形尺寸（高/mm×宽/mm×深/mm）	400×520×575
冷却方式	压缩空气或纯净水冷却（温度 10～30℃）	控制器质量/kg	30
最高工作温度/℃	40	电动十字滑板有效行程（水平/mm×垂直/mm）	250×250 125×125 75×75
		十字滑板承载能力/kg	110，110，20

注：表列数据引自美国 Jetline Emgineering 公司样本。

出于安全考虑，在激光探头中的激光器通常处于关闭状态，即激光器启动钥匙开关在反时针位置。将此开关拨到顺时针位置即为启动激光器。

模式钥匙开关控制系统的操作模式，它是一种 3 位钥匙开关。在正常使用状态下，应拨到反时针运行位置。如需在操作盒上显示的选单上改变设置，则应将此开关转到接缝设置和安装位置。

当模式开关拨至运行位置时，应取出钥匙，以保证系统的设置不会被改动。

2）在操作盒上操作。操作盒面板上的开关（按钮）的用途取决于系统的工作模式。

在运行模式的准备状态下，操作盒面板上的屏幕将显示当前的模式状态、接缝编号和形式，如图 2-127 所示，即接缝编号为№1，接缝形式为对接接头，名称为中间接缝。为提高工作效率，激光焊缝跟踪系统可设置成能探测和跟踪若干种不同形式的接缝（最多可跟踪 100 种不同的接缝形式）。按下接缝（SEAM）按钮，可选择各种接缝编号。将乒乓开关（JOG）向上拨，可递增接缝编号，向下拨，则可减小接缝编号。屏幕显示最终选定的焊缝编号。乒乓开关还可用来点动滑板，调节激光探头的位置。

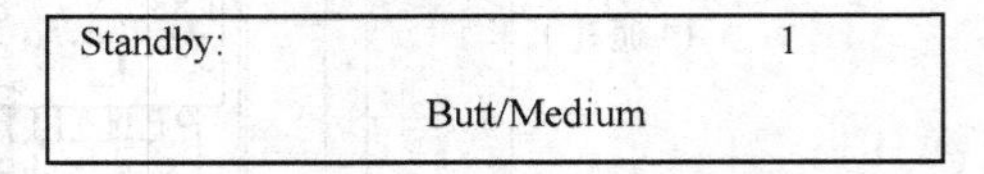

图 2-127 当前模式接缝编号和形式

要在准备状态测量接缝的位置，必须按“激光器”（LASER）按钮，打开探头中的激光管。显示屏面显示最后一次的测量结果，如图 2-128 所示。其中 Y 值是接缝边缘相对于激光器视场中线的位置，Z 值是接缝相对于探头正常工作高度的位置。如果探头测不到接缝的位置，则显示相应的故障信息。再按一次“激光器”按钮，则关闭激光管。

Standby: 1
Y=+0.06″/1.66mm Z=-0.03″/0.7mm

图 2-128 接缝位置实测结果显示

当接头表面粗糙度发生变化时，可同时按下“激光器”和“故障”（ERROR）按钮，调节图像的亮度。

在系统安装时，同时按下“激光器”和“接缝”按钮，可示教接缝的位置。如果接缝已被示数，则探头将测量接缝的位置，并作为正确的位置加以存储，如果示教不成功，屏幕将显示故障信息。

按“起动”（START）按钮，探头开始探测接缝，并平稳地调节滑板，使焊枪正确定位。如果工件偏转，使焊枪偏离接缝，则激光跟踪系统将移动滑板，使其回到正确位置。因焊枪与探头之间存在一定的距离，故只能跟踪接缝总的走向，而不能跟踪接缝上细小的不规则。

按“停止”（STOP）按钮，则关闭探头，并自动回到准备状态。

在探头已打开的运行模式下，系统开始跟踪接缝，操作盒屏幕将显示接缝位置的误差。使用MLP10-5或MLP10-10型探头时，将显示两位小数。使用视场较大的探头时，只显示1位小数，如图2-129所示。各种型号探头视场的大小见表2-28。屏幕同时显示影像的百分率，探头至少可测量10帧影像，这一数值应在80%～100%之间。

Searching for seam:		1
Y=+2.7 Z=+3.8		

Tracking seam:	90%	1
Y=+0.5 Z=−0.3		

图2-129 接缝位置误差显示

表2-28 各种型号探头的视场宽度和投射距离

探头型号	视场宽度/mm	投射距离/mm	适用接头形式
MLP10-5	5.0	35	接缝紧密的对接接头
MLP10-10	10	35	小坡口对接接头
MLP10-15	15	65	薄板接头（厚0.5～3mm）
MLP20-15	15	65	薄板角接接头
MLP20-30	30	75	角接接头，板厚3～9mm对接接头
MLP20-45	45	80	宽坡口对接接头
MLP20-60	60	85	宽大坡口对接接头、角接接头

在此工作模式下，如果按“接缝”按钮，则显示所跟踪接缝的名称或形式。

在跟踪过程中，如果因故障突然中止焊接，则跟踪同时停止，探头发出“中止”信号，并在操作盒的屏幕上显示“Paused”字样。

在焊接过程中，如有必要，可以利用乒乓开关，左/右、上/下微调探头的位置。每按一次乒乓开关的位移量，取决于所使用探头视场的宽度，见表2-29。

表2-29 各种型号探头每按一次乒乓开关的位移量

探头型号	每按一次乒乓开关的位移量/mm	探头型号	每按一次乒乓开关的位移量/mm
MLP10-5	0.05	MLP20-30	0.20
MLP10-10	0.05	MLP20-45	0.20
MLP10-15	0.10	MLP20-60	0.50
MLP20-15	0.10		

总位移量取决于探头视场的大小，其极限值是探头视场至坡口边缘距离的±25%，高度是±50%。如果位移量过大，可能使接缝的位置超出探头的视场，系统将不再继续跟踪。

跟踪系统在正常的运行过程中，将沿着接缝连续跟踪。即使探头一时探测不到接缝，例如经过定位焊缝时，焊接机头仍将按原定方向移动。通常在跟踪系统安装时，已经设定了定位焊缝的长度，例如20mm。如果探头探测不到接缝的长度超过了设定的定位焊缝长度，则跟踪系统将停止工作，并在屏幕上显示故障信息“Seam not visible”（未见接缝）。消除故障并调整探头位置后，重新起动跟踪系统。

在某些情况下，也可启用扩展探测模式。虽然一时探测不到接缝，但不发送故障信息，而是移动探头滑板，使探头从一侧移向另一侧，以探测接缝，如果此刻能探测到接缝，则立即转入正常跟踪。如果仍未探测到接缝，则转入下一步工作程序——定位模式。在跟踪系统安装时已设置了容许探测的次数和范围。

在定位模式中，探头在工件上进行扫描，直到探测到接缝。在这种情况下，通常利用外部轴驱动工件相对于探头位移，因此只能作初步定位，而且测量和轴开始移动之间存在时间差，定位结束时，接缝位置还会发生变化。这样，初步定位后，应紧接着利用探头进行精确定位。

在厚壁接头多层多道连续焊过程中，焊枪可能因长时间受热而产生弯曲，偏离初始位置，为消除这种偏差，可以采取以下两种办法：一是通过探头零位重新示教，将焊枪回到正确位置；二是探头或焊枪固定位置的调整。如果焊枪支架可调，则可借助此机构调节。或者点动滑板，使焊枪处于正确的位置，然后打开激光器检查接缝是否靠近探头视场中央。或检查操作盒上显示的测定值，其值应接近于0.0，约在探头视场的10%，最后将此位置示教于探头。如果示教时出现故障信号“接缝不在中央”（Seam not central），则说明焊枪和探头的中心线偏移太大，应将焊枪或探头重新定位。

激光视觉传感焊缝跟踪系统与接触式焊缝跟踪系统一样，焊枪与探头之间存在一段所谓超前距离，这必然会影响跟踪精度。其解决办法是通过计算机软件做必要的延时修正，使焊枪始终保持所要求的位置。

2.8 埋弧焊焊接工艺装备

埋弧焊焊接工艺装备主要包括焊接机头移动机械、焊件变位机械、焊件输送机械和其他辅助装置等。

焊接工艺装备按其自动化程度等级可分机械化焊接装备、自动化焊接装备和全自动化焊接装备。

在埋弧焊中应用的焊接机头移动机械主要有立柱-横梁焊接操作机、侧梁式焊接操作机和龙门架式焊接操作机。焊件变位机械按其结构和功能可分为焊接滚轮架、焊接变位机、焊接翻转机和焊接回转平台，焊接操作机与焊件变位机械往往组合使用而构成各种焊接中心。焊件输送机械主要有上、下料装置和输送辊道等。常用的辅助装置包括操作平台、焊丝盘支架、焊剂回收输送装置和排烟尘装置等。

焊接操作机是一种能将焊接机头按工件的形状和尺寸作初始定位，并在焊接过程中以预置的速度移动焊接机头完成焊接过程的机械装置。操作机的移动机构应有足够的刚度和精度，以保证焊枪对准接缝，并保持焊接工艺所要求的姿态。焊接操作机的技术特性是决定焊接质量的重要因素。

2.8.1 立柱-横梁焊接操作机

立柱-横梁焊接操作机因其以立柱和横梁作为基本构件而得名，是一种通用性很好的焊接操作机。其典型结构外形及主要配套设备如图2-130所示。

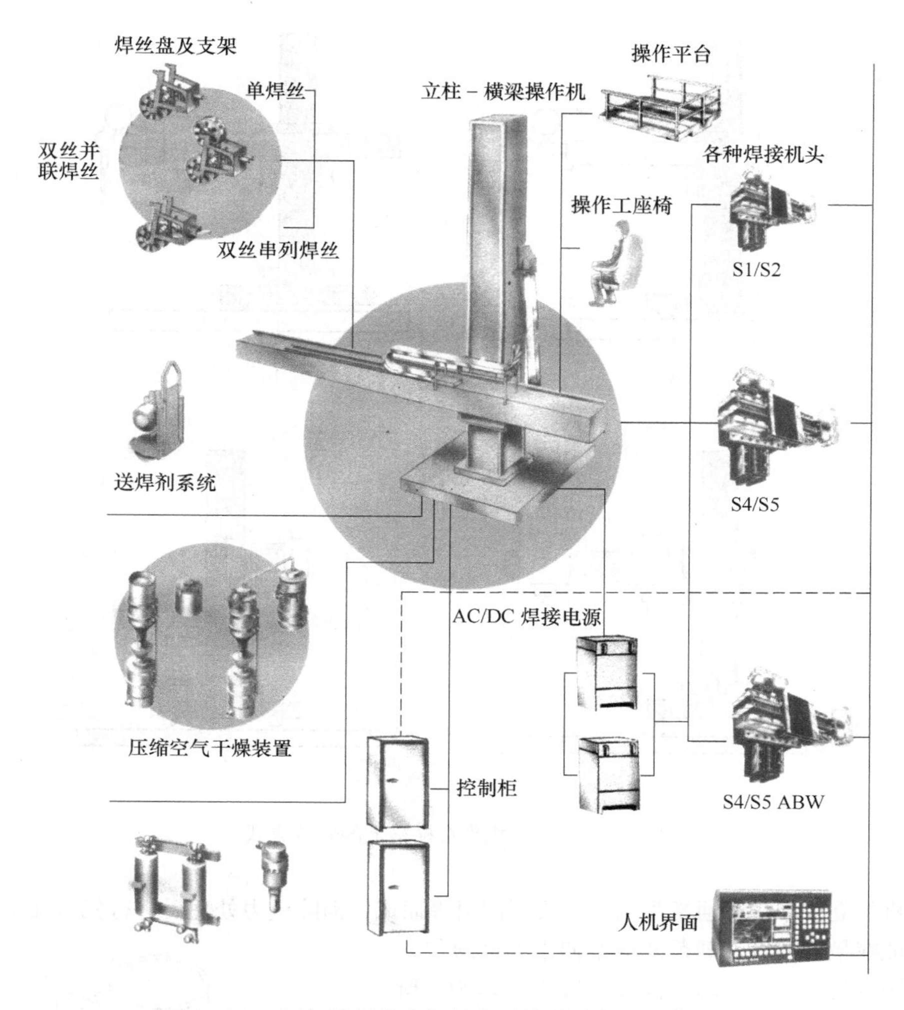

图 2-130　立柱-横梁操作机的典型外形及主要配套设备

立柱-横梁焊接操作机的基本构成和主要功能如图 2-131 所示。其由垂直安装的立柱、托架、可左右移动的横梁及相应的传动机构和控制系统等组成。立柱应具有较大的刚度和稳度，并按使用要求可安装在固定式底座上或安装于轨道平车上。立柱底部装有回转支撑和锁紧装置，可做 ±180°旋转，并在所要求的位置上锁定。横梁由 4 轮托架支撑，可沿立柱导轨上、下移动，并可以焊接速度或空程速度左右移动。焊接机头通常装在横梁端部，如图 2-132a 所示但也可按焊接工艺的要求，将焊接机头安装在横梁移动小车上，如图 2-132b、c 所示，进一步提高了它的机动性。

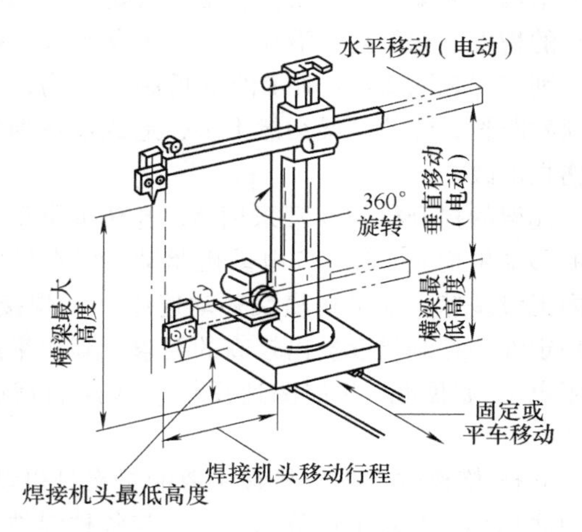

图 2-131　立柱-横梁操作机的基本构成及主要功能

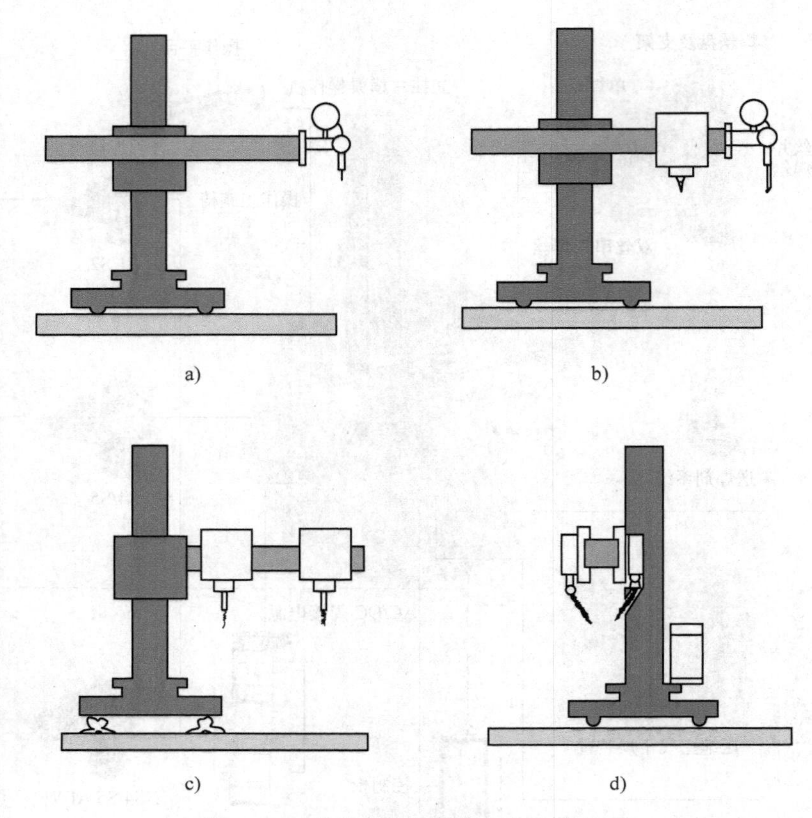

图 2-132 焊接机头在横梁上的安装方式

操作机的立柱和横梁通常采用钢板或型钢组焊而成，消除应力处理后进行机械加工。其横截面积应保证在最大的容许载荷和横梁伸出到极限位置下，横梁端点的下垂量不超过横梁全长的1/1000。横梁与立柱之间通过图2-133所示的托架机械连接。托架的结构和装配质量在很大程度上决定了横梁的直线移动的精度。如果托架沿立柱上、下移动采用链条传动，则应安装图2-134所示的棘爪制动机构，严防链条偶发断裂，致使横梁突然下坠，造成设备损伤和人员伤亡事故。

托架的提升机构通常采用AC电动机驱动，而横梁的移动机构应采用DC电动机驱动，以在较宽的范围内无级调速。如果对横梁移动速度（即焊接速度）的稳定性和控制精度提出较高的要求，则应采用交流伺服电动机驱动。并加测速反馈，其控制精度可达±1%。

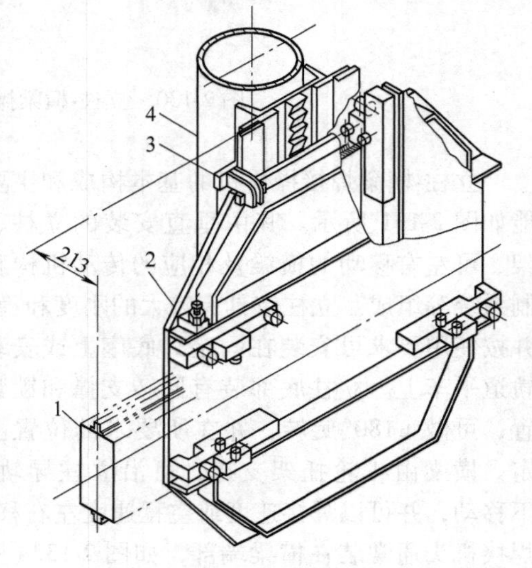

图 2-133 横梁托架结构示意图

1—横梁 2—托架 3—定位板 4—立柱

立柱-横梁焊接操作机最主要的特点是机动灵活、占地面积小、有效工作范围大。其与各种焊件变位机械组合使用，可形成不同类型的自动焊接中心。图2-135所示为这种焊接操作机与焊接滚轮架组合使用的方案，可用于压力容器筒体内外纵缝、环缝的自动埋弧焊。如果与座式变位机组合使用，可以完成球形封头拼缝和封头内壁连续带极埋弧堆焊，如图 2-136 所示。立柱-横梁操作机与装卡工作平台组合的方案如图 2-137 所示，可用于箱形梁和工字梁角焊缝的埋弧焊。

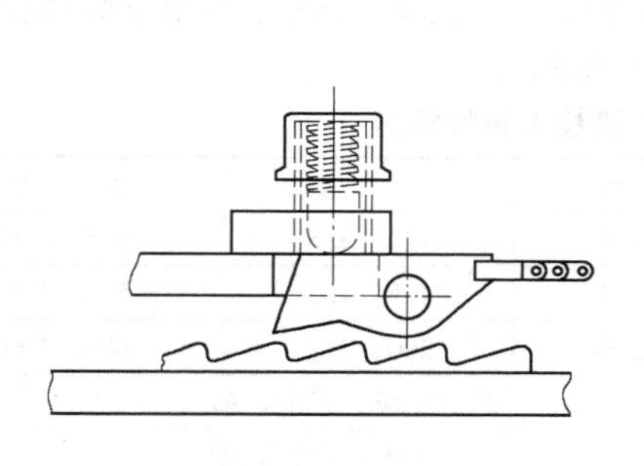

图 2-134　棘爪制动机构示意图

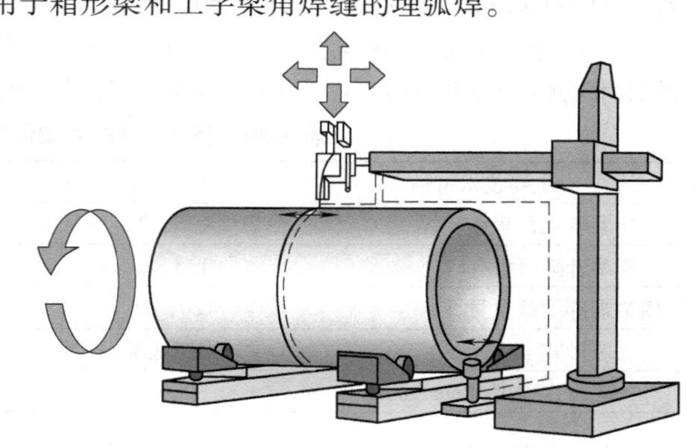

图 2-135　立柱-横梁操作机与焊接滚轮架组合使用方案

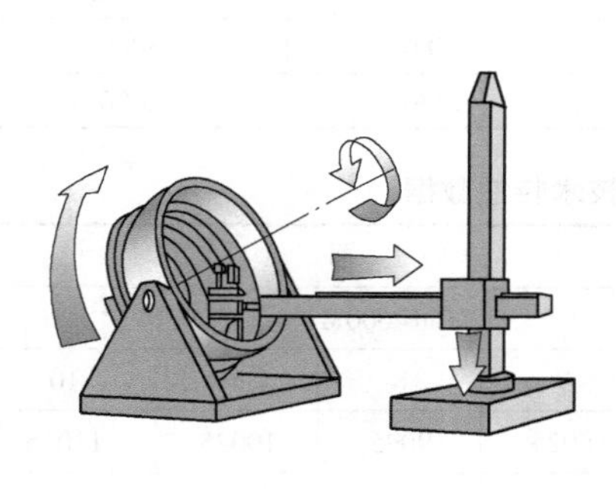

图 2-136　立柱-横梁操作机与座式焊接变位机组合使用方案

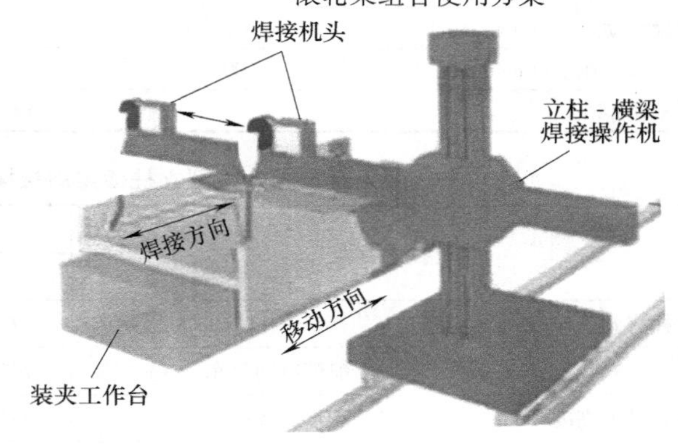

图 2-137　立柱-横梁操作机与装卡工作平台组合使用方案

立柱-横梁焊接操作机还可与头尾架翻转机组合使用，用以焊接锥形筒体环缝和椭圆形筒体环缝。图 2-138 所示为风力发电装备制造中应用的风塔锥形筒体环缝埋弧焊装置的结构示意图。由于风塔高度达 40m 以上。除了使用头尾架翻转机夹持工件外，还需配备特种滚轮架加以支撑，以保证工件旋转的平稳性。

现代立柱-横梁焊接操作机已发展成为全数字控制埋弧焊装备，可以实现焊接过程的全自动化。配备不同等级的自动控制系统可以实现各种自动埋弧焊的工艺要求。

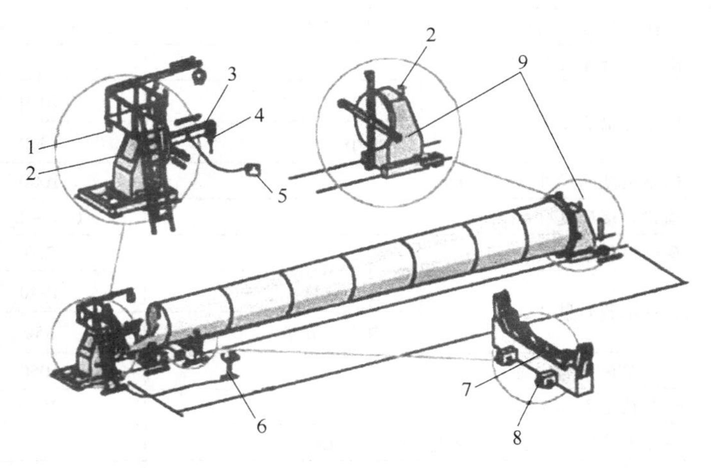

图 2-138　风塔锥形筒体环缝埋弧焊装置的结构示意图

1—头架　2—警报灯　3—立柱-横梁操作机
4—埋弧焊机头　5—遥控器　6—控制台
7—环形夹紧装置　8—安全挡板　9—尾架

立柱-横梁焊接操作机因结构较简单，便于采取模块化设计和标准化系列化生产。最常用的规格为3m×3m、4m×4m和6m×6m。

国产标准型立柱-横梁焊接操作机的技术特性数据见表2-30。国外大型立柱-横梁焊接操作机的技术特性数据见表2-31。外形尺寸标注代号如图2-139所示。

表2-30　国产立柱-横梁焊接操作机技术特性数据

主要技术特性	微　型	小　型	中　型	大　型
横梁有效行程/m	1.5，2	2.3，4.4	4.4，5.5	5.5，6.6
横梁升降行程/m	1.5，2	3.4，3.4	4.5，4.5	5.6，5.6
横梁端部承载质量/kg	120，75	210，210	300，210	600，500
底座形式	固定底板	固定底板，行走台车		
台车行走速度/(mm/min)	—	80～3000（无级可调）		
立柱与底座连接方式	固定式	固定式、手动回转	固定式、手动或电动回转	固定式、电动回转
立柱回转角/(°)	—	±180	±180	±180
横梁移动速度/(mm/min)	60～2500	60～2500	60～2500	60～2500
横梁升降速度/(mm/min)	2000	2000	2280	3000
台车轨距/mm	—	1435	1730	2000

表2-31　国外大型立柱横梁焊接操作机技术特性数据

主要技术特性		型　号				
		CaB 600M				
立柱有效工作行程/m		6	7	8	9	10
横梁最大高度/mm	配可移动台车（A）	7025	8025	9025	10025	11025
	配水泥底座（B）	6950	7950	8950	9950	10950
	配固定底板（C）	8585	9585	10585	11585	12585
横梁最低高度/mm	配可移动台车	1075	1075	1075	1075	1075
	配水泥底座	1000	1000	1000	1000	1000
立柱总高度 *D*/mm	配可移动台车	8510	9510	10510	11510	12510
横梁提升速度/(m/min)		2.0	2.0	2.0	2.0	2.0
横梁伸出长度 *E*/m	最大	7000		8000		9000
	最小	1000		1000		1000
横梁横截面尺寸（*H*）/mm		1000		1000		1000
横梁焊接速度/(m/min)		0.1～2.0		0.1～2.0		0.1～2.0
横梁空程速度/(m/min)		2.0		2.0		2.0
容许承载质量/kg	总承载量	1940		1830		1700
	单端承载量	550		400		250
横梁总重（含电缆）/kg		1050		1165		1280
台车轨距 *L*/mm		2500		2500		2500
台车外形尺寸（长/mm×宽/mm×高/mm）		2600×3100×490				
台车焊接速度/(m/min)		0.1～2.0				
台车空程速度/(m/min)		2.0				
台车总质量/kg		4800				

注：表载数据引自ESAB公司最新产品样本。

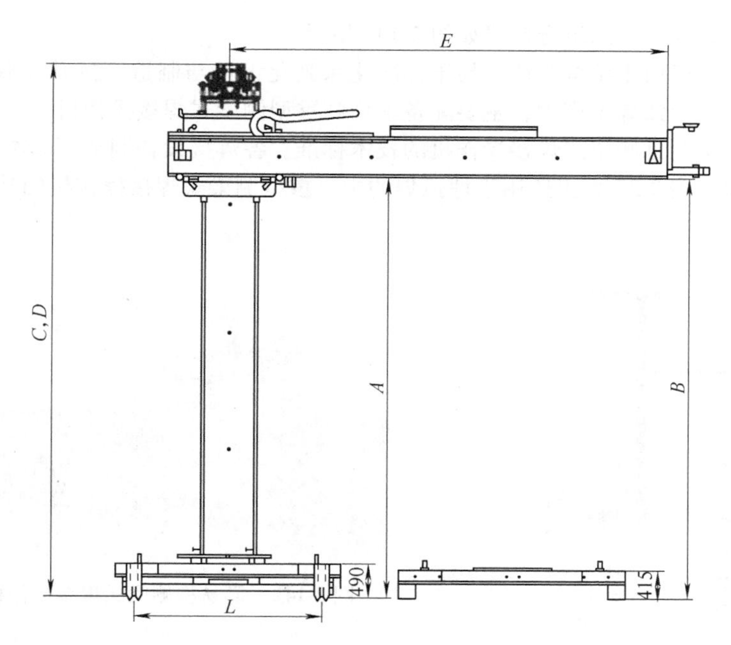

图 2-139　CaB600M 型立柱-横梁操作机外形尺寸标注代号

立柱-横梁焊接操作机的主要应用领域有锅炉、压力容器、大型储罐、大直径管道、风塔筒体、核电设备和钢结构等。

2.8.2　侧梁式焊接操作机

侧梁式焊接操作机又称门架式焊接操作机，其典型结构形式如图 2-140 所示。其由侧梁、固定式立柱和行走小车组件等组成。在行走小车的连接板上安装焊接机头、焊丝盘和焊剂斗支架以及控制盒等。与立柱-横梁焊接操作机相比，结构较简单，制造成本低，但适用范围受到限制。工件的外形尺寸通常不应超过 2m × 20m。当侧梁长度超过 10m 时，为保证其挠度不超过规定值，可采用三点支撑结构。

图 2-140　侧梁式焊接操作机的典型结构

侧梁式焊接操作机的关键部件是横梁导轨，通常采用刚度足够大的箱形梁结构。在上下两端边全长加工出合乎精度要求的导轨和镶嵌齿条的凹槽。行走小车通过夹紧轮和靠轮以及齿轮/齿条传动，在横梁上以焊接速度平稳移动。对于精密型侧梁式焊接操作机，则采用直线导轨和滚珠丝杆传动。行走小车一般采用交流电动机 + 变频调速器驱动。如要求精确控制焊接速度则应采用直流电动机 + 测速反馈或采用交流伺服电动机组驱动。

对于简易型侧梁式焊接操作机，其横梁可采用边缘经机械加工的轧制 H 型钢或焊接工字钢，配标准型行走机构，如图 2-141a、b 所示。图 2-142 所示为这种简易型侧梁式焊接操作机实物照片，在行走小车上装上标准型埋弧焊机头，可以完成纵向直线焊缝埋弧焊。

侧梁式焊接操作机可以与焊接滚轮架或头尾架翻转机等组合使用。以完成圆柱形、圆锥形筒体纵、环缝的焊接，其典型的组合形式如图2-143所示。

侧梁式焊接操作机由于结构简单，易于标准化系列化设计与制造。按其承载能力可分轻型、中型和重型三类。在埋弧焊生产中，主要配备中型和重型侧梁式焊接操作机。

在我国迄今尚未制订侧梁式焊接操作机的技术标准。各焊接设备制造厂基本上按用户提出的要求进行设计制造。表2-32列出适用于埋弧焊的中、重型侧梁式焊接操作机的技术特性数据。

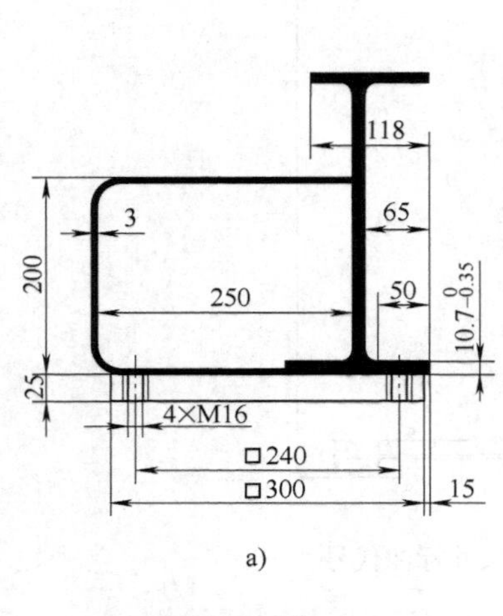

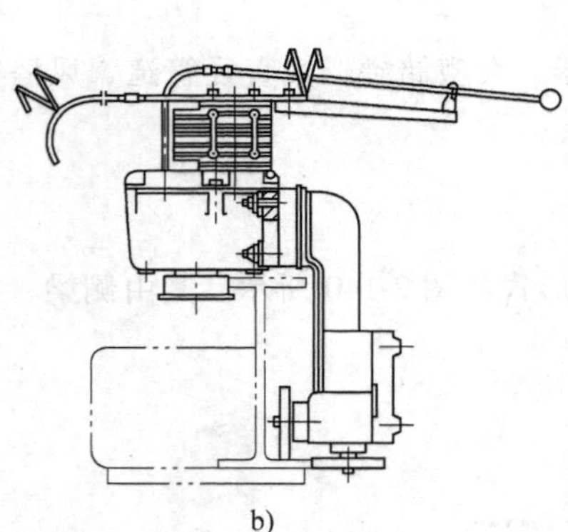

图2-141 简易型侧梁焊接操作机横梁导轨外形尺寸及其行走小车装配方式
a）H型钢导轨 b）标准型行走小车

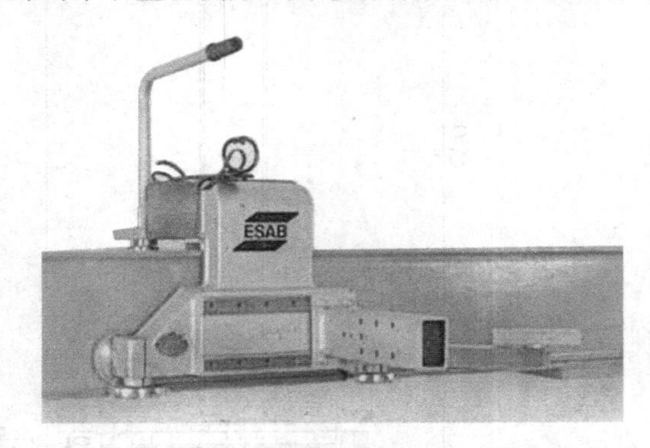

图2-142 简易型侧梁式焊接操作机外形

图2-143 侧梁式焊接操作机与头尾架翻转机的组合形式

表2-32 中型、重型侧梁式焊接操作机技术特性数据

主要技术特性	普通型	精密型
横梁有效工作行程/m	3~10	2~8
行走小车驱动方式	交流电动机变频调速	交流伺服电动机，测速反馈控制
行走小车移动速度/(mm/min)	60~2500	30~3000
行走速度控制精度（%）	±2	±1
焊接机头重复定位精度/mm	±1.0	±0.3（±0.1）
焊接机头垂直调节行程/mm	500~1000	300~1000
最大承载电流/A	1500	1000
横梁承载质量/kg	300~500	100~200
立柱高度/mm	1000~2000	800~2000

注：表中数据引自美国Jettine公司产品样本。

图2-144所示为一台中型侧梁式焊接操作机的外形尺寸。

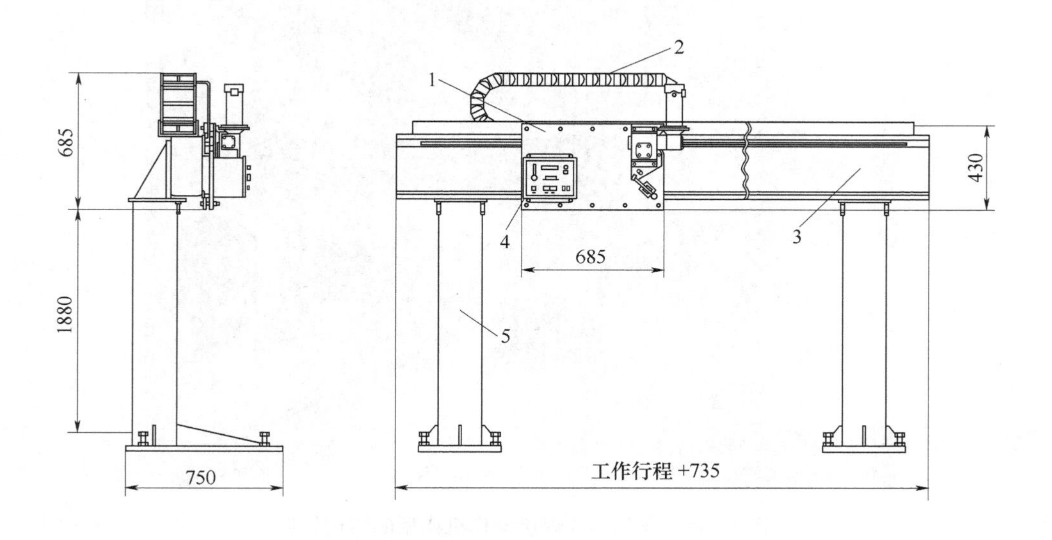

图2-144　一台中型侧梁式焊接操作机的外形尺寸
1—行走小车　2—电缆线拖链　3—侧梁导轨　4—控制器　5—立柱

侧梁式焊接操作机可与头尾架翻转机、支撑滚轮架、悬臂梁、焊接机头、焊接电源和控制系统等组成筒体纵、环缝埋弧焊装置，已得到较普遍的应用。

各种侧梁式焊接操作机已在各类储罐、轧辊表面堆焊、厚壁管道纵缝、压力容器和食品饮料机械的焊接生产中得到广泛的应用。

2.8.3　龙门架式焊接操作机

龙门架式焊接操作机具有稳定性好、机架尺寸不受限制、焊工操作空间大等优点。特别适用于大型厚壁工件和特长工件长时间连续焊接，已成为大型自动埋弧焊装备的主要形式之一。在船舶、轨道交通车辆、大型厚壁压力容器、超高压电站锅炉、重型机械、厚壁管道和工程钢结构等行业中有较广泛的应用。

图2-145所示为一种典型的龙门架式焊接操作机结构外形。主要由框形结构门架、双驱动行走机构、横梁导轨、焊接机头、垂直拖板、焊接电源、送丝机构、控制系统、焊剂回收输送装置和地轨等部件组成。

这种焊接操作机的双驱动行走机构带动整台龙门机架沿两条相互平行的地轨移动，其工作行程取决于所焊工件的接缝长度。行走速度分空程速度和焊接速度两档。门架横梁导轨可沿主柱上、下升降，其最大高度和宽度按所焊工件外形尺寸而定。横梁导轨上可配备一个或多个焊接机头。通过电动机驱动机构，焊接机头连同拖板可在横梁导轨行程范围内移动，以将焊枪定位，对准待焊接缝。垂直拖板可上、下调节，以适应不同形状和规格的工件。焊接电源、焊丝盘及支架、焊剂回收装置等可安装在龙门架顶层平台上。这不仅使操作机结构紧凑，还可缩短焊接回路电缆线，降低能量消耗。

龙门架式焊接操作机可与重型焊接滚轮架组合构成图2-146所示的厚壁压力容器焊接中心，其结构特点是横梁导轨与工作平台连成一体，通过牵引机构可上下移动，以适应不同直径的压力

图 2-145 龙门架式焊接操作机典型的结构外形

容器，横梁上可装上单丝或双丝串列埋弧焊机头。焊接电源、焊丝盘及其支架和其他辅助装置均安放在工作平台上，便于焊工操作和调整。

如果工件要求高温预热，焊接区的辐射热对焊工的操作带来很大的不便。为解决这一问题可将操作平台改建成封闭式，内部装上空调设备降低工作环境温度，使操作工免受高温热辐射。操作工可集中精力监视焊接过程，降低焊接缺陷形成概率。

我国至今尚未制订龙门架式焊接操作机的技术标准，目前大都按所焊工件的外形尺寸和技术要求定制焊接操作机。表 2-33 列出了 ESAB 公司生产的大型龙门架式焊接操作机典型技术特性数据。

图 2-146 用于焊接厚壁压力容器的龙门架式焊接操作机

表 2-33 大型龙门架式焊接操作机典型技术特性数据

主要技术特性		标准型	特殊型
垂直和横向工作行程/mm		3000	5200
台车行程		不限	不限
可焊最大壁厚/mm		400	400
可焊外径/mm	最小	2000	2000
	最大	5070	7200
自动控制方式		自适应	自适应
每层最大焊道数		5	5
外形尺寸（长/mm × 宽/mm × 高/mm）		5600 × 9300 × 9500	5750 × 13000 × 11700

2.8.4　焊接滚轮架

焊接滚轮架是通过电动机驱动滚轮，带动圆筒形工件以给定速度旋转的变位机械。通常由一副主动滚轮架和一副被动滚轮架组成，其典型外形如图 2-147 所示。

图 2-147　通用焊接滚轮架外形

焊接滚轮架主要用于圆柱形工件的焊接。当主动滚轮和被动滚轮以不同的高度安装时，也可用来焊接圆锥体和异径圆柱体接缝。

焊接滚轮架按其用途，可分成通用型和特殊两类。

1. 通用型焊接滚轮架

通用型焊接滚轮架按其结构形式可分为自调式和可调式两种，其结构分别如图 2-148 和图 2-149 所示。

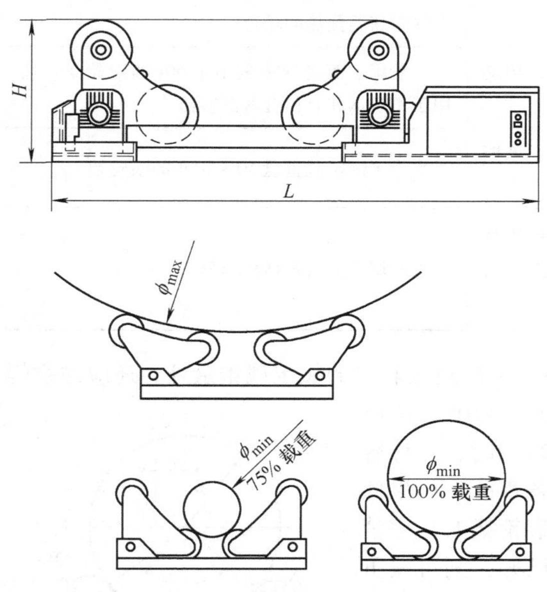

图 2-148　自调式焊接滚轮架结构形式
H—滚轮架高度尺寸　L—滚轮架宽度尺寸

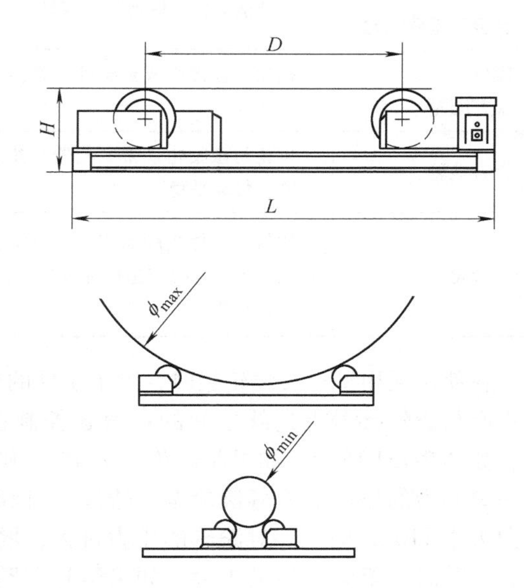

图 2-149　可调式焊接滚轮架结构形式

（1）自调式焊接滚轮架　自调式焊接滚轮架的结构特点是每一副滚轮架由两组双滚轮组成，且每组滚轮支架可以其支点为中心旋转。因此可用于直径范围较宽的圆筒形工件而无须改变两组滚轮之间的距离。但在焊接直径很小的工件时，工件外圆只能与每对滚轮架的两个滚轮接触（图 2-148），滚轮架的承载质量只是额定载荷的 75%。

自调式焊接滚轮架通常采取双驱动方式。电动机通过二级减速器和连接轴将转矩传递给两组滚轮，以获得平稳的旋转速度。驱动机构可采用交流电动机 + 变频器无级调速。对于速度控制精度要求较高的焊接滚轮架，则应采用直流电动机、晶闸管调速加测速反馈控制。

（2）可调式焊接滚轮架　可调式焊接滚轮架的结构特点是，每副滚轮架的滚轮间距是可调的，以适应不同直径的工件。滚轮间距的调节可采取多种方式，最简单的办法是在滚轮架支座面上钻制两排间距相等的螺栓孔。滚轮座则按工件直径安装在相应的孔位上，并用螺栓固定。当焊接直径经常变化的工件时，则可采用丝杠传动机构调节滚轮座的间距。

可调式焊接滚轮架通常是一副主动滚轮架和一副被动滚轮架组合使用，其中主动滚轮架可分单驱动和双驱动。在后一种驱动模式中两台电动机可通过电子线路同步起动。双驱动的优点是工件旋转速度平稳，并可消除跳动现象。

当工件总质量超过单组滚轮架的额定载荷或工件长度过大时，可以采用一副主动滚轮架和两副被动滚轮架组合的方式。若因工件过重，必须采用4副或更多的滚轮架时，则其中两副滚轮架必须是主动滚轮架。图2-150所示为特长工件焊接时，滚轮架的组合方式。

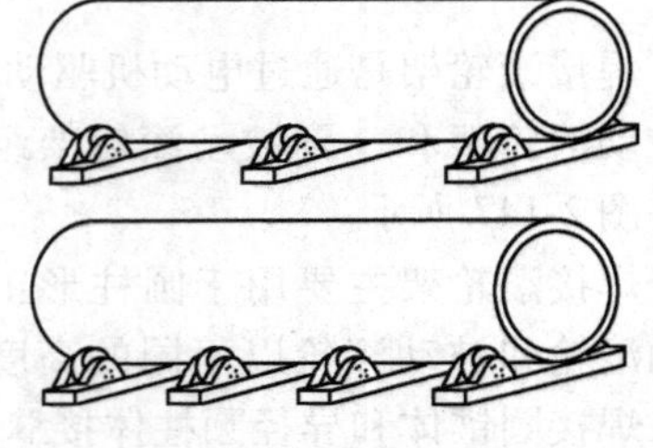

图2-150 特长工件焊接时，滚轮架的组合方式

焊接滚轮架的滚轮结构和材质以及适用范围见表2-34。

表2-34 滚轮结构材质、特点和适用范围

结构与材质	特 点	适用范围
钢轮 合金球墨铸铁轮	承载能力大，制造加工容易	一般用于额定载重量大于60t的滚轮架以及工件需高温预热的场合
胶轮 聚氨酯轮	钢轮外包橡胶或聚氨酯，摩擦力大，传动平稳	一般用于额定载重量小于60t的滚轮架。适用于不锈钢和有色金属制容器
组合滚轮	钢轮与橡胶轮（聚氨酯轮）组合，承载能力高，传动平稳	常用于额定载重量50～100t的滚轮架
履带轮	履带与工件接触面积大，可防止薄壁容器在滚轮上转动时产生局部变形，传动较平稳，但结构较复杂	主要用于大直径薄壁容器

在使用通用型焊接滚轮架时，除了工件的重量不应超过滚轮架的额定载重量外，还应注意焊件中心与滚轮接触点连线之间的包角 α 控制在45°～110°的范围内，如图2-151所示。如果此包角小于45°，则在转动时，工件容易在离心力的作用下滚落滚轮架，造成人身和设备事故。如果此包角大于110°，则工件对滚轮的压力过大，增加滚轮架的功率消耗，严重时甚至无法转动工件。如果滚轮间距 L 已知，则可按下列公式求得容许的工件直径范围。

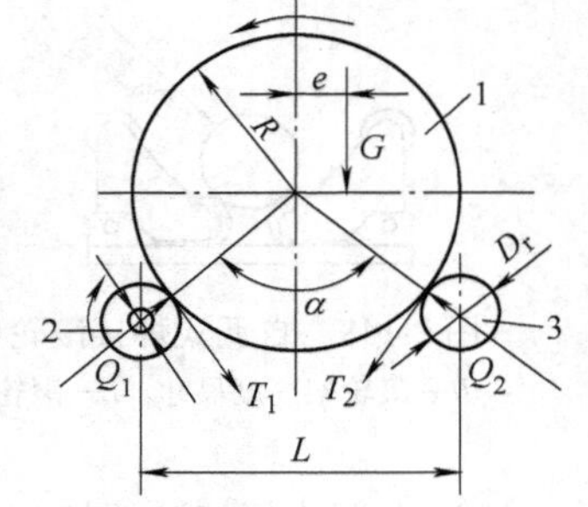

图2-151 工件中心与滚轮接触点连线之间的包角（α）
1—工件 2—主动滚轮 3—从动滚轮

$$D=\frac{L}{\sin\dfrac{\alpha}{2}}-D_r$$

式中 D_r——滚轮外径（mm）；

D——工件许用直径（mm）；

α——包角，一般取 α = 45°～110°。

在我国现已制订焊接滚轮架行业标准（JB/T 9187—1999）。该标准对主动滚轮圆周速度范围规定为6～60m/h，且应无级可调。速度控制精度分两级，即不大于±5%和±10%，并不容许有爬行现象。相应国际标准规定的速度控制精度为±3%。如采用直流电动机驱动，并带测速反馈，其控制精度为±1.5%。

JB/T 9187—1999《焊接滚轮架》行业标准规定的通用焊接滚轮架技术特性数据见表2-35。ESAB公司生产的自调式和可调式焊接滚轮架的技术参数见表2-36和表2-37。

表 2-35　通用焊接滚轮架规格及技术参数（按 JB/T 9187—1999）

滚轮直径/mm	额定载重量 X_1/t									适用工件直径/mm	
	0.6	2	6	10	25	60	100	180	250	最小	最大
200	+									200	1000
250		+	+	+						250	1600
315			+	+	+					315	2500
400				+	+					400	3150
500				+	+	+	+			500	4000
630					+	+	+	+		630	5000
800						+	+	+	+	800	6300
1000								+	+	1000	8000
1250									+	1250	10000
电机最小功率/kW	0.4	0.75	1.0	1.4	1.4	2.2	2.8	3.2	5.6	—	—

注：所列电动机功率值为一台电动机驱动一对主动滚轮，若用两台电动机驱动两个主动滚轮，则电动机功率值可减一半。

表 2-36　ESAB 公司自调式焊接滚轮架技术参数

主要技术特性		型号						
		SD/S1-10	SD/S1-20	SD/S1-40	SD/S1-60	SD/S1-80	SD/S1-100	SD/S1-120
最大载重量/t	主动	5	10	20	30	40	50	60
	被动	5	10	20	30	40	50	60
旋转能力（主动）/t		15	30	60	100	120	150	180
旋转速度/(mm/min)		130 ~ 1300	130 ~ 1300	124 ~ 1240	125.5 ~ 1255	140 ~ 1400	140 ~ 1400	100 ~ 1000
适用工件直径/mm		200 ~ 6500	200 ~ 6500	500 ~ 6500	500 ~ 6500	500 ~ 6500	500 ~ 6500	500 ~ 6500
主电源电压(3 相,50Hz)/V		380/400	380/400	380/400	380/400	380/400	380/400	380/400
熔断器容量/A		16	16	16	32	32	32	32
控制电压（AC）/V		24	24	24	24	24	24	24
质量/kg	主动	950	1138	2720	3295	3420	—	—
	被动	660	758	1960	2255	2385	—	—
外形尺寸(长/mm × 宽/mm × 高/mm)	主动	3080 × 930 × 500	3600 × 930 × 550	3780 × 1400 × 832	3780 × 1400 × 832	4250 × 1388 × 990	4250 × 1386 × 1090	4100 × 1400 × 830
	被动	3080 × 930 × 440	3600 × 930 × 480	3300 × 1400 × 832	3300 × 1400 × 632	3240 × 1386 × 890	3240 × 1386 × 990	3600 × 1400 × 790
控制电缆线长度/m		10	10	10	10	10	10	10

表 2-37　ESAB 公司可调式焊接滚轮架技术参数

主要技术特性		型号						
		CD/C1-5	CD/C1-10	CD/C1-15	CD/C1-30	CD/C1-60	CD/C1-100	CD/C1-120
最大承载重量/t	主动	2.5	5	7.5	15	30	50	60
	被动	2.5	5	7.5	15	30	50	60
旋转能力/t		7	15	25	45	100	150	250
旋线转速度范围/(mm/min)		62 ~ 618	102 ~ 1020	114 ~ 1137	130 ~ 1300	130 ~ 1300	130 ~ 1300	130 ~ 1300
适用工件直径范围/mm		165 ~ 6430	165 ~ 6430	222 ~ 7580	466 ~ 8366	466 ~ 8366	466 ~ 8366	466 ~ 8366

（续）

主要技术特性		型号						
		CD/C1-5	CD/C1-10	CD/C1-15	CD/C1-30	CD/C1-60	CD/C1-100	CD/C1-120
主电源电压(50Hz 3 相)/V		380/400	380/400	380/400	380/400	380/400	380/400	380/400
熔断器容量/A		16	16	16	16	16	32	50
控制电压（AC）/V		24	24	24	24	24	24	24
质量/kg	主动	401	506	665	1222	2002	2688	3323
	被动	221	279	348	668	1237	1555	2019
外形尺寸（长/mm ×宽/mm×高/mm）	主动	2090×540×534	2090×540×564	2480×620×562	2790×765×765	2790×765×933	3400×765×1177	3400×765×1284
	被动	2090×540×386	2090×540×450	2465×620×500	2790×765×700	2790×765×888	2790×765×1080	2900×765×1100
控制电缆线长度/m		10	10	10	10	10	10	10

2. 特殊型焊接滚轮架

在埋弧焊中应用的特殊型滚轮架主要有防工件轴向窜动的焊接滚轮架和装焊组合滚轮架。

（1）防工件轴向窜动焊接滚轮架　防工件轴向窜动焊接滚轮架简称防窜或防偏移滚轮架。它利用从动滚轮的提升或下降、偏移或平移机构的作用，抵消圆筒形工件在滚轮架上旋转时所产生的轴向位移。其中提升式防偏移滚轮架的结构较简单，实际应用较为普遍。

厚壁容器环缝埋弧焊时，工件在滚轮架上连续旋转的圈数至少为几十圈，甚至上百圈。由于主动滚轮架和被动滚轮架的安装平面不可能完全处于同一水平面上，且容器筒体的实际外形也绝非理想的圆柱体，各筒节的中心线也不可能完全重合。因此在焊接过程中，筒体在滚轮架上转动时，不可避免地会产生轴向位移。假如工件每转一圈，其轴向位移平均为1mm，则连续旋转上百圈后，总的轴向位移至少为100mm。实际上，这种轴向窜动量可能会大得多，而超出焊接机头自动跟踪系统拖板的有效行程，直接影响焊枪准确对中，导致形成各种焊接缺陷。对于某些特种焊接工艺，如厚壁筒体环缝的窄间隙埋弧焊和筒体内壁螺旋形连续带极埋弧堆焊，工件在焊接（堆焊）过程中，少量的轴向窜动也是不允许的。因此必须配备自动防窜焊接滚轮架。

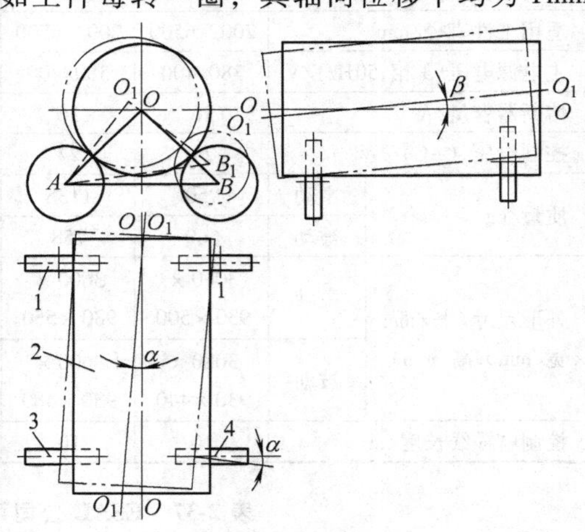

图 2-152　升降式防窜动执行机构纠偏原理图

1—主动滚轮　2—工件　3—从动滚轮　4—升降式从动滚轮

升降式自动防窜焊接滚轮架与通用型焊接滚轮架相比，主要区别在于装备了高灵敏度的位移传感器、微机控制系统和防窜动执行机构。

防窜动执行机构是利用被动滚轮架中的一个滚轮上升或下降，修正工件中心轴线与滚轮架安装平面的平行度，使工件产生相反轴向移动，纠正偏转。这种纠偏原理如图 2-152 所示。

目前，升降式防窜焊接滚轮架在国内外已作为一种标准产品进行生产，表 2-38 列出 ESAB 公司 MRS120、MRS250 型防窜焊接滚轮架的技术参数。其外形尺寸如图 2-153 所示。

表 2-38　MRS120，250 型升降式防窜焊接滚轮架的技术参数

主要技术特性	型　　号	
	MRS120	MRS250
最大承载重量/t	120×2	250×2
最大容许瞬时过载（%）	75	75
适用工件外径范围/m	1.4～6.0	1.5～6.0
滚轮旋转速度/(m/min)	0.1～1.0	0.1～1.0
电动机功率/kW	1.4	2.8
旋转速度控制精度（%）	±1.5	±1.5
最大载荷下的升降行程/mm	±65	±65
位移传感器行程/mm	5.25	5.25
防偏精度/mm	±1.5	±1.5
滚轮升降电机功率/kW	0.75	0.75
容许最大转矩/(N·m)	30800	76000

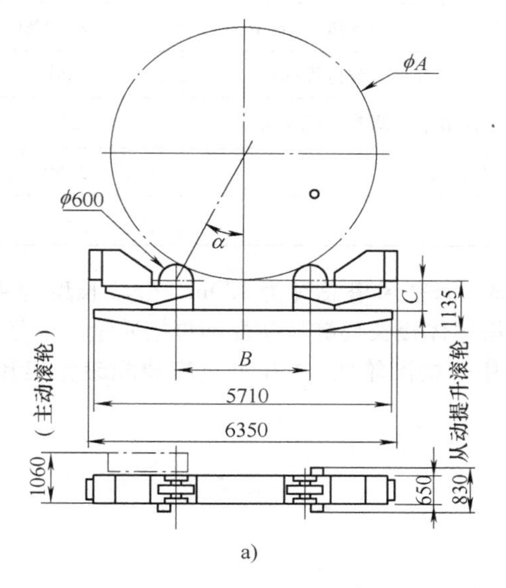

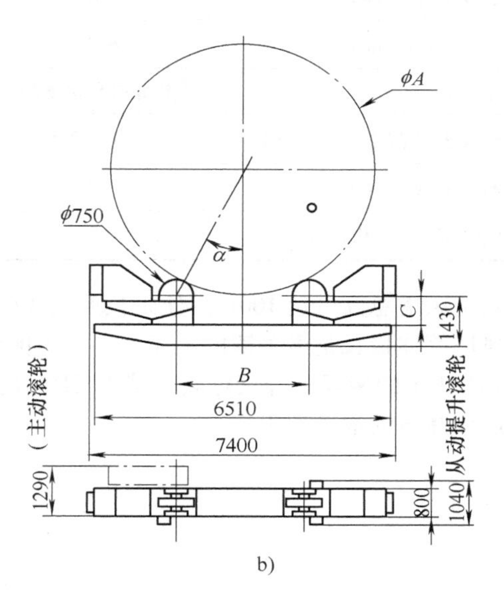

图 2-153　防窜动焊接滚轮架外形尺寸
a）MRS120 型　b）MRS250 型

（2）装焊组合滚轮架　在大型压力容器和风力发电机组风塔筒体装焊过程中，为保证筒体环缝组焊质量，并提高组装工作效率，使用了各种特殊型装焊组合滚轮架，主要有筒体成对组焊滚轮架和筒体接长组焊滚轮架。

按照风塔筒体的生产流程，通常先将筒节成对组焊，然后送至接长生产线逐节组焊至所要求的长度，由于风塔筒体全长呈 3°锥度，且每节筒身的直径不同，使筒身环缝组对难度加大。为实现锥形筒身的快速组装，使用了图 2-154 所示的特种装配滚轮架，其由一对主动滚轮、一对被动滚轮和 4 个单独可调的滚轮组成，并装在公共底盘上。底盘两侧装有车轮，可沿地轨移动（电动或手动）。这种装焊组合滚轮架的技术参数见表 2-39。

图 2-154 FUB30 型装配滚轮架外形

表 2-39 FUB30 型装配滚轮架技术参数

主要技术特性	型号：FUB30	主要技术特性	型号：FUB30
最大承载质量/t	30	滚轮驱动电动机/kW（AC）	2.2
筒节最小直径/mm	610	控制方式	变频调速，遥控盒控制
筒节最大直径/mm	6435	底盘平车移动速度/（mm/min）	2.38～2380
滚轮种类	钢轮外包聚氨酯	A 筒节水平调节行程/mm	150
滚轮线速度范围（mm/min）	130～1295	B 筒节水平调节行程/mm	250
控制电压/V（DC）	24	净重/kg	5250
供电电压/V 3 相 50Hz	400	—	—

陆基风塔总高可达 100m，分段长度为 12～22m。海基风塔总高为 120m，分段长度为 40m。因此风塔筒体接长是最关键的工序之一。为保证风塔筒体接长环缝的装配和焊接质量，最好采用图 2-155 所示的装焊组合滚轮架。其由 CD/CI 型通用焊接滚轮架、FiR 型重型装配滚轮架和 FIT 型液压调高被动滚轮架组成。

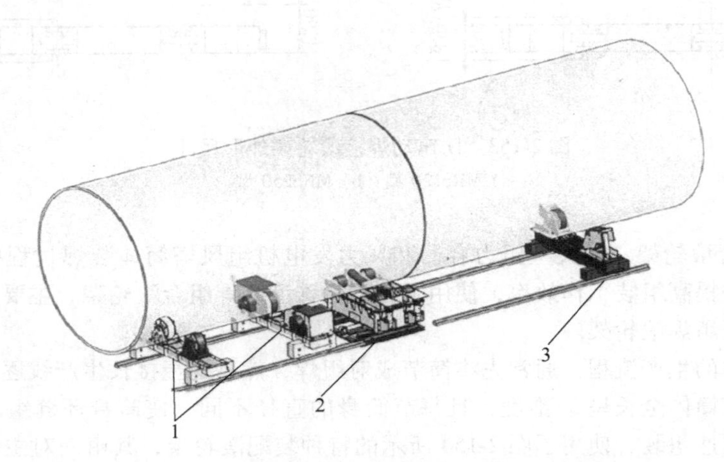

图 2-155 风塔筒体接长环缝装配焊接组合滚轮架
1—通用焊接滚轮架 2—FiR 型重型装配滚轮架
3—FIT 型液压调高被动滚轮架

FiR 型重型装配滚轮架的外形结构如图 2-156 所示。其由 4 个独立调节高度的滚轮和 2 个斜置滚轮组成。前者用于调节筒身的斜度及其在水平和垂直方向的位置。后者用于提升工件或将工件做轴向移动，以使所组装的筒身相互精确对准。表 2-40 列出这种滚轮架的技术参数。

表 2-40　FiR 型装配滚轮架技术参数

主要技术特性	型号：FiR	主要技术特性	型号：FiR
最大承载质量/t	35，75，100	滚轮线速度	自由转动
筒身最小直径/mm	610	控制电压（DC）/V	24
筒身最大直径/mm	6435	供电电压（3 相，50Hz）/V	400
滚轮材料	钢	控制方式	遥控盒

FIT 型液压调高被动滚轮架的结构如图 2-157 所示。其由两个独立可调高度的滚轮组成，用于风塔筒身接缝装配时相互对准。这种滚轮架也可配备轨道移动小车，以扩大其工作行程。其技术参数见表 2-41。

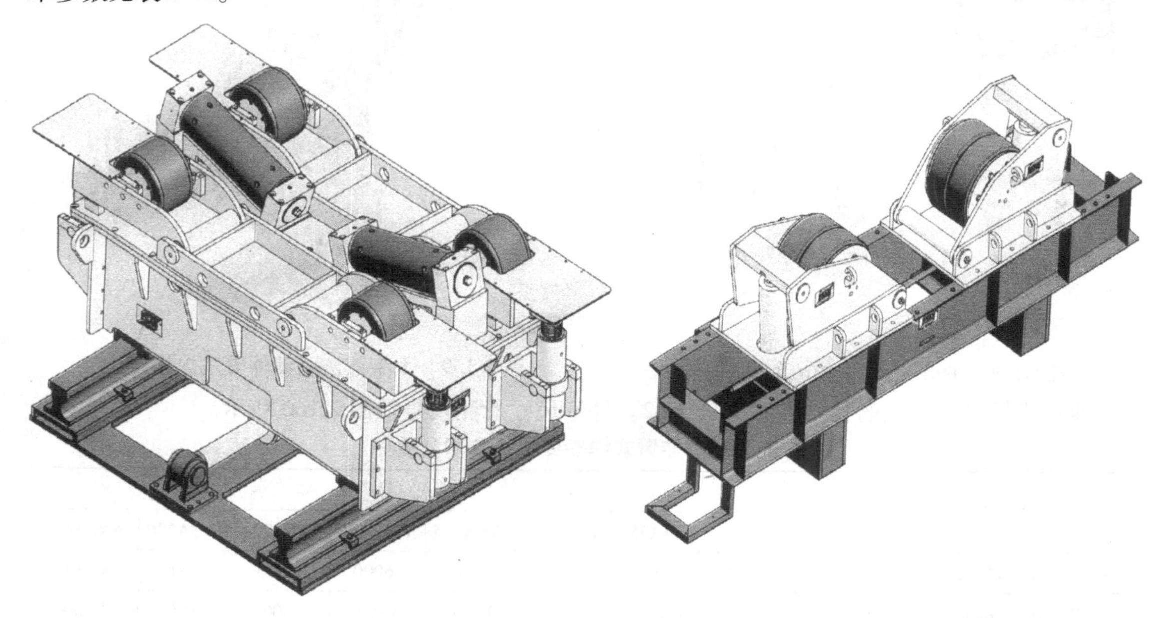

图 2-156　FiR 型装配滚轮架的外形结构　　图 2-157　FIT 型液压调高被动滚轮架的外形结构

表 2-41　FIT 型液压调高被动滚轮架技术参数

主要技术特性	型号：FIT	主要技术特性	型号：FIT
最大承载重量/t	15/30/50	滚轮线速度	自由转动
最小工件直径/mm	610	控制电压（DC）/V	24
最大工件直径/mm	6435	供电电压（3 相，50Hz）/V	400
滚轮材料	聚氨酯	控制方式	遥控盒

2.8.5　焊接变位机

焊接变位机是可将工件回转同时进行翻转的变位机械，使待焊的接缝始终处于最佳的焊接位置。合理使用焊接变位机可明显提高焊接效率和焊接质量，并可大幅度减轻焊工的劳动强度。与各种焊接操作机组合使用，可以解决形状复杂工件的自动焊接问题。目前，焊接变位机已广泛应用于各类焊接结构的焊接生产中。

焊接变位机按其结构形式可分伸臂式、座式、双座式和L形双回转式四种。

1. 伸臂式焊接变位机

伸臂式焊接变位机的外形结构如图2-158所示。其由回转工作平台，伸臂、倾斜轴、转轴、传动机构、控制器和底座等主要部件组成。回转工作台由电动机驱动作恒速旋转，并安装在伸臂的端部。伸臂连同回转工作台通过倾斜轴可作一定角度翻转，而转轴又可使工作台围绕伸臂纵轴旋转。这种变位机的特点是变位范围大、操作灵活、工艺适应性强。

伸臂式焊接变位机的倾斜轴也可采用液压系统驱动，可提高最大承载重量和稳定性，大型液压驱动伸臂式焊接变位机如图2-159所示。

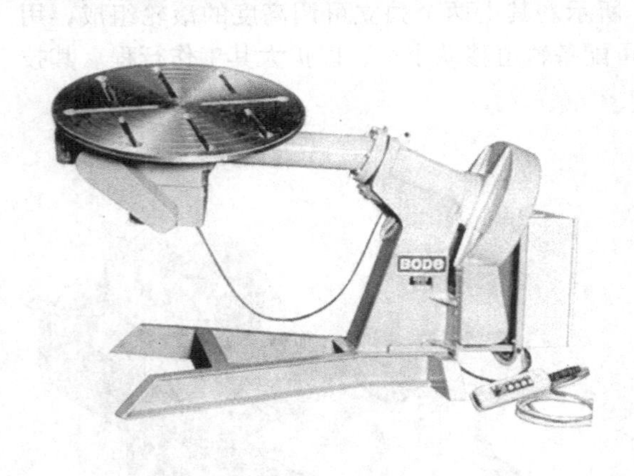

图2-158 伸臂式焊接变位机外形结构

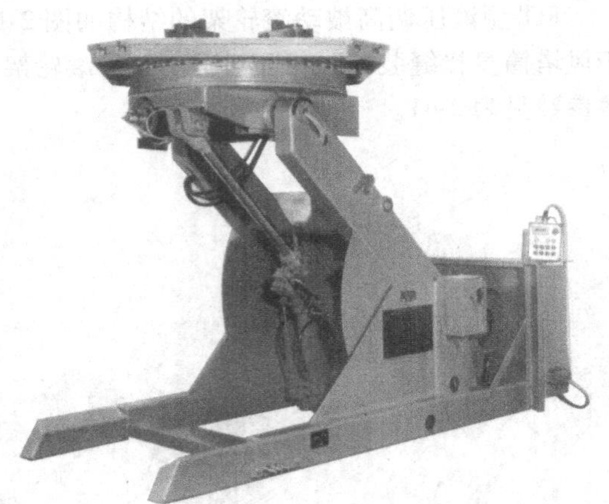

图2-159 大型液压驱动伸臂式焊接变位机

伸臂式焊接变位机的技术参数见表2-42。外形尺寸标注代号如图2-160所示。

表2-42 伸臂式焊接变位机技术参数

主要技术特性		型号							
		AVSA35	AVSA55	AVSA90	AVSA125	AVSA160	AVSA220	AVSA280	AVSA400
最大承载质量/kg		3500	5500	9000	12500	16000	22000	28000	40000
工作台直径/mm		1200	1500	1700	1700	1950	2300	2500	2500
工作台最大倾斜力矩/(N·m)		1000	1600	2700	3500	6800	11200	15000	20000
最大转矩/(N·m)		300	900	1200	1300	1800	2400	2800	3200
工作台最大倾斜度/(°)		135	135	135	135	135	115	115	115
工作台倾斜时间/s		60	60	70	70	120	150	180	180
工作台提升时间/s		60	90	120	120	120	150	150	180
工作台旋转速度/(r/min)		0~1	0~0.8	0~0.8	0~0.8	0~0.7	0~0.5	0~0.3	0~0.3
外形尺寸/mm	*A*	1800	2070	2070	2100	2100	2500	2700	3000
	B	1100	1250	1250	1280	1300	1700	1900	2200
	C	700	800	820	800	800	800	800	1000
	L	2570	3560	3750	3800	4250	4400	4600	5000
	宽度	1500	1650	1800	1850	2200	2340	2400	2500
质量/kg		2850	4500	5500	6500	11200	19400	22000	29800

2. 座式焊接变位机

座式焊接变位机的应用较普遍，其外形结构如图 2-161 所示，主要由回转工作台、倾斜机构、电动机驱动系统控制箱和机座等组成。工件夹紧在回转工作台上，保证工作台倾斜和回转时工件定位牢固。回转工作台的翻转或倾斜可通过扇形齿轮由电动机驱动，或通过液压缸顶升完成倾斜动作，最大倾斜角在 110°～135°范围内，并可在倾斜任意角度后自锁。

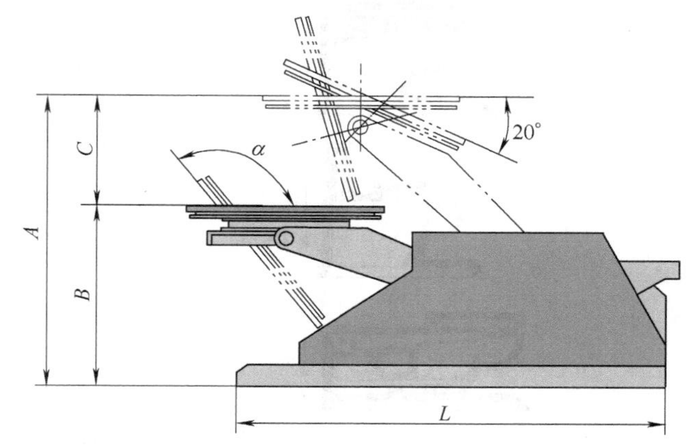

图 2-160　伸臂式焊接变位机外形尺寸标注代号

座式焊接变位机的特点是结构紧凑，稳定性好，承载能力大（最大可达 400t），移动方便操作灵活。图 2-162 所示为一台大型座式变位机外形。

为进一步扩大座式变位机的工作范围和功能，可以将回转工作台支架设计成可提升的。提升机构可以采用手动螺栓固定，也可通过电动机驱动夹紧滚轮在立柱导轨上移动或采用丝杠传动机构提升。如果要求操作平稳可靠，则可采用液压驱动，如图 2-163 所示。图 2-164 所示为一台采用丝杆提升的座式变位机实物照片。

图 2-161　座式焊接变位机外形结构

图 2-162　大型座式变位机外形

焊接变位机工作平台的回转运动通常采用交流电动机/变频器无级调速，最大调速比为1∶20，如果要求更高的调速比，则可采用变频电动机/变频器无级调速，其最大调速比为 1∶25。在某些应用场合，要求工作平台低速回转，如封头内壁的带极埋弧堆焊，则应采用直流电动机驱动，晶闸管控制器调速。当变位机与全自动精密焊接操作机组合使用，并要求工件精确重复定位和协调控制时，则应采用交流伺服电动机/伺服驱动器及编码器测速反馈控制。

大多数座式焊接变位机工作平台的倾斜速度是单一不可调的。但当用于空间曲面接缝的焊接时，如球形封头瓜片拼接和封头内壁堆焊时，则要求工作台的倾斜速度在一定范围内无级可调。

在变位机工作平台回转和倾斜传动机构中，均设有蜗轮/蜗杆减速器，使之具有自锁功能。

如果要求工件精确定位，则应考虑采用制动装置。

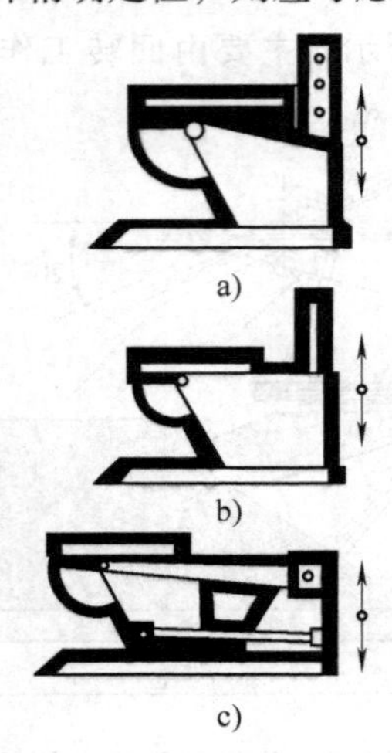

图 2-163 手动、电动、液压提升座式变位机结构示意图
a）手动 b）电动 c）液压

图 2-164 丝杆提升座式变位机外形

座式焊接变位机可与立柱-横梁焊接操作机组合使用，用于球形容器或球形封头瓜瓣拼接，压力容器筒体大直径接管马鞍形环缝的焊接以及球形封头内壁堆焊等。

座式焊接变位机的缺点是对工件的长度有一定的限制。工件的重心距不能超出规定的范围。当必须采用座式焊接变位机焊接长度较大的工件时，一种最简单的解决方案是与从动滚轮架组合使用。当工件的长度多变时，可将从动滚轮架安装在电动台车上，按工件的实际长度调节滚轮架支撑点的位置。

在我国，对于座式焊接变位机已制订了行业标准，即 JB/T 8833—2001《焊接变位机》。该标准所规定的主要技术参数见表 2-43。其中偏心距和重心距标注代号如图 2-165 所示。对于实际生产应用，表 2-43 所列数据尚不够齐全。为弥补此不足，表 2-44 列出法国 L-j 公司生产的座式焊接变位机技术参数，以供参考。外形尺寸标注代号如图 2-166 所示。

表 2-43 座式焊接变位机技术参数（按 JB/T 8833—2001）

型号	最大承载质量 Q/kg	偏心距 A/mm	重心距 B/mm	台面高度 /mm	回转速度 n_1/(r/min)	额定焊接电流 /A	倾斜角度 /(°)
HB250	250	160	400	≤1000	0.05 ~ 1.6	630	≥135
HB500	500	160	400	≤1000	0.05 ~ 1.6	1000	≥135
HB1000	1000	160	400	≤1250	0.05 ~ 1.6	1000	≥135
HB2000	2000	250	400	≤1250	0.03 ~ 1.0	1250	≥135
HB3150	3150	250	400	≤1600	0.03 ~ 1.0	1250	≥135
HB4000	4000	250	400	≤1600	0.03 ~ 1.0	1250	≥135
HB5000	5000	250	400	≤1600	0.025 ~ 0.80	1250	≥135
HB8000	8000	200	400	≤1600	0.025 ~ 0.80	1600	≥135

（续）

型号	最大承载质量 Q/kg	偏心距 A/mm	重心距 B/mm	台面高度 /mm	回转速度 n_1/(r/min)	额定焊接电流 /A	倾斜角度 /(°)
HB10000	10000	200	400	≤2000	0.025～0.80	1600	≥135
HB16000	16000	200	500	≤2000	0.016～0.50	1600	≥120
HB20000	20000	200	630	≤2500	0.016～0.50	1600	≥120
HB31500	31500	200	800	≤2500	0.016～0.50	2000	≥120
HB40000	40000	160	800	≤3150	0.010～0.315	2000	≥105
HB50000	50000	160	1000	≤3150	0.010～0.315	2000	≥105
HB63000	63000	160	1000	≤3150	0.010～0.315	2000	≥105

注：承载最大重量时，回转速度的波动不超过5%。

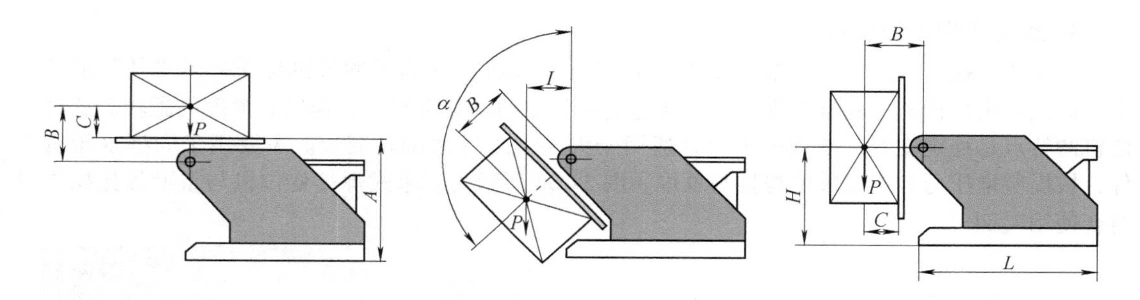

图2-165　变位机偏心距和重心距标注代号

表2-44　法国L-j公司座式焊接变位机技术参数

型号	最大承载质量/t	翻转力矩 /(N·m)	最大翻转速度/(r/min)	回转力矩 /(N·m)	最大回转速度/(r/min)	工作台直径 D/mm	工作台厚度 E/mm	工作台高度 H/mm
PF-C	1.25	200	1.5	140	1.80	800	25	900
PF-D	2.25	425	1.0	250	1.40	900	25	1000
PF-E	4.0	800	0.80	400	1.20	980	30	1100
PF-F	6.3	1400	0.65	600	0.90	1150	30	1250
PF-G	10	2600	0.50	900	0.80	1300	40	1400
PF-H	16	4800	0.45	1500	0.70	1450	40	1600
PF-I	25	8500	0.40	2500	0.50	1600	50	1800
PF-J	40	16000	0.30	4000	0.40	1800	50	2000
PF-K	63	29000	0.25	6500	0.30	1980	60	2250
PF-L	100	54000	0.20	10000	0.25	2250	60	2500
PF-M	160	10000	0.15	16000	0.20	2480	80	2800

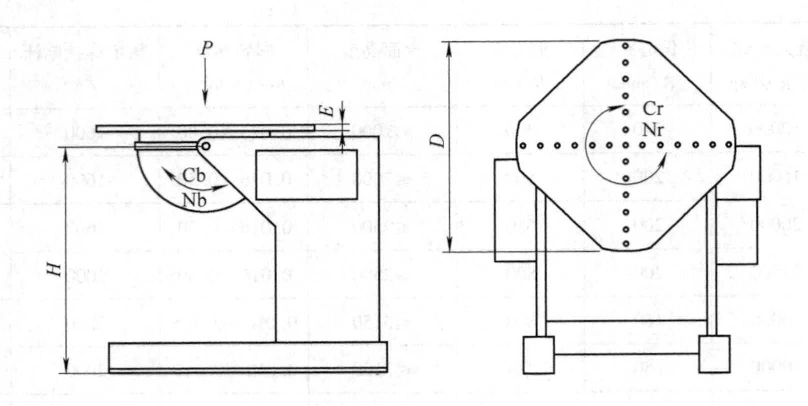

图 2-166　L-j 公司座式焊接变位机外形尺寸标注代号

3. 双座式焊接变位机

双座式焊接变位机的外形结构如图 2-167 所示。其工作平台及回转机构安装在"⊔"形托架上，而托架则由机座两侧框架支撑，并通过电动机驱动将其绕水平轴作任意角度的翻转。这种变位机的特点是稳定度好，承载能力大，适用于大吨位工件的翻转变位。主要用于大型水轮机部件，核反应堆压力容器部件的焊接与堆焊。图 2-168 所示为双座式焊接变位机与重型焊接操作机组合使用实例。

图 2-167　双座式焊接变位机的外形结构

图 2-168　双座式焊接变位机与重型立柱-横梁操作机组合使用实例

目前，我国尚未制订双座式焊接变位机的技术标准，制造厂通常按用户的技术要求定制。

4. L 形焊接变位机

L 形焊接变位机的结构形式如图 2-169 所示。其回转工作平台安装在 L 形支架的端部，而支架可通过翻转机构带动工作平台做任意角度的翻转。这种独特的结构使焊接变位机具有更大的灵活性，扩大了工作范围。其另一个特点是可使工件的重心接近翻转机构主轴的轴线而降低翻转功率。其缺点是 L 形支架是一种悬臂结构，承载能力有限。

为进一步扩大其工作范围可将其设计成升降式，如图 2-170 所示。其 L 形支架由托架支撑沿立柱上下移动。最大承载能力为 6.0t，L 形焊接变位机和升降式 L 形焊接变位机主要技术参数分别见表 2-45 和表 2-46。外形尺寸标准代号如图 2-171 所示。

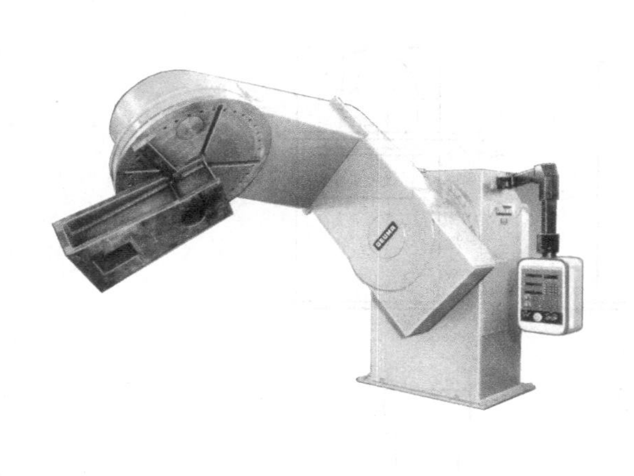

图 2-169　L 形焊接变位机结构形式

图 2-170　升降式 L 形焊接变位机的结构形式

表 2-45　L 形焊接变位机主要技术参数

型号	最大承载质量/t	翻转力矩/(N·m)	翻转速度/(r/min)	回转力矩/(N·m)	回转速度/(r/min)	外形尺寸(图 2-171a)/mm				
						D	*E*	*B*	*C*	*H*
PL-B1	0.65	180	1.20	70	3.0	750	25	750	150	900
PL-C1	1.25	450	1.00	120	1.80	800	25	900	250	1000
PL-D1	2.5	600	0.80	250	1.50	900	25	1100	275	1120
PL-E1	4.0	900	0.70	400	1.20	980	30	1250	300	1250
PL-F1	6.3	1500	0.60	600	0.90	1150	30	1400	325	1450
PL-G1	10	2400	0.50	900	0.60	1300	40	1600	350	1600

表 2-46　升降式 L 形焊接变位机主要技术参数

型号	最大承载质量/t	翻转力矩/(N·m)	翻转速度/(r/min)	回转力矩/(N·m)	回转速度/(r/min)	升降速度/(m/min)	提升高度/mm	外形尺寸(图 2-171b)/mm			
								D	*E*	*B*	*C*
PLE-C1	1.25	450	1.0	120	1.80	2.0	750~1800	800	25	900	250
PLE-D1	2.5	600	0.80	250	1.50	2.0	800~1900	900	25	1100	275
PLE-E1	4.0	900	0.70	400	1.20	1.50	900~2000	980	30	1250	300
PLE-F1	6.3	1500	0.60	600	0.90	1.50	1000~2200	1150	30	1400	325

2.8.6　焊接翻转机

焊接翻转机是一种将工件绕水平轴翻转或连续旋转，使焊接部位始终处于最佳位置的变位机械。在埋弧焊中，最常用的焊接翻转机有头尾架式、框架式、链条式、圆环式和推举式等焊接翻转机，其中头尾架式焊接翻转机应用最广。这些焊接翻转机的结构形式如图 2-172 所示。其基本特征及应用范围见表 2-47。

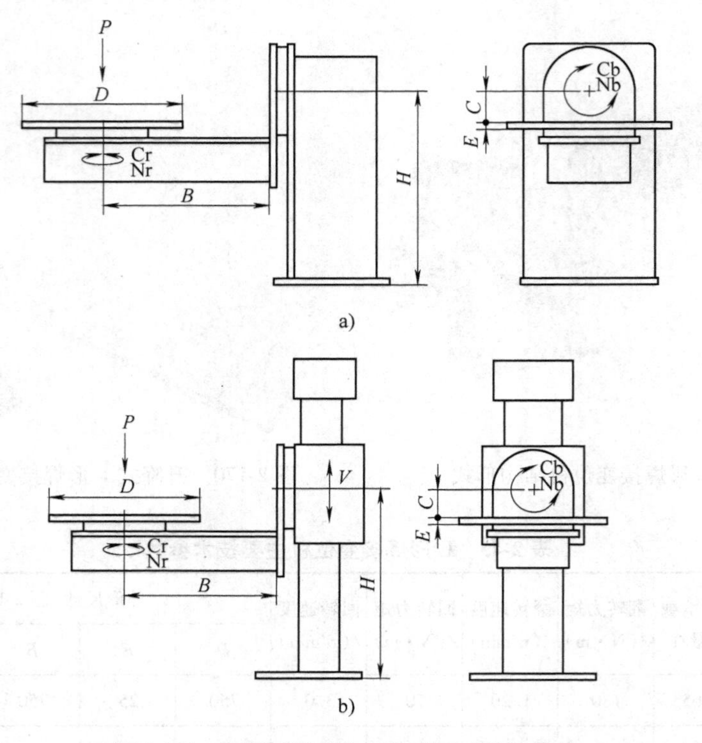

图 2-171 L 形焊接变位机外形尺寸标注代号

a）固定式 b）升降式

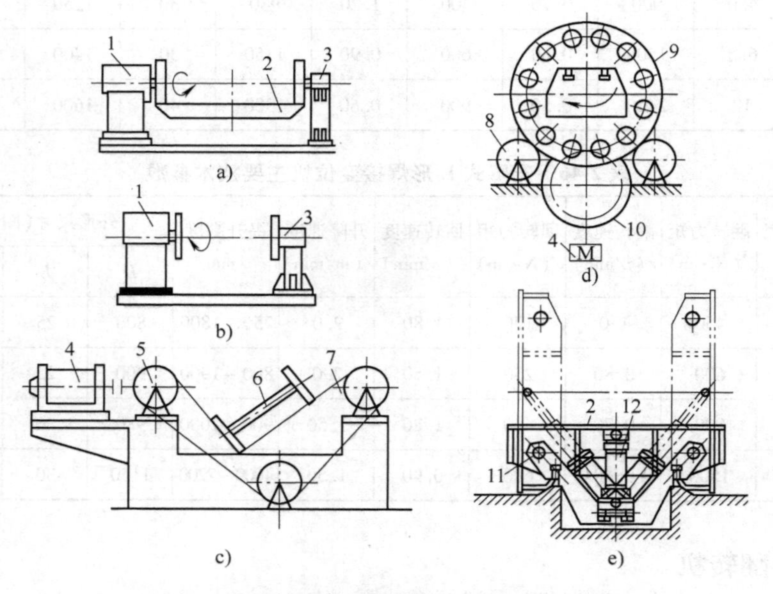

图 2-172 各种常用焊接翻转机的结构形式

a）框架式 b）头尾架式 c）链条式 d）圆环式 e）推举式

1—头架 2—翻转工作台 3—尾架 4—驱动装置 5—主动链轮 6—工件 7—链条 8—托轮 9—支承环 10—钝齿轮 11—推拉式轴销 12—举升液压缸

表 2-47　常用焊接翻转机的基本特性和应用范围

结构形式	变位速度	驱动方式	应用范围
头尾架式	可调	电动	圆筒形、椭圆形工件环缝，轧辊表面堆焊
框架式			长度较大的板焊结构、桁架结构和构架等焊接过程变位
链条式	恒速		梁、柱等构件的翻转变位
圆环式			大型框架结构、梁柱构件的变位
推举式		液压	车架、机座、底座板结构和桁架构件的翻转变位

1. 头尾架焊接翻转机

标准型头尾架式翻转机的结构外形如图 2-173 所示。其主要由配备驱动系统的回转工作平台的头架，无驱动系统，但装有顶紧机构和/或夹紧机构的尾架以及底座等组成。头架的结构与座式变位机相似，但通常不设倾斜机构。为提高头尾架焊接翻转机的通用性，一般将尾架设计成可在底座轨道上移动，以在一定范围内调节头架和尾架之间的距离，适应不同长度的工件。

为扩大头尾架焊接翻转机的有效工作范围，可将头尾架设计成沿立柱导轨上下移动，形成升降式头尾架翻转机，其外形结构如图 2-174 所示。

图 2-173　标准型头尾架焊接翻转机外形结构

图 2-174　升降式头尾架焊接翻转机外形结构

头架工作平台（或称夹盘）的回转运动大多数采用电动机驱动。按焊接工艺的要求可分别采用交流电动机 + 变频器调速、直流电动机 + 晶闸管调速。当回转速度控制精度要求较高时，应采用交流伺服电动机加编码器测速反馈控制。

头尾架焊接翻转机通常与侧梁式焊接操作机组合使用。图 2-175 所示为这种组合方式的自动埋弧焊装置全貌，专门用于直径 1000mm 以下各种筒体及筒体与封头间环缝的焊接。

对于直径范围较大的工件，可以采用与立柱-横梁操作机组合的方式。

图 2-175　头尾架焊接翻转机与侧梁式焊接操作机组合的自动埋弧焊装置

头尾架焊接翻转机在安装和使用过

程中，必须保证头架和尾架的回转中心在同一条水平线上。头架和尾架回转中心的偏离不仅会加大回转力矩，而且会降低标定的回转速度和旋转轨迹重复性，加大了焊接操作的难度。为简化安装调试和工件的装夹，对于圆筒形工件可以采取头架与滚轮架组合的方法。

头尾架焊接翻转机在我国尚未制订相应的专业技术标准。国内某些焊接设备生产厂家已具备系列化设计制造这类翻转机的能力。表2-48列出国产头尾架焊接翻转机的技术参数，国外头尾架翻转机已投入标准化、系列化生产。表2-49列出法国L-j公司升降式头尾架焊接翻转机技术参数，其外形尺寸标注代号如图2-176所示。

表2-48　国产头尾架焊接翻转机技术特性数据

主要技术特性	型号							
	FZ-2	FZ-4	FZ-10	FZ-16	FZ-20	FZ-30	FZ-50	FZ-100
最大承载质量/t	2	4	10	16	20	30	50	100
工作台转速/(r/min)	0.1～1.0	0.1～1.0	0.1～1.0	0.06～0.6	0.05～0.5	0.05～0.5	0.05～0.5	0.05～0.5
回转力矩/(N·m)	3450	6210	13800	22080	27600	46000	46000	46000
最大承载电流/A	1500	1500	2000	2000	2000	3000	3000	3000
工作台外形尺寸/mm	800×800	800×800	1200×1200	1200×1200	1500×1500	1500×1500	1500×1500	2500×2500
工作台中心高度/mm	705	705	915	915	1270	1270	1270	1830
电动机功率/kW	0.6	1.5	2.2	3	3	5.5	7.5	7.5
头架自重/kg	1000	1300	3800	4200	4500	6500	7500	20000
尾架自重/kg	900	1100	3700	3950	3950	6300	6900	17000

表2-49　法国L-j公司升降式头尾架焊接翻转机技术特性数据

型号	最大承载质量/t	重心距/mm	回转力矩/(N·m)	最大转速/(r/min)	提升高度 H_M/mm	提升速度/(m/min)	工作台最大宽度 D/mm	工作台厚度 E/mm
MEF-C	1.0	400	200	1.5	600～1600	2.0	800	25
MEF-D	2.5	425	350	1.4	650～1700	2.0	900	25
MEF-E	4.0	450	500	1.4	700～1800	1.5	980	30
MEF-F	6.3	475	700	1.4	750～1900	1.5	1150	30
MEF-G	10	500	1000	1.0	850～2050	1.5	1300	40
MEF-H	16	550	1800	0.95	900～2150	1.4	1450	40
MEF-I	25	600	2700	0.75	1000～2300	1.4	1600	50

2. 框架式焊接翻转机

框架式焊接翻转机的结构与头尾架焊接翻转机相似，实际上是后者的一种特殊形式。图2-177所示为一种典型的框架式焊接翻转机外形，其特点是头架和尾架之间的距离是不变的，取决于框架的长度，而框架的结构和尺寸则按工件的形状和夹具的形式进行设计。根据工件结构和焊接工艺要求，在框架中间可配备固定式工作台或回转工作平台。因此框架式焊接翻转机具有更多的功能。某些结构的框架式焊接翻

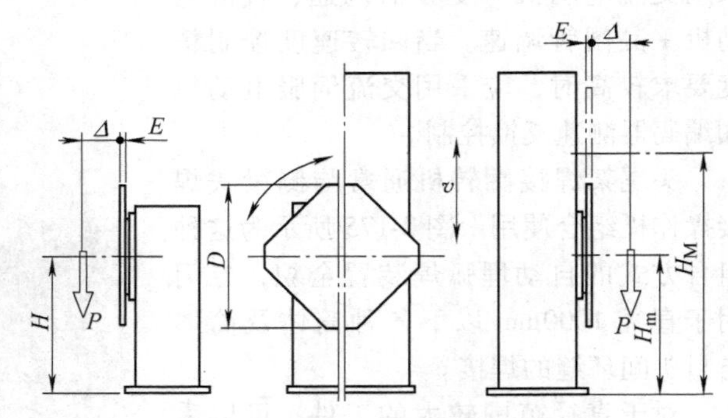

图2-176　升降式头尾架焊接翻转机外形尺寸标注代号

转机由于框架底板支撑着工件，不可能将工件绕水平轴作360°回转，而只能作一定角度范围的倾斜。

为进一步扩大其工作范围，可将框架式焊接翻转机的框架设计成上、下升降。图2-178所示为一种可升降的框架式焊接翻转机。

图2-177　框架式焊接翻转机外形

图2-178　可升降框架式焊接翻转机

框架式焊接翻转机可与立柱-横梁焊接操作机或焊接机器人组合使用。

我国目前尚未制定框架式焊接翻转机的专业技术标准，国外这类翻转机已标准化、系列化生产。表2-50和表2-51分别列出标准型框架式焊接翻转机和升降式框架焊接翻转机的技术参数。其外形尺寸标注代号分别如图2-179和图2-180所示。

表2-50　标准型框架式焊接翻转机技术参数

型号	最大承载质量/t	翻转力矩/(N·m)	翻转速度/(r/min)	回转力矩/(N·m)	回转速度/(r/min)	外形尺寸/mm				
						D	*E*	*B*	*C*	*H*
PMF-F	5	1500	0.60	600	0.90	1150	30	3500	325	1900
PMF-G	10	3000	0.50	900	0.80	1300	40	4000	350	2200
PMF-H	16	4900	0.45	1500	0.70	1450	40	4500	375	2450
PMF-I	25	8000	0.40	2400	0.50	1600	50	5000	400	2750
PMF-J	40	13000	0.35	4000	0.40	1800	50	5500	430	3000
PMF-K	63	20000	0.30	6500	0.30	1980	60	6000	460	3300
PMF-L	100	32000	0.25	10000	0.25	2250	60	6500	500	3600
PMF-M	160	52000	0.20	16000	0.20	2480	80	7000	550	3900
PMF-N	250	80000	0.20	25000	0.20	2480	80	7500	600	4300

表2-51　可升降框架式焊接翻转机技术参数

型号	最大承载质量/t	翻转力矩/(N·m)	翻转速度/(r/min)	回转力矩/(N·m)	回转速度/(r/min)	外形尺寸/mm					
						D	*E*	*B*	*C*	H_{min}	H_{max}
PMEF-F	5	1500	0.60	600	0.90	1150	30	3500	325	1200	2200
PMEF-G	10	3000	0.50	900	0.80	1300	40	4000	350	1300	2400
PMEF-H	16	4900	0.45	1500	0.70	1450	40	4500	375	1400	2600
PMEF-I	25	8000	0.40	2400	0.50	1600	50	5000	400	1500	2900
PMEF-J	40	13000	0.35	4000	0.40	1800	50	5500	430	1600	3300

注：框架提升速度1.5m/min。

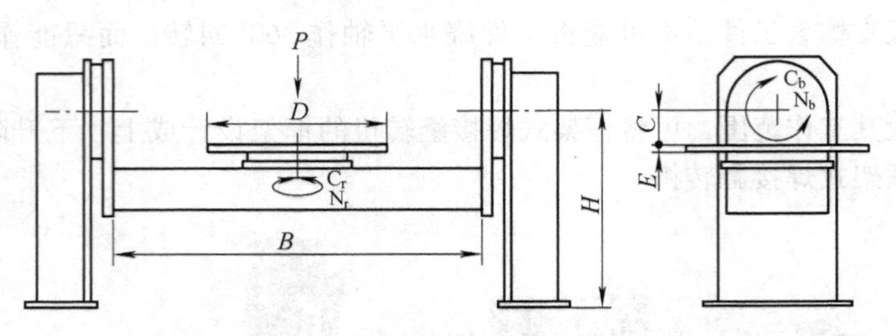

图 2-179　框架式焊接翻转机外形尺寸标注代号

3. 链条式翻转机

链条式翻转机是利用电动机驱动链轮带动环形链条翻转工件的一种变位机械，专用于梁、柱等板焊结构的翻转变位。在H型钢或箱形梁焊接生产中，链条式翻转机与龙门式焊接操作机或悬臂式焊接操作机组合使用，可以实现梁、柱构件角焊缝的连续机械化焊接，大幅度缩短生产周期，并减轻工人劳动强度。

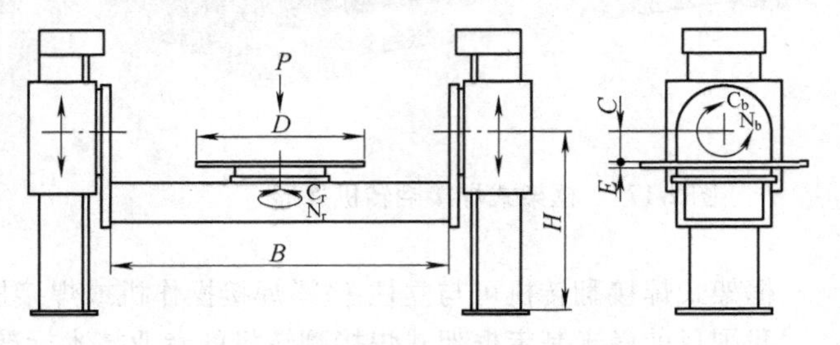

图 2-180　可升降框架式焊接翻转机外形尺寸标注代号

4. 圆环式翻转机

某些形状较特殊的型钢及桁架结构采用上述链条式翻转机翻转变位时，因截面形状不对称而产生很大困难。对于这些构件的翻转变位，可以采用图 2-181 所示的圆环式翻转机，它主要由圆环翻转架和支撑滚轮架组成。滚轮架的结构可按工件形状、重量和偏心距制成单驱动或双驱动，并装有自锁、制动和定位机构。圆环翻转架上的夹具应与工件的外形相配，且应装卸轻便灵活。

5. 推举式翻转机

推举式翻转机是利用液压缸和杠杆机构，将工件翻转到预定位置的一种变位机构，其结构形式如图 2-182 所示。这种翻转机的特点是结构简单、动作快捷和操作方便。在梁柱焊接生产中，它经常作为一种辅助变位机械，将工件翻转到船形位置进行埋弧焊。

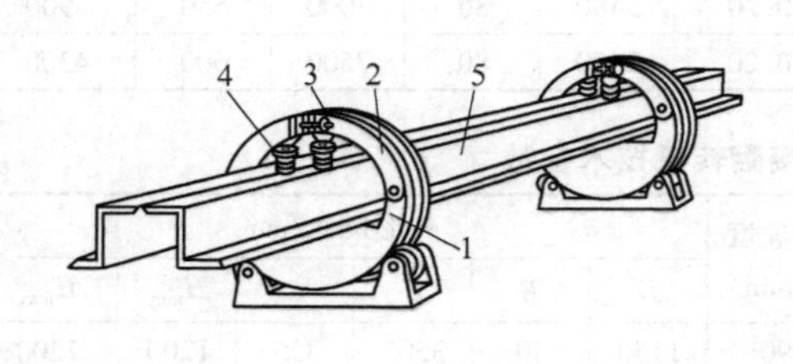

图 2-181　圆环形翻转机的结构形式

1—下环　2—上环　3—夹紧器　4—顶紧螺栓　5—工件

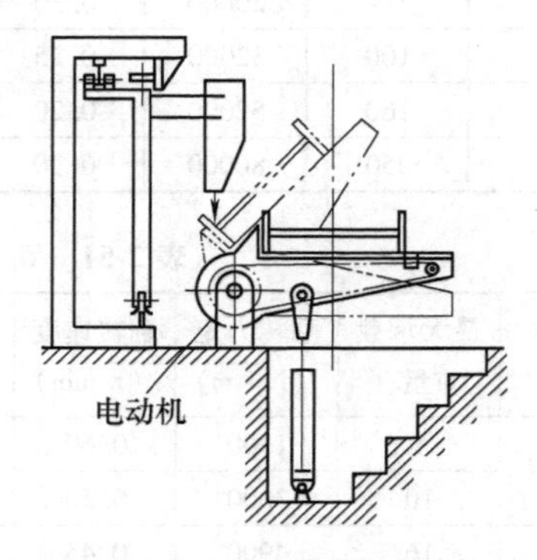

图 2-182　推举式翻转机的结构形式

2.8.7 焊接回转台

焊接回转台是将工件绕垂直轴以规定速度回转的一种变位机械，主要用于同一平面上各种接缝的焊接、平面螺旋形堆焊、筒节法兰盘环缝和筒节间环缝的横焊等。图2-183所示为一种典型的焊接回转台外形，其主要由底座、回转机构、驱动系统和控制箱等组成。

图2-183 一种典型的焊接回转台外形

焊接回转台的驱动系统多半采用交流电动机+变频器无级调速，也可采用直流电动机+晶闸管调速器无级调速。如对回转速度控制精度提出较高的要求，则可加测速反馈电路，控制精度可达±1%。

焊接回转台可与立柱-横梁操作机或侧梁式焊接操作机组合使用，以进行各种圆柱形部件水平环缝的焊接，如大直径接管法兰环缝、封头法兰环缝以及封头平坯料或平端盖表面的螺旋形埋弧堆焊。

在我国，目前已有多家焊接工艺装备制造厂生产各种规格的焊接回转台，其技术参数列于表2-52。在国际上，法国L-j公司生产的焊接回转台系列技术参数较完整，最大承载质量达250t，见表2-53。其外形尺寸标注代号如图2-184所示。

表2-52 国产焊接回转台技术特性数据

主要技术特性	型号							
	ZT-1	ZT-3	ZT-5	ZT-10	ZT-20	ZT-30	ZT-50	ZT-100
最大承载质量/t	1	3	5	10	20	30	50	100
最大容许偏心距/mm	150	300	300	300	300	300	300	300
工作台转速/(r/min)	0.02~0.2	0.02~0.2	0.1~1	0.05~0.5	0.05~0.5	0.03~0.3	0.03~0.3	0.03~0.3
工作台直径/mm	1500	1500	1800	2000	200	2500	2500	3000
工作台高度/mm	600	1000	1200	1500	1500	1800	1800	2000
最大承载电流/A	1500	2000	2000	2000	2000	2000	2000	2000
电机功率/kW	1.1	1.5	2.2	2.2	3.0	4.0	5.5	7.5
外形尺寸(长/mm×宽/mm)	920×920	1000×1000	1000×1000	1200×1200	1500×1500	2400×1500	2600×2000	3000×2500
质量/kg	1200	2100	3500	7500	14000	20000	38000	45000

表2-53 法国L-j公司焊接回转台技术特性数据

型号	最大承载质量/t	回转力矩/(N·m)	回转速度(max)/(r/min)	回转平台直径 D/mm	平台厚度 E/mm	平台高度 H/mm	加长支撑直径 D_b/mm	支撑平面高度 H_b/mm
PTF-1	1.0	50	3.0	800	25	325	—	—
PTF-2.5	2.5	100	1.80	1000	25	325	—	—
PTF-5	5.0	200	1.50	1200	25	380	2250	500
PTF-10	10	400	1.40	1400	30	385	3000	525

（续）

型号	最大承载质量/t	回转力矩/(N·m)	回转速度(max)/(r/min)	回转平台直径 D/mm	平台厚度 E/mm	平台高度 H/mm	加长支撑直径 D_b/mm	支撑平面高度 H_b/mm
PTF-16	16	600	1.20	1600	30	415	3500	575
PTF-25	25	900	1.00	1800	40	425	4000	605
PTF-40	40	1500	0.75	1980	40	475	4500	675
PTF-63	63	2450	0.60	2250	50	550	5000	830
PTF-100	100	4000	0.50	2480	60	600	5750	920
PTF-160	160	6300	0.40	2800	80	625	6280	1000
PTF-250	250	1000	0.30	2800	80	650	7500	1100

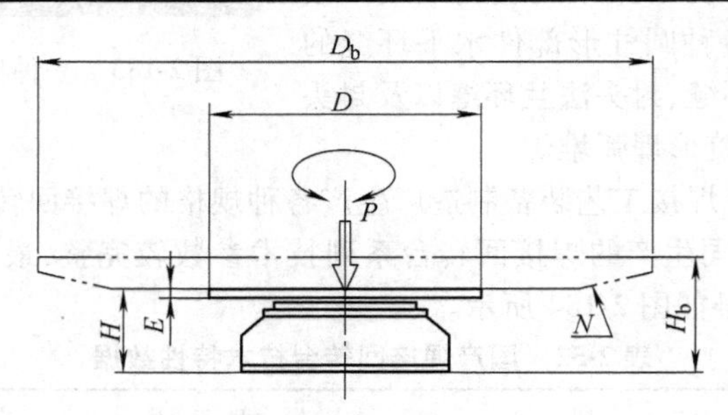

图 2-184　焊接回转台外形尺寸标注代号
D—回转平台直径　E—平台厚度　H—平台高度
D_b—加长支撑直径　H_b—支撑平面高度

第 3 章　埋弧焊用焊接材料

3.1　埋弧焊过程的冶金特点

埋弧焊的冶金过程是指液态熔渣与液态金属以及电弧气氛之间的相互作用过程，其中主要包括氧化、还原反应，脱硫、脱磷反应以及去气等过程。埋弧焊的冶金过程主要具有下列特点：

1）焊剂层的物理隔绝作用。埋弧焊时，电弧在一层较厚的焊剂层下燃烧，部分焊剂在电弧高温作用下立即熔化，形成液态熔渣，包围了整个焊接区和液态熔池，隔绝了周围空气，产生了良好的保护作用。焊缝金属 $w(\mathrm{N})$ 仅为 0.002% [用优质药皮焊条焊接的焊缝金属 $w(\mathrm{N})$ 为 0.02% ~0.03%]，故埋弧焊焊缝金属具有较高的致密性和纯度。

2）冶金反应较完善。埋弧焊时，由于焊接区被较厚的熔渣层所覆盖，其冷却速度较慢，熔池液态金属与熔渣的反应时间较长，冶金反应较充分，去气较完全，熔渣也易于从液态金属中浮出。

3）焊缝金属的合金成分易于控制。埋弧焊过程中可以通过焊剂或焊丝对焊缝金属渗合金。焊接低碳钢时，可以利用焊剂中的 SiO_2 和 MnO 的还原反应，对焊缝金属渗硅和渗锰，以保证焊缝金属应有的合金成分和力学性能。焊接合金钢时，可利用焊剂中特加的合金粉末或相应的合金钢焊丝，保证焊缝金属应有的合金成分。

4）焊缝金属纯度较高。埋弧焊过程中，高温熔渣具有较强的脱硫、脱磷作用。焊缝金属中硫、磷含量可控制在很低的水平。同时，熔渣也具有去气作用，可大幅度降低焊缝金属中氢和氧的含量。

3.2　埋弧焊过程的主要冶金反应

埋弧焊过程的主要冶金反应有硅锰还原反应、脱硫、脱磷、脱碳的氧化反应和去气反应。

3.2.1　硅、锰还原反应

硅和锰是低碳钢焊缝金属中的主要合金元素，锰可提高焊缝金属的抗热裂性和强度，改善常温和低温冲击韧性；硅使焊缝金属镇静，加快熔池金属的脱氧过程，保证焊缝金属的致密性。低碳钢埋弧焊用焊剂通常含有较高的氧化锰（MnO）和氧化硅（SiO_2），焊缝金属的渗硅和渗锰主要是通过 MnO 和 SiO_2 的还原反应实现的。其反应式如下：

$$2[\mathrm{Fe}]+(\mathrm{SiO_2})\rightleftharpoons 2(\mathrm{FeO})+[\mathrm{Si}]$$

$$[\mathrm{Fe}]+(\mathrm{MnO})\rightleftharpoons(\mathrm{FeO})+[\mathrm{Mn}]$$

上述 Si、Mn 还原反应在熔滴过渡过程中最为剧烈，其次是在焊丝端部和熔池前部。这三个区域温度都很高，有利于反应向右进行。在温度较低的熔池后部，Si、Mn 还原反应可能向左进行，即熔池金属中 Si 和 Mn 与 FeO 反应使熔池脱氧而形成 SiO_2 和 MnO 进入熔渣，但向左反应因温度较低，反应速度较慢，因此 Si 和 Mn 还原反应的最终结果是使焊缝金属渗硅和渗锰。

从焊剂中向焊缝金属过渡硅、锰的数量取决于以下四点：

1）焊剂成分的影响。Si 和 Mn 的过渡量大致与焊剂中 SiO_2 和 MnO 含量成正比。焊剂中 $w(\mathrm{SiO_2})$ 大于 40%，向焊缝金属过渡的硅 $w(\mathrm{Si})$ 可达 0.1% 以上。焊剂中 $w(\mathrm{MnO})$ 大于 25%，

Mn 的过渡量明显增加，而 w(MnO) 超过35%，渗锰量不再按比例增大。此外，Mn 的过渡量还与焊剂中 SiO_2 含量有关。如焊剂中 w(SiO) 大于40%，锰的过渡量明显减少。

2）焊丝和母材金属中 Si、Mn 原始含量的影响。熔池金属中 Si 和 Mn 原始含量越低，则 Si 和 Mn 的过渡量越大，反之则越小。另外，金属中 Si 和 Mn 与熔渣中的 MnO 和 SiO_2 会产生下列反应：

$$(SiO_2) + 2[Mn] \rightleftharpoons 2(MnO) + [Si]$$

故熔池金属中，Mn 的原始含量高，可使 Si 的过渡量增加；Si 的原始含量高，则可使 Mn 的过渡量增加。

3）焊剂碱度的影响。Mn 的过渡量随焊剂碱度的提高而增加。因为碱度提高，说明强碱性氧化物 CaO 和 MgO 增加，这样可替换出一部分 MnO 参加还原反应。同时，CaO 和 MgO 含量增加使自由 SiO_2 含量减少，结果使 Si 的过渡量降低。

4）焊接参数的影响。焊接参数对 Si、Mn 合金元素的过渡有一定的影响。采用小电流焊接时，焊丝熔化后呈大熔滴过渡，熔滴形成时间加长，Si 和 Mn 过渡量增多。而采用大电流焊接时，焊丝熔化加快，并以细熔滴过渡，熔滴形成时间缩短，Si 和 Mn 过渡量相应减少。电弧电压提高时，焊剂熔化量增加，焊剂与熔化金属量之比加大，从而使 Si 和 Mn 的过渡量增加。

3.2.2 碳的烧损

焊缝金属中的碳来自焊丝和母材。焊剂中碳含量很少。焊丝中的碳在熔滴过渡时发生剧烈的氧化：

$$C + O \rightleftharpoons CO$$

熔池金属中碳氧化的程度要低得多。

焊丝中碳原始含量提高，其烧损量增加。碳氧化过程中产生的气体对熔池金属产生搅拌作用，加快熔池中气体的逸出，有利于遏制焊缝中氢气孔的形成。

焊缝金属的合金含量对碳的氧化有一定的影响。硅含量的提高能抑制碳的氧化烧损，而锰含量的增加，对碳的氧化无明显的影响。

3.2.3 去氢反应

埋弧焊时，焊缝中的气孔主要是氢气孔，为去除焊缝中的氢，应将氢结合成不溶于熔池金属的化合物而排出熔池。采用高硅高锰焊剂埋弧焊时，可通过下列反应把氢结合成稳定而不溶于熔池的化合物。

1）HF 的形成。

$$2CaF_2 + 3SiO_2 \rightleftharpoons 2CaSiO_3 + SiF_4$$

SiF_4 在电弧高温作用下发生分解：

$$SiF_4 \rightleftharpoons SiF + 3F$$

CaF_2 在高温下也发生分解：

$$CaF_2 \rightleftharpoons CaF + F$$

F 是活泼元素，它将优先与氢结合成不溶于熔池金属的 HF 而排入大气中，防止了氢气孔的形成。

2）OH 的形成。在电弧高温的作用下，OH 可通过下列反应形成：

$$MnO + H \rightleftharpoons Mn + OH$$

$$SiO_2 + H \rightleftharpoons SiO + OH$$

$$CO_2 + H \rightleftharpoons CO + OH$$
$$MgO + H \rightleftharpoons Mg + OH$$

OH 不溶于熔池金属而防止了氢气孔的形成。

3.2.4　脱硫和脱磷反应

硫是促使焊缝金属产生热裂纹的主要因素之一，通常要求焊缝金属的 $w(S)$ 低于 0.025%，因为硫是一种偏析倾向较大的元素，微量的硫也会产生有害的影响。

埋弧焊时，降低焊缝金属的硫含量可以通过提高焊剂中 MnO 的含量或焊丝中的锰含量来实现。硫的危害主要表现在它与 Fe 结合成低熔点共晶体，当焊缝金属从熔化状态凝固时，低熔共晶液膜偏聚于晶界而导致红脆性或热裂纹。硫化铁 FeS 可通过下列反应被 Mn 置换，而形成熔点较高的 MnS，并大部分从金属熔池中浮到熔渣中。

$$FeS + Mn \longrightarrow Fe + MnS$$

焊剂中的 CaO 也可通过下列反应将 FeS 中的 S 结合成硫化钙而达到脱硫的目的。

$$FeS + CaO \longrightarrow FeO + CaS$$

磷在铁中主要以 Fe_2P 和 Fe_3P 的形式存在，其在液态铁中的溶解度较高，而在固态铁中的溶解度很低。磷与铁、镍会形成低熔点共晶体（$Fe_3P + Fe$）和（$Ni_3P + Ni$），因此与硫的影响相似，在熔池金属快速结晶时，磷发生偏析，促使结晶裂纹形成。此外，磷化铁主要分布于晶界，减弱了晶粒之间的结合力，加之磷化铁的性质硬而脆，导致焊缝冲击韧度大幅度下降，其影响程度比硫更为严重。图 3-1 所示为磷含量对低合金钢焊缝金属冲击韧度的影响。从图中可见，$w(P)$ 超过 0.035% 时，焊缝金属的常温冲击吸收能量已低于 27J。

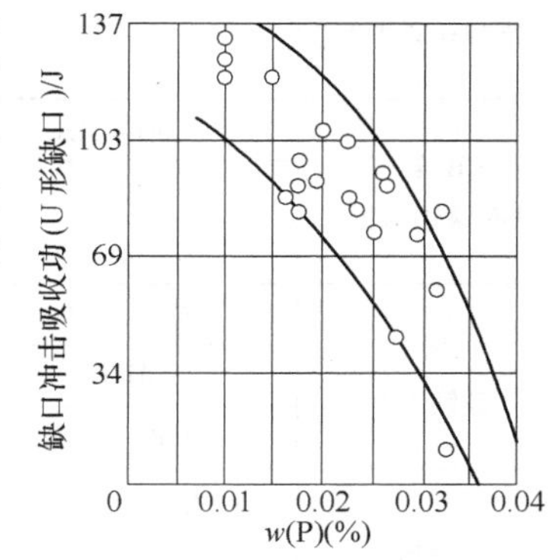

图 3-1　磷含量对低合金钢焊缝金属冲击韧度的影响

埋弧焊时可以通过熔渣的冶金反应进行脱磷。先由熔渣中的 FeO 将磷化铁中磷置代为 P_2O_5，反应式如下：

$$2Fe_3P + 5FeO = P_2O_5 + 11Fe$$
$$2Fe_2P + 5FeO = P_2O_5 + 9Fe$$

P_2O_5 是酸性氧化物，易与碱性氧化物结合成稳定的磷酸盐进入熔渣。在碱性氧化物中，CaO 的脱磷效果最好，其反应式如下：

$$P_2O_5 + 3(CaO) = (CaO)_3 \cdot P_2O_5$$
$$P_2O_5 + 4(CaO) = (CaO)_4 \cdot P_2O_5$$

此外，在焊剂中加入 CaF_2 可增强脱磷效果，它也能与 P_2O_5 形成稳定的复合物。CaF_2 还能降低熔渣的黏度，有利于物质扩散，加速脱磷。

3.3　埋弧焊焊剂

3.3.1　埋弧焊焊剂的型号和商品牌号

GB/T 36037—2018《埋弧焊和电渣焊用焊剂》对焊剂的型号做出如下明确的规定。

1. 基本代号

焊剂型号由下列四部分组成：

第一部分表示焊剂适用的焊接方法，S 表示适用于埋弧焊，ES 表示适用于电渣焊。

第二部分表示焊剂制造方法，F 表示熔炼焊剂，A 表示烧结焊剂，M 表示混合焊剂。

第三部分表示焊剂主要化学成分类型代号，详见表 3-1。

表 3-1　焊剂类型代号及主要化学成分

焊剂类型代号	主要化学成分（%，质量分数）		焊剂类型代号	主要化学成分（%，质量分数）	
MS（硅锰型）	$MnO+SiO_2$	≥50	RS（硅钛型）	TiO_2+SiO_2	≥50
	CaO	≤15		TiO_2	≥20
CS（硅钙型）	$CaO+MgO+SiO_2$	≥55	AR（铝钛型）	$Al_2O_3+TiO_2$	≥40
	$CaO+MgO$	≥15			
CG（镁钙型）	$CaO+MgO$	5～50	BA（碱铝型）	$Al_2O_3+CaF_2+SiO_2$	≥55
	CO_2	≥2		CaO	≥8
	Fe	≤10		SiO_2	≤20
CB（镁钙碱型）	$CaO+MgO$	30～80	AAS（硅铝酸型）	$Al_2O_3+SiO_2$	≥50
	CO_2	≥2		CaF_2+MgO	≥20
	Fe	≤10	AB（铝碱型）	$Al_2O_3+CaO+MgO$	≥40
CG-Ⅰ（铁粉镁钙型）	$CaO+MgO$	5～45		Al_2O_3	≥20
	CO_2	≥2		CaF_2	≥22
	Fe	15～60	AS（硅铝型）	$Al_2O_3+SiO_2+ZrO_2$	≥40
CB-Ⅰ（铁粉镁钙碱型）	$CaO+MgO$	10～70		CaF_2+MgO	≥30
	CO_2	≥2		ZrO_2	≥5
	Fe	15～60	AF（铝氟碱型）	$Al_2O_3+CaF_2$	≥70
GS（硅镁型）	$MgO+SiO_2$	≥42			
	Al_2O_3	≤20	FB（氟碱型）	$CaO+MgO+CaF_2+MnO$	≥50
	$CaO+CaF_2$	≤14		SiO_2	≤20
ZS（硅锆型）	ZrO_2+SiO_2+MnO	≥45		CaF_2	≥15
	ZrO_2	≥15	G①	其他协定成分	

① 表中未列出的焊剂类型可用相类似的符号表示，词头加字母“G”，化学成分范围不进行规定，两种类型之间不可替换。

第四部分表示焊剂适用范围代号，详见表 3-2。

表 3-2　焊剂适用范围代号

代号	适用范围	代号	适用范围
1	用于非合金钢及细晶粒钢、高强钢、热强钢和耐候钢，适合于焊接接头和/或堆焊 在接头焊接时，一些焊剂可应用于多道焊和单/双道焊	2B	用于不锈钢和/或镍及镍合金 主要适用于带极堆焊
		3	主要用于耐磨堆焊
2	用于不锈钢和/或镍及镍合金 主要适用于接头焊接，也能用于带极堆焊	4	1 类～3 类都不适用的其他焊剂，例如铜合金用焊剂

注：由于匹配的焊丝、焊带或应用条件不同，焊剂按此划分的适用范围代号可能不止一个，在型号中应至少标出一种适用范围代号。

2. 附加代号

除以上基本分类代号外，根据供货条件，可分别附加以下可选代号：

1）冶金性能代号，用数字、元素符号和数字组合表示冶金性能，即用数字和化学元素符号表示化学元素的烧损和渗合金质量分数。详见表3-3和表3-4。

表3-3 1类适用范围焊剂冶金性能代号

冶金性能	代号	熔敷金属化学成分变量(%，质量分数)		冶金性能	代号	熔敷金属化学成分变量(%，质量分数)	
		Si	Mn			Si	Mn
烧损	1	—	>0.7	中性	5	0～0.1	
	2	—	0.5～0.7	渗合金	6	0.1～0.3	
	3	—	0.3～0.5		7	0.3～0.5	
	4	—	0.1～0.3		8	0.5～0.7	
					9	>0.7	

表3-4 2类和2B类适用范围焊剂的冶金性能代号

冶金性能	代　号	熔敷金属化学成分变量(%，质量分数)			
		C	Si	Cr	Nb
烧　损	1	>0.020	>0.7	>2.0	>0.20
	2	—	0.5～0.7	1.5～2.0	0.15～0.20
	3	0.010～0.020	0.3～0.5	1.0～1.5	0.10～0.15
	4	—	0.1～0.3	0.5～1.0	0.05～0.10
中　性	5	0～0.010	0～0.1	0～0.5	0～0.05
渗 合 金	6	—	0.1～0.3	0.5～1.0	0.05～0.10
	7	0.010～0.020	0.3～0.5	1.0～1.5	0.10～0.15
	8	—	0.5～0.7	1.5～2.0	0.15～0.20
	9	>0.020	>0.7	>2.0	>0.20

2）适用焊接电流类型代号，用英文字母DC表示适用于直流电焊接；英文字母AC表示适用于交流电焊接。

3）熔敷金属扩散氢代号为H×，其中×为数字，如2、4、5、10和15。分别表示每100g熔敷金属中扩散氢含量最大容限值（mL），详见表3-5。

表3-5 1类焊剂熔敷金属扩散氢代号

扩散氢代号	H15	H10	H5	H4	H2
熔敷金属扩散氢含量/(mL/100g)	≤15	≤10	≤5	≤4	≤2

3. 型号示例

示例1：

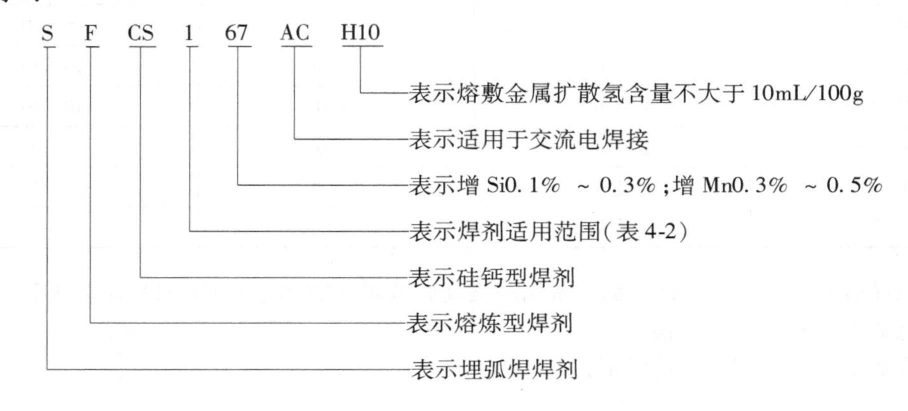

示例2：

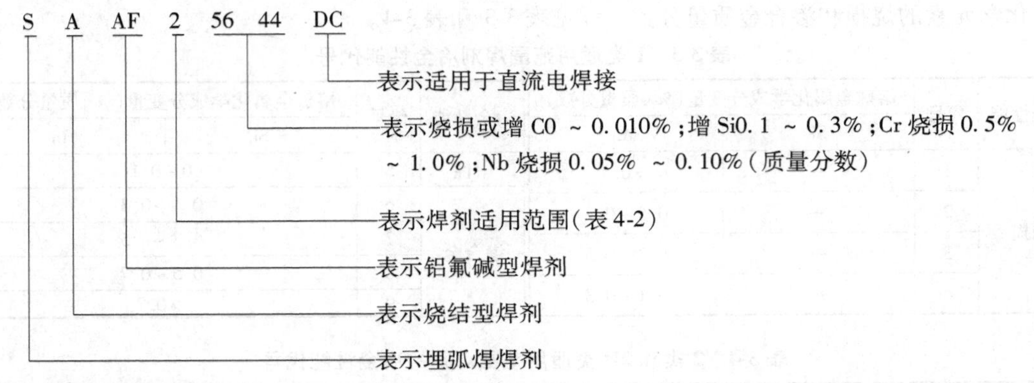

4. 焊剂商品牌号

在世界工业生产中，埋弧焊焊剂的种类繁多，各焊剂制造厂商都以商品牌号来命名所生产的焊剂。一种标准型号的焊剂可配制多种商品牌号的焊剂，这样也便于采购和供应。

在我国，埋弧焊焊剂的商品牌号由行业归口单位统一制订。其编制方法与焊剂型号不同，主要表征焊剂的化学成分。

（1）熔炼焊剂　牌号表示方法：HJ$\times_1\times_2\times_3$。

其中HJ表示"焊剂"两字汉语拼音的第一个字母，第1位数字$\times_1$，以数字1~4表示，代表焊剂的类型及MnO的平均质量分数，见表3-6。第2位数字$\times_2$以数字1~9表示，表征焊剂中SiO_2和CaF_2的平均质量分数，见表3-7。$\times_3$为一类焊剂中多种焊剂的编号。

表3-6　熔炼焊剂牌号中$\times_1$的含义

焊剂牌号	焊剂类型	焊剂中w(MnO)的平均值(%)	焊剂牌号	焊剂类型	焊剂中w(MnO)的平均值(%)
HJ1$\times_2\times_3$	无锰	<2	HJ3$\times_2\times_3$	中锰	16~30
HJ2$\times_2\times_3$	低锰	2~15	HJ4$\times_2\times_3$	高锰	>30

表3-7　熔炼焊剂牌号中$\times_2$的含义

焊剂牌号	焊剂类型	焊剂中SiO_2和CaF_2的平均质量分数(%)	
		$w(SiO_2)$	$w(CaF_2)$
HJ$\times_1$1$\times_3$	低硅低氟	—	<10
HJ$\times_1$2$\times_3$	中硅低氟	10~30	<10
HJ$\times_1$3$\times_3$	高硅低氟	>30	<10
HJ$\times_1$4$\times_3$	低硅中氟	<10	10~30
HJ$\times_1$5$\times_3$	中硅中氟	10~30	10~30
HJ$\times_1$6$\times_3$	高硅中氟	>30	10~30
HJ$\times_1$7$\times_3$	低硅高氟	<10	>30
HJ$\times_1$8$\times_3$	中硅高氟	10~30	>30
HJ$\times_1$9$\times_3$	其他类型	—	—

焊剂商品牌号举例：低碳钢埋弧焊常用高锰高硅低氟焊剂牌号为HJ431X含义如下：

第1位数字"4"，表示高锰；

第2位数字"3"，表示高硅低氟；

第3位数字“1”表示高锰高硅低氟一类焊剂中的序号；

“X”表示细颗粒度。

（2）烧结焊剂　牌号表示方法SJ$\times_1\times_2\times_3$。

其中“SJ”为“烧结”二字汉语拼音的第1个字母，表示埋弧焊用烧结焊剂。第1位数字“$\times_1$”以数字1~6表示，代表焊剂渣系，主要成分见表3-8。

表3-8　烧结焊剂牌号中$\times_1$的含义

焊剂牌号	渣系类型	主要成分(%,质量分数)
SJ1$\times_2\times_3$	氟碱型	$CaF_2\geqslant15$、$CaO+MgO+MnO+CaF_2>50$、$SiO_2<20$
SJ2$\times_2\times_3$	高铝型	$Al_2O_3\geqslant20$、$Al_2O_3+CaO+MgO>45$
SJ3$\times_2\times_3$	硅钙型	$CaO+MgO+SiO_2>60$
SJ4$\times_2\times_3$	锰硅型	$MnO+SiO_2>50$
SJ5$\times_2\times_3$	铝钛型	$Al_2O_3+TiO_2>45$
SJ6$\times_2\times_3$	其他型	—

第2、3位数字$\times_2\times_3$表示同一渣系类型中几种不同的牌号，以自然顺序排列。

埋弧焊烧结焊剂牌号举例，普通非合金结构钢，低合金钢埋弧焊用硅钙型烧结焊剂SJ301牌号含义说明如下：

SJ表示埋弧焊用烧结焊剂；

第1位数字“3”，表示硅钙型渣系；

第2、3位数字“01”表示该渣系中第1种烧结焊剂。

3.3.2　埋弧焊焊剂的分类

埋弧焊焊剂可按用途、化学成分、制造方法、物理特性和外表构造等进行分类。

（1）按用途分类　焊剂按适于焊接的金属材料可分为非合金钢埋弧焊焊剂、合金钢埋弧焊焊剂、不锈钢埋弧焊焊剂、铜及铜合金埋弧焊焊剂和镍基合金埋弧焊焊剂以及埋弧堆焊焊剂等。

焊剂按适用的焊丝直径分为细丝（$\phi1.6\sim\phi2.5$mm）埋弧焊焊剂和粗丝埋弧焊焊剂。按焊接位置可分平焊位置埋弧焊焊剂和强迫成形焊剂。按特殊用途可分高速埋弧焊焊剂、窄间隙埋弧焊焊剂、多丝埋弧焊焊剂和带极埋弧堆焊焊剂。

（2）按化学成分分类　埋弧焊焊剂按其组分中酸性氧化物和碱性氧化物之比可分为酸性焊剂和碱性焊剂。其表达式为

$$B(\text{碱度})=\frac{w(CaO)+w(MgO)+w(Na_2O)+w(CaF_2)+w(K_2O)+\frac{1}{2}[w(MnO)+w(FeO)]}{w(SiO_2)+\frac{1}{2}[w(Al_2O_3)+w(TiO_2)+w(ZrO_3)]} \tag{3-1}$$

碱度$B<0.9$为酸性焊剂，$B=0.9\sim1.2$为中性焊剂，$B=1.2\sim2.0$为碱性焊剂，$B>2.0$为高碱性焊剂。对于非合金钢和低合金钢的埋弧焊，焊剂的碱度越高，焊缝金属的冲击韧度越好。一般来说，酸性焊剂可以满足0℃的冲击韧度要求，中性焊剂可以达到-18℃冲击韧度要求，碱性和高碱性焊剂的最低冲击韧度要求相应为-40℃和-60℃。这归因于焊剂的碱度越高，其氧化性越小，合金元素的烧损率越小，焊缝金属脱硫、脱磷效果越好，其纯度越高。

按焊剂中SiO_2含量的高低，可将其分为低硅焊剂和高硅焊剂。$w(SiO_2)$在35%以下者称为

低硅焊剂，$w(SiO_2)$ 大于 40% 者称为高硅焊剂。焊剂中 $w(MnO)$ 小于 1% 者为无锰焊剂，$w(MnO)$超过此值者为有锰焊剂。

(3) 按焊剂的制造方法分类　按制造方法，焊剂可分为熔炼焊剂和烧结焊剂两类。熔炼焊剂是将炉料组成物按一定的配比在电炉或火焰炉内熔炼后制成的，烧结焊剂是将配料破碎成粉末再用粘接剂粘合成细小的颗粒烧结制成。

这两种焊剂各有优缺点，熔炼焊剂的吸潮性很低，循环使用时，只需 150℃低温烘干，焊缝金属氢含量低，抗氢致裂纹的能力较强。焊剂的化学成分均匀，在高达 2000A 的焊接电流下性能稳定。此外，熔炼焊剂颗粒强度较高，适于循环使用，不易形成粉末。熔炼焊剂的缺点是在高的焊接电流下脱渣性不如烧结焊剂。

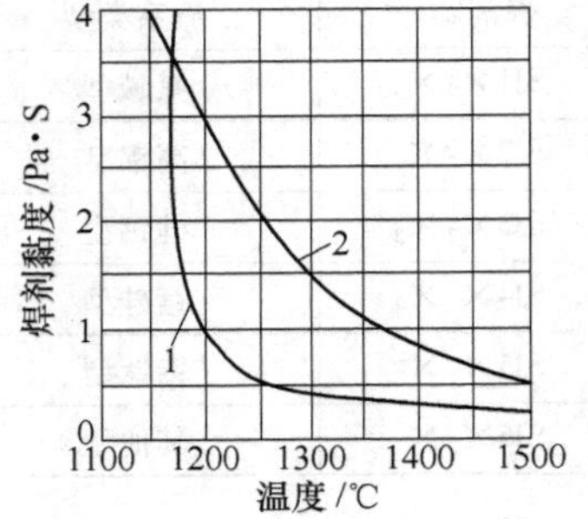

图 3-2　熔渣黏度随温度变化的曲线
1—短渣焊剂　2—长渣焊剂

烧结焊剂大多数含有脱氧剂，因此抗锈能力高，不易产生气孔。可添加合金粉末调整焊缝金属的化学成分，提高其力学性能。在相同的焊接电流和电弧电压下，焊剂的消耗量低于熔炼焊剂。烧结焊剂的缺点是吸潮性较强，使用前必须高温烘干。另外，其强度较低，不利于循环使用。

(4) 按焊剂的物理特性分类　按焊剂在熔化状态的黏度随温度变化的特性，可分为长渣焊剂和短渣焊剂。图 3-2 所示为熔渣在高温下黏度变化的曲线。其中熔渣的黏度随着温度的降低而急剧增加的熔渣称为短渣。黏度随温度缓慢变化的熔渣称为长渣。短渣焊剂的焊接工艺性较好，利于脱渣和焊缝成形。长渣焊剂的焊接工艺性较差。

3.3.3　对焊剂性能的基本要求

在埋弧焊中，焊剂对焊缝质量和力学性能起着决定性的作用，故对焊剂的性能提出了下列多方面的要求。

1) 保证焊缝金属具有符合技术要求的化学成分和力学性能。
2) 保证电弧稳定燃烧，焊接冶金反应充分。
3) 保证焊缝金属内不产生裂纹和气孔。
4) 保证焊缝成形良好。
5) 保证焊接过程中脱渣容易。
6) 保证焊接过程中有害气体的析出最少。

为达到上述要求，焊剂应具有合适的组分和碱度，使合金元素有效地过渡、脱硫、脱磷和去气。在焊剂中可加适量的活泼金属（钠、钾和钙），以提高电弧的稳定性。焊剂中加入 CaF_2 有利于促使有害气体的析出，防止气孔的形成。图 3-3 所示为焊剂中 CaF_2 含量与焊缝中气孔的关系。焊剂中 $w(CaF_2)$ 超过 5%，即能保证焊缝金属的致密性。但焊剂中氟的存在对电弧稳定性不利，故应适当控制 CaF_2 的含量。

埋弧焊焊剂中 MnO 是主要组分之一，提高 MnO 含量，可加强脱硫作用，提高焊缝金属的抗裂性。

焊剂的脱渣性主要取决于焊渣与金属之间热膨胀系数的差异以及渣壳与焊缝金属表面的化学结合力。因此焊剂的组分应使熔渣与金属的膨胀系数有较大差异，并尽量减小其化学结合力。

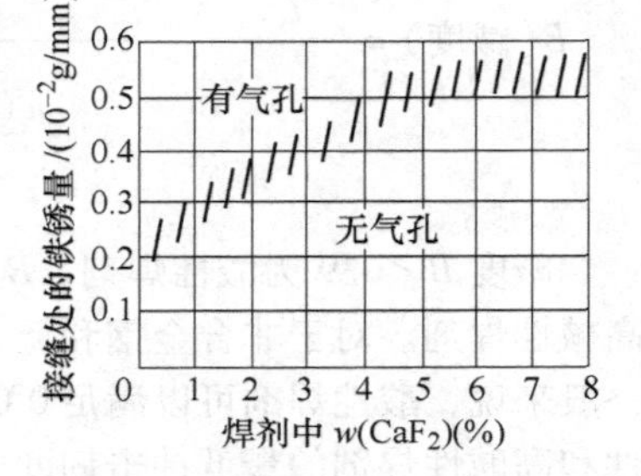

图 3-3　焊剂中 CaF_2 的含量与焊缝气孔率的关系

3.3.4　埋弧焊焊剂制造方法

1. 熔炼焊剂的制造

熔炼焊剂的制造过程如图3-4所示。主要包括下列工序：

(1) 炉料的准备　炉料的准备包括原材料的采购，保存、粉碎及炉料的选配等。

熔炼焊剂用原材料主要有石英砂、锰矿石、萤石、菱苦土、白云石、碱土、方解石以及碳素材料等。

石英砂中 $w(SiO_2) \geqslant 97\%$，其他氧化物的质量分数不超过2%。

锰矿石主要以 MnO_2 形式存在，其中 $w(MnO_2)$ 的理论值为81.6%，$w(Mn)$ 为63.2%，$w(P)$ 不超过0.2%。

萤石的主要成分为 CaF_2，一级萤石的 $w(CaF_2)$ 不少于92.0%，二级萤石的 $w(CaF_2)$ 不少于85%，$w(S)$ 不超过0.2%，$w(Al_2O_3)$ 不超过4%。

菱苦土的主要成分是MgO，其 $w(MgO)$ 不低于87%，$w(CaO)$ 不大于1.8%，$w(SiO_2)$ 不大于1.8%，其余氧化物的质量分数不大于2%。

白云石以复式盐形式存在，即 $CaCO_3 \cdot MgCO_3$，理论成分：$w(CaO)=30.4\%$，$w(MgO)=21.9\%$，$w(CO_2)=47.7\%$，熔炼焊剂用白云石的 $w(MgO)$ 不应低于19%。

碱土的化学成分主要是 Na_2CO_3，通常以白色粉末形态存在。熔炼焊剂用纯碱的 $w(Na_2CO_3)$ 不应少于98%。

方解石可以是白垩粉，也可以是块状大理石，其中 $w(CaO)$ 不应少于50%。

碳素材料可以采用木炭、焦炭、无烟煤和木屑等。它在熔炼过程中起脱氧和去硫的作用。

上述原材料在很多情况下需成批采购，但不可能一次使用完，故原材料必须在合乎要求的仓库内保存，以避免污损和受潮。原材料在使用之前应经化学分析检验合格。

为使炉料在电炉或火焰炉内得到充分的熔炼，炉料在装炉前应进行粉碎，各种炉料粉碎后的粒度决定于熔炼炉的形式。火焰炉的温度比电炉低，炉料的粒度应小一些，以使在较低的炉温下达到完全熔化。而在电炉内熔炼时，炉料的粒度不应小于2mm，否则易出现挂料现象。但炉料的粒度也不应超过6mm，避免消耗较多的电能。

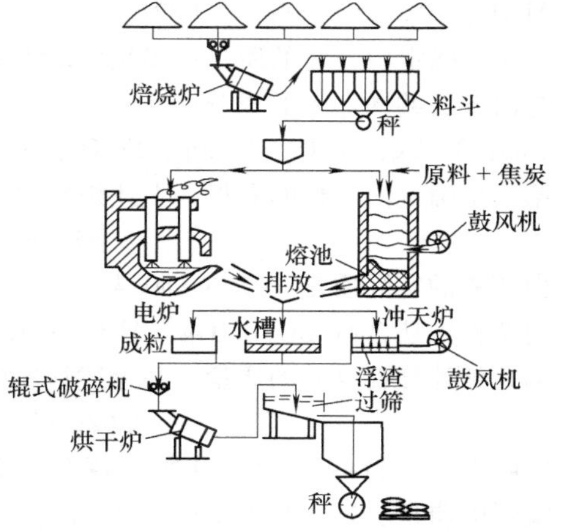

图3-4　熔炼焊剂的制造过程

大块的炉料可先在碎石机中粉碎成直径约20mm的小块，然后再在辊轧机上粉碎成直径2~3mm的颗粒。

炉料选配时应充分考虑到各种炉料的实际成分、杂质含量、挥发物含量及水分等。应估计在熔炼过程中炉料各成分的烧损。在火焰炉内熔炼时，因熔炼时间长达20h，炉料的烧损量较大。尤其是氟的烧损量可达50%以上。其次是碱土金属和锰的烧损。电炉熔炼时，因温度较高，烧损更加剧烈。另外，在熔融焊剂中也可能掺进因炉衬熔化而产生的成分，其中最主要的是 SiO_2。含碳炉衬也会发生局部还原。因此炉料在熔炼过程中成分较难精确控制，炉料成分的计算也较复杂。下面以HJ431焊剂为例，简述100g炉料成分的计算方法：

HJ431焊剂初定配比：$w(SiO_2)=44.0\%$，$w(MnO)=34.0\%$，$w(CaF_2)=9.5\%$，$w(CaO)=7.0\%$，$w(Al_2O_3)=2.5\%$，$w(MgO)=2.5\%$，$w(Fe_2O_3)<1.5\%$。

所选用的炉料成分如下：

锰矿石：w(MnO) = 65.0%，w(SiO_2) = 5.0%，w(CaO) = 2.5%，w(Al_2O_3) = 2.0%，w(Fe_2O_3) = 0.8%，w(P) = 0.2%，w(S) = 0.2%。

萤石：w(CaF_2) = 92.5%，w(SiO_2) = 2.4%，w(Al_2O_3) = 0.8%，w(CaO) = 3%。

石英砂：w(SiO_2) = 97.5%，w(Al_2O_3) = 1.5%。

碳酸钠：w(Na_2CO_3) = 98%，w(Na_2O) = 1.7%。

白垩粉：w(CaO) = 50.4%，w(SiO_2) = 1.3%，w(Al_2O_3) = 0.5%。

白云石：w(CaO) = 29.0%，w(MgO) = 19.0%，w(Al_2O_3) = 1.5%，w(Fe_2O_3) = 1.0%。

第1步计算步骤应以炉料中的独有成分最先计算。例如MnO，只有锰矿石中存在，在其余炉料中都不含MnO，故可先计算锰矿石的质量，即100g×34%/65.0% = 52.3g。

由锰矿石同时加入的成分如下：

SiO_2：52.3g×5.0% = 2.62g。

CaO：52.3g×2.5% = 1.31g。

Al_2O_3：52.3g×2.0% = 1.05g。

Fe_2O_3：52.3g×0.8% = 0.42g。

S和P：各为52.3g×0.2% = 0.1g。

第2步计算萤石的质量：100g×9.5%/92.5% = 10.3g。

与萤石共同加入的成分有以下种类：

SiO_2：10.3g×2.4% = 0.25g。

CaO：10.3g×3% = 0.31g。

Al_2O_3：10.3g×0.8% = 0.082g。

第3步确定白云石的质量：100g×2.5%/19% = 13.2g。

与白云石共同加入的成分：

CaO：3.82g，Al_2O_3：0.20g，Fe_2O_3：0.13g。

第4步确定白垩粉的质量，上述炉料中CaO含量共计5.44g，实际需用量为7g。

$$7.0g - 5.44g = 1.56g$$

白垩粉的实际质量：1.56g/50.4% = 3.1g。

白垩粉中还含有SiO_2 0.04g，Al_2O_3 0.015g

第5步计算石英砂的质量。在上述炉料中已含有SiO_2：

$$2.62g + 0.25g + 0.04g = 2.91g$$

实际需用量为44g，故应再加：44.0g − 2.91g = 41.09g。

实际的质量：41.09g/97.5% = 42.1g。

石英砂中还含有Al_2O_3 0.63g。

最后计算稳定剂碳酸钠的需用量，计算时可将碳酸钠折算成Na_2O，即

$$1.1g/1.7\% = 64.7g$$

据上述计算结果，HJ431焊剂炉料配比见表3-9。

表3-9 HJ431焊剂电炉熔炼炉料配比

炉料名称	炉料质量/g	主要化学成分含量/g								
		SiO_2	MnO	CaO	MgO	CaF_2	Al_2O_3	Fe_2O_3	Na_2O	S	P
锰矿石	52.3	2.62	34.0	1.31	—	—	1.05	0.42	—	0.1	0.1
萤石	10.3	0.25	—	0.31	—	9.5	0.08	—	—	—	—

（续）

炉料名称	炉料质量/g	主要化学成分含量/g									
		SiO_2	MnO	CaO	MgO	CaF_2	Al_2O_3	Fe_2O_3	Na_2O	S	P
白云石	13.2	—	—	3.82	2.5	—	0.20	0.13	—	—	—
白垩粉	3.1	0.04	—	1.56	—	—	0.02	—	—	—	—
石英砂	42.1	41.09	—	—	—	—	0.63	—	—	—	—
碳酸钠	64.7	—	—	—	—	—	—	—	1.1	—	—
总质量	185.7	44.0	34.0	7.0	2.5	9.5	1.98	0.55	1.1	0.1	0.1

（2）焊剂的熔炼　焊剂的熔炼过程大致分为三个阶段：第一阶段，炉料组成物在炉中加热到1000～1100℃时开始相互作用和分解，并析出气体；第二阶段，当炉内温度达到1200～1350℃时，熔融的焊剂开始均匀化，并使气体急剧逸出；第三阶段，当温度达到更高时（1400～1450℃），焊剂的黏度减小，流动性增加，气体穿过熔化的焊剂表面排出，对其产生搅拌作用，使焊剂成分更均匀。当气体析出结束后，形成透明的焊剂。

焊剂在电炉内熔炼时间为1～2h，在火焰炉内熔炼时间为10～20h。在电炉内熔炼时，由于炉衬是碳素材料，电极也用纯碳制成，因此在熔炼过程中氧化物的还原相当剧烈，难以控制所要求的焊剂成分，所以大多数采用电炉熔炼。

（3）焊剂的成粒　焊剂的成粒可采用干法和湿法两种方法。湿法成粒应用较广，将熔融的焊剂注入循环流动的冷水中。焊剂熔滴因急冷而爆裂成微粒。这种方法操作简单，易于掌握。干法成粒是将熔融的焊剂倒入金属模内冷却，然后用破碎机粉碎成粒。

（4）焊剂的干燥　湿法成粒后，焊剂带有大量的水分，必须加以烘干，焊剂的烘干可在加热炉内进行，烘干温度为350～400℃。某些低氢型碱性焊剂可能要求在更高的温度下烘干，使焊剂中水分的质量分数降低到0.1%以下。焊剂烘干时，堆散厚度不应超过40mm。

（5）焊剂过筛和再次粉碎　焊剂成粒加工后，其颗粒度不可能均匀达到标准要求，还需经再次粉碎和过筛，直到达到所要求的粒度。

2. 烧结焊剂的制造

烧结焊剂的制造流程比较简单，如图3-5所示。烧结焊剂制造过程的前几道工序与焊条药皮的制造过程相似。将配料高度粉碎，大理石、长石等原材料粉末应通过1600孔/cm^2筛网，铁合金粉末应通过900孔/cm^2筛网。然后按照焊剂配方进行机械混合。在批量生产中，通常采用内装铁栅的鼓形筒搅拌粉状原材料，也常使用叶轮搅拌机。搅拌均匀后加入一定浓度的水玻璃粘合后再次搅拌均匀，倒入旋转成粒机内成粒，过筛取直径$\phi1$～$\phi2$mm的颗粒。最后将焊剂在箱式炉或旋转炉内烘干，烘干温度为700～900℃。

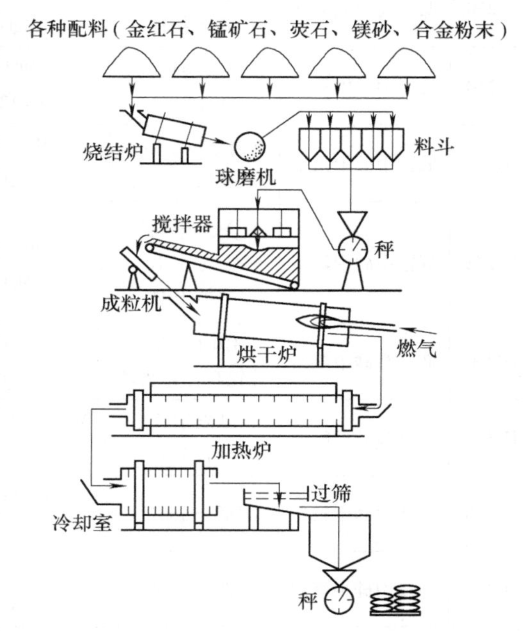

图3-5　烧结焊剂的制造流程

3.3.5 常用埋弧焊焊剂的标准化学成分

我国已能规模生产的碳钢，低合金钢和不锈钢埋弧焊熔炼焊剂和烧结焊剂的标准化学成分见表3-10和表3-11。

表3-10 常用埋弧焊熔炼焊剂化学成分

牌号	焊剂类型	可焊钢种	化学成分（质量分数,%）
HJ130	无锰高硅低氟型	低碳钢、低合金钢	$SiO_2=35\sim40$，$CaF_2=4\sim7$，$MgO=14\sim19$，$CaO=10\sim18$，$Al_2O_3=12\sim16$，$TiO_2=7\sim11$，$FeO=0\sim2.0$，$S<0.05$，$P<0.05$
HJ131	无锰高硅低氟型	镍基合金	$SiO_2=34\sim38$，$CaF_2=2\sim5$，$CaO=48\sim55$，$Al_2O_3=6\sim9$，$R_2O\leqslant3$，$FeO<1.0$，$S<0.05$，$P<0.05$
HJ150	无锰中硅中氟型	铬不锈钢轧辊堆焊	$SiO_2=21\sim23$，$CaF_2=25\sim33$，$MgO=9\sim13$，$CaO=3\sim7$，$Al_2O_3=18\sim32$，$S<0.08$，$P<0.08$
HJ151	无锰中硅中氟型	铬不锈钢、铬镍不锈钢	$SiO_2=24\sim30$，$CaF_2=18\sim24$，$MgO=13\sim20$，$CaO\leqslant6$，$Al_2O_3=22\sim30$，$FeO\leqslant1.0$，$S<0.07$，$P<0.08$
HJ172	无锰低硅高氟型	高铬马氏体热强钢、铬镍不锈钢	$MnO=1\sim2$，$SiO_2=3\sim6$，$CaF_2=45\sim55$，$Al_2O_3=28\sim35$，$CaO=2\sim5$，$R_2O\leqslant3$，$FeO\leqslant0.8$，$ZrO_2 2\sim4$，$NaF_2=2\sim5$，$S<0.05$，$P<0.05$
HJ230	低锰高硅低氟型	低碳钢及低合金钢	$MnO=5\sim10$，$SiO_2=40\sim46$，$CaF_2=7\sim11$，$Al_2O_3=10\sim17$，$MgO=10\sim14$，$CaO=8\sim14$，$FeO\leqslant1.5$，$S<0.05$，$P<0.05$
HJ250	低锰中硅中氟型	低合金钢、低温用钢	$MnO=5\sim8$，$SiO_2=18\sim22$，$CaF_2=23\sim30$，$Al_2O_3=18\sim23$，$MgO=12\sim16$，$CaO=4\sim8$，$R_2O\leqslant3$，$FeO\leqslant1.5$，$S\leqslant0.05$，$P<0.05$
HJ251	低锰中硅中氟型	低合金钢、铬钼耐热低合金钢	$MnO=7\sim10$，$SiO_2=18\sim22$，$CaF_2=23\sim30$，$Al_2O_3=18\sim23$，$MgO=14\sim17$，$CaO=3\sim6$，$FeO\leqslant1.0$，$S<0.08$，$P<0.05$
HJ252	低锰中硅中氟型	低合金钢厚板、低温用钢、容器用钢	$MnO=2\sim5$，$SiO_2=18\sim22$，$CaF_2=18\sim24$，$Al_2O_3=22\sim28$，$MgO=17\sim23$，$CaO=2\sim7$，$FeO<1.0$，$S<0.07$，$P<0.08$
HJ260	低锰高硅中氟型	铬镍不锈钢、轧辊高合金堆焊	$MnO=2\sim4$，$SiO_2=29\sim34$，$CaF_2=20\sim25$，$Al_2O_3=19\sim24$，$MgO=15\sim18$，$CaO=4\sim7$，$FeO<1.0$，$S<0.07$，$P<0.07$
HJ330	中锰高硅低氟型	低碳钢及低合金钢	$MnO=22\sim26$，$SiO_2=44\sim48$，$CaF_2=3\sim6$，$Al_2O_3<4$，$MgO=16\sim20$，$CaO\leqslant3$，$FeO<1.5$，$S<0.06$，$P<0.08$
HJ350	中锰中硅中氟型	低合金钢	$MnO=14\sim19$，$SiO_2=30\sim35$，$CaF_2=14\sim20$，$Al_2O_3=13\sim18$，$CaO=10\sim18$，$FeO\leqslant1.0$，$S\leqslant0.06$，$P\leqslant0.07$
HJ351	中锰中硅中氟型	低合金钢	$MnO=14\sim19$，$SiO_2=30\sim35$，$CaF_2=14\sim20$，$Al_2O_3=13\sim18$，$CaO=10\sim18$，$FeO<1.0$，$TiO_2=2\sim4$，$S\leqslant0.04$，$P\leqslant0.05$
HJ430	高锰高硅低氟型	低碳钢及普通低合金钢	$MnO=38\sim47$，$SiO_2=38\sim45$，$CaF_2=5\sim9$，$Al_2O_3\leqslant5$，$CaO\leqslant6$，$FeO\leqslant1.8$，$S\leqslant0.06$，$P\leqslant0.08$
HJ431	高锰高硅低氟型	低碳钢及普通低合金钢	$MnO=34\sim38$，$SiO_2=40\sim44$，$CaF_2=3\sim7$，$MgO=5\sim8$，$Al_2O_3\leqslant4$，$CaO\leqslant6$，$FeO\leqslant1.8$，$S\leqslant0.06$，$P\leqslant0.08$
HJ433	高锰高硅低氟型	低碳钢、管线用钢	$MnO=44\sim47$，$SiO_2=42\sim45$，$CaF_2=2\sim4$，$Al_2O_3\leqslant3$，$CaO\leqslant4$，$FeO\leqslant1.8$，$R_2O\leqslant0.5$，$S\leqslant0.06$，$P\leqslant0.08$
HJ434	高锰高硅低氟型	低碳钢及普通低合金钢	$MnO=35\sim40$，$SiO_2=40\sim45$，$CaF_2=4\sim8$，$Al_2O_3\leqslant6$，$CaO=3\sim9$，$FeO\leqslant1.5$，$MgO\leqslant5$，$TiO_2=1\sim8$，$S\leqslant0.05$，$P\leqslant0.05$

表3-11 常用埋弧焊烧结焊剂化学成分

牌号	焊剂类型	可焊钢种	化学成分（质量分数,%）
SJ101	氟碱型	普通低合金钢、低合金高强钢	$SiO_2+TiO_2=25$，$CaO+MgO=30$，$Al_2O_3+MnO=25$，$CaF_2=20$
SJ301	硅钙型	低碳结构钢、普通低合金钢、管道锅炉用钢	$SiO_2+TiO_2=40$，$CaO+MgO=25$，$Al_2O_3+MnO=25$，$CaF_2=10$
SJ401	硅锰型	低碳钢、普通低合金钢	$SiO_2+TiO_2=45$，$CaO+MgO=10$，$Al_2O_3+MnO=40$
SJ501	铝钛型	低碳钢、普通低合金钢	$SiO_2+TiO_2=30$，$Al_2O_3+MnO=55$，$CaF_2=5$
SJ502	铝钛型	低碳钢、普通低合金钢	$TiO_2+SiO_2=45$，$CaO+MgO=10$，$Al_2O_3+MnO=30$，$CaF_2=5$
SJ601	氟碱型	镍铬不锈钢	$SiO_2+TiO_2=15$，$CaO+MgO=35$，$Al_2O_3+MnO=20$，$CaF_2=25$

3.3.6 焊剂的质量检验

1. 埋弧焊焊剂的质量检验

焊剂制造厂应按GB/T 36037—2018《埋弧焊和电渣焊用焊剂》对所生产的焊剂逐批进行焊剂硫、磷含量检验，颗粒度检验，焊接工艺性能检验，冶金性能检验，熔敷金属扩散氢含量检验，水含量的检测，机械类杂物检验。

（1）焊剂硫、磷含量检验　焊剂中硫的质量分数应不大于0.050%，磷的质量分数应不大于0.060%，根据需方的要求，在供货合同中可以规定更低的硫、磷含量容限值。

（2）焊剂的颗粒度检验　熔炼焊剂和烧结焊剂均为颗粒状，应能自由通过标准埋弧焊设备的焊剂输送管道、阀门和喷嘴。

焊剂颗粒度可用表3-12所列的颗粒度代号直径（mm）或筛目等表示。

表3-12 焊剂颗粒度代号、颗粒直径和相对应的筛目

颗粒度代号	颗粒度（直径）/mm	相应的筛目（筛孔尺寸）/目数（mm）	颗粒度代号	颗粒度（直径）/mm	相应的筛目（筛孔尺寸）/目数（mm）
25	2.5	8（2.36）	4	0.4	40（0.425）
20	2.0	10（2.0）	3	0.315	50（0.300）
16	1.6	12（1.7）	2.5	0.250	60（0.250）
14	1.4	14（1.4）	2	0.2	70（0.212）
12	1.25	16（1.18）	1	0.1	140（0.106）
8	0.8	20（0.850）	0	<0.1	—
5	0.5	35（0.500）			

焊剂颗粒度一般分为两种。一种是普通颗粒度，粒度为0.45~2.5mm（40~8目）；另一种为细颗粒度，粒度为0.280~2.0mm（60~10目）。对于普通颗粒度焊剂，颗粒度小于0.45mm（40目）的焊剂不得多于5%，颗粒度大于2.5mm（8目）的焊剂数量不得超过2%。对于细颗粒焊剂，颗粒度小于0.28mm（60目）的焊剂不得多于5%，颗粒度大于2.0mm（10目）的焊

剂数量不应超过2%。对于一些特殊的应用场合，供需双方协商规定颗粒度的要求。

在检验焊剂颗粒度时，用四分法取出不少于100g的焊剂。用灵敏度不大于1mg的天平称量。对于普通颗粒度焊剂，把通过0.45mm（40目）筛网的焊剂和不通过2.5mm（8目）筛网的焊剂分别称量。对于细颗粒度焊剂，则把通过0.28mm（60目）筛网的焊剂和不通过10目筛网的焊剂分别称量，并按式（3-2）计算颗粒度超标焊剂的百分率：

$$\text{颗粒度超标焊剂百分率} = \frac{m}{m_0} \times 100\% \tag{3-2}$$

式中　m——颗粒度超标焊剂质量（g）；

m_0——受检焊剂总质量（g）。

如果第一次检验不合格，则允许重复检验两次。只有这两次检验结果全部合格，才能认为此批焊剂的颗粒度已通过检验。如果有一次重复检验仍不合格，则应将这批焊剂重新筛分或再粉碎。

（3）焊剂工艺性能检验　焊剂的工艺性主要是指脱渣性、焊道成形、焊道间及其与坡口边缘熔合的难易程度。焊剂的工艺性能检验可单独焊接试板或在熔敷金属力学性能检验试板上进行。不允许出现明显的咬边、熔合不良、不易脱渣和焊道表面的粗糙等现象。

（4）焊剂冶金性能检验　焊剂冶金性能检验主要是测定焊剂与相应型号焊丝组合使用时，碳和合金元素烧损和渗合金量。对于适用范围为1类、2类和2B类焊剂，冶金性能检验应按表3-13规定的焊接条件制备熔敷金属试样。

表3-13　焊剂冶金性能检验试板的焊接条件

适用范围代号	1	2	2B	2B
焊丝及焊带型号	GB/T 5293 SU22 或 SU26	GB/T 29713 S308L①	GB/T 29713 B308L①	GB/T 29713 B308L①
焊丝及焊带尺寸/mm	4.0	3.0	60×0.5	60×0.5
每层道数	2		1	
层数	8		3	2
焊缝金属长度/mm	≥200			
焊丝伸出长度/mm	30±5	27±3		
电流类型②	直流反接			
焊接电流/A	580±20	420±20	750±25	1250±30
焊接电压/V	29±2	27±2	28±2	25±2
焊接速度/(mm/min)	550±50	500±50	120±10	160±15
道间温度/℃	150±50	≤150		

① 测定碳烧损时，应采用碳含量不小于0.04%（质量分数）的焊丝、焊带。测定铌烧损时，应采用S347焊丝、B347焊带。

② 对于交直流电两用的焊剂，试验时应采用交流电焊接。

对于适用范围为3类的焊剂，冶金性能检验应采用GB/T 5293 SU22或SU26焊丝，并按照制造商推荐的焊接条件制备熔敷金属试样。

对于适用范围为4类的焊剂，冶金性能检验应按制造商推荐的焊接条件制备熔敷金属试样。

焊剂冶金性能分析取样部位应采用机械加工或砂轮打磨方法去除表面氧化物。取样应采用铣床、刨床或钻床，取样时不得使用冷却液。分析用试样应取自最上层焊缝金属，不应在起弧或收弧处取样。

试样的化学成分分析应按相应的国家标准规定的程序进行。仲裁试验时，应按供需双方确认的分析方法进行。

（5）熔敷金属扩散氢含量检验　对于适用范围为1类的焊剂，应进行熔敷金属扩散氢含量检验，并选用SU22或SU26焊丝焊接试样。扩散氢含量的测定方法按GB/T 3965标准规定进行。

（6）焊剂含水量检测　熔敷金属扩散氢含量检验也可采用焊剂含水量检测替代。通常，成品焊剂含水量不得大于0.1%（质量分数）。测定焊剂水分时，用四分法取出不少于100g的焊剂，并用灵敏度不大于1mg的天平称量。含水量测定方法是将受检焊剂置于温度为150℃ ±10℃的加热炉中烘干2h。从炉中取出的焊剂立即放入干燥器中冷却至室温，并按式（3-3）计算焊剂含水量：

$$焊剂含水量(\%)=\frac{m_0-m}{m_0}\times 100\% \tag{3-3}$$

式中　m_0——焊剂烘干前的质量（g）；

m——焊剂烘干后的质量（g）。

如焊剂含水量检验不合格，则应重复检验两次，其检测结果应全部合格，方可认定通过含水量检验。如果有一次重复检验仍不合格，则应将该批焊剂严格按规定烘干，并重复含水量的测定。

3.3.7 埋弧焊焊剂的选用

埋弧焊焊剂是决定焊缝质量和性能的重量因素之一。如前所述，埋弧焊焊剂的种类很多，正确地选择焊剂可在最低的生产成本下获得质量符合技术要求的焊缝。这里，除了考虑埋弧焊高稀释率和高热输入工艺特点外，应充分了解焊剂种类对焊缝化学成分和性能的影响。在埋弧焊中，焊缝最终化学成分是母材、焊丝与焊剂共同作用的结果，因此埋弧焊焊剂必须与所焊钢种和焊丝相匹配。

1. 非合金钢埋弧焊焊剂的选择原则

非合金钢埋弧焊焊剂的选择原则首先是焊接接头的力学性能必须等于或大于标准规定的母材相应指标的下限值。接头的抗拉强度应达到母材抗拉强度最低值，冲击韧度则取决于焊接结构的最低工作温度和负载的特性。

非合金钢焊缝金属的强度主要由焊缝中碳、硅和锰等元素含量所决定。其冲击韧度还与磷和氮含量有关。埋弧焊时，由于焊剂的覆盖，进入电弧区的空气极少，$w(N_2)$ 不超过0.008%。焊丝中的碳由于氧化烧损，其质量分数大都在0.12%以下；$w(S)$ 通过焊接冶金反应可控制在0.02%以下，这样焊缝金属的冲击韧度主要取决于焊缝中硅、锰和磷的含量。图3-6所示为非合金钢焊缝金属的锰硅含量比与其缺口冲击吸收能量的关系。从中可见，焊缝金属锰硅含量比与冲击吸收能量呈正比关系，当 $w(Mn)/w(Si)$ 大于2时，焊缝的冲击吸收能量已达到相当高的水平。焊缝金属中Mn、Si的绝对含量决定了焊缝金属的强度，Mn、Si的质量分数相应大于1.0%和0.25%，即能保证低碳钢埋弧焊焊缝所规定的412MPa抗拉强度。

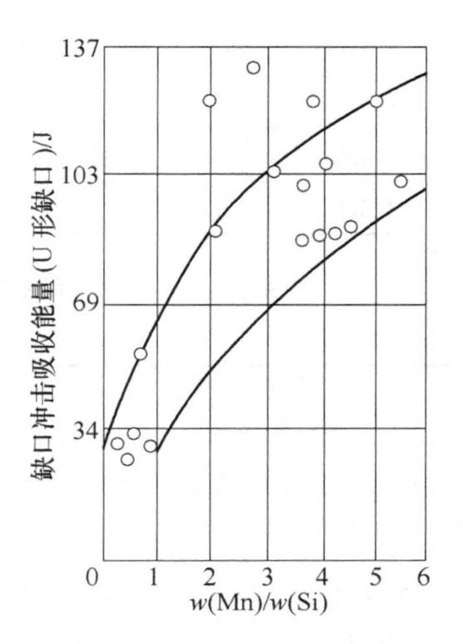

图3-6　焊缝金属 $w(Mn)/w(Si)$ 与缺口冲击吸收能量的关系

埋弧焊熔池金属中的锰、硅含量取决于焊丝中这两种元素的含量，并与焊剂和熔渣中氧化物的浓度及熔渣的碱度有关。焊剂中 MnO 和 SiO 含量影响最大，Mn、Si 合金元素的有效过渡系数为

$$K_2 = \frac{w(\mathrm{MnO})}{w(\mathrm{SiO_2})} + B_N \tag{3-4}$$

式中 K_2——有效过渡系数；

B_N——焊剂碱度。

表 3-14 列出几种常用焊剂有效过渡系数计算值。表 3-15 列出不同有效过渡系数的焊剂与各种焊丝配组埋弧焊时，Mn 和 Si 的烧损量和过渡量。图 3-7 以列线表示焊剂有效过渡系数与焊缝金属中 Mn、Si 含量的关系。表 3-16 列出采用不同有效过渡系数焊剂配 H08MnA 焊丝多道焊时焊缝金属的化学成分、w（Mn）/w（Si）及常温低温冲击韧度的典型数据。

表 3-14 几种常用焊剂有效过渡系数的计算值

序号	焊缝的化学成分（%，质量分数）										B_N	$\frac{w(\mathrm{MnO})}{w(\mathrm{SiO_2})}$	$K_2 = B_N + \frac{w(\mathrm{MnO})}{w(\mathrm{SiO_2})}$
	SiO_2	FeO	MnO	CaO	MgO	Al_2O_3	TiO_2	CaF_2	Na_2O	K_2O			
1	40.53	1.59	1.00	31.28	10.78	12.57	0.78	—	0.29	0.86	1.30	0.02	1.32
2	44.50	1.11	30.20	17.42	0.24	2.43	0.65	—	0.56	0.41	1.0	0.58	1.58
3	36.80	0.81	7.71	29.95	9.38	15.60	1.00	6.0	0.17	0.49	1.51	0.17	1.68
4	40.40	3.06	39.60	9.90	0.14	3.72	0.40	—	0.48	0.45	1.15	0.83	1.98
5	32.0	1.95	28.10	11.28	—	22.70	1.45	—	0.34	0.70	1.32	0.74	2.06
6	14.79	1.08	20.25	14.97	0.91	23.95	10.65	8.90	0.10	0.38	2.11	1.15	3.26

表 3-15 不同有效系数焊剂与各种焊丝配组埋弧焊时 Mn 和 Si 的烧损量和过渡量

焊丝牌号	$K_2=1.3$		$K_2=1.7$		$K_2=2.1$		$K_2=3.3$	
	Δw(Mn)(%)	Δw(Si)(%)	Δw(Mn)(%)	Δw(Si)(%)	Δw(Mn)(%)	Δw(Si)(%)	Δw(Mn)(%)	Δw(Si)(%)
H08A	-0.2	+0.5	+0.1	+0.3	+0.8	+0.2	+1.3	0.0
H10MnA	-0.3	+0.6	0.0	+0.4	+0.7	+0.2	+1.2	0.0
H10Mn1.5	-0.8	+0.7	-0.2	+0.5	+0.25	+0.25	+1.1	-0.05
H10Mn2	-1.2	+0.75	-0.5	+0.55	+0.1	+0.3	+0.8	-0.05
H12Mn3	-1.7	+0.8	-1.0	+0.6	-0.4	+0.4	+0.6	-0.10

表 3-16 采用不同有效系数焊剂配 H08MnA 焊丝多道焊时焊缝金属的化学成分、w(Mn)/w(Si)和冲击韧度

焊剂种类		熔炼焊剂							
焊剂有效过渡系数 K_2		1.32				1.68			
焊缝化学成分(质量分数,%)		C	Si	Mn	w(Mn)/w(Si)	C	Si	Mn	w(Mn)/w(Si)
		0.06	0.70	0.33	0.47	0.07	0.32	0.82	2.59
U 形缺口冲击韧度/(J/cm²)	20℃	52				157			
	0℃	45				148			
	-20℃	48				137			
	-40℃	40				104			
	-60℃	36				63			
+20℃布氏硬度		478				482			

（续）

<table>
<tr><td colspan="2">焊剂种类</td><td colspan="4">熔炼焊剂</td><td colspan="4">烧结焊剂</td></tr>
<tr><td colspan="2">焊剂有效过渡系数 K_2</td><td colspan="4">1.98</td><td colspan="4">1.83</td></tr>
<tr><td colspan="2" rowspan="2">焊缝化学成分（质量分数,%）</td><td>C</td><td>Si</td><td>Mn</td><td>w(Mn)/w(Si)</td><td>C</td><td>Si</td><td>Mn</td><td>w(Mn)/w(Si)</td></tr>
<tr><td>0.05</td><td>0.33</td><td>1.26</td><td>3.83</td><td>0.07</td><td>0.53</td><td>1.58</td><td>2.98</td></tr>
<tr><td rowspan="5">U形缺口冲击韧度/(J/cm²)</td><td>20℃</td><td colspan="4">149</td><td colspan="4">132</td></tr>
<tr><td>0℃</td><td colspan="4">142</td><td colspan="4">128</td></tr>
<tr><td>-20℃</td><td colspan="4">139</td><td colspan="4">103</td></tr>
<tr><td>-40℃</td><td colspan="4">113</td><td colspan="4">98</td></tr>
<tr><td>-60℃</td><td colspan="4">48</td><td colspan="4">55</td></tr>
<tr><td colspan="2">+20℃布氏硬度</td><td colspan="4">522</td><td colspan="4">547</td></tr>
</table>

注：1. 焊丝成分：w(C) =0.07%、w(Si) =0.03%、w(Mn) =0.89%、w(P) =0.005%，w(S) =0.011%。

2. 焊接参数：750A，36V，堆焊11层，焊丝直径 ϕ5mm。

3. 焊后状态，层间温度250℃。

由表3-16所列数据和图3-7所示曲线可知，采用同一种焊丝和有效过渡系数不同的焊剂组合，可以获得化学成分不同的焊缝金属。焊剂的有效过渡系数越大，焊缝金属的锰含量越高，而硅含量的变化不大，故 w（Mn）/w（Si）随之提高，焊缝金属的强度和冲击韧度相应增高。因此可选择有效过渡系数不同的焊剂和同一种焊丝达到所要求的焊缝强度和韧度指标，但是采用不同牌号的焊丝和同一种焊剂埋弧焊时，焊缝金属成分变化却不大。表3-17的实测数据表明，当采用锰含量不同的三种焊丝与有效过渡系数基本相同的焊剂埋弧焊时，焊缝金属的Mn、Si含量及 w（Mn）/w（Si）基本保持不变。其强度和韧度也稳定在相同的级别上。因此对于碳钢和低合金碳锰钢的焊接，通过选用不同成分的焊丝与相同有效过渡系数焊剂很难显著改变碳钢埋弧焊焊缝金属的化学成分及力学性能。

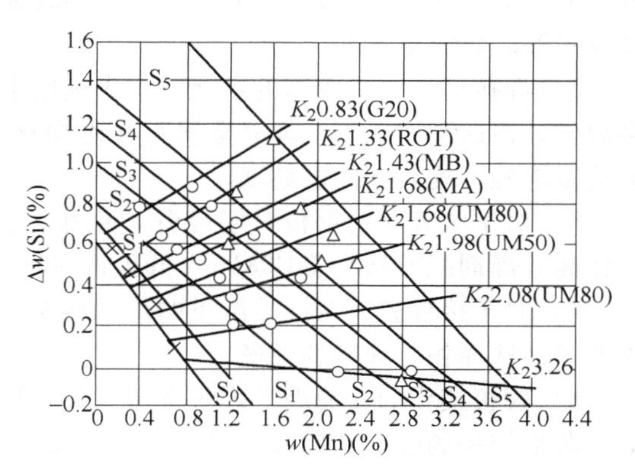

图3-7　焊剂有效过渡系数与焊缝金属Mn、Si含量的关系

K_2—焊剂有效过渡系数

S_0、S_1、S_2、S_3、S_4、S_5—焊丝牌号

表3-17　用不同种类焊丝与同一种焊剂焊接时焊缝金属的成分和冲击韧度

<table>
<tr><td>焊剂种类</td><td colspan="24">熔炼焊剂</td></tr>
<tr><td>有效过渡系数</td><td colspan="12">K_2 =1.98</td><td colspan="12">K_2 =2.06</td></tr>
<tr><td rowspan="2">焊丝成分（%，质量分数）</td><td colspan="4">C</td><td colspan="4">Si</td><td colspan="4">Mn</td><td colspan="4">C</td><td colspan="4">Si</td><td colspan="4">Mn</td></tr>
<tr><td colspan="4">0.08</td><td colspan="4">0.09</td><td colspan="4">0.53</td><td colspan="4">0.10</td><td colspan="4">0.12</td><td colspan="4">1.02</td></tr>
<tr><td rowspan="2">焊缝化学成分（%，质量分数）</td><td colspan="3">C</td><td colspan="3">Si</td><td colspan="3">Mn</td><td colspan="3">Mn/Si</td><td colspan="3">C</td><td colspan="3">Si</td><td colspan="3">Mn</td><td colspan="3">Mn/Si</td></tr>
<tr><td colspan="3">0.10</td><td colspan="3">0.37</td><td colspan="3">1.27</td><td colspan="3">3.4</td><td colspan="3">0.10</td><td colspan="3">0.42</td><td colspan="3">1.32</td><td colspan="3">3.1</td></tr>
<tr><td>U型缺口冲击韧度（20℃）/(J/cm²)</td><td colspan="12">131</td><td colspan="12">135</td></tr>
<tr><td>焊剂种类</td><td colspan="12">熔炼焊剂</td><td colspan="12">烧结焊剂</td></tr>
<tr><td>有效过渡系数</td><td colspan="12">K_2 =2.06</td><td colspan="12">K_2 =1.82</td></tr>
<tr><td rowspan="2">焊丝成分（%，质量分数）</td><td colspan="4">C</td><td colspan="4">Si</td><td colspan="4">Mn</td><td colspan="4">C</td><td colspan="4">Si</td><td colspan="4">Mn</td></tr>
<tr><td colspan="4">0.12</td><td colspan="4">0.13</td><td colspan="4">1.48</td><td colspan="4">0.08</td><td colspan="4">0.09</td><td colspan="4">0.53</td></tr>
</table>

（续）

焊剂种类	熔炼焊剂				烧结焊剂			
有效过渡系数	$K_2=2.06$				$K_2=1.82$			
焊缝化学成分	C	Si	Mn	Mn/Si	C	Si	Mn	Mn/Si
（%，质量分数）	0.11	0.47	1.38	2.9	0.09	0.49	1.21	2.5
U型缺口冲击韧度（20℃）/(J/cm²)	129				126			

因此选择碳钢埋弧焊焊剂时，应根据工件的钢种和所配用的焊丝牌号，并按下列原始条件分别对待。

1）采用沸腾钢焊丝，如H08A、H08MnA等焊丝焊接时，必须采用还原反应较强的高锰、高硅焊剂，如HJ43系列熔炼焊剂，以保证焊缝金属得到必要的硅锰渗合金，形成致密的、强度和韧度足够的焊缝金属。

2）焊接韧性要求较高的厚板时，应选用中锰中硅焊剂（如HJ350、SJ301等）和H10Mn2高锰焊丝。在这种情况下，焊缝金属直接由焊丝渗锰，并通过焊剂进行SiO_2还原反应，使焊缝金属适量渗硅，提高其冲击韧度。

3）对于中等厚度钢板对接接头，采用大电流不开坡口单面焊工艺时，应选用氧化性较高的高锰高硅焊剂配H08A或H08MnA低碳钢焊丝，这样可降低焊缝金属的碳含量，提高其抗裂性。

4）对于接缝表面锈蚀较严重的待焊接头，应选择抗锈能力较强的SJ501焊剂，并按强度性能要求，选择相应牌号的焊丝。

5）薄板接头的高速埋弧焊应选用SJ501等适应高速焊的烧结焊剂，配相应强度等级的焊丝。对于薄板接头的强度和韧度一般无特殊要求，主要考虑在高的焊接速度下，保证焊道良好成形，防止产生咬边和未熔合等缺陷。

2. 低合金钢埋弧焊焊剂的选择原则

低合金钢焊接时，由于钢材强度较高或合金元素含量较多，淬硬倾向较高，热影响区和焊缝金属对冷裂纹和氢致裂纹的敏感性较强。虽然埋弧焊热输入较大，接头的冷却速度较低，有利于防止冷裂纹的产生，但在厚板接头的焊接中，由于焊缝残余应力高，氢在厚壁焊缝中会逐层积累，仍容易产生氢致延迟裂纹。因此在低合金钢埋弧焊时，首先应选择碱度较高的低氢型HJ25×系列焊剂。因这些焊剂均为低锰中硅焊剂，在焊接冶金反应中，Si和Mn还原渗合金的作用不强，这样必须选配硅含量适中的低合金钢焊丝，如H08MnMo、H08Mn2Mo和H08CrMoA等。

其次，为保证接头的强度和韧度不低于母材标准规定值，也应选用硅锰还原反应较弱的高碱度焊剂，如HJ250、SJ101等。在这些焊剂下焊接的焊缝金属，其纯度较高，非金属夹杂物较少，冲击韧度较高。

在低合金钢厚板接头多层多道焊时，特别是在窄间隙深坡口埋弧焊时，应选用脱渣性良好的焊剂。使用经验表明，高碱度熔炼焊剂的脱渣性较差，尤其是在大电流焊接时，不易脱渣。而高碱度烧结焊剂的脱渣性良好，即使在窄间隙接头内也容易脱渣，因此对于厚壁接头目前大多选用烧结焊剂，如SJ101、SJ201等。

3. 不锈钢埋弧焊焊剂的选择原则

不锈钢埋弧焊时，焊剂的主要任务是防止合金元素的过量烧损，因此应选用氧化性低的焊剂。我国常用的不锈钢埋弧焊用熔炼型焊剂为HJ260低锰高硅中氟型焊剂，因焊剂仍有一定的氧化性，故需配用铬镍含量较高的铬镍不锈钢焊丝。HJ150、HJ172型焊剂也可用于不锈钢埋弧焊。

这类焊剂虽氧化性较低，合金元素烧损较少，但脱渣性欠佳，故很少用于不锈钢厚板接头的多层多道焊。

SJ103、SJ601氟碱型烧结焊剂适用于不锈钢埋弧焊，不仅能保证焊缝金属的化学成分符合要求，Cr、Mo、Ni等主要合金元素烧损很少，而且焊接工艺性良好，脱渣容易，焊缝成形美观，已成为不锈钢埋弧焊焊剂的首选。

3.3.8　焊剂的包装、储存与烘干

在焊剂制造厂，当批量生产的焊剂质量检验合格后，应立即采用铁桶或密封塑料袋进行包装，如图3-8所示。包装用铁桶和塑料袋应有足够的强度和密封性，防止搬运过程中破损受潮。烧结焊剂因吸潮性强，最好采用铁桶包装。

焊剂使用单位应将所采购的焊剂存放在通风良好的库房内。库房的相对湿度不应大于60%，温度不低于15℃。焊剂应按种类、商品牌号分别摆放，并加明显的标记，易于辨认。

焊剂一经开箱或拆包，在大气中存放时，会吸收水分。焊剂中的水分是焊缝产生气孔和冷裂纹的主要原因之一，故标准规定，应将水的质量分数控制在0.1%以下。试验证明，烧结焊剂的吸潮性比熔炼焊剂高得多，实测数据如图3-9所示。烧结焊剂在大气中存放8h后，水分含量可能已超上述规定。因此生产车间当班回收的烧结焊剂应在300℃ ±25℃的温度下烘干2 ~4h。熔炼焊剂也有一定的吸潮性，如果在大气中存放时间超过48h，则应重新烘干，烘干温度通常为200℃ ±20℃，保温2 ~4h。

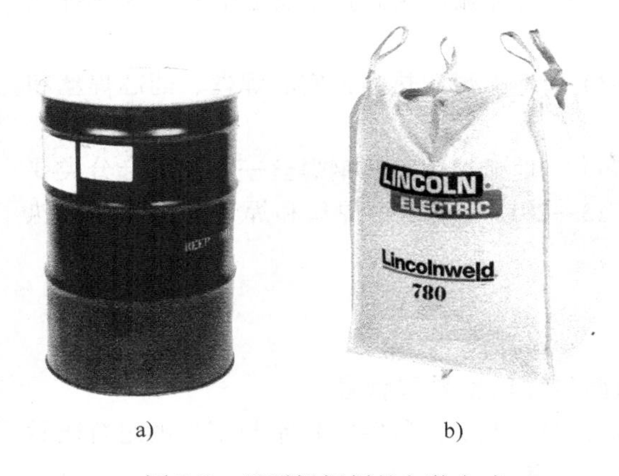

图3-8　埋弧焊焊剂的包装方式

a）铁桶包装　b）塑料袋包装

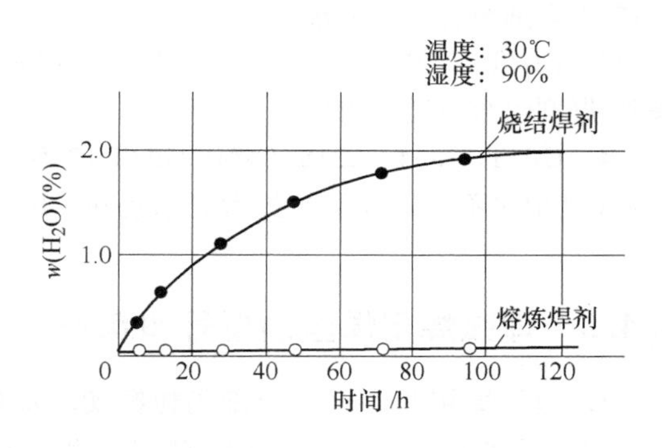

图3-9　熔炼焊剂和烧结焊剂吸潮性对比

烘干时可将焊剂铺撒在干净的浅底铁皮槽内放入电炉或火焰炉内，堆放高度最好不超过50mm，以保证烘干效果。

我国已研制出专用焊剂烘干设备，采用远红外辐射加热、自动控温、连续进料和出料，焊剂烘干均匀可靠，具体技术数据见表3-18。

表3-18　焊剂烘干机技术数据

型　　号	YJJ-A-500	YJJ-A-300	YJJ-A-200	YJJ-A-100
焊剂装载容量/kg	500	300	200	100
最高工作温度/℃	400	400	400	400
电热功率/kW	9	7.6	6.3	4.6

（续）

型　号	YJJ-A-500	YJJ-A-300	YJJ-A-200	YJJ-A-100
电源电压/V	380（50Hz）			
焊剂吸入速度/(kg/min)	3.2			
上料机功率/kW	0.75			
烘干方式	连续			
烘干后焊剂中水分质量分数（%）	0.05			

另一种 XZYH 系列旋转式远红外加热自动控温焊剂烘干机，最高工作温度可达 450℃，按可装载焊剂容量分为 60kg 和 150kg 两种。

3.4　埋弧焊用焊丝

3.4.1　埋弧焊用焊丝国家标准

2018 年国家标准化管理委员会发布了 4 份有关埋弧焊焊丝的国家标准新版本。它们是：

1）GB/T 5293—2018（替代 GB/T 5293—1999）《埋弧焊用非合金钢及细晶粒钢实心焊丝、药芯焊丝和焊丝-焊剂组合分类要求》；

2）GB/T 36034—2018（修改采用 ISO 26304：2011）《埋弧焊用高强钢实心焊丝、药芯焊丝和焊丝-焊剂组合分类要求》；

3）GB/T 12470—2018（替代 GB/T 12470—2003）《埋弧焊用热强钢实心焊丝、药芯焊丝和焊丝-焊剂组合分类要求》；

4）GB/T 17854—2018（替代 GB/T 17854—1999）《埋弧焊用不锈钢焊丝—焊剂组合分类要求》（其中对不锈钢焊丝的技术要求仍按 GB/T 29713—2013《不锈钢焊丝和焊带》国家标准执行）。

3.4.2　埋弧焊用焊丝的型号和牌号

1. 埋弧焊用非合金钢及细晶粒钢实心焊丝和药芯焊丝型号和牌号

（1）实心焊丝型号　以字母 SU 表示埋弧焊实心焊丝，其后面数字或数字与字母的组合表示焊丝的化学成分类别。牌号直接用 H 和数字及元素符号表示。

型号示例如下：

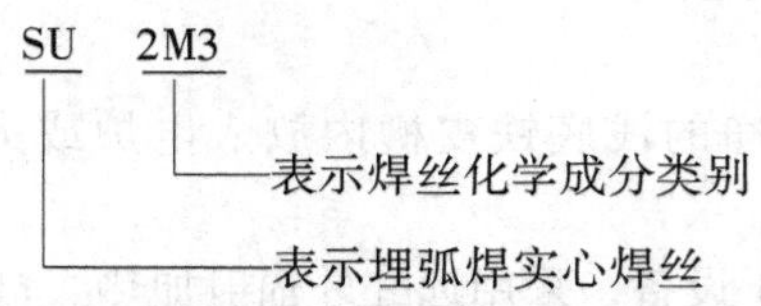

（2）药芯焊丝型号　以字母 TU 表示埋弧焊药芯焊丝，其后的数字与字母组合代号表示与焊剂组合焊接后熔敷金属化学成分的类别。

例如：

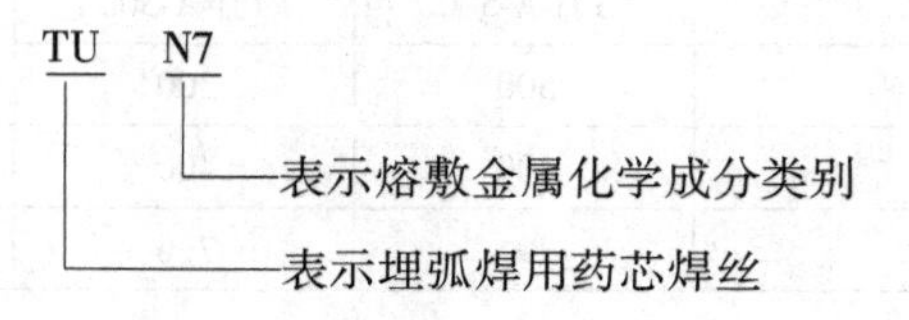

（3）焊丝-焊剂组合型号 埋弧焊焊丝-焊剂组合型号按焊丝类别进行编制。

1）实心焊丝-焊剂组合型号按熔敷金属力学性能、焊后状态、焊剂类型和焊丝型号等编制。

2）药芯焊丝-焊剂组合型号按熔敷金属力学性能、焊后状态、焊剂类型和熔敷金属化学成分等进行编制。

3）焊丝-焊剂组合型号由以下五部分组成：

第一部分用字母S表示埋弧焊焊丝-焊剂组合代号。

第二部分表示多道焊缝在焊态或焊后热处理条件下，熔敷金属抗拉强度代号（见表3-19）或者表示双面单道焊时，焊接接头抗拉强度代号，见表3-20。

表3-19 非合金钢及细晶粒钢埋弧焊多道熔敷金属抗拉强度代号

抗拉强度代号①	抗拉强度 R_m/MPa	屈服强度② R_{eL}/MPa	断后伸长率 A（%）
43×	430～600	≥330	≥20
49×	490～670	≥390	≥18
55×	550～740	≥460	≥17
57×	570～770	≥490	≥17

① ×是A或者P，A指在焊态条件下试验；P指在焊后热处理条件下试验。

② 当屈服发生不明显时，应测定规定塑性延伸强度 $R_{p0.2}$。

表3-20 非合金钢及细晶粒钢埋弧焊双面单道焊的接头抗拉强度代号

抗拉强度代号	抗拉强度 R_m/MPa	抗拉强度代号	抗拉强度 R_m/MPa
43S	≥430	55S	≥550
49S	≥490	57S	≥570

第三部分表示焊缝金属冲击吸收能量（KV_2）不小于27J时的试验温度代号，见表3-21。

表3-21 冲击试验温度代号

冲击试验温度代号	冲击吸收能量（KV_2）不小于27J时的试验温度（℃）	冲击试验温度代号	冲击吸收能量（KV_2）不小于27J时的试验温度（℃）
Z	无要求	5	-50
Y	+20	6	-60
0	0	7	-70
2	-20	8	-80
3	-30	9	-90
4	-40	10	-100

注：如果冲击试验温度代号后附加了字母“U”，则冲击吸收能量（KV_2）应不小于47J。

第四部分表示焊剂类型代号。

第五部分表示实心焊丝型号（表3-22）或药芯焊丝-焊剂组合焊接的熔敷金属化学成分代号（表3-23）。

表3-22 非合金钢及细晶粒钢埋弧焊实心焊丝化学成分（按GB/T 5293—2018）

焊丝型号	冶金牌号	化学成分(%,质量分数)①									
		C	Mn	Si	P	S	Ni	Cr	Mo	Cu②	其他
SU08	H08	0.10	0.25～0.60	0.10～0.25	0.030	0.030	—	—	—	0.35	—

（续）

焊丝型号	冶金牌号	化学成分(%,质量分数)①									
		C	Mn	Si	P	S	Ni	Cr	Mo	Cu②	其他
SU08A③	H08A③	0.10	0.40～0.65	0.03	0.030	0.030	0.30	0.20	—	0.35	—
SU08E③	H08E③	0.10	0.40～0.65	0.03	0.020	0.020	0.30	0.20	—	0.35	—
SU08C③	H08C③	0.10	0.40～0.65	0.03	0.015	0.015	0.10	0.10	—	0.35	—
SU10	H11Mn2	0.07～0.15	1.30～1.70	0.05～0.25	0.025	0.025	—	—	—	0.35	—
SU11	H11Mn	0.15	0.20～0.90	0.15	0.025	0.025	0.15	0.15	0.15	0.40	—
SU111	H11MnSi	0.07～0.15	1.00～1.50	0.65～0.85	0.025	0.030	—	—	—	0.35	—
SU12	H12MnSi	0.15	0.20～0.90	0.10～0.60	0.025	0.025	0.15	0.15	0.15	0.40	—
SU13	H15	0.11～0.18	0.35～0.65	0.03	0.030	0.030	0.30	0.20	—	0.35	—
SU21	H10Mn	0.05～0.15	0.80～1.25	0.10～0.35	0.025	0.025	0.15	0.15	0.15	0.40	—
SU22	H12Mn	0.15	0.80～1.40	0.15	0.025	0.025	0.15	0.15	0.15	0.40	—
SU23	H13MnSi	0.18	0.80～1.40	0.15～0.60	0.025	0.025	0.15	0.15	0.15	0.40	—
SU24	H13MnSiTi	0.06～0.19	0.90～1.40	0.35～0.75	0.025	0.025	0.15	0.15	0.15	0.40	Ti:0.03～0.17
SU25	H14MnSi	0.06～0.16	0.90～1.40	0.35～0.75	0.030	0.030	0.15	0.15	0.15	0.40	—
SU26	H08Mn	0.10	0.80～1.10	0.07	0.030	0.030	0.30	0.20	—	0.35	—
SU27	H15Mn	0.11～0.18	0.80～1.10	0.03	0.030	0.030	0.30	0.20	—	0.35	—
SU28	H10MnSi	0.14	0.80～1.10	0.60～0.90	0.030	0.030	0.30	0.20	—	0.35	—
SU31	H11Mn2Si	0.06～0.15	1.40～1.85	0.80～1.15	0.030	0.030	0.15	0.15	0.15	0.40	—
SU32	H12Mn2Si	0.15	1.30～1.90	0.05～0.60	0.025	0.025	0.15	0.15	0.15	0.40	—

（续）

焊丝型号	冶金牌号	化学成分(%,质量分数)[①]									
		C	Mn	Si	P	S	Ni	Cr	Mo	Cu[②]	其他
SU33	H12Mn2	0.15	1.30~1.90	0.15	0.025	0.025	0.15	0.15	0.15	0.40	—
SU34	H10Mn2	0.12	1.50~1.90	0.07	0.030	0.030	0.30	0.20	—	0.35	—
SU35	H10Mn2Ni	0.12	1.40~2.00	0.30	0.025	0.025	0.10~0.50	0.20	—	0.35	—
SU41	H15Mn2	0.20	1.60~2.30	0.15	0.025	0.025	0.15	0.15	0.15	0.40	—
SU42	H13Mn2Si	0.15	1.50~2.30	0.15~0.65	0.025	0.025	0.15	0.15	0.15	0.40	—
SU43	H13Mn2	0.17	1.80~2.20	0.05	0.030	0.030	0.30	0.20	—	—	—
SU44	H08Mn2Si	0.11	1.70~2.10	0.65~0.95	0.035	0.035	0.30	0.20	—	0.35	—
SU45	H08Mn2SiA	0.11	1.80~2.10	0.65~0.95	0.030	0.030	0.30	0.20	—	0.35	—
SU51	H11Mn3	0.15	2.20~2.80	0.15	0.025	0.025	0.15	0.15	0.15	0.40	—
SUM3[④]	H08MnMo[④]	0.10	1.20~16.0	0.25	0.030	0.030	0.30	0.20	0.30~0.50	0.35	Ti:0.05~0.15
SUM31[④]	H08Mn2Mo[④]	0.06~0.11	1.60~1.90	0.25	0.030	0.030	0.30	0.20	0.50~0.70	0.35	Ti:0.05~0.15
SU1M3	H09MnMo	0.15	0.20~1.00	0.25	0.025	0.025	0.15	0.15	0.40~0.65	0.40	—
SU1M3TiB	H10MnMoTiB	0.05~0.15	0.65~1.00	0.20	0.025	0.025	0.15	0.15	0.45~0.65	0.35	Ti:0.05~0.30 B:0.005~0.030
SU2M1	H12MnMo	0.15	0.80~1.40	0.25	0.025	0.025	0.15	0.15	0.15~0.40	0.40	—
SU3M1	H12Mn2Mo	0.15	1.30~1.90	0.25	0.025	0.025	0.15	0.15	0.15~0.40	0.40	—
SU2M3	H11MnMo	0.17	0.80~1.40	0.25	0.025	0.025	0.15	0.15	0.40~0.65	0.40	—
SU2M3TiB	H11MnMoTiB	0.05~0.17	0.95~1.35	0.20	0.025	0.025	0.15	0.15	0.40~0.65	0.35	Ti:0.05~0.30 B:0.005~0.030
SU3M3	H10MnMo	0.17	1.20~1.90	0.25	0.025	0.025	0.15	0.15	0.40~0.65	0.40	—

（续）

焊丝型号	冶金牌号	化学成分（%，质量分数）①									
		C	Mn	Si	P	S	Ni	Cr	Mo	Cu②	其他
SU4M1	H13Mn2Mo	0.15	1.60～2.30	0.25	0.025	0.025	0.15	0.15	0.15～0.40	0.40	—
SU4M3	H14Mn2Mo	0.17	1.60～2.30	0.25	0.025	0.025	0.15	0.15	0.40～0.65	0.40	—
SU4M31	H10Mn2SiMo	0.05～0.15	1.60～2.10	0.50～0.80	0.025	0.025	0.15	0.15	0.40～0.60	0.40	—
SU4M32	H11Mn2Mo	0.05～0.17	1.65～2.20	0.20	0.025	0.025	—	—	0.45～0.65	0.35	—
SU5M3	H11Mn3Mo	0.15	2.20～2.80	0.25	0.025	0.025	0.15	0.15	0.40～0.65	0.40	—
SUN2	H11MnNi	0.15	0.75～1.40	0.30	0.020	0.020	0.75～1.25	0.20	0.15	0.40	—
SUN21	H08MnSiNi	0.12	0.80～1.40	0.40～0.80	0.020	0.020	0.75～1.25	0.20	0.15	0.40	—
SUN3	H11MnNi2	0.15	0.80～1.40	0.25	0.020	0.020	1.20～1.80	0.20	0.15	0.40	—
SUN31	H11Mn2Ni2	0.15	1.30～1.90	0.25	0.020	0.020	1.20～1.80	0.20	0.15	0.40	—
SUN5	H12MnNi2	0.15	0.75～1.40	0.30	0.020	0.020	1.80～2.90	0.20	0.15	0.40	—
SUN7	H10MnNi3	0.15	0.60～1.40	0.30	0.020	0.020	2.40～3.80	0.20	0.15	0.40	—
SUCC	H11MnCr	0.15	0.80～1.90	0.30	0.030	0.030	0.15	0.30～0.60	0.15	0.20～0.45	—
SUN1C1C	H08MnCrNiCu	0.10	1.20～1.60	0.60	0.025	0.020	0.20～0.60	0.30～0.90	—	0.20～0.50	—
SUNCC1	H10MnCrNiCu	0.12	0.35～0.65	0.20～0.35	0.025	0.030	0.40～0.80	0.50～0.80	0.15	0.30～0.80	—
SUNCC3	H11MnCrNiCu	0.15	0.80～1.90	0.30	0.030	0.030	0.05～0.80	0.50～0.80	0.15	0.30～0.55	—
SUN1M3	H13Mn2NiMo	0.10～0.18	1.70～2.40	0.20	0.025	0.025	0.40～0.80	0.20	0.40～0.65	0.35	—
SUN2M1	H10MnNiMo	0.12	1.20～1.60	0.05～0.30	0.020	0.020	0.75～1.25	0.20	0.10～0.30	0.40	—
SUN2M3	H12MnNiMo	0.15	0.80～1.40	0.25	0.020	0.020	0.80～1.20	0.20	0.40～0.65	0.40	—

（续）

焊丝型号	冶金牌号	化学成分(%,质量分数)[①]									
		C	Mn	Si	P	S	Ni	Cr	Mo	Cu[②]	其他
SUN2M31	H11Mn2NiMo	0.15	1.30～1.90	0.25	0.020	0.020	0.80～1.20	0.20	0.40～0.65	0.40	—
SUN2M32	H12Mn2NiMo	0.15	1.60～2.30	0.25	0.020	0.020	0.80～1.20	0.20	0.40～0.65	0.40	—
SUN3M3	H11MnNi2Mo	0.15	0.80～1.40	0.25	0.020	0.020	1.20～1.80	0.20	0.40～0.65	0.40	—
SUN3M31	H11Mn2Ni2Mo	0.15	1.30～1.90	0.25	0.020	0.020	1.20～1.80	0.20	0.40～0.65	0.40	—
SUN4M1	H15MnNi2Mo	0.12～0.19	0.60～1.00	0.10～1.00	0.015	0.030	1.60～2.10	0.20	0.10～0.30	0.35	—
SUG[④]	HG[④]	其他协定成分									

注：表中单值均为最大值。

① 化学分析应按表中规定的元素进行分析。如果在分析过程中发现其他元素，这些元素的总量（除铁外）不应超过0.50%。

② Cu含量是包括镀铜层中的含量。

③ 根据供需双方协议，此类焊丝非沸腾钢允许硅含量不大于0.07%（质量分数）。

④ 表中未列出的焊丝型号可用相类似的型号表示，词头加字母“SUG”，未列出的焊丝冶金牌号可用相类似的冶金牌号分类表示，词头加字母“HG”。化学成分范围不进行规定，两种牌号之间不可替换。

表3-23 非合金钢及细晶粒钢埋弧焊药芯焊丝-焊剂组合熔敷金属化学成分（按GB/T 5293—2018）

焊丝型号	化学成分（%，质量分数）[①]								
	C	Mn	Si	P	S	Ni	Cr	Mo	Cu	其　他
TU3M	0.15	1.80	0.90	0.035	0.035	—	—	—	0.35	—
TU2M3	0.12	1.00	0.80	0.030	0.030	—	—	0.40～0.65	0.35	—
TU2M31	0.12	1.40	0.80	0.030	0.030	—	—	0.40～0.65	0.35	—
TU4M3	0.15	2.10	0.80	0.030	0.030	—	—	0.40～0.65	0.35	—
TU3M3	0.15	1.60	0.80	0.030	0.030	—	—	0.40～0.65	0.35	—
TUN2	0.12[②]	1.60[②]	0.80	0.030	0.025	0.75～1.10	0.15	0.35	0.35	Ti+V+Zr：0.05
TUN5	0.12[②]	1.60[②]	0.80	0.030	0.025	2.00～2.90	—	—	0.35	—
TUN7	0.12	1.60	0.80	0.030	0.025	2.80～3.80	0.15	—	0.35	—
TUN4M1	0.14	1.60	0.80	0.030	0.025	1.40～2.10	—	0.10～0.35	0.35	—
TUN2M1	0.12[②]	1.60[②]	0.80	0.030	0.025	0.70～1.10	—	0.10～0.35	0.35	—
TUN3M2	0.12	0.70～1.50	0.80	0.030	0.030	0.90～1.70	0.15	0.55	0.35	—
TUN1M3	0.17	1.25～2.25	0.80	0.030	0.030	0.40～0.80	—	0.40～0.65	0.35	—
TUN2M3	0.17	1.25～2.25	0.80	0.030	0.030	0.70～1.10	—	0.40～0.65	0.35	—
TUN1C2	0.17	1.60	0.80	0.030	0.035	0.40～0.80	0.60	0.25	0.30	Ti+V+Zr：0.03
TUN5C2M3	0.17	1.20～1.80	0.80	0.020	0.020	2.00～2.80	0.65	0.30～0.80	0.50	—
TUN4C2M3	0.14	0.80～1.85	0.80	0.030	0.020	1.50～2.25	0.65	0.60	0.40	—
TUN3	0.10	0.60～1.60	0.80	0.030	0.030	1.25～2.00	0.15	0.35	0.30	Ti+V+Zr：0.03
TUN4M2	0.10	0.90～1.80	0.80	0.020	0.020	1.40～2.10	0.35	0.25～0.65	0.30	Ti+V+Zr：0.03

（续）

焊丝型号	化学成分（%，质量分数）①									
	C	Mn	Si	P	S	Ni	Cr	Mo	Cu	其他
TUN4M3	0.10	0.90～1.80	0.80	0.020	0.020	1.80～2.60	0.65	0.20～0.70	0.30	Ti+V+Zr：0.03
TUN5M3	0.10	1.30～2.25	0.80	0.020	0.020	2.00～2.80	0.80	0.30～0.80	0.30	Ti+V+Zr：0.03
TUN4M21	0.12	1.60～2.50	0.50	0.015	0.015	1.40～2.10	0.40	0.20～0.50	0.30	Ti：0.03 V：0.02 Zr：0.02
TUN4M4	0.12	1.60～2.50	0.50	0.015	0.015	1.40～2.10	0.40	0.70～1.00	0.30	Ti：0.03 V：0.02 Zr：0.02
TUNCC	0.12	0.50～1.60	0.80	0.035	0.030	0.40～0.80	0.45～0.70	—	0.30～0.75	—
TUG③	其他协定成分									

注：表中单值均为最大值。

① 化学分析应按表中规定的元素进行分析。如果在分析过程中发现其他元素，这些元素的总量（除铁外）不应超过0.50%（质量分数）。

② 该分类中当C最大含量限制在0.10%（质量分数）时，允许Mn含量不大于1.80%（质量分数）。

③ 表中未列出的型号可用相类似的型号表示，词头加字母“TUG”。化学成分范围不进行规定，两种型号之间不可替换。

必要时，可附加以下可选代号：

a）字母U，附加在第三部分之后，表示在规定的试验温度下，冲击吸收能量（KV_2）应不小于47J。

b）在组合型号后面可附加扩散氢代号HX，其中X可为数字15、10、5、4或2，分别表示每100g熔敷金属中扩散氢含量最大容限值。

埋弧焊焊丝-焊剂组合型号示例如下。

a）示例1：

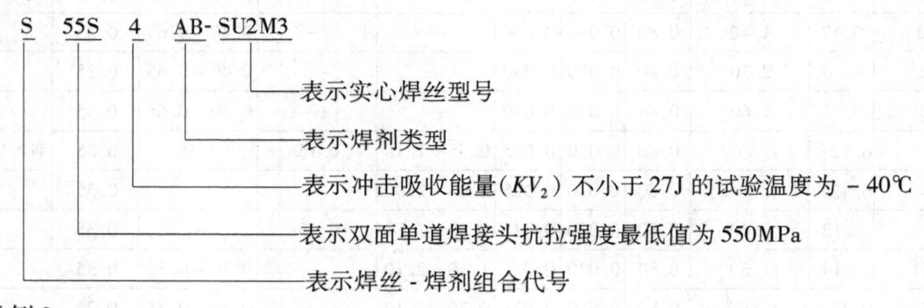

b）示例2：

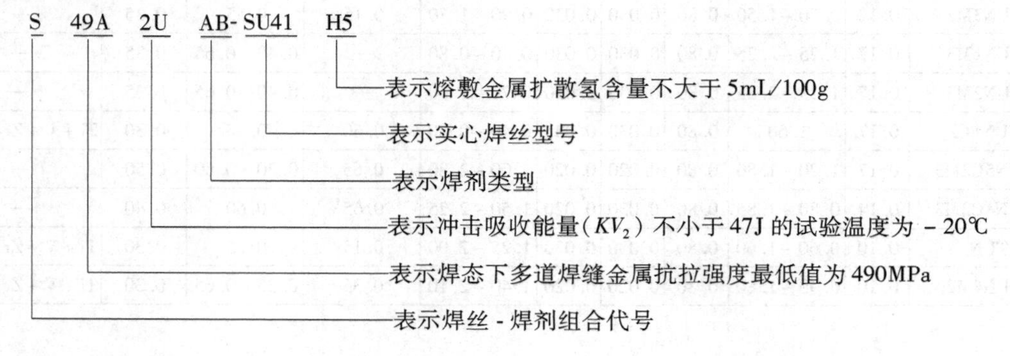

c）示例3：

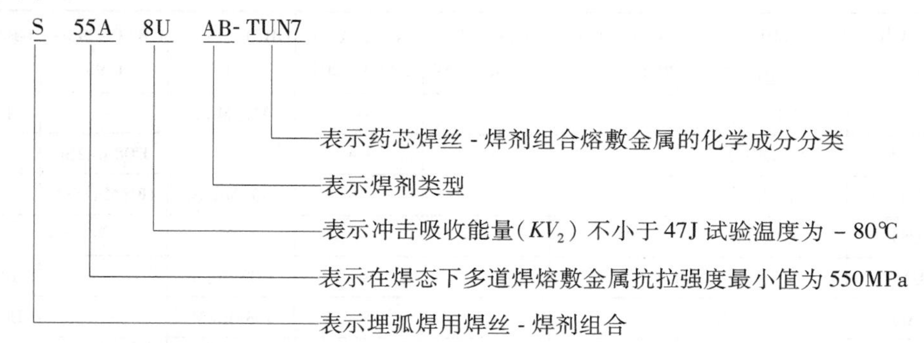

3）非合金钢及细晶粒钢埋弧焊焊丝型号对照表。为便于实际应用，表3-24列出埋弧焊实心焊丝标准型号与国际通用相关标准型号的对应关系。

表3-24　非合金钢及细晶粒钢埋弧焊实心焊丝型号/牌号对照表

序号	GB/T 5293—2018		ISO 14171：2016(B系列)	ANSI/AWS 5.17M:2007	ANSI/AWS 5.23M：2011	GB/T 3429—2015	GB/T 5293—1999	GB/T 12470—2003
	型号	冶金牌号						
1	SU08	H08	SU08	EL8K	EL8K	—	—	—
2	SU08A	H08A	—	EL8	EL8	H08A	H08A	—
3	SU08E	H08E	—	—	—	H08E	H08E	—
4	SU08C	H08C	—	—	—	H08C	H08C	—
5	SU10	H11Mn2	SU10	EH10K	EH10K	—	—	—
6	SU11	H11Mn	SU11	EL12	EL12	H11Mn	—	—
7	SU111	H11MnSi	SU111	EM11K	EM11K	H11MnSi	—	—
8	SU12	H12MnSi	SU12	—	—	—	—	—
9	SU13	H15	—	—	—	H15	H15A	—
10	SU21	H10Mn	SU21	EM12K (EM15K)	EM12K (EM15K)	H10Mn	—	—
11	SU22	H12Mn	SU22	EM12	EM12	H12Mn	—	—
12	SU23	H13MnSi	SU23	—	—	—	—	—
13	SU24	H13MnSiTi	SU24	EM14K	EM14K	H13MnSiTi	—	—
14	SU25	H14MnSi	SU25	EM13K	EM13K	—	—	—
15	SU26	H08Mn	—	—	—	H08Mn	H08MnA	H08MnA
16	SU27	H15Mn	—	—	—	H15Mn	H15Mn	H15Mn
17	SU28	H10MnSi	—	—	—	H10MnSi	—	—
18	SU31	H11Mn2Si	SU31	EH11K	EH11K	H11Mn2Si	—	—
19	SU32	H12Mn2Si	SU32	—	—	—	—	—
20	SU33	H12Mn2	SU33	—	—	—	—	—
21	SU34	H10Mn2	—	—	—	H10Mn2	H10Mn2	H10Mn2
22	SU35	H10Mn2Ni	—	—	—	H10Mn2Ni	—	—
23	SU41	H15Mn2	SU41	EH14	EH14	H15Mn2	—	—
24	SU42	H13Mn2Si	SU42	EH12K	EH12K	—	—	—

（续）

序号	GB/T 5293—2018		ISO 14171：2016（B系列）	ANSI/AWS 5.17M：2007	ANSI/AWS 5.23M：2011	GB/T 3429—2015	GB/T 5293—1999	GB/T 12470—2003
	型号	冶金牌号						
25	SU43	H13Mn2	—	—	—	H13Mn2	—	H10Mn2A
26	SU44	H08Mn2Si	—	—	—	—	H08Mn2Si	—
27	SU45	H08Mn2SiA	—	—	—	H08Mn2Si	H08Mn2SiA	—
28	SU51	H11Mn3	SU51	—	—	—	—	—
29	SUM3	H08MnMo	—	—	—	H08MnMo	—	H08MnMoA
30	SUM31	H08Mn2Mo	—	—	—	H08Mn2Mo	—	H08Mn2MoA
31	SU1M3	H09MnMo	SU1M3	—	EA1	—	—	—
32	SU1M3TiB	H10MnMoTiB	SU1M3TiB	—	EA1TiB	H10MnMoTiB	—	—
33	SU2M1	H12MnMo	SU2M1	—	—	—	—	—
34	SU3M1	H12Mn2Mo	SU3M1	—	—	—	—	—
35	SU2M3	H11MnMo	SU2M3	—	EA2	H11MnMo	—	—
36	SU2M3TiB	H11MnMoTiB	SU2M3TiB	—	EA2TiB	H11MnMoTiB	—	—
37	SU3M3	H10MnMo	SU3M3	—	EA4	H10MnMo	—	—
38	SU4M1	H13Mn2Mo	SU4M1	—	—	—	—	—
39	SU4M3	H14Mn2Mo	SU4M3	—	—	—	—	—
40	SU4M31	H10Mn2SiMo	SU4M31	—	EA3K	H10Mn2SiMo	—	—
41	SU4M32	H11Mn2Mo	—	—	EA3	H11Mn2Mo	—	—
42	SU5M3	H11Mn3Mo	SU5M3	—	—	—	—	—
43	SUN2	H11MnNi	SUN2	—	ENi1	H11MnNi	—	—
44	SUN21	H08MnSiNi	SUN21	—	ENi1K	—	—	—
45	SUN3	H11MnNi2	SUN3	—	—	—	—	—
46	SUN31	H11Mn2Ni2	SUN31	—	—	—	—	—
47	SUN5	H12MnNi2	SUN5	—	ENi2	—	—	—
48	SUN7	H10MnNi3	SUN7	—	ENi3	H10MnNi3	—	—
49	SUCC	H11MnCr	SUCC	—	—	—	—	—
50	SUN1C1C	H08MnCrNiCu	—	—	—	H08MnCrNiCu	—	—
51	SUNCC1	H10MnCrNiCu	SUNCC1	—	EW	H10MnCrNiCu	—	—
52	SUNCC3	H11MnCrNiCu	SUNCC3	—	—	—	—	—
53	SUN1M3	H13Mn2NiMo	SUN1M3	—	EF2	H13Mn2NiMo	—	—
54	SUN2M1	H10MnNiMo	SUN2M1	—	ENi5（ENi6）	H10MnNiMo	—	—
55	SUN2M3	H12MnNiMo	SUN2M3	—	—	—	—	—
56	SUN2M31	H11Mn2NiMo	SUN2M31	—	—	—	—	—
57	SUN2M32	H12Mn2NiMo	SUN2M32	—	EF3	—	—	—
58	SUN3M3	H11MnNi2Mo	SUN3M3	—	—	—	—	—
59	SUN3M31	H11Mn2Ni2Mo	SUN3M31	—	—	—	—	—
60	SUN4M1	H15MnNi2Mo	SUN4M1	—	ENi4	H15MnNi2Mo	—	—

2. 埋弧焊用高强度钢焊丝型号和牌号

按国家标准 GB/T 36034—2018《埋弧焊用高强钢实心焊丝、药芯焊丝和焊丝-焊剂组合分类要求》高强度钢焊丝型号和牌号与前节所述类同。

（1）实心焊丝型号　以字母 SU 表示埋弧焊实心焊丝，其后字母和数字表示焊丝的化学成分类别。焊丝牌号用 H 和数字及元素符号表示。

型号示例如下：

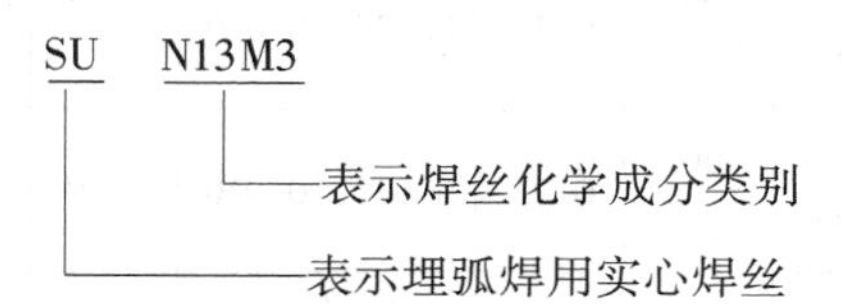

（2）药芯焊丝型号　以字母 TU 表示埋弧焊用药芯焊丝，其后的字母与数字组合代号表示与焊剂组合焊接后熔敷金属化学成分类别。

例如：

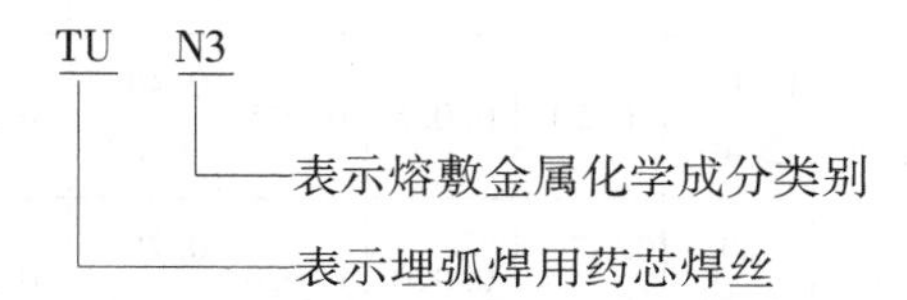

（3）焊丝-焊剂组合型号　高强度钢埋弧焊焊丝-焊剂组合型号按焊丝类别进行编制。

实心焊丝-焊剂组合型号按熔敷金属的力学性能等级、焊后状态、焊剂类型代号和焊丝的型号等划分。

药芯焊丝-焊剂组合型号按照熔敷金属力学性能等级、焊后状态、焊剂类型代号和熔敷金属化学成分代号等划分。

焊丝-焊剂组合型号由以下 5 部分组成：

第 1 部分用字母 S 表示埋弧焊焊丝-焊剂组合代号。

第 2 部分表示焊态或焊后热处理状态下，熔敷金属抗拉强度等级代号，见表 3-25。

表 3-25　高强度钢埋弧焊熔敷金属抗拉强度代号

抗拉强度代号①	抗拉强度 R_m/MPa	屈服强度② R_{eL}/MPa	断后伸长率 A（%）
59×	590～790	≥490	≥16
62×	620～820	≥500	≥15
69×	690～890	≥550	≥14
76×	760～960	≥670	≥13
78×	780～980	≥670	≥13
83×	830～1030	≥740	≥12

① ×是 A 或者 P，A 指在焊态条件下试验；P 指在焊后热处理条件下试验。

② 当屈服发生不明显时，应测定规定塑性延伸强度 $R_{p0.2}$。

第 3 部分表示冲击吸收能量（KV_2）不小于 27J 的试验温度代号，见表 3-21。

第 4 部分表示焊剂类型代号，见表 3-1。

第 5 部分表示实心焊丝型号（表 3-26）或药芯焊丝-焊剂组合焊接的熔敷金属化学成分代号，见表 3-27。

表 3-26 高强度钢埋弧焊实心焊丝型号及化学成分（按 GB/T 36034—2018）

焊丝型号	冶金牌号	化学成分(%,质量分数)[①]									
		C	Mn	Si	P	S	Ni	Cr	Mo	Cu[②]	其他
SUM3	H08MnMo	0.10	1.20 ~ 1.60	0.25	0.030	0.030	0.30	0.20	0.30 ~ 0.50	0.35	Ti:0.05 ~ 0.15
SUM31	H08Mn2Mo	0.06 ~ 0.11	1.60 ~ 1.90	0.25	0.030	0.030	0.30	0.20	0.50 ~ 0.70	0.35	Ti:0.05 ~ 0.15
SUM3V	H08Mn2MoV	0.06 ~ 0.11	1.60 ~ 1.90	0.25	0.030	0.030	0.30	0.20	0.50 ~ 0.70	0.35	V:0.06 ~ 0.12 Ti:0.05 ~ 0.15
SUM4	H10Mn2Mo	0.08 ~ 0.13	1.70 ~ 2.00	0.40	0.030	0.030	0.30	0.20	0.60 ~ 0.80	0.35	Ti:0.05 ~ 0.15
SUM4V	H10Mn2MoV	0.08 ~ 0.13	1.70 ~ 2.00	0.40	0.030	0.030	0.30	0.20	0.60 ~ 0.80	0.35	V:0.06 ~ 0.12 Ti:0.05 ~ 0.15
SUN1M3	H13Mn2NiMo	0.10 ~ 0.18	1.70 ~ 2.40	0.20	0.025	0.025	0.40 ~ 0.80	0.20	0.40 ~ 0.65	0.35	—
SUN2M1	H10MnNiMo	0.12	1.20 ~ 1.60	0.05 ~ 0.30	0.020	0.020	0.75 ~ 1.25	0.20	0.10 ~ 0.30	0.40	—
SUN2M2	H11MnNiMo	0.07 ~ 0.15	0.90 ~ 1.70	0.15 ~ 0.35	0.025	0.025	0.95 ~ 1.60	—	0.25 ~ 0.55	0.35	—
SUN2M3	H12MnNiMo	0.15	0.80 ~ 1.40	0.25	0.020	0.020	0.80 ~ 1.20	0.20	0.40 ~ 0.65	0.40	—
SUN2M31	H11Mn2NiMo	0.15	1.30 ~ 1.90	0.25	0.020	0.020	0.80 ~ 1.20	0.20	0.40 ~ 0.65	0.40	—
SUN2M32	H12Mn2NiMo	0.15	1.60 ~ 2.30	0.25	0.020	0.020	0.80 ~ 1.20	0.20	0.40 ~ 0.65	0.40	—
SUN2M33	H14Mn2NiMo	0.10 ~ 0.18	1.70 ~ 2.40	0.30	0.025	0.025	0.70 ~ 1.10	—	0.40 ~ 0.65	0.35	—
SUN3M2	H09Mn2Ni2Mo	0.10	1.25 ~ 1.80	0.20 ~ 0.60	0.010	0.015	1.40 ~ 2.10	0.30	0.25 ~ 0.55	0.25	Ti:0.10 Zr:0.10 Al:0.10 V:0.05
SUN3M3	H11MnNi2Mo	0.15	0.80 ~ 1.40	0.25	0.020	0.020	1.20 ~ 1.80	0.20	0.40 ~ 0.65	0.40	—
SUN3M31	H11Mn2Ni2Mo	0.15	1.30 ~ 1.90	0.25	0.020	0.020	1.20 ~ 1.80	0.20	0.40 ~ 0.65	0.40	—
SUN4M1	H15MnNi2Mo	0.12 ~ 0.19	0.60 ~ 1.00	0.10 ~ 0.30	0.015	0.030	1.60 ~ 2.10	0.20	0.10 ~ 0.30	0.35	—
SUN4M3	H12Mn2Ni2Mo	0.15	1.30 ~ 1.90	0.25	—	—	1.80 ~ 2.40	—	0.40 ~ 0.65	0.40	—

（续）

焊丝型号	冶金牌号	化学成分（%，质量分数）[1]									
		C	Mn	Si	P	S	Ni	Cr	Mo	Cu[2]	其他
SUN4M31	H13Mn2Ni2Mo	0.15	1.60～2.30	0.25	—	—	1.80～2.40	—	0.40～0.65	0.40	—
SUN4M3	H08Mn2Ni2Mo	0.10	1.40～1.80	0.20～0.60	0.010	0.015	1.90～2.60	0.55	0.25～0.65	0.25	Ti:0.10 Zr:0.10 Al:0.10 V:0.04
SUN5M3	H08Mn2Ni3Mo	0.10	1.40～1.80	0.20～0.60	0.010	0.015	2.00～2.80	0.60	0.30～0.65	0.25	Ti:0.10 Zr:0.10 Al:0.10 V:0.03
SUN5M4	H13Mn2Ni3Mo	0.15	1.60～2.30	0.25	—	—	2.20～3.00	0.20	0.40～0.90	—	—
SUN6M1	H11MnNi3Mo	0.15	0.80～1.40	0.25	—	—	2.40～3.70	—	0.15～0.40	—	—
SUN6M11	H11Mn2Ni3Mo	0.15	1.30～1.90	0.25	—	—	2.40～3.70	—	0.15～0.40	—	—
SUN6M3	H12MnNi3Mo	0.15	0.80～1.40	0.25	—	—	2.40～3.70	—	0.40～0.65	—	—
SUN6M31	H12Mn2Ni3Mo	0.15	1.30～1.90	0.25	—	—	2.40～3.70	—	0.40～0.65	—	—
SUN1C1M1	H20MnNiCrMo	0.16～0.23	0.60～0.90	0.15～0.35	0.025	0.030	0.40～0.80	0.40～0.60	0.15～0.30	0.35	—
SUN2C1M3	H12Mn2NiCrMo	0.15	1.30～2.30	0.40	—	—	0.40～1.75	0.05～0.70	0.30～0.80	—	—
SUN2C2M3	H11Mn2NiCrMo	0.15	1.00～2.30	0.40	—	—	0.40～1.75	0.50～1.20	0.30～0.90	—	—
SUN3C2M1	H08CrNi2Mo	0.05～0.10	0.50～0.85	0.10～0.30	0.030	0.025	1.40～1.80	0.70～1.00	0.20～0.40	0.35	—
SUN4C2M3	H12Mn2Ni2CrMo	0.15	1.20～1.90	0.40	—	—	1.50～2.25	0.50～1.20	0.30～0.80	—	—
SUN4C1M3	H13Mn2Ni2CrMo	0.15	1.20～1.90	0.40	0.018	0.018	1.50～2.25	0.20～0.65	0.30～0.80	0.40	—
SUN4C1M31	H15Mn2Ni2CrMo	0.10～0.20	1.40～1.60	0.10～0.30	0.020	0.020	2.00～2.50	0.50～0.80	0.35～0.55	0.35	—
SUN5C2M3	H08Mn2Ni3CrMo	0.10	1.30～2.30	0.40	—	—	2.10～3.10	0.60～1.20	0.30～0.70	—	—

（续）

焊丝型号	冶金牌号	化学成分(%,质量分数)[①]									
		C	Mn	Si	P	S	Ni	Cr	Mo	Cu[②]	其他
SUN5CM3	H13Mn2Ni3CrMo	0.10 ~ 0.17	1.70 ~ 2.20	0.20	0.010	0.015	2.30 ~ 2.80	0.25 ~ 0.50	0.45 ~ 0.65	0.50	—
SUN7C3M3	H13MnNi4Cr2Mo	0.08 ~ 0.18	0.20 ~ 1.20	0.40	—	—	3.00 ~ 4.00	1.00 ~ 2.00	0.30 ~ 0.70	0.40	—
SUN10C1M3	H13MnNi6CrMo	0.08 ~ 0.18	0.20 ~ 1.20	0.40	—	—	4.50 ~ 5.50	0.30 ~ 0.70	0.30 ~ 0.70	0.40	—
SUN2M2C1	H10Mn2NiMoCu	0.12	1.25 ~ 1.80	0.20 ~ 0.60	0.010	0.010	0.80 ~ 1.25	0.30	0.20 ~ 0.55	0.35 ~ 0.65	Ti:0.10 Zr:0.10 Al:0.10 V:0.05
SUN1C1C	H08MnCrNiCu	0.10	1.20 ~ 1.60	0.60	0.025	0.020	0.20 ~ 0.60	0.30 ~ 0.90	—	0.20 ~ 0.50	—
SUNCC1	H10MnCrNiCu	0.12	0.35 ~ 0.65	0.20 ~ 0.35	0.025	0.030	0.40 ~ 0.80	0.50 ~ 0.80	0.15	0.30 ~ 0.80	—
SUG[③]	HG[③]	其他协定成分									

注：表中单值均为最大值。

① 化学分析应按表中规定的元素进行分析。如果在分析过程中发现其他元素，这些元素的总量（除铁外）不应超过0.50%。

② Cu含量是包括镀铜层中的含量。

③ 表中未列出的焊丝型号可用相类似的型号表示，词头加字母SUG，未列出的焊丝冶金牌号可用相类似的冶金牌号表示，词头加字母HG。化学成分范围不进行规定，两种分类之间不可替换。

表3-27 高强度钢埋弧焊药芯焊丝-焊剂组合熔敷金属化学成分（按GB/T 36034—2018）

焊丝型号	化学成分(%,质量分数)[①]								
	C	Mn	Si	P	S	Ni	Cr	Mo	Cu	其　他
TUN1M3	0.17	1.25 ~ 2.25	0.80	0.030	0.030	0.40 ~ 0.80	—	0.40 ~ 0.65	0.35	—
TUN2M3	0.17	1.25 ~ 2.25	0.80	0.030	0.030	0.70 ~ 1.10	—	0.40 ~ 0.65	0.35	—
TUN3M2	0.12	0.70 ~ 1.50	0.80	0.030	0.030	0.90 ~ 1.70	0.15	0.55	0.35	—
TUN3	0.10	0.60 ~ 1.60	0.80	0.030	0.030	1.25 ~ 2.00	0.15	0.35	0.30	Ti + V + Zr:0.03
TUN4M2	0.10	0.90 ~ 1.80	0.80	0.020	0.020	1.40 ~ 2.10	0.35	0.25 ~ 0.65	0.30	Ti + V + Zr:0.03
TUN4M21	0.12	1.60 ~ 2.50	0.50	0.015	0.015	1.40 ~ 2.10	0.40	0.20 ~ 0.50	0.30	Ti:0.03 V:0.02 Zr:0.02
TUN4M4	0.12	1.60 ~ 2.50	0.50	0.015	0.015	1.40 ~ 2.10	0.40	0.70 ~ 1.00	0.30	Ti:0.03 V:0.02 Zr:0.02
TUN4M3	0.10	0.90 ~ 1.80	0.80	0.020	0.020	1.80 ~ 2.60	0.65	0.20 ~ 0.70	0.30	Ti + V + Zr:0.03
TUN5M3	0.10	1.30 ~ 2.25	0.80	0.020	0.020	2.00 ~ 2.80	0.80	0.30 ~ 0.80	0.30	Ti + V + Zr:0.03

（续）

焊丝型号	化学成分(%,质量分数)①									
	C	Mn	Si	P	S	Ni	Cr	Mo	Cu	其　他
TUN1C2	0.17	1.60	0.80	0.030	0.035	0.40～0.80	0.60	0.25	0.35	Ti+V+Zr:0.03
TUN4C2M3	0.14	0.80～1.85	0.80	0.030	0.020	1.50～2.25	0.65	0.60	0.40	—
TUN5C2M3	0.17	1.20～1.80	0.80	0.020	0.020	2.00～2.80	0.65	0.30～0.80	0.50	—
TUG②	其他协定成分									

注：表中单值均为最大值。

① 化学分析应按表中规定的元素进行分析。如果在分析过程中发现其他元素，这些元素的总量(除铁外)不应超过0.50%(质量分数)。

② 表中未列出的型号可用相类似的型号表示，词头加字母TUG。化学成分范围不进行规定，两种型号之间不可替换。

必要时，可在组合型号中附加以下可选代号：

a)字母U附加在第3部分后面，表示在规定的试验温度下，冲击吸收能量(KV_2)应不小于47J。

b)熔敷金属扩散氢代号H×，附加在组合型号最后，其中×以数字15、10、5、4、2分别表示每100g熔敷金属中扩散氢含量最大容限值(100mL)。

焊丝-焊剂组合型号示例如下：

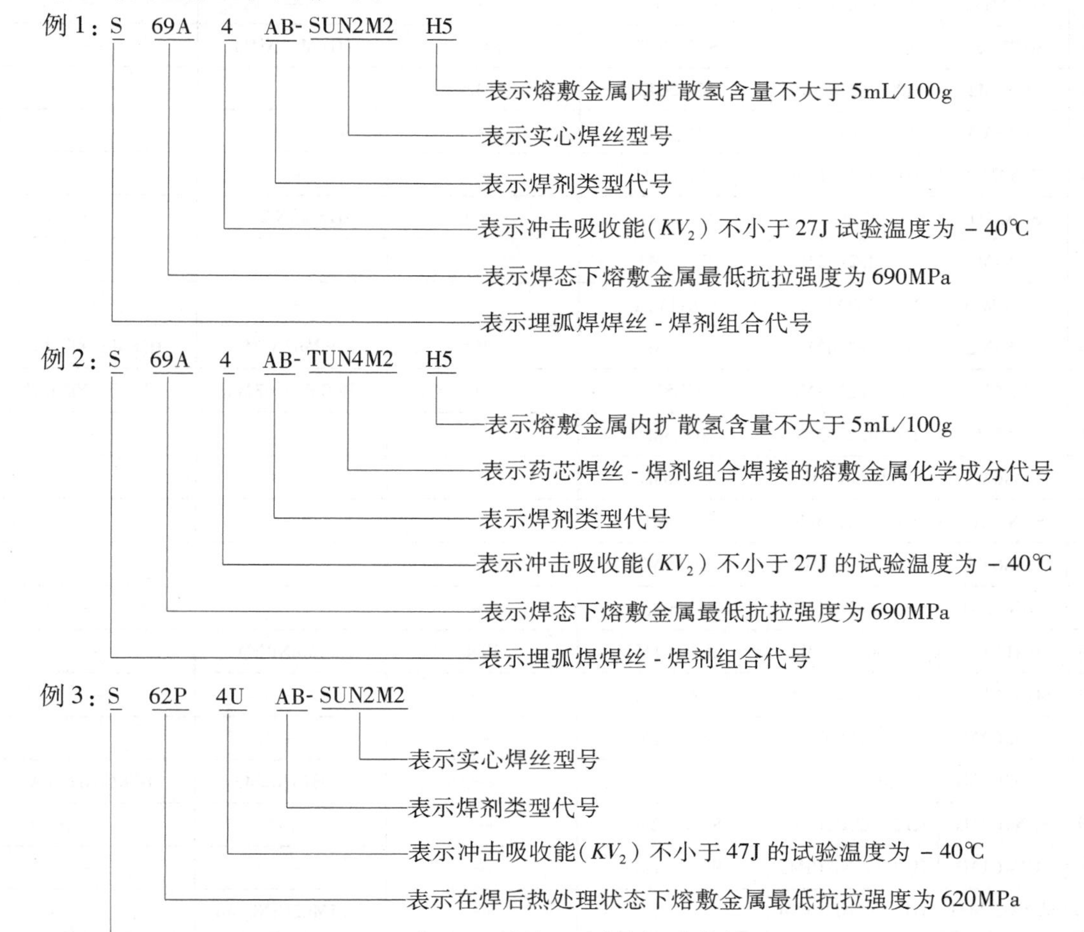

（4）高强钢埋弧焊实心焊丝型号对照表　为便于工程应用，表3-28列出新标准的焊丝型号与国内外现行标准相应焊丝型号的对照。

表3-28　高强度钢埋弧焊实心焊丝型号/牌号对照表

序号	GB/T 36034—2018		ISO 26304：2011（B系列）	ANSI/AWS 5.23M：2011	GB/T 3429—2015	GB/T 12470—2003
	型号	冶金牌号				
1	SUM3	H08MnMo	—	—	H08MnMo	H08MnMoA
2	SUM31	H08Mn2Mo	—	—	H08Mn2Mo	H08Mn2MoA
3	SUM3V	H08Mn2MoV	—	—	H08Mn2MoV	H08Mn2MoVA
4	SUM4	H10Mn2Mo	—	—	H10Mn2Mo	H10Mn2MoA
5	SUM4V	H10Mn2MoV	—	—	H10Mn2MoV	H10Mn2MoVA
6	SUN1M3	H13Mn2NiMo	SUN1M3	EF2	H13Mn2NiMo	—
7	SUN2M1	H10MnNiMo	SUN2M1	ENi5	H10MnNiMo	—
8	SUN2M2	H11MnNiMo	SUN2M2	EF1	H11MnNiMo	—
9	SUN2M3	H12MnNiMo	SUN2M3	—	—	—
10	SUN2M31	H11Mn2NiMo	SUN2M31	—	—	—
11	SUN2M32	H12Mn2NiMo	SUN2M32	—	—	—
12	SUN2M33	H14Mn2NiMo	SUN2M33	EF3	H14Mn2NiMo	—
13	SUN3M2	H09Mn2Ni2Mo	SUN3M2	EM2	—	—
14	SUN3M3	H11MnNi2Mo	SUN3M3	—	—	—
15	SUN3M31	H11Mn2Ni2Mo	SUN3M31	—	—	—
16	SUN4M1	H15MnNi2Mo	SUN4M1	ENi4	H15MnNi2Mo	—
17	SUN4M3	H12Mn2Ni2Mo	SUN4M3	—	—	—
18	SUN4M31	H13Mn2Ni2Mo	SUN4M31	—	—	—
19	SUN4M2	H08Mn2Ni2Mo	SUN4M2	EM3	H08Mn2Ni2Mo	H08Mn2Ni2MoA
20	SUN5M3	H08Mn2Ni3Mo	SUN5M3	EM4	H08Mn2Ni3Mo	H08Mn2Ni3MoA
21	SUN5M4	H13Mn2Ni3Mo	SUN5M4	—	—	—
22	SUN6M1	H11MnNi3Mo	SUN6M1	—	—	—
23	SUN6M11	H11Mn2Ni3Mo	SUN6M11	—	—	—
24	SUN6M3	H12MnNi3Mo	SUN6M3	—	—	—
25	SUN6M31	H12Mn2Ni3Mo	SUN6M31	—	—	—
26	SUN1C1M1	H20MnNiCrMo	SUN1C1M1	EF4	H20MnNiCrMo	—
27	SUN2C1M3	H12Mn2NiCrMo	SUN2C1M3	—	—	—
28	SUN2C2M3	H11Mn2NiCrMo	SUN2C2M3	—	—	—
29	SUN3C2M1	H08CrNi2Mo	—	—	H08CrNi2Mo	H08CrNi2MoA
30	SUN4C2M3	H12Mn2Ni2CrMo	SUN4C2M3	—	—	—
31	SUN4C1M3	H13Mn2Ni2CrMo	SUN4C1M3	—	—	—
32	SUN4C1M31	H15Mn2Ni2CrMo	—	—	H15Mn2CrNi2Mo	—

（续）

序号	GB/T 36034—2018		ISO 26304：2011（B系列）	ANSI/AWS 5.23M：2011	GB/T 3429—2015	GB/T 12470—2003
	型号	冶金牌号				
33	SUN5C2M3	H08Mn2Ni3CrMo	SUN5C2M3	—	—	—
34	SUN5CM3	H13Mn2Ni3CrMo	SUN5CM3	EF5	H13Mn2CrNi3Mo	—
35	SUN7C3M3	H13MnNi4Cr2Mo	SUN7C3M3	—	—	—
36	SUN10C1M3	H13MnNi6CrMo	SUN10C1M3	—	—	—
37	SUN2M2C1	H10Mn2NiMoCu	—	—	H10Mn2NiMoCu	H10Mn2NiMoCuA
38	SUN1C1C	H08MnCrNiCu	—	—	H08MnCrNiCu	—
39	SUNCC1	H10MnCrNiCu	—	EW	H10MnCrNiCu	—

3. 热强钢埋弧焊用焊丝型号和牌号

热强钢埋弧焊用焊丝型号由国家标准GB/T 12470—2018《埋弧焊用热强钢实心焊丝、药芯焊丝和焊丝-焊剂组合分类要求》做出规定。

（1）热强钢埋弧焊实心焊丝型号　热强钢实心焊丝型号按焊丝的化学成分划分，其中字母SU表示实心焊丝，其后的数字与字母组合表示化学成分类别。例如：

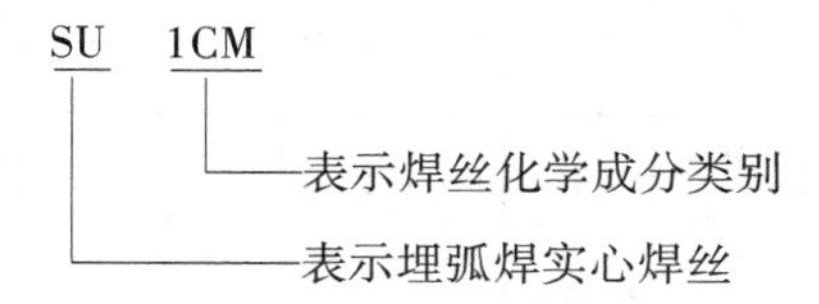

（2）热强钢埋弧焊药芯焊丝型号　热强钢埋弧焊药芯焊丝型号按熔敷金属化学成分划分，其中字母TU表示药芯焊丝，其后的数字与字母组合表示其化学成分类别。例如：

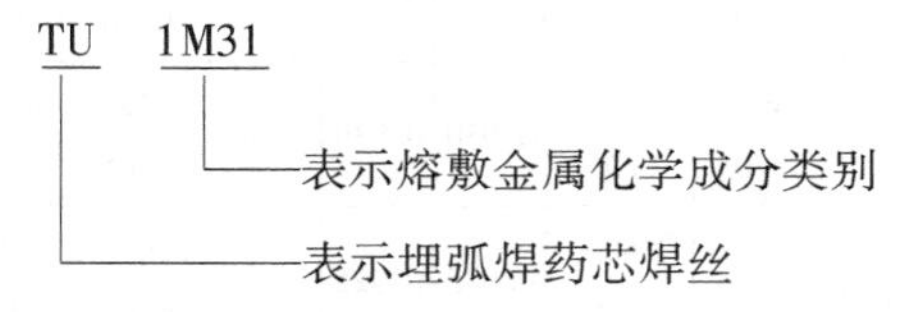

（3）热强钢埋弧焊焊丝-焊剂组合型号

1）实心焊丝-焊剂组合型号按照熔敷金属的力学性能、焊剂类型和焊丝型号编制，由以下五部分组成：

第一部分用字母S表示埋弧焊焊丝-焊剂组合代号。

第二部分表示焊后热处理状态下，熔敷金属抗拉强度等级代号，见表3-29。

表3-29　热强钢埋弧焊熔敷金属抗拉强度代号

抗拉强度代号	抗拉强度 R_m/MPa	屈服强度[①] R_{eL}/MPa	断后伸长率 A(%)
49	490～660	≥400	≥20
55	550～700	≥470	≥18
62	620～760	≥540	≥15
69	690～830	≥610	≥14

① 当屈服发生不明显时，应测定规定塑性延伸强度 $R_{p0.2}$。

第三部分表示试样冲击吸收能量（KV_2）不小于27J时的试验温度代号，见表3-30。

表 3-30 热强钢埋弧焊的接头冲击试验温度代号

冲击试验温度代号	冲击吸收能量(KV_2)不小于27J时的试验温度/℃	冲击试验温度代号	冲击吸收能量(KV_2)不小于27J时的试验温度/℃
Z	无要求	2	-20
Y	+20	3	-30
0	0	4	-40

第四部分表示焊剂类型代号(表 3-1)。

第五部分表示焊丝化学成分类别,见表 3-31。

热强钢埋弧焊药芯焊丝-焊剂组合熔敷金属化学成分见表 3-32。

表 3-31 热强钢埋弧焊实心焊丝化学成分(按 GB/T 12470—2018)

焊丝型号	冶金牌号	化学成分(%,质量分数)①										
		C	Mn	Si	P	S	Ni	Cr	Mo	V	Cu②	其他
SU1M31	H13MnMo	0.05~0.15	0.65~1.00	0.25	0.025	0.025	—	—	0.45~0.65	—	0.35	—
SU3M31③	H15MnMo③	0.18	1.10~1.90	0.60	0.025	0.025	—	—	0.30~0.70	—	0.35	—
SU4M32③	H11Mn2Mo③	0.05~0.17	1.65~2.20	0.20	0.025	0.025	—	—	0.45~0.65	—	0.35	—
SU4M33③	H15Mn2Mo③	0.18	1.70~2.60	0.60	0.025	0.025	—	—	0.30~0.70	—	0.35	—
SUCM	H07CrMo	0.10	0.40~0.80	0.05~0.30	0.025	0.025	—	0.40~0.75	0.45~0.65	—	0.35	—
SUCM1	H12CrMo	0.15	0.30~1.20	0.40	0.025	0.025	—	0.30~0.70	0.30~0.70	—	0.35	—
SUCM2	H10CrMo	0.12	0.40~0.70	0.15~0.35	0.030	0.030	0.30	0.45~0.65	0.40~0.60	—	0.35	—
SUC1MH	H19CrMo	0.15~0.23	0.40~0.70	0.40~0.60	0.025	0.025	—	0.45~0.65	0.90~1.20	—	0.30	—
SU1CM④	H11CrMo④	0.07~0.15	0.45~1.00	0.05~0.30	0.025	0.025	—	1.00~1.75	0.45~0.65	—	0.35	—
SU1CM1	H14CrMo	0.15	0.30~1.20	0.60	0.025	0.025	—	0.80~1.80	0.40~0.65	—	0.35	—
SU1CM2	H08CrMo	0.10	0.40~0.70	0.15~0.35	0.030	0.030	0.30	0.80~1.10	0.40~0.60	—	0.35	—
SU1CM3	H13CrMo	0.11~0.16	0.40~0.70	0.15~0.35	0.03	0.030	0.30	0.80~1.10	0.40~0.60	—	0.35	—
SU1CMV	H08CrMoV	0.10	0.40~0.70	0.15~0.35	0.030	0.030	0.30	1.00~1.30	0.50~0.70	0.15~0.35	0.35	—
SU1CMH	H18CrMo	0.15~0.22	0.40~0.70	0.15~0.35	0.025	0.030	0.30	0.80~1.10	0.15~0.25	—	0.35	—
SU1CMVH	H30CrMoV	0.28~0.33	0.45~0.65	0.55~0.75	0.015	0.015	—	1.00~1.50	0.40~0.65	0.20~0.30	0.30	—

（续）

焊丝型号	冶金牌号	化学成分(%,质量分数)①										
		C	Mn	Si	P	S	Ni	Cr	Mo	V	Cu②	其他
SU2C1M④	H10Cr3Mo④	0.05 ~ 0.15	0.40 ~ 0.80	0.05 ~ 0.30	0.025	0.025	—	2.25 ~ 3.00	0.90 ~ 1.10	—	0.35	—
SU2C1M1	H12Cr3Mo	0.15	0.30 ~ 1.20	0.35	0.025	0.025	—	2.20 ~ 2.80	0.90 ~ 1.20	—	0.35	—
SU2C1M2	H13Cr3Mo	0.08 ~ 0.18	0.30 ~ 1.20	0.35	0.025	0.025	—	2.20 ~ 2.80	0.90 ~ 1.20	—	0.35	—
SU2C1MV	H10Cr3MoV	0.05 ~ 0.15	0.50 ~ 1.50	0.40	0.025	0.025	—	2.20 ~ 2.80	0.90 ~ 1.20	0.15 ~ 0.45	0.35	Nb:0.01 ~0.10
SU5CM	H08MnCr6Mo	0.10	0.35 ~ 0.70	0.05 ~ 0.50	0.025	0.025	—	4.50 ~ 6.50	0.45 ~ 0.70	—	0.35	—
SU5CM1	H12MnCr5Mo	0.15	0.30 ~ 1.20	0.60	0.025	0.025	—	4.50 ~ 6.00	0.40 ~ 0.65	—	0.35	—
SU5CMH	H33MnCr5Mo	0.25 ~ 0.40	0.75 ~ 1.00	0.25 ~ 0.50	0.025	0.025	—	4.80 ~ 6.00	0.45 ~ 0.65	—	0.35	—
SU9C1M	H09MnCr9Mo	0.10	0.30 ~ 0.65	0.05 ~ 0.50	0.025	0.025	—	8.00 ~ 10.50	0.80 ~ 1.20	—	0.35	—
SU9C1MV⑤	H10MnCr9NiMoV⑤	0.07 ~ 0.13	1.25	0.50	0.010	0.010	1.00	8.50 ~ 10.50	0.85 ~ 1.15	0.15 ~ 0.25	0.10	Nb:0.02 ~0.10 N:0.03 ~0.07 Al:0.04
SU9C1MV1	H09MnCr9NiMoV	0.12	0.50 ~ 1.25	0.50	0.025	0.025	0.10 ~ 0.80	8.00 ~ 10.50	0.80 ~ 1.20	0.10 ~ 0.35	0.35	Nb:0.01 ~0.12 N:0.01 ~0.05
SU9C1MV2	H09Mn2Cr9NiMoV	0.12	1.20 ~ 1.90	0.50	0.025	0.025	0.20 ~ 1.00	8.00 ~ 10.50	0.80 ~ 1.20	0.15 ~ 0.50	0.35	Nb:0.01 ~0.12 N:0.01 ~0.05
SUG⑥	HG⑥	其他协定成分										

注：表中单值均为最大值。

① 化学分析应按表中规定的元素进行分析。如果在分析过程中发现其他元素，这些元素的总量（除铁外）不应超过0.50%（质量分数）。

② Cu含量是包括镀铜层中的含量。

③ 该类焊丝中含有约0.5%（质量分数）的Mo，不含Cr，如果Mn的含量超过1%（质量分数），可能无法提供最佳的抗蠕变性能。

④ 若后缀附加可选代号字母“R”，则该分类应满足以下要求：S:0.010%，P:0.010%，Cu:0.15%，As:0.005%，Sn:0.005%，Sb:0.005%（均为质量分数）

⑤ $w(Mn)+w(Ni)\leqslant 1.50\%$。

⑥ 表中未列出的焊丝型号可用相类似的型号表示，词头加字母SUG，未列出的焊丝冶金牌号可用相类似的冶金牌号表示，词头加字母HG。化学成分范围不进行规定，两种牌号之间不可替换。

表3-32　热强钢埋弧焊药芯焊丝-焊剂组合熔敷金属化学成分（按GB/T 12470—2018）

焊丝型号①	化学成分(%,质量分数)②									
	C	Mn	Si	P	S	Ni	Cr	Mo	V	Cu	其他
TU1M31	0.12	1.00	0.80	0.030	0.030	—	—	0.40 ~0.65	—	0.35	—
TU3M31	0.15	1.60	0.80	0.030	0.030	—	—	0.40 ~0.65	—	0.35	—
TU4M32 TU4M33	0.15	2.10	0.80	0.030	0.030	—	—	0.40 ~0.65	—	0.35	—

（续）

焊丝型号[①]	化学成分（%，质量分数）[②]										
	C	Mn	Si	P	S	Ni	Cr	Mo	V	Cu	其他
TUCM TUCM1	0.12	1.60	0.80	0.030	0.030	—	0.40～0.65	0.40～0.65	—	0.35	—
TUC1MH	0.18	1.20	0.80	0.030	0.030	—	0.40～0.65	0.90～1.20	—	0.35	—
TU1CM[③] TU1CM1	0.05～0.15	1.20	0.80	0.030	0.030	—	1.00～1.50	0.40～0.65	—	0.35	
TU1CMVH	0.10～0.25	1.20	0.80	0.020	0.020	—	1.00～1.50	0.40～0.65	0.30	0.35	—
TU2C1M[③] TU2C1M1 TU2C1M2	0.05～0.15	1.20	0.80	0.030	0.030	—	2.00～2.50	0.90～1.20	—	0.35	—
TU2C1MV	0.05～0.15	1.30	0.80	0.030	0.030	—	2.00～2.60	0.90～1.20	0.40	0.35	Nb：0.01～0.10
TU5CM TU5CM1	0.12	1.20	0.80	0.030	0.030	—	4.50～6.00	0.40～0.65	—	0.35	—
TU5CMH	0.10～0.25	1.20	0.80	0.030	0.030	—	4.50～6.00	0.40～0.65	—	0.35	—
TU9C1M	0.12	1.20	0.80	0.030	0.030	—	8.00～10.00	0.80～1.20	—	0.35	—
TU9C1MV[④]	0.08～0.13	1.20	0.80	0.010	0.010	0.80	8.00～10.50	0.85～1.20	0.15～0.25	0.10	Nb：0.02～0.10 N：0.02～0.07 Al：0.04
TU9C1MV1[④]	0.12	1.25	0.60	0.030	0.030	1.00	8.00～10.50	0.80～1.20	0.10～0.50	0.35	Nb：0.01～0.12 N：0.01～0.05
TU9C1MV2	0.12	1.25～2.00	0.60	0.030	0.030	1.00	8.00～10.50	0.80～1.20	0.10～0.50	0.35	Nb：0.01～0.12 N：0.01～0.05
TUG[⑤]	其他协定成分										

注：表中单值均为最大值。

① 采用实心焊丝时将TU改为SU，本表仍适用。

② 化学分析应按表中规定的元素进行分析。如果在分析过程中发现其他元素，这些元素的总量（除铁外）不应超过0.50%（质量分数）。

③ 若后缀附加可选代号字母R，则该型号焊丝应满足以下要求：S：0.010%，P：0.010%，Cu：0.15%，As：0.005%，Sn：0.005%，Sb：0.005%（均为质量分数）。

④ $w(Mn)+w(Ni)\leqslant 1.50\%$。

⑤ 表中未列出的型号可用相类似的型号表示，词头加字母××G，化学成分范围不进行规定，两种型号之间不可替换。

实心焊丝-焊剂组合型号示例如下：

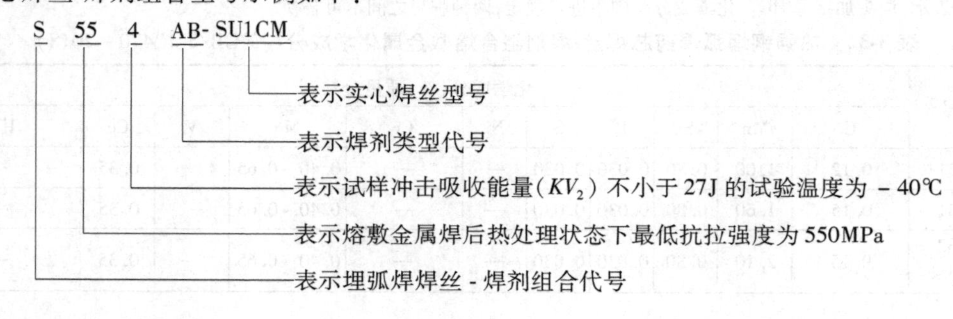

2）药芯焊丝-焊剂组合型号也由5部分组成，示例如下：

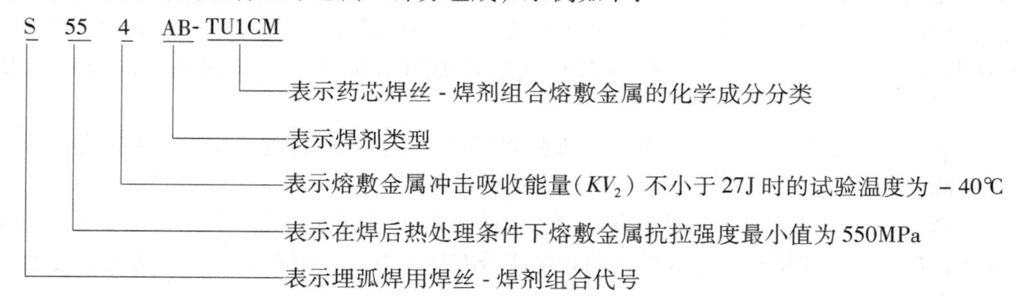

3）热强钢埋弧焊实心焊丝型号牌号对照。为便于工程实际应用，表3-33列出GB/T 12470—2018标准中的热强钢焊丝型号与国内外现行标准相应焊丝型号的对照。

表3-33　热强钢埋弧焊实心焊丝型号/牌号对照表

序号	GB/T 12470—2018		ISO 24598：2012（B系列）	ANSI/AWS 5.23M：2011	GB/T 3429—2015	GB/T 12470—2003
	型号	冶金牌号				
1	SU1M31	H13MnMo	SU1M3	EA1		
2	SU3M31	H15MnMo	SU3M31			
3	SU4M32	H11Mn2Mo	SU4M3	EA3	H11Mn2Mo	
4	SU4M33	H15Mn2Mo	SU4M31			
5	SUCM	H07CrMo	SUCM	EB1		
6	SUCM1	H12CrMo	SUCM1			
7	SUCM2	H10CrMo			H10CrMo	H10MoCrA
8	SUC1MH	H19CrMo	SUC1MH	EB5		
9	SU1CM	H11CrMo	SU1CM	EB2	H11CrMo	
10	SU1CM1	H14CrMo	SU1CM1			
11	SU1CM2	H08CrMo			H08CrMo	H08CrMoA
12	SU1CM3	H13CrMo			H13CrMo	H13CrMoA
13	SU1CMV	H08CrMoV			H08CrMoV	H08CrMoVA
14	SU1CMH	H18CrMo			H18CrMo	H18CrMoA
15	SU1CMVH	H30CrMoV	SU1CMVH	EB2H		
16	SU2C1M	H10Cr3Mo	SU2C1M	EB3	H10Cr3Mo	
17	SU2C1M1	H12Cr3Mo	SU2C1M1			
18	SU2C1M2	H13Cr3Mo	SU2C1M2			
19	SU2C1MV	H10Cr3MoV	SU2C1MV			
20	SU5CM	H08MnCr6Mo	SU5CM	EB6		
21	SU5CM1	H12MnCr5Mo	SU5CM1			
22	SU5CMH	H33MnCr5Mo	SU5CMH	EB6H		
23	SU9C1M	H09MnCr9Mo	SU9C1M	EB8		
24	SU9C1MV	H10MnCr9NiMoV	SU9C1MV	EB91	H10MnCr9NiMoV	
25	SU9C1MV1	H09MnCr9NiMoV	SU9C1MV1			
26	SU9C1MV2	H09Mn2Cr9NiMoV	SU9C1MV2			

4. 不锈钢埋弧焊用焊丝和焊带型号和牌号

埋弧焊用不锈钢焊丝和焊带的型号及焊丝-焊剂组合型号相应由国家标准 GB/T 29713—2013《不锈钢焊丝和焊带》和 GB/T 17854—2018《埋弧焊用不锈钢焊丝-焊剂组合》分类要求作出规定。

（1）不锈钢埋弧焊焊丝和焊带型号　埋弧焊不锈钢焊丝和焊带型号由以下两部分组成：

第一部分为首位字母，其中 S 表示焊丝，B 表示焊带。

第二部分以数字或数字与字母组合表示焊丝或焊带化学成分类别。后缀 L 表示碳含量较低，H 表示碳含量较高。如果对焊丝或焊带的化学成分有特殊要求，则在型号最后加元素符号。

示例 1：

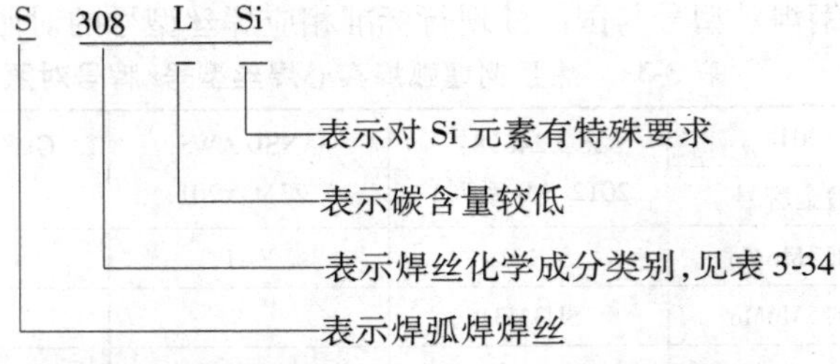

表 3-34　不锈钢埋弧焊焊丝化学成分（按 GB/T 29713—2013）

焊丝型号	化学成分(%,质量分数)									
	C	Si	Mn	P	S	Cr	Ni	Mo	Cu	Nb[①]	其他
209	0.05	0.90	4.0～7.0	0.03	0.03	20.5～24.0	9.5～12.0	1.5～3.0	0.75	—	N:0.10～0.30 V:0.10～0.30
218	0.10	3.5～4.5	7.0～9.0	0.03	0.03	16.0～18.0	8.0～9.0	0.75	0.75	—	N:0.08～0.18
219	0.05	1.00	8.0～10.0	0.03	0.03	19.0～21.5	5.5～7.0	0.75	0.75	—	N:0.10～0.30
240	0.05	1.00	10.5～13.5	0.03	0.03	17.0～19.0	4.0～6.0	0.75	0.75	—	N:0.10～0.30
307[②]	0.04～0.14	0.65	3.3～4.8	0.03	0.03	19.5～22.0	8.0～10.7	0.5～1.5	0.75	—	—
307Si[②]	0.04～0.14	0.65～1.00	6.5～8.0	0.03	0.03	18.5～22.0	8.0～10.7	0.75	0.75	—	—
307Mn[②]	0.20	1.2	5.0～8.0	0.03	0.03	17.0～20.0	7.0～10.0	0.5	0.5	—	—
308	0.08	0.65	1.0～2.5	0.03	0.03	19.5～22.0	9.0～11.0	0.75	0.75	—	—
308Si	0.08	0.65～1.00	1.0～2.5	0.03	0.03	19.5～22.0	9.0～11.0	0.75	0.75	—	—
308H	0.04～0.08	0.65	1.0～2.5	0.03	0.03	19.5～22.0	9.0～11.0	0.50	0.75	—	—

（续）

焊丝型号	化学成分(%,质量分数)										
	C	Si	Mn	P	S	Cr	Ni	Mo	Cu	Nb①	其他
308L	0.03	0.65	1.0 ~ 2.5	0.03	0.03	19.5 ~ 22.0	9.0 ~ 11.0	0.75	0.75	—	—
308LSi	0.03	0.65 ~ 1.00	1.0 ~ 2.5	0.03	0.03	19.5 ~ 22.0	9.0 ~ 11.0	0.75	0.75	—	—
308Mo	0.08	0.65	1.0 ~ 2.5	0.03	0.03	18.0 ~ 21.0	9.0 ~ 12.0	2.0 ~ 3.0	0.75	—	—
308LMo	0.03	0.65	1.0 ~ 2.5	0.03	0.03	18.0 ~ 21.0	9.0 ~ 12.0	2.0 ~ 3.0	0.75	—	—
309	0.12	0.65	1.0 ~ 2.5	0.03	0.03	23.0 ~ 25.0	12.0 ~ 14.0	0.75	0.75	—	—
309Si	0.12	0.65 ~ 1.00	1.0 ~ 2.5	0.03	0.03	23.0 ~ 25.0	12.0 ~ 14.0	0.75	0.75	—	—
309L	0.03	0.65	1.0 ~ 2.5	0.03	0.03	23.0 ~ 25.0	12.0 ~ 14.0	0.75	0.75	—	—
309LD③	0.03	0.65	1.0 ~ 2.5	0.03	0.03	21.0 ~ 24.0	10.0 ~ 12.0	0.75	0.75	—	—
309LSi	0.03	0.65 ~ 1.00	1.0 ~ 2.5	0.03	0.03	23.0 ~ 25.0	12.0 ~ 14.0	0.75	0.75	—	—
309LNb	0.03	0.65	1.0 ~ 2.5	0.03	0.03	23.0 ~ 25.0	12.0 ~ 14.0	0.75	0.75	10C ~ 1.0	—
309LNbD③	0.03	0.65	1.0 ~ 2.5	0.03	0.03	20.0 ~ 23.0	11.0 ~ 13.0	0.75	0.75	10C ~ 1.2	—
309Mo	0.12	0.65	1.0 ~ 2.5	0.03	0.03	23.0 ~ 25.0	12.0 ~ 14.0	2.0 ~ 3.0	0.75	—	—
309LMo	0.03	0.65	1.0 ~ 2.5	0.03	0.03	23.0 ~ 25.0	12.0 ~ 14.0	2.0 ~ 3.0	0.75	—	—
309LMoD③	0.03	0.65	1.0 ~ 2.5	0.03	0.03	19.0 ~ 22.0	12.0 ~ 14.0	2.3 ~ 3.3	0.75	—	—
310②	0.08 ~ 0.15	0.65	1.0 ~ 2.5	0.03	0.03	25.0 ~ 28.0	20.0 ~ 22.5	0.75	0.75	—	—
310S②	0.08	0.65	1.0 ~ 2.5	0.03	0.03	25.0 ~ 28.0	20.0 ~ 22.5	0.75	0.75	—	—
310L②	0.03	0.65	1.0 ~ 2.5	0.03	0.03	25.0 ~ 28.0	20.0 ~ 22.5	0.75	0.75	—	—
312	0.15	0.65	1.0 ~ 2.5	0.03	0.03	28.0 ~ 32.0	8.0 ~ 10.5	0.75	0.75	—	—

（续）

焊丝型号	化学成分（%，质量分数）										
	C	Si	Mn	P	S	Cr	Ni	Mo	Cu	Nb[①]	其他
316	0.08	0.65	1.0～2.5	0.03	0.03	18.0～20.0	11.0～14.0	2.0～3.0	0.75	—	—
316Si	0.08	0.65～1.00	1.0～2.5	0.03	0.03	18.0～20.0	11.0～14.0	2.0～3.0	0.75	—	—
316H	0.04～0.08	0.65	1.0～2.5	0.03	0.03	18.0～20.0	11.0～14.0	2.0～3.0	0.75	—	—
316L	0.03	0.65	1.0～2.5	0.03	0.03	18.0～20.0	11.0～14.0	2.0～3.0	0.75	—	—
316LSi	0.03	0.65～1.00	1.0～2.5	0.03	0.03	18.0～20.0	11.0～14.0	2.0～3.0	0.75	—	—
316LCu	0.03	0.65	1.0～2.5	0.03	0.03	18.0～20.0	11.0～14.0	2.0～3.0	1.0～2.5	—	—
316LMn[②]	0.03	1.0	5.0～9.0	0.03	0.02	19.0～22.0	15.0～18.0	2.5～4.5	0.5	—	N:0.10～0.20
317	0.08	0.65	1.0～2.5	0.03	0.03	18.5～20.5	13.0～15.0	3.0～4.0	0.75	—	—
317L	0.03	0.65	1.0～2.5	0.03	0.03	18.5～20.5	13.0～15.0	3.0～4.0	0.75	—	—
318	0.08	0.65	1.0～2.5	0.03	0.03	18.0～20.0	11.0～14.0	2.0～3.0	0.75	8C～1.0	—
318L	0.03	0.65	1.0～2.5	0.03	0.03	18.0～20.0	11.0～14.0	2.0～3.0	0.75	8C～1.0	—
320[②]	0.07	0.60	2.5	0.03	0.03	19.0～21.0	32.0～36.0	2.0～3.0	3.0～4.0	8C～1.0	—
320LR[②]	0.025	0.15	1.5～2.0	0.015	0.02	19.0～21.0	32.0～36.0	2.0～3.0	3.0～4.0	8C～0.40	—
321	0.08	0.65	1.0～2.5	0.03	0.03	18.5～20.5	9.0～10.5	0.75	0.75	—	Ti:9C～1.0
330	0.18～0.25	0.65	1.0～2.5	0.03	0.03	15.0～17.0	34.0～37.0	0.75	0.75	—	—
347	0.08	0.65	1.0～2.5	0.03	0.03	19.0～21.5	9.0～11.0	0.75	0.75	10C～1.0	—
347Si	0.08	0.65～1.00	1.0～2.5	0.03	0.03	19.0～21.5	9.0～11.0	0.75	0.75	10C～1.0	—
347L	0.03	0.65	1.0～2.5	0.03	0.03	19.0～21.5	9.0～11.0	0.75	0.75	10C～1.0	—

（续）

焊丝型号	化学成分(%,质量分数)										
	C	Si	Mn	P	S	Cr	Ni	Mo	Cu	Nb①	其他
383②	0.025	0.50	1.0～2.5	0.02	0.03	26.5～28.5	30.0～33.0	3.2～4.2	0.7～1.5	—	—
385②	0.025	0.50	1.0～2.5	0.02	0.03	19.5～21.5	24.0～26.0	4.2～5.2	1.2～2.0	—	—
409	0.08	0.8	0.8	0.03	0.03	10.5～13.5	0.6	0.50	0.75	—	Ti:10C～1.5
409Nb	0.12	0.5	0.6	0.03	0.03	10.5～13.5	0.6	0.75	0.75	8C～1.0	—
410	0.12	0.5	0.6	0.03	0.03	11.5～13.5	0.6	0.75	0.75	—	—
410NiMo	0.06	0.5	0.6	0.03	0.03	11.0～12.5	4.0～5.0	0.4～0.7	0.75	—	—
420	0.25～0.40	0.5	0.6	0.03	0.03	12.0～14.0	0.75	0.75	0.75	—	—
430	0.10	0.5	0.6	0.03	0.03	15.5～17.0	0.6	0.75	0.75	—	—
430Nb	0.10	0.5	0.6	0.03	0.03	15.5～17.0	0.6	0.75	0.75	8C～1.2	—
430LNb	0.03	0.5	0.6	0.03	0.03	15.5～17.0	0.6	0.75	0.75	8C～1.2	—
439	0.04	0.8	0.8	0.03	0.03	17.0～19.0	0.6	0.5	0.75	—	Ti:10C～1.1
446LMo	0.015	0.4	0.4	0.02	0.02	25.0～27.5	Ni+Cu:0.5	0.75～1.50	Ni+Cu:0.5	—	N:0.015
630	0.05	0.75	0.25～0.75	0.03	0.03	16.00～16.75	4.5～5.0	0.75	3.25～4.00	0.15～0.30	—
16-8-2	0.10	0.65	1.0～2.5	0.03	0.03	14.5～16.5	7.5～9.5	1.0～2.0	0.75	—	—
19-10H	0.04～0.08	0.65	1.0～2.5	0.03	0.03	18.5～20.0	9.0～11.0	0.25	0.75	0.05	Ti:0.05
2209	0.03	0.90	0.5～2.0	0.03	0.03	21.5～23.5	7.5～9.5	2.5～3.5	0.75	—	N:0.08～0.20
2553	0.04	1.0	1.5	0.04	0.03	24.0～27.0	4.5～6.5	2.9～3.9	1.5～2.5	—	N:0.10～0.25
2594	0.03	1.0	2.5	0.03	0.02	24.0～27.0	8.0～10.5	2.5～4.5	1.5	—	N:0.20～0.30 W:1.0

（续）

焊丝型号	化学成分（%，质量分数）									
	C	Si	Mn	P	S	Cr	Ni	Mo	Cu	Nb①	其他
33-31	0.015	0.50	2.00	0.02	0.01	31.0～35.0	30.0～33.0	0.5～2.0	0.3～1.2	—	N：0.35～0.60
3556	0.05～0.15	0.20～0.80	0.50～2.00	0.04	0.015	21.0～23.0	19.0～22.5	2.5～4.0	—	0.30	④
Z⑤	其他成分										

注：表中单值均为最大值。

① 不超过 Nb 含量总量的 20%，可用 Ta 代替。

② 熔敷金属在多数情况下是纯奥氏体，因此对微裂纹和热裂纹敏感。增加焊缝金属中的 Mn 含量可减少裂纹的发生，经供需双方协商，Mn 的范围可以扩大到一定等级。

③ 这些型号主要用于低稀释率的堆焊，如电渣焊带。

④ N：0.10～0.30，Co：16.0～21.0，W：2.0～3.5，Ta：0.30～1.25，Al：0.10～0.50，Zr：0.001～0.100，La：0.005～0.100，B：0.02。

⑤ 表中未列的焊丝及焊带可用相类似的符号表示，词头加字母 Z。化学成分范围不进行规定，两种型号之间不可替换。

示例 2：

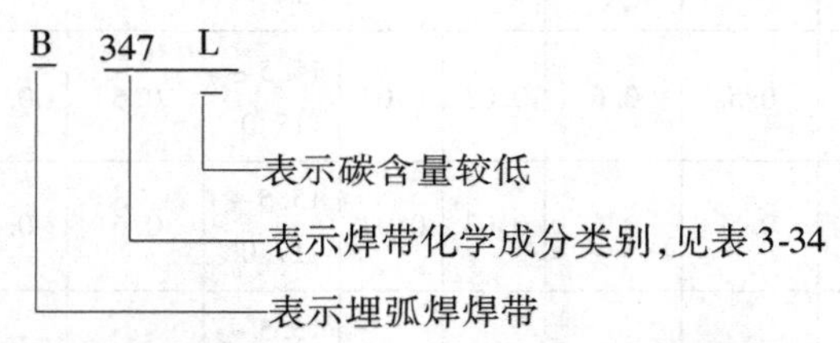

（2）不锈钢埋弧焊焊丝-焊剂组合型号　焊丝-焊剂组合型号由以下四部分组成：

第一部分用字母 S 表示埋弧焊焊丝-焊剂组合型号。

第二部分由字母 F 和数字组成，表示熔敷金属化学成分，见表 3-35。

表 3-35　不锈钢埋弧焊熔敷金属化学成分（按 GB/T 17854—2018）

熔敷金属代号	化学成分（%，质量分数）							
	C	Mn	Si	P	S	Ni	Cr	Mo	其他
F308	0.08	0.5～2.5	1.00	0.040	0.030	9.0～11.0	18.0～21.0	—	—
F308L	0.04	0.5～2.5	1.00	0.040	0.030	9.0～12.0	18.0～21.0	—	—
F309	0.15	0.5～2.5	1.00	0.040	0.030	12.0～14.0	22.0～25.0	—	—
F309L	0.04	0.5～2.5	1.00	0.040	0.030	12.0～14.0	22.0～25.0	—	—
F309LMo	0.04	0.5～2.5	1.00	0.040	0.030	12.0～14.0	22.0～25.0	2.0～3.0	—
F309Mo	0.12	0.5～2.5	1.00	0.040	0.030	12.0～14.0	22.0～25.0	2.0～3.0	—
F310	0.20	0.5～2.5	1.00	0.030	0.030	20.0～22.0	25.0～28.0	—	—
F312	0.15	0.5～2.5	1.00	0.040	0.030	8.0～10.5	28.0～32.0	—	—
F16-8-2	0.10	0.5～2.5	1.00	0.040	0.030	7.5～9.5	14.5～16.5	1.0～2.0	—
F316	0.08	0.5～2.5	1.00	0.040	0.030	11.0～14.0	17.0～20.0	2.0～3.0	—
F316L	0.04	0.5～2.5	1.00	0.040	0.030	11.0～16.0	17.0～20.0	2.0～3.0	—
F316LCu	0.04	0.5～2.5	1.00	0.040	0.030	11.0～16.0	17.0～20.0	1.2～2.75	Cu：1.0～2.5
F317	0.08	0.5～2.5	1.00	0.040	0.030	12.0～14.0	18.0～21.0	3.0～4.0	—

（续）

熔敷金属代号	化学成分（%，质量分数）							
	C	Mn	Si	P	S	Ni	Cr	Mo	其　他
F317L	0.04	0.5~2.5	1.00	0.040	0.030	12.0~16.0	18.0~21.0	3.0~4.0	—
F347	0.08	0.5~2.5	1.00	0.040	0.030	9.0~11.0	18.0~21.0	—	Nb：8C~1.0
F347L	0.04	0.5~2.5	1.00	0.040	0.030	9.0~11.0	18.0~21.0	—	Nb：8C~1.0
F385	0.03	1.0~2.5	0.90	0.030	0.020	24.0~26.0	19.5~21.5	4.2~5.2	Cu：1.2~2.0
F410	0.12	1.2	1.00	0.040	0.030	0.60	11.0~13.5	—	—
F430	0.10	1.2	1.00	0.040	0.030	0.60	15.0~18.0	—	—
F2209	0.04	0.5~2.0	1.00	0.040	0.030	7.5~10.5	21.5~23.5	2.5~3.5	N：0.08~0.20
F2594	0.04	0.5~2.0	1.00	0.040	0.030	8.0~10.5	24.0~27.0	3.5~4.5	N：0.20~0.30
F×××①	供需双方协商确定								

注：表中单值均为最大值。

① 允许增加表中未列出的其他熔敷金属分类，其化学成分要求由供需双方协商确定，×××为焊丝化学成分分类，见 GB/T 29713。

第三部分表示焊剂类型代号。

第四部分表示焊丝型号。

示例：　S　F308L　AB- S308L

- S308L——表示不锈钢焊丝代号
- AB——表示埋弧焊焊剂类别代号（详见表3-2）
- F308L——表示熔敷金属类别代号（详见表3-35）
- S——表示埋弧焊焊丝-焊剂组合代号

（3）不锈钢埋弧焊熔敷金属力学性能要求　按国家标准 GB/T 17854—2018《埋弧焊用不锈钢焊丝焊剂组合分类要求》的规定，不锈钢埋弧焊熔敷金属力学性能应满足表3-36所列的要求。

表3-36　不锈钢埋弧焊焊丝-焊剂组合熔敷金属力学性能（按 GB/T 17854—2018）

熔敷金属代号	抗拉强度 R_m /MPa	断后伸长率 A（%）	熔敷金属代号	抗拉强度 R_m /MPa	断后伸长率 A（%）
F308	≥520	≥30	F316LCu	≥480	≥30
F308L	≥480	≥30	F317	≥520	≥25
F309	≥520	≥25	F317L	≥480	≥25
F309L	≥510	≥25	F347	≥520	≥25
F309LMo	≥510	≥25	F347L	≥510	≥25
F309Mo	≥550	≥25	F385	≥520	≥28
F310	≥520	≥25	F410①	≥440	≥15
F312	≥660	≥17	F430②	≥450	≥15
F16-8-2	≥550	≥30	F2209	≥690	≥15
F316	≥520	≥25	F2594	≥760	≥13
F316L	≥480	≥30	F×××③	供需双方协商确定	

① 试件加工前经730~760℃加热1h后，以小于110℃/h的冷却速度炉冷至315℃以下，随后空冷。

② 试件加工前经760~790℃加热2h后，以小于55℃/h的冷却速度炉冷至595℃以下，随后空冷。

③ 允许增加表中未列出的其他熔敷金属代号，其力学性能要求由供需双方协商确定，×××为焊丝化学成分类别，见 GB/T 29713。

3.4.3 埋弧焊焊丝的质量检验

按现行相关的国家标准，埋弧焊焊丝出厂前应做以下质量检验：焊丝尺寸及外表质量检查，焊丝化学成分检测；药芯焊丝应做熔敷金属化学成分分析，熔敷金属的力学性能试验，包括焊缝金属的拉伸和冲击试验，焊缝的射线检测。对于非合金钢及细晶粒钢埋弧焊焊丝和高强度钢埋弧焊焊丝应做熔敷金属扩散氢含量的测定。对于不锈钢埋弧焊焊丝还应做熔敷金属耐蚀性试验和铁素体含量的测定。

1. 焊丝尺寸和外表质量检查

埋弧焊焊丝的公称直径和外径公差应符合表3-37的规定。焊丝的圆柱度不应大于直径公差的1/2。

表3-37 焊丝外径偏差容限值

公称直径/mm	极限偏差/mm	
	普通精度	较高精度
1.6，2.0，2.5，3.0	-0.10	-0.06
3.2，4.0，5.0，6.0，6.4	-0.12	-0.08

焊丝表面质量应符合下列规定：

1）焊丝表面应光滑，无毛刺、凹陷、裂纹折痕、氧化皮等缺陷或其他不利于稳定送丝和对焊缝金属力学性能产生有害影响的外来污染物。

2）焊丝表面不应有超出直径允许偏差1/2的划伤和超出直径偏差的局部缺陷。

3）非合金钢、细晶粒钢、高强度钢和热强钢焊丝表面允许镀铜，但镀层表面应光滑，不得有肉眼可见的裂纹、麻点、锈蚀及镀层脱落等缺陷。

2. 焊丝或熔敷金属化学成分检测

埋弧焊实心焊丝及药芯焊丝-焊剂组合熔敷金属的成分出厂前应进行化学成分分析。非合金钢及细晶粒钢实心焊丝化学成分应符合表3-22的规定，药芯焊丝-焊剂组合熔敷金属的化学成分应符合表3-23的规定。高强度钢埋弧焊实心焊丝的化学成分应符合表3-26的规定，药芯焊丝-焊剂组合熔敷金属的化学成分应符合表3-27的规定。热强钢埋弧焊实心焊丝化学成分应符合表3-31的规定。药芯焊丝-焊剂组合熔敷金属化学成分应符合表3-32的规定。不锈钢埋弧焊焊丝和焊带的化学成分应符合表3-35的规定。

实心焊丝化学分析样品应在成品焊丝上截取。对于不镀铜的光焊丝允许在焊丝拉拔前的坯料上取样，但仲裁试验只允许在该批焊丝成品上取样。

药芯焊丝与相匹配的焊剂堆焊的熔敷金属化学分析试样应按GB/T 25777国家标准的规定制备。但也可在拉断后的拉伸试样上制取。仲裁试验时，应按GB/T 25777标准规定的方法制取。

试样的化学成分分析可采用任何适用的分析方法。仲裁试验时，按供需双方确认的分析方法进行。

3. 熔敷金属力学性能试验

（1）试验用母材　多道焊熔敷金属力学性能试验试板材料，应采用与所检验熔敷金属化学成分相当的钢板。若采用其他母材，则应使用所检验的焊丝或其他合金成分相当的焊材，在试板坡口面上和垫板面上堆焊隔离层，其厚度应在加工后不小于3mm。

如采用双面单道焊的接头进行力学性能试验，试板材料应采用与所检验焊丝熔敷金属抗拉强度相当的钢板，其强度级别相差应不大于50MPa。

（2）试件的制备　熔敷金属力学性能试件的制备按所检验焊丝钢种类别有所不同。

1）非合金钢及细晶粒钢多道熔敷金属力学性能试件按GB/T 25774.1国家标准规定的条件制

备，试件类型采用1.4型。试板宽度不小于125mm。焊接时，采用ϕ4.0mm或相近规格的实心焊丝焊接。焊接参数按表3-38的规定。当采用其他规格的实心焊丝或药芯焊丝时，按焊丝制造商推荐的焊接参数进行焊接。

表3-38 试板焊接参数

焊接参数	焊丝直径/mm					
	3.2	4.0	4.8	3.2	4.0	4.8
电流种类	直流反接			交　流		
焊缝长度/mm	≥200			≥200		
焊接电流/A	450±50	500±50	600±50	450±50	500±50	600±50
电弧电压/V	28±2	30±2	32±2	30±2	32±2	34±2
焊接速度/(mm/min)	350±2	400±2	450±2	350±20	400±2	450±2
预热温度/℃	室　温①			室　温①		
	≥100℃②			≥100℃②		
层间温度/℃	150±15			150±15		
焊丝伸出长度/mm	30±5			30±5		

① 适用于SU08、SU08A、SU08E、SU08C、SU10、SU11、SU111、SU12、SU13、SU21、SU22、SU23、SU25、SU26、SU27、SU28、SU31、SU32、SU33、SU34、SU35、SU41、SU42、SU43、SU44、SU45、SU51等焊丝。

② 适用于①所列以外的焊丝。

试板定位焊后，焊前试板温度应达到表3-38规定的预热温度。焊接过程中保持所规定的层间温度。

试件要求焊后热处理时，拉伸试样和冲击试样在加工前进行热处理。试件放入炉内时，炉温不得高于315℃，并以不大于220℃/h的速率加热到620℃±15℃，保温60~75min。达到规定的保温时间后，以不大于195℃/h的速率随炉冷却至315℃以下。随即试件从炉中取出，自然冷却至室温。也可根据供需双方协议，采取其他热处理工艺参数。

非合金钢及细晶粒钢双面单道焊焊接接头力学性能试件按GB/T 25774.2国家标准制备，采用2.5型试件。试板的焊接参数按焊丝生产商的推荐参数。

高强钢熔敷金属力学性能试件制备程序原则上与非合金钢及细晶粒钢相同。试板的焊接参数按表3-39的规定。试件焊后热处理温度按表3-40的规定。热处理过程中的升温速率和冷却速率与非合金钢试件相同。

表3-39 高强度钢熔敷金属焊接试板焊接参数

焊丝直径/mm	焊接电流/A	电弧电压/V	电流种类	层间温度/℃	焊丝伸出长度/mm	焊接速度/(mm/min)
1.6	300±50	27±2	直流或交流	150±15	13~19	300±20
2.0	350±50	27±2			13~19	330±20
2.5 (2.4)	400±50	28±2			19~32	360±20
2.8	450±50	28±2			19~32	360±20
3.0	450±50	28±2			25~38	380±20
3.2	475±50	28±2			25~38	380±20
4.0	525±50	29±2			25~38	400±20
4.8	575±50	29±2			25~38	420±20
5.0	600±50	29±2			25~38	420±20
5.6	625±50	29±2			32~44	450±20
6.0	675±50	29±2			32~44	480±20
6.4	750±50	30±2			38~50	510±20

表 3-40 高强度钢熔敷金属试件焊后热处理温度

实心焊丝或药芯焊丝型号	焊后热处理温度/℃	实心焊丝或药芯焊丝型号	焊后热处理温度/℃
SUM3，SUM31，SUN1M3，TUN1M3	620±15	SUN5M3，TUN5M3①	605±15
SUN2M1	620±15	SUN5M4	605±15
SUN2M3，TUN2M3	620±15	SUN6M1	605±15
SUN2M31	620±15	SUN6M11	605±15
SUN2M32	620±15	SUN6M3	605±15
SUN2M33	620±15	SUN6M31	605±15
SUN2M2，TUN3M2	620±15	SUN1C1M1，TUN1C2①	565±15
TUN3①	605±15	SUN2C1M3	565±15
SUN3M2，TUN4M2①	605±15	SUN2C2M3	565±15
TUN4M21①	605±15	SUN4C2M3	565±15
SUN3M3	620±15	SUN4C1M3，TUN4C2M3①	565±15
SUN3M31	620±15	SUN5CM3，TUN5C2M3①	565±15
TUN4M4①	605±15	SUN5C2M3	565±15
SUN4M1	620±15	SUN7C3M3	565±15
SUN4M3	620±15	SUN10C1M3	565±15
SUN4M31	620±15	SUG，TUG 及其他	②
SUN4M2，TUN4M3①	605±15		

① 这些型号的焊丝通常在焊态下使用。

② 热处理温度由供需双方协商确定。

3）热强钢熔敷金属力学性能试件制备程序和试板的焊接参数等与高强度钢熔敷金属试件制备方法基本相同，只是试板的预热温度、层间温度和焊后热处理参数应按表 3-41 的规定。

表 3-41 热强钢熔敷金属力学性能试板预热和焊后热处理参数

焊丝化学成分代号	预热和层间温度/℃	焊后热处理参数	
		热处理温度/℃	保温时间/min
××1M31	150±15	620±15	60^{+15}_{-0}
××3M31	150±15	620±15	60^{+15}_{-0}
××4M32	150±15	620±15	60^{+15}_{0}
××4M33	150±15	620±15	60^{+15}_{0}
××CM	150±15	620±15	60^{+15}_{0}
××CM1	150±15	620±15	60^{+15}_{0}
××CM2	150±15	620±15	60^{+15}_{0}
××C1MH	150±15	620±15	60^{+15}_{0}
××1CM	150±15	690±15	60^{+15}_{0}
××1CM1	150±15	690±15	60^{+15}_{0}
××1CM2	150±15	620±15	60^{+15}_{0}
××1CM3	150±15	620±15	60^{+15}_{0}
××1CMV	150±15	620±15	60^{+15}_{0}

（续）

焊丝化学成分代号	预热和层间温度/℃	焊后热处理参数	
		热处理温度/℃	保温时间/min
××1CMH	150±15	620±15	60^{+15}_{0}
××1CMVH	150±15	690±15	60^{+15}_{0}
××2C1M	205±15	690±15	60^{+15}_{0}
××2C1M1	205±15	690±15	60^{+15}_{0}
××2C1M2	205±15	690±15	60^{+15}_{0}
××2C1MV	205±15	690±15	60^{+15}_{0}
××5CM	205±15	745±15	60^{+15}_{0}
××5CM1	205±15	745±15	60^{+15}_{0}
××5CMH	205±15	745±15	60^{+15}_{0}
××9C1M	205±15	745±15	60^{+15}_{0}
××9C1MV	205~320	760±15	120^{+15}_{0}
××9C1MV1	205±15	745±15	60^{+15}_{0}
××9C1MV2	205±15	745±15	60^{+15}_{0}

注：当采用实心焊丝时，××为SU；当采用药芯焊丝时，××为TU。

4）不锈钢熔敷金属力学性能试件制备。按国家标准GB/T 17854—2018的规定，不锈钢熔敷金属力学性能试件按GB/T 25774.1进行制备，并采用1.6型试件。

试板采用ϕ3.2mm或ϕ4.0mm焊丝按表3-42规定的焊接参数进行焊接。如需采用其他规格的焊丝，则按焊丝生产商推荐的焊接参数进行焊接。

表3-42　不锈钢熔敷金属力学性能试板焊接参数

焊丝直径/mm	焊接电流/A	电弧电压/V	电流种类	焊接速度/(mm/min)	焊丝伸出长度/mm
3.2	500±20	30±2	交流或直流	380±25	22~35
4.0	550±20	30±2	交流或直流	420±25	25~38

试板焊前预热和层间温度，对于F410和F430型熔敷金属为150~250℃。其余各种型号的不锈钢熔敷金属，预热和层间温度为15~150℃。焊接过程中保持层间不超过150℃；如果超过150℃，应将试板自然冷却至150℃以下。

试板多层焊时，第一层焊1~2道，焊接电流可略低于表3-42的规定值；最后一层焊3~4道；其余各层焊2~3道。焊缝与母材坡口面应平滑过渡。余高不应超过3mm。

F410型和F430型熔敷金属试件应在加工前进行热处理。热处理工艺参数按表3-36附注的规定。

（3）拉伸试验　多道熔敷金属拉伸试样尺寸及取样位置按GB/T 25774.1—2010《焊接材料的检验　第1部分：钢、镍及镍合金熔敷金属力学性能试样的制备及检验》的规定。拉伸试验按GB/T 2652标准进行。

非合金钢及细晶粒钢、高强度钢、热强钢和不锈钢熔敷金属拉伸试验结果合格标准分别见表3-19、表3-25、表3-29和表3-36。

（4）冲击试验　多道熔敷金属冲击试样的尺寸及取样部位按国标GB/T 25774.1的规定。

冲击试样每组为3个，其中至少应有一个试样要求测量V形缺口的形状和尺寸。采用至少放大50倍的投影仪或金相显微镜进行测量。其形位公差不得超过标准规定值。

V形缺口冲击试验程序应按国标GB/T 2650进行。

高强度钢熔敷金属冲击试验时，要求测定5个冲击试样的冲击吸收能量（KV_2）。在计算5个试样冲击吸收能量平均值时，应去掉一个最大值和一个量小值。余下3个值中有两个应不小于27J，另一个可小于27J，但不应小于20J。3个值的平均值应不小于27J。如果在焊丝-焊剂组合型号中，冲击试验温度代号后附加字母U，则应测定3个冲击试样的冲击吸收能量（KV_2）。3个值中，允许其中一个值小于47J，但不应小于32J，3个测定结果的平均值不应小于47J。

不锈钢熔敷金属力学试验中，不要求做冲击试验。

（5）射线检测　用于检测熔敷金属力学性能的焊接试板在截取拉伸试样和冲击试样之前，应进行焊缝射线探伤。射线探伤前应采用机械加工去掉垫板。焊缝射线检测按国标GB/T 3323的规定进行。在评定焊缝射线检测底片时，试件两端25mm应删除。

如果试板射线检测评定结果不合格，则应重新焊接试板。

（6）熔敷金属扩散氢含量测定　碳钢及细晶粒钢和高强度钢熔敷金属要求做扩散氢含量的测定，并按国标GB/T 3965的规定进行。试样焊接时，焊接速度最大不应超过750mm/min。

熔敷金属扩散氢含量测定结果应符合该批焊丝-焊剂组合型号中的标定值。例如H5即表示熔敷金属扩散氢含量不超过5mL/100g。

（7）熔敷金属耐腐蚀性能试验　耐腐蚀试验只适用于不锈钢熔敷金属，而且在供货合同中有规定时进行。

不锈钢熔敷金属的耐蚀性试验按国标GB/T 4334的方法E进行，也可采用供需双方商定的腐蚀试验方法。

（8）焊缝金属铁素体含量测定　对于某些型号的不锈钢熔敷金属和焊接结构的运行条件，要求严格控制焊缝金属中的铁素体含量。在这种情况下，需方在签订供货合同时，应提出焊缝金属铁素体含量的测定和合格指标。焊缝金属铁素体含量的测定按国标GB/T 1954的规定进行。

3.4.4 焊丝的包装、储存和焊前清理

1. 焊丝的包装

焊丝可以裸装、盘装和筒装三种形式包装，如图3-10所示。包装尺寸和质量应符合表3-43的规定。

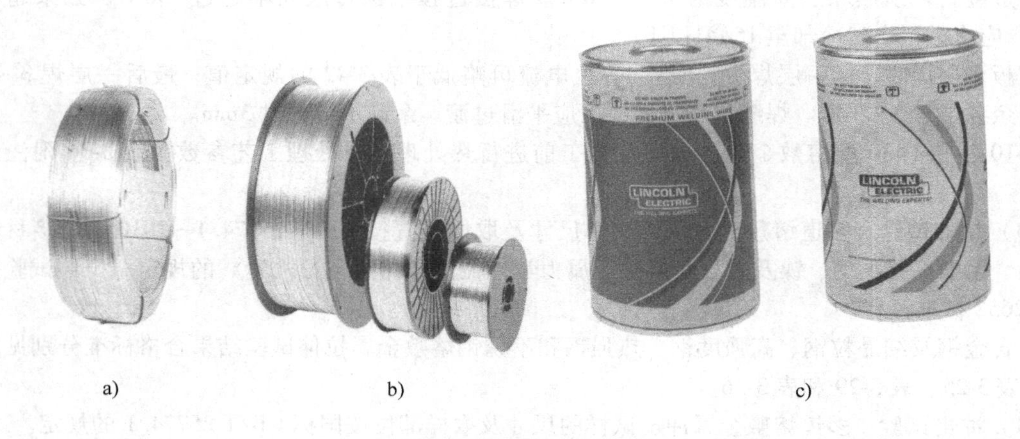

图3-10　焊丝包装形式
a）裸装　b）盘装　c）筒装

为防止焊丝在搬运过程中受损并保持清洁，裸装和盘装的焊丝应外加木箱、纸盒或塑料盒包装。

不论何种包装方式，焊丝应整齐缠绕，不允许存在波浪、硬弯、扭结等，以保证焊丝在埋弧焊时连续稳定地给送。

焊丝包装后应附上明显的标牌，注明焊丝的标准号、型号（牌号）、规格和质量、生产批号和检验证书号、制造厂家名称及商标等。

表3-43　焊丝包装规格和质量

焊丝直径/mm	焊丝盘质量/kg	焊丝盘内径/mm	焊丝盘最大宽度/mm	焊丝盘最大外径/mm
1.6～6.4	10，12，15，20，25，30	300±15	供需双方商定	
2.5～6.4	45，70，90，100	610±10	130	800
1.6～6.4	裸装焊丝包装规格由供需双方商定			
1.6～6.4	筒装焊丝包装规格由供需双方商定			

注：筒装焊丝质量最大为500kg。

2. 焊丝的储存

焊丝应储存在专为存放焊接材料设计建造的库房内，库房的相对湿度不应大于65%，温度不低于15℃。裸装和盘装的焊丝应堆放在货架上，货架的底层离地面至少为200mm。焊丝应按牌号、规格分别堆放，相隔距离不小于500mm。并挂上明显的标牌。库房内应配备相应规格的除湿器和加热器，以维持所要求的湿度和温度。

3. 焊丝的焊前清理

密封包装的筒装和盘装焊丝开包后可直接使用，不必重新清理。裸装的镀铜焊丝在缠绕到焊丝盘过程中用棉纱擦去灰尘和其他污染物，裸装的不镀铜焊丝则应用醮有酒精或丙酮的棉纱擦净表面的油污和防锈涂料。如果发现焊丝表面已生锈，则应用砂布擦至露出金属光泽。锈蚀严重的焊丝应做报废处理。

在生产车间长时间不使用的剩余焊丝，应退回焊材库保存。

3.4.5　埋弧焊焊丝的选用

1. 非合金钢及细晶粒钢、高强度钢，热强钢焊丝的选用

非合金钢及细晶粒钢，高强度钢和热强钢焊丝的选择主要根据所焊钢种的合金成分及对接头力学性能的要求，同时应当考虑埋弧焊工艺和焊后热处理对接头性能的影响。

（1）按所焊钢种选择焊丝品种　国家标准GB/T 5293—2018、GB/T 36034—2018和GB/T 12470—2018共纳入了60种非合金钢及细晶粒钢焊丝，39种高强度钢焊丝和26种热强钢焊丝，按钢种的合金成分可分为非合金钢、碳锰钢、锰钼钢、锰镍钼钢、铬锰硅钢、铬钼钢和铬钼镍钒钢等。高强度钢焊丝最高强度等级为830MPa。基本上覆盖了现代非合金钢、低合金钢、热强钢制各类焊接结构用钢种，满足了按钢种和强度等级选择焊丝型号的要求。

（2）按埋弧焊工艺方法选择焊丝　为满足现代工业高速发展的需要，埋弧焊已派生出多种工艺方法。按焊接热输入大小，可将其分为高热输入和低热输入两大类。焊接热输入对接头的力学性能有明显的影响。在非合金钢和低合金钢埋弧焊中，随着焊接热输入的提高，接头的抗拉强度和冲击韧度都会产生不同程度的下降。选择埋弧焊焊丝时，必须考虑这一因素。采用相同焊丝-焊剂组合，熔敷金属的抗拉强度，单道焊比多道焊约低一个强度等级。换言之，采用单道焊工艺和多道焊工艺焊接同一种低合金钢时，为使接头强度达到同一等级，单道焊应选用合金成分较高的焊丝。

（3）按接头的热处理状态选择焊丝　非合金钢和低合金钢焊接结构，按接头的壁厚和制造工艺流程，焊接接头最终可能以下列几种状态供货：

1）焊后状态，即在结构制造过程中不经过任何热处理。

2）消除应力状态或回火状态。

3）正火+回火状态。

4）水淬+回火状态。

非合金钢和低合金钢焊接结构，当其接头壁厚超过相应制造法规规定的厚度界限时，要求焊后做消除应力处理，某些低合金铬钼耐热钢接头焊后要求做回火处理。由于这两种焊后热处理的冷却速度远低于埋弧焊时接头的冷却速度，使消除应力状态或回火状态的接头强度在一定程度上低于焊后状态的接头强度。通常二者相差一个强度等级。因此对于焊后需做消除应力处理或回火处理的焊件，应选用合金成分较高的焊丝，必要时应选用含钼的细晶粒钢焊丝。

某些厚壁焊接构件，例如大直径容器封头拼接缝、筒体纵缝，需要经受高温（900℃以上）热冲、热压、热校等工序，相当于焊缝经受一次正火处理。焊缝及热影响区组织产生重结晶，使晶粒细化，韧度提高，但强度明显下降。容器最后总装组焊后还要进行一次消除应力处理或回火处理。接头最终的力学性能取决于所焊钢种的合金系统和热处理工艺参数（加热温度和保温时间）。对于某些低合金钢及其焊缝金属在一定的温度范围内具有二次硬化倾向，即强度提高、塑性和韧性下降。这就需要通过系列焊接工艺试验探求最佳热处理工艺参数和选定合金成分最合适的细晶粒钢焊丝。

对于无二次硬化倾向的低合金钢，焊接接头经正火加回火处理后，其强度通常要比焊后状态低两个等级，因此应选择合金成分更高的细晶粒钢焊丝。

（4）按接头的拘束度选择焊丝　为提高焊接效率，埋弧焊通常采用大电流焊接而形成深而窄的焊缝形状，焊缝金属结晶较粗大，杂质偏析较严重。容易形成焊缝中心线的热裂纹。这种裂纹的形成除了冶金因素以外，主要与接头的拘束度有关。接头的拘束度越高，裂纹形成概率越大，因此在焊接拘束度较高的接头时，应选用锰含量较高，碳、硫、磷含量较低的焊丝，确保在高拘束度下不致形成裂纹，如H08MnA、H08Mn2Mo、EH12K、EM14K、EA3、EA4等焊丝。

2. 不锈钢埋弧焊焊丝的选用

目前，在焊接工程中应用的不锈钢品种繁多，主要用于工作介质为各种酸、盐、碱等溶液的工业装备，某些不锈钢种也可用于工作温度800~1000℃高温或－100℃以下深低温的工况。列入GB/T 29713—2013不锈钢焊丝标准的品种已有66种。因此不锈钢埋弧焊焊丝的选用需要考虑多方面的因素，其中主要包括所焊钢种的合金成分和特性，对接头理化性能的要求，埋弧焊过程对接头性能的影响和接头运行条件等。

（1）按所焊钢种合金成分和特性选择焊丝　不锈钢埋弧焊焊丝首先可按所焊钢种牌号选择。原则上焊缝金属的合金成分应与所焊母材相当。以下简述各种型号不锈钢焊丝基本特性及可焊钢种。

1）S209型焊丝主要用于焊接成分相似的不锈钢。这是一种以氮强化的不锈钢，在较宽的温度范围内具有高的强度和优良的冲击韧度。焊缝金属在焊后状态不会产生碳化物沉淀。氮合金化降低了碳扩散倾向，因而提高了耐晶间腐蚀性能。S209不锈钢焊丝因合金总含量较高，也可用于非合金钢与不锈钢异种钢接头的焊接，以及在低碳钢上堆焊耐蚀层。

2）S218型焊丝主要用于相似成分的不锈钢。这是一种氮强化的奥氏体不锈钢，在较宽的温度范围内具有高强度和良好的冲击韧度。与普通的304型不锈钢相比，其耐磨性显著提高。S218型焊丝因合金成分较高，也可用于非合金钢与不锈钢异种钢接头的焊接，以及在非合金钢上堆焊耐蚀层。

3）S219型焊丝主要用于相似成分不锈钢的焊接，这种氮强化的奥氏体不锈钢在较宽的温度范围内具有高的强度和冲击韧度。焊缝金属在焊态下不会产生碳化物沉淀。氮合金化阻止了碳的扩散，提高了耐晶间腐蚀性能。S219型焊丝因合金含量较高，可用于非合金钢与不锈钢之间异种钢接头的焊接，以及在非合金钢上堆焊耐蚀层。

4）S240型焊丝主要用于相似成分不锈钢的焊接。这种氮强化的奥氏体不锈钢在较宽的温度范围内具有高的强度和冲击韧度。与普通304型不锈钢相比，耐磨性明显提高。氮合金化也降低了碳化物沉淀倾向，阻止了碳的扩散，减小了晶间腐蚀的概率。同时也提高了氯化物水溶液中耐点蚀和间隙腐蚀的性能。此外，S240型焊缝金属在高温氯化物水溶液中具有高的抗穿晶应力腐蚀裂纹能力。S240型焊丝的合金含量较高，可以用来焊接非合金钢与不锈钢之间的异种钢接头，以及在非合金钢上堆焊耐蚀层。

5）S307型焊丝主要用于奥氏体锰钢与非合金钢锻件或铸件之间的异种钢接头的焊接，焊缝金属的抗裂性较高。

6）S308型焊丝Cr-Ni最低含量为18-8、19-9和20-10的母材和焊丝同属于这类不锈钢，主要用于相似合金成分不锈钢的焊接，典型钢种为304型不锈钢。

7）S308H型焊丝的标称合金成分与S308型焊丝相同，只是碳含量偏于上限，以使焊缝金属具有较高的高温强度。主要用于304H型不锈钢的焊接。

8）S308L型焊丝是一种超低碳型ER308型焊丝，碳的质量分数最高为0.03%。显著降低了焊缝金属内碳化物晶间沉淀的倾向。即使不添加铌或钛等稳定化元素也提高了耐晶间腐蚀性能。不过，这种超低碳不锈钢熔敷金属的强度略低于铌稳定型不锈钢或308H型不锈钢的强度。

9）S308Mo型焊丝的标称合金成分与ER308型焊丝相同，但外加2%~3%（质量分数）的Mo。主要用来焊接CF8M型不锈钢铸件和Cr、Ni、Mo含量相当的不锈钢。也可用于316型不锈钢锻件的焊接。

10）S308LMo型焊丝的标称合金成分同S308Mo焊丝，只是最高碳的质量分数限制在0.04%，其用途与S308Mo焊丝相同。

11）S309型焊丝主要用于合金成分相当的不锈钢锻件或铸件的焊接。在要求较高铬镍含量的情况下，也可用于304型不锈钢或相似合金成分的不锈钢的焊接，以及304型不锈钢与非合金钢之间异种钢接头的焊接。

12）S309L型焊丝。这种不锈钢焊丝的标称合金成分与S309型焊丝相同，只是最高碳的质量分数为0.03%，这降低了碳化物晶间沉淀的倾向，提高了耐晶间腐蚀的性能，无须添加铌或钛等稳定元素。但这种超低碳不锈钢焊缝金属的高温强度不及铌稳定型不锈钢或S309焊丝熔敷金属的强度。

13）S309Mo型焊丝。这种焊丝的标称合金成分基本相同于S309焊丝，但添加了质量分数为2%~3%的钼，以提高在含卤化物的介质中耐点蚀的能力。主要用于母材上的单层堆焊，其合金成分相当于316型不锈钢。也可用于多层堆焊的第一层堆焊，以保证其后几层堆焊层中铬钼含量不被母材稀释。S309Mo焊丝也可用于304型不锈钢与非合金钢之间异种钢接头的焊接。

14）S309LMo型焊丝的标称合金成分与S309Mo相同，只是将碳的质量分数限制在0.03%，降低碳化铬沉淀的倾向，提高了焊缝金属耐晶间腐蚀性能。其用途与S309Mo焊丝相同，如果要求降低多层堆焊金属的碳含量，则应优先选择S309LMo型焊丝堆焊第一层。

15）S310型焊丝主要用于相似合金成分不锈钢的焊接。

16）S312 型焊丝原为焊接相似成分的不锈钢铸件设计的，但也是一种有价值的焊接非合金钢与不锈钢之间异种钢接头的焊材，特别适用于镍含量较高的不锈钢，这种焊丝熔敷金属的组织为铁素体组分较高的奥氏体-铁素体双相组织。即使母材中镍的熔入量较多，其显微组织仍能保持双相，因而焊缝金属的抗裂性较高。

17）S316 型焊丝主要用于焊接 316 型和相似成分的不锈钢。焊缝金属适应于高温运行的工况。合金元素钼提高了焊缝金属高温抗蠕变强度，并在卤化物气氛中耐点蚀。但当以下三个因素同时存在时，S316 型焊缝金属可能发生快速腐蚀：

①在焊缝金属显微组织中，存在连续的或半连续网状铁素体。

②焊缝金属 Cr 与 Mo 质量比小于 8.2∶1。

③焊缝金属浸在腐蚀介质中。

18）S316H 型焊丝的标称合金成分与 S316 型焊丝相同，只是将碳含量控制在上限，使其在高温下具有高的强度。主要用于焊接 316H 型不锈钢。

19）S316L 型焊丝的标称合金成分与 ER316 型焊丝相同，只是将碳的最高质量分数限制在 0.03%，降低了碳化铬晶间沉淀倾向，提高了耐晶间腐蚀的性能，而无须再加铌或钛等稳定化元素。主要用于焊接低碳型含钼奥氏体不锈钢，但其高温强度不及铌稳定型或 S316H 型焊缝金属。

20）S316LMn 型焊丝的熔敷金属组织为全奥氏体，铁素体含量最高为 0.5FN。主要用于焊接深低温用钢，最低工作温度达 -269℃。这种焊丝的焊缝金属在酸和海水中具有良好的耐蚀性，特别适用于尿素合成设备的腐蚀条件。焊缝金属是非磁性的，高的锰含量有助于稳定奥氏体组织，提高抗热裂性。

21）S317 型焊丝的合金成分略高于 S316。通常用于焊接合金成分相似的不锈钢。其适应可能产生点蚀和间隙腐蚀严酷的腐蚀环境。

22）S317L 型焊丝的合金成分与 S317 相同，只是最高碳含量为 0.03%（质量分数），降低碳化物晶间沉淀的倾向，提高了耐晶间腐蚀的性能，而不必添加铌和钛等稳定元素。但这种低碳焊缝金属的高温强度不及铌稳定不锈钢或 317 型不锈钢。

23）S318 型焊丝标称合金成分与 S316 型焊丝相同，只是添加了铌，阻止了碳化铬的晶间沉淀，由此提高了耐晶间腐蚀性。主要用于焊接合金成分相似的不锈钢。

24）S320 型焊丝具有很高的耐蚀性。主要用于焊接相似合金成分的不锈钢，并在多种化学介质中，包括硫、硫酸及其盐等腐蚀性介质中具有很高的耐蚀性。这种焊丝可焊接合金成分相似的铸件和锻件，而无须焊后热处理。

25）S320LR（低残余元素）型焊丝的基本合金成分与 S320 型焊丝相同。但 C、Si、P 和 S 等残余元素的最高含量规定很低，Nb 和 Mn 控制在较窄的范围内。降低了焊缝金属热裂纹倾向。S320LR 型焊丝可成功地用于埋弧堆焊，但用于接头的焊接仍易产生裂纹，S320LR 型焊丝焊缝金属的抗拉强度低于 S320 型焊丝的焊缝金属。

26）S330 型焊丝通常用于 980℃以上温度耐热和抗氧化不锈钢的焊接，但不适用于高硫工作介质。

27）S347 型焊丝中含有 Nb 稳定化元素。加铌降低了碳化铬晶间沉淀倾向及晶间腐蚀敏感性。通常用于以铌或钛稳定的合金成分相似的铬-镍不锈钢的焊接。如果焊接时焊缝金属被母材稀释而形成少量铁素体或全奥氏体组织，则可能明显提高裂纹的敏感性。

28）S383 型焊丝主要用来焊接相似合金成分的不锈钢或与其他类型不锈钢相焊。推荐用于硫酸和磷酸介质。标准规定这种焊丝的 C、Si、P 和 S 的含量相当低，以降低全奥氏体不锈钢焊缝金属中经常出现的热裂纹倾向。

29）S385 型焊丝主要用于焊接 ASTM B625、B673、B677 等相似合金成分的不锈钢，适应硫酸和多种含氯化物的介质。如果在特殊介质中要求高的耐蚀性，也可用于焊接 317L 型不锈钢。S385 型焊丝可用于焊接合金成分相似的不锈钢或与其他类型不锈钢相焊。标准对这种焊丝的 C、S、P 和 Si 最高含量规定在较低的范围，以降低全奥氏体焊缝中经常出现的热裂纹倾向。

30）S409 型焊丝是一种 Cr 的质量分数为 12% 的铁素体不锈钢焊丝，其中加入钛以形成碳化物，提高了耐蚀性和高温强度，促使形成铁素体组织。主要用来焊接同类铁素体不锈钢或异种钢接头。

31）S409Nb 型焊丝的 Cr 含量与 S409 相同，只是以铌代替钛，可以取得相似的效果。其用途与 S409 型焊丝相同。

32）S410 型焊丝是一种 Cr 的质量分数为 12% 的马氏体不锈钢焊丝，具有空淬倾向。为使接头具有许多焊接工程所要求的塑性，焊前必须预热，焊后进行热处理，主要用于焊接合金成分相似的不锈钢，也可用于在非合金钢上堆焊，提高耐蚀性和耐磨性。

33）S410NiMo 型焊丝主要为焊接 ASTM CA6NM 不锈钢铸件或相似成分不锈钢而设计。这种焊丝是 S410 焊丝改进型，略为降低 Cr 含量，提高镍含量，以消除显微组织中对力学性能有害的铁素体。接头最终焊后热处理的温度不应超过 620℃，因为较高的回火温度可能导致未回火的马氏体再次淬火。

34）S420 型焊丝的合金成分与 S410 型焊丝相似，但 Cr 和 C 含量稍高。主要用于表面堆焊。焊缝金属的硬度略高于 S410 焊丝焊缝金属，提高了耐磨性。

35）S430 型焊丝是一种 Cr 的质量分数为 16% 的铬不锈钢焊丝。对于一般的工况具有较高的耐蚀性，在焊后热处理状态可保持足够高的塑性。采用 S430 焊丝焊接时，要求预热和焊后热处理。

36）S19-10H 型焊丝的标称合金成分与 S308H 相似，但 Cr 含量较低，并限制了 Mo、Nb 和 Ti 的含量，降低了焊缝组织中铁素体组分，减少了在 540℃ 以上温度下长时间加热后 σ 相脆变的概率，有利于高温运行。采用这种焊丝埋弧焊时，应配用既不烧损铬，也不增铬的焊剂。

37）S16-8-2 型焊丝主要用于 16-8-2、316 和 347 型不锈钢高温高压管道的焊接，焊缝金属铁素体含量不高于 5FN。焊缝金属具有较高的热塑性，在高拘束条件下不易产生裂纹或弧坑裂纹。焊件可在焊后状态或固溶处理状态下投运。16-8-2 型焊缝金属的耐蚀性略逊于 316 型不锈钢。

38）S2209 型焊丝主要用于焊接铬含量约 22%（质量分数）的双相不锈钢。也可用来焊接低级双相不锈钢，如 S32101 和 S32304 等。其熔敷金属也为奥氏体-铁素体双相组织。这种不锈钢与 340L 型奥氏体不锈钢相比，具有较高的抗拉强度，耐应力腐蚀和耐点蚀性能。

39）S2307 型焊丝主要用于焊接 S32101、S32304 之类低级双相不锈钢。与 S308L 焊缝金属的性能相比，S2307 焊丝焊缝金属具有较高的抗拉强度和耐应力腐蚀性。

40）S2553 型焊丝主要用于焊接含铬约 25%（质量分数）的 S32550 双相不锈钢，这种焊丝的熔敷金属具有高的抗拉强度，耐应力腐蚀和耐点蚀的性能。

41）S2594 型焊丝的耐点蚀当量［PREN = Cr + 3.3（Mo + 0.5W）+ 16N］在 40 以上，是一种超级双相不锈钢。主要用于焊接 S32750，S32760（锻件）和 J93380，J93404（铸件）等超级双相不锈钢，如果不经受亚硫酸或硫酸腐蚀，也可用于 S32550、J93370 和 J93372 等双相不锈钢的焊接以及碳钢、低合金钢与双相不锈钢之间异种钢接头的焊接。

42）S33-31 型焊丝主要用于相似合金成分 Ni-Cr-Fe 合金（R20033）的焊接及其与碳钢异种材料接头的焊接。也用于锅炉管的表面堆焊。焊缝金属对燃煤电站锅炉受热面管的高温腐蚀具有很高的耐蚀性。

（2）按埋弧焊冶金特点选择焊丝 埋弧焊时，焊丝与焊剂之间通过各种冶金反应使合金元素产生不同程度的烧损或渗合金，典型数据见表3-44。

表3-44 埋弧焊时焊丝中合金元素的变量

合金元素	焊丝中合金元素典型的变量（与熔敷金属中含量相比）（%）
碳	在超低碳级焊丝中，增碳0.01～0.02，普通级焊丝中，烧损0.02
硅	通常增硅：0.3～0.6
铬	通常烧损0.5～3.0，除非在焊剂中加铬
镍	变量很小
锰	-0.5～0.5（取决于焊剂中MnO含量）
钼	变量很小
铌	通常烧损：-0.1～-0.5（取决于焊剂的氧化性）

由表3-44可见，不锈钢埋弧焊时焊丝中Cr的烧损最严重。因此应选用Cr含量略高于母材的不锈钢焊丝。目前市售的不锈钢焊丝铬含量普遍高于相应母材1%～2%，以确保焊缝金属的耐蚀性。

在使用超低碳级不锈钢焊丝时，焊缝金属会产生增碳。这一方面说明，必须选用碳含量比母材更低的超低碳级不锈钢焊丝，另一方面要求加强焊接坡口和焊丝表面的清理工作，最大限度地清除油污等外来物质，防止焊缝金属增碳超过允许范围。

不锈钢焊丝中其他合金元素的变化相对较小，对焊缝金属性能影响不大，在焊丝选择中不必逐项加以考虑。

不锈钢埋弧焊另一个重要冶金问题是焊缝金属内铁素体含量的控制。不锈钢焊缝金属内的铁素体含量直接取决于其合金含量及配比，因此也与焊丝的选择有关。

在铬镍不锈钢焊缝金属内，适量的铁素体组织对提高抗热裂性是有利的，通常要求铁素体含量在5%（体积分数）左右。过量的铁素体将降低焊缝金属的耐蚀性。特别是当接头在高温下运行时，铁素体可能转变为硬而脆的σ相，降低了焊缝金属的塑性和冲击韧性。

有关的统计数据表明，308、308L和347型焊丝焊缝金属的铁素体数约为10FN，309型焊丝约为12FN，316和316L型焊丝相应为5FN。对于某种不锈钢焊缝金属可以按其实际合金成分计算出铬、镍当量，并从WRC-1992铁素体含量曲线图上求得铁素体含量。

在选择不锈钢焊丝时，如对焊缝金属的铁素体含量有严格要求，则可按上述曲线图求得与所要求铁素体含量相对应的铬、镍当量，并据此选定Cr、Ni、Mo合金含量相近的标准型焊丝，或重新设计焊丝的合金成分及其含量。

（3）按焊件的运行条件选择焊丝 不锈钢焊件主要用于各种酸、碱、盐等腐蚀介质，焊缝金属应具有与母材相当的耐均匀腐蚀、晶间腐蚀、点蚀和应力腐蚀的特性，为此应当选择Cr、Ni含量相同级别的超低碳或铌稳定的不锈钢焊丝。

在现代焊接结构中，铬镍不锈钢也用于工作温度700℃以上的高温部件。在这种情况下，焊缝金属应具有与母材相当的高温抗蠕变强度和抗氧化性。按焊件的运行参数，可分别选用S308H、S316H、S330、S347和S19-10H等焊丝。

在低温和深低温（-196～-269℃）设备全奥氏体不锈钢的应用日见增多，充分利用这类不锈钢优异的低温和深低温冲击韧度。对于这种用途，按所焊全奥氏体不锈钢的合金成分，可分别选用S309L、S316L、S316LMn、S320LR等不锈钢焊丝。

3.5 埋弧焊焊剂与焊丝的选配

埋弧焊焊剂与焊丝的选配是焊接高质量焊缝金属决定性因素之一，是制定埋弧焊工艺规程的重要环节。焊剂焊丝选配得当可以取得优质、高效、经济的效果。实际上，一种牌号的焊丝可以与多种牌号的焊剂相配；反过来，一种牌号的焊剂可以配用多种牌号的焊丝，当然，这里存在一个最佳匹配问题，它涉及所采用的埋弧焊方法的工艺特点和冶金特点。

3.5.1 碳钢和低合金钢埋弧焊焊剂与焊丝的选配

1. 按焊丝的硅含量选配焊剂

由表3-22可知，国产碳钢埋弧焊焊丝大部分硅的质量分数低于0.03%，H08MnA和H10Mn2焊丝硅的质量分数≤0.07%，均属于沸腾钢焊丝，因此在埋弧焊过程中必须通过焊剂，对焊缝金属进行渗硅，而形成致密的焊缝，因此必须配用高硅高锰焊剂，如HJ430、HJ431和SJ401、SJ501等焊剂。

国标规定的低合金钢焊丝（含细晶粒钢、高强度钢和热强钢）均含有足够量的硅（0.2%以上），无须通过焊剂对焊缝金属进行渗硅。可选配中锰、中硅型焊剂，如HJ350、HJ351和SJ301等。如果仍选用高硅高锰焊剂，则使焊缝金属的硅含量会超过容限值而使冲击韧度下降。

2. 按焊缝金属扩散氢含量的要求选配焊剂

埋弧焊焊接屈服强度大于等于460MPa的高强度厚板接头时，焊缝金属扩散氢含量超过某一限值，是促使产生氢致延迟裂纹的主因。为防止这种危险缺陷的形成，焊缝金属的扩散氢含量不应超过4mL/100g，而必须选配低氢型碱性焊剂，如HJ250，HJ251，SJ201和SJ101等焊剂。这些焊剂中CaF_2含量较高（20%以上），可以通过下列反应，形成挥发性HF气体逸出，降低焊缝金属中的氢含量。

$$2CaF_2 + 3SiO_2 = SiF_4 + 2CaSiO_3$$
$$SiF_4 + 2H_2O = 4HF + SiO_2$$
$$SF_4 + 3H = 3HF + SiF$$

3. 按工艺性要求选配焊剂

在许多埋弧焊作业中，焊剂的工艺性往往起到关键性的作用，例如在厚壁深坡口对接接头多层多道埋弧焊，特别是窄间隙埋弧焊时，必须选择脱渣性良好的焊剂，否则不仅增加了费时费工的去渣工序，而且容易产生夹渣，难以保证焊缝质量。

在脱渣性方面，烧结焊剂优于熔炼焊剂，例如SJ201、SJ101等烧结焊剂用于窄坡口或窄间隙埋弧焊时渣壳能自动剥离，焊缝表面光滑无黏渣，确保了焊缝质量。HJ350和HJ250等熔炼焊剂不能满足这方面的要求。

薄板接头的埋弧焊可以用高达300cm/min的速度进行焊接，在这种情况下，焊缝的质量在很大程度上取决于焊剂的工艺特性，应当选择专为高速埋弧焊设计的焊剂，如HJ433高锰、高硅型熔炼焊剂、SJ201高铝型烧结焊剂和SJ501铝-钛型烧结焊剂，采用这些焊剂埋弧焊时，熔渣凝固速度较快，熔池金属对坡口边缘的润湿性很好，即使在很高的焊接速度下，焊缝也成形良好、表面光滑，且无咬边等缺陷。

3.5.2 不锈钢埋弧焊焊剂与焊丝的选配

铬和铬镍不锈钢埋弧焊可选择的国产商品焊剂有：熔炼焊剂HJ150、HJ151、HJ172、HJ260；烧结焊剂SJ524、SJ601、SJ602、SJ606、SJ608、SJ701等。

这些焊剂原则上都可与铬、铬镍不锈钢组合使用。但在焊接工艺性上，烧结焊剂优于熔炼焊剂。在国外，目前都采用烧结焊剂埋弧焊焊接各种不锈钢。例如 ESAB 公司生产的 OKFlux 10.93 氟碱型烧结焊剂，可与下列各种牌号的不锈钢焊丝配用：S308L、S308H、S347、S316L、S317L、S316H、S16.38、S318、S309L、S309MoL、S385、S310、S312、S2209、S310MoL、S2509、S16.97 等。

3.5.3 常用钢种埋弧焊焊丝与焊剂的选配

常用钢种埋弧焊焊丝-焊剂选配见表 3-45。

表 3-45 常用钢种埋弧焊焊丝-焊剂选配表

序号	适用钢种	焊剂/焊丝配组	
		焊丝牌号	焊剂牌号
1	Q235A、B、C、D Q255A、B，10，15，20	H08A，H08E	HJ431，SJ401，HJ430，SJ501
2	20R	H08MA	HJ431，SJ301，HJ430，SJ501
3	Q295	H08MnA	HJ431，SJ301，HJ430，SJ501
4	Q355，Q355R	H08MnA H10Mn2	HJ431，HJ430，SJ501，SJ301
5	Q390，15MnV，15MnVR，Q370q	H08MnMo	HJ350，SJ301，SJ101，SJ201
6	Q420，15MnVN，15MnVNR，Q420q	H08MnMo	HJ350，SJ301，SJ101，SJ201
7	Q460，18MnMoNbR，13MnNiMoNbR	H08Mn2Mo	HJ250，SJ101，SJ201
8	15CrMo，15CrMoR，14Cr1MoR	H08CrMoA	HJ350，SJ101，SJ201
9	12Cr2Mo1R	H08Cr3MoMnA EB3	HJ350，SJ101，SJ201
10	06Cr13、12Cr13	H1Cr13	HJ172，HJ260 SJ601，SJ606，SJ701
11	06Cr19Ni10，10Cr18Ni12 06Cr18Ni11Ti，06Cr18Ni11Nb	H0Cr21Ni10 H00Cr21Ni10 H0Cr20Ni10Nb	HJ172，HJ260， SJ601，SJ606，SJ701
12	0Cr17Ni12Mo2 022Cr17Ni12Mo2 06Cr19Ni13Mo3 022Cr19Ni13Mo3	H0Cr19Ni12Mo2 H00Cr19Ni12Mo2 H0Cr19Ni14Mo3	HJ172，HJ260 SJ601，SJ606，SJ701

3.6 高效埋弧焊焊接材料

埋弧焊可通过采用特种焊接材料，例如药芯焊丝、金属粉芯焊丝、带极和金属粉末等提高熔敷率，加快焊接速度，也可使用特种焊剂实现高速焊和深熔焊而提高生产效率。

3.6.1 埋弧焊用药芯焊丝和金属粉芯焊丝

众所周知，药芯焊丝和金属粉芯焊丝原本是气体保护焊用特种焊丝。但试验发现，在埋弧焊中使用药芯焊丝，特别是金属粉芯焊丝可进一步提高熔敷率，并改善焊缝成形，国内外不少焊接材料制造厂商，研制了多种专用于埋弧焊的药芯焊丝和金属粉芯焊芯，并以标准化定型产品投放到了世界市场。

1. 埋弧焊用药芯焊丝和金属粉芯焊丝的分类

按其合金成分可分成两大类，即碳钢药芯焊丝、金属粉芯焊丝和低合金钢药芯焊丝、金属粉芯焊丝。目前在市场上可供应的这类焊丝的商品牌号、标准型号和合金系列见表3-46。某些常用药芯焊丝和金属粉芯焊丝熔敷金属典型化学成分见表3-47。从表中数据可见，大多数药芯焊丝和金属粉芯焊丝熔敷金属均属于低碳、低硫、低磷级别，显著提高了焊缝金属的各项力学性能。

表3-46　埋弧焊用药芯焊丝和金属粉芯焊丝的商品牌号及标准型号

焊丝种类	商品牌号	AWS标准型号	合金系列	生产厂家	备　注
药芯焊丝	Lincolnweld LC-72	EC1	CMn	Lincoln	普通碳素结构钢
	OK Tubrod 15. 00S	EC1	CMn	ESAB	
	Lincolnweld LAC-690	ECG	MnNiMo	Lincoln	低合金高强度钢
	Lincolnweld LAC-B2	ECB2	1Cr0. 5Mo		铬钼耐热钢
	Lincolnweld LAC-Ni2	ECNi2	2Ni		低温镍钢
	OK Tubrod 15. 21TS	ECC	0. 5Cr0. 5Mo	ESAB	铬钼耐热钢
	OK Tubrod 15. 24S	ECNi1	1Ni		低温镍钢
	OK Tubrod 15. 25S	ECNi2	2Ni		
金属粉芯焊丝	OK Tubrod 14. 00S	EC1	CMn	ESAB	普通碳素结构钢
	OK Tubrod 14. 02S	ECG	0. 5Mo		钼、铬钼耐热钢
	OK Tubrod 14. 07S	ECB2	1Cr0. 5Mo		
	Metalloy EM13K-S	EC1	CMn	Hobart Brothers	普通碳素结构钢
	Metalloy EM13K-S Mod	EC1	CMn		
	Metalloy B2-S	ECB2	1Cr0. 5Mo		铬钼耐热钢
	Metalloy B3-S	ECB3	2Cr1Mo		
	Metalloy F2-S	ECF2	0. 6Ni0. 5Mo		NiMo低合金高强度钢
	Metalloy 100F3-S	ECF3	1Ni0. 5Mo		
	Metalloy 92-S	ECM1	1. 5Mn2Ni0. 35Mo		MnNiMo低合金高强度钢
	Metalloy 112-S	ECM3	1. 5Mn2. 5Ni0. 5Mo		
	Metalloy 120-S	ECM4	2. 0Mn2. 5Ni0. 5Mo		
	Metalloy Ni-S	ECNi1	1Ni		低温镍钢
	Metalloy W-S	ECW	CrCuNi		CrCuNi 低合金耐候钢

表3-47　埋弧焊用药芯焊丝和金属粉芯焊丝熔敷金属标准化学成分

焊丝商品牌号	化学成分（%，质量分数）								
	C	Mn	Si	S	P	Cu	Cr	Ni	Mo
Lincolnweld LAC-72	0. 15	1. 8	0. 9	0. 035	0. 035	0. 35	—	—	—
Lincolnweld LC-690	0. 08	1. 51	0. 36	0. 007	0. 011	0. 04	0. 36	2. 59	0. 44
OK Tubrod 14. 00S	0. 06	1. 52	0. 47	0. 011	0. 013	—	0. 03	0. 03	0. 01
OK Tubrod 15. 00S	0. 07	1. 61	0. 59	0. 010	0. 015	—	0. 03	0. 03	0. 01

（续）

焊丝商品牌号	化学成分（%，质量分数）								
	C	Mn	Si	S	P	Cu	Cr	Ni	Mo
OK Tubrod 15.24S	0.08	1.61	0.24	0.007	0.013	—	0.03	0.65	0.13
Metalloy EM12K S	0.06	1.23	0.24	0.023	0.026	0.06	—	—	—
Metalloy EM13K-S	0.05	1.07	0.45	0.013	0.025	0.07	—	—	—
Metalloy EM13K-S Mod	0.068	1.27	0.34	0.006	0.015	0.08	—	—	0.07
Metalloy 92-S	0.04	1.40	0.30	0.006	0.014	0.08	0.07	1.69	0.23
Metalloy 100F3-S	0.066	1.79	0.35	0.015	0.024	0.065	—	0.78	0.53
Metalloy 120-S	0.042	1.54	0.36	0.005	0.015	0.09	—	2.17	0.49
Metalloy N1-S	0.06	0.93	0.25	0.007	0.015	0.05	—	0.99	0.01
OK Tubrod 14.07S	0.05	0.9	0.4	—	—	—	1.3	—	0.5

注：表中数据引自 Lincoln、ESAB、Hobart-Brothers 公司产品样本。

2. 埋弧焊用金属粉芯焊丝熔敷金属典型力学性能

在国际上，埋弧焊用药芯焊丝和金属粉芯焊丝均按照 AWS A5.17/A5.17M《埋弧焊用碳钢焊丝和焊剂标准》和 AWS A5.23/A5.23M《埋弧焊用低合金焊丝和焊剂标准》生产和验收，其熔敷金属在焊态和焊后热处理状态下的力学性能应符合上述标准的规定。

埋弧焊熔敷金属的力学性能不仅取决于所选用焊丝的成分，而且还与所选配的焊剂特性有关。碳钢埋弧焊时，可以选配中性焊剂和活性焊剂，焊丝中的合金成分将产生一定程度的烧损和渗合金。而低合金钢埋弧焊时，多半选配中性或碱性焊剂，视对焊缝金属冲击韧度的要求而定。因此上述标准按焊丝/焊剂组合型号规定了熔敷金属力学性能的合格标准。表 3-48 列出几种常用金属粉芯焊丝与不同焊剂组合使用时，熔敷金属在焊态和焊后热处理状态下的力学性能典型数据。从表 3-48 中可见，金属粉芯焊丝埋弧焊熔敷金属低温韧度有明显的提高。

表 3-48　几种常用金属粉芯焊丝与不同焊剂组合埋弧焊时熔敷金属力学性能

焊丝商品牌号	焊丝/焊剂组合型号	焊剂商品牌号	试样状态	抗拉强度/MPa	屈服强度/MPa	伸长率（%）	V 形缺口冲击吸收能量/J		
							-29℃	-40℃	-51℃
Metalloy EM12KS	F7A6-EC1	HN-590	焊态	510	448	27	—	—	49
	F7A2-EC1	HPF-A95	焊态	652	576	25	29	—	—
	F7A4-EC1	HPF-N90	焊态	484	401	28	—	74	—
	F6P6-EC1	HPF-N90	焊后热处理	445	339	32	—	—	97
Metalloy EM13K-S	F7A4-EC1	HA-495	焊态	579	517	28	—	42	
	F7A10-EC1	HN-511	焊态	524	441	31	—	—	152（-73℃）
	F7P10-EC1	HN-511	焊后热处理	503	407	34	—	—	117
	F7A8-EC1	HN-590	焊态	510	434	28	—	—	80（-62℃）
	F7P8-EC1	HN-590	焊后热处理	524	414	30	—	—	120

（续）

焊丝商品牌号	焊丝/焊剂组合型号	焊剂商品牌号	试样状态	抗拉强度/MPa	屈服强度/MPa	伸长率（%）	V形缺口冲击吸收能量/J		
							-29℃	-40℃	-51℃
Metalloy EM13K-S Mod（热输入≥32kJ/mm）（常规热输入）	F7A8-EC1	HN-590	焊态	539	434	32	121	112	104
	F7P4-EC1	HN-590	焊后热处理	535	447	31.4	162	133	—
	F7A8-EC1	HN-511	焊态	578	490	29.0	—	—	73（-62℃）
	F7P4-EC1	HN-511	焊后热处理	545	433	31.0	—	214	207
	F7A8-EC1	HN-590	焊态	608	561	29.0	—	—	100（-62℃）
Metalloy 92-S	F8A8-ECM1-M1	HN-511	焊态	656	591	24.5	—	—	75（-62℃）
	F8A8-ECM1-M1	HN-511	焊后热处理	632	545	25.8	—	—	76（-62℃）
	F8A8-ECM1-M1	HN-590	焊态	636	565	25.5	—	—	61（-62℃）
	F8A8-ECM1-M1	HN-590	焊后热处理	613	532	26.1	—	—	73（-62℃）
Metalloy 100F3-S	F10A6-ECF3-F3	HN-511	焊态	785	739	23.2	—	130	81
	F10P6-ECF3-F3	HN-511	焊后热处理	752	681	24.3	—	102	71
	F10A4-ECF3-F3	HN-590	焊态	712	637	24.3	—	73	47
	F10P2-ECF3-F3	HN-590	焊后热处理	719	623	23.8	81	36	—
Metalloy 120-S	F11A10-ECM4-M4	HN-511	焊态	778	730	23.0			98（-62℃）
Metalloy N1-S	F7A8-ECNi1-Ni1	HN-511	焊态	501	423	30			258（-62℃）
	F6P10-ECNi1-Ni1	HN-511	焊后热处理	476	390	37			400（-73℃）
	F7A8-ECNi1-Ni1	HN-590	焊态	511	446	30			113（-62℃）
	F6P10-ECNi1-Ni1	HN-590	焊后热处理	494	403	33			91（-73℃）

3.6.2 药芯焊丝（金属粉芯焊丝）埋弧焊用焊剂

药芯焊丝和金属粉芯焊丝埋弧焊可按焊丝的合金成分及对焊缝金属力学性能的要求分别选用活性焊剂、中性焊剂和碱性焊剂。在国际上适用于药芯焊丝埋弧焊用焊剂的商品牌号和组合型号见表3-49。

1. 焊剂的化学成分

表3-49所列各种药芯焊丝埋弧焊用焊剂的主要化学成分见表3-50。

表3-49 药芯焊丝埋弧焊用焊剂的商品牌号和组合型号

焊剂种类	焊剂商品牌号	焊剂/焊丝组合型号	生产厂家
活性焊剂	HA-495	F7A4-EC1	Hobart
	Lincolnweld 761 Lincolnweld 780	F7A2-EC1 F7A2-EC1	Lincoln
	OK Flux 231 OK Flux 350	F7A4-EC1 F7A2-EC1	ESAB
中性焊剂	HN-590	F7A8-EC1，F7A10-ECNi1	Hobart
	Lincolnweld 860	F7A2-ECNi1-Ni1	Lincoln
	OK Flux 429 OK Flux 10.71	F8A4-ECNi1-Ni1 F9A2-EC-B2	ESAB
碱性焊剂	HN-511	F11A8-ECM3-M3	Hobart
	Lincoln weld 880M Lincoln weld 8500	F7A6-ECNi2-Ni2 —	Lincoln
	OK Flux 10.62 OK Flux 10.47	F7A8-EC-Ni2 F8A4-EC-G	ESAB

表 3-50 药芯焊丝埋弧焊商品焊剂主要化学成分

焊剂商品牌号	化学成分（%，质量分数）			
	Al_2O_3 + MnO	CaF_2	CaO + MgO	SiO_2 + TiO_2
Lincolnweld 761	21	5	22	47
OK Flux 231	60	10	—	25
OK Flux 350	20	5	25	40
Lincolnweld 860	43	12	19	21
OK Flux 429	40	10	25	20
OK Flux 10. 71	35	15	25	20
Lincolnweld 880	43	27	4	24
OK Flux 10. 62	20	25	35	15
OK Flux 10. 47	40	25	15	15

2. 常用焊剂的基本特性

目前在药芯焊丝埋弧焊中最常用几种焊剂的基本特性介绍如下。

（1）OK Flux 10. 47 焊剂　这种焊剂为熔炼型碱性焊剂，碱度系数 1. 3。其最大特点是吸潮性相当低。在大气中长时间存放后，水分含量基本不变。图 3-11 所示为 OK Flux10. 47 焊剂与 OK Tubrod 15. 24S 药芯焊丝组合埋弧焊时，熔敷金属扩散氢含量与焊剂在大气中存放时间的关系。从中可见，OK Flux 10. 47 熔炼焊剂在相对湿度为 80%、温度 25℃的大气中存放 14 天后，熔敷金属扩散氢含量仍保持在 2. 5mL/100g 超低氢级水平。因此特别适用于对低温冲击韧度要求较高的低合金钢厚壁接头的焊接。图 3-12 所示为 OK Flux10. 47 焊剂与碱性烧结焊剂埋弧焊熔敷金属扩散氢含量的对比，图中数据说明这种熔炼焊剂在吸潮性方面的优越性。

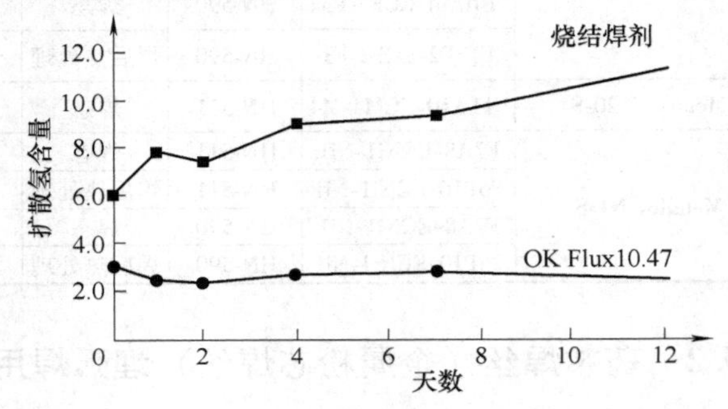

图 3-11　OK Flux 10. 47/OK Tubrod 15. 24S 组合埋弧焊熔敷金属扩散氢含量与焊剂在大气中存放时间的关系

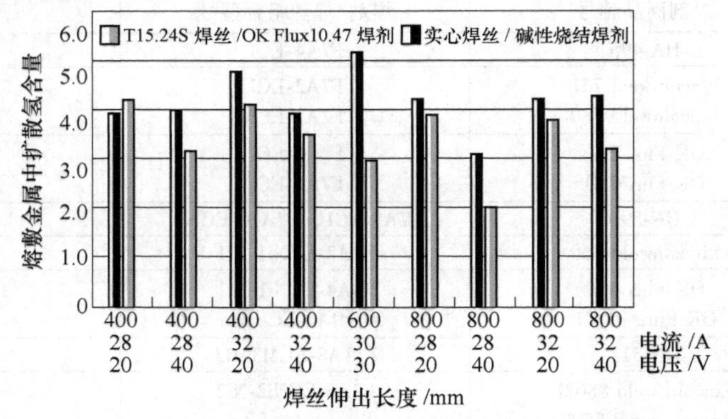

图 3-12　OK Flux 10. 47 熔炼焊剂与碱性烧结焊剂埋弧焊熔敷金属扩散氢含量的对比

OK Flux 10.47 焊剂与 Tubrod 15.24S 药芯焊丝组合埋弧焊，全焊缝金属在不同试验温度下的V形缺口冲击吸收能量实测结果如图3-13所示，其在 -60℃下的最低冲击吸收能量大于70J。可以满足海洋钢结构对焊接接头低温韧性的高要求。

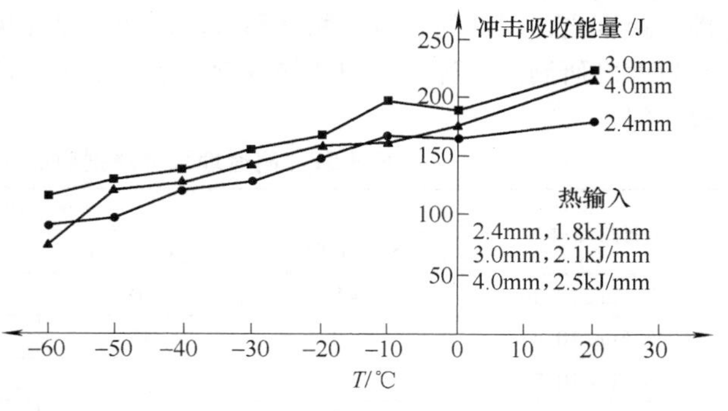

图3-13　OK Flux 10.47/OK Tubrod 15.24S 组合埋弧焊全焊缝金属在不同试验温度下的缺口冲击吸收能量

（2）各种常用焊剂的冶金特性　药芯焊丝埋弧焊用焊剂的冶金特性与普通埋弧焊焊剂相似，通常以熔敷金属的渗硅和渗锰量来表征。图3-14～图3-16所示分别为 OK Flux 350（活性焊剂），OK Flux 10.71（中性焊剂）和 OK Flux 10.47（碱性焊剂）典型的渗硅、渗锰曲线。从中可见，采用活性焊剂埋弧焊时熔敷金属的渗硅、渗锰量最大，中性焊剂次之，碱性焊剂则最小。

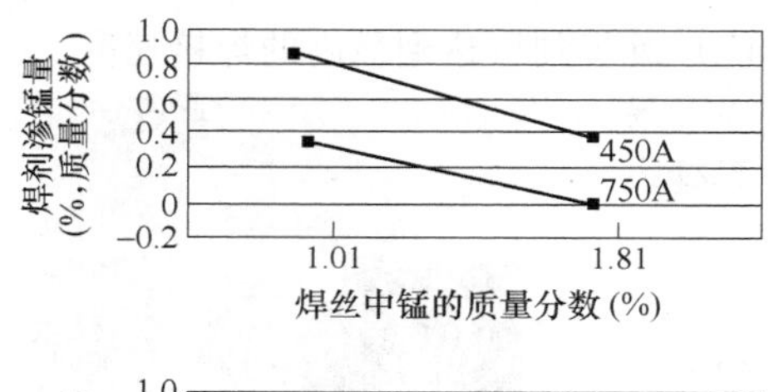

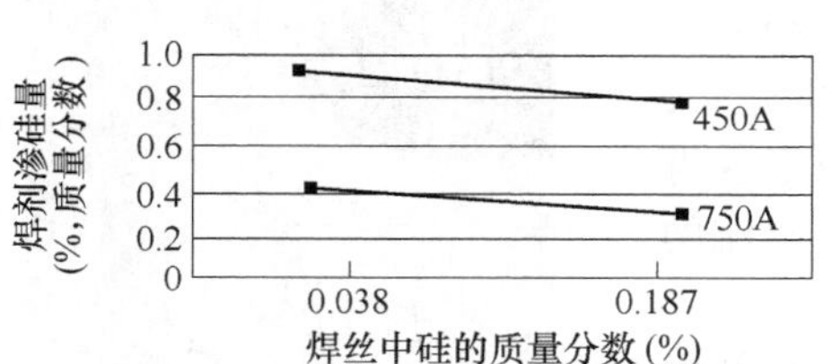

图3-14　OK Flux 350 活性焊剂埋弧焊时，熔敷金属渗锰、渗硅曲线

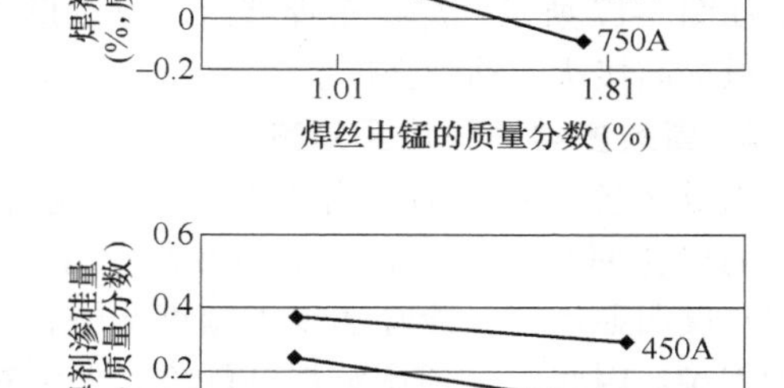

图3-15　OK Flux 10.71 中性焊剂埋弧焊时，熔敷金属渗锰、渗硅曲线

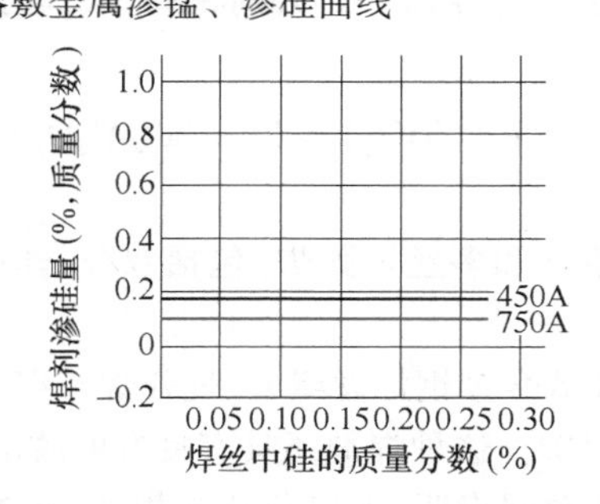

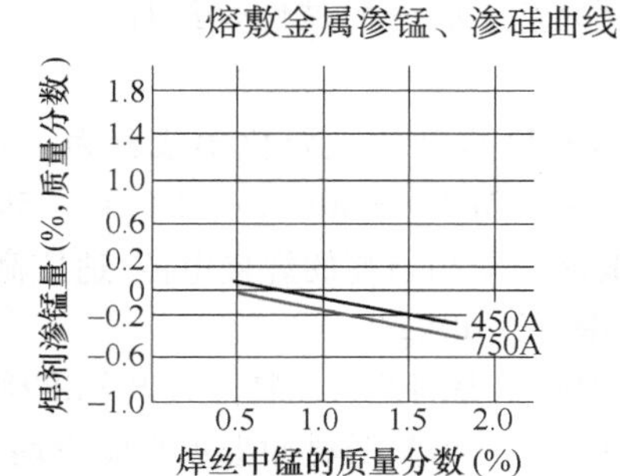

图3-16　OK Flux 10.47 碱性焊剂埋弧焊时熔敷金属渗锰、渗硅曲线

3.6.3　高效、高速埋弧焊焊剂

在埋弧焊中，可以通过焊剂配方的特殊设计实现高速焊、多丝高效埋弧焊，也可以在焊剂中添加一定比例的铁粉以提高熔敷率。

1. 高速埋弧焊焊剂

在制管、造船和钢结构等制造行业，总是力求达到最高的焊接速度，以取得最好的经济效益。但在高速埋弧焊时，焊缝金属的冷却速度相当快，焊道难以良好成形，必须改进焊剂的物理特性。换言之，焊剂的熔点、黏度和流动性必须保证快速焊接时（>2m/min）焊道良好成形。

目前已研制出多种高速埋弧焊焊剂，包括熔炼焊剂和烧结焊剂。其商品牌号和主要化学成分见表3-51。

表3-51 高速埋弧焊焊剂商品牌号及主要化学成分

焊剂商品牌号	化学成分（%，质量分数）				
	SiO_2+TiO_2	Al_2O_3+MnO	CaO+MgO	CaF_2	碱度系数
OK Flux 10.40	45	40	10	5	0.8
OK Flux 10.45	40	45	5	5	0.9
OK Flux 10.77	25	35	20	15	1.3
OK Flux 10.81	30	55	5	5	0.6
OK Flux 10.83	40	50	—	5	0.3
OK Flux 10.87	35	50	5	5	0.4

在表4-51所列的高速埋弧焊焊剂中，OK Flux 10.45熔炼焊剂可达到最高的焊接速度，一般可超过3.0m/min，而OK Flux 10.81烧结焊剂的焊道成形最佳，如图3-17所示。焊接角焊缝时，可以形成略凹的焊缝表面，以提高接头的动载强度。

图3-17 采用OK Flux 10.81焊剂高速埋弧焊的焊道外形

2. 高效多丝埋弧焊用焊剂

高效多丝埋弧焊时，由于总焊接电流可能超过3000A，电弧的热功率相当大，焊接熔池在高温停留时间相应延长，熔池长度明显增大，冷却速度大幅度减慢，使焊道成形变得较为困难。因此应合理调整焊剂配方，保证在多弧大电流的条件下焊道成形良好。

目前在国际市场上可供应的典型高效多丝埋弧焊焊剂主要有：OK Flux 10.72和OK Flux 10.74。这两种焊剂都是以铝酸盐和氧化钙为基本成分的碱性烧结焊剂，其碱度系数分别为1.9和1.4。

OK Flux 10.72焊剂的主要化学成分为：$w(SiO_2)+w(TiO_2)=20\%$，$w(Al_2O_3)+w(MnO)=25\%$，$w(CaO)+w(MgO)=30\%$，$w(CaF_2)=25\%$。

这种焊剂能经受相当高的焊接电流，适应高效单丝和多丝埋弧焊，包括双/双丝串列电弧埋弧焊，最高熔敷率可达40kg/h。

OK Flux 10.72焊剂的另一特点是与标准碳钢和低合金钢焊丝组合，埋弧焊焊缝金属具有优异的低温冲击韧度。-50℃低温冲击吸收能量均大于50J。这种焊剂还具有良好的脱渣性，因此可以适当减小对接接头V形坡口的角度。表3-52所列的数据表明，坡口角从常规的60°减至50°，其横截面积可缩减19%。这不仅降低了焊接材料的消耗，而且还减少了焊缝层数，提高了焊接效率。

表3-52 不同坡口角下带钝边V形对接接头横截面积对比

接头板厚/mm	60°坡口横截面积/mm^2	50°坡口横截面积/mm^2	横截面缩小率(%)
25	231	187	19
35	520	420	19
45	924	746	19

注：坡口钝边=5mm，装配间隙=0mm。

OK Flux 10.74 焊剂是一种专为厚壁管纵缝高效多丝埋弧焊研制的碱性烧结焊剂，焊丝数量可多达6根。这种焊剂的物理性能和冶金特点与 OK Flux 10.72 焊剂相似。其最主要的优点是在高的焊接速度下焊缝成形良好，表面平整，余高较小，焊缝横断面如图3-18所示。

OK Flx 10.74 焊剂与标准型碳钢和低合金钢焊丝组合使用，高效多丝埋弧焊焊缝金属具有令人满意的低温冲击韧度，实测数据见表3-53。

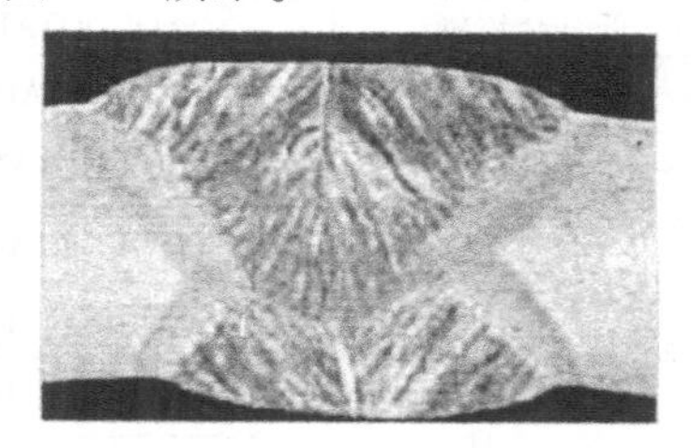

图3-18　OK Flux 10.74 焊剂多丝埋弧焊的焊缝横断面

3. 添加铁粉的埋弧焊焊剂

在焊剂中添加铁粉也是提高埋弧焊熔敷率的有效方法。现已研制出添加铁粉的烧结焊剂，如 OK Flux10.30 焊剂。这种焊剂以氧化钙-硅酸盐为基本成分，碱度系数1.6，并添加约35%的铁粉。埋弧焊时，焊剂中铁粉向焊接熔池的过渡系数最高可达2.1，实测数据见表3-54。从中可见，过渡系数取决于电弧电压和电流种类。

表3-53　OK Flux 10.74 焊剂与各种焊丝组合埋弧焊焊缝金属力学性能

焊丝商品牌号 OK Autrod	焊丝标准型号 (AWS)	抗拉强度 R_m/MPa	伸长率 A_5(%)	CVN 冲击吸收能量/J			
				-20℃	-40℃	-51℃	-29℃
12.20	EM12	540	30	—	60	40	—
12.22	EM12K	540	30	—	55	35	—
12.24	EA2	590	24	65	—	—	50
12.34	EA4	670	24	55	—	—	40

注：试样均为焊态。

表3-54　OK Flux 10.30 铁粉焊剂的过渡系数

电弧电压/V	过渡系数	
	DC+	AC
30	1.3	1.4
34	1.5	1.8
38	1.7	1.9
42	1.9	2.1

OK Flux 10.30 焊剂具有相当高的电流承载能力，多丝埋弧焊时，总的承载电流可达3100A。同时焊剂的物理性能适应于单面焊双面成形埋弧焊工艺。三丝埋弧焊可以一次行程单面焊双面成形，最大焊接厚度达25mm，从而成倍提高焊接效率。目前已在造船行业得到实际应用。

3.6.4　埋弧焊用带极

埋弧焊和埋弧堆焊用带极简称焊带。在国际上，焊带按 AWS A5.9/A5.9M：2017《不锈钢光焊丝和焊棒标准》生产和验收。其标准型号以 EQ×××表示。为满足特殊焊接工程的需要，某些焊材制造企业也生产纯铁和特殊合金非标准焊带。

1. 焊带标准型号和商品牌号

焊带按材料的种类可分为纯铁、低合金钢、高合金铬钢、铬镍不锈钢、特种不锈钢、镍基合金、钴基合金和铜合金等焊带。在市场上可供应的埋弧焊焊带商品牌号和标准型号见表3-55。焊带的规格、适用的焊接电流、焊道宽度和厚度范围见表3-56。

表 3-55 常用埋弧焊焊带商品牌号和标准型号

焊带种类	焊带商品牌号	焊带标准型号(AWS)	生产厂家	备 注
纯铁	SOUDOTAPE A	—	Soudokay（比利时）	非标准
低合金铬钢	SOUDOTAPES258	—		
高合金铬钢	SOUDOTAPE 410L	EQ410		标准号 AWS A5. 9
	SOUDOTAPE 420	EQ420		
	SOUDOTAPE 430	EQ430		
	SOUDOTAPE 430L	EQ430		
高合金铬镍不锈钢	SOUDOTAPE 308L	EQ308L		
	SOUDOTAPE 309L	EQ309L		
	SOUDOTAPE 22. 11L			
	SOUDOTAPE 316L	EQ316L		
	SOUDOTAPE 317L	EQ317L		
	SOUDOTAPE 21. 13. 3L	—		
	SOUDOTAPE 24. 12LNb	—		
	SOUDOTAPE 347	EQ347		
	SOUDOTAPE 21. 11LNb	—		
	OK BAND 308L	EQ308L	ESAB（瑞典）	
	OK BAND 309L	EQ309L		
	OK BAND 316L	EQ316L		
	OK BAND 317L	EQ317L		
	OK BAND 347	EQ347		
	OK BAND 309LNb	EQ309LNb		
	OK BAND 309LMo	EQ309LMo		
特种不锈钢	SOUDOTAPE 310MM	—	Soudokay	标准号 AWS A5. 9
	SOUDOTAPE 22. 6. 3L	—		
	SOUDOTAPE 20. 25. 5LCu	EQ385		
	SOUDOTAPE 254SMo	—		
	SOUDOTAPE S307	EQ307		
	SOUDOTAPE SCrNi32. 27Mn	—		
镍基合金	SOUDOTAPE 825	EQNiFeCr-1	Soudokay	标准号 AWS A5. 14
	SOUDOTAPE 625	EQNiCrMo3		
	SOUDOTAPE NiCr3	EQNiCr3		
	SOUDOTAPE NiCu7	EQNiCu7		
	SOUDOTAPE NiTi	EQNi-1		
	SOUDOTAPE 690	EQNiCrFe-7A		
	SOUDOTAPE NiCrMo22	EQNiCrMo-10		
	SOUDOTAPE NiCrMo59	EQNiCrMo-13		
	SOUDOTAPE NiCrMo4	EQNiCrMo-4		
	SOUDOTAPE NiCrMo7	EQNiCrMo-7		
	SOUDOTAPE NiCr3H	EQNiCr3		
	SOUDOTAPE NiMo7	—		
钴基合金	SOUDOTAPE SCoCr6	EQ CoCr A	Soudokay	AWS A5. 21
	SOUDOTAPE SCoCr21	—		
铜基合金	SOUDOTAPE CuNi30	EQ CuNi	Soudokay	AWS A5. 7

表3-56　焊带标准规格、适用的焊接电流、焊道宽度和厚度范围

焊带标准宽度/mm	适用的焊接电流/A	焊道宽度/mm	焊道厚度/mm
15	350	18～19	3～5
20	400	23～24	3～5
30	600	32～37	3～5
60	1200	63～68	3～5
90	1800	93～98	3～5
120	2400	124～128	3～5

2. 常用焊带的标准化学成分

常用焊带的化学成分原则上应符合 AWSA5. 9/A5. 9M:2017《不锈钢光焊丝和焊棒标准》和 AWSA5. 14/A5. 14M:2011《镍和镍合金光焊丝和焊棒标准》的规定。部分焊带应符合 EN ISO14343-A、EN ISO14343-B 欧洲标准的规定。各种常用焊带的典型化学成分见表3-57。

表3-57　常用焊带的典型化学成分

焊带商品牌号	化学成分(%,质量分数)											
	C	Mn	Si	Cr	Ni	Mo	Cu	N	Nb	Fe	Co	其他
SOUDOTAPE A	0. 025	0. 2	0. 01	—	—	—	—	—	—	余量	—	—
SOUDOTAPE S258	0. 33	1. 1	0. 4	6. 8	0. 4	1. 7	—	—	—	余量	—	W1. 7
SOUDOTAPE 410L	0. 025	0. 4	0. 4	12. 7	—	—	—	—	—	余量	—	—
SOUDOTAPE 420	0. 33	0. 4	0. 4	13. 6	—	—	—	—	—	余量	—	—
SOUDOTAPE 430	0. 045	0. 4	0. 3	16. 2	—	—	—	0. 038	—	余量	—	—
SOUDOTAPE 430L	0. 015	0. 4	0. 3	16. 4	—	—	—	0. 015	—	余量	—	—
SOUDOTAPE 308L	0. 013	1. 7	0. 4	20. 3	10. 4	0. 1	—	0. 04	—	余量	—	—
SOUDOTAPE 309L	0. 012	1. 8	0. 4	23. 7	13. 3	0. 1	—	0. 048	—	余量	—	—
OK BAND 309LMo	0. 015	1. 8	0. 4	20. 5	13. 5	3. 1	—	—	—	余量	—	—
OK BAND 309LNb	0. 01	1. 8	0. 5	24	13	0. 5	—	—	0. 10	余量	—	—
SOUDOTAPE 22. 11L	0. 010	1. 8	0. 3	21. 2	11. 3	0. 1	—	0. 035	—	余量	—	—
SOUDOTAPE 316L	0. 014	1. 7	0. 4	18. 3	12. 6	2. 9	—	0. 045	—	余量	—	—
SOUDOTAPE 317L	0. 016	1. 5	0. 4	18. 8	13. 6	3. 5	—	0. 045	—	余量	—	—
SOUDOTAPE 21. 13. 3L	0. 014	1. 7	0. 3	20. 3	14. 2	2. 9	—	0. 033	—	余量	—	—
SOUDOTAPE 24. 12LNb	0. 017	2. 1	0. 4	23. 7	12. 5	0. 2	—	0. 05	0. 7	余量	—	—
SOUDOTAPE 347	0. 016	1. 1	0. 4	19. 7	10. 5	0. 1	—	0. 046	0. 5	余量	—	—
SOUDOTAPE 21. 11LNb	0. 016	1. 8	0. 3	21. 4	11. 3	—	—	0. 036	0. 7	余量	—	—

（续）

焊带商品牌号	化学成分(%,质量分数)											
	C	Mn	Si	Cr	Ni	Mo	Cu	N	Nb	Fe	Co	其他
SOUDOTAPE 310MM	0.012	4.5	0.2	25.1	22	2.2	—	0.13	—	余量	—	—
SOUDOTAPE 22.6.3L	0.022	1.4	0.3	22.5	5.5	3.2	—	0.16	—	余量	—	—
SOUDOTAPE 20.25.5LCu	0.012	1.6	0.3	18.9	24.3	4.3	1.5	0.05	—	余量	—	—
SOUDOTAPE S254 SMo	0.013	0.5	0.4	20.0	17.8	6.0	0.6	0.208	—	余量	—	—
SOUDOTAPE S307	0.09	4.4	0.4	21.0	10.0	—	—	0.04	—	余量	—	—
SOUDOTAPE S32.27Mn	0.17	7.3	0.2	31.8	27.0	—	—	—	—	余量	—	—
SOUDOTAPE 825	0.01	0.8	0.3	22.5	余量	3.1	2.4	—	—	30.5	—	0.75Ti
SOUDOTAPE 625	0.015	0.1	0.1	22	余量	9.0	—	—	3.6	0.3	—	0.23Ti
SOUDOTAPE NiCr3	0.015	3.2	0.2	20.6	余量	—	—	—	2.7	0.3	—	0.35Ti
SOUDOTAPE NiCu7	0.025	3.5	0.2	—	余量	—	29.5	—	—	0.3	—	2.3Ti
SOUDOTAPE NiTi	0.023	0.3	0.1	—	余量	—	—	—	—	0.1	—	3.9Ti
SOUDOTAPE 690	0.017	2.8	0.2	30.5	余量	0.1	—	—	1.8	8.8	—	0.35Ti
SOUDOTAPE NiCrMo22	0.005	0.2	0.03	21.4	余量	13.5	—	—	—	2.4	—	2.8W
SOUDOTAPE NiCrMo59	0.005	0.2	0.04	22.7	余量	15.5	—	—	—	0.7	—	—
SOUDOTAPE NiCrMo4	0.005	0.5	0.03	16	余量	15.8	0.1	—	—	5.5	—	3.5W
SOUDOTAPE NiCrMo7	0.06	0.1	0.03	15.5	余量	15	—	—	—	0.5	—	0.35Ti
SOUDOTAPE NiCrMo3H	0.025	3.2	0.2	20.6	余量	—	—	—	2.7	1.0	—	0.3Ti
SOUDOTAPE NiMo7	0.03	0.2	0.02	—	余量	27.8	—	—	—	0.1	—	—
SOUDOTAPE SCoCr6	1.1	0.6	0.1	31.5	2.1	0.8	—	—	—	—	余量	5W
SOUDOTAPE SCoCr21	0.25	0.4	0.5	27.2	3.3	5.5	—	—	—	—	余量	—
SOUDOTAPE CuNi30	0.025	0.8	0.1	—	30.7	—	余量	—	—	0.7	—	0.45Ti

注：表中数据引自 Soudokay 和 ESAB 公司产品样本。

3. 堆焊层典型化学成分

带极埋弧堆焊的堆焊层的化学成分主要取决于焊带的成分，同时也与所配的焊剂种类、母材成分和焊道稀释率有关。对于低合金堆焊层，为减少焊带的品种，往往采用各种渗合金焊剂，以获取不同合金成分的堆焊层。表 3-58 ~ 表 3-60 分别列出采用标准焊带与不同牌号焊剂组合堆焊时，堆焊层的典型化学成分和相应的焊接参数。

表 3-58　碳钢和低合金钢堆焊层典型化学成分和焊接参数

堆焊层合金种类	堆焊层数及层次	焊带/焊剂商品牌号	化学成分(%,质量分数)										焊接参数(60mm×0.5mm)			堆焊层厚度/mm	硬度
			C	Mn	Si	Cr	Ni	Mo	N	Nb	Fe	其他	焊接电流/A	电弧电压/V	焊接速度/(cm/min)		
碳钢	共2层,第2层	SOUDOTAPE A + RECORD S467	0.055	1.0	0.5	—	—	—	—	—	余量	—	1150	28	15	4.4	150HBW
	共2层,第2层	SOUDOTAPE A + RECORD RT146	0.055	1.0	0.5	—	—	—	—	—	余量	—	1150	28	15	4.4	150HBW
0.5Mo钢	共2层,第2层	SOUDOTAPE A + RECORD SMoTW	0.042	1.0	0.6	—	—	0.6	—	—	余量	—	900	26	18	3.0	—
1Ni-0.5Mo钢	共2层,第2层	SOUDOTAPE A + RECORD NiMo157	0.116	0.7	0.5	—	0.9	0.5	—	—	余量	—	1100	25	13	4.2	210HBW
1.5Cr-0.5Mo钢	共3层,第2层	SOUDOTAPE A + RECORD CrMo15TW	0.060	0.4	0.3	1.3	—	0.6	—	—	余量	—	800	24	17	3.5	240HBW
	第3层		0.036	0.5	0.3	1.3	—	0.6	—	—		—	800	24	17	3.5	235HBW
1.5Cr-2Ni-0.5Mo钢	共3层,第1层	SOUDOTAPE A + RECORD RT505	0.240	0.5	0.5	1.1	1.6	0.4	—	—	余量	V:0.09	1000	28	15	4.0	285HBW
	第2层		0.260	0.3	0.5	1.4	2.0	0.5	—	—		V:0.110	1000	28	15	3.8	320HBW
	第3层		0.260	0.3	0.5	1.4	2.1	0.6	—	—		V:0.120	1000	28	15	3.8	340HBW
2.0Cr-1.0Mo钢	共3层,第1层	SOUDOTAPE A + RECORD CrMo21TW	0.10	0.3	0.4	1.7	—	0.7	—	—	余量	—	650	28	13	4.0	260HBW
	第2层		0.09	0.2	0.4	2.2	—	0.9	—	—		—	650	28	13	4.0	275HBW
	第3层		0.09	0.1	0.4	2.3	—	1.0	—	—		—	650	28	13	4.0	275HBW
	共5层,第5层	SOUDOTAPE A + RECORD CrMo21LCTW	0.06	0.1	0.3	2.4	—	1.0	—	—	余量	—	900	28	13	4.3	230HBW
2Cr-0.5Mo钢	共3层,第1层	SOUDOTAPE A + RECORD CrMo25TW	0.140	0.6	0.4	1.4	—	0.5	—	—	余量	—	650	28	13	4.0	240HBW
	第2层		0.110	0.7	0.5	1.7	—	0.6	—	—		—	650	28	13	4.0	240HBW
	第3层		0.080	0.6	0.5	1.9	—	0.6	—	—		—	650	28	13	4.0	240HBW

（续）

堆焊层合金种类	堆焊层数及层次	焊带/焊剂商品牌号	化学成分（%，质量分数）										焊接参数（60mm×0.5mm）			堆焊层厚度/mm	硬度
			C	Mn	Si	Cr	Ni	Mo	N	Nb	Fe	其他	焊接电流/A	电弧电压/V	焊接速度/(cm/min)		
3Cr-0.5Mo钢	共3层，第3层	SOUDOTAPE A + RECORD RT250	0.080	0.7	0.7	3.0	—	0.4	—	—	余量	—	1275	24	15	4.4	290HBW
5Cr-0.9Mo钢	共3层，第2层	SOUDOTAPE A + RECORD RT350	0.070	0.3	0.3	4.6	—	0.8	—	—	余量	—	900	28	13	3.8	325HBW
	第3层		0.080	0.3	0.3	5.0	—	0.9	—	—		—	900	28	13	3.8	325HBW
6Cr-1Mo钢	共4层，第3层	SOUDOTAPE A + RECORD RT400D	0.120	0.3	0.4	5.5	—	0.9	—	—	余量	—	1200	28	21	3.1	40HRC
	第4层		0.120	0.3	0.4	5.8	—	0.9	—	—		—	1200	28	21	3.0	40HRC
6Cr-3Mo钢	共3层，第1层	SOUDOTAPE A + RECORD RT500	0.30	0.5	0.4	4.5	2.2	—	—	—	余量	—	1000	28	15	4.0	45HRC
	第2层		0.320	0.3	0.3	5.6	2.8	—	—	—		—	1000	28	15	3.8	45HRC
	第3层		0.340	0.3	0.3	6.0	3.0	—	—	—		—	1000	28	15	3.8	50HRC
6Cr-0.7Mo钢	共3层，第1层	SOUDOTAPE A + RECORD RT600	0.290	0.6	0.7	3.4	—	0.5	—	—	余量	—	950	27	17	4.0	45HRC
	第2层		0.330	0.4	0.8	4.6	—	0.6	—	—		—	950	27	17	4.0	50HRC
	第3层		0.340	0.3	0.9	5.3	—	0.7	—	—		—	950	27	17	4.0	55HRC
258钢	共3层，第2层	SOUDOTAPE S258 RECORD RT159	0.250	1.0	0.5	6.4	0.3	1.3	—	—	余量	W:1.55	750	28	12	3.2	45HRC
	第3层		0.250	1.0	0.5	6.6	0.3	1.6	—	—		W:1.6	750	28	12	3.2	50HRC
258NiMo钢	共3层，第2层	SOUDOTAPE S258 RECORD RT157	0.250	0.9	1.0	6.4	1.9	2.2	—	0.3	余量	V:0.23，W:1.55	900	26	13	4.3	45HRC
	第3层		0.250	0.9	0.9	6.5	1.9	2.2	—	0.3		V:0.23，W:1.55	900	26	13	4.3	50HRC

表 3-59 马氏体铬钢堆焊层典型化学成分和焊接参数

堆焊层合金种类	堆焊层数及层次	焊带/焊剂商品牌号	化学成分(%,质量分数)										焊接参数(60mm×0.5mm)			堆焊层厚度/mm	硬度
			C	Mn	Si	Cr	Ni	Mo	N	Nb	Fe	其他	焊接电流/A	电弧电压/V	焊接速度/(cm/min)		
410	共3层,第1层	SOUDOTAPE 430 + RECORD RT155	0.083	0.5	0.7	10.8	—	—	—	—	余量	—	900	26	12	4.1	340HBW
	第2层		0.075	0.4	0.8	13.4	—	—	—	—		—	900	26	12	3.8	260HBW
	第3层		0.070	0.4	0.9	15.0	—	—	—	—		—	900	26	12	3.8	240HBW
410HC	共2层,第1层	SOUDOTAPE 420 + RECORD RT356	0.290	0.7	0.7	11.0	—	—	—	—	余量	—	1100	26	12	5.0	50HRC
	第2层		0.310	0.6	0.7	12.6	—	—	—	—		—	1100	26	14	4.4	55HRC
420	共3层,第1层	SOUDOTAPE 420 + RECORD RT159	0.190	0.2	0.7	9.2	—	—	—	—	余量	—	750	28	12	3.8	45HRC
	第2层		0.200	0.2	0.8	11.6	—	—	—	—		—	750	28	12	3.6	45HRC
	第3层		0.200	0.2	0.8	12.2	—	—	—	—		—	750	28	12	3.5	50HRC
	共3层,第1层	SOUDOTAPE 420 + RECORD RT155	0.220	0.5	0.8	8.8	—	—	—	—	余量	—	900	26	12	4.1	50HRC
	第2层		0.230	0.3	0.9	11.9	—	—	—	—		—	900	26	12	3.8	50HRC
	第3层		0.230	0.2	1.0	12.9	—	—	—	—		—	900	26	12	3.8	50HRC
	共2层,第2层	SOUDOTAPE 430 + RECORD RT179	0.071	0.1	1.2	17.3	0.1	—	—	—	余量	—	900	24	15	4.0	—
14Cr2Ni1Mo	共4层,第1层	SOUDOTAPE 410L + RECORD RT184	0.180	0.7	0.8	8.5	2.3	0.5	—	—	余量	—	650	27	13	4.0	45HRC
	第2层		0.180	0.6	0.9	10.0	3.0	0.6	—	—		—	650	27	13	4.0	45HRC
	第3层		0.180	0.6	0.9	10.5	3.4	0.7	—	—		—	650	27	13	4.0	45HRC
	第4层		0.180	0.5	0.9	10.6	3.5	0.7	—	—		—	650	27	13	4.0	50HRC
14Cr2Ni1MoNb	共3层,第1层	SOUDOTAPE 430 + RECORD RT177	0.180	0.6	0.5	11.1	2.0	1.0	—	0.3	余量	V:0.31	650	27	13	3.5	45HRC
	第2层		0.170	0.5	0.6	13.3	2.3	1.1	—	0.3		V:0.32	650	27	13	3.5	45HRC
	第3层		0.175	0.6	0.5	13.8	2.4	1.2	—	0.3		V:0.33	650	27	13	3.5	45HRC

（续）

堆焊层合金种类	堆焊层数及层次	焊带/焊剂商品牌号	化学成分(%,质量分数)										焊接参数(60mm×0.5mm)			堆焊层厚度/mm	硬度
			C	Mn	Si	Cr	Ni	Mo	N	Nb	Fe	其他	焊接电流/A	电弧电压/V	焊接速度/(cm/min)		
410NiMo	共3层,第1层	SOUDOTAPE 430 + RECORD RT152	0.068	0.6	0.6	12.2	2.9	0.7	—	—	余量	—	650	27	13	3.5	405HRC
	第2层		0.037	0.5	0.8	13.9	3.8	0.9	—	—		—	650	27	13	3.5	390HBW
	第3层		0.033	0.5	0.9	14.0	3.8	0.9	—	—		—	650	27	13	3.5	385HBW
	共3层,第1层	SOUDOTAPE 430 + RECORD RT161	0.142	0.6	0.8	11.6	1.1	0.4	—	—	余量	—	700	27	13	3.8	45HBW
	第2层		0.149	0.5	1.0	13.6	1.5	0.5	—	—		—	700	27	13	3.8	45HRC
	第3层		0.137	0.5	1.0	14.3	1.5	0.5	—	—		—	700	27	13	3.8	45HRC
13Cr4NiMo	共2层,第1层	SOUDOTAPE 430 + RECORD RT162	0.054	0.6	1.0	13.1	4.0	0.7	—	—	余量	—	650	27	13	3.0	40HRC
	第2层		0.039	0.5	1.1	16.2	5.3	0.9	—	—		—	650	27	13	3.0	35HRC
410NiMoNbV	共3层,第1层	SOUDOTAPE 430 + RECORD RT742	0.085	0.4	0.8	12.0	2.0	0.9	—	0.1	余量	V:0.10	800	27	13	3.0	40HRC
	第2层		0.090	0.3	0.9	13.0	2.3	1.0	—	0.1		V:0.13	800	27	13	3.0	40HRC
	第3层		0.090	0.3	0.9	13.5	2.4	1.0	—	0.2		V:0.15	800	27	13	3.0	40HRC
	共3层,第2层	SOUDOTAPE 410L + RECORD RT157	0.140	0.3	0.8	11.8	2.5	1.3	—	0.3	余量	V:0.27	900	26	13	3.8	40HRC
	第3层		0.140	0.3	0.9	12.0	2.6	1.4	—	0.3		V:0.27	900	26	13	3.5	45HRC
12Cr6Ni2Mo	共3层,第1层	SOUDOTAPE 430L + RECORD RT168	0.075	0.4	0.6	9.5	3.9	2.0	—	—	余量	—	800	26	16	2.8	—
	第2层		0.027	0.3	0.7	12.1	4.7	2.5	—	—		—	800	26	16	2.8	—
	第3层		0.017	0.2	0.8	12.9	5.2	2.6	—	—		—	800	26	16	2.8	35HRC
17Cr	共2层,第1层	SOUDOTAPE 430 + RECORD RT179	0.060	0.4	—	15.0	—	—	—	—	余量	—	900	24	15	4.1	—
	第2层		0.071	0.5	—	17.2	—	—	—	—		—	900	24	15	4.1	—

表 3-60 铬镍不锈钢埋弧堆焊层化学成分和焊接参数

堆焊层钢号	堆焊层数及层次	焊带/焊剂商品牌号	化学成分(%,质量分数)										焊接参数(焊带 60mm×0.5mm)			堆焊层厚度/mm
			C	Mn	Si	Cr	Ni	Mo	N	Nb	Fe	FN*	焊接电流/A	电弧电压/V	焊接速度/(cm/min)	
308L	共2层,第1层	SOUDOTAPE 309L + RECORD INT101	0.037	1.6	0.8	19.7	10.7	—	—	—	余量	6	750	27	12	4.2
	第2层	SOUDOTAPE 308L + RECORD INT101	0.022	1.6	0.8	19.7	10.2	—	—	—	余量	7	750	27	12	4.1
	共2层,第1层	SOUDOTAPE 309L + RECORD INT109	0.045	0.9	0.8	19.3	10.6	—	—	—	余量	4	900	28	12	4.5
	第2层	SOUDOTAPE 308L + RECORD INT109	0.03	1.0	0.8	19.5	10.2	—	—	—	余量	6	900	28	12	4.2
	共2层,第1层	SOUDOTAPE 309LQ5 + RECORD 9V308T1Q5	0.053	1.5	0.7	18.0	8.5	—	—	—	余量	2.4	750	26	14	4.1
	第2层	SOUDOTAPE 308LQ5 + RECORD 8B308T2Q5	0.030	1.5	0.9	19.3	9.9	—	—	—	余量	8	750	26	12	3.9
316L	共2层,第1层	SOUDOTAPE 309L + RECORD INT101	0.040	1.6	0.9	19.8	11.0	—	—	—	余量	4	750	26	14	4.2
	第2层	SOUDOTAPE 309L + RECORD INT101	0.025	1.5	0.5	18.3	12.2	2.4	—	—	余量	7	750	26	14	3.7
	共2层,第1层	SOUDOTAPE 309L + RECORD INT109	0.058	0.8	0.8	18.3	9.6	0.1	—	—	余量	2	750	28	13	3.5
	第2层	SOUDOTAPE 316L + RECORD INT109	0.029	0.7	0.9	18.6	11.7	2.0	—	—	余量	5	750	28	13	3.5
347	共2层,第1层	SOUDOTAPE 24.12LNB + RECORD INT102	0.055	1.0	0.8	18.4	10.2	—	—	0.5	余量	6	750	26	12	4.3
	第2层	SOUDOTAPE 347 + RECORD INT102	0.030	1.0	0.8	19.1	10.2	—	—	0.5	余量	7	750	26	12	4.0
	共2层,第1层	SOUDOTAPE 309 + RECORD INT109	0.045	0.9	0.8	18.2	9.7	—	—	—	余量	2	750	28	15	3.3
	第2层	SOUDOTAPE 347 + RECORD INT109	0.035	0.8	0.9	19.3	10.0	—	—	0.4	余量	6	750	28	15	3.1
310MM	共3层,第1层	SOUDOTAPE 310MM + RECORD 13 BLFT	0.040	3.5	0.6	21	19.8	1.9	0.13	—	余量	—	750	28	12	4.5
	第2层		0.033	3.6	0.6	23	21.3	2.0	0.12	—	余量	—	750	28	12	4.1
	第3层		0.025	3.7	0.6	24.5	22.2	2.1	0.12	—	余量	—	750	28	12	4.1
Duplex(双相不锈钢)	共3层,第2层	SOUDOTAPE 22.6.3L + RECORD INT110	0.028	0.8	0.9	20.9	5.9	2.8	0.14	—	余量	55	750	26	17	3.4
	第3层		0.020	0.9	1.0	21.7	6.6	2.9	0.15	—	余量	60	750	26	17	3.3

注：铁素体含量按 AWS A4.2 标准测量。

第 4 章　埋弧焊工艺及技术

4.1　埋弧焊工艺基础

埋弧焊工艺主要包括：埋弧焊工艺方法的选择、焊前准备、焊接坡口的设计、焊接材料的选定、焊接参数的制定、焊接缺陷检查方法及修补工艺的制定、焊前预处理与焊后热处理工艺的制定。

编制焊接工艺的原则是：首先要保证接头的质量完全符合焊件技术条件或相应标准的规定；其次是最大限度地降低生产成本，即以最高的焊接速度、最低的焊材和能量消耗以及最少的焊接工时，完成整个焊接过程。

焊接工艺的编制依据是工件材料的牌号和规格、工件形状和结构、焊接位置以及对焊接接头性能的技术要求等。

根据上述基本原始资料，制定出初步的埋弧焊工艺方案，即结合工厂生产车间现有埋弧焊设备和工艺装备，选定埋弧焊工艺方法（如单丝或多丝埋弧焊、加焊剂衬垫或悬空埋弧焊、单层或双面埋弧焊、多层多道焊等）、焊剂/焊丝组合型号（或牌号）、焊丝直径和焊接坡口设计等。

焊接参数的制定应以相应的焊接工艺试验报告或焊接工艺评定报告为依据。埋弧焊工艺参数可分为主要参数和次要参数。主要参数是指那些直接影响焊缝质量和生产效率的参数，包括焊接电流、电弧电压、焊接速度、电流种类及极性、预热和热处理工艺参数等。对焊缝质量产生有限影响或无多大影响的焊接参数为次要参数，包括焊丝伸出长度、焊丝倾角、焊丝与工件的相对位置、焊剂粒度、焊剂堆散高度和多丝焊的丝间距等。有关操作技术的参数有引弧和收弧技术、焊剂衬垫压紧力、焊丝端的对中以及电弧长度的控制等。

焊接参数从两方面决定了焊缝质量。一方面，焊接电流、电弧电压和焊接速度三个参数合成为焊接热输入，对焊缝的强度和韧性产生重要影响；另一方面，这些参数也影响到焊缝的成形，同时也影响到焊缝的抗裂性、对气孔和夹渣的敏感性。这些参数应适当匹配，可焊制成形良好、无任何缺陷的焊缝。在实际操作中，应正确调整各焊接参数，以获得最佳的焊道成形。因此应清楚了解各焊接参数影响焊缝成形的规律。

4.1.1　埋弧焊焊缝形成和结晶过程的一般规律

焊缝的形成是焊接熔池建立，熔池连续前移和凝固的过程，焊缝纵向和横向截面的形状是由熔池瞬态形状决定的。埋弧焊时，焊丝及母材在电弧热作用下熔化，形成液态金属熔池，其形状和尺寸如图 4-1 所示。它主要决定于电弧的热输入 Q。

$$Q=\eta IU/V_{W} \tag{4-1}$$

式中　Q——单位长度焊缝上焊接热输入（J/cm）；

η——热效率（%）；

I——焊接电流（A）；

U——电弧电压（V）；

V_{W}——焊接速度（mm/s）。

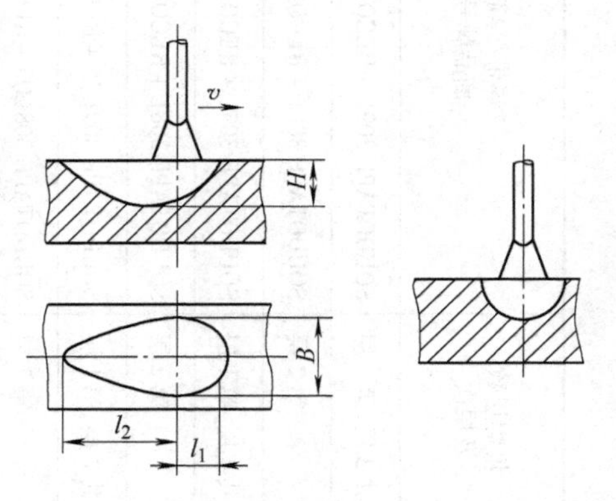

图 4-1　埋弧焊熔池形状和尺寸
H—熔池最大深度　B—熔池最大宽度
l_1+l_2—熔池长度

由式（4-1）可知，熔池尺寸的大小与电流、电压的乘积呈正比、与焊接速度呈反比。

焊缝的形状通常是指焊缝横截面的形状，如图4-2所示，以熔深H、熔宽B和余高a三个尺寸来表征。为保证焊缝的强度，焊缝必须有足够的熔深。其次，焊缝熔深H与熔宽B和余高a的尺寸应呈适当的比例关系。通常焊缝的形状以形状系数$\psi=B/H$和增厚系数B/a来表示。

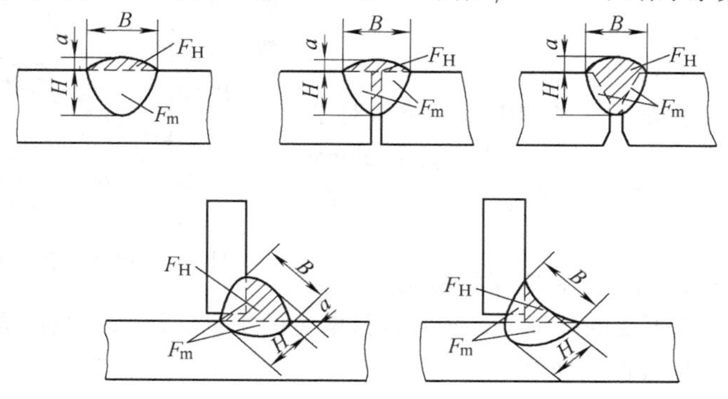

图4-2　各种焊缝横截面形状和尺寸代号

F_m—母材熔化的横截面积（mm^2）　F_H—焊丝熔敷的横截面积（mm^2）

a—余高　B—焊缝宽度　H—熔深

小的形状系数说明焊缝横截面形状深而窄，易出现热裂纹和气孔；大的形状系数表示焊缝横截面浅而宽，易形成未焊透或夹渣。因此形状系数应在合适的范围内。对于埋弧焊焊缝，通常要求其形状系数为1.3～1.5。增厚系数应控制在4～8，以使接头具有足够的静载和动载强度。增厚系数过大，即焊缝余高过小，将减弱接头的静载强度；增厚系数过小，即焊缝余高过大，则将降低接头的动载强度。

上述焊缝形状对焊缝质量的影响与焊缝的初次结晶密切相关。焊缝金属的初次结晶总是以熔池底部边缘母材半熔化状态的晶粒为晶核，晶体生长方向与散热方向相反，即垂直于熔池内壁方向。故焊缝金属的结晶方向，取决于熔池的形状。在形状系数ψ小的焊缝中，从两侧壁生长的晶粒几乎对向相交于焊缝中心，结果使低熔点杂质聚集于该部位而极易诱发结晶裂纹和气孔。在形状系数较大的焊缝中，其结晶方向有助于将低熔点杂质推向焊缝顶部，如图4-3a所示，因此可抑制裂纹和气孔的形成。从焊缝纵向截面看，熔池底部越细长，两侧生长的晶粒在焊缝中心的夹角越大，焊缝中心杂质偏析越严重。这不仅降低了焊缝的强度，而且还会促使纵向结晶裂纹的形成。如熔池底部呈椭圆形，就不易出现纵向结晶裂纹。因此控制焊缝成形是防止焊接缺陷的有效措施。

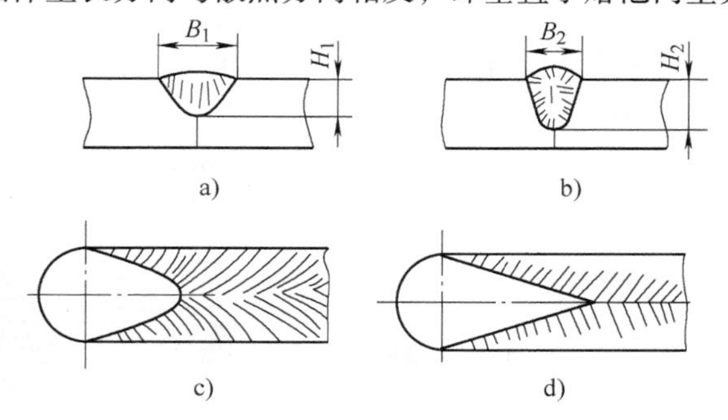

图4-3　焊缝形状对焊缝金属结晶方式的影响

a）浅熔深宽焊缝　b）深熔窄焊缝　c）短熔池　d）长熔池

4.1.2　焊接参数对焊缝成形的影响

影响焊缝成形的主要因素是焊接电流、电弧电压、焊接速度、电源种类及其极性。

1. 焊接电流

焊接电流是决定焊丝熔化速度，熔透深度和母材熔化量的最重要的参数，焊接电流对熔透深度的影响最大，其与熔透深度几乎成正比关系。图4-4示出I形对接焊和Y形坡口对接焊时，焊接电流与熔透深度的关系曲线。其数学关系式为：

$$H = K_m I$$

式中　H——熔透深度；

K_m——熔深系数；

I——焊接电流（A）。

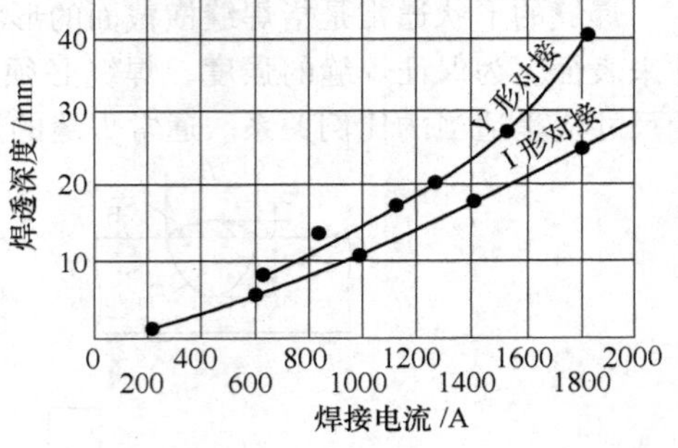

图4-4　焊接电流与熔透深度的关系

熔深系数 K_m 取决于焊丝直径和电流种类。对于直径 ϕ2mm 的焊丝，K_m = 1.0 ~ 1.7；对于直径 ϕ5mm 的焊丝，K_m = 0.7 ~ 1.3。采用交流电埋弧焊时，K_m 一般在 1.1 ~ 1.3 范围内。

焊接电流对焊缝横截面形状和熔深的影响如图4-5所示。在其他焊接参数不变的条件下，随着焊接电流的提高，熔深和余高同时增大，焊缝形状系数变小，如图4-6中焊缝横剖面所示。

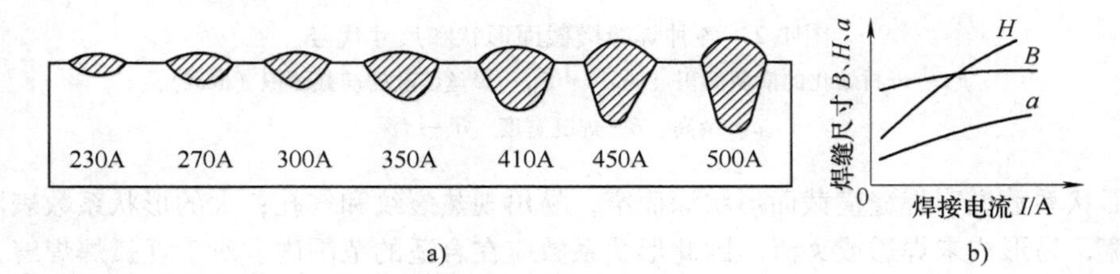

图4-5　焊接电流对焊缝横剖面形状和熔深的影响

a）不同焊接电流时焊缝横截面形状　b）焊接电流与焊缝尺寸的关系

H—熔深　B—焊缝宽度　a—余高

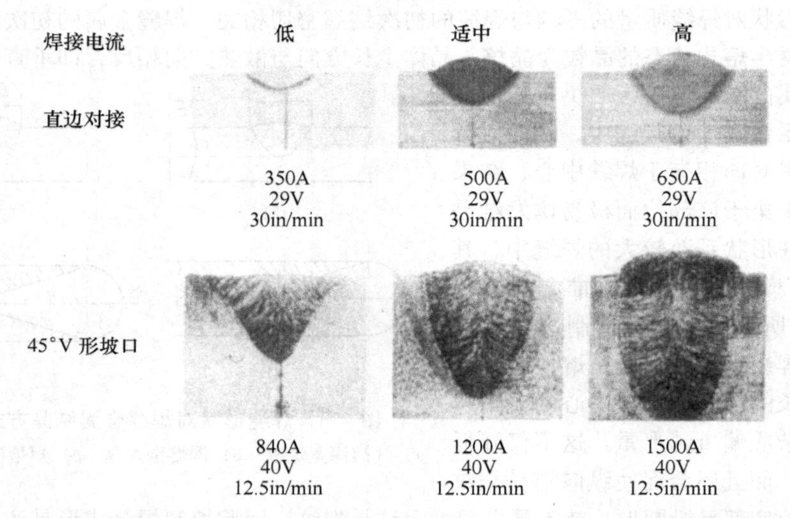

图4-6　在其他焊接参数不变的条件下，焊接电流的变化对焊缝熔深和余高的影响

注：1in≈25.4mm。

为防止烧穿和裂纹，焊接电流不宜选得过大，但焊接电流过小，也会使焊接过程不稳定，并造成未焊透或未熔合。因此焊接电流对于不开坡口的对接缝，应按所要求的最低熔透深度来选定。对于开坡口的填充层焊道，焊接电流主要以焊缝最佳成形为准则来选定。

此外，焊丝直径决定了焊接电流密度，因而也对焊缝横截面形状产生一定的影响。采用细焊丝焊接时，形成深而窄的焊道，采用粗焊丝焊接时则形成宽而浅的焊道。

2. 电弧电压

电弧电压与弧长呈正比关系。在其他参数不变的条件下，随着电弧电压的提高，焊缝的宽度明显增大，而熔深和余高则略有减小，焊缝横剖面如图 4-7 所示。电弧电压过高时，会形成浅而宽的焊道，从而可能导致未焊透和咬边等缺陷的形成。此外，高的电弧电压，使焊剂熔化量增多，焊缝表面变得粗糙，脱渣困难。降低电弧电压，能提高电弧挺度，增大熔深。但电弧电压过低，会形成余高大的窄焊缝，使坡口边缘熔合不良。图 4-8 所示为电弧电压在 30～50V 之间变化时，对焊缝形状的影响。

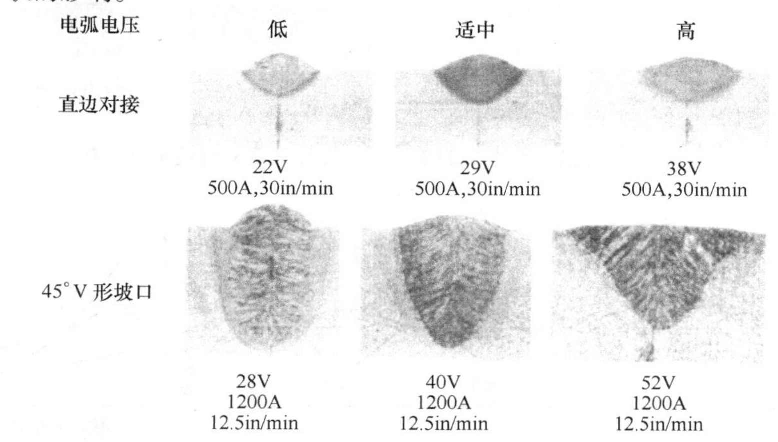

图 4-7 在其他焊接参数不变的条件下，电弧电压的变化对焊缝形状的影响

注：1in≈25.4mm。

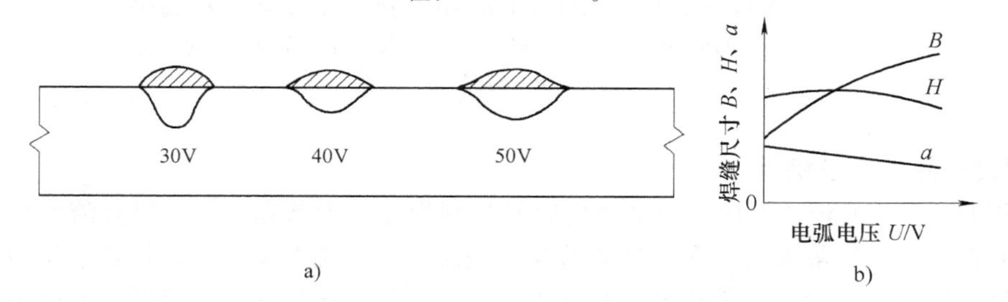

图 4-8 电弧电压在 30～50V 范围内变化时，对焊缝形状的影响

a）不同电弧电压时的焊缝横截面形状 b）电弧电压对焊缝尺寸的影响

B—熔宽 *H*—熔深 *a*—余高

为获得成形良好的焊道，电弧电压与焊接电流应相互匹配。当加大焊接电流时，电弧电压应相应提高。

3. 焊接速度

焊接速度决定了每单位焊缝长度上的热输入。在其他焊接参数不变的条件下，提高焊接速度可使熔深、熔宽和余高相应减小，焊缝横剖面形状如图 4-9 所示。焊缝速度在 30～100m/h 范围内的变化对焊缝形状的影响如图 4-10 所示。

埋弧焊时，焊接速度太快会产生咬边和气孔等缺陷，并使焊道外形恶化。如果同时选用较高的电弧电压，则可能形成横截面呈蘑菇形的焊缝，使其对人字形热裂纹或液化裂纹敏感。如果焊接速度过慢，则会因熔池尺寸过大而形成表面粗糙的焊缝。因此焊接速度应与所选定的焊接电流和电弧电压适当匹配。

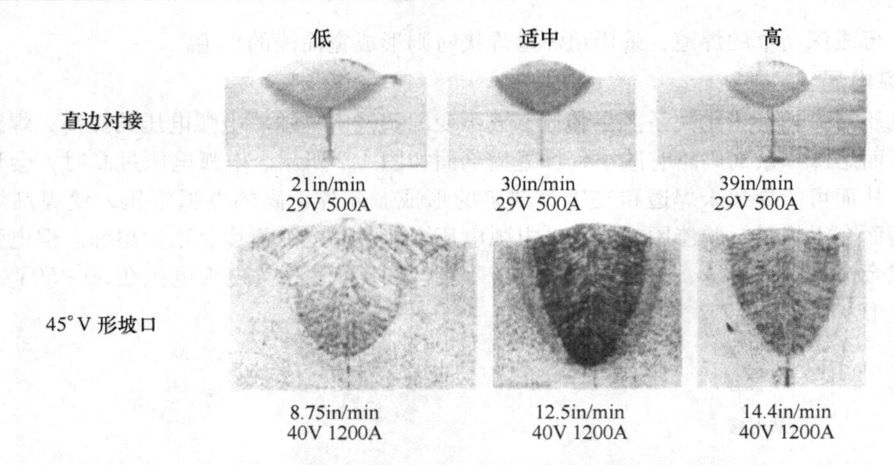

图 4-9 在其他焊接参数不变的条件下，焊接速度对焊缝形状的影响

注：1in≈25.4mm。

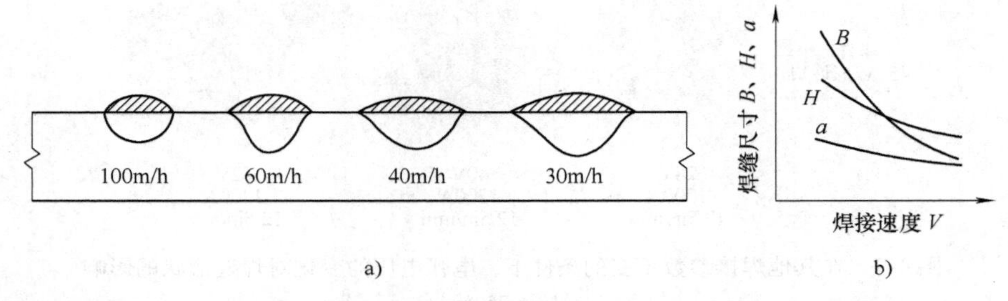

图 4-10 焊接速度在 30～100m/h 范围内的变化对焊缝形状的影响

a）不同电弧电压时的焊缝横截面形状 b）焊接速度对焊缝尺寸的影响

B—熔宽 H—熔深 a—余高

4. 焊接电源种类及极性

埋弧焊时，采用直流电源比交流电源更容易控制焊道的形状和熔深。以直流反接（焊丝接正极）焊接时，可获得最大的熔深和平整的焊缝表面。以直流正接（焊丝接负极）焊接时，焊丝熔化速度要比反接高35%，使焊缝余高增加，熔深变浅。这是因为正接时，电弧最多的热量集中于焊丝的顶端。直流正接法埋弧焊可用于要求浅熔深的焊接以及表面堆焊。同时应适当提高电弧电压。

5. 其他焊接参数

埋弧焊的其他焊接参数对焊缝成形也有一定的影响。这些参数有焊丝伸出长度、焊剂粒度和堆散高度以及焊丝倾角和偏移量等。

（1）焊丝伸出长度 埋弧焊时，焊丝的熔化速度是由电弧热和电阻热共同决定的。其中电阻热是指伸出导电嘴的一段焊丝通过焊接电流时产生的热量（I^2Rt）。因此焊丝的熔化速度与焊丝伸出长度的电阻热呈正比。图 4-11 所示为焊丝伸出长度的电阻热与焊丝熔化速度的关系，焊丝伸出长度越长，电阻热越大，焊丝熔化速度越快。

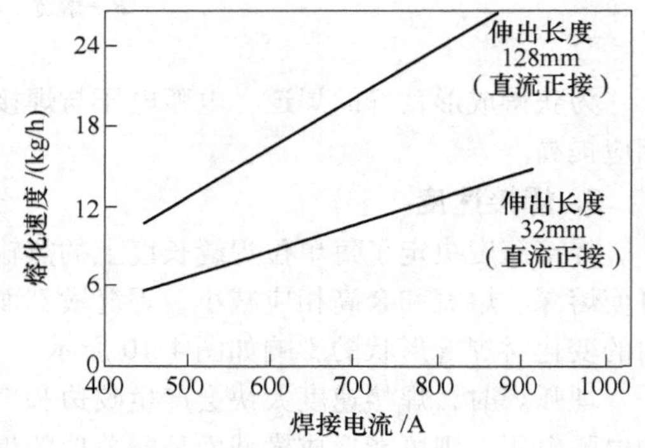

图 4-11 不同焊丝伸出长度下焊接电流与熔化速度的关系

当焊丝中的电流密度高于 125A/mm² 时，焊丝伸出长度对焊缝形状的影响更为明显。在较低的电弧电压下，增加伸出长度，焊道宽度变窄，熔深减小，余高增加。在焊接电流保持不变的情况下，加大焊丝伸出长度，可使熔化速度提高 25% ~50%。因此为保持良好的焊道成形，应适当提高电弧电压和焊接速度。在不要求深熔的情况下，可利用加大焊丝伸出长度来提高焊接效率，而在要求深熔焊时，不推荐加大焊丝伸出长度。

为保证焊接过程的稳定和焊缝成形良好，对于不同直径的焊丝推荐表 4-1 中的最佳和最大焊丝伸出长度。

表 4-1　不同直径焊丝的最佳和最大焊丝伸出长度　（单位：mm）

焊丝直径	最佳焊丝伸出长度	最大焊丝伸出长度
φ2.0,φ2.5,φ3.0	30 ~ 50	75
φ4.0,φ5.0,φ6.0	50 ~ 80	125

（2）焊剂粒度和堆散高度　焊剂粒度和堆散高度对焊道的成形也有一定的影响。焊剂的粒度应根据所使用的焊接电流值来选择，细颗粒焊剂适用于大电流焊接，能形成较大的熔深和宽而平坦的焊缝表面。如果在低电流下使用细颗粒焊剂，则因焊剂层密封性较好，气体不易逸出而在焊缝表面留下斑点。相反，如果在大电流下使用粗颗粒焊剂，则因焊剂层保护不足而在焊缝表面形成凹坑或出现粗糙的鳞纹。

焊剂粒度与所使用的焊接电流范围之间最合适的关系列于表 4-2。

表 4-2　焊剂粒度与适用焊接电流的关系

焊剂粒度/目	40 ~ 8	60 ~ 10
适用的焊接电流/A	500 ~ 800	800 ~ 1200

焊剂堆散高度太小或太大都会在焊缝表面引起斑点、凹坑、气孔并改变焊道的形状。焊剂堆散高度太小，电弧不能完全埋入焊剂中，使电弧燃烧不稳定且出现闪光、热量不集中，降低焊缝熔透深度。如果焊剂堆层太高，电弧受到熔渣壳的物理约束，而形成外形凹凸不平的焊缝，但熔深有所增加。因此焊剂层的堆散高度应适当控制，使电弧不再外露，不出现闪光，同时又能使气体均匀逸出。按照焊丝直径和所使用的焊接电流，焊剂层的堆散高度应在 25 ~40mm 范围内。焊丝直径越大，焊接电流越高，焊剂堆散高度应相应加大。

（3）焊丝倾角和偏移量　焊丝倾角对焊道成形有明显的影响。焊丝相对于焊接方向可前倾或后倾。顺着焊接方向倾斜称为前倾，背着焊接方向倾斜称为后倾。焊丝前倾时，电弧大部分热量集中于焊接熔池，电弧吹力使熔池向后推移，因而形成熔透深、余高大、熔宽窄的焊道。而焊丝后倾时，电弧热量大部分集中于未熔化的母材，从而形成熔深浅、余高小、熔宽大的焊道。表 4-3 列出焊丝倾角对焊道形状、熔深、余高和熔宽的影响。

表 4-3　焊丝倾角对焊道成形的影响

焊丝倾角	前倾 15°	垂直 0°	后倾 15°
焊道形状			
熔透	深	中等	浅
余高	大	中等	小
熔宽	窄	中等	宽
示意图	焊道 母材	焊道 母材	焊道 母材

T 形接头平角焊时，焊丝的位置及其与工件之间的夹角对焊道成形也有较大的影响。为获得焊脚均等的角焊缝，焊丝中心线应向底板偏移 1/2 ~ 1/4 焊丝直径。如果焊丝端过于靠近立板侧面，将引起咬边；而离立板距离太大，则使立板上的焊脚尺寸过小，如图 4-12 所示。焊丝相对于立板的倾角可在 20° ~ 45°之间调整。当夹角为 30°时，可以达到最大的熔深，如图 4-13 所示。

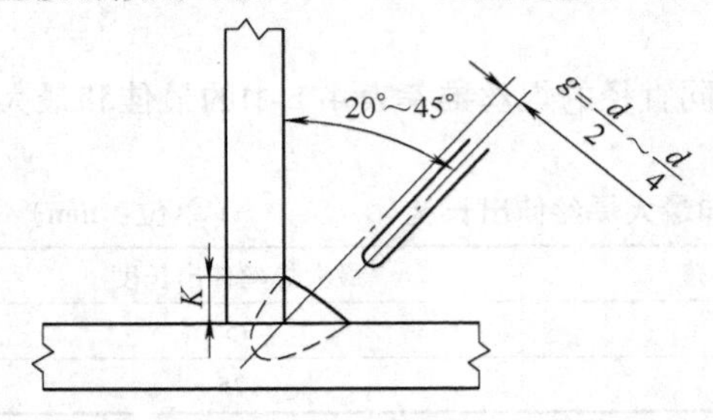

图 4-12 T 形接头平角焊时焊丝的正确位置
g—焊丝中心线至焊缝中心线的正确位置
d—焊丝直径 K—焊脚尺寸

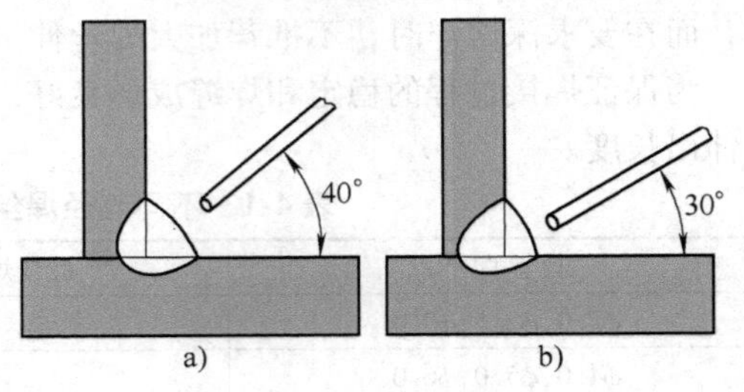

图 4-13 平角焊时焊丝与工件之间的夹角对焊缝形状的影响
a）焊脚等高 b）深熔

T 形接头角焊缝在船形位置焊接时，底板与水平面的夹角通常为 45°。焊丝对准角接接头的中心（图 4-14a）。如果要求达到较大的熔深，可将工件置于图 4-14b 所示的位置，即使底板与水平面的夹角大于 45°。焊丝中心线与角接接头中心线将偏移一定距离，以防止咬边的形成。

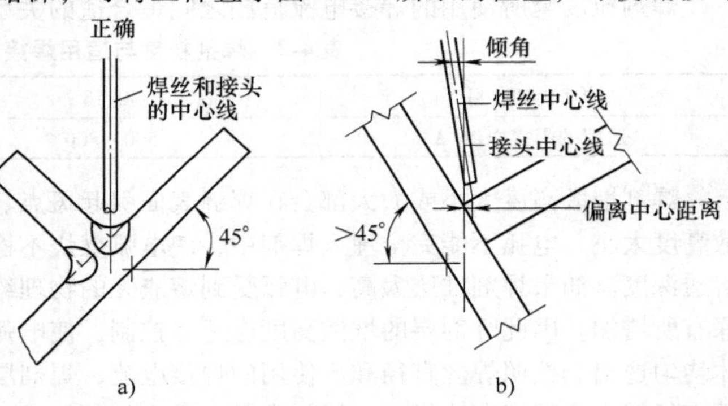

图 4-14 T 形接头船形位置（平焊位置）焊接时焊丝的对中要求
a）正确位置 b）深熔焊焊丝位置

筒体环缝埋弧焊时，焊丝与工件中心线的相对位置对焊道的成形有很大的影响，如图 4-15 所示。焊环缝时，工件在不断地旋转，熔化的焊剂和金属熔池由于离心力的作用倾向于离开焊接区。为防止熔化金属溢流和焊道成形不良，应将焊丝逆工件旋转方向后移适当距离，使焊接熔池正好在工件转到中心位置时凝固。图 4-16 所示为筒体内外环缝焊接时，焊丝相对于工件中心线的偏移量。焊丝最佳偏移量主要取决于工件的直径，也与工件的壁厚、所选用的焊接电流和焊接速度有关。表 4-4 列出适用于不同直径工件的焊丝偏移量。

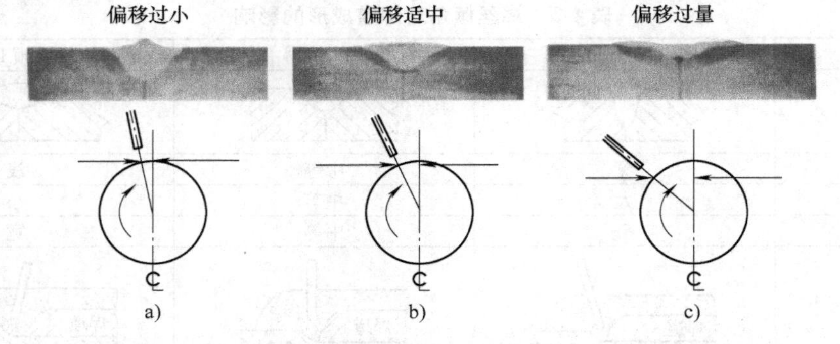

图 4-15 筒体环缝埋弧焊时焊丝与工件中心线的相对位置对焊道成形的影响

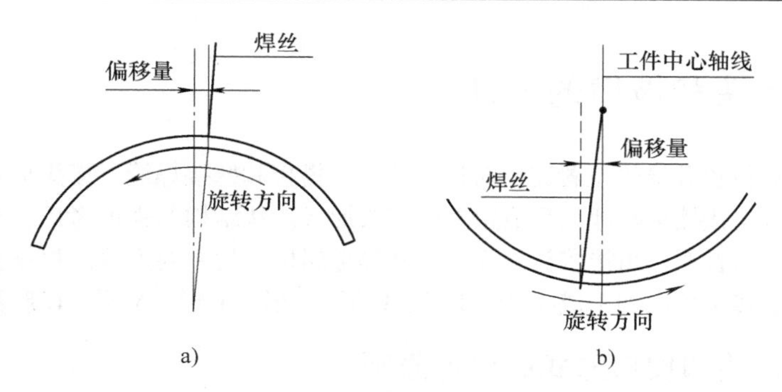

图 4-16　筒体内外环缝焊接时，焊丝相对于工件中心线的偏移量

表 4-4　筒体环缝焊时，焊丝相对于工件中心线的偏移量　（单位：mm）

筒体外径	焊丝偏移量	筒体外径	焊丝偏移量
150 ~ 450	22	1150 ~ 1200	50
460 ~ 900	34	1210 ~ 1800	55
910 ~ 1100	40	>1800	60 ~ 75

（4）工件的倾斜　在埋弧焊时，由于熔池体积较大，工件的倾斜对焊道的成形有一定的影响，埋弧焊大多在平焊位置进行，但在某些特殊的场合下，工件需略作倾斜。当工件倾斜方向与焊接方向一致时，称为下坡焊；反之，称为上坡焊。在各种倾斜位置焊接时，焊缝外形的变化如图 4-17 所示。

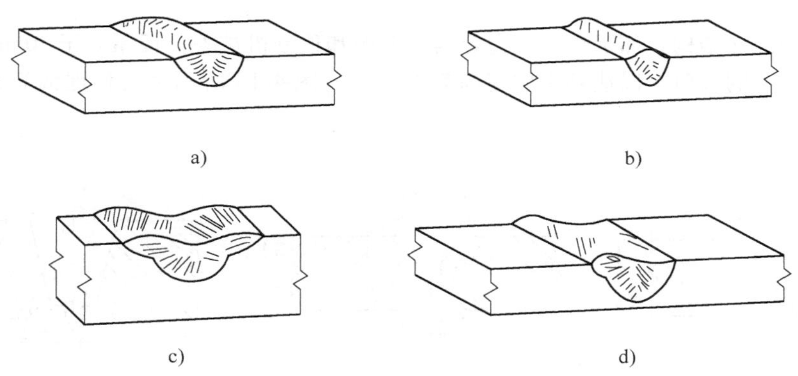

图 4-17　在各种倾斜位置埋弧焊时，焊缝外形的变化
a）平放　b）上倾　c）下倾　d）侧倾

下坡焊时，工件的倾斜度越大，焊道中间越大，熔深减小，焊缝宽度增大，焊道边缘可能出现未熔合。上坡焊时，工件倾斜度对焊道成形的影响与下坡焊相反。随着倾斜度的增大，熔深和余高逐渐加大，熔宽减小，焊件倾斜度对焊道形状的影响见表 4-5。

表 4-5　工件倾斜度对焊道形状的影响

上坡焊	$\alpha=6°\sim8°$	$6°<\alpha<8°$	
焊道横截面形状		咬边	α
下坡焊	$\alpha=6°\sim8°$	$6°<\alpha<8°$	
焊道横截面形状		下凹	α

4.2　埋弧焊接头和坡口的设计

埋弧焊可在平焊位置和横焊位置完成对接、角接、搭接和塞接焊缝。接头形式由工件的结构决定。其中对接接头和角接接头是埋弧焊最主要的接头形式。从结构的强度考虑，对接接头可以达到与母材等强，应用最为普遍。角接接头是焊接梁柱等金属构件的主要形式。根据接头在结构中的受力条件，对接和角接接头可以加工成V形、I形、U形、J形、Y形、X形、K形及组合型坡口。

4.2.1　埋弧焊接头和坡口形式的设计原则

埋弧焊接头和坡口形式的设计应充分利用埋弧焊熔深大、高熔敷率的特点。焊接接头设计首先应保证结构的强度要求，即焊缝应具有足够的熔深和厚度。其次是考虑经济性，即在保证熔透的前提下，尽量减少焊接坡口的填充金属量，缩短焊接时间。从高效、经济的观点出发，埋弧焊接头应尽量不开坡口，或少开坡口。因埋弧焊可使用高达2000A的焊接电流，单面焊时熔深可达18～20mm，因此厚40mm以下钢板可采用I形直边对接而获得全焊透的对接焊缝。但这种高效焊接法在实际生产中受到各种限制。首先，普通结构钢厚板不可避免地存在杂质偏析，深熔焊缝的热裂纹倾向较高。其次，采用大电流焊接时，焊接热输入大幅度超过各种钢材允许的极限，不仅使焊缝金属结晶粗大，而且热影响区晶粒急剧长大，导致这两个区域金属的冲击韧度明显下降。因此这种埋弧焊工艺只能用于热敏感性低的钢材，或对接头性能，特别是对冲击韧度要求不高的工件中。

对于重要的焊接结构，如锅炉、压力容器、船舶和重型机械等，板厚大于20mm的对接接头就要求开一定形状的坡口，以达到优质与高效的统一。图4-18所示为几种埋弧焊常用的对接接头坡口形式。

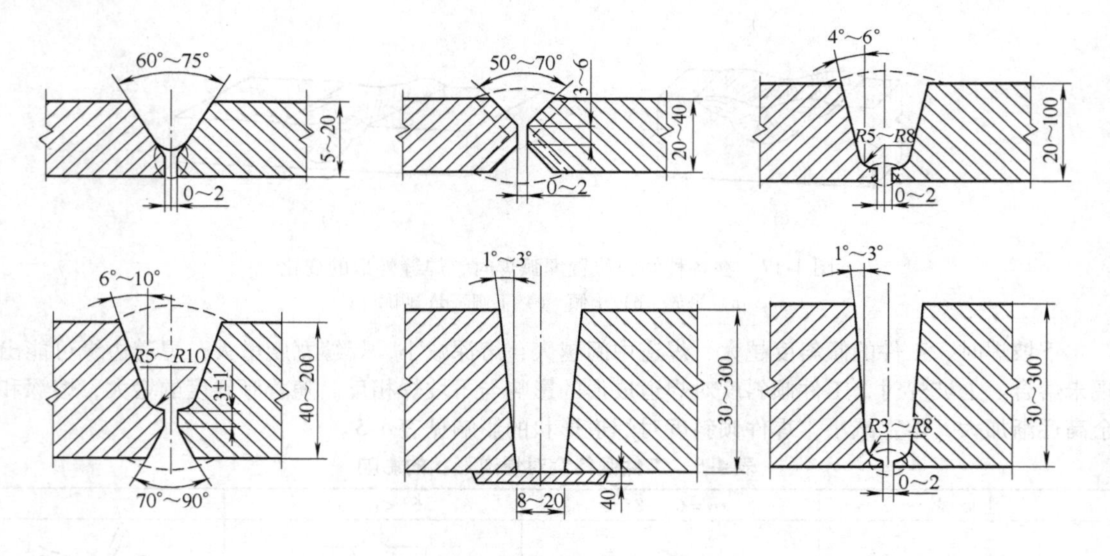

图4-18　几种埋弧焊常用的对接接头坡口形式

在厚度超过50mm的厚板结构中，坡口的形状对生产成本有相当大的影响。图4-19对比了几种形式坡口横截面积。其中U形坡口虽然加工较费时，但焊缝截面减少很多，焊材消耗也明显减少；双V形坡口与单V形坡口相比，在相同的板厚下，焊缝截面可减少一半。

对于厚度超过100mm的特厚板结构，即使采用U形焊接坡口，焊缝金属的填充量仍相当可观。为降低生产成本，提高焊接效率，目前已推广使用坡口角度为1°~3°的窄坡口或窄间隙接头形式。图4-20所示为厚壁对接接头窄间隙坡口的体积与几种常用对接接头坡口体积的对比。从中可看出，接头壁厚越大，焊材消耗量越多，窄间隙或窄坡口的经济效益越明显。

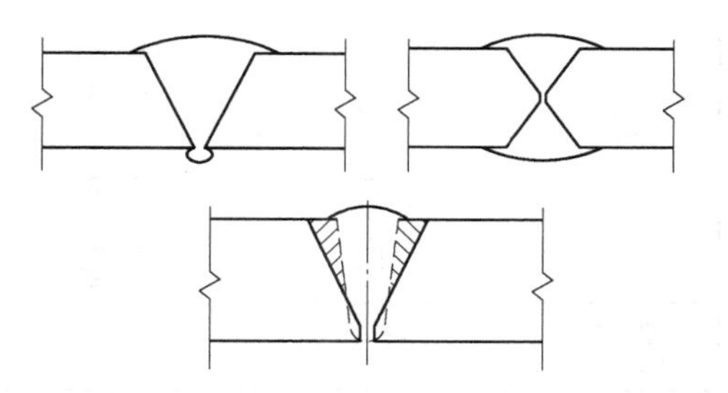

图4-19　几种坡口横截面的对比

在角接接头中，在保证角焊缝强度的前提下，可将角接边缘加工出一定深度的坡口，以减小焊缝的截面积，如图4-21所示。图4-22所示为三种不同形式等强度角焊缝的相对成本比较。当板厚超过25mm时，开坡口角焊缝的生产成本反而低于直角角焊缝。

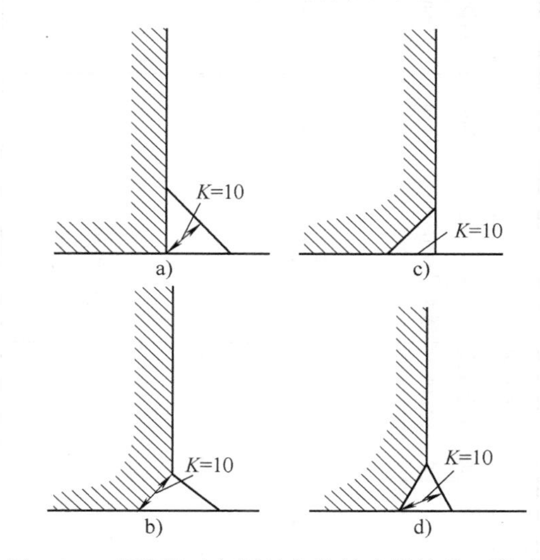

图4-21　焊脚尺寸相同的角接接头焊缝截面的对比
a)、b) 横截面较大　c)、d) 横截面较小

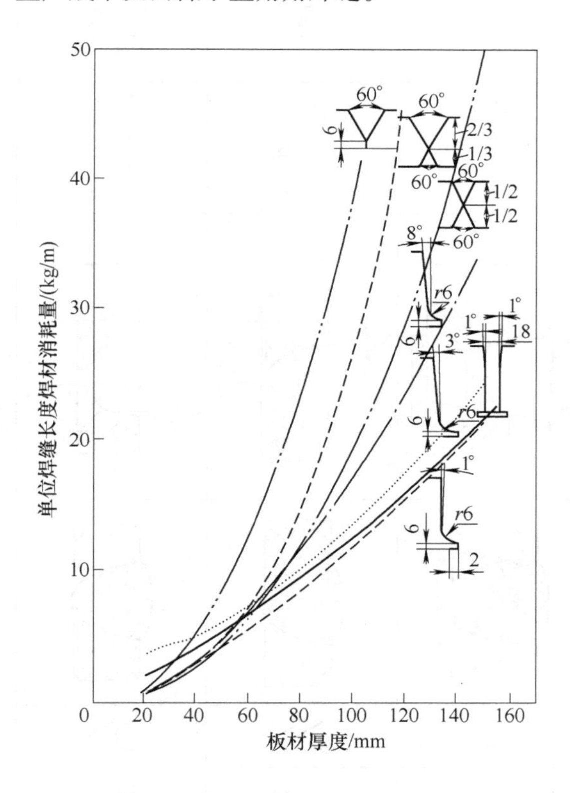

图4-20　厚壁窄间隙坡口的体积与几种常用的对接接头坡口体积的对比

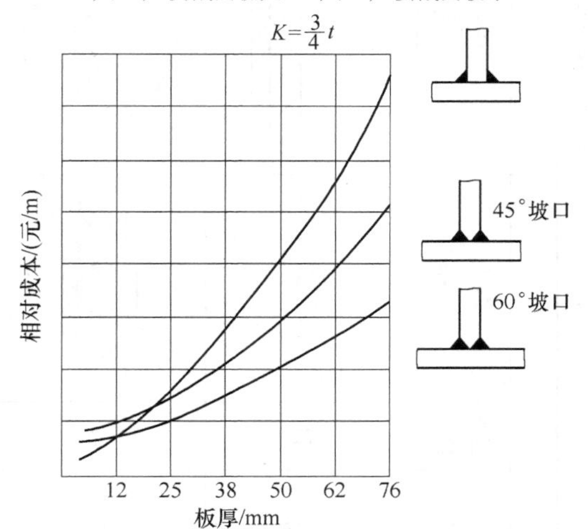

图4-22　三种等强角焊缝的相对成本

4.2.2　埋弧焊接头坡口标准

埋弧焊接头坡口的基本形式和尺寸应符合国家标准GB/T 985.2—2008《埋弧焊的推荐坡口》的规定。该标准规定了9种单面焊对接、12种双面焊对接和2种窄间隙对接坡口形状和尺寸，见表4-6。这些坡口形式可以根据工件壁厚、结构、拟采用的埋弧焊工艺方法来选定。对于一些特殊焊接结构，可以根据其结构特点和具体要求自行设计坡口形式和尺寸。

表 4-6 埋弧焊接头坡口的基本形式和尺寸

序号	焊缝				坡口形式和尺寸					焊接位置	备注
	工件厚度 t/mm	名称	基本符号	焊缝示意图	横截面示意图	坡口角度 α 或坡口面角度 β	间隙 b/mm 圆弧半径 R/mm	钝边 c/mm	坡口深度 h/mm		
1	$3 \leqslant t \leqslant 12$	平对接焊缝	||			—	$b \leqslant 0.5t$ 最大 5	—	—	PA	带衬垫，衬垫厚度至少 5mm 或 $0.5t$
2	$10 \leqslant t \leqslant 20$	V 形焊缝	V			$30° \leqslant \alpha \leqslant 50°$	$4 \leqslant b \leqslant 8$	$c \leqslant 2$	—	PA	带衬垫，衬垫厚度至少 5mm 或 $0.5t$
3	$t > 20$	陡边 V 形焊缝				$4° \leqslant \beta \leqslant 10°$	$16 \leqslant b \leqslant 25$	—	—	PA	带衬垫，衬垫厚度至少 5mm 或 $0.5t$
4	$t > 12$	双 V 形组合焊缝				$60° \leqslant \alpha \leqslant 70°$ $4° \leqslant \beta \leqslant 10°$	$1 \leqslant b \leqslant 4$	$0 \leqslant c \leqslant 3$	$4 \leqslant h \leqslant 10$	PA	根部焊道可采用合适的方法焊接
5	$t \geqslant 5$	U-V 形组合焊缝				$60° \leqslant \alpha \leqslant 70°$ $4° \leqslant \beta \leqslant 10°$	$1 \leqslant b \leqslant 4$ $5 \leqslant R \leqslant 10$	$0 \leqslant c \leqslant 3$	$4 \leqslant h \leqslant 10$	PA	根部焊道可采用合适的方法焊接

（续）

焊缝					坡口形式和尺寸					焊接位置	备注
序号	工件厚度 t/mm	名称	基本符号	焊缝示意图	横截面示意图	坡口角度 α 或坡口面角度 β	间隙 b/mm 圆弧半径 R/mm	钝边 c/mm	坡口深度 h/mm		
6	$t \geqslant 30$	U 形焊缝		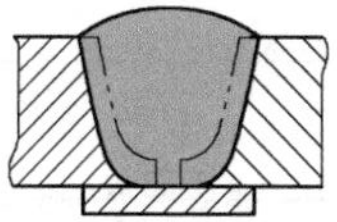	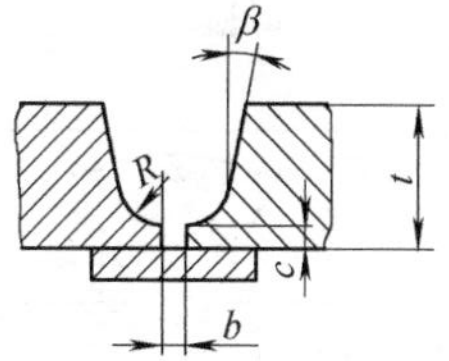	$4° \leqslant \beta \leqslant 10°$	$1 \leqslant b \leqslant 4$ $5 \leqslant R \leqslant 10$	$2 \leqslant c \leqslant 3$	—	PA	带衬垫，衬垫厚度至少 5mm 或 0.5t
7	$3 \leqslant t \leqslant 16$	单边 V 形焊缝		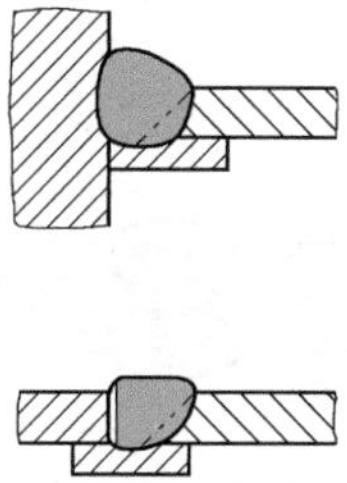	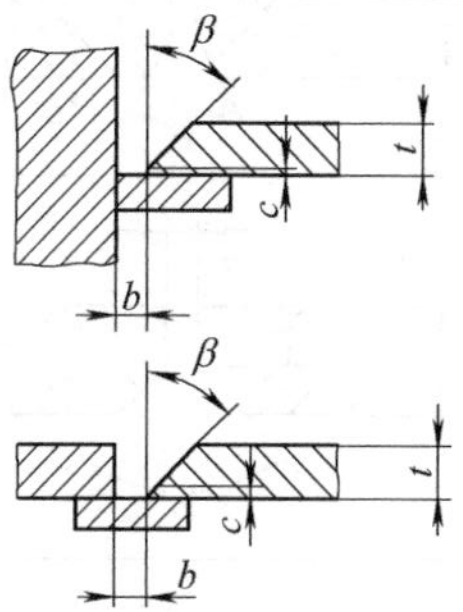	$30° \leqslant \beta \leqslant 50°$	$1 \leqslant b \leqslant 4$	$c \leqslant 2$	—	PA PB	带衬垫，衬垫厚度至少 5mm 或 0.5t
8	$t \geqslant 16$	单边陡边 V 形焊缝		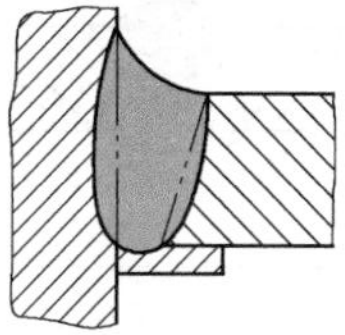	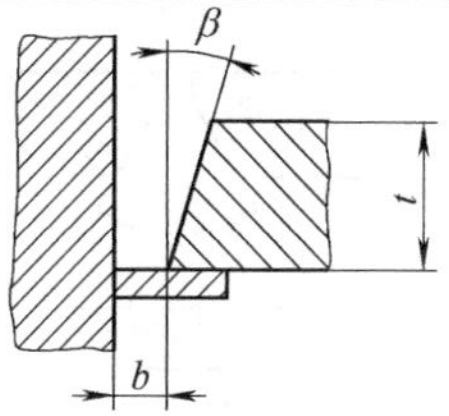	$8° \leqslant \beta \leqslant 10°$	$5 \leqslant b \leqslant 15$	—	—	PA PB	带衬垫，衬垫厚度至少 5mm 或 0.5t
9	$t \geqslant 16$	J 形焊缝		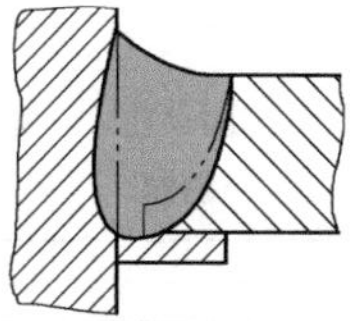	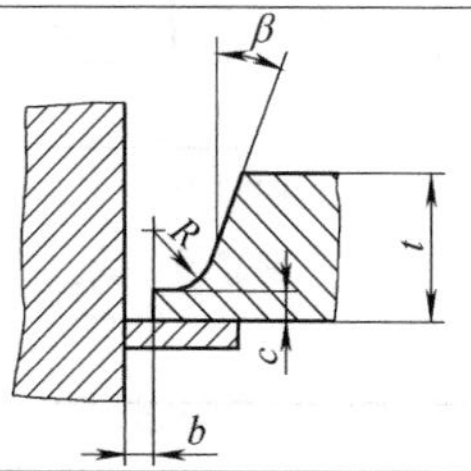	$4° \leqslant \beta \leqslant 10°$	$2 \leqslant b \leqslant 4$ $5 \leqslant R \leqslant 10$	$2 \leqslant c \leqslant 3$	—	PA PB	带衬垫，衬垫厚度至少 5mm 或 0.5t

（续）

序号	焊缝				坡口形式和尺寸					焊接位置	备注
	工件厚度 t/mm	名称	基本符号	焊缝示意图	横截面示意图	坡口角度 α 或坡口面角度 β	间隙 b/mm 圆弧半径 R/mm	钝边 c/mm	坡口深度 h/mm		
10	$3 \leqslant t \leqslant 20$	平对接焊缝				—	$b \leqslant 2$	—	—	PA	间隙应符合公差要求
11	$10 \leqslant t \leqslant 35$	带钝边V形焊缝/封底				$30° \leqslant \alpha \leqslant 60°$	$b \leqslant 4$	$4 \leqslant c \leqslant 10$	—	PA	根部焊道可用其他方法焊接
12	$10 \leqslant t \leqslant 20$	V形焊缝/平对接焊缝				$60° \leqslant \alpha \leqslant 80°$	$b \leqslant 4$	$5 \leqslant c \leqslant 15$	—	PA	根部焊道可用其他方法焊接
13	$t \geqslant 16$	带钝边的双V形焊缝				$30° \leqslant \alpha \leqslant 70°$	$b \leqslant 4$	$4 \leqslant c \leqslant 10$	$h_1 = h_2$	PA	—
14	$t \geqslant 30$	U形焊缝/封底焊缝				$5° \leqslant \beta \leqslant 10°$	$b \leqslant 4$ $5 \leqslant R \leqslant 10$	$4 \leqslant c \leqslant 10$	—	PA	—

（续）

焊缝					坡口形式和尺寸					焊接位置	备注
序号	工件厚度 t/mm	名称	基本符号	焊缝示意图	横截面示意图	坡口角度 α 或坡口面角度 β	间隙 b/mm 圆弧半径 R/mm	钝边 c/mm	坡口深度 h/mm		
15	$t \geqslant 50$	双U形焊缝				$5° \leqslant \beta \leqslant 10°$	$b \leqslant 4$ $5 \leqslant R \leqslant 10$	$4 \leqslant c \leqslant 10$	$h = 0.5(t - c)$	PA	与双V形对称坡口相似，这种坡口可制成对称的形式
16	$t \geqslant 12$	带钝边的K形焊缝				$30° \leqslant \beta \leqslant 50°$	$b \leqslant 4$	$4 \leqslant c \leqslant 10$	—	PA PB	与双V形对称坡口相似，这种坡口可制成对称的形式 必要时可进行打底焊
17	$t \geqslant 20$	J形焊缝/封底焊缝				$5° \leqslant \beta \leqslant 10°$	$b \leqslant 4$ $5 \leqslant R \leqslant 10$	$4 \leqslant c \leqslant 10$	—	PA PB	必要时可进行打底焊

（续）

焊缝					坡口形式和尺寸					焊接位置	备注
序号	工件厚度 t/mm	名称	基本符号	焊缝示意图	横截面示意图	坡口角度 α 或坡口面角度 β	间隙 b/mm 圆弧半径 R/mm	钝边 c/mm	坡口深度 h/mm		
18	$t<12$	单边 V 形焊缝	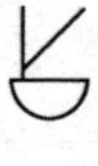	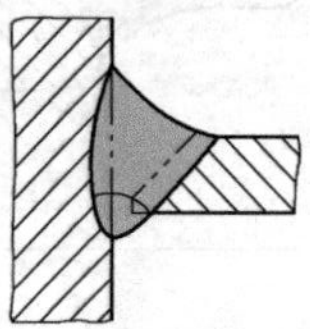	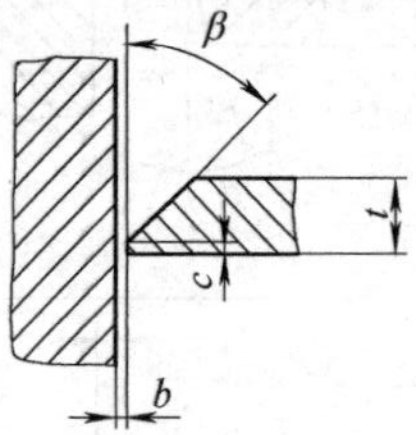	$30°\leqslant\beta\leqslant50°$	$b\leqslant4$	$c\leqslant2$	—	PA PB	必要时可进行打底焊
19	$t\geqslant30$	双面 J 形焊缝	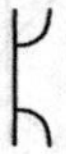	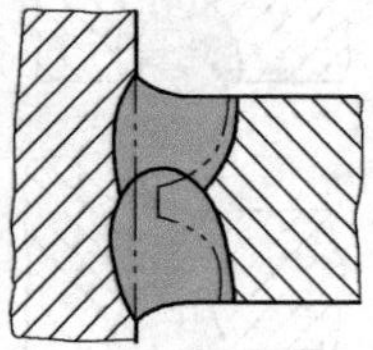	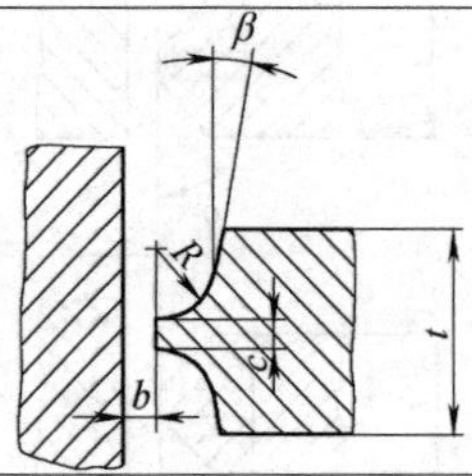	$5°\leqslant\beta\leqslant10°$	$b\leqslant4$ $5\leqslant R\leqslant10$	$2\leqslant c\leqslant7$	—	PA PB	与双 V 形对称坡口相似，这种坡口可制成对称的形式 必要时可进行打底焊
20	$t\leqslant12$	双面 J 形焊缝	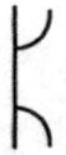	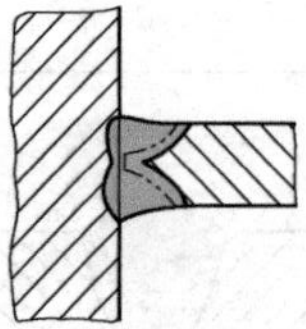	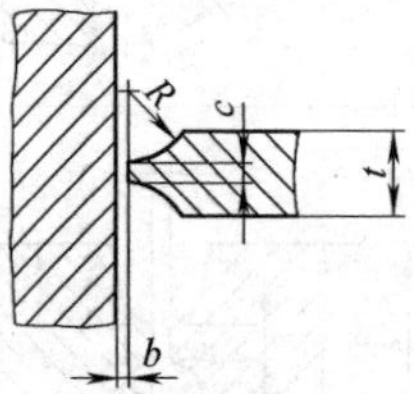	—	$b\leqslant2$ $5\leqslant R\leqslant10$	$2\leqslant c\leqslant3$	—	PA PB	单道焊坡口
21	$t>12$	双面 J 形焊缝	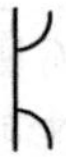	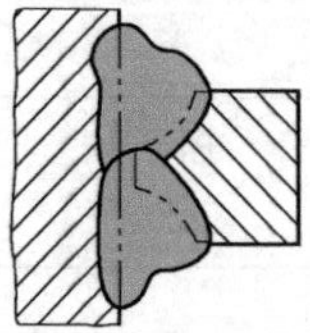	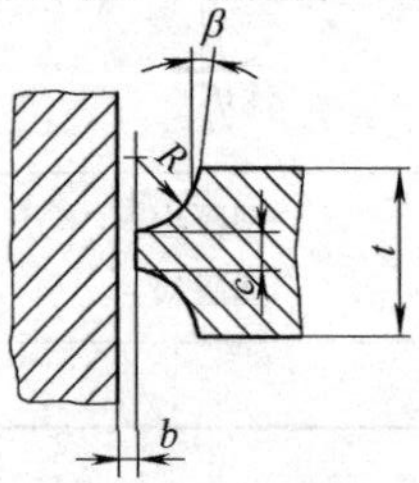	$5°\leqslant\beta\leqslant10°$	$b\leqslant4$ $5\leqslant R\leqslant10$	$2\leqslant c\leqslant7$	—	PA PB	多道坡口 必要时可进行打底焊

（续）

焊缝					坡口形式和尺寸					焊接位置	备　注
序号	工件厚度 t/mm	名称	基本符号	焊缝示意图	横截面示意图	坡口角度 α 或坡口面角度 β	间隙 b/mm 圆弧半径 R/mm	钝边 c/mm	坡口深度 h/mm		
22	$t \geqslant 30$	UY 形坡口		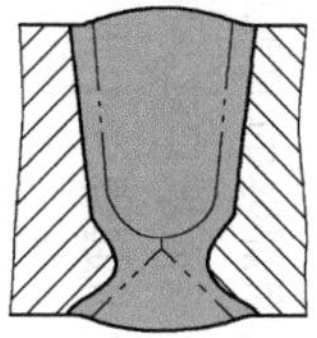	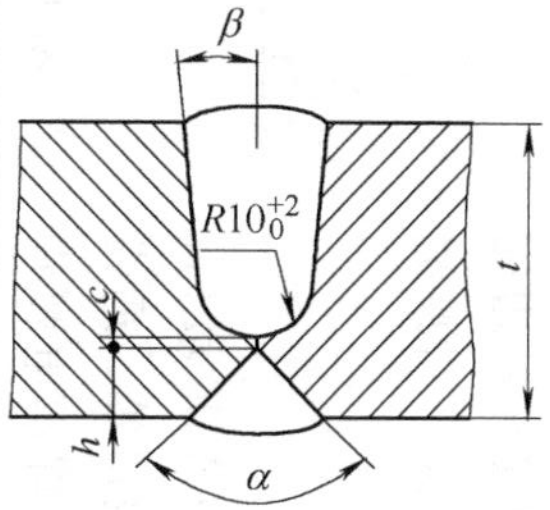	$1° \leqslant \beta \leqslant 1.5°$ $85° \leqslant \alpha \leqslant 95°$	$0 \leqslant b \leqslant 2$	$c \approx 2$	$4 \leqslant h \leqslant 10$	PA	适用于环缝，V形坡口侧焊条电弧焊封底
						$1.5° \leqslant \beta \leqslant 2°$ $85° \leqslant \alpha \leqslant 95°$	$0 \leqslant b \leqslant 2$	$c \approx 2$	$4 \leqslant h \leqslant 10$	PA	适用于纵缝，V形坡口侧焊条电弧焊封底
23	$t \geqslant 30$	陡边 V 形坡口		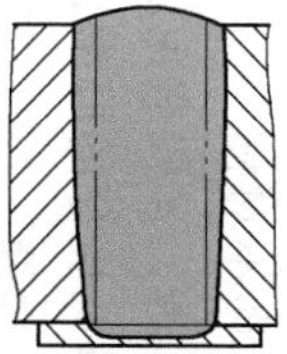	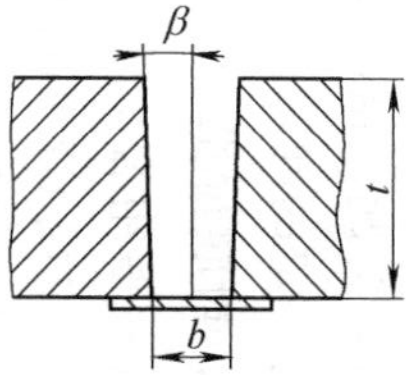	$1.5° \leqslant \beta \leqslant 2°$	$b \approx 20$	—	—	PA	带衬垫，衬垫厚度至少 10mm

焊接坡口的制备可以采用热切割、火焰气割、碳弧气刨和各种机械加工方法来完成。坡口尺寸的加工精度可按工件的制造技术条件、所焊钢种和对接头的技术要求来确定。

4.2.3 焊接衬垫

埋弧焊是一种深熔焊接法，且熔池体积较大，处于液态的时间较长，通常需要采用各种衬垫使焊缝背面良好成形，并防止烧穿。焊接衬垫常用于要求全焊透的各种接头。

焊接衬垫按其结构可分为两大类，一种是固定衬垫，它作为接头的一部分，与接头其余部分形成一个整体。固定衬垫有垫板、锁边坡口、封底焊缝。另一种是临时衬垫，它是焊接工艺装备的一部分，焊后可立即拆除，铜衬垫、焊剂垫、陶瓷衬垫和柔性衬带等均属临时衬垫。

1. 垫板

某些工件的结构，只允许从单面进行焊接，且要求接头全焊透。在这种情况下，可以采用永久性钢垫板，用定位焊固定在焊缝背面。垫板材料牌号应与工件钢材相同或相近。焊接过程中，焊缝底部与垫板接触面熔合，焊后将垫板永久保留。永久性垫板的尺寸可按表 4-7 选择。

表 4-7 永久性钢垫板推荐尺寸 （单位：mm）

接头板厚 δ	垫板厚度 t	垫板宽度 b
3 ~ 6	$(0.5 \sim 0.7)\delta$	$4\delta + 5$
7 ~ 14	$(0.3 \sim 0.4)\delta$	$4\delta + 5$

2. 锁边坡口

当工件厚度大于 10mm，且只能从单面焊接，例如小直径厚壁圆筒体环缝，可以采用图 4-23 所示的锁边坡口。焊接过程中应保证底层焊缝与锁边完全熔合。为此，锁边坡口的钝边尺寸不宜过大，对接缝应留有一定的间隙。

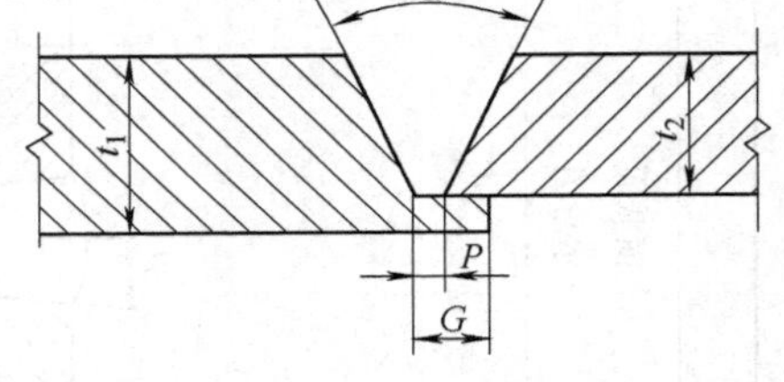

图 4-23 典型的锁边坡口形式

3. 封底焊缝

在一些组合型焊接坡口中，如不对称双 V 形坡口、YU 形坡口或 UY 形坡口以及不对称双 U 形坡口等，通常采用焊条电弧焊、熔化极气体保护焊或药芯焊丝电弧焊等方法焊接封底焊缝。这种封底焊缝犹如永久性衬垫对另一面的埋弧焊缝实施支托。封底焊缝的厚度，即不对称双面坡口的小坡口深度，按照正面焊缝的埋弧焊参数来确定，既要保证双面焊缝完全焊透，又要避免烧穿。在这些焊接坡口中，双面坡口之间的钝边是重要的坡口尺寸。加大钝边可降低烧穿的概率，减少填充金属量。但由此引起焊缝中母材的比例增高，会使母材中大量杂质混入焊缝，提高焊缝金属裂纹的敏感性。

4. 铜衬垫

铜衬垫可分为固定式铜衬垫和移动式铜衬垫（又称滑块）两种。铜衬垫主要用于薄板和中厚板对接缝单面焊双面成形埋弧焊。固定式铜衬垫一般安装在装焊平台的顶紧支架上，从背面与接缝贴紧。如果焊缝背面要求有一定的余高，则可在铜衬垫的中间加工出半圆形凹槽。铜衬垫应有足够的体积，以防止铜衬垫表面在焊接过程中被电弧热熔化。铜衬垫的尺寸可按所焊钢板的厚度及所选用的焊接参数确定。表 4-8 列出几种常用铜衬垫截面尺寸。

表 4-8 铜衬垫截面尺寸 （单位：mm）

铜板厚度	槽宽 b	槽深 h	凹槽半径 r
4 ~ 6	10	2.5	7.0
6 ~ 8	12	3.0	7.5

（续）

铜板厚度	槽宽 b	槽深 h	凹槽半径 r
8 ~ 10	14	3.5	9.5
12 ~ 14	18	4.0	12

对于连续批量生产的场合，最好在铜衬垫内部通水冷却，防止铜衬垫因过热而引起焊缝表面渗铜。

铜衬垫也可安装在焊接小车辅助夹紧支架上，形成移动式铜滑块。其典型结构如图4-24所示。因铜滑块的体积较小，故应通循环水加以冷却。

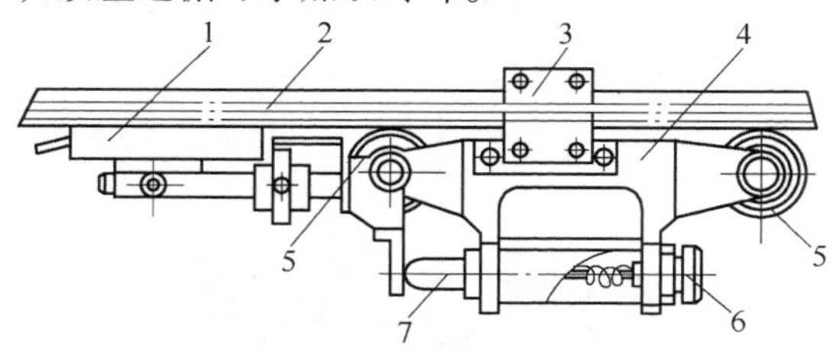

图4-24 移动式水冷铜滑块的结构

1—铜滑块 2—钢板（工件） 3—拉片 4—拉紧滚轮支架

5—滚轮 6—夹紧调节装置 7—顶杆

移动式铜衬垫也可做成滚轮式，这样可以避免焊接电弧热量在一个部位过分集中而无须通水冷却。

5. 焊剂垫

焊剂垫是单面焊双面成形埋弧焊工艺中应用较广的一种衬垫。它通常由焊剂槽、加压元件、支架三部分组成。焊剂槽可用薄钢板卷制而成，使其有一定的柔性，便于在顶紧力的作用下与工件背面贴紧。焊剂槽中充满颗粒度较细的焊剂。焊剂层下也可放些纸屑，以增加焊剂层的弹性。加压元件通常采用橡胶软管或橡胶膜，通以0.3～0.6MPa的压缩空气。焊剂垫支架可采用相应规格的型钢或由薄钢板压制而成。正确使用焊剂垫可以焊制出背面焊道成形匀称、表面光滑的单面焊双面成形焊缝。

6. 陶瓷衬垫

陶瓷衬垫也是单面焊双面成形埋弧焊工艺常用的临时衬垫，具有价格低廉、使用方便的特点。图4-25所示为陶瓷衬垫的结构，适用于平焊、横焊、直缝和环缝的焊接。陶瓷衬垫装配方式如图4-26所示。单面焊双面成形埋弧焊时，接缝背面直接与陶瓷衬垫表面接触、焊缝金属熔池使陶瓷表面局部熔化而形成一层熔渣，保护熔池背面并使焊缝成形美观。

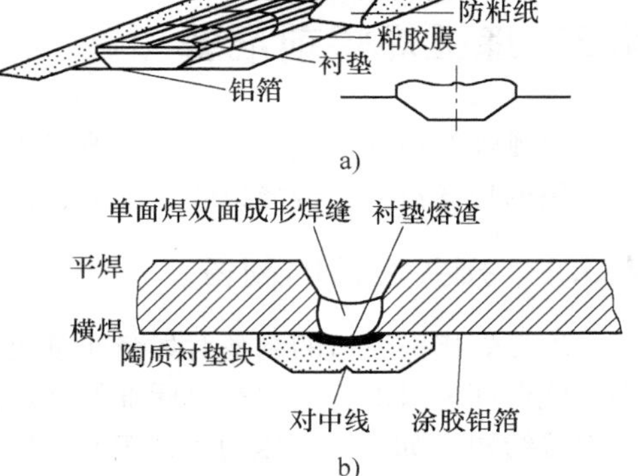

图4-25 陶瓷衬垫结构示意图

a）陶瓷衬垫组成 b）焊缝背面成形

7. 柔性衬带

在薄钢板和薄壁管纵缝、环缝埋弧焊中，也经常使用柔性衬带支托焊接熔池。柔性衬带有陶瓷衬带、玻璃纤维衬带、石棉衬带、热固化焊剂带等几种。这些衬带借助粘接带紧贴在焊缝背面，使用十分方便。热固化焊剂衬带可制成复合式柔性衬带，其结构如图4-27a所示。热固化剂采用酚醛树脂。焊剂层采用细颗粒焊剂加一定量的铁粉，与5%左右的酚醛树脂混合后，加热到 100～150°C 制成一定长度和宽度的热固化焊剂衬带。这种衬带可以用粘接带紧贴在接缝背面，或用磁铁支架压紧，如图 4-27b 所示。

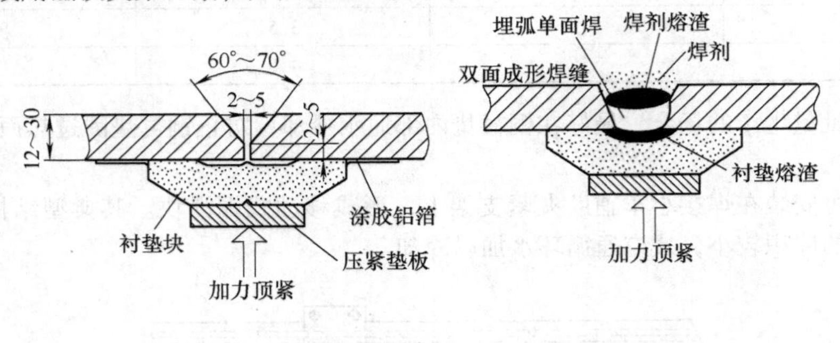

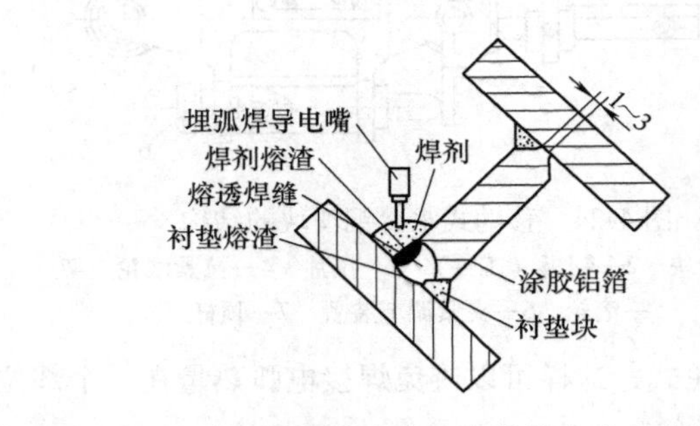

图 4-26　陶瓷衬垫在对接和角接接头中的装配方式

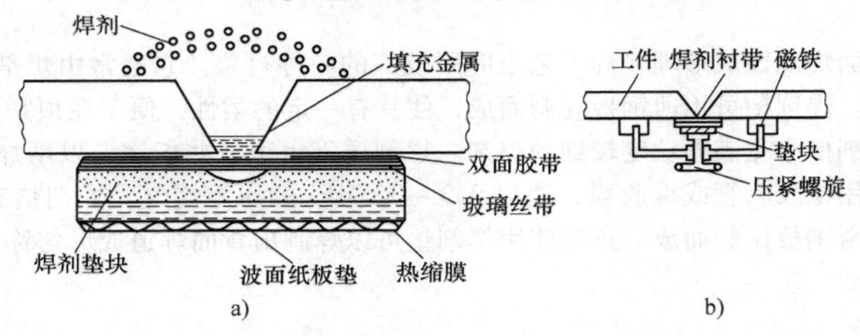

图 4-27　热固化焊剂衬带的结构及安装方式

a）热固化焊剂衬带结构　b）焊剂衬带安装方法

4.3　埋弧焊焊前准备

埋弧焊焊前准备工作包括接头坡口的制备，焊前清理，焊剂烘干，焊丝表面清理、缠绕于焊机专用的焊丝盘上，接缝组装、固定、夹紧或封底焊缝等。

4.3.1　接头坡口的制备

埋弧焊接头坡口的制备对焊缝质量起着至关重要的作用。在接头坡口的制备过程中应采取适当措施保证坡口加工尺寸符合标准的规定，特别是坡口钝边和间隙尺寸必须严加控制。对于重要的焊接结构（如锅炉、压力容器等），接头坡口最好用机械加工方法制备，或采用自动切割机或靠模切割机加工坡口。手工火焰切割或等离子弧切割一般不能保证标准规定的坡口尺寸误差，原则上不推荐采用。

如果坡口钝边、间隙、倾角以及 U 形坡口底部半径等尺寸超出允许的误差，很可能出现烧穿、未焊透、余高过大或过小、未熔合和夹渣等缺陷，导致焊后返修，降低了生产效率。

焊接坡口的表面状态对焊缝质量也有重要的影响。坡口表面若残留锈斑、氧化皮、气割残渣、冷凝水和油污等，很可能在焊缝中引起气孔。图4-28对比了两种坡口表面状态对焊缝气孔的影响：图4-28a所示焊缝的坡口焊前经砂轮打磨干净，未发现任何焊接缺陷；图4-28b所示焊接坡口钝边上残留了较多锈斑，焊缝表面上出现许多大气孔。

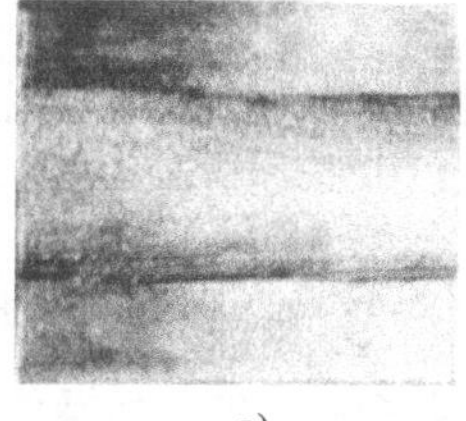

a)

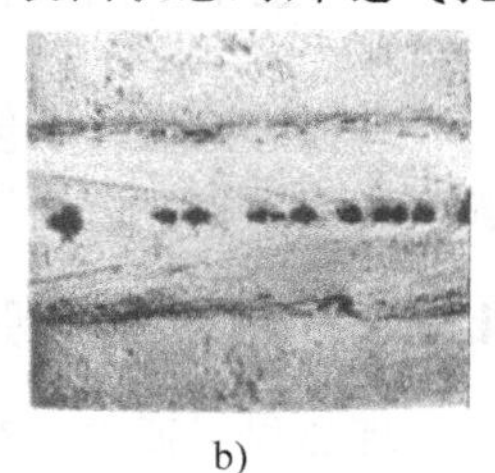

b)

图4-28 坡口表面状态对焊缝气孔的影响

因此焊前应仔细检查焊接坡口表面，发现锈蚀必须用砂轮打磨清除；对于油污则应用丙酮擦净；对于水分应用火焰加热烘干，以防止焊缝中气孔的形成。

在低合金钢和不锈钢埋弧焊时，焊接坡口的清理尤为重要，坡口表面的锈蚀、水分和油污不但会引起气孔，而且在低合金钢焊缝中可能引起氢致裂纹。在不锈钢焊缝中，可能产生增碳，降低接头的耐蚀性。

4.3.2 焊材的准备

埋弧焊用焊剂和焊丝焊前应进行适当的处理。碳钢埋弧焊时，酸性焊剂焊前应进行200～300°C烘干，以清除焊剂中的水分，防止焊缝中气孔的形成。低合金钢埋弧焊时，碱性焊剂应在350～400°C温度下烘干，清除工件中的结晶水，降低焊缝金属中的氢含量。在湿度较大（超过85%）的工作环境下，熔炼焊剂在大气中存放24h，烧结焊剂存放8h后，应按规定的烘干温度重新烘干。

碳钢和低合金钢埋弧焊用焊丝的表面应保持光洁。焊丝表面的油污、锈斑和其他有害涂料，焊前应清除干净。不锈钢埋弧焊用焊丝的表面应用丙酮等溶剂擦净油污。

焊丝在缠绕到焊丝盘的过程中可同时清锈除油。在大型工件和厚壁接头焊接时，焊丝消耗量相当大，推荐采用筒装焊丝。可以省略焊丝表面的清理工作。

4.3.3 工件的组装

工件的组装质量对埋弧焊过程的成败起到关键性的作用。对接接头的装配间隙和错边在很大程度上影响焊缝的熔透和外表成形，焊前应做仔细检查。接头的组装误差主要决定于画线、下料、成形和坡口加工精度。因此接头的组装质量是严格控制前道工序加工误差的结果。特别是单面焊双面成形埋弧焊时，因接头的装配间隙决定了熔透深度，应对其严格控制，在同一条接缝上装配间隙的误差不应超过1.0mm。否则很难保证单面焊双面成形焊缝的均匀熔透和所要求的焊缝外形尺寸。

焊接接头的错边应控制在允许的范围内，错边超差不仅影响焊缝外形，而且还会引起咬边和夹渣等缺陷。接缝的错边量不应超过接头板厚的10%，最大不应超过3mm。

对于需加衬垫的焊接接头，固定垫板的装配定位十分重要，应保证垫板与接缝背面完全贴紧。使用焊剂垫时，应将焊剂垫对钢板的压紧力调整到合适的范围，并与所选用的焊接参数相匹配。如果焊剂垫的顶压力超过了电弧的穿透力，则可能形成内凹超过标准规定的焊缝；反之，则可能形成焊瘤等缺陷。

对于需焊条电弧焊封底的埋弧焊接头，推荐采用E5015或E5016等低氢型碱性药皮焊条，而不应采用E4313、E4303等酸性药皮焊条。因埋弧焊焊缝与酸性焊条焊缝金属混合后往往会出现气孔。封底焊缝的质量应完全符合对主焊缝的质量要求。不符合要求的封底焊缝，在主焊缝焊完后，应采用碳弧气刨或其他方法清除，并按正规的焊接工艺重新施焊。

4.4 埋弧焊操作技术

埋弧焊操作技术包括引弧、收弧、电弧长度的控制、焊丝端位置的调整、焊道顺序排列、引弧板和引出板的设置等。

4.4.1 引弧和收弧技术

埋弧焊引弧方法有很多种，在实际操作中，最常用的方法有：钢绒球引弧法、焊丝尖端引弧法、刮擦引弧法和焊丝回抽法等。

钢绒球引弧法是将直径约 10mm 的钢绒球放置在引弧点上，然后将焊丝对准钢绒球轻轻下压，使焊丝、钢绒球和工件表面三者连成通路，撒上焊剂做好引弧准备。按下起动开关，接通焊接电源，电流通过钢绒球，使其立刻局部熔化而引燃电弧。由于钢绒球的化学成分不可能与被焊钢材的成分相同，因此只有在引弧板上引弧时，才能采用这种引弧方法。在封闭的环焊缝中，不宜采用钢绒球引弧法。因为在这种情况下，钢绒球熔化后会与焊接熔池混合而局部改变焊缝金属的成分。

焊丝尖端引弧法是将焊丝端剪成锥形尖头，然后将焊丝缓慢下送至引弧点上，与工件表面轻轻接触后撒上焊剂。接通焊接电源后，短路电流通过点接触的焊丝尖端，因此处电流密度相当高，接触点电阻加热产生高温，很快将焊丝尖端熔化而引燃电弧。这种方法引弧十分简易，得到普遍采用，但不能用于低电流埋弧焊。

焊丝回抽引弧法是最可靠的引弧方法之一，但必须使用具有焊丝回抽功能的焊机。引弧时通常先将光洁的焊丝端面向下缓慢送进，直到与工件表面正好接触为止。然后撒上焊剂准备引弧。接通焊接电源时，因焊丝端与工件短路，焊丝与工件之间的电压，即电源二次输出端电压接近于零，此信号反馈到送丝电动机的控制电路，使电动机反转回抽焊丝而引燃电弧。当电弧电压上升到给定值时，送丝电动机绕组输入正向励磁电流，使电动机换向正转，并以设定的速度送进焊丝，开始正常的焊接过程。采用这种引弧法时应注意焊丝端应无残留熔渣，工件表面无氧皮和锈斑，露出金属光泽，否则不易引弧成功。

埋弧焊时，由于焊接熔池体积较大，收弧后会形成较大的弧坑，如果不做适当的填补，弧坑处往往会形成放射性收缩裂纹。在某些对裂纹较敏感的钢中，这种弧坑裂纹会向焊缝主体扩展而必须返修补焊。为在收弧过程中对弧坑进行填补，在大多数埋弧焊设备中，都装有收弧程序开关，即先按停止按钮“1”，焊接小车或工件停止行走，而焊接电源、送丝电动机未断电，焊丝继续送进，待电弧继续燃烧一段时间后再按停止按钮“2”，切断电源，并停止送丝。这样可对弧坑做适当填补，消除了弧坑裂纹。

4.4.2 电弧长度的控制

在埋弧焊过程中，控制电弧长度保持给定的恒值是焊缝成形良好的必要条件。埋弧焊与其他弧焊方法一样，电弧长度决定了电弧电压。在埋弧焊时电弧长度是不可见的，控制电弧长度只有通过调整电弧电压来实现。埋弧焊机的操作盘上都装备了电流表和电压表或数显屏，电流、电压表应定期校验，指示值与实际值的误差不应超过3%，以使操作者能按指示值正确调整电弧电压或焊接电流，控制电弧长度。

国产埋弧焊机基本上有两种类型：一种是弧压反馈控制送丝系统和陡降特性埋弧焊电源配套。另一种是采用等速送丝系统和平特性弧焊电源配套。使用前一种埋弧焊机时，操作者在引弧之前将电压调节旋钮调至焊接工艺规程规定的刻度值上。起弧后应注视电压表的实际指示值是否达到了给定值。如出现偏差，则再次微调电压旋钮，直至表指弧压稳定达到给定值。在焊接过程中，也应随时观察表指电压值是否偏离给定值，并加以调整，以维持所要求的电弧长度。因为许多市售埋弧焊机的控制线路中不设网络补偿环节，焊接电源的输出电压和送丝电动机电枢电压，都会随着网络电压的波动而发生变动。现代埋弧焊机均配用晶闸管整流电源，在送丝机控制系统中也加设了网络补偿功能，因此只要网络电压波动不超过±10%，焊接过程中，弧压可稳定保持在给定值，基本上无须调节电弧电压旋钮，简化了操作程序。使用后一种埋弧焊机时，如果送丝系统可无级调速，则引弧后，按电压表指示值，微调送丝速度，使指示弧压稳定达到给定值。焊接过程中，弧压靠平特性电源的弧压自动调节作用维持稳定的弧长。如果送丝系统为有级调速，则焊接电源的输出电压必须无级可调。在这种情况下，稳定的电弧电压是通过调节电源二次输出电压，使之与固定的送丝速度相匹配的方法实现的。达到稳定的焊接过程后，弧压的维持只能靠电源平特性所固有的自调节作用，使用这类埋弧焊机时，控制电弧长度的操作程序比前一种焊机要复杂一些。当焊接参数需做较大的调整时，通常需在焊接产品焊缝之前，在试板上进行试焊，调定送丝速度和焊接电源二次输出电压之间合适的匹配，焊出成形良好的焊缝，然后再焊接产品焊缝。

4.4.3 焊丝位置的调整

埋弧焊时，焊丝相对于接缝和坡口侧面的位置也是重要的操作参数。不合适的焊丝位置会引起焊缝成形不良，导致咬边、夹渣和未焊透等缺陷的形成，因此焊接过程中应随时调整焊丝的位置，使其始终保持所要求的位置。焊丝的位置包括焊丝中心线与接缝中心线的相对位置、焊丝相对于接头平面的倾角、焊丝相对于焊接方向的倾角以及多丝焊时焊丝之间的距离和相对倾角。

在中薄板对接和厚板开坡口焊缝根部焊道的焊接时，焊丝中心线必须对准接缝的中心线，如图4-29所示。如果焊丝位置偏离接缝中心线超过允许值，则很可能产生未焊透。在焊接不等厚对接接头时，焊丝应适当向较厚侧偏移一定距离，如图4-29c所示，以使接头两侧均匀熔合。

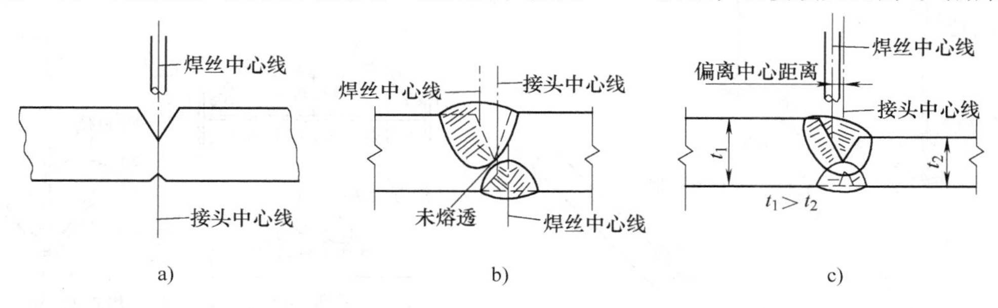

图4-29 焊丝中心线与对接接头中心线的相对位置

a)、c) 正确 b) 不正确

在厚板接头深坡口对接焊时，除了根部焊道，焊丝需对准接缝中心外，填充层焊道焊接时，焊丝表面与坡口侧壁的距离 G 应大致等于焊丝的直径，如图4-30所示。焊接过程中，此间距应始终在允许范围内。如果间距太小，则会产生咬边；如果间距太大，则出现未熔合。

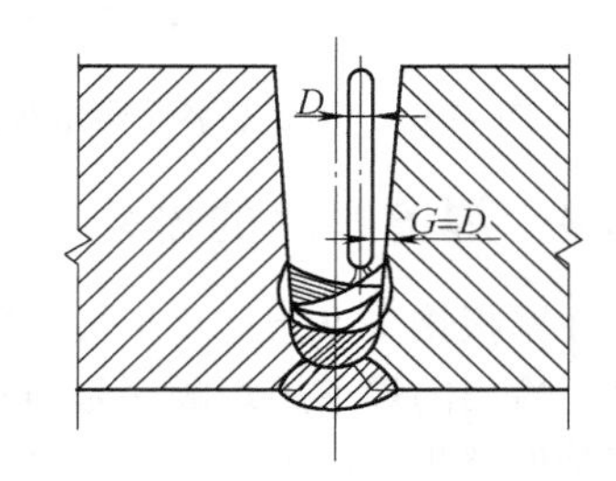

图4-30 厚壁深坡口对接缝中焊丝与坡口侧壁的间距

在现代先进的埋弧焊装置中均装有焊缝自动跟踪系统，焊丝与坡口侧壁间距调定后，焊丝的位置将始终保持所调定的位置，不必担心出现咬边和未熔合等缺陷。

多丝埋弧焊时，焊丝相对于坡口侧壁或连接元件的位置更为重要。与单丝焊相比，还增加了丝间距和丝间倾角等参数，焊接过程中应始终保持在允许范围内。图 4-31 和图 4-32 所示分别为压力容器厚壁筒体纵缝和大型板梁角接缝船形位置和平面角焊位置双丝串列埋弧焊实例中焊丝的排列和倾角。

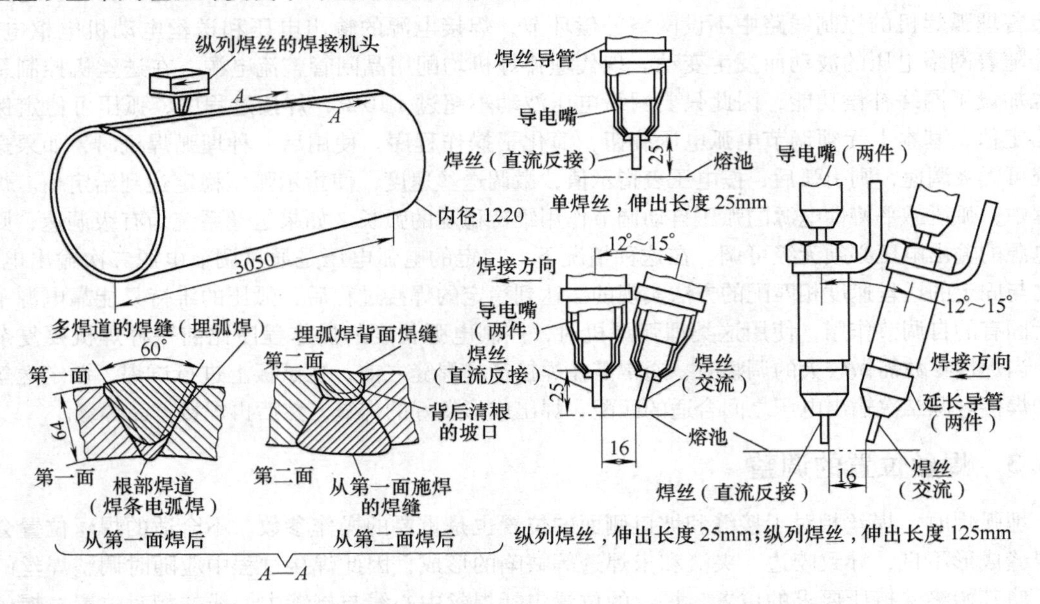

图 4-31　压力容器厚壁筒体纵缝双丝串列埋弧焊时焊丝的排列和倾角

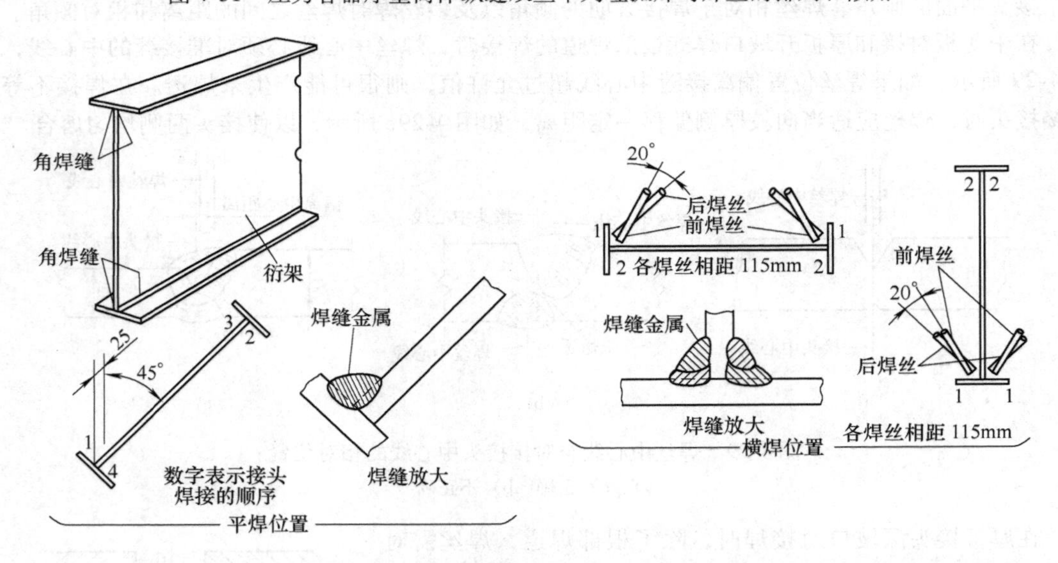

图 4-32　大型工字板梁角接缝船形位置和平角焊位置双丝串列埋弧焊时焊丝的排列和倾角

4.4.4　焊道顺序的排列

在厚板接头 V 形、U 形坡口的多层多道焊缝中，焊道施焊顺序也起着重要的作用。在平板拼接时，恰当的焊道施焊顺序是防止挠曲变形的有效手段。对于某些低合金高强度钢，合理的焊道顺序是调整焊接温度参数、提高焊缝和热影响区冲击韧度的有效工艺措施。

图 4-33 所示为 100mm 厚板 UY 形组合坡口双面焊焊道顺序编排实例。这种焊道顺序有效地防止了平板拼接容易产生的挠曲变形。

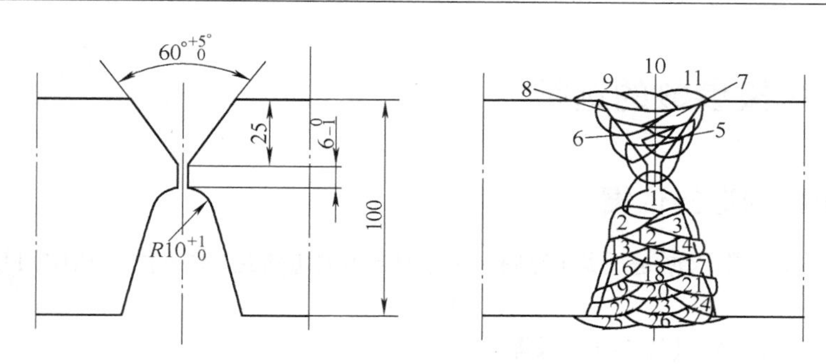

图4-33　100mm 厚板拼装 UY 形组合坡口双面焊焊道顺序的编排

图4-34 所示为150mm 厚板压力容器筒体 U 形坡口纵缝焊道顺序的排列。可确保焊道与坡口侧壁以及相邻焊道间的良好熔合，并可充分利用次层焊道的热量，对前道焊缝产生的回火作用，提高焊缝金属的强度和冲击韧度。

图4-35 为厚壁工件窄间隙对接接头典型的焊道顺序，可明显减少横向收缩变形，确保焊缝质量。

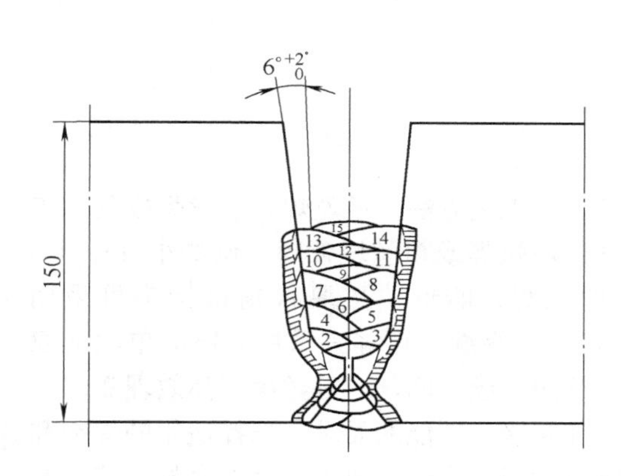

图4-34　150mm 厚板压力容器筒体 U 形坡口焊缝焊道顺序的排列

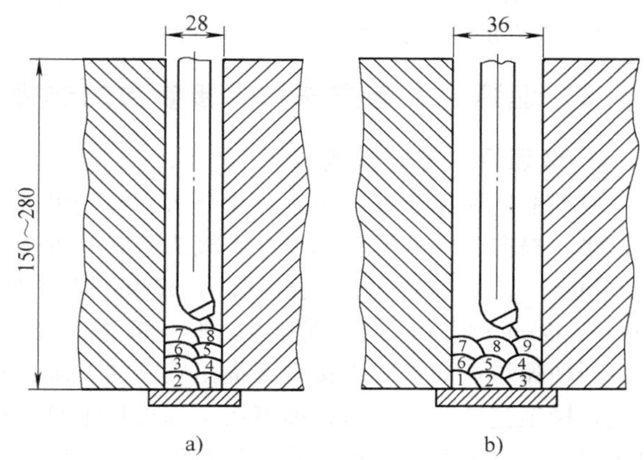

图4-35　厚壁工件窄间隙对接接头典型的焊道顺序

4.4.5　引弧板和引出板的设置

埋弧焊焊缝引弧端和收弧端的焊道成形和质量总是比焊接过程稳定后形成的焊道差得多，特别是厚壁工件纵缝焊接时，在焊缝始端和终端的引弧点和收弧处层层重叠，大幅度降低了焊缝的质量，因此引弧和收弧部位的焊缝金属应废弃切除。为节省用料，通常在焊缝的始端和末端分别装上引弧板和引出板，如图4-36 所示。引弧板和引出板的大小应足以堆积焊剂，并使引弧点和弧坑落在主体焊缝之外。如果接缝开有一定形状的坡口，则引弧板和引出板也应开相同形状的坡口。在厚板接头中，为省略引弧板和引出板坡口的加工，可采用一定厚度、尺寸与工件坡口相近的板条装焊而成。

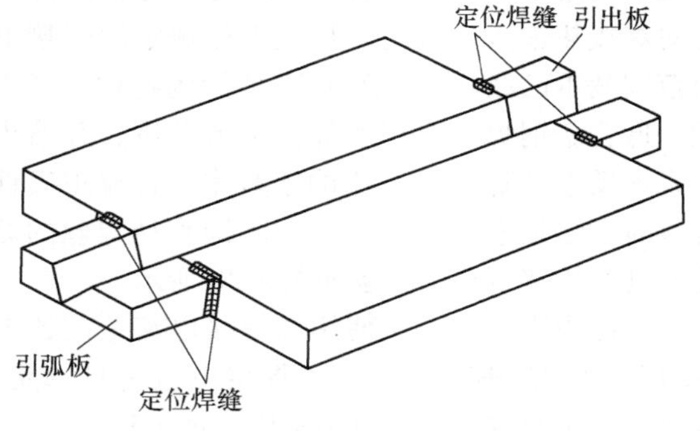

图4-36　引弧板和引出板的形状和组装方法
（引弧板、引出板长度 = 80 ~ 100mm）

4.5　埋弧焊焊接参数的选择

4.5.1　焊接参数的选择依据

焊接参数的选择主要依据是所焊产品接头的图样和相应的技术条件。从中可以查明所焊接头原始数据：

1）所焊接头母材钢号（牌号）、板厚。

2）工件的形状和尺寸（直径、长度）。

3）焊缝的种类（纵缝、环缝）。

4）焊缝的焊接位置（平焊、横焊、上坡焊、下坡焊）。

5）接头的形式（对接、角接、搭接）。

6）坡口形式（I 形、V 形、U 形、X 形、UY 组合型）。

7）接头焊后检验方法（超声检测、射线检测、磁粉检测等）。

8）对接头性能的要求（抗拉强度、冲击韧度、冷弯、硬度和其他理化性能等）。

9）焊件的生产批量和生产率要求。

4.5.2　埋弧焊工艺方法和焊接参数的选择

1. 埋弧焊工艺方法的选择

根据上述原始数据，通过对比分析，首先可选定埋弧焊工艺方法：单丝焊、多丝焊或其他工艺方法。根据工件的形状和尺寸，接头壁厚等可选定细丝埋弧焊或粗丝埋弧焊。例如小直径（$\phi \leqslant 300$mm）圆筒体内外环缝应采用 ϕ2mm 焊丝细丝埋弧焊；船形位置厚板角接接头可采用 ϕ5mm、ϕ6mm 焊丝的粗丝埋弧焊。厚壁筒体深坡口对接接头纵缝、环缝宜采用 ϕ4mm 单丝或双丝串列埋弧焊。如果对焊接效率提出较高的要求，则可选用三丝、四丝、五丝串列高效埋弧焊。

焊接工艺方法选定后，即可按所焊母材钢号、板厚和对接头性能的要求，选择适用的焊剂和焊丝牌号。对于厚板深坡口或窄间隙埋弧焊，应选择既能满足接头性能要求又具有良好工艺性和脱渣性的焊剂。

最后根据接头板厚、坡口形式和尺寸选定各焊接参数。

2. 焊接电流的选择

埋弧焊焊接电流主要按所选定的焊丝直径和所要求的熔透深度来选择，同时还应考虑所焊钢种对焊接热输入的限定。焊丝直径选定后焊接电流范围基本已经确定。图 4-37 所示为各种直径碳钢、低合金钢焊丝适用的焊接电流范围，并给出了直流反极性焊接时对应的熔敷率。直流正极性焊接时，熔敷率约提高 30%。不同直径焊丝的熔化速度与焊接电流的关系如图 4-38 所示。

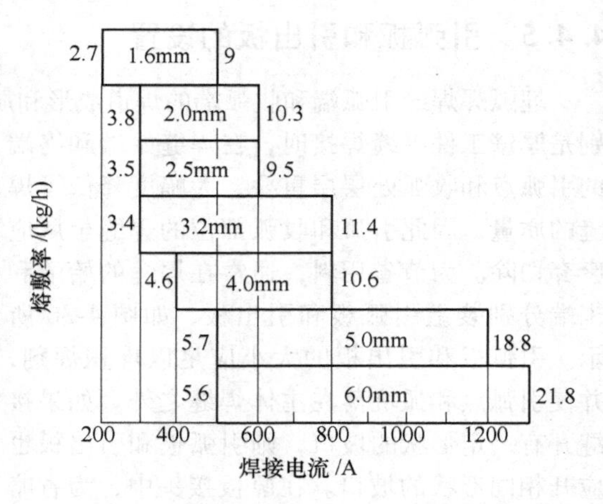

图 4-37　各种直径碳钢、低合金钢焊丝适用的焊接电流范围及相对应的熔敷率

实际焊接生产中所使用的焊接电流范围比图 4-39 所示的范围要窄得多。焊接电流一旦选定，焊接过程中允许的波动范围不应超过 ±5%。

对于普通碳钢和低合金钢焊接接头，焊接电流可按所要求的熔透深度或焊脚尺寸来选定。下面以不开坡口直边对接接头为例说明焊接电流的选择程序。某一碳钢对接接头，板厚13mm，采用双面埋弧焊，焊缝熔透深度及焊道尺寸要求见表4-9，尺寸标注代号如图4-39所示。

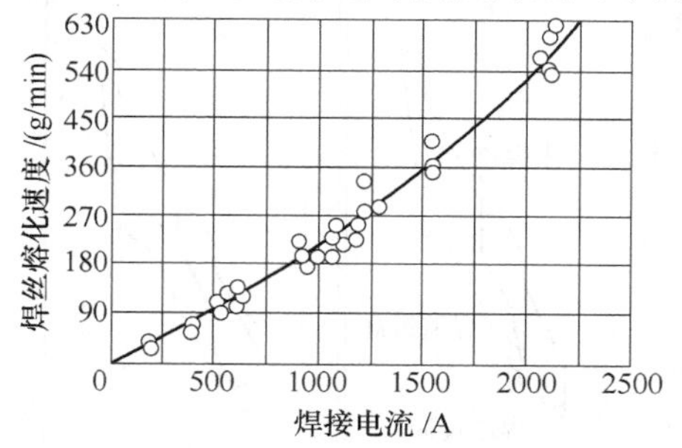

图4-38　不同直径焊丝的熔化速度与焊接电流的关系

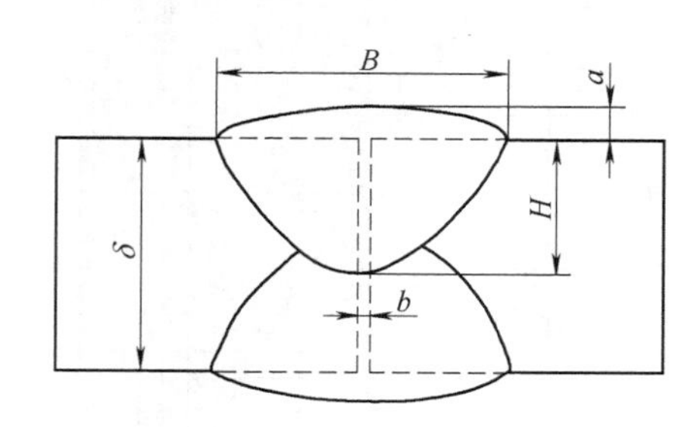

图4-39　厚13mm对接接头焊缝尺寸标注代号

表4-9　厚13mm对接接头焊缝尺寸要求

熔透深度 H/mm	焊道宽度 B/mm	焊道余高 a/mm	H/δ	P/δ	咬边
55% ≤H≤80% (7～10)	≤20.0	≤4.0	≥0.75	≥0.3	无

由表中数据可见，所要求的最小熔透深度为7mm、最大为10mm，平均熔透深度为8.5mm。按照直边对接接头熔透深度与焊接电流之间1.1∶100的关系计算，为达到8.5mm平均熔透深度，焊接电流应为773A。达到最小和最大熔透深度的焊接电流相应为635A和900A。综合考虑，将焊接电流范围定为750～800A，足以保证全焊透。

3. 电弧电压的选择

电弧电压是决定焊道宽度的主要焊接参数，因此电弧电压应按所要求焊道宽度来选择。同时应考虑电弧电压与焊接电流的匹配关系。图4-40所示为采用高锰高硅熔炼焊剂埋弧焊时，焊接电流与电弧电压的对应关系。由图示曲线可见，随着焊接电流的提高，电弧电压大致以100∶1.3的比例相应增高。例如当焊接电流为750～800A时，对熔宽中等的焊道，对应的电弧电压为31～32V。对于宽焊道，对应的电弧电压为35～36V。为保证焊道成形良好，一般取较高的电弧电压。

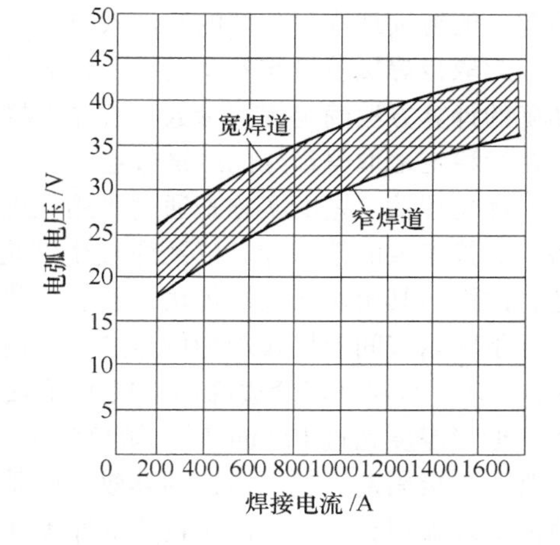

图4-40　焊接电流与电弧电压的匹配关系

4. 焊接速度的选择

埋弧焊时，焊接速度与焊接电流之间也存在一定的匹配关系。在给定的焊接电流下，过高的焊接速度会导致未焊透和咬边；过低的焊接速度会造成焊道余高和熔宽过大。图4-43所示为焊缝不产生咬边情况下，焊接速度与焊接电流的对数关系。由图示数据可见，在1000A焊接电流下，焊道不产生咬边的最高速度为50cm/min，焊接电流越小，允许的极限速度越高。这些数据是采用某些商品熔炼焊剂进行埋弧焊试验取得的。采用不同特性的焊剂，特别是某些烧结焊剂，其允许的极限速度将与图4-41所示数据有较大的差别。图4-42示出对接接头双面埋弧焊的焊接速度与焊接电流在不同弧压下的匹配关系。图示的边界区是由实验数据经计算机处理的结果，并说明在700～1000A的范围内，适用的焊接速度范围为0.5～1.33m/min。结合以上列举的13mm对接接头双面埋弧焊实例，合适的焊接速度范围为0.5～0.58m/min。

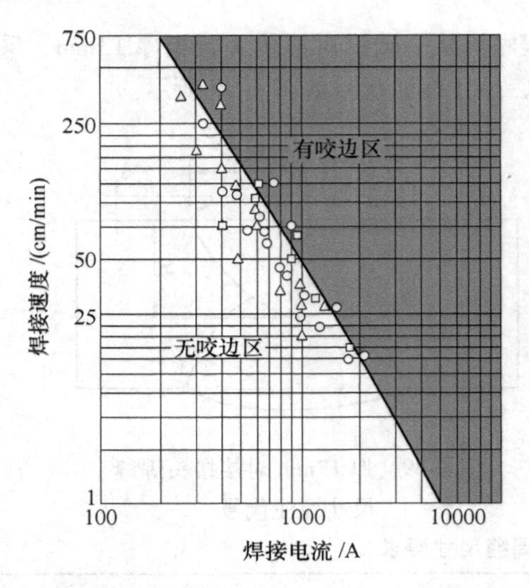

图 4-41　单丝埋弧焊时，焊道不产生咬边的焊接速度与焊接电流的关系

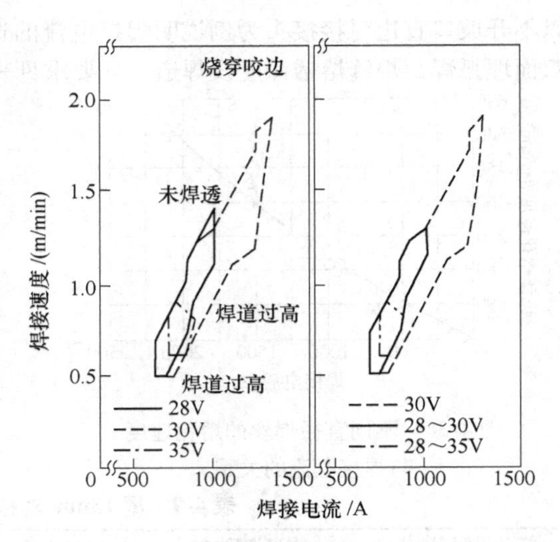

图 4-42　对接接头双面埋弧焊焊接速度与焊接电流边界区

4.5.3　埋弧焊工艺的优化设计

目前，在工业生产中使用的埋弧焊工艺大多数是以经验为基础的，也是比较稳妥的焊接工艺，即焊接参数在较宽的范围内波动，均能获得质量符合要求的接头。但是这种工艺不可能是高效、经济的解决方案。

另一种焊接工艺是以达到最大的经济效益为出发点，可以达到最高的焊接生产效率。但焊接参数很接近边界状态、生产工艺条件稍有偏差，就会产生各种焊接缺陷，甚至使焊接过程失稳，因此不能持续地取得预期的经济效果。

为取得焊接质量与效率的统一，应对焊接工艺实行优化设计，全面采用先进的焊接技术并用精确的计算方法确定焊接参数。首先焊接过程是高速完成的，同时，焊缝质量又是优等的，因此能持续稳定地取得最好的经济效益。

优化焊接工艺的实施是通过采用先进的焊接工艺、合理的坡口设计、精密自动控制的焊接设备、焊接参数的精确计算以及焊接生产全过程的严格质量控制来保证的。尽管优化的是焊接工艺，然而与其密切相关的焊接设备、工艺装备和制造工艺也应提高到相应的先进水平。

下面以窄间隙埋弧焊为例做进一步说明。按传统的埋弧焊工艺，厚板对接接头，当板厚超过50mm 时，通常将接缝边缘加工成 U 形坡口，与常用的 V 形坡口相比，U 形坡口的截面减少很多。但当厚度超过 100mm 时，倾角为 8°～10°的标准 U 形坡口的截面仍然显得很大，填充金属量可观，焊接周期很长。为达到高效、优质和低耗的统一，将焊接坡口做了进一步的改进，开发了窄间隙埋弧焊新工艺，即按接头的厚度在 18～24mm 的间隙内进行多层多道焊。这样不仅节约了大量的焊接材料，缩短了焊接周期，提高了焊接效率，而且改善了焊缝金属的性能，有效地利用了多道焊缝层间的回火作用，显著降低了焊接残余应力。

为确保窄间隙埋弧焊连续稳定地进行，对坡口的加工和接缝组对质量提出了严格的要求，同时必须选用在窄间隙内脱渣良好的焊剂。埋弧焊机必须装备焊缝自动跟踪系统以及焊嘴导电块可按预设程序偏移的机构。对于圆筒形工件还应配备防偏移滚轮架。焊接机头行走机构或工件旋转速度必须采用测速反馈控制的驱动系统，以保持恒定的焊接速度。焊接电源应具有焊接参数预置功能，并对焊接电流和电弧电压加反馈控制，以保证焊接参数在焊接过程中始终保持在设定值上，整个焊接过程通过微型计算机或 PLC 实行程序控制。目前，厚壁接头窄间隙埋弧焊工艺已得到大面积的推广，取得了预期的效果。焊接工艺的优化设计必将受到焊接界的广泛关注。

4.5.4　各种接头埋弧焊典型焊接参数

1. 对接接头埋弧焊的典型焊接参数

在各类焊接结构的生产中，不同板厚各种对接接头常用埋弧焊工艺有下列几种：

1）薄板直边对接单面埋弧焊（接缝压紧在铜衬垫上）。

2）直边对接接头带固定垫板单面埋弧焊。

3）V 形坡口对接接头带固定垫板单面埋弧焊。

4）直边对接悬空双面埋弧焊。

5）直边对接焊剂垫单面焊双面成形埋弧焊。

6）直边对接预留间隙双面埋弧焊。

7）V 形及 X 形坡口对接接头焊剂垫双面埋弧焊。

8）焊剂-铜衬垫单面焊双面成形埋弧焊。

9）V 形坡口对接接头热固化焊剂垫单面埋弧焊。

10）直边对接及 V 形坡口对接焊剂垫双丝串列单面焊双面成形埋弧焊。

11）V 形和 X 形坡口热固化焊剂铜衬垫双丝、三丝串列埋弧焊。

上述埋弧焊工艺的典型焊接参数分别见表 4-10 ~ 表 4-23。

表 4-10　薄板直边对接单面埋弧焊典型焊接参数

接头形式及组装尺寸要求

接头板厚 t/mm	接缝间隙 s/mm	焊丝直径 ϕ/mm	焊接电流 /A	电弧电压 /V	焊接速度 /(mm/min)	备　注
1.6	0	2.4	250 ~ 350	22 ~ 24	2500 ~ 3800	工件接缝压紧在铜衬垫上
2.0	0	2.4	325 ~ 400	24 ~ 26	2500 ~ 3800	
3.0	0	2.4	350 ~ 425	24 ~ 26	1900 ~ 2500	
3.6	0 ~ 1.6	2.4	400 ~ 475	24 ~ 27	1300 ~ 2000	
4.5	0 ~ 1.6	3.2	500 ~ 600	25 ~ 27	1000 ~ 1800	
4.8	0 ~ 1.6	3.2	575 ~ 650	25 ~ 27	860 ~ 1100	
6.4	0 ~ 2.5	4.0	750 ~ 850	27 ~ 29	760 ~ 900	
8.0	0 ~ 25	5.8	800 ~ 900	26 ~ 30	660 ~ 740	

表 4-11　直边对接带固定垫板单面埋弧焊典型焊接参数

接头形式及组装尺寸要求

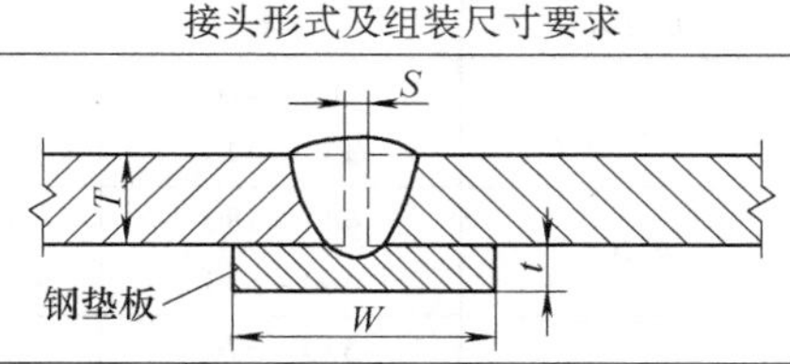

接头板厚 t/mm	接缝间隙 s/mm	焊丝直径 ϕ/mm	焊接电流 /A	电弧电压 /V	焊接速度 /(mm/min)	垫板尺寸	
						厚度 δ/mm	宽度 W/mm
3.5	1.6	3.2	650	28	1200	3.0	16

（续）

接头板厚 t/mm	接缝间隙 s/mm	焊丝直径 ϕ/mm	焊接电流 /A	电弧电压 /V	焊接速度 /(mm/min)	垫板尺寸 厚度 δ/mm	垫板尺寸 宽度 W/mm
5.0	1.6	4.0	750	27	700～1000	5.0	20
6.0	3.0	4.0	850	27	560～760	6.0	25
8.0	3.0	5.0	875	28	560～760	6.0	25
10	3.0	5.0	900	28	460～760	6.0	25
13	5.0	5.6	1100	32	500	10	25

表 4-12　V 形坡口对接接头带固定垫板单面埋弧焊典型焊接参数

接头形式及组装尺寸要求

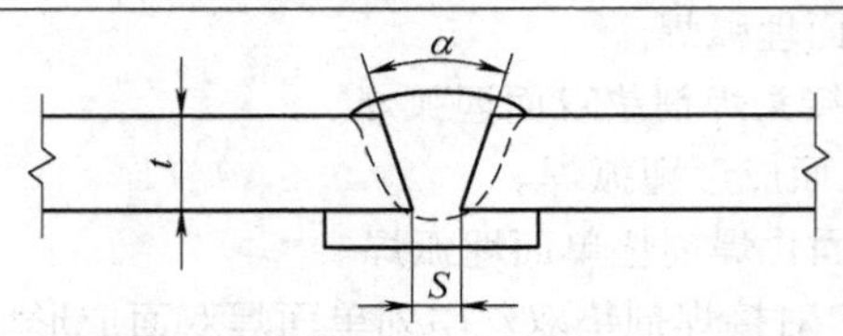

接头板厚 t/mm	接缝间隙 s/mm	坡口角度 /(°)	焊丝直径 ϕ/mm	焊接电流 /A	电弧电压 /V	焊接速度 /(mm/min)	垫板厚度 δ/mm
6.4	3.2	45	4.0	800	30	460	6.0
8.0	3.2	45	4.8	800	30	400	6.0
10	3.2	45	4.8	800	30	300	6.0
11	4.8	30	4.8	950	30	300～500	10
13	4.8	30	4.8	975	30	300～500	10
13	4.8	45	4.8	960	30	240	10
16①	4.8	45	4.8	1000 800	33 35	250 300	10 10

①　焊接 2 层。

表 4-13　直边对接接头悬空双面埋弧焊典型焊接参数

接头形式和组装尺寸要求

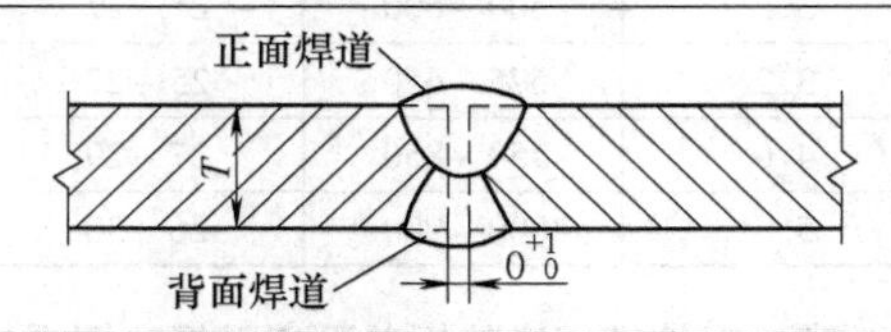

接头板厚 t/mm	焊接顺序	焊丝直径 ϕ/mm	焊接电流 /A	电弧电压 /V	焊接速度 /(m/h)
6	正 背	4.0	380～420 430～470	30 30	34～34 32～33
8	正 背	4.0	440～480 480～530	30 31	30～31 30～31
10	正 背	4.0	530～570 590～640	31 33	27～28 27～28
12	正 背	4.0	620～660 680～720	35 35	24～25 24～25

（续）

接头板厚 t/mm	焊接顺序	焊丝直径 ϕ/mm	焊接电流 /A	电弧电压 /V	焊接速度 /(m/h)
14	正 背	4.0	680～720 730～770	37 40	24～25 22～23
16	正 背	5.0	800～850 850～900	34～36 36～38	37～38 25～26

表4-14　单面V形坡口对接接头悬空双面埋弧焊典型焊接参数

接头形式和组装尺寸要求

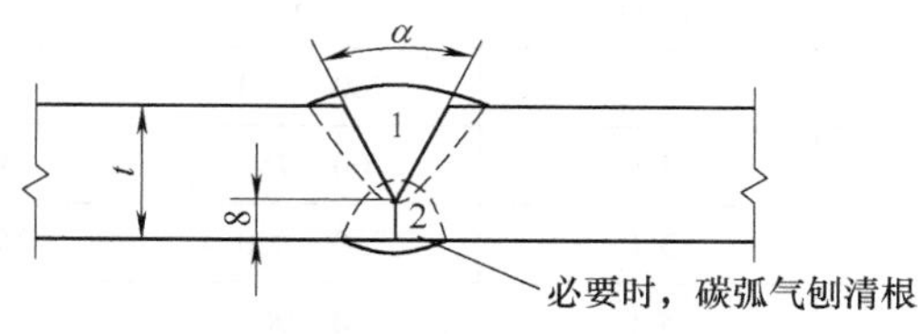

接头板厚 t/mm	焊接顺序	坡口角度 α/(°)	焊丝直径 ϕ/mm	焊接电流 /A	电弧电压 /V	焊接速度 /(mm/min)	备　注
14	背面层 正面层	75	4.0	850 650	33 33	500 500	背面层焊后，反面气刨，深度3～6mm
16	背面层 正面层	75	4.8	900 700	33 33	460 550	
19	背面层 正面层	60	4.8	950 750	33 33	400 500	

表4-15　直边对接焊剂垫单面焊双面成形埋弧焊典型焊接参数

接头形式和组装尺寸要求

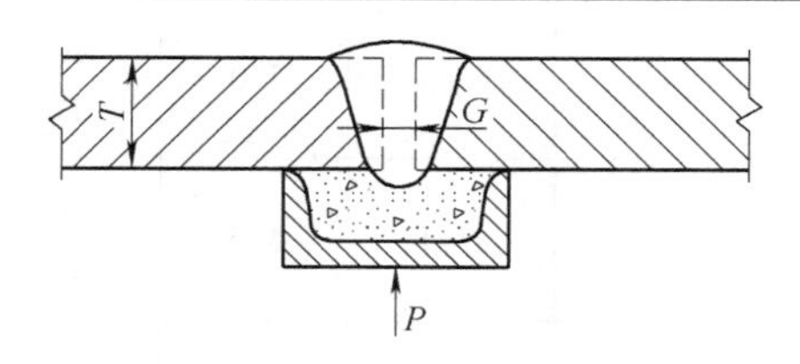

接头板厚 T/mm	装配间隙 G/mm	焊丝直径 ϕ/mm	焊接电流 /A	焊接电压 /V	焊接速度 /(m/h)	焊剂垫压力 /MPa
3	0^{+1}_{0}	2.0 3.0	270～300 400～420	28～30 25～28	44～45 70～72	0.08
4	0^{+1}_{0}	2.0 4.0	370～400 520～550	28～30 28～30	40～41 50～51	0.10～0.15
5	1～2.5	2.0 4.0	420～450 570～620	32～34 28～30	35～36 46～47	0.10～0.15
6	2～3.0	2.0 4.0	470～490 600～640	32～34 28～31	30～32 40～41	0.10～0.15
7	2～3.0	4.0	650～700	32～34	37～38	0.10～0.15
8	2～3.0	4.0	720～780	30～34	34～35	0.10～0.15

表 4-16　直边对接预留间隙焊剂垫双面埋弧焊典型焊接参数

接头形式及组装尺寸要求

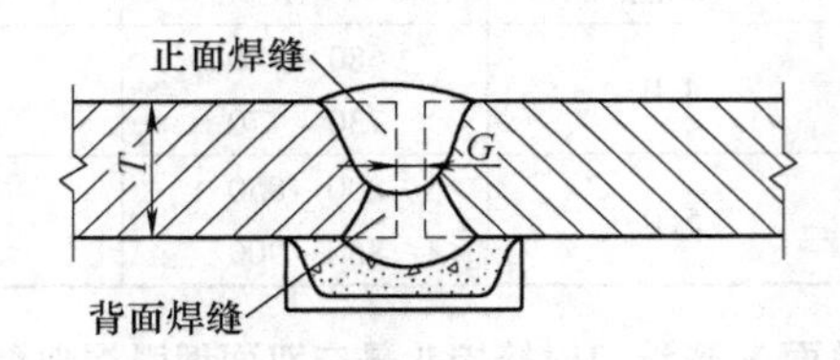

接头板厚 t/mm	装配间隙 G/mm	焊丝直径 ϕ/mm	焊接电流 /A	电弧电压 /V	焊接速度 /(m/h)
14	3~4	5.0	700~750	34~36	30~32
16	3~4	5.0	700~750	34~36	27~28
18	4~5	5.0	750~800	36~38	27~28
20	4~5	5.0	850~900	36~38	27~28
24	4~5	5.0	900~950	38~40	25~26
28	5~6	5.0	900~950	38~40	20~22
30	6~7	5.0	950~1000	40~42	16~18
40	8~9	5.0	1100~1200	40~42	12~14
50	10~11	5.0	1200~1300	44~46	10~12

表 4-17　V 形及 X 形坡口对接接头焊剂垫双面埋弧焊典型焊接参数

接头板厚 T/mm	坡口形式	坡口尺寸 α/(°)	坡口尺寸 $H_1(H_2)$/mm	焊丝直径 ϕ/mm	焊道顺序	焊接电流 /A	焊接电压 /V	焊接速度 /(m/h)
14	V 形 $\alpha°$　H_1　1^{+1}_{0}	80^{+2}_{0}	6+1	5.0	正 背	820~850 600~620	36~38 36~38	24~25 45~47
16		70^{+2}_{0}	7+1	5.0	正 背	820~850 600~620	36~38 36~38	20~21 45~46
18		60^{+2}_{0}	8+1	5.0	正 背	820~850 600~620	36~38 36~38	20~21 43~45
22		55^{+2}_{0}	12+1	5.0	正 背	1050~1150 600~620	38~40 36~38	18~20 43~45
24	X 形 α_1　H_1　H_2　2^{+1}_{0}　α_2	60^{+2}_{0}	10+1 (10+1)	5.0	正 背	1000~1100 800~900	38~40 36~38	22~23
30		70^{+2}_{0}	12+1 (12+1)	6.0	正	1000~1100 900~1000	38~40 36~38	16~18 18~20

表 4-18　直边对接焊剂-铜衬垫单面焊双面成形埋弧焊典型焊接参数

接头形式和组装尺寸要求

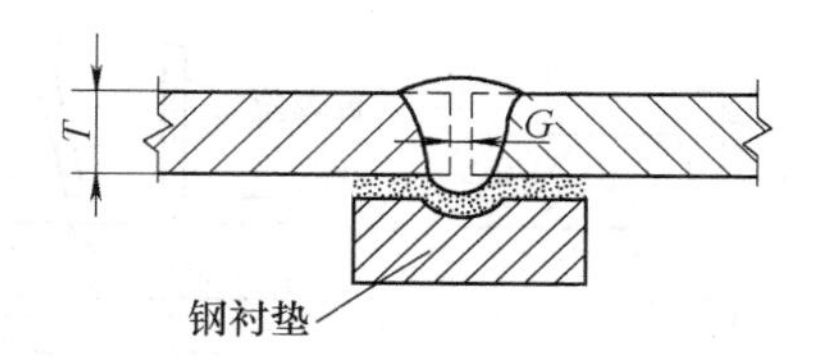

接头板厚 T/mm	装配间隙 G/mm	焊丝直径 φ/mm	焊接电流 /A	电弧电压 /V	焊接速度 /(m/h)
3.0	1~2.0	3.0	380~420	27~29	46~47
4.0	2~3.0	4.0	450~500	29~31	40~41
5.0	2~3.0	4.0	520~560	31~33	37~38
6.0	2~3.0	4.0	550~600	33~35	37~38
7.0	2~3.0	4.0	640~680	35~37	34~35
8.0	3~4.0	4.0	680~720	35~37	31~32
9.0	3~4.0	4.0	720~780	36~38	27~28
10	4~5.0	4.0	780~820	38~40	27~28
12	4~5.0	4.0	850~900	39~41	23~24
14	4~5.0	4.0	880~920	39~41	21~22

表 4-19　V 形坡口对接热固化焊剂垫单面埋弧焊典型焊接参数

接头板厚 T/mm	坡口角度 /(°)	装配间隙 /mm	焊道顺序	附加铁粉高度/mm	焊接电流 /A	电弧电压 /V	焊接速度 (m/h)	工件倾斜度 /(°)
9.0	50^{+5}_{0}	0~4	1	9.0	700~720	34~36	18~20	0
12	50^{+5}_{0}	0~4	1	12	800~820	34~36	18~20	0
14	50^{+5}_{0}	0~4	1	16	900~920	34~36	15~17	3.0
19	50^{+5}_{0}	0~4	1 2	15 0	850~870 810~830	34~36 36~38	15~17 15~17	0
19	50^{+5}_{0}	0~4	1 2	15 0	850~870 810~830	34~36 36~38	15~17 15~17	3.0
19	50^{+5}_{0}	0~4	1	15	960~980	40~42	12~14	3.0
22	50^{+5}_{0}	0~4	1	15	850~870 850~870	34~36 36~38	15~16 12~13	3.0
25	50^{+5}_{0}	0~4	1	15	1200~1300	45~47	12~13	0
32	50^{+5}_{0}	0~4	1	25	1500~1600	52~53	12~13	0

表 4-20 直边对接焊剂垫单面焊双面成形双丝串列埋弧焊典型焊接参数

接头形式及焊丝排列方式

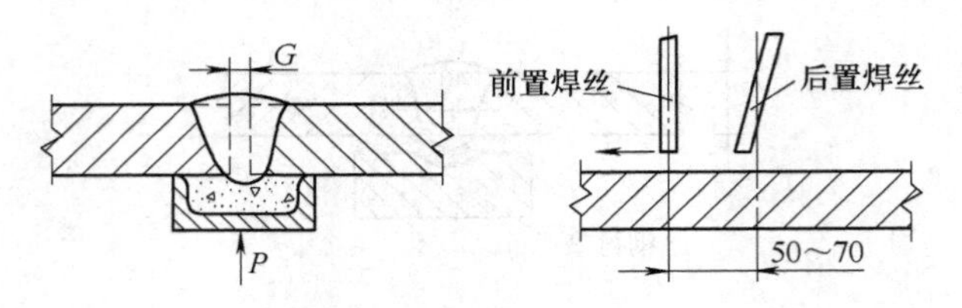

接头板厚 T/mm	装配间隙 G/mm	焊丝直径 ϕ/mm		焊接电流/A		电弧电压/V		焊接速度 /(m/h)
		前置	后置	前置	后置	前置	后置	
6.0	3^{+1}_{0}	4.0	3.0	500~550	250~280	30~31	32~33	36~37
8.0	3^{+1}_{0}	4.0	3.0	600~620	250~280	31~32	32~33	36~37
10	4^{+1}_{0}	4.0	3.0	700~730	250~300	31~32	34~35	32~33
12	4^{+1}_{0}	4.0	3.0	800~820	300~320	32~33	34~35	30~31
14	4^{+1}_{0}	5.0	3.0	820~880	350~380	33~35	36~37	26~27
16	5^{+1}_{0}	5.0	3.0	850~880	350~380	33~35	36~37	24~25
18	5^{+1}_{0}	5.0	3.0	900~940	400~430	36~37	39~40	20~21
20	5^{+1}_{0}	5.0	3.0	950~980	400~430	36~37	39~40	20~21

表 4-21 单面 V 形坡口对接焊剂垫单面双丝串列埋弧焊典型焊接参数

接头形式及焊丝排列方式

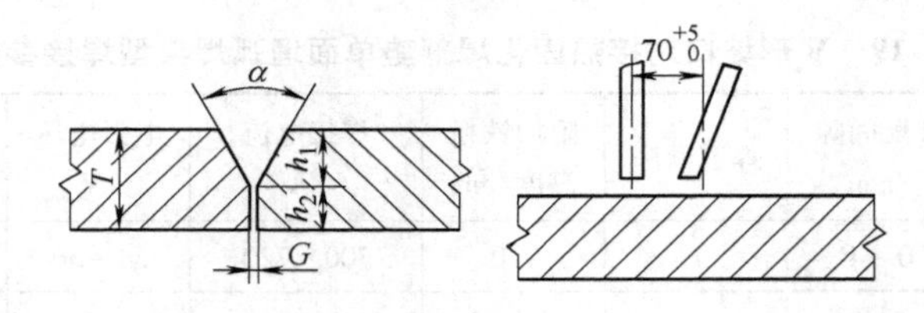

接头板厚 T/mm	装配间隙 /mm	坡口尺寸			焊接电流/A		电弧电压/V		焊接速度 /(m/h)
		h_1/mm	h_2/mm	α/(°)	前置	后置	前置	后置	
20	0^{+1}_{0}	8	12	80^{+5}_{0}	1300~1400	800~900	31~32	44~45	35~36
25	0^{+1}_{0}	10	15	80^{+5}_{0}	1400~1600	900~1000	31~32	44~45	35~36
32	1^{+1}_{0}	16	16	70^{+5}_{0}	1700~1800	1000~1100	32~33	44~45	30~31
35	1^{+1}_{0}	17	18	70^{+5}_{0}	1700~1800	1000~1100	32~33	44~45	25~26

表 4-22 V 形和 X 形坡口对接热固化焊剂铜衬垫双丝、三丝串列埋弧焊典型焊接参数

接头板厚 T/mm	装配间隙 G/mm	坡口形式及尺寸			焊丝直径及位置 ϕ/mm	焊丝间距	焊接电流 /A	电弧电压 /V	焊接速度 /(m/h)
		形式	倾角/(°)	钝边/mm					
12	0^{+1}_{0}	V	60^{+5}_{0}	2^{+1}_{0}	前丝 ϕ5 后丝 ϕ5	90±5	1000~1100 650~670	36~37 40~41	35~36

（续）

接头板厚 T/mm	装配间隙 G/mm	坡口形式及尺寸			焊丝直径及位置 ϕ/mm	焊丝间距	焊接电流 /A	电弧电压 /V	焊接速度 /(m/h)
		形式	倾角/(°)	钝边/mm					
20	0^{+1}_{0}	V	50^{+5}_{0}	3^{+1}_{0}	前丝 ϕ5 后丝 ϕ5	110 ± 5	1100 ~ 1200 850 ~ 880	37 ~ 38 42 ~ 43	31 ~ 32
32	0^{+1}_{0}	V	正面 50^{+5}_{0} 反面 60^{+5}_{0}	2^{+1}_{0}	前丝 ϕ5 后丝 ϕ5	120 ± 5	1100 ~ 1150 1050 ~ 1100	34 ~ 35 48 ~ 50	21 ~ 22
32	0^{+1}_{0}	V	50^{+5}_{0}	9^{+1}_{0}	前丝 ϕ5 中丝 ϕ5 后丝 ϕ6.5	35^{+5}_{0} 110^{+5}_{0}	1120 ~ 1150 1150 ~ 1180 1200 ~ 1250	34 ~ 35 41 ~ 42 47 ~ 48	25 ~ 26
40	0^{+1}_{0}	X	正面 50^{+5}_{0} 反面 60^{+5}_{0}	2^{+1}_{0}	前丝 ϕ5 后丝 ϕ6.5	140^{+5}_{0}	1350 ~ 1400 1300 ~ 1350	35 ~ 36 52 ~ 51	16 ~ 17
40	0^{+1}_{0}	V	50^{+5}_{0}	9^{+1}_{0}	前丝 ϕ5 中丝 ϕ5 后丝 ϕ5	35^{+5}_{0} 110^{+5}_{0}	1350 ~ 1400 1150 ~ 1200 1300 ~ 1340	34 ~ 35 44 ~ 45 50 ~ 51	20 ~ 21
25	0^{+1}_{0}	V	80^{+5}_{0}	13^{+1}_{0}	前丝 ϕ5 中丝 ϕ5 后丝 ϕ5	50^{+5}_{0} 110^{+5}_{0}	2100 ~ 2200 1200 ~ 1300 900 ~ 1000	30 ~ 31 39 ~ 40 44 ~ 45	56 ~ 57
32	0^{+1}_{0}	V	70^{+5}_{0}	15^{+1}_{0}	前丝 ϕ5 中丝 ϕ5 后丝 ϕ5	50^{+5}_{0} 110^{+5}_{0}	2100 ~ 2200 1300 ~ 1400 1000 ~ 1100	32 ~ 33 39 ~ 40 44 ~ 45	41 ~ 42
50	0^{+1}_{0}	V	60^{+5}_{0}	20^{+1}_{0}	前丝 ϕ5 中丝 ϕ5 后丝 ϕ5	50^{+5}_{0} 110^{+5}_{0}	2100 ~ 2200 1300 ~ 1400 1000 ~ 1100	32 ~ 33 39 ~ 40 44 ~ 45	18 ~ 19

表 4-23 厚板对接接头多层多道埋弧焊典型焊接参数

接头坡口形式和尺寸及焊道顺序

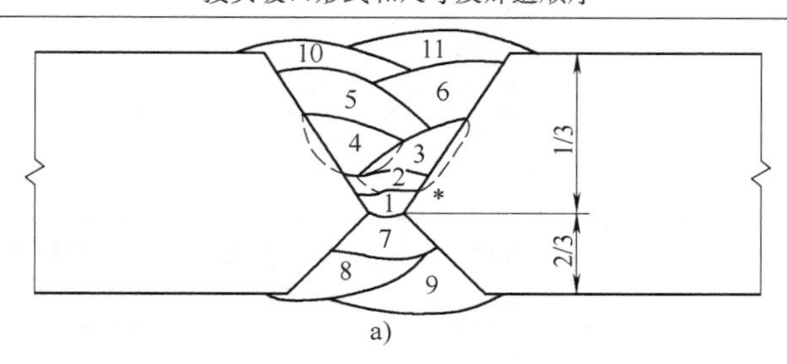

a)

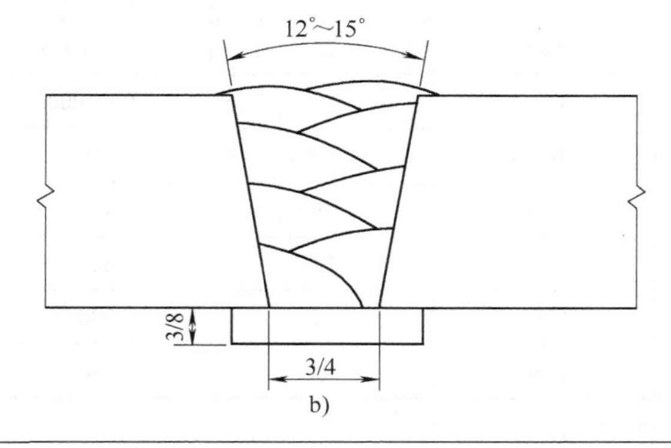

b)

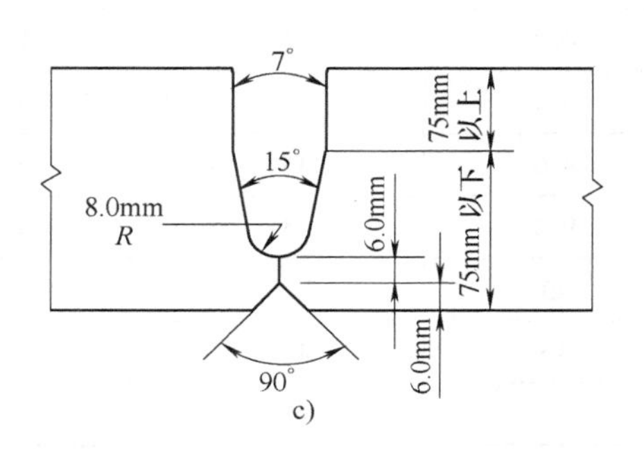

c)

（续）

接头板厚 T/mm	焊接工艺方法	坡口形式	焊道顺序	焊丝直径 D/mm	焊接电流 /A	电弧电压 /V	焊接速度 /(mm/min)
20 ~ 50	GMAW	不对称 X 形 （图 a）	1 2	1.2,1.6	170 350	—	—
	单丝埋弧焊	坡口角 60° 间隙 0 ~ 3mm	3,4 其余各层	3.2,4.8	400 ~ 500 500 ~ 600	27 ~ 32 27 ~ 32	400 ~ 500 350 ~ 450
50 以上	单丝埋弧焊	大间隙 V 形 （图 b）	1 ~ 8	4.0,4.8	600 ~ 700	30 ~ 34	300 ~ 380
75 以上	单丝埋弧焊	UY 形 （图 c）	多层多道	4.0	500 ~ 700	32 ~ 34	300 ~ 380

2. 角接接头埋弧焊典型焊接参数

角接接头可在船形位置（平焊）或平角焊位置（横焊）进行埋弧焊。在船形位置可焊制焊脚尺寸大于 8mm 的角焊缝。采用单丝埋弧焊在平角焊位置焊接的角焊缝极限厚度为 10mm。为焊制焊脚尺寸较大的角焊缝可采用多丝埋弧焊。

角接接头船形位置和平角焊位置埋弧焊的典型焊接参数分别列于表 4-24 ~ 表 4-27。角接接头双丝串列和三丝串列埋弧焊典型焊接参数见表 4-28 和表 4-29。

表 4-24 角接接头船形位置单丝埋弧焊典型焊接参数

接头形式和焊接位置

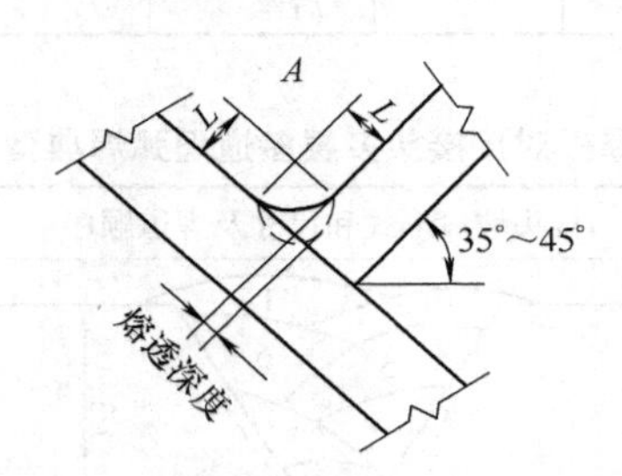

焊脚高度 L/mm	工件倾角 /(°)	焊丝直径 φ/mm	焊接电流 /A	电弧电压 /V	焊接速度 /(mm/min)
3.0	45	2.4	400	25	900 ~ 1600
4.8	45	3.2	500	25	800 ~ 1000
6.4	45	4.0	650	27	700 ~ 900
8.0	45	4.0	650	27	560
9.5	45	4.8	750	29	460
13	4.5	4.8	900	32	400
16	45	6.4	1050	32	300
19	45	6.4	1150	32	280

注：工件倾角 45°时，熔深为（0.4 ~ 0.5）L，工件倾角 35°时，熔深为 0.55L。

表4-25 双面V形坡口角接接头船形位置单丝埋弧焊典型焊接参数

接头形式和尺寸以及焊接位置

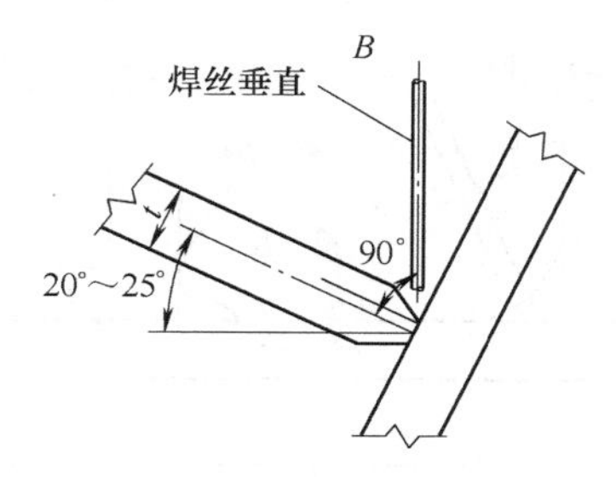

立板厚度 t/mm	焊脚高度 L/mm	坡口角度 /(°)	焊丝直径 ϕ/mm	焊道层次	焊接电流 /A	电弧电压 max/V	焊接速度 /(mm/min)
16	6.5	26	4.0	第1层 盖面层	750 800	30 30	230 180
19	9.5	21	5.0	第1层 盖面层	950 1050	30 30	220 220
25	11	24	5.0	第1层 盖面层	1050 1150	30 30	200 190
32	11	28	6.0	第1层 盖面层	1100 1150	30 30	180 180
38	11	31	6.0	第1层 盖面层	1150 1200	30 30	165 150

表4-26 搭接平角焊单丝埋弧焊典型焊接参数

接头形式和焊丝倾角

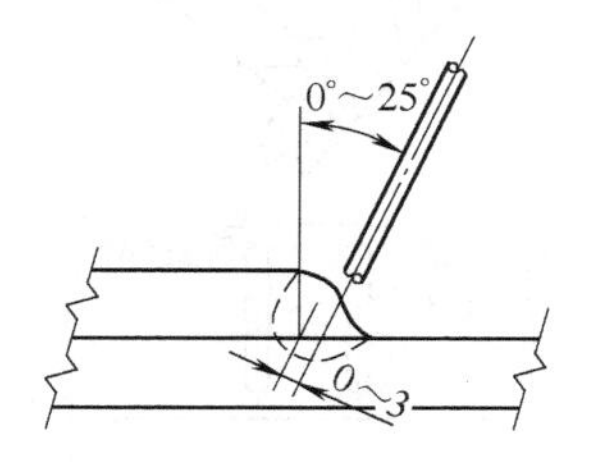

焊脚高度 L/mm	焊丝直径 ϕ/mm	焊接电流 /A	电弧电压 /V	焊接速度 /(mm/min)
3.0	2.4	400	25	760～1650
4.0	3.2	450	27	660～1400
5.0	3.2	500	27	560～1000
6.0	3.2	550	28	500～760
8.0	4.0	650	28	460～650
10	4.0	700	28	380～500

表 4-27　T 形角接平角焊双层埋弧焊典型焊接参数

接头形式和焊缝层次

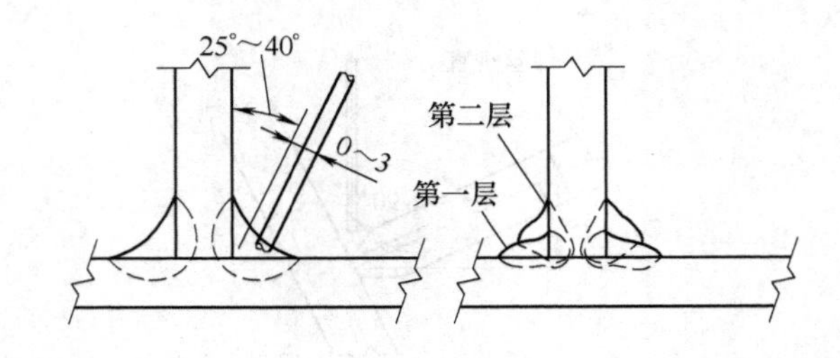

焊脚高度 L/mm	焊丝直径 ϕ/mm	焊缝层次	焊接电流 /A	电弧电压 /V	焊接速度 /(mm/min)
10	3.2	第 1 层	520	30	560
		第 2 层	520	30	560
13	4.0	第 1 层	650	33	560
		第 2 层	750	35	500
16	4.0	第 1 层	725	33	460
		第 2 层	850	35	400
19	4.0	第 2 层	800	35	230
		第 2 层	820	33	230

表 4-28　角接接头船形位置双丝串列埋弧焊典型焊接参数

接头形式及焊丝位置

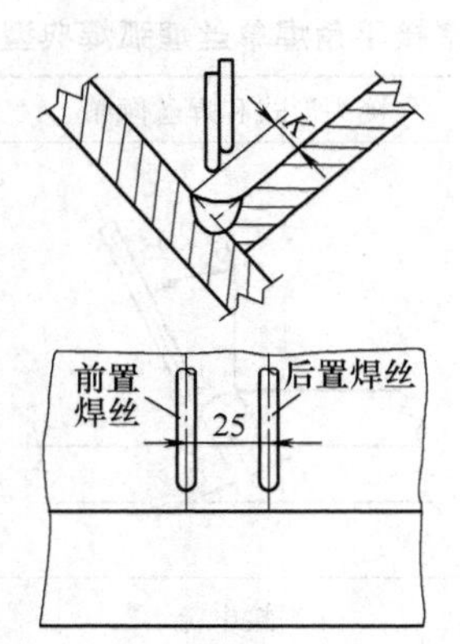

焊脚高度 L/mm	焊丝直径 ϕ/mm	电流种类	焊接电流 /A	电弧电压 /V	焊接速度 /(m/h)
6.0	前丝 5.0	直流反接	700 ~ 730	32 ~ 35	90 ~ 92
	后丝 4.0	交流	530 ~ 550	32 ~ 35	
8.0	前丝 5.0	直流反接	780 ~ 820	35 ~ 37	70 ~ 72
	后丝 5.0	交流	640 ~ 660	35 ~ 37	

（续）

焊脚高度 L/mm	焊丝直径 ϕ/mm	电流种类	焊接电流 /A	电弧电压 /V	焊接速度 /(m/h)
10	前丝5.0 后丝5.0	直流反接 交流	780～820 700～740	34～36 38～42	55～57
13	前丝5.0 后丝5.0	直流反接 交流	900～1000 840～860	36～40 38～42	40～42
16	前丝5.0 后丝5.0	直流反接 交流	980～1100 880～920	36～40 38～42	27～28
19	前丝5.0 后丝5.0	直流反接 交流	980～1100 880～920	36～40 38～42	20～21

表4-29　角接接头平角焊位置双丝和三丝串列埋弧焊典型焊接参数

接头形式及焊丝位置

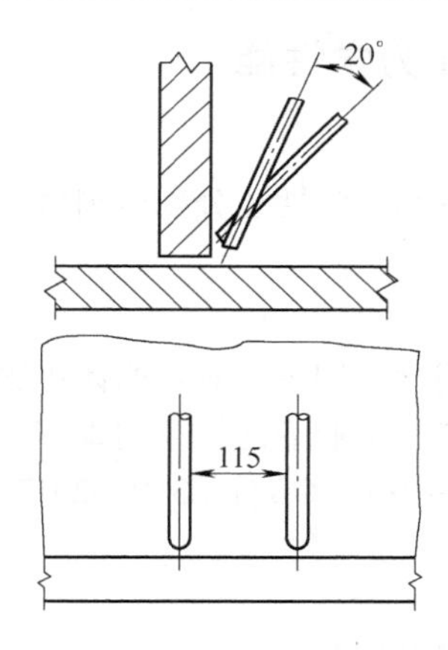

焊脚尺寸 L/mm	焊丝直径 ϕ/mm	电流种类	焊接电流 /A	电弧电压 /V	焊接速度 /(m/h)
6.0	前丝4.0 后丝3.2	直流反接 交流	480～520 380～420	28～30 32～34	60～61
8.0	前丝4.0 后丝3.2	直流反接 交流	620～660 480～520	32～34 32～34	48～50
10	前丝4.0 后丝3.2	直流反接 交流	640～680 480～520	32～34 32～34	39～40
8.0	前丝4.0 中丝3.2 后丝5.0	直流反接 交流 交流	580～620 530～560 340～360	28～30 32～34 27～29	60～61
10	前丝4.0 中丝3.2 后丝5.0	直流反接 交流 交流	640～660 540～560 340～360	28～30 32～34 27～29	51～52

第5章　碳钢埋弧焊工艺

5.1　碳钢的基本特性

5.1.1　概述

碳钢即碳素钢，也称非合金钢，是 w(C) 不大于1.3%的铁碳合金。为改善碳钢的力学性能和冶金特性，在碳钢中也加入了少量的硅和锰，w(Si) 最高不超过0.5%，w(Mn) 最高不超过1.0%。此外，碳钢中还有少量的硫、磷等杂质。碳钢是各种焊接结构中最常用的钢种之一。由于碳钢冶炼简单，价格低廉，并可制成板材、管材和各种型材，因此在各工业部门应用广泛。碳钢可以采用包括埋弧焊在内的各种焊接方法进行焊接。

5.1.2　碳钢的标准化学成分和力学性能

1. 普通碳钢和优质碳钢

普通碳钢和优质碳钢的化学成分和力学性能分别由国家标准 GB/T 700—2006 和 GB/T 699—2019 做出规定。

2. 特殊用途碳钢

在各类焊接结构中应用的特殊用途碳钢主要有：船体用碳钢、锅炉和压力容器用碳钢、桥梁用碳钢，建筑结构用碳钢和石油天然气工业输送管道用碳钢。其化学成分和力学性能分别由国家标准 GB/T 712—2011、GB/T 713—2014、GB/T 5310—2017、GB/T 19879—2015、GB/T 714—2015，GB/T 7659—2010 做出规定。

5.2　碳钢的焊接性及埋弧焊特点

5.2.1　碳钢的焊接性

碳钢的焊接性基本取决于它的碳含量。随着碳含量的提高，焊接性变差。从淬硬性角度看，碳含量越高，淬硬性越大，硬度越高，显微组织中马氏体组分越多，冷裂倾向也就越大。图5-1示出碳含量与最高硬度及马氏体组分的关系曲线。从中可见，w(C) 超过0.3%，马氏体组分已大于50%（体积分数），最高硬度可超过40HRC。这种金属组织在焊接应力作用下，存在冷裂纹的危险。

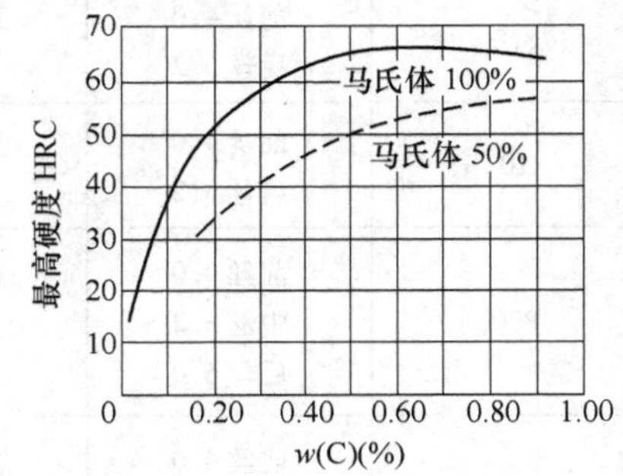

图5-1　碳钢中碳含量与最高硬度及马氏体组分的关系

从焊接热裂纹角度来看，对于埋弧焊焊缝，当 w(C) 超过0.2%，同时硫、磷含量偏上限，就可能沿焊缝中心线产生热裂纹。因此严格地说，只有 w(C) 低于0.2%的碳钢，才具有良好的埋弧焊焊接性。

碳钢中的锰、硅等合金元素对其焊接性有一定的影响。

锰和硅作为合金元素在不同程度上提高了钢的淬硬性。通常利用碳当量来综合评定其对焊接性的影响程度。目前已公认的碳当量经验公式为：

$$CE = w(C) + \frac{w(Mn)}{6} + \frac{w(Si)}{24}$$

实际上，对碳钢来说，$w(Si)$ 最高不到0.4%，折合成 $w(C)$ 仅为0.016%，可以忽略不计，故碳当量公式可简化为：

$$CE = w(C) + \frac{w(Mn)}{6}$$

钢的碳当量与冷裂敏感性的关系如图5-2所示。碳当量越高，冷裂敏感性越大。

但从焊接热裂倾向分析，碳钢中的锰、硅合金元素产生一定的有利作用。在焊接冶金过程中，锰能促进脱硫反应，形成熔点较高的MnS，提高了焊缝的抗热裂性，因此通常利用下列碳当量公式评定焊接热裂纹倾向。

$$CE = w(C) + 2w(S) + \frac{w(P)}{3} + \frac{w(Si) - 0.4}{7} + \frac{w(Mn) - 1.0}{8}$$

由上述碳当量公式可知，实际上后两项可以忽略不计，热裂倾向主要取决于钢中C、S和P的含量。图5-3示出S和C含量对埋弧焊焊缝金属热裂倾向的影响。从中可见，对于 $w(C)$ 为0.2%的碳钢，标准对优质碳钢规定的 $w(S)$ 上限值0.035%足以引起埋弧焊焊缝金属的热裂纹，因此对于采用高热输入埋弧焊的碳钢，应尽量将钢中和焊丝中的 $w(S)$ 分别控制在0.02%和0.01%以下。$w(P)$ 也应控制在0.02%以下，以确保埋弧焊焊缝的抗热裂性。

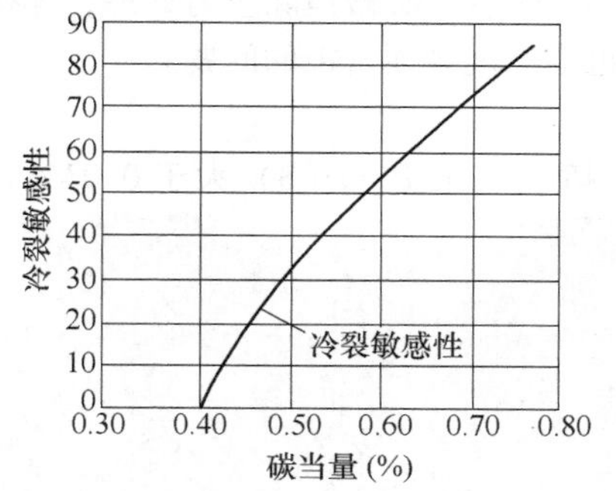

图5-2　碳当量与冷裂敏感性的关系曲线

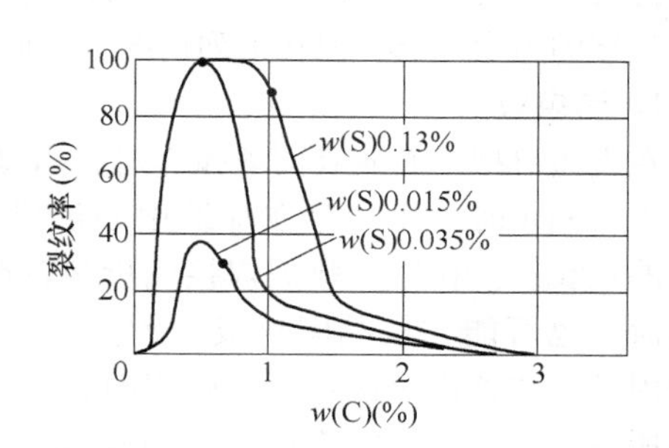

图5-3　C和S对碳钢埋弧焊焊缝金属热裂倾向的影响

焊缝金属中的氧和氮含量对焊缝的质量有重要的影响。它们不仅以氧化物和氮化物形式存在，从而降低了焊缝金属的力学性能，特别是明显降低冲击韧度和时效冲击韧度；而且还可能以气态形式存在，导致焊缝内形成气孔，降低了焊缝金属的致密性。埋弧焊焊缝金属中的氧、氮含量取决于所选用的焊剂类型。表5-1列出了碳钢和埋弧焊焊缝金属中氮、氧含量实测数据，并与其他焊接方法做了对比。从中可见，埋弧焊焊缝金属中的氧、氮含量低于其他焊接方法焊缝金属的氧、氮含量，但略高于母材中的氧、氮含量。

表5-1　各种钢材和焊缝金属中的氧、氮含量

钢材和焊缝种类	含氧量(%,质量分数)	含氮量(%,质量分数)
电炉钢	—	≈0.001
平炉沸腾钢	0.010~0.020	≈0.005
平炉镇静钢	0.063~0.010	

（续）

钢材和焊缝种类	含氧量（%，质量分数）	含氮量（%，质量分数）
顶吸转炉钢	0.003～0.005	0.004～0.005
H08 焊丝	0.010～0.020	0.002～0.003
裸焊丝无保护焊焊缝	0.15～0.30	0.10～0.20
氧化铁型焊条焊缝	0.10～0.13	0.01～0.02
纤维素型焊条焊缝	0.06～0.10	
铁钙型焊条焊缝	0.05～0.07	
低氧碱性焊条焊缝	0.02～0.040	
酸性焊剂埋弧焊焊缝	0.050～0.10	0.002～0.007
碱性焊剂埋弧焊焊缝	0.020～0.070	—
CO_2 气体保护焊焊缝	0.020～0.070	0.006～0.010
自保护药芯焊丝焊缝	—	0.015～0.040
电渣焊焊缝	0.01～0.02	0.015～0.040

5.2.2　低碳钢埋弧焊特点

低碳钢因碳含量较低，合金元素锰和硅含量适中，总的来说，其焊接性良好，不会因焊接热周期的快速冷却而引起淬硬，使组织变脆。因此在板厚小于 70mm 时，焊前不需要预热，不必严格保持层间温度。除了锅炉、压力容器等重要焊接结构外，焊后不必做消除应力处理，焊接接头具有足够的力学性能。但在下列情况下，低碳钢埋弧焊也会出现必须重视的问题。

1. 热裂纹

在直边对接单面或双面埋弧焊时，当母材的 $w(C)$ 超过 0.20%，$w(S)$ 大于 0.03%，且板厚大于 16mm 时，往往会在焊缝中心形成图 5-4 所示的热裂纹。在用埋弧焊焊接偏析带较严重的母材时，也可能在枝晶间形成所谓人字形裂纹。其原因是：在直边对接接头埋弧焊时，母材在焊缝中所占比例较大（约 70%），使焊缝金属中碳、硫、磷含量超过了产生热裂纹的临界值，如果焊缝成形系数小于 1.3，则很容易产生沿焊缝中心的热裂纹。其解决办法是选用碳含量较低的焊丝，并调整焊接参数，改善焊缝成形。如这两种工艺措施均未奏效，则必须将直边对接接头改成 V 形或 U 形坡口对接，大幅度减少母材在焊缝中的比例，从而降低焊缝中碳、硫含量，防止热裂纹的形成。

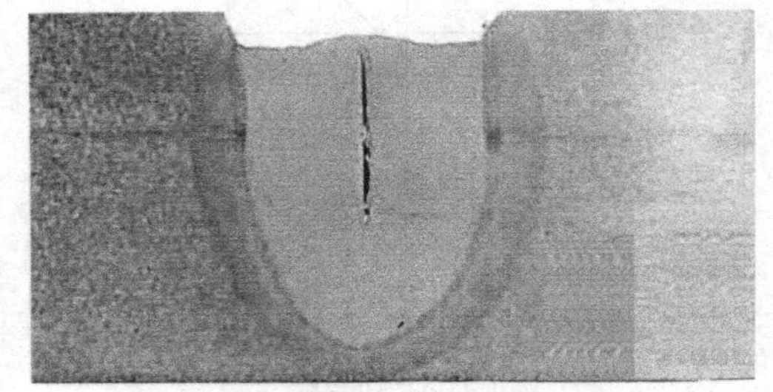

图 5-4　焊缝中心形成的热裂纹

2. 液化裂纹

液化裂纹多半出现于以高热输入埋弧焊焊接的直边对接接头焊缝中。裂纹部位总是在焊缝熔合线的母材侧，某些液化裂纹也可能延伸到焊缝金属中，如图 5-5 所示。这种液化裂纹有时尺寸较小，甚至只有几个晶粒的长度，肉眼不易发现，但经常导致焊接产品试板弯曲试样冷弯角不合格。在分析液化裂纹成因时发现，虽然所焊母材的碳、硫等含量均在标准规定的范围以内，但因冶炼质

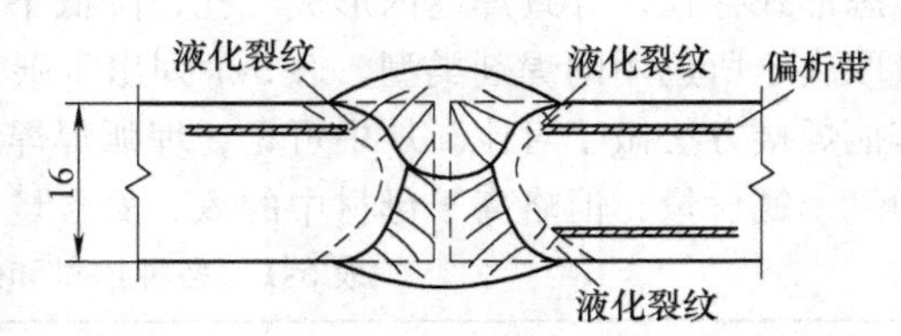

图 5-5　20R 钢直边对接双面埋弧焊焊缝熔合区边界上的液化裂纹

注：母材化学成分 $w(C)$0.24%，$w(Si)$0.18%，$w(Mn)$0.43%，$w(S)$0.045%，$w(P)$0.028%。

量低劣而存在明显的偏析带。在偏析带中，硫、磷、碳含量大幅度高于平均含量。当采用高热输入埋弧焊焊接时，熔合区高温停留时间较长，焊接应变速率高于晶体在高温下变形能力的增长速率时，即会产生液化裂纹。但因高温区段的尺寸较小，限制了液化裂纹的扩散，其长度一般只有2～3mm，如果不仔细检查，很难发现这种裂纹。

为消除这种液化裂纹，第1种方法是适当降低焊接热输入，加快焊接速度，缩短焊缝在高温停留时间。但热输入的降低可能会产生未焊透。因此当热输入降至允许的最低值而仍未消除液化裂纹时，则应采取第2种方法，即将直边对接接头改为V形坡口对接接头，改单层焊为多层焊。这样虽然降低了效率，但避免了液化裂纹产生，保证了焊缝的质量。

3. 层状撕裂

在厚度大于80mm的碳钢厚板埋弧焊时，如果钢材的冶炼质量较差，存在较多的非金属夹杂物，则在拘束度较大的接头中，在焊接热影响区或靠近热影响区部位有时会形成层状撕裂，并可能在焊接应力的作用下，平行于钢板轧制方向扩展。在角接和对接接头中层状撕裂的典型形貌如图5-6所示。这种裂纹通常在焊件冷却至200°C以下温度形成，因此层状撕裂是焊接冷裂纹的一种特殊形式。层状撕裂主要起源于钢板夹层中的非金属夹杂物，并在钢板厚度方向焊接拉应力作用下与基体剥离，形成撕裂斑点。当这些斑点长大到一定尺寸时，则以脆断形式扩展，合并成宏观裂纹。图5-7所示为其形成过程。

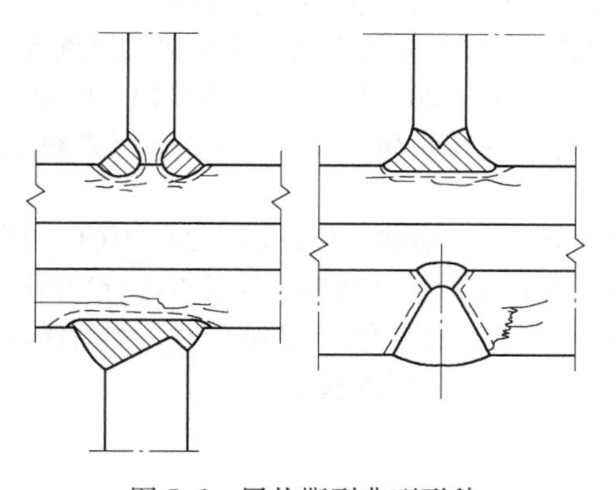

图5-6 层状撕裂典型形貌

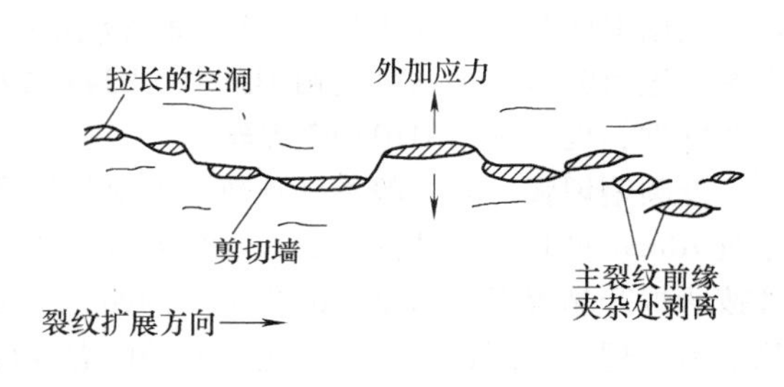

图5-7 层状撕裂形成过程

避免层状撕裂最根本的方法是选用优质的母材，其次是对工件进行适当的预热，减小焊接热输入和焊道尺寸，降低焊接收缩应力。对于钢板分层较严重的工件，一种有效防止层状撕裂的方法是对坡口表面进行预堆焊。

5.2.3 中碳钢埋弧焊特点

中碳钢的w(C)范围为0.30～0.60%。如果其含碳量偏于下限，w(C)=0.30%～0.40%，且工件厚度不超过40mm，则埋弧焊焊接性尚可，埋弧焊工艺与低碳钢相似。当w(C)大于0.4%、碳当量高于0.5%时，中碳钢就有较高的淬硬倾向，焊接热影响区可能出现冷裂纹。为防止裂纹的产生，当板厚超过30mm时，焊前必须预热。同时应对焊剂进行高温烘干处理，严格控制焊缝金属中的氢含量。

当焊缝中母材的混合比较高而使焊缝金属碳含量超过极限值时，很容易产生焊接热裂纹，特别是弧坑裂纹。此外，焊缝金属中碳含量增高，对气孔的敏感性也随之增大。

因此焊接中碳钢时，必须按母材实际的碳、锰、硅及硫、磷含量拟定埋弧焊焊接参数。

5.2.4 高碳钢埋弧焊特点

高碳钢的 w(C) 大于 0.6%，与中碳钢相比，具有更高的淬硬倾向，焊缝和热影响区组织内会形成高碳马氏体，冷裂倾向更大。因马氏体组织性质硬而脆，使接头的塑性和韧性大幅度下降，因此高碳钢的焊接性很差，必须采取特殊的焊接工艺，才能保证接头的性能。焊接结构中一般很少采用高碳钢。在某些机器设备中，可采用高碳钢制作高硬度和耐磨的零部件，如转轴、大型齿轮和联轴器等。为节约材料，简化加工工艺，这些机器零部件也往往采用焊接工艺组合而成。在重型机器制造中也会碰到高碳钢部件的焊接。

5.3 碳钢埋弧焊工艺要点

5.3.1 低碳钢埋弧焊工艺要点

由于低碳钢具有较好的焊接性，可以采用较宽范围的焊接参数进行埋弧焊，不必严格控制焊接热输入。

低碳钢工件坡口的制备可以采用火焰切割或等离子弧切割，切口边缘的切割残渣和飞边应清除干净。对于接缝装配间隙偏差要求严格的接头，最好采用机械加工方法制备坡口。

低碳钢埋弧焊焊丝/焊剂的选配较为简单，对于 Q235、Q275 普通碳钢，不论接头厚度大小，均可选用 HJ430 或 HJ431 焊剂 + H08A 焊丝进行焊接。对于 15、20、25、30 优质碳钢，以及 20R 锅炉和压力容器用碳钢可选用 HJ430、HJ431 或 SJ301 焊剂 + H08MnA 焊丝。对于焊后需热处理的厚壁件，也可选用 H10Mn2 焊丝。

低碳钢埋弧焊前一般不必预热。如果焊接环境低于 0°C，则应将工件预热至 30 ~ 50°C。厚度超过 70mm 的工件，焊前应预热至 100 ~ 150°C，以降低焊接应力。低碳钢焊件是否进行焊后热处理按所焊产品焊接技术条件的规定。例如对于压力容器，当接头壁厚大于 34mm 时，焊后需做消除应力处理。低碳钢焊件消除应力处理的温度可在 550 ~ 650°C 范围内选取。

5.3.2 中碳钢埋弧焊工艺要点

在埋弧焊时，因热输入较大，焊接区受热面积较宽，加上高温熔渣覆盖于焊缝表面，大幅度降低了焊缝及热影响区的冷却速度，减弱了淬硬程度并降低了冷裂纹的概率，因此，采用埋弧焊焊接中碳钢时，对于厚度在 30mm 以下的工件，焊前可不必预热。多层埋弧焊时，可以利用层间余热，起到预热的作用。对于碳含量偏高、壁厚较大的工件，焊前应适当预热，焊接过程中保持层间温度。对于拘束度较高的焊接接头，焊后应立即做 250°C 后热。

中碳钢接头的坡口最好采用机械加工方法制备。用火焰切割加工坡口时，因冷却速度快，可能引起表面淬火裂纹。必须采用火焰切割时，应对切割边缘进行适当的预热（100°C 以上）。焊接坡口表面及邻近区焊前必须清除油污、氧化皮、水分和其他杂质，以防止污染物在电弧高温作用下分解析出氢气，溶解于焊缝金属，促使冷裂纹的形成。

中碳钢埋弧焊接头应设计较大的坡口，并采用多层多道焊工艺。其次应控制焊接热输入，采用中等的焊接参数。

中碳钢埋弧焊应选用低氢型焊接材料。焊剂应采用 HJ350、HJ351 或 SJ301，配 H10Mn2 焊丝。对于不太重要的中碳钢薄壁构件，也可采用 HJ431 焊剂与 H10Mn2 焊丝组合使用。焊剂在焊前应进行 300 ~ 400°C × 2h 高温烘干。

原则上中碳钢构件焊后应做 600 ~ 650°C 消除应力处理。

5.3.3 高碳钢埋弧焊工艺要点

高碳钢机器零件通常均经过正火或淬火+回火处理。高碳钢硬度较高，对焊接冷裂纹十分敏感。因此焊前应将工件整体退火，降低硬度和裂纹倾向。

高碳钢焊接接头坡口制备要求基本相同于中碳钢。焊前必须高温预热，预热温度按母材的碳当量在250~350°C范围内选定。焊接过程中应保持层间温度不低于预热温度。焊后必须做350°C以上温度后热，或焊后立即将焊件送炉内做600~650°C消除应力处理。

高碳钢埋弧焊应选用低氢型碱性焊剂，如HJ250、HJ251或SJ101等。焊前焊剂应在350~400°C温度下高温烘干。焊丝牌号应根据对接头的强度要求而定。如果对焊缝不提出与母材等强要求，则可选用H10Mn2焊丝。如果要求焊制等强度的接头，则应选用H10Mn2Mo或H13CrMnSiA合金焊丝。

焊件经消除应力处理后，应按对零部件的硬度和耐磨性要求，做相应的调质热处理。

第6章　低合金钢埋弧焊工艺

6.1　概述

低合金钢是在碳钢中加入总质量分数不超过5%的各种合金元素，以提高钢的强度、韧度、耐蚀性、耐热性或其他特殊性能的钢材。用于制造各类焊接结构的低合金钢统称为低合金结构钢。目前，这类钢已成为大型焊接结构中最主要的结构材料。为使低合金结构钢具有良好的焊接性，其 w(C) 均限制在0.2%以下，故也称为低碳低合金结构钢。在一些特殊的结构中，例如装甲车、坦克、火箭发动机壳体和飞机起落架等部件，要求采用抗拉强度高于1000MPa的低合金高强度钢。为确保钢的高强度，其 w(C) 必须提高到0.3%以上，形成了所谓中碳低合金钢。这些钢的焊接性比低碳低合金钢要差得多。

在现代炼钢技术中，为了在不增加合金元素的前提下，提高钢材的冲击韧度，通常在炼钢过程中采取细化晶粒处理或采用温度形变控轧工艺，这类低合金钢也称为细晶粒钢。

6.2　低合金钢的分类

工业上常用的低合金结构钢可按其强度等级、合金系统、热处理状态、组织形态和用途进行分类。

1. 按强度等级分类

在国家标准 GB/T 1591—2018《低合金高强度结构钢》中，热轧和正火状态供货的低合金高强度钢，按其屈服强度的高低可分成4类，即 Q355、Q390、Q420 和 Q460。按 GB/T 16270—2009《高强度结构钢调质钢板》的规定，以热处理状态供货的低合金高强度钢，按其屈服强度等级分成 Q460、Q500、Q550、Q620、Q690、Q800、Q890 和 Q960 八类。

在焊接结构中，应用最普遍的是屈服强度在500MPa以下的各种低合金高强度钢。

2. 按合金系统分类

低合金结构钢的合金系统比较复杂，种类繁多。从最简单的C-Mn二元合金系统到多元合金系统共有20余种。其中最常用的合金系统有：C-Mn，C-Mn-Si，C-Mn-V，C-Mn-Ti，C-Mn-Nb，C-Mn-Mo，C-Mn-Ni-Ti，C-Mn-Ni-Nb，C-Mn-Ni-Cu-V，C-Mn-Cr，C-Cr-Mn-Si，C-Mn-Cr-Mo，C-Cr-Mo-V，C-Mn-Cr-Ni-Mo-V，C-Mn-V-N，C-Mn-Cr-Ni-Zr，C-Mn-Cr-Mo-Zr，C-Mn-Cr-Mo-Ni-V-B 等。合金化效果的总趋势是，合金系统中组分越多，钢材的强度越高，综合性能越好。

3. 按热处理状态分类

低合金结构钢按其供货时的热处理状态可分成热轧、控轧、温度形变控轧、高温回火、正火和调质低合金钢。钢材的调质处理可分为水调质处理（水淬+回火）和空气调质处理（正火+回火）两种。通常室温屈服强度低于420MPa的中薄板低合金钢可以热轧状态供货，屈服强度在500MPa以上的低合金钢，必须以正火或空气调质状态供货。屈服强度在690MPa以上的高强度钢，大多是水调质钢。

4. 按组织形态分类

低合金结构钢按其碳和合金含量以及热处理状态，有下列几种形态的原始组织和混合组织：

铁素体、珠光体、贝氏体和马氏体。w(C) 小于0.06%的微合金钢，其基体组织为铁素体加少量珠光体，多元低合金钢通常具有中间级组织，即贝氏体组织加少量铁素体；高强度调质钢组织为回火马氏体。

5. 按钢的用途和性能分类

低合金结构钢按其用途和性能可分为普通钢结构用钢、海洋工程结构用钢、船体用钢、锅炉用钢、压力容器用钢、管道用钢、桥梁用钢、耐候钢、抗氢钢和低温钢等。

6.3 低合金钢的基本特性

6.3.1 常用低合金钢的标准化学成分和力学性能

1. 普通钢结构用低合金钢

普通钢结构用低合金钢标准屈服强度为345～690MPa，以热轧或正火状态供货。大部分低碳锰钢、锰钒钢和锰钛钢属于此类。屈服强度大于500MPa的低合金钢的合金系统为C-Mn-Cr-Ni-Mo。这类低合金高强度钢的标准化学成分和力学性能由国家标准GB/T 1591—2018《低合金高强度结构钢》做出规定。

2. 低合金调质高强度钢

低合金调质高强度钢是指在调质状态下（淬火+回火），保证标准规定力学性能的高强度钢。与普通高强度钢相比，其特点是强度级别更高，最高抗拉强度可达1620MPa，塑性和韧性相对较低。调质高强度钢按其碳含量的不同，可分为低碳调质高强度钢和中碳调质高强度钢。在各种焊接结构中，大多采用低碳调质高强度钢。中碳高强度调质钢的焊接性较差，只有在强度指标成为决定性因素的结构中才被采用。

国家标准GB/T 16270—2009《高强度结构用调质钢板》对屈服强度为420～960MPa的低碳调质高强度钢的标准化学成分和力学性能做出了详细的规定。其中Q420、Q460、Q500和Q550钢可以淬火+回火、正火+回火、正火和控轧状态交货，Q620、Q690、Q800、Q890、Q960钢则应以淬火+回火或其他热处理状态交货，钢板的最大厚度限制在150mm以下。

这类高强度结构钢，由于碳的质量分数不超过0.2%，合金元素的总质量分数小于3.0%，因此具有较好的焊接性和低温冲击韧度，适合于制造大中型重载焊接结构。

国家标准GB/T 3077—2015《合金结构钢》对低碳、中碳调质高强度钢化学成分、力学性能、淬火和回火温度参数做出了规定。该标准还将合金结构钢的质量等级分为优质钢、高级优质钢（A级）、特级优质钢（E级），并明确规定了不同质量等级调质高强度钢的S、P及残余元素的极限含量。

钢材的交货状态通常为热轧或热锻状态，也可为热处理状态（退火、正火或高温回火），但测定力学性能的试样毛坯必须按标准的规定进行调质处理。硬度测定试样应经退火或高温回火处理。

应当提出，标准规定的力学性能指标，仅适用于截面尺寸不大于80mm的钢材。尺寸大于80～100mm的钢材，其伸长率、断面收缩率和冲击吸收能量允许比规定值分别降低1%（绝对值）、5%（绝对值）和5%。对于尺寸大于100～150mm的钢材，允许分别降低2%（绝对值）、10%（绝对值）和10%。

3. 锅炉、压力容器用低合金钢

锅炉用低合金钢基本上都属于低合金耐热钢，已分别列入GB/T 5310—2017《高压锅炉用无缝钢管》和GB/T 713—2014《锅炉和压力容器用钢板》国家标准中。锅炉用钢与普通低合金结构钢相比，具有较高的高温强度，常温和高温冲击韧度，抗时效性和抗氧化性，因此这类钢都是以提高钢材高温性能的合金元素含量，如以Cr、Mo、V等为基础的合金系统。这些钢可以热轧、控轧、退火、正火、回火或调质状态供货。对于常温屈服强度达500MPa，或合金元素总含量大于2.5%（质量分数）的低合金耐热钢厚板，应以热处理状态供货。

压力容器与锅炉设备一样，其设计、制造、检验和运行都必须接受国家质量监督部门的监控。因此对压力容器用低合金钢的性能提出了较高的要求。GB/T 713—2014《锅炉和压力容器用钢板》对压力容器用低合金钢板的化学成分和力学性能做了规定。

对于工作温度在-20°C以下的压力容器，应采用低温冲击吸收能量较高的低温钢。在GB 3531—2014《低温压力容器用钢板》中，规定了适用于低温压力容器的低合金低温钢的技术要求，其最低工作温度不低于-70°C。当压力容器的工作温度低于-70°C时，宜采用低合金镍钢。这类钢在我国尚未列入标准，目前基本上都按美国ASTM标准生产或采购。

4. 管道用低合金钢

在工业生产中应用的管道，基本上分两大类。一类是输送石油、天然气的大直径管道；另一类是热动力设备、石油化工设备以及其他工业设备中的连接管道，直径比前一类小，工作时承受高温、高压和/或腐蚀介质的作用。

（1）输送石油天然气用低合金钢管　GB/T 9711—2017《石油天然气工业管线输送系统用钢管》对这类钢管的技术要求做了详细的规定，其中包括屈服强度320～830MPa的各种低合金结构钢，并分PSL1和PSL2两个质量等级。对于PSL2级钢管还要求做落锤撕裂试验，并且按下列公式计算的碳当量不应大于0.25%和0.43%。

对于钢管母材碳含量等于或小于0.12%时

$$CE_{PCM}=w(C)+\frac{w(Si)}{20}+\frac{w(Mn)}{20}+\frac{w(Cu)}{20}+\frac{w(Ni)}{60}+\frac{w(Cr)}{20}+\frac{w(Mo)}{15}+\frac{w(V)}{10}+5w(B)\ (\%)$$

对于钢管母材碳含量大于0.12时

$$CE_{IIW}=w(C)+\frac{w(Mn)}{6}+\frac{w(Cr)+w(Mo)+w(V)}{5}+\frac{w(Ni)+w(Cu)}{15}\ (\%)$$

（2）石油裂化装置用低合金钢管　国家标准GB 9948—2013《石油裂化用无缝钢管》规定了3种石油裂化装置用低合金钢管，即12CrMo、15CrMo和1Cr5Mo钢。这些钢都具有一定的抗氢能力。其交货状态，热轧管为：终轧+回火；冷轧管为：正火+回火。

（3）高压化肥设备用低合金钢管　国家标准GB/T 6479—2013《高压化肥设备用无缝钢管》规定了7种化肥设备用低合金钢管，即Q345（该牌号于2018年改为Q355）、12CrMo、15CrMo、12Cr2Mo、12Cr5Mo、10MoWVNb和12SiMoVNb。这些钢种的碳含量均在0.20%（质量分数）以下，某些钢种的碳含量控制在0.15%（质量分数）以下，因此具有良好的焊接性，适应现场安装施工条件。

5. 船舶与海洋工程用低合金钢

船舶在海洋中航行时承受剧烈的交变载荷，存在脆性断裂的危险。因此对船体用低合金钢的抗脆断性能提出了较高的要求。新型船体用钢的共同特点是：对C、Mn和其他合金元素的含量做了严格的控制，并规定合金元素总质量分数不超过2%，且必须采用Al或Nb和V联合细化晶粒，但Nb和V的质量分数分别不得超过0.05%和0.1%。对屈服强度大于300MPa的船体用钢板规定必须以正火状态交货，以保证其低温冲击韧度。

国家标准GB/T 712—2011《船舶及海洋工程用结构钢》对船舶和海洋工程用低合金高强度钢和超高强度钢的化学成分和力学性能以及交货状态做了明确的规定。

6. 桥梁用低合金钢

桥梁结构与船体结构相似，服役时承受着较大的动载荷，要求具有较高的冲击韧度。为此桥梁用低合金钢应严格控制S、P及其他杂质的含量。国家标准GB/T 714—2015《桥梁用结构钢》对此做了明确的规定。

桥梁用低合金钢应具有良好的焊接性。按下列公式计算，厚度为50～100mm不同强度级别（Q355q、Q370q、Q420q、Q460q）钢材的碳当量相应不得超过0.43%、0.44%、0.45%、0.50%。

$$CE_V = w(C) + \frac{w(Mn)}{6} + \frac{w(Cr)+w(Mo)+w(V)}{5} + \frac{w(Ni)+w(Cu)}{15}$$

桥梁用低合金结构钢可以热轧、控轧和正火状态交货。

7. 建筑结构用低合金钢

近20年来，我国民用高层建筑和大型工程建筑结构用钢量与日俱增。国家标准GB/T 19879—2015《建筑结构钢板》规定了Q345GJ、Q390GJ、Q420GJ、Q460GJ、Q500GJ、Q550GJ、Q620GJ和Q690GJ八种强度级别的低合金钢。由于建筑钢结构施工条件恶劣，要求钢材具有良好的焊接性，该标准对钢材的碳当量做了明确的规定。对于要求厚度方向性能的钢板，为防止层状撕裂，规定了比普通低合金钢更低的S和P含量以及钢板厚度方向的断面收缩率。

8. 低合金耐候钢

低合金耐候结构钢是一种在大气环境下，具有一定抗锈能力的钢材。它在大型钢结构、露天管道、港口机械和塔架等领域得到普遍应用。低合金耐候钢分高耐候钢和焊接耐候钢两类。主要通过添加少量的Cu、P、Cr、Ni等合金元素，在钢材表面形成保护层，达到耐大气腐蚀的目的。

GB/T 4171—2008《耐候结构钢》对低合金耐候钢的技术要求做了规定。为使耐候钢具有良好的焊接性，其碳的质量分数控制在0.16%以下。高耐候结构钢中碳最高质量分数应不超过0.12%，以弥补磷的有害影响。

焊接结构用耐候钢材可以热轧、控轧或正火状态交货。Q460NH耐候钢可以淬火+回火状态交货。高耐候结构钢和热轧钢以热轧、控轧或正火状态交货，冷轧钢以退火状态交货。

9. 锻件用低合金结构钢

锻焊结构是焊接结构的主要形式之一，特别在大型厚壁容器制造中，例如锻制封头、顶盖、筒体和接管等，应用相当普遍。国家标准GB/T 17107—1997《锻件用结构钢牌号和力学性能》对锻件用低合金钢的标准化学成分和力学性能做了明确的规定。

锻件的力学性能和焊接性次于轧材。此外，锻件的化学不均一性也比较严重。锻件的截面越大，不均一性越严重，为保证锻件心部的力学性能，大多数低合金结构钢锻件都应做淬火+回火调质处理。

6.3.2 低合金钢的焊接性

低合金钢由于含有一定量的合金元素，淬硬倾向比碳钢大，其焊接性与碳钢相比有明显的差别。主要表现在焊接热影响区的组织变化、淬硬组织的组分增加、对冷裂纹的敏感性提高、接头塑性和韧性降低。某些含碳化物形成元素的低合金钢还具有再热裂纹倾向。

1. 热影响区的组织变化

埋弧焊对焊接接头热作用的特点是快速加热和快速冷却，热循环的峰值温度高于1100°C，即使加热时间短促，仍可能使奥氏体晶粒迅速长大，但奥氏体的均匀化和碳化物的溶解过程不很完全。在快速冷却过程中，奥氏体可直接转变成马氏体或贝氏体等淬硬组织。在低合金钢焊接接头的热影响区内，由于各点被加热到的最高温度不同，冷却速度不一，其组织特征也有明显差异，如图 6-1 所示。

（1）部分熔化区　在紧靠熔合线的部分熔化区内，温度达到 1350～1450°C，晶粒本身大部分未熔化，晶界已熔化，晶内也发生局部熔化。碳化物得到较充分的溶解，奥氏体稳定化程度较高，在快速冷却过程中，容易形成粗大的马氏体组织。

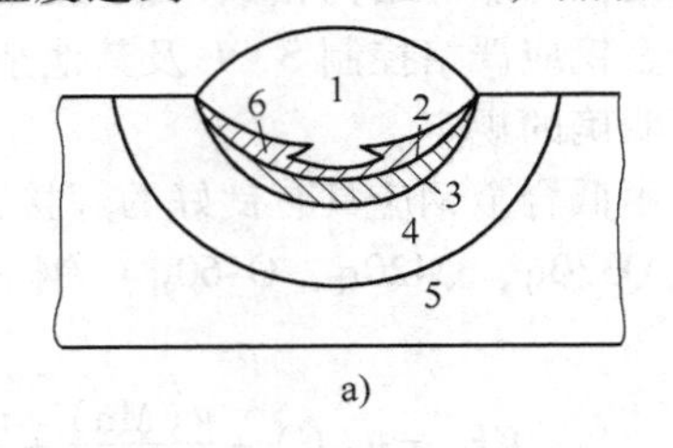

a)

（2）过热区　过热区的加热温度在 1300～1000°C 之间，且高温停留时间较长，奥氏体晶界相当活泼，晶粒可长到最大尺寸。冷却过程中形成粗大的马氏体或贝氏体。对于淬硬倾向较小的低合金钢，当冷却速度较低时，可能形成针状铁素体、先共析铁素体和魏氏组织等。

（3）正火区　正火区的温度在 1000～800°C 之间，钢材的原始组织发生重结晶而细化。在大多数低合金钢中，该区组织为细晶粒的珠光体＋铁素体。对于合金含量较高的低合金钢，正火区组织也可能是贝氏体。在较高的冷却速度下，也可能出现马氏体组织。

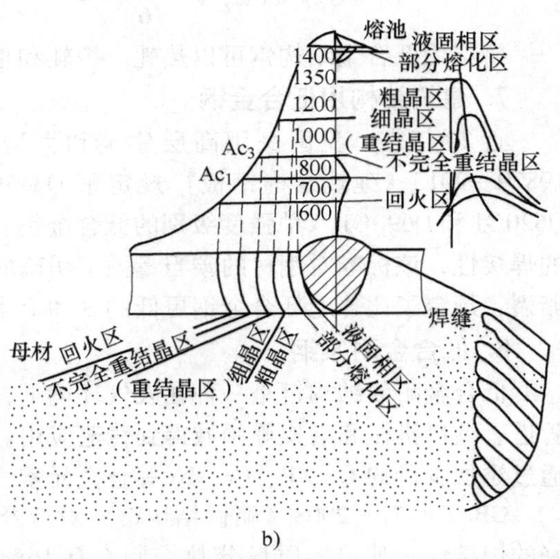

b)

图 6-1　低合金钢熔焊接头各特征区

a）沿焊缝纵向分布　b）沿焊缝横向分布

1—混合区　2—液固相区　3—部分熔化区　4—热影响区　5—母材　6—熔合线

（4）不完全重结晶区　不完全重结晶区的温度在 700～800°C 之间，该区的珠光体组织在加热温度达到 700°C 后将首先转变为奥氏体，而铁素体在温度达到 800°C 后才溶解到奥氏体中。这样，奥氏体由 $w(\mathrm{C})$ 为 0.77% 的珠光体和合金含量较高的铁素体转变而成。快速冷却时，这部分奥氏体可能形成高碳马氏体。该区的最终组织为马氏体＋铁素体。由于铁素体晶粒较粗大，组织不均匀而导致性能恶化。

（5）回火区　回火区的加热温度在 500～700°C 之间。在一般情况下不会发生组织变化。在多元低合金钢中可能发生沉淀和时效过程。在经冷变形的钢中，会发生晶体的回复现象。

总的来说，低合金钢经焊接热循环作用后，热影响区硬度会明显提高。淬硬度的增加取决于合金元素的种类和含量。各种元素的影响程度可以下列碳当量公式来评定：

$$\mathrm{CE}=w(\mathrm{C})+\frac{w(\mathrm{Mn})}{6}+\frac{w(\mathrm{Cr})+w(\mathrm{Mo})+w(\mathrm{V})}{5}+\frac{w(\mathrm{Ni})+w(\mathrm{Cu})}{15}$$

碳当量与热影响区的最高硬度之间存在下列近似关系。

$$\mathrm{HV}=1200\mathrm{CE}-200$$

对于大多数低合金钢，热影响区最高允许硬度为 350HV，如超过此临界值，则可能产生冷裂纹。由此推算出临界碳当量为 0.45%。当钢的实际碳当量高于此极限值时，就应采取相应的工艺措施防止冷裂纹的产生。

2. 焊接接头冷裂纹的敏感性

在低合金钢焊接接头中，冷裂纹是最危险的一种缺陷。它是在焊接接头冷却到 100°C 以下出现的一种裂纹，通常在焊后经过一段时间才出现，故又称其为延迟裂纹。冷裂纹的形成与氢向热影响区的扩散和积聚直接有关，因此又称氢致延迟裂纹，其大部分在焊接接头的热影响区内产生。当焊缝金属的强度高于母材时，冷裂纹也可能在焊缝金属内形成。冷裂纹的分布可能平行于焊缝轴线，称为纵向裂纹。垂直于焊缝轴线分布的冷裂纹称为横向裂纹。促使低合金钢焊接接头产生冷裂纹的因素是多方面的，但主要是淬硬组织、氢的富集和拘束应力三要素共同作用的结果。对于特定的焊接接头，冷裂纹可能是以淬硬现象为主要原因的淬火裂纹，也可能是接头的高拘束度和缺口应力集中引起的撕裂。

低合金钢对焊接冷裂纹的敏感性可利用下列冷裂指数计算公式进行粗略的估算：

$$P_C = w(C) + \frac{w(Si)}{30} + \frac{w(Mn)}{20} + \frac{w(Cu)}{20} + \frac{w(Ni)}{60} + \frac{w(Cr)}{20} + \frac{w(Mo)}{15} + \frac{w(V)}{10} + 5w(B) + \frac{w(H)}{60} + \frac{K}{400}$$

上述公式既考虑了各种合金元素对钢材淬硬性的影响，也顾及接头的拘束度（K）和氢含量（H）的作用。

公式所列合金元素的适用范围为：$w(C) = 0.07 \sim 0.22\%$，$w(Si) = 0 \sim 0.60\%$，$w(Mn) = 0.40 \sim 1.40\%$，$w(Cu) = 0 \sim 0.50\%$，$w(Ni) = 0 \sim 1.2\%$，$w(Cr) = 0 \sim 1.20\%$，$w(Mo) = 0 \sim 0.7\%$，$w(V) = 0 \sim 0.12\%$。

接头的拘束度与板厚、接头形式和焊缝长度有关。对接接头的拘束度可利用图6-2所示的线图，按接头板厚和焊缝形式查得。

裂纹指数 P_C 与工件预热温度 T 之间的关系是：

$$T = 1440P_C - 392$$

即如果已知某种钢的 P_C 值就能简便地计算出防止冷裂纹形成的预热温度。

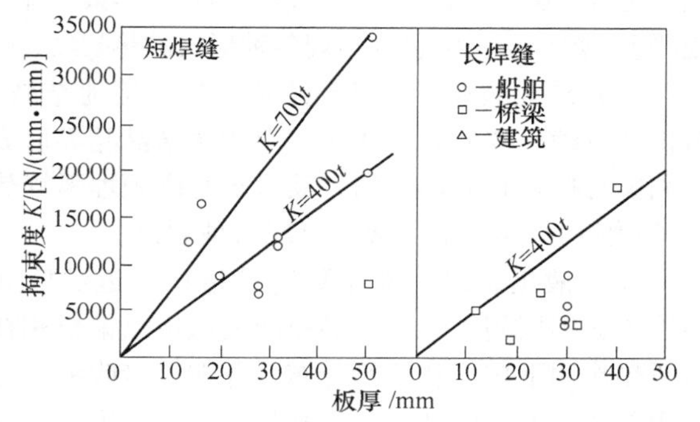

图6-2　对接接头拘束度与接头板厚和焊缝长度的关系

3. 埋弧焊接头的冲击韧性

低合金结构钢通过合金化和热处理共同的作用，以及冶炼时的细晶粒处理和控轧工艺，在供货状态下，通常具有较高的冲击韧度。而埋弧焊是一种高热输入焊接法。在焊后状态，焊缝金属具有粗大的铸造组织，其热影响区也会形成各种组织形态的粗晶组织。在厚壁接头多层多道焊缝中，以及焊后热处理过程中，会出现碳化物质点的沉淀。另外，在熔渣-熔化金属冶金反应中，某些氧化物会以非金属夹杂物的形式残留于焊缝金属中。在含氮量较高的钢中，焊接接头热影响区还会发生热应变脆化现象。在含碳化物形成元素较多的低合金钢接头焊后热处理过程中，如果热处理工艺参数选择不当，则会产生碳化物沉淀硬化现象。所有这些变化都可能使接头的冲击韧度明显下降。因此在低合金钢埋弧焊时，应通过正确选择焊剂-焊丝，使焊缝金属产生有利的合金化，以及焊接参数的优化来保证接头的冲击韧度达到标准的要求。

4. 低合金钢接头再热裂纹的敏感性

含碳化物形成元素较高的低合金钢焊接接头，在高拘束应力和危险的温度区间重复加热的共同作用下，会产生各种形式的再热裂纹。其最主要的形式有三种：一是在焊后消除应力处理过程中形成，又称消除应力处理裂纹；二是焊件在高温、高压工作条件下长期运行过程中形成，这种再热裂纹只是在高的工作温度下（500°C以上）二次沉淀硬化较严重的热强钢中产生；三是堆焊层下再热裂纹，它出现于奥氏体不锈钢带极埋弧堆焊层下基材热影响区内。

前两种再热裂纹都是在紧靠接头的熔合线、加热温度达1200～1350°C高温粗晶区内胚生，并沿先前的奥氏体晶界扩展。再热裂纹形成的温度区间取决于钢的合金成分，大多在500～650°C范围内。其形成概率与加热温度和保温时间的关系如图6-3所示。C形曲线表明，对于每一种特定钢种都存在一个再热裂纹最敏感的温度-时间区间。

在低合金耐热钢中，对再热裂纹较敏感的钢种有：2.25Cr-1Mo，0.5Mo-B，Cr-Mo-V，Cr-Mo-V-B，Ni-Cr-Mo-V-B和Mn-Ni-Mo-V钢等。再热裂纹形成概率与合金元素的种类和含量有关。当合金元素含量超过某一临界值时，钢材的再热裂纹倾向随着合金元素含量的增加而加剧。

各种钢材再热裂纹的敏感性可以再热裂纹指数 P_{SR} 计算公式，按钢材实际各合金元素含量进行估算：

$$P_{SR}=w(Cr)+w(Cu)+2w(Mo)+10w(V)+7w(Nb)+5w(Ti)-2$$

如果 $P_{SR}\geqslant 0$，说明该种钢有可能产生再热裂纹。

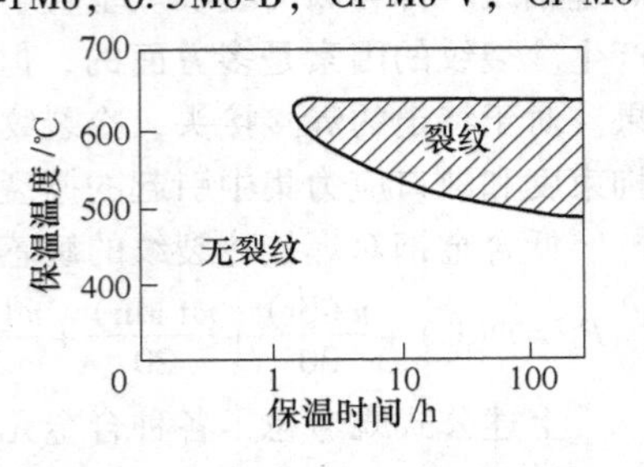

图6-3　再热裂纹形成概率与温度和保温时间的关系

埋弧焊时，由于热影响区粗晶尺寸较大，该区域较宽，为再热裂纹的形成提供了有利条件，故应从焊接冶金和工艺上采取适当措施，预防再热裂纹的产生。

5. 低合金钢埋弧焊焊缝金属热裂敏感性

低合金钢由于含有一定量对抗裂性有利的合金元素，且碳、硫、磷等有害元素含量较低，其热裂倾向比普通碳钢低得多。但在埋弧焊时，焊接热输入较高，熔池尺寸较大，柱状晶体发达，晶间偏析较严重，焊接接头中也会出现各种形式的热裂纹，包括结晶裂纹、液化裂纹和高温低塑性裂纹。

（1）结晶裂纹　结晶裂纹是指焊接熔池结晶后期，液相和固相并存的温度区间，由于晶间偏析和收缩应变的共同作用，沿初次结晶晶界形成的裂纹。它们多半分布于焊缝中心偏析区或柱状晶体与树枝状晶体之间，其形态与碳钢埋弧焊热裂纹相似。采用大热输入埋弧焊C-Mn钢和C-Si-Mn钢时，焊缝中经常会出现这种裂纹。

（2）液化裂纹　液化裂纹是指接头近缝区和多层焊缝的层间重熔区，晶粒间的低熔点偏析相在电弧热作用下熔化和重新分布，并在焊接收缩应力作用下产生的晶间开裂。这种裂纹起源于紧靠熔合线的母材过热区，并沿粗大奥氏体晶界扩展。有时与焊缝金属柱状晶边界连通，成为结晶裂纹的一部分。在低合金钢埋弧焊接头中，液化裂纹的形态与形成部位如图6-4所示。当母材偏析元素含量较高时容易在埋弧焊接头中形成液化裂纹。

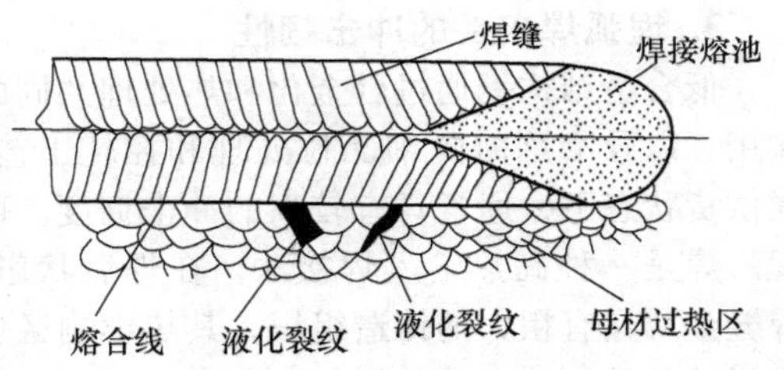

图6-4　低合金钢埋弧焊接头近缝区液化裂纹的形成部位

（3）高温低塑性裂纹　高温低塑性裂纹是指焊接熔池凝固后继续冷却时，焊缝金属在二次结晶多边化过程与收缩应变的相互作用下，塑性急剧下降而引起的晶间开裂。这种裂纹大多产生于纯净度较低、二次晶界物理不均匀性严重的低合金高强度钢埋弧焊接头中。

6. 合金成分和硫、磷含量对热裂敏感性的影响

低合金钢与碳钢产生热裂纹的机制是类似的，但低合金钢内含有多种合金元素，它们对埋弧焊接头的热裂倾向有一定的影响，有的甚至会产生决定性的影响。在各种低合金钢中存在的合金元素中，Mn、Mo、W和V能提高焊缝的抗裂性，Ti、Nb、Si和Cu则降低焊缝金属的抗裂性。Cr和B对热裂敏感性几乎没有影响。

焊缝金属中的Mn可抑制硫的有害作用，它能与硫形成高熔点（~1620°C）的MnS，取代了可能促使热裂纹产生的低熔点（983°C）的FeS共晶。提高Mn含量还能缩小Fe-C二元合金的结晶温度区间，并使硫化物从薄片状变成球形。焊缝金属的Mn、Si含量比对热裂倾向有一定影响。当 $w(Mn)/w(Si)<2$ 时，就可能出现热裂纹。为可靠防止热裂纹的形成，$w(Mn)/w(Si)$ 应大于3。Mo和V等合金元素可缩小 γ 相区，减小S、P的偏析程度，还能细化初次结晶的晶粒、增大晶界面积、降低杂质密集程度，同时还能减少硫化物，因此含Mn、Mo、V等元素的低合金钢具

有较高的抗热裂性。

低合金钢中的Ni，其作用与C相似，是奥氏体化元素，可扩大γ相区，降低S、P等杂质的溶解度，促使偏析程度加大，其硫化物易呈膜状分布于树枝状晶界，因此Ni提高了焊缝金的热裂倾向。如果钢中的$w(Ni)$超过1.5%，其不利的作用就较为明显。

钢中的微量合金元素Nb和Ti对热裂倾向也有较大影响。Nb和Ti能与C形成低熔点共晶NbC和TiC，从而扩大了高温脆性温度区间。钢中$w(Nb)$超过0.035%，就可能导致埋弧焊焊缝产生热裂纹。

在低合金钢中，S和P对热裂倾向的影响还取决于钢中C含量和合金元素的种类及其含量。在含镍的低合金钢中，S和P的有害影响相当明显。图6-5所示为S和P对Ni-Cr-Mo低合金钢热裂敏感性的影响。图6-6所示数据说明，对于低合金镍钢，$w(S)+w(P)$超过0.03%，就能显著提高其热裂倾向。由于硫和磷的有害影响是相互叠加的，因此在这类低合金钢埋弧焊时，焊丝和焊剂中的硫、磷总质量分数不应超过0.025%。

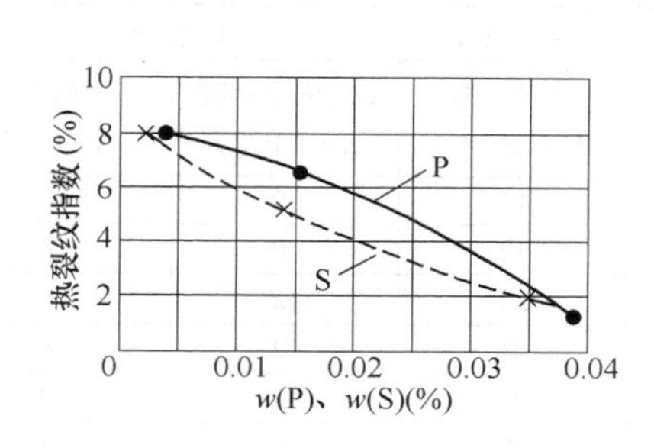

图6-5 硫、磷含量对Ni-Cr-Mo低合金钢埋弧焊缝热裂敏感性的影响

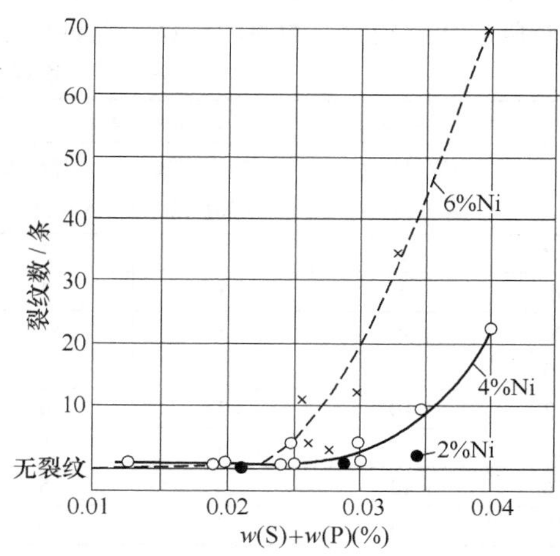

图6-6 硫、磷总含量对低合金镍钢热裂纹敏感性的影响

在低合金钢中，各种合金元素对焊缝金属热裂倾向的综合影响，可以用结晶温度区间（T_r）和临界开裂应变速率（v_c）来表征。T_r越大，v_c越低，则钢材的热裂倾向越高。

$$T_r = 113C + 609S + 20Si - 8.7Mn - 14Mo$$

$$v_c = 19 - 42w(C) - 411w(S) - 3.3w(Si) + 5.6w(Mn) + 6.7w(Mo)$$

根据上述公式计算，几种常用低合金钢热裂敏感性的排列次序是：19Mn5、Q345，13MnNiMoR和Q420钢，即19Mn5钢热裂敏感性最大，Q420钢热裂敏感性最小。

6.4 低合金钢埋弧焊工艺

编制低合金钢埋弧焊工艺的原则是采用效率最高、最经济的工艺方法焊出各项性能满足技术要求的焊接接头。对于低合金钢焊接接头，为确保焊缝质量，应编制详细的符合相应标准规定的焊接工艺规程。其主要内容包括：焊前准备、焊材选择、焊接工艺方法选定、焊接参数的确定、焊接操作技术、焊后热处理方法及工艺参数制定、焊后检查程序等。

6.4.1 焊前准备

低合金钢埋弧焊的焊前准备工作包括坡口的设计和制备、焊接区的清理和焊接材料的前处理等。

1. 坡口的设计与制备

焊接坡口的几何形状、尺寸和制备方法直接影响低合金钢埋弧焊接头的质量、焊接效率和经济性。在设计焊接坡口时，首先应避免采用只能局部焊透的坡口形式，钝边尺寸的确定应考虑充分利用埋弧焊的深熔特点，同时又不致引起热裂纹。无论是对接接头还是角接接头，接头的装配间隙应严格保持在允许的范围以内。接缝的接合面应尽量采用机械加工或精密热切割加工，以确保设计图样所规定的间隙公差。焊缝根部的缺口或未焊透往往成为各种焊接裂纹，特别是冷裂纹的起源点，因此应从焊接坡口设计上消除上述缺陷。其次应在焊接坡口的设计中尽量减少焊缝的横截面积，以降低焊接残余应力，减少焊材消耗量，降低制造成本。

在角接头中，所要求的角焊缝尺寸取决于构件的设计准则。对于等强度角焊缝，焊脚尺寸 K 通常为板厚的3/4。刚性连接的角焊缝，可按1/2或1/3强度焊缝厚度设计，其焊脚尺寸应为板厚的3/8或1/4。在角接接头设计中，从强度观点出发，过大的焊脚尺寸是不必要的，反而会增加缺陷形成概率，加大焊接残余应力，增加焊材消耗量和制造成本。角接头由两块厚度不等的钢板组成时，焊脚尺寸应按较薄的厚度计算。表6-1列出按强度设计和刚度设计时角焊缝尺寸的经验数据。

表6-1 角焊缝要求尺寸的经验数据

板厚 t/mm	强度设计	刚度设计		板厚 t/mm	强度设计	刚度设计	
	等强焊缝 $K=(3t/4)$	1/2强度焊缝 $K=(3t/8)$	1/3强度焊缝 $K=(t/4)$		等强焊缝 $K=(3t/4)$	1/2强度焊缝 $K=(3t/8)$	1/3强度焊缝 $K=(t/4)$
<6	3	3	3	22	16	10	8
6	5	3	3	25	19	10	8
8	6	3	3	28	22	12	8
10	8	4	3	31	25	12	8
12	10	5	4	35	26	12	9
14	11	6	5	38	28	14	10
16	12	6	5	42	32	16	11
19	14	8	6	45	35	19	11

在角接头中，为进一步缩减焊缝的横截面积，可将角接边缘开一定深度的坡口。因为当焊脚尺寸相同时，开坡口角焊缝的横截面积仅为直角焊缝截面积的1/2。这样既保证了角焊缝的强度，又节省了焊接材料，对于埋弧焊来说，可以利用较大的熔透深度减小角焊缝的尺寸。

低合金钢埋弧焊对接接头可采用与碳钢相似的坡口形式。V形坡口角一般取60°。当采用加大间隙对接接头时，坡口角可适当减小到45°或30°，但应保证焊丝能伸入坡口底部，并便于脱渣。当接头板厚大于30mm时，应尽量采用双面V形坡口，因为单面V形坡口的焊缝横截面积约为双面V形坡口的2倍。U形坡口与V形坡口相比，焊缝截面可显著减小，但加工较费时。在低合金钢厚板对接接头中，应优先采用U形坡口。当接头板厚超过100mm时，在设备条件满足要求进的前提下，应尽量采用窄坡口或窄间隙对接接头。

低合金钢焊接坡口可采用火焰切割、等离子弧切割和机械加工方法制备。热切割具有与焊接相似的快速加热和快速冷却的热过程，故在热切割边缘会形成一定深度的淬硬层，并往往成为钢板矫正、卷制和冷冲压成形过程中的开裂源。淬硬性较高的低合金钢厚板的热切割边缘有时会在切割应力和钢板轧制残余应力共同作用下开裂。

为防止热切割裂纹的形成，对于屈服强度超过500MPa或合金总质量分数大于3%，厚度超过80mm的低合金钢厚板，切割前应将钢板切割区局部预热至100°C以上，切割后采用磁粉检测对切割表面进行裂纹检查。

2. 焊接区的清理

低合金钢接头焊接区焊前清理工作是焊缝质量的重要保证。为防止低合金钢焊接接头的冷裂纹，建立低氢的焊接环境是十分重要的，钢材的淬硬倾向越高，对焊接区清理的要求越严格。应将接缝边缘和坡口表面可能产生各种有害气体的氧化皮、锈斑、油脂及其他污物清理干净。坡口表面的吸附水分在电弧高温作用下可分解出氢气，产生有害的影响，焊前应用火焰喷嘴加热予以清除。

直接在切割边缘或切割坡口面上埋弧焊时，焊前必须清理干净切割面上的氧化皮和气割残渣，必要时使用风动砂轮打磨去除。

如果工件表面未经喷丸、喷砂等预处理，且接缝处表面锈蚀严重，则应将接缝两侧宽 30mm 的区域内用砂轮或砂带打磨至露出金属光泽。

3. 焊接材料的前处理

埋弧焊焊剂中的水分是焊接气氛中氢的主要来源之一，其影响程度远比钢板表面的吸附水来得严重。图 6-7 和图 6-8 所示的测量结果表明，无论是烧结焊剂，还是熔炼焊剂，焊剂中少量的水分就能使焊缝金属中扩散氢含量明显增加。

对于屈服强度小于 450MPa 的普通低合金钢厚板接头埋弧焊焊缝，扩散氢含量超过 10mL/100g，就有可能出现冷裂纹；对于屈服强度大于 450MPa、壁厚大于 50mm 的高强度钢埋弧焊焊缝，由于焊接残余应力较高，其扩散氢含量超过 5mL/100g 就有可能导致冷裂纹的形成。此外，对于某些低合金钢，焊缝金属中的氢含量对其冲击韧性也有较大的影响。图 6-9 所示为采用烘干和未烘干焊剂焊接的焊缝金属冲击韧度的对比数据。采用未烘干焊剂焊接的焊缝金属比采用烘干的焊剂焊接的焊缝金属下降了约 34%。

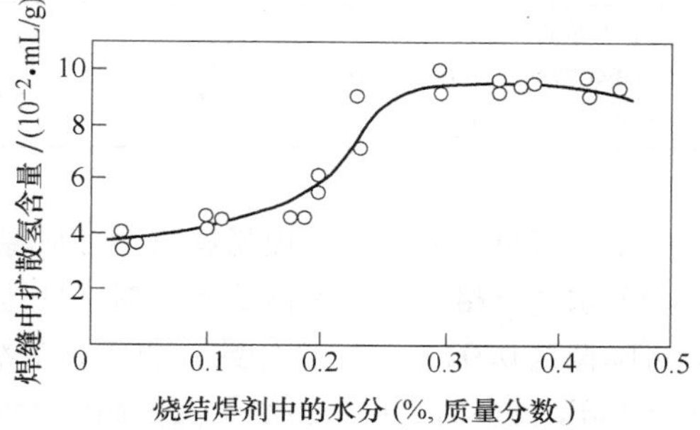

图 6-7　烧结焊剂中的水分含量与焊缝金属中扩散氢含量的关系

焊接参数：焊丝直径 ϕ4mm，焊接电流 500A，焊接电压 28V，焊接速度 40cm/min

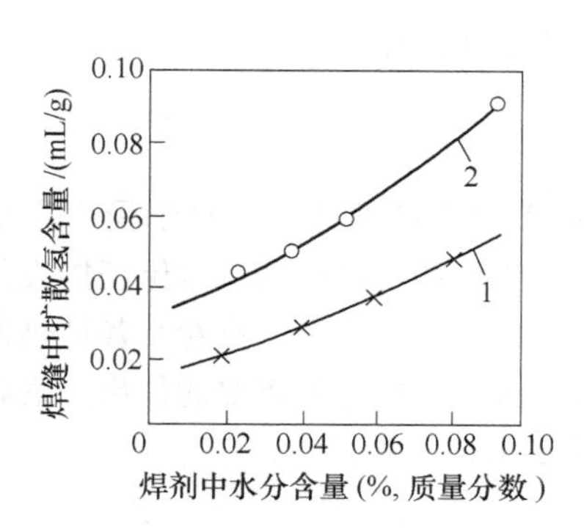

图 6-8　熔炼焊剂中的水分含量与焊缝金属中扩散氢含量的关系

焊接参数：450A，32V，30cm/min

焊剂主要成分（质量分数）

1—SiO_2 21%，Al_2O_3 22%，CaO 18%，MgO 11%，MnO 3%，CaF_2 23%，Fe 0.4%

2—SiO_2 20%，Al_2O_3 20%，CaO 15%，MgO 11%，MnO 7%，CaF_2 25%，FeO 1%

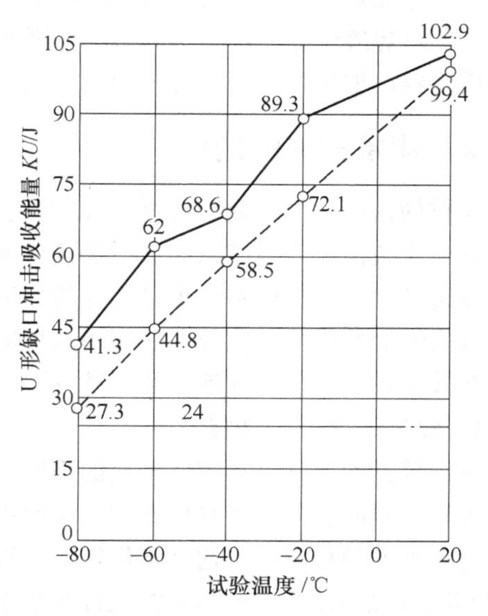

图 6-9　采用烘干和未烘干焊剂埋弧焊焊缝金属低温冲击吸收能量的对比

——焊剂在 250°C/15h 烘干　---焊剂未烘干

注：焊丝成分（质量分数）：C 0.14%，Si 0.43%，Mn 1.52%，Ni 1.45%，V0.16%。

这里应强调指出，烧结焊剂的吸潮性比熔炼焊剂高得多。烧结焊剂在大气中存放较短时间，就可能使其水分含量超过允许含量。表6-2列出采用熔炼焊剂和烧结焊剂焊接的超高强度钢焊缝金属力学性能试验数据。从中可见，采用烧结焊剂焊接的焊缝金属，即使经过了焊后热处理，其伸长率不足2%。说明焊剂中高的水分含量导致焊缝金属严重的氢脆。

表6-2 采用熔炼焊剂和未烘干烧结焊剂埋弧焊焊缝金属的力学性能

焊剂种类及牌号	热处理状态	屈服强度 R_{eL}/MPa	抗拉强度 R_m/MPa	伸长率 A_5(%)	收缩率 Z(%)	冲击吸收能量/J		
						−20°C	−40°C	−60°C
碱性熔炼焊剂（LW320）	600°C×0.5h	1005	1172	16.0	51	39	40	40
		1046	1200	14.8	51	29	24	18
烧结焊剂（OP4077）（未烘干）	600°C×0.5h	1010	1188	0.60	11.5	42	34	37
		1163	1252	1.10	42	13	11	11

由此可见，低合金钢埋弧焊前，必须将焊剂按相关规定烘干。被焊钢材的强度越高，焊剂烘干的要求越严格。对于碱性熔炼焊剂，最佳烘干温度为450～500°C，烘干2h，烘干后焊剂的水分可降低到0.02%（质量分数）以下，焊缝金属内扩散氢含量可降低到0.7～1.1mL/100g。对于含CaF_2较多的焊剂，当烘干温度高于450°C时，会析出氟气而改变焊剂的特性。这类焊剂最好采用350°C/4h的烘干工艺。烘干时焊剂的堆散高度不应超过40mm，否则影响烘干效果。

低合金钢埋弧焊焊丝最好选用表面镀铜焊丝，可简化焊丝表面的清理工作，只需用棉纱擦去焊丝表面尘土即可。镀铜焊丝具有一定的防锈性能，但在潮湿空气中长时期堆放，镀铜焊丝表面也会锈蚀。因此镀铜焊丝也要求存放在相对湿度不超过65%的仓库内，随用随取。

国产埋弧焊焊丝仍然有一部分表面不镀铜，而涂以黄油或其他防锈剂，这些涂料大多是碳氢化合物，对焊缝性能会产生不利影响。因此在使用之前应采用汽油或丙酮等溶剂仔细清除焊丝表面油质涂料。如焊丝表面已有锈蚀，则应用砂布擦净至露出金属光泽。

6.4.2 焊接材料的选择

焊材的选择对低合金结构钢埋弧焊接头的力学性能起着决定性的作用。对于受力和承压焊件，首先应按接头等强度原则选择焊接材料。对于在低温下工作的焊接结构，应保证接头各区的低温冲击韧度。其次应考虑焊接部件的加工工艺，如剪切、冷冲压、冷卷、热卷及各种热处理工艺对接头性能的影响。此外，还应注意焊接参数及热输入对接头性能起着重要的作用。最后应顾及焊接接头在高温长时间连续运行条件下可能发生的性能变化。

1. 按等强度原则选择

所谓等强度原则是指焊缝金属的强度与所焊母材强度基本相等。在选择承载和受压部件主焊缝的焊接材料时，应按等强度原则。而按刚度设计的钢结构部件上的联系焊缝，通常可选择强度比母材略低的焊接材料。这样不但简化了焊接工艺，而且还提高了接头的工作可靠性。我国现行锅炉和压力容器以及建筑钢结构设计规程中，均取钢材的抗拉强度作为强度计算的基础，故焊接接头强度的评定指标也应遵循抗拉强度准则。在低合金高强度和超高强度钢中，焊接接头既要达到所规定的高强度，又要具有合乎要求的塑性和冲击韧度，是一项技术难题。在某些情况下，必须研制新型焊剂和焊丝，才能保证接头所要求的力学性能。

在高温下工作的焊接结构，应按所规定的最高设计温度下的高温短时抗拉强度或高温持久强度指标选择焊接材料。此时，接头的常温抗拉强度可不作为考核指标。

2. 按等韧性原则选择

等韧性原则的含义是焊接接头各区的冲击韧度应基本等同于母材标准规定的冲击韧度。在某种意义上说，接头的等韧性比等强度更为重要，因为低合金钢结构的失效，大多数是由接头的韧性不足引起的。低合金钢的强度级别越高，接头产生脆性断裂的危险性越大。

低合金钢焊缝金属的韧性取决于其化学成分和金相组织，接头热影响区的韧性则与焊接热循环所引起的组织变化相关。某些低合金钢焊接接头还会因其合金成分和有害杂质含量超出限值而产生消除应力处理脆变、蠕变脆化和回火脆性等现象。焊接结构中，接头的韧性应看作焊态、各种焊后热处理状态以及长时间高温运行后的韧性，而要使接头各区的韧性达到与母材相当的水平，则需从焊接冶金和工艺两方面采取有效的措施。

3. 制造工艺过程的影响

钢结构和压力容器部件的制造工艺过程，如热冲压、热卷、焊后热处理等，都要将焊件加热到临界转变点以上温度而产生组织变化，从而改变接头的力学性能。例如，厚壁筒节采用热卷成形时，通常要将其加热到钢材的正火温度以上。某些热冲压件还需经过多次的冲压和重复加热。因正火时的冷却速度要比焊接过程的冷却速度低得多，故经正火处理的接头，其强度性能要低于焊后状态的接头强度。特别是在厚板构件中，接头的强度可能大幅度下降，因此对于在制造过程中需经受热成形或正火处理的埋弧焊接头，应选用合金成分比母材略高的焊丝。例如 Q355R 钢热冲压封头拼接缝，应采用 H08MnMo 低合金钢焊丝，否则接头强度将低于相关标准的规定。

锅炉、压力容器、重型机械等重要焊接结构，当接头厚度超过一定界限时，应按相关制造规程的规定焊后作消除应力处理。这种热处理通常在钢材的 Ac_1 点以下足够高的温度范围内（500～700°C）进行。在消除应力处理过程中，焊接应力通过金属的蠕变过程而降低，而晶体的滑移和变形可能引起金属性能的变化。特别是在长时间的消除应力处理后，焊缝金属的强度将下降。对于含碳化物形成元素较高的低合金钢焊缝金属还可能产生冲击韧度的恶化。图 6-10 示出抗拉强度 560MPa Mn-Mo 型低合金高强度钢焊件的回火参数对焊缝金属力学性能的影响。从中可见，随着回火参数的提高，抗拉强度和冲击韧度同时下降。

如果焊缝金属含有 Nb、V、Ti 等碳化物形成元素，在消除应力处理过程中还会出现二次硬化。图 6-11 示出钒对低合金结构钢焊缝金属消除应力处理脆变的影响。

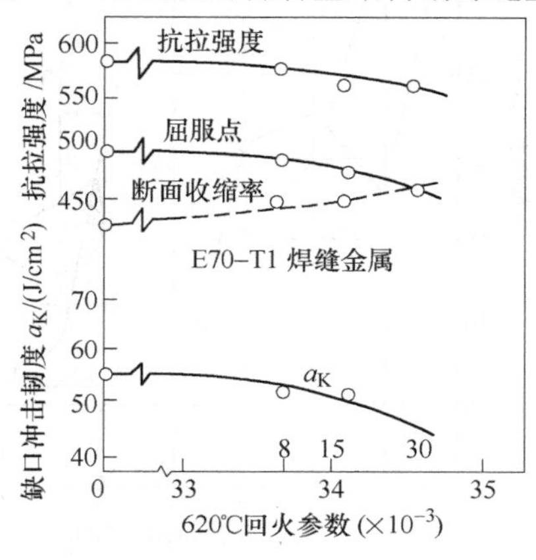

图 6-10　回火参数对 Mn-Mo 型低合金钢焊缝金属力学性能的影响

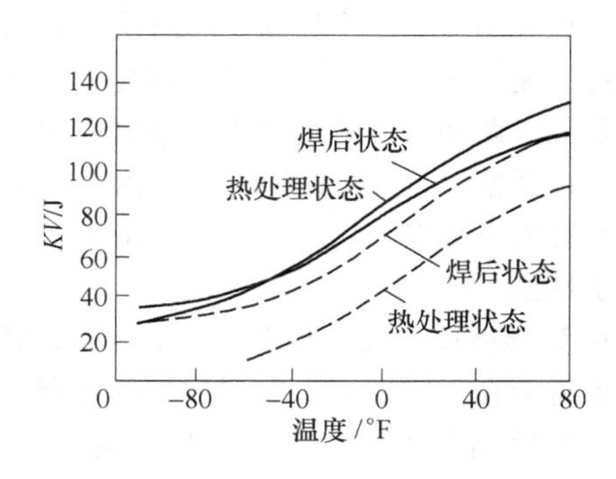

图 6-11　钒对低合金钢焊缝金属消除应力脆变的影响

实线—无钒焊缝金属　虚线—w（V）= 0.1%

注：华氏温度值加 459.67 的和乘以 5/9 即为热力学温度值。

12Cr2Mo1R 等 Cr-Mo 低合金耐热钢焊缝金属在 370 ~ 590°C 温度范围内保温或缓慢冷却时，可能产生所谓回火脆性现象。已查明，这种脆变与焊缝金属中的某些杂质含量存在密切的关系。这些杂质主要是 P、Sb、Sn 和 As 等，其综合影响可以用脆性指数 $\overline{X}$ 来表征。

$$\overline{X}=10w(\mathrm{P})+5w(\mathrm{Sb})+4w(\mathrm{Sn})+w(\mathrm{As})/100$$

在某些低合金钢中，C、Si、Mn 和 O 等元素对焊缝金属的回火脆性也有一定的影响，并可以用 $\overline{J}$ 指数加以评定：

$$\overline{J}=[w(\mathrm{Si})+w(\mathrm{Mn})][w(\mathrm{P})+w(\mathrm{Sn})]\times10^4$$

低合金钢的回火脆性主要取决于其合金系统，如 C-Mo、Mn-Mo 型低合金钢的回火脆性明显低于 Cr-Mo、Cr-Mo-V 和 Mn-Mo-Ni 型低合金结构钢。

低合金钢焊接接头在焊态具有高强度和高韧性的特点。埋弧焊的热输入虽比焊条电弧焊和气体保护焊来得高，但焊接过程中焊接区的冷却速度仍然较高，相当于油淬时的冷却速度。因此合金成分含量相同于母材的焊缝金属，具有高于母材的强度。尤其是板厚小于 20mm 直边对接埋弧焊时，因母材在焊缝中所占的比率较大，即使采用合金元素含量略低于母材的焊丝，也能保证接头的强度与母材强度相当。例如 Q355R 钢薄板不开坡口直边对接接头可选用 H08A 焊丝进行埋弧焊，焊缝金属也可与母材等强度。

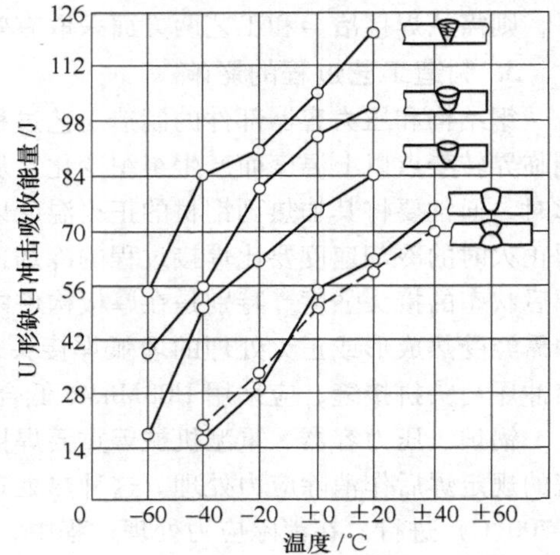

图 6-12　多层多道焊缝的层数对焊缝金属冲击韧度的影响

4. 埋弧焊工艺方法的影响

埋弧焊工艺方法，如多层多道焊、单面单层焊及双面双层焊等，焊接热循环以及焊缝金属中母材的稀释率等，对接头的性能也会产生较大的影响。

V 形坡口对接接头多层多道埋弧焊时，随着焊道数的增加，焊缝金属的冲击韧度明显提高，如图 6-12 所示。这是因为多道埋弧焊时，通常选用较低的焊接电流、较高的焊接速度和中等的焊接电压施焊，这使得每道焊缝的冷却速度较高。同时次层焊道对前层焊道进行重复加热，使其组织局部细化，并产生一定的回火效应。此外，多道焊缝中。母材在焊缝中所占比例较小，通常只有 5% ~ 20%，大幅度减少了母材中有害杂质混入焊缝金属，进一步保证了焊缝金属优良的力学性能。

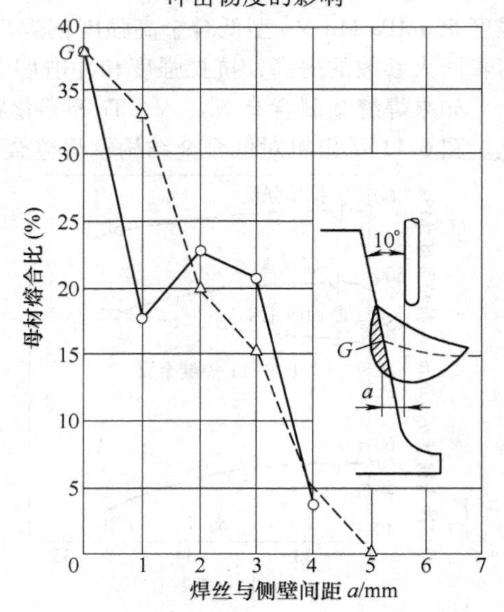

图 6-13　焊丝端部与坡口侧壁的间距对焊道中母材熔合比的影响

△—熔炼焊剂　○—烧结焊剂

注：焊丝直径 ϕ4mm，焊接参数：500A、28V、50cm/min

在 U 形坡口对接接头多层多道焊中，紧靠坡口侧壁的焊道会在不同程度上受到母材的稀释。在这种情况下，焊丝端部离坡口侧壁的距离起着决定性的作用。图 6-13 示出焊丝端部与坡口侧壁的间距对焊道中母材混合比的影响。从中可见，如将焊丝端与坡口侧壁的距离保持在 3 ~ 4mm，则紧靠侧壁焊道中母材的混合比可控制在 5% ~ 15% 范围内，对焊缝金属的性能不会产生明显的影响。

在单面单道焊和双面双道焊的焊缝中，母材的熔合比可能高达60%～75%。这种焊缝的冲击韧度比多道焊缝低得多。这一方面是不能利用焊道层间热的调质作用；另一方面母材中的有害元素碳、硫、磷等大量混入焊缝。为保证这两种埋弧焊焊缝具有良好的冲击韧度，应采用有利于提高冲击韧度的合金元素（Ni、Cr、Mn）含量较高的低合金钢焊丝，或选用渗锰量较高的埋弧焊焊剂，如果难以采取上述措施，则可将直边对接或角接接头加工出适当的坡口，以减少母材在焊缝中的混合比，如图6-14所示。

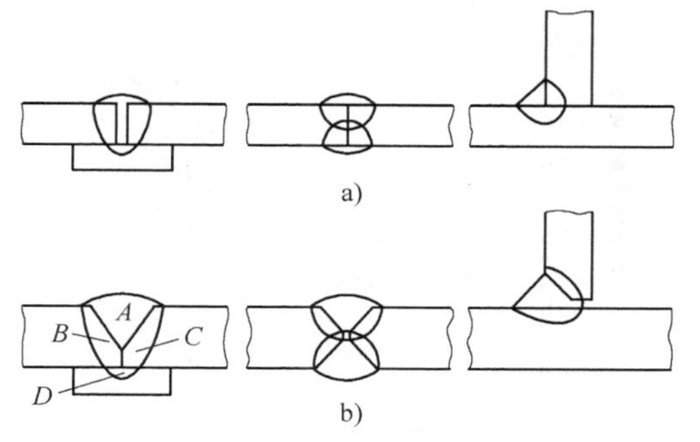

图6-14 V形或X形坡口与焊缝中母材混合比的关系

a）熔合比大，填充焊丝少 b）熔合比小，填充焊丝多

$$\left(\text{熔合比} = \frac{B+C+D}{A+B+C+D} \times 100\%\right)$$

5. 合金元素的影响

为经济合理地选择各种低合金钢埋弧焊焊剂-焊丝组合，应首先较全面地了解各种合金元素对焊缝金属力学性能的影响。

（1）碳的影响 碳可显著地提高低合金钢焊缝金属的抗拉强度，但降低其塑性和韧性。对于大多数低合金钢，焊缝金属中最适宜的w(C）是0.06%～0.09%，可使低合金钢焊缝金属具有较高的冲击韧度和足够的强度。过低的碳含量可能导致焊缝金属中三次渗碳体的形成而变脆。由于焊丝中的碳在焊接过程中会产生一定程度的烧损，故合适的w(C）应大于0.09%，但不应超过0.14%。因为碳也是一种还原剂，它使焊缝金属中氧含量下降，有利于韧性的改善。图6-15示出C-Mn低合金钢焊缝金属中，氧含量与冲击吸收能量的关系。随着氧含量的降低，冲击能量明显提高。

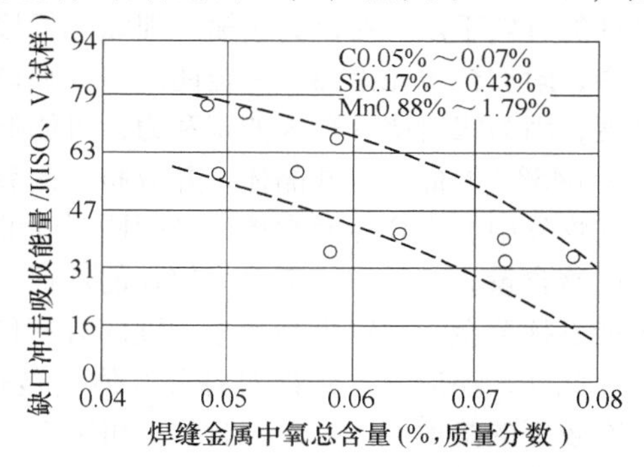

图6-15 C-Mn低合金钢焊缝金属中氧含量与冲击吸收能量的关系

在12Cr2Mo1R钢焊缝金属中，随着w(C）从0.05%提高到0.12%，其消除应力处理后的冲击韧度有所提高。在这种低合金耐热钢中，适量的碳有利于马氏体提前形成。在消除应力处理时，马氏体经受了回火，韧性得到改善。

（2）锰的影响 在低碳[w(C)约0.1%]低合金钢焊缝金属中，w(Mn)从0.6%增加到2.0%，其强度和韧性同时提高。从图6-16可见，锰是最主要的固溶强化元素之一。锰的有益作用在于它能与硫结合成硫化锰，使部分硫进入熔渣，残留的硫化锰不会沿晶沉淀；其次锰细化了焊缝金属组织，起到类似于调质的作用。在低合金钢焊丝中，锰是不可缺少的合金元素。焊丝中w(Mn)可控制在0.8%～1.8%范围内。焊缝金属中w(Mn）超过2.0%，其强度继续提高，韧性逐渐下降。另外，焊丝中w(Mn）高于2.0%时，锰不可能再通过与熔渣的冶金反应向熔池金属过渡，如图6-17所示。

（3）硅的影响 在焊缝金属中适量的硅是十分必要的，它使焊接熔池金属脱氧，并提高液态金属的流动性。硅对低合金钢焊缝金属也有一定的强化作用（图6-16）。在埋弧焊焊缝中w(Si）=0.15%～0.35%，可使焊缝金属具有较高的冲击韧度。如硅的质量分数超过0.35%时焊缝金属的冲击韧度将明显下降。图6-18所示的试验数据表明，w(Si）=0.8%的C-Mn低合金钢焊缝金属，-80°C低温冲击吸收能量仅为7.0J（U形缺口）。较高的硅含量还可能导致形成沿树枝晶晶界分布的低熔点组分，提高了焊缝金属热裂纹的敏感性。因此低合金钢埋弧焊焊丝的Si含量应适中，不宜过量。

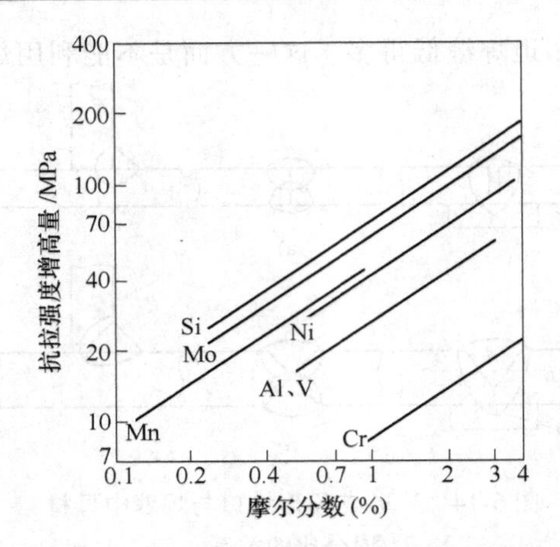

图 6-16　固溶强化合金元素摩尔分数与抗拉强度增高量的关系

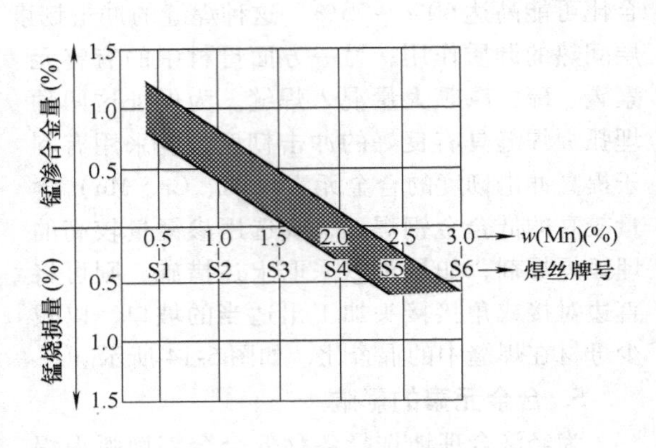

图 6-17　焊丝中锰含量与锰向熔池金属渗合金量和烧损量的关系

注：锰渗合金量和烧损量为质量分数。

（4）镍的影响　镍的作用与锰相似，它是固溶强化元素之一（图 6-16），同时还有一定的细化铁素体晶粒的作用。在低合金钢焊缝金属中，适当提高镍含量是保证焊缝金属具有高强度和高韧性的有效手段。在以高热输入埋弧焊焊接的焊缝中，附加合金元素镍不一定能改善其缺口冲击韧度，因为镍对硫有较大的亲和力，可能形成熔点为 645°C 的低熔点共晶体，并分布于晶界。因此在焊丝中加入合金元素镍，必须同时降低焊丝中的硫含量，并采用脱硫能力较强的焊剂，这样才能发挥合金元素镍提高冲击韧度的有利作用。

此外，还应考虑到镍对各种气体（包括氢）具有较高的溶解度。提高镍含量，可能会增加焊缝金属中残余氢、氧的含量，使冲击韧度下降。因此在采用镍含量较高的焊丝时，必须将焊剂严格烘干。

对于在高温下长时间工作的高强度钢焊件，焊缝金属中高镍含量可能促使产生回火脆性，因此应适当控制其镍含量。对于在 400°C 以下温度工作的低合金高强度钢焊缝，$w(\mathrm{Ni})$ 的最佳范围是 0.8%～1.6%。

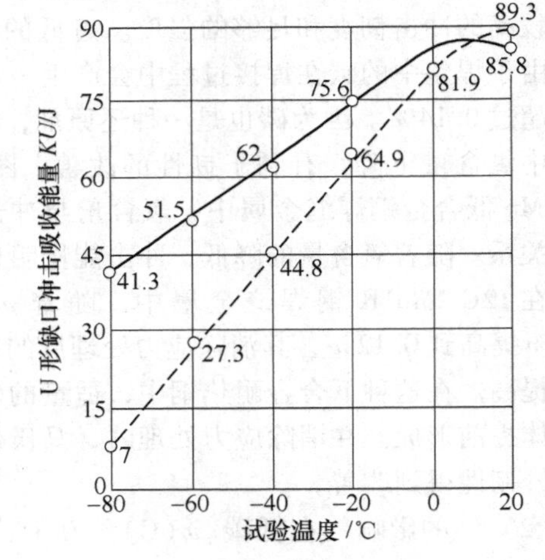

	焊缝金属的成分（%，质量分数）					
	C	Si	Mn	S	P	N
实线	0.10	0.25	2.00	0.022	0.023	0.012
虚线	0.10	0.80	2.30	0.021	0.028	0.018

图 6-18　硅含量对埋弧焊焊缝金属冲击吸收能量的影响

（5）铬的影响　铬也是一种固溶强化合金元素，其效果低于 Mn、Ni、Mo 等合金元素（图 6-16）。$w(\mathrm{Cr})$ 从 1.0% 开始增加才能较明显地提高焊缝金属的抗拉强度和屈服强度。铬对提高钢的高温持久强度有明显的作用，是低合金耐热钢中不可缺少的合金元素。铬也是一种碳化物形成元素，在高温下铬与碳化合成 Cr_7C_3，提高了钢的蠕变强度。铬对低合金钢焊缝金属冲击韧度有一定的影响，通常随着铬含量的增加，焊缝金属的冲击韧度下降。$w(\mathrm{Cr})$ 在 0.5% 左右，对焊缝金属的冲击韧度不会产生有害影响。当 $w(\mathrm{Cr})$ 超过 0.8%，焊缝金属的冲击韧度会逐渐下降。

（6）钼的影响　在低合金钢中，钼也是一种固溶强化元素，其强化作用比锰、镍、铬等合金元素更大（图6-16）。钼能提高钢的淬硬性，起细化晶粒的作用，少量的钼（0.6%以下）可提高低合金钢焊缝金属在焊态和消除应力状态下的冲击韧度。钼也是一种碳化物形成元素，当其与铬同时加入焊缝金属时，可提高其热强性。由于钼能防止低合金钢的回火脆性，故已成为低合金耐热钢中重要的合金成分之一。在低合金钢焊缝金属中加入适量的钼不仅可提高常温和高温冲击韧度，而且可减少热裂纹的危险。在低合金钢焊缝金属中，合适的钼含量范围为0.2%～0.6%（质量分数），过量的钼可能加剧低合金钢焊缝金属再热裂纹的敏感性。

（7）铌的影响　铌是一种微量合金元素，其作用与钼相似。常用于炼钢时细化晶粒。少量的铌能显著地提高某些低合金钢的屈服强度和冲击韧性。但在焊缝金属中，铌促使片状马氏体和粗大碳化物的形成，降低了焊态下焊缝金属的冲击韧度，如图6-19所示，随着铌含量的提高，脆性转变温度明显上升。在消除应力状态下，针状马氏体分解成铁素体+碳化物，使焊缝金属的冲击韧度有所提高，强度略有下降。在正火状态下，沉淀相聚积而使韧性进一步提高。当焊缝金属内同时存在钼和钒时，含铌焊缝金属在500～700°C温度范围内热处理时，可能由于碳氮化合物的沉淀而变脆。加入少量硼，可以遏制这种消除应力处理脆变。

铌还可能与其他元素形成低熔点共晶相而提高焊缝金属的热裂敏感性。对高热输入焊接的埋弧焊焊缝，应严格控制 $w(\mathrm{Nb})$，使其不超过0.03%。在焊接含铌的低合金钢直边对接接头时，应注意母材中的铌混入焊缝金属而产生不利的影响。

（8）钒的影响　钒能显著提高焊缝金属的屈服强度和抗拉强度。在一定的含量范围内，钒能改善焊后状态下焊缝金属的冲击韧度。例如Ni-V细晶粒钢埋弧焊时，采用 $w(\mathrm{V})$ 为0.18%的低合金钢焊丝，焊缝金属在-80°C低温下仍具有较高的冲击韧度，在时效状态下，焊缝金属的脆性转变温度可能会提高近40°C，但在-20°C温度下仍具有较高的冲击韧度。这是由于钒能与氮结合成氮化钒而提高了冲击韧度。

但是钒合金化的焊缝金属做消除应力处理时，由于形成了复杂的碳化物而使韧性急剧下降。图6-20所示为一种Cr-Mo-V低合金钢焊缝金属强度和韧性与回火温度的关系。从中可见，在600°C温度下回火时，冲击韧度降低到了最低值，而抗拉强度上升到最高值。随着回火温度的升高，冲击韧度逐渐恢复，强度相应下降。据此，含钒低合金钢焊缝金属焊后最好不做消除应力处理。如焊件的制造规程要求必须做消除应力处理时，则应严格控制热处理温度，避开最敏感的温度区间。同时应将焊缝金属的 $w(\mathrm{V})$ 限制在0.08%以下。

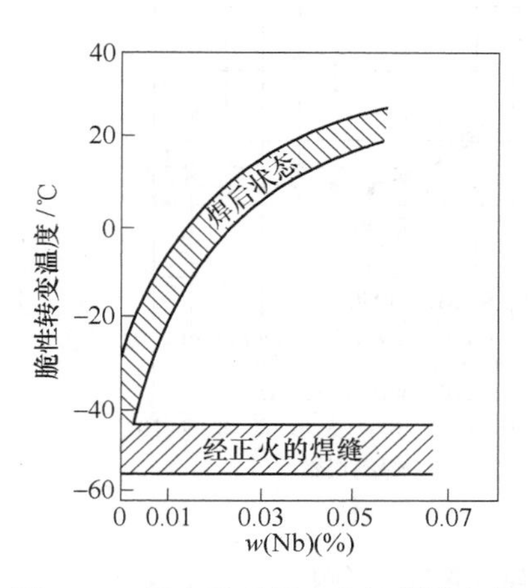

图6-19　铌含量对低合金钢焊缝金属脆性转变温度的影响

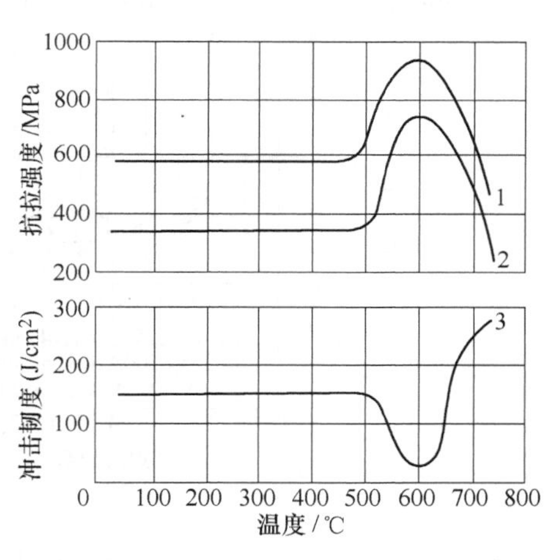

图6-20　Cv-Mo-V低合金钢焊缝金属强度和冲击韧度与回火温度的关系

（9）钛的影响　钛的作用与钒相似。它能显著地提高低合金钢焊缝金属的强度，同时对冲击韧性产生有利的影响。焊缝金属中最合适的钛含量取决于焊缝的强度等级和氧含量。例如在中等强度级别的焊缝金属中，最佳 $w(\mathrm{Ti})$ 为 0.01%，而强度级别较高的焊缝金属中，$w(\mathrm{Ti})$ 为 0.015% 左右的焊缝金属韧性最好。

钛的作用与同时存在的碳化物形成元素的种类和含量有关，如图 6-21 所示。在钒或铌合金化的焊缝金属中，加入 $w(\mathrm{Ti})$ 为 0.05% 以下，可以明显地降低其脆性转变温度。

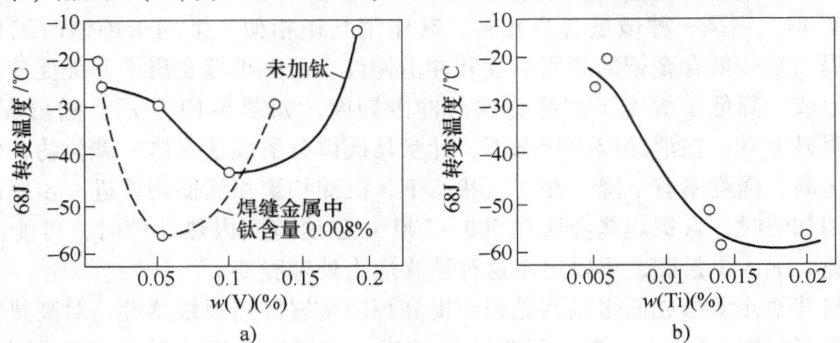

图 6-21　钛对钒或铌合金化的焊缝金属脆性转变温度的影响

a）对含钒钢的影响　b）对含铌钢的影响［$w(\mathrm{Nb})=0.046\%$］

（10）铝的影响　铝是一种良好的脱氧剂，也是一种脱氮剂，铝还具有细化晶粒的作用，常用于细晶粒钢的冶炼。

在埋弧焊焊缝金属中，铝导致冲击韧度的恶化，因为以铝脱氧时，可使硫化物沿晶界分布。当焊缝中 $w(\mathrm{Al})=0.03\sim0.11\%$ 时，还可能引起热裂纹，所以此在埋弧焊焊丝中一般不加铝。焊接铝镇静钢时，母材中的铝可能混入焊缝中，而降低其冲击韧度。为防止焊缝金属产生热裂纹和冲击韧度的降低，含铝低合金钢埋弧焊时，应尽量采用硫含量低的焊丝和脱硫能力较强的焊剂。

6. 焊接参数对埋弧焊焊缝化学成分的影响

（1）焊接电压的影响　焊接电流、焊接电压和焊接速度等焊接参数对焊缝金属的化学成分有一定的影响，其中焊接电压的影响最为明显。图 6-22 示出焊接电压对多层堆焊金属碳含量的影响。由于焊缝金属的成分也取决于焊剂的种类和组分，故在测定焊接参数的影响时，选用了碱性熔炼焊剂和烧结焊剂各一种。焊丝和母材的 $w(\mathrm{C})$ 相应为 0.08% 和 0.12%。由图示曲线可见，

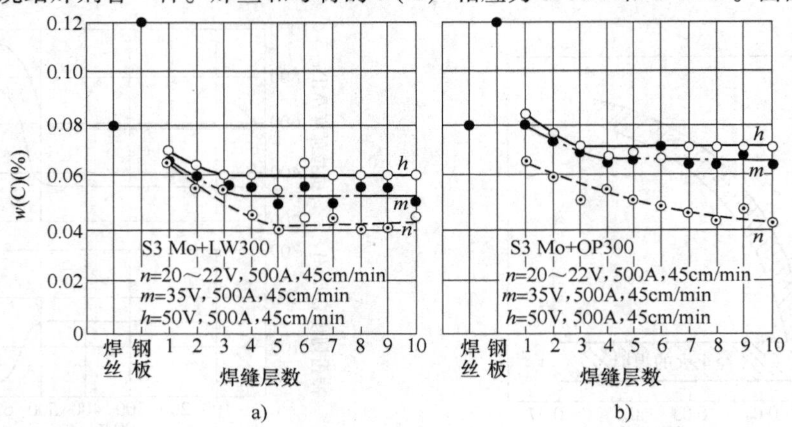

图 6-22　电弧电压对多层焊缝金属碳含量的影响

a）熔炼焊剂　b）烧结焊剂

h—高电压　m—中电压　n—低电压

虽然第一层堆焊金属中母材的混合比较大，但仍可测定碳强烈的烧损，从第5层起，各层堆焊金属的碳含量趋于平衡。同时可发现，电弧电压越低，碳的烧损越剧烈。

电弧电压对焊缝金属锰含量的影响如图6-23所示。随着堆焊层数的增加，锰的渗入量逐渐提高。熔炼焊剂的渗锰率大幅度高于烧结焊剂。同时，电弧电压越高，渗锰率越大。低电压与高电压相比，焊缝金属的 w(Mn) 相差高达1.0%。在烧结焊剂层下焊接时，第1层至第5层焊缝金属的锰含量实际上低于焊丝中的锰含量，即实际上发生了烧损。当选用中等电压和高电压埋弧焊时，从第5层焊缝开始，焊缝金属的锰含量高于焊丝的锰含量，即发生了渗锰。采用低电压焊接时，即使是第10层的焊缝金属，其锰含量仍低于焊丝。故对于烧结焊剂来说，更应注意电弧电压对焊缝金属锰含量的影响。

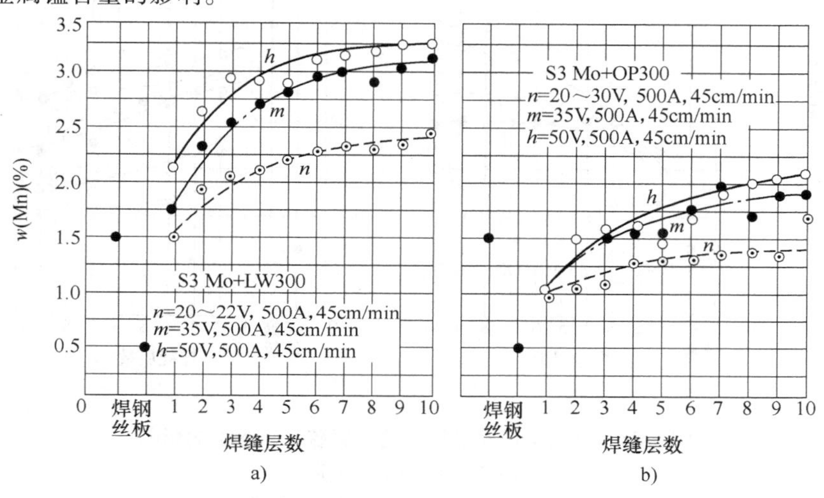

图6-23 电弧电压对多层焊缝金属锰含量的影响

a）熔炼焊剂 b）烧结焊剂

n—低电压 m—中电压 h—高电压

电弧电压对各层焊缝金属中硅含量的影响如图6-24所示。在碱性熔炼焊剂层下焊接时，电弧电压对各层焊缝金属的硅含量几乎没有多大影响。而在碱性烧结焊剂层下焊接时，焊缝金属的硅含量随着堆焊层数的增加而提高，而且电弧电压越高，渗硅量越多。

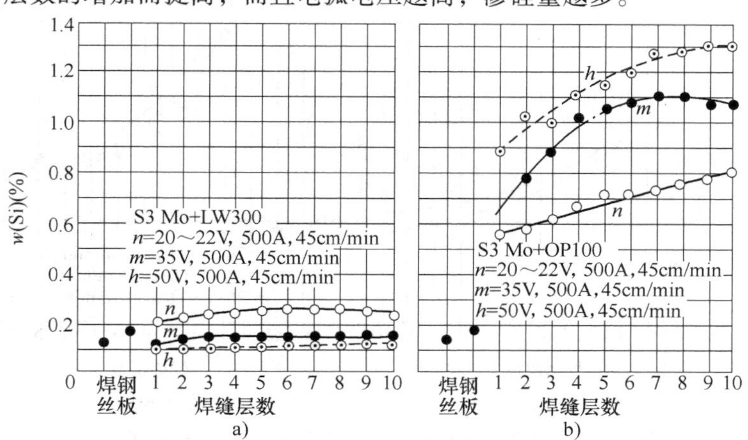

图6-24 电弧电压对多层焊缝金属硅含量的影响

a）熔炼焊剂 b）烧结焊剂

n—低电压 m—中电压 h—高电压

多层焊缝金属中硫、磷含量与电弧电压的关系如图6-25所示。与焊丝中硫、磷含量相比，各层焊缝金属的硫、磷含量均有所增加。尤其是烧结焊剂，焊缝金属的增磷相当明显，并随着电弧电压的提高而急剧增加。焊缝金属中的硫含量随着焊缝层数的增加而降低，且电弧电压越高，焊缝金属硫含量越低。烧结焊剂与熔炼焊剂相比，电弧电压对多层焊缝金属硫含量的影响程度要低得多。

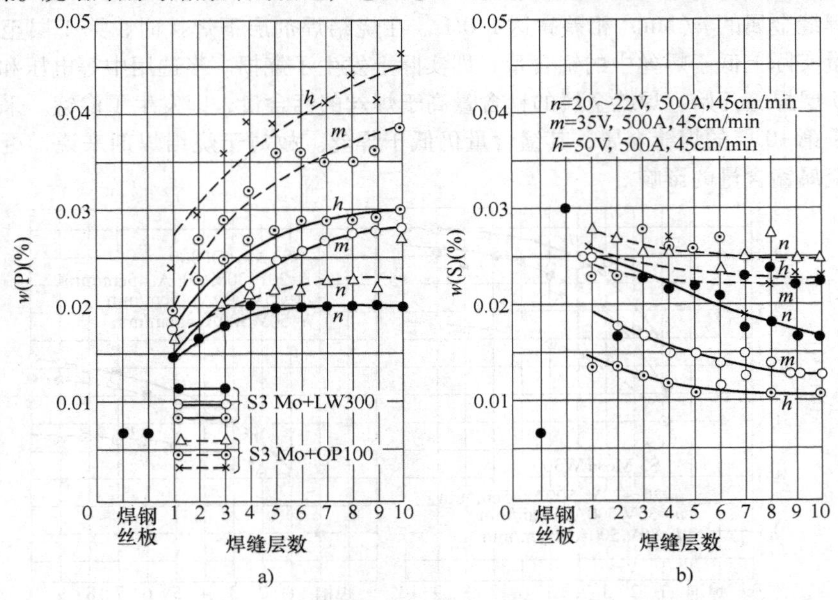

图6-25　电弧电压对多层焊缝金属硫、磷含量的影响

a）P含量　b）S含量

n—低电压　m—中电压　h—高电压

焊缝金属硫、磷含量与电弧电压的关系还取决于焊剂的脱磷和脱硫能力。在脱磷能力较强的焊剂下焊接时，焊缝金属的磷含量随着焊缝层数的增加而下降，并且电弧电压越低，焊缝金属的磷含量越少。

（2）焊接电流的影响　如果电弧电压保持在最佳值不变，而将焊接电流从400A提高到800A，则焊缝金属中的硫、磷含量也会产生一定变化，其变化规律如图6-26所示。磷和硫含量

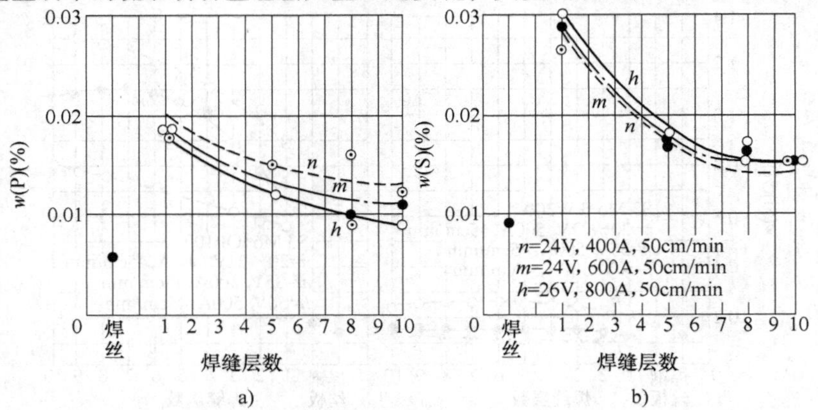

图6-26　焊接电流与多层焊缝金属硫、磷含量的关系

a）P含量　b）S含量

n—小电流　m—中电流　h—大电流

焊丝S3+焊剂LW321

随着焊缝层数的增加而降低，磷含量随着电流的增加而降低，而硫含量几乎没有变化。其原因是焊剂熔化量与焊丝熔化量之比，随焊接电流的提高而减小。

（3）焊接速度的影响　焊接速度对焊缝金属中硫和磷含量的影响示于图6-27。从中可见，选用高的焊接速度可以获得较低的硫、磷含量，并且随着焊缝层数的增加，硫、磷含量逐渐降低。以高速度焊接时，各层焊缝金属的磷含量无明显的变化。

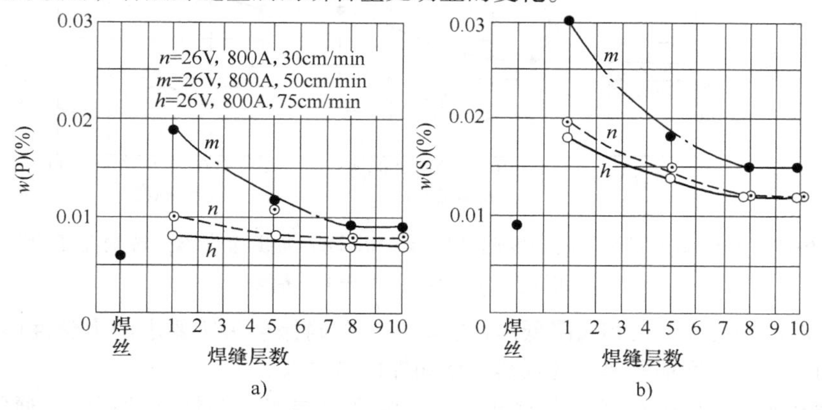

图6-27　焊接速度对多层焊缝金属硫、磷含量的影响

a）P含量　b）S含量

n—低速　m—中速　h—高速

焊丝S3＋焊剂LW321

综上所述，在埋弧焊时，选用较低的电弧电压，较高的焊接电流和焊接速度，对焊缝金属的化学成分产生了有利的冶金作用。

7. 焊接参数对埋弧焊接头性能的影响

焊接接头的力学性能，特别是冲击韧度，不仅取决于焊缝金属的化学成分，而且与焊接过程的温度参数和热输入密切相关。例如在缓慢冷却时，低碳低合金钢热影响区内可能形成先共析铁素体或上贝氏体组织而降低了冲击韧度。在这种情况下，残余奥氏体富集碳而转变为高碳马氏体。所形成的混合组织虽然硬度较低，但其冲击韧度要比低碳马氏体或针状铁素体来得低。因此为获得高的韧性，使热影响区内形成所要求的组织，要求焊接接头在焊接过程中达到一定的冷却速度。焊接接头各区的冷却速度取决于工件的温度、板厚、接头形式和热输入量。

（1）预热温度的影响　预热降低了接头在焊接过程中的冷却速度，使热影响区硬度降低，同时也减少了残余应力、收缩变形和产生裂纹的危险。预热对接头各区组织变化的重要作用基于延长了热影响区在850～500°C温度区间的停留时间。图6-28示出预热温度对组织转变的影响。当预热温度在M点时，只形成少量的马氏体，而在较低的预热温度下，几乎所有的残余奥氏体都将转变为马氏体，因此预热是防止冷裂纹形成的有效手段。

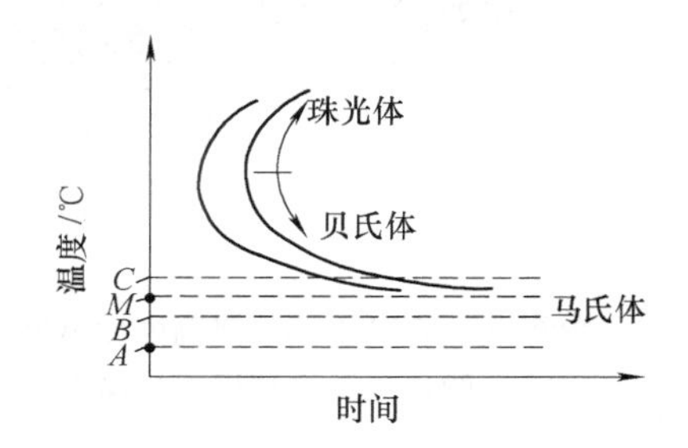

图6-28　预热温度对低合金钢组织转变的影响

A—室温　M—马氏体转变点

C、B—不同的预热温度

但是对于某些低合金钢，过高的预热温度会对接头的冲击韧度产生不利的作用。图6-29示出不同预热温度对调质高强度钢焊缝金属脆性转变温度的影响。特别是在高热输入焊接时，高的预热温度显著提高了接头的脆性转变温度。

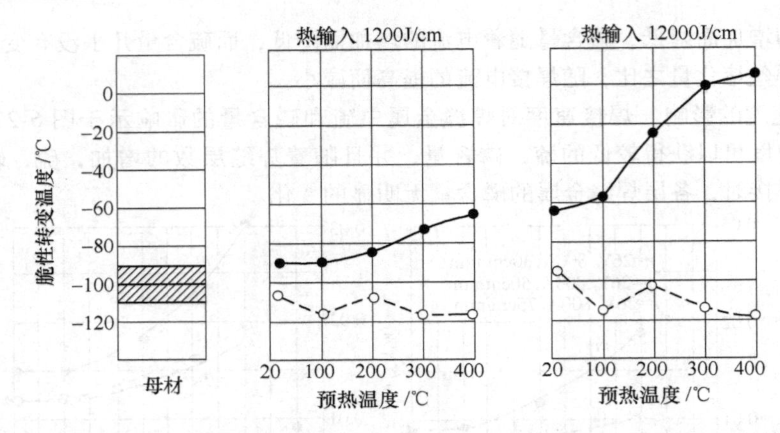

图 6-29 预热温度对调质高强度钢（$R_{eL}=650MPa$）焊缝金属脆性转变温度的影响

实线—上临界线 虚线—下临界线

随着预热温度的提高，需相应降低焊接热输入，以确保接头所要求的力学性能。图 6-30 所示为各种不同板厚高强度钢所要求的预热温度和焊接热输入。

为了更精确地测定焊接温度参数对低合金高强度钢焊接接头性能的影响，通常利用 800 ~ 500°C（$t_{8/5}$）的冷却时间表征预热温度和焊接热输入的综合影响。图 6-31 所示为屈服强度为 700MPa 高强度钢焊缝金属的力学性能与 $t_{8/5}$ 冷却时间的关系。随着冷却时间的延长，强度下降，脆性转变温度 $T_{3.5}$ 上升。从中可以求得满足接头力学性能要求的临界 $t_{8/5}$ 值。据此可推算出最低预热温度和最大允许焊接热输入。表 6-3 列出板厚 30mm 的接头，预热温度 150°C，以不同的焊接参数和热输入焊接时的冷却时间 $t_{8/5}$ 值。

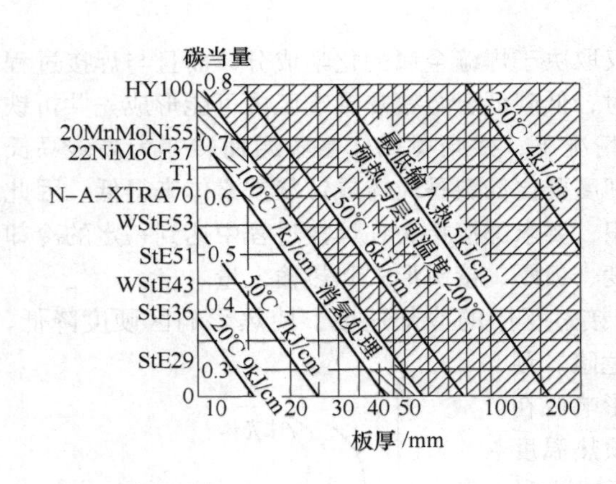

图 6-30 各种不同板厚高强度钢所要求的预热温度和焊接热输入

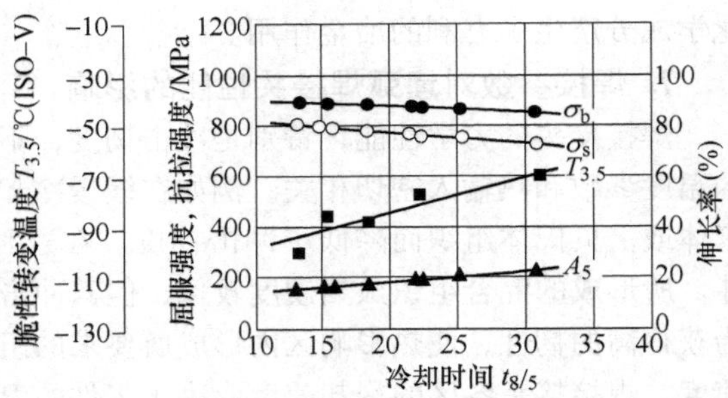

图 6-31 高强度钢焊缝金属的力学性能与 $t_{8/5}$ 冷却时间的关系

注：焊缝金属化学成分（质量分数）：C 0.09%，Si0.43%，Mn 1.49%，P 0.011%，S 0.007%，Cu 0.14%，Cr 0.24%，Ni 1.51%，Mo 0.55%；
母材钢号：STE70CrMoZr，板厚 30mm；
坡口形式：50°V 形，钝边 4.0mm；
焊丝牌号：S3NiMoCr；焊剂牌号：UV420T；
焊件温度：160°C

表 6-3 不同焊接热输入焊接时间的 $t_{8/5}$ 值

焊接电压/V	焊接电流/A	焊接速度/(cm/min)	焊接热输入/(kJ/cm)	冷却时间 $t_{8/5}$/s
29	550	70	13.6	13.1
24	550	50	15.9	15.3

（续）

焊接电压/V	焊接电流/A	焊接速度/(cm/min)	焊接热输入/(kJ/cm)	冷却时间 $t_{8/5}$/s
29	550	50	19.1	18.4
35	550	50	23.0	22.2
29	550	30	31.9	30.8
29	450	50	15.7	15.1
29	650	50	22.6	21.8
29	750	50	26.1	25.2

（2）焊接热输入的影响　埋弧焊时，焊接热输入 E 的计算式为

$$E=\frac{60UI}{v_s}\quad (\mathrm{J/cm})$$

式中　U——焊接电压（V）；

I——焊接电流（A）；

v_s——焊接速度（cm/min）。

焊接热输入对焊接接头力学性能的影响与预热温度相似。高的热输入降低了焊接热影响区的冷却速度，即延长了 $t_{8/5}$冷却时间。在低合金高强度调质钢焊接时，过高的热输入会导致热影响区形成软化区或过热区，使晶粒明显长大；而过低的热输入，则由于快速的冷却而出现高硬度区。对于普通低合金钢，650A 以上焊接电流就可能促使晶粒区的形成而导致接头性能脆化，往往使接头的冷弯角达不到标准要求。而采用 500A 以下的焊接电流，则可形成细晶粒的过渡区，使热影响区具有良好的变形能力。但从经济角度考虑，通常选用较高的热输入，以达到较高的焊接效率。一种折中的解决办法是选用尽可能高的焊接速度，以降低焊接热输入。但直边对接接头双面双道焊接时，必须选用较高的焊接电流，以保证焊透。在这种情况下，很难避免焊缝和热影响区粗晶带的形成。

焊接热输入对焊缝金属的冲击韧度有较大的影响。图 6-32 所示为屈服强度为 755MPa 的调质高强度钢以不同的热输入焊接的多道焊缝冲击试验结果。从中可见，焊接热输入每提高 1kJ/cm，最低冲击吸收能量转变温度上升达 50°C 之多。实际上，对于屈服强度大于 755MPa 的调质高强度钢，为保证接头的强度性能，焊接热输入应限制在 17kJ/cm 以下。对于屈服强度小于 700MPa 的高强度调质细晶粒钢，埋弧焊最高允许热输入列于表 6-4。

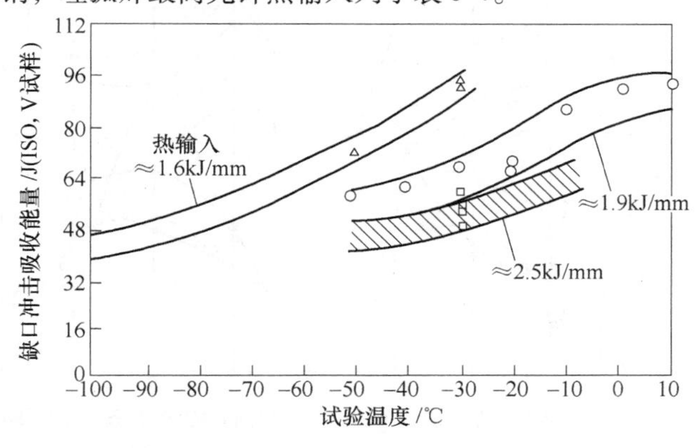

图 6-32　屈服强度为 755MPa 调高强度钢以不同热输入焊接的多道焊缝冲击试验结果

注：试样为焊后状态；焊丝牌号 S3NiMo（德国焊丝型号）焊丝成分（质量分数）：C 0.05%，Ni 3.5%，Mo 0.6%；焊剂牌号 OP41TT；钢板牌号 HV-100，R_{eL} = 755MPa。

表 6-4 高强度调质钢埋弧焊最高容许热输入

预热和层间温度/°C	最高热输入/(kJ/cm)				
	板厚 5mm	板厚 12mm	板厚 20mm	板厚 25mm	板厚 30mm
20	11(7)	28(18)	50(35)	不限	不限
100	9(6)	22(16)	40(38)	70(45)	不限
150	7(5)	18(15)	35(22)	50(34)	不限(50)
200	5(4)	16(13)	25(17)	45(26)	50(40)

注：1. 对于角焊缝，最高热输入可提高 25%。

2. 括号内的数字适用于压力容器。

8. 焊后热处理的影响

低合金钢焊件为消除焊接残余应力、提高力学性能、降低硬度峰值和改善金相组织，通常要求做不同形式的热处理。最常用的焊后热处理方法有：消除应力处理，回火、正火，正火＋去应力退火和调质处理。

消除应力处理的作用是降低焊接残余应力，改善金相组织和力学性能。其加热温度范围为 500～750°C，视钢材的合金成分而定，保温时间按焊件壁厚计算，至少为 30min，最长可达 10 多个小时。回火处理的目的主要是改善接头各区的金相组织，提高冲击韧性，其加热温度与消除应力处理相同，只是冷却方式不同，消除应力处理是随炉冷却至 300°C 后空冷，回火处理是保温结束后直接空冷。正火处理是将焊件加热到该种钢材的 Ac_3 点以上 30～50°C 温度，保温一段时间后空冷。其作用是通过重结晶形成均一的细晶粒组织。对于某些低合金钢焊件，为获得最佳的力学性能，并消除正火应力，通常需在正火后加回火处理。调质处理是由淬火＋回火两道热处理组成，淬火温度一般取钢材的 Ac_3 点以上 50°C，然后在水或油中激冷，接着进行回火处理。调质处理可同时提高钢材的强度和韧性。

经消除应力处理和正火处理的焊件，其接头的性能与焊态相比，会出现很大的差异。图 6-33 示出 600°C 消除应力处理和 900°C 正火＋回火处理对碳锰钢焊缝金属力学性能的影响，并与焊态下的力学性能做了对比。总的趋势是接头的抗拉强度和屈服强度下降，伸长率和冲击吸收能

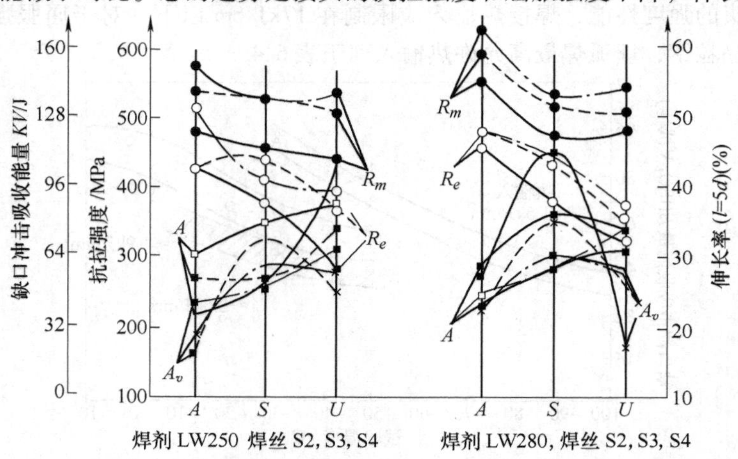

图 6-33 消除应力处理和正火＋回火处理对碳锰低合金钢焊缝金属力学性能的影响

A—焊态 S—消除应力处理 U—正火＋回火

实线—S2 焊丝 虚线—S3 焊丝 点画线—S4 焊丝（德国焊丝牌号）

量提高。如果焊缝金属中还含有钼、镍、钒和其他合金元素，则接头的抗拉强度会下降，屈服强度上升，冲击韧度会有不同程度的降低。

某些含碳化物形成元素的低合金钢焊缝金属具有二次硬化倾向，这些焊缝金属在正火状态下的冲击韧度较高，如果再经消除应力处理后，冲击韧度明显下降，且随保温时间的越长，韧性降低越加严重，如图6-34所示。

调质高强度钢板通常以水调质状态供货，即钢板的调质处理在其出厂前由钢厂完成。在焊接结构制造厂，构件在调质状态下焊接，焊后只需作消除应力处理。但在厚壁容器制造中，筒体和封头必须采用热卷或热冲压工艺成形，而这些热加工温度一般都高于调质处理温度，使钢板的调质效果完全丧失。在这种情况下，筒体纵缝和封头拼接缝必须随同进行调质处理。调质处理的效果取决于钢材本身的淬透性、淬火温度、冷却速度以及回火温度和保温时间，因此焊缝金属的合金成分应保证与母材相当的淬透性。淬火处理时，只要冷却速度达到临界冷却速度，即能达到淬火效果。而接头的最终力学性能还取决于回火温度。通常可利用所谓回火参数对其做出综合评定。

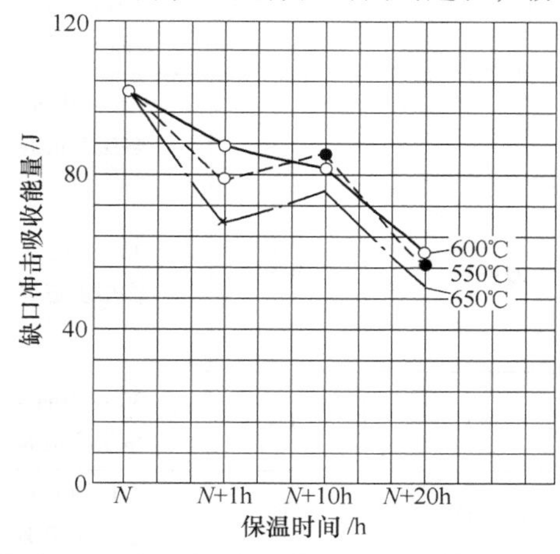

图6-34　消除应力处理及保温时间对Mn-V钢焊缝金属冲击韧度的影响

钢板厚度23mm　试验温度－20°C　N—正火

消除应力处理　600°C×2h

正火＋回火　900°C×1h＋550°C×1～20h

9. 常用低合金钢埋弧焊焊丝与焊剂的选配

综上所述，各种低合金钢埋弧焊焊丝-焊剂组合的选配是一项较复杂的技术工作，必须全面考虑对接头力学性能的要求、加工工艺、埋弧焊工艺方法、焊接参数以及焊后热处理的影响，因此正确合理地选配焊丝焊剂组合，应根据所焊钢种、接头形式、壁厚、制造工艺流程和接头运行条件而定。本节仅对最常用的各种低合金钢对接接头在不同焊接工艺方法和热处理状态下的焊丝-焊剂组合进行推荐，见表6-5。

表6-5　常用低合金钢埋弧焊焊丝-焊剂选用表

钢材牌号	强度等级/MPa	接头板厚及焊接工艺方法	热处理状态	焊丝牌号	焊剂牌号
Q295	420	≤16mm 单面或双面焊	焊态	H08A， H08MA	H431 H430
		>16～50mm 多层多道焊	消除应力处理	H08MnA	H431 SJ301
Q355	500	≤16mm 单面或双面焊	焊态	H08MnA	HJ431、430 SJ301
		>16～50mm 多层多道焊	消除应力处理	H10Mn2	H431，SJ301
			正火＋回火	H08MnMo	H350，SJ301
Q390	550	≤16mm 单面或双面焊	焊态	H10Mn2	HJ350，SJ301
		>16～50mm 多层多道焊	消除应力处理	H08MnMo	HJ350，SJ101
			正火＋回火	H08Mn2Mo	HJ350，SJ101

（续）

钢材牌号	强度等级/MPa	接头板厚及焊接工艺方法	热处理状态	焊丝牌号	焊剂牌号
Q420	600	≤16mm 单面或双面焊	焊态	H10Mn2 H08MnMo	HJ350,SJ101
		16～50mm 多层多道焊	消除应力处理	H08MnMo	HJ350,SJ101
			正火＋回火	H08Mn2Mo	H350,SJ101
Q460	700	30～120mm 多层多道焊	消除应力处理	H08Mn2MoV H10Mn2NiMo	HJ250 SJ101、SJ201
			正火＋回火	H08Mn2MoV H10Mn2NiMo	HJ250 SJ101、SJ201
Q500	700	30～120mm 多层多道焊	消除应力处理	H08Mn2NiMo	HJ250
			水调质处理	H08Mn2Mo	SK101、SJ201
12CrMoR	420	30～50mm 多层多道焊	消除应力处理	H10CrMo	HJ350, SJ101
15CrMoR	450	30～50mm 多层多道焊	消除应力处理	H12CrMo	HJ350 SJ101
12Cr1MoVR	500	30～100mm 多层多道焊	消除应力处理	H08CrMoV	HJ350 SJ101
12Cr2Mo1R	600	30～150mm 多层多道焊	消除应力处理	H08Cr3MoMnA	HJ350 SJ101

对于不同强度级别低合金钢之间的异种钢接头，原则上按两者强度级别较低的一种选用焊接材料，如Q355与13MnNiMoNb钢构成的异种钢接头，可按Q355钢选择焊丝与相配的焊剂，但焊接参数，如预热温度和消除应力处理温度则应按13MnNiMoNb钢拟定。

6.4.3 埋弧焊工艺方法的确定

低合金结构的埋弧焊可以根据工件结构、接头壁厚、对接头性能以及生产效率的要求等选择合适的焊接工艺方法。其选择原则是确保接头质量的前提下，采用效率最高且成本最低的工艺方法。如对于板厚20mm以下的平板对接，若对接头低温冲击韧度要求不太高，则可采用直边对接单面焊双面成形或直边对接双面单层焊工艺方法。但如果所焊钢板的冶金质量不高，层状偏析较严重，则应改用开坡口的多层焊工艺方法，以减少热输入，防止焊缝过热区液化裂纹的形成。对于高强度调质钢应采用控制焊接热输入的多层多道焊的工艺方法。因为过高的热输入可能导致接头热影响区调质效应的丧失，从而使接头的强度低于标准规定的最低值。对于焊接性良好的微合金钢，即使板厚达到30mm，也可采用直边对接单面焊和双面焊，而不致降低接头的各项力学性能。

对于板厚大于20mm，小于40mm的平板对接接头，为达到全焊透，要求开一定深度的V形或X形坡口。在这种情况下，也应充分利用埋弧焊深熔的特点，尽量减小坡口深度，以降低焊材的消耗，提高焊接效率。对于板厚大于40mm的对接接头，最好采用开U形坡口的多层多道单丝或双丝埋弧焊。对于必须从单面焊接的接头，根部焊道可以采用焊条电弧焊或熔化极气体保护焊（含药芯焊丝电弧焊）封底，也可采用固定钢衬垫。但应特别注意，焊条电弧焊和熔化极气体保护焊焊缝金属的成分应与埋弧焊焊缝金属相匹配；固定钢衬垫的成分应与所焊钢材成分相近。如果钢衬垫要求焊后加工去除，则可采用任何牌号的低碳钢板制作。

当焊接 100mm 以上特厚板时，应尽量采用窄坡口或窄间隙埋弧焊工艺方法。在窄间隙埋弧焊中，按接头的壁厚，可以采用每层单道焊、每层双道或每层三道焊的工艺方法。在 100～250mm 厚度范围内，一般采用每层双道焊接法。当板厚超过 250mm 时，因在窄而深的间隙内难以观察施焊过程，必须适当加大间隙而采用每层三道焊的工艺方法。另外，按钢种的焊接特性，窄间隙埋弧焊可采用单丝或双丝埋弧焊。对于高强度调质钢，应选用低热输入的单丝埋弧焊或热丝埋弧焊工艺方法。

中薄板角接和搭接接头通常采用单丝埋弧焊。厚板角接缝可采用双丝或三丝埋弧焊。为进一步提高效率，可采用添加冷丝或铁粉的埋弧焊。

在工件的表面堆焊中，通常选用多丝埋弧堆焊或带极埋弧堆焊。

6.4.4　埋弧焊焊接参数的选定

低合金钢埋弧焊焊接参数包括焊接电流种类、极性、焊接电流、电弧电压、焊接速度、焊丝根数、焊丝间距、丝-壁间距、焊丝倾角、焊丝偏移量，焊丝伸出长度和工件倾斜度等。对接头质量起重要作用的参数是：焊接电流种类和极性、焊接电流值、电弧电压和焊接速度等。

1. 焊接电流种类和极性

焊接电流种类和极性不仅决定了焊丝的熔化速度，而且也与焊缝金属中扩散氢含量密切相关。直流正极性焊接时，焊缝金属中扩散氢含量最高；交流焊接次之；直流反极性焊接最低，因此在焊接对冷裂纹较敏感的低合金钢时，应采用直流反接（即焊丝接正极）。

2. 焊接电流值

焊接电流值主要根据所选定的焊丝直径及所要求的熔透深度来选定。在平焊位置焊接对接接头时，多选用直径 ϕ4mm、ϕ5mm 的焊丝，对于大型厚壁对接接头，也可选用 ϕ6mm 焊丝。焊接圆筒形工件环缝时，焊丝直径应按圆筒直径来选定。直径小于 800mm 的圆筒环缝，应选用 ϕ3mm 焊丝，圆筒直径小于 500mm 时，可选用 ϕ2mm 焊丝。各种直径焊丝适用的埋弧焊焊接电流范围列于表 6-6。

表 6-6　各种直径焊丝适用的焊接电流范围

焊丝直径/mm	焊接电流范围/A	焊丝直径/mm	焊接电流范围/A
1.6	150～400	4.0	400～1000
2.0	200～600	5.0	500～1200
2.5	250～700	5.5	600～1400
3.0	300～800	6.0	700～1600

在低合金钢埋弧焊时，焊接电流的大小不仅决定了焊缝的熔透深度和成形，而且还决定了焊缝及热影响区的裂纹敏感性和力学性能，因此对于承载和受压部件，焊接电流不应单纯地按焊丝直径和所要求的熔深来选定，而主要应通过焊接工艺评定试验，选定满足接头力学性能要求的焊接电流范围。对于制造厂首次采用的新钢种，应当完成系统的焊接工艺试验，以确定适用的焊接电流范围。对于绝大多数的低合金结构钢重要部件，焊接电流的上限设在 800A。对于高强度调质钢埋弧焊，焊接电流应根据该钢种允许的焊接热输入来确定。

3. 电弧电压和焊接速度

电弧电压和焊接速度应根据焊缝成形要求来选定。其原则与碳钢埋弧焊的焊接参数匹配关系相似。

6.4.5 低合金钢埋弧焊接头的焊后热处理

低合金钢构件，当接头壁厚超过相关标准规定的界限时，在焊完所有接头后，应做相应的热处理，称为焊后热处理，在低合金钢部件的焊接中，焊后热处理是焊接工艺的重要组成部分。其最常用的焊后热处理方法有消除应力处理、回火、正火、正火+回火、调质处理（淬火+高温回火）。

1. 消除应力处理

在低合金钢焊接结构中，焊接残余应力是促使结构产生脆性破裂的重要因素之一。在厚壁焊接构件中还会存在三向残余应力，甚至可使原来塑性良好的钢材严重变脆。另外，在焊接应力集中区，还可能产生应变时效等有害影响。为消除这些危害，壁厚超过某一界限的焊接部件，焊后应做消除应力处理。

消除应力处理的定义是：将焊件以一定的速度均匀加热到 Ac_1 点以下足够高的温度，保温一段时间后，随炉均匀冷却到300～400°C后出炉冷却。实际上，消除应力处理是一种退火工艺，故又称消除应力退火。在许多实际应用中，所选定的消除应力处理温度通常与钢材的回火温度重合，因此消除应力处理兼有回火的作用。如单纯为降低焊件的焊接残余应力，则消除应力处理可在较宽的温度范围内进行。但不应超过该钢种的回火温度，否则将损害回火处理所获得的优良力学性能。消除应力处理的作用如下：

1）降低焊接接头中的残余应力，并使其均匀化。消除焊件的冷作硬化，提高接头抗脆断和抗应力腐蚀的能力。

2）改善焊缝及热影响区金相组织，使淬火组织经受回火处理而提高其韧性。

3）稳定低合金耐热钢组织中的碳化物，提高接头高温持久强度和抗蠕变强度。

4）消除焊缝金属中的残留氢，提高接头的抗裂性和冲击韧性。

5）降低焊缝及热影响区的硬度，使其易于切削加工。

6）稳定焊件结构形状，避免焊件在焊后机械加工和使用过程中产生畸变。

消除应力处理可采取整体热处理和局部热处理两种方法。整体热处理是将焊件整体放入炉内均匀加热。局部消除应力处理是利用气体火焰、工频加热装置、电加热器和远红外加热器等对焊接接头进行局部加热。其加热区的宽度可取焊接接头厚度的8～10倍，但至少应为200mm。对于圆筒或钢管环缝，局部加热区宽度可按下式计算确定：

$$b = 5\sqrt{RS}$$

式中 R——钢管的公称直径（mm）；

S——接头壁厚（mm）；

b——加热区宽度（mm）。

各种常用低合金钢焊件消除应力处理的温度范围见表6-7。其中推荐温度是多年实际生产经验数据。

表6-7 各种常用低合金钢焊件消除应力处理的温度范围 （单位:°C）

钢　号	现行标准规定的温度	推荐温度	钢　号	现行标准规定的温度	推荐温度
Q355	500～650	550～600	12CrMoR	620～680	640～670
Q390	550～650	600～650	15CrMoR	650～690	660～680
Q420	600～660	620～650	20CrMo	650～700	660～680
Q460	580～660	600～640	12Cr1MoVR	680～730	700～730
13MnNiMoR	560～640	580～620	12CrMo1R	640～680	650～670

2. 回火处理

回火处理是低合金钢焊件焊后热处理主要工艺方法之一，通常是在焊件经淬火或正火以后，为消除淬火或正火应力，改善钢材综合性能的一种热处理方法。对于某些低合金钢接头，淬火或正火处理后，其力学性能往往达不到标准规定值，而必须靠随后的回火处理对强度和韧性做必要的调整。

回火处理温度一般取钢材 Ac_1 点以下 20 ~ 100°C，如果以改善接头性能为主要目的，则回火温度应在 Ac_1 点以下 20 ~ 50°C 范围内。回火处理过程基本可分为四个阶段：Ⅰ—加热段，又称升温段；Ⅱ—均热段；Ⅲ—保温段；Ⅳ—冷却段。大型焊件回火处理时，为达到均匀加热，须控制加热速度。按焊件形状复杂的程度，加热速度可在 50 ~ 150° C/h 范围内选取。在冷却阶段，通常将焊件自回火温度直接空冷。如果焊件形状较复杂，冷却速度过快，也会产生一定的附加内应力，故应适当加以控制。图 6-35 所示为低合金钢焊件典型的回火曲线。

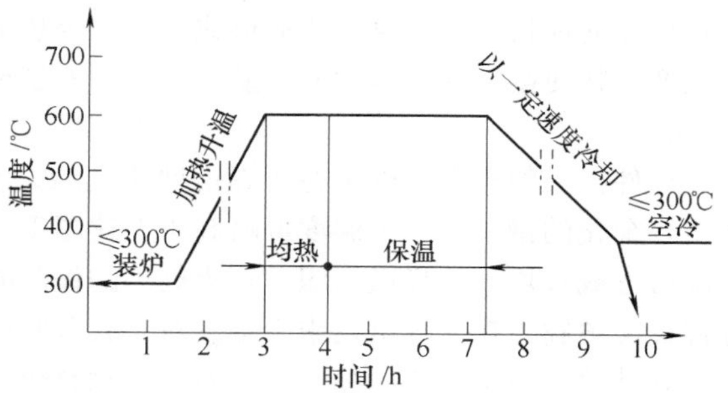

图 6-35　低合金钢焊件典型的回火曲线

回火处理对低合金钢接头性能的影响，通常采用回火参数对其做出综合评定。图 6-36 所示为 15CrMoR 低合金耐热钢焊缝金属冲击韧度与回火参数的关系。从中可见，当回火参数在（20.0 ~ 20.6）$\times 10^{-3}$时，焊缝金属的冲击吸收能量达到最高值。如果回火参数低于 20.0×10^{-3}，即在较低的回火温度和较短的保温时间进行热处理时，焊缝金属的冲击吸收能量明显下降。而当回火参数高于 20.6×10^{-3}时，即以较高的回火温度和较长的保温时间进行热处理时，由碳化物相沉淀和凝聚而使冲击吸收能量下降。回火参数对低合金钢焊缝金属强度性能的影响存在相似的关系。

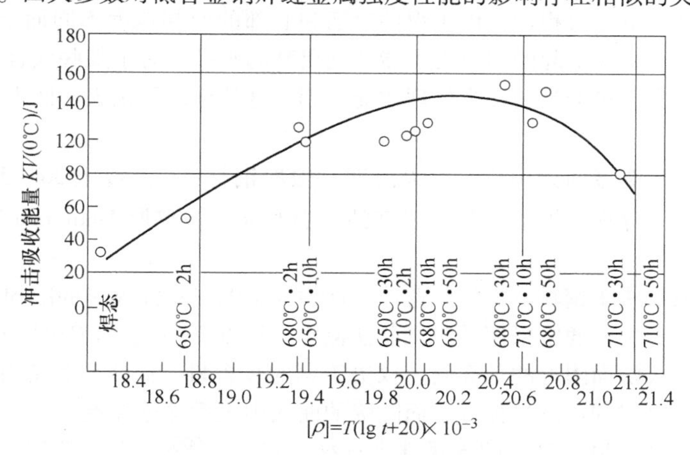

图 6-36　15CrMoR 低合金耐热钢焊缝金属冲击韧度与回火参数［ρ］的关系

各种常用低合金钢焊件推荐的回火温度范围见表 6-8。

表 6-8　各种常用低合金钢焊件推荐的回火温度范围

钢　　号	推荐的回火温度 /°C	保温时间 /(min/mm)	钢　　号	推荐的回火温度 /°C	保温时间 /(min/mm)
Q355	580 ~ 620	3.0	15CrMoR	660 ~ 680	4.0
Q390	620 ~ 640	3.0	20CrMo	670 ~ 690	4.0
Q420	640 ~ 660	4.0	12Cr1MoVR	710 ~ 730	5.0
Q460	580 ~ 620	3.0	12Cr2Mo1R	650 ~ 670	4.0
12CrMoR	640 ~ 660	4.0			

3. 正火处理

低合金结构钢焊件埋弧焊接头通常无须做正火处理。但某些大型焊件，须先用埋弧焊拼接成要求尺寸的坯料，然后再做热成形或热矫正等热加工。这些热加工的温度往往超过钢材正常的正火温度，并使接头的力学性能明显下降。为恢复母材和接头的性能，需将焊件做一次正规的正火处理。

焊件接头的正火温度可在所焊钢种 Ac_3 点以上 30～50°C。经细化晶粒处理，并以碳化物形成元素合金化的钢材，正火温度可略高于上述温度，保温时间可适当延长，以使碳化物充分溶解，冷却后形成较均一的显微组织。正火处理的保温时间通常按 1～2min/mm 计算。保温结束后，将焊件移出炉膛，在平静空气中冷却。对于大型厚壁焊件，为提高冷却速度，保证接头的强度，也可将焊件放在强迫气流中冷却。同时要注意整个焊件冷却的均匀性。各种常用低合金钢焊件的正火温度范围见表 6-9。

表 6-9 各种常用低合金钢焊件推荐的正火温度范围

钢 号	推荐的正火温度范围/°C	保温时间/(min/mm)	钢 号	推荐的正火温度范围/°C	保温时间/(min/mm)
Q355	900～940	1.0～1.5	12CrMo,15CrMo,20CrMo	910～960	1.5～2.0
Q390	910～950	1.0～1.5	12Cr1MoVR	930～950	1.5～2.0
Q460	920～950	1.5～2.0	12Cr2Mo1R	900～940	1.5～2.0

4. 正火 + 回火处理

厚壁焊件正火处理空冷过程中，由于焊件表面和心部的冷却速度不同而产生较高的内应力。结构形状复杂的焊件，正火引起的内应力可能达到更高的水平。对于某些低合金钢，钢材和接头的综合力学性能，只有通过恰当的回火处理才能达到。这就构成了正火 + 回火综合热处理。

5. 调质处理

调质处理由水淬 + 高温回火构成。淬火温度一般取钢材 Ac_3 点以上 30～50°C。对于细晶粒钢，可在更高的温度下淬火，焊件在淬火温度的保温时间可按壁厚 1min/mm 计，但最短不应小于 30min。

调质处理的效果取决于钢材本身的淬透性、焊件入水温度和淬火时的冷却速度。钢的淬透性主要与钢的合金成分有关，通常采用端淬试验法测定。图 6-37 所示为 Cr-Mo-Zr 低合金钢端淬试样硬度测定结果。淬火端面附近的最高硬度取决于钢的碳含量。曲线延长部分表征钢的淬透性，平缓下降的曲线表示钢材的淬透性良好，而陡降的曲线则表示淬透性差。

淬火时的冷却速度应根据钢材的淬透性来选择。它取决于淬火介质——油、水和盐水。油的冷却速度较慢，盐水的冷却速度最快。大型焊件的淬火方式有两种，即浸入淬火和喷淋淬火。在浸入淬火时，冷却速度还取决于焊件与水池的相对体积和水流循环的强烈程度。其他重要的淬火工艺参数还有：奥氏体化温度和时间、焊件出炉到入水的时间间隔、焊件表面状态（氧化皮的厚度等）、淬火介质的温升和淬火持续时间等。

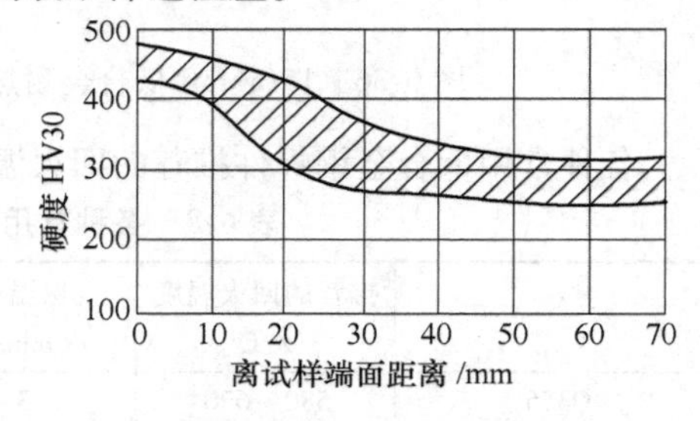

图 6-37 Cr-Mo-Zr 低合金钢端淬试样硬度测定结果

对于每种低合金钢来说，达到所要求强度的临界冷却速度可利用该种钢的连续冷却组织转变曲线图查得。但在大型焊件淬火实际操作中，由于淬火速度难以控制，焊件的冷却速度总是比临界冷却速度要高，因此必须采取淬火后的回火处理调整焊件接头的强度和韧性。

淬火处理后回火温度和保温时间的选取可参照“回火处理”一节。

6.5 常用低合金钢埋弧焊接头的典型力学性能

从以上各节的论述中可以了解到，对于各种低合金钢埋弧焊，为焊成力学性能符合技术要求的焊接接头，需要考虑多种因素，不但要合理选择焊接材料，还要正确设定各焊接参数。对于厚壁接头，还应确定适用的焊后热处理方法和工艺参数。本节将列举各种常用低合金钢埋弧焊接头典型的力学性能试验数据，证明迄今所掌握的埋弧焊技术已基本解决了各种现代低合金钢埋弧焊难题。

6.5.1 Q355 钢埋弧焊接头典型力学性能

Q355 钢不同板厚埋弧焊接头在各种焊后热处理状态下的典型力学性能数据见表 6-10。

表 6-10　Q355 钢埋弧焊接头典型力学性能数据

板厚及坡口形式	焊接材料	热处理状态	焊接参数			焊缝金属		接头	冷弯	冲击韧度
			I/A	U/V	v/(m/h)	R_m/MPa	A_5(%)	R_m/MPa	$d=3a$	/(J/cm²)
34mm U 形坡口	H10Mn2 (ϕ4mm) HJ431	焊态	580～620 640～680	35～37	～30	—	—	568 558	180°	焊缝:120,100,99 热影响区:101,105 (U 形缺口,0°C)
60mm 双 U 形坡口	H10Mn2 (ϕ4mm) HJ431	600～620°C ×2h	650～700	36～38	25～30	566 534	25.4 28.4	496 486	100°	焊缝:98,100,108 热影响区:120,210 (U 形缺口,0°C)
130mm 双 U 形坡口	H10Mn2 (ϕ4mm) HJ350	600～620°C ×3h	600～650	36～38	25～30	492 495	29.6 24.6	505 480	100°	焊缝:105,123,116 热影响区:129,235 (V 形缺口,0°C)

6.5.2 Q390 钢埋弧焊接头典型力学性能

Q390 钢不同板厚埋弧焊接头在各种热处理状态下的典型力学性能数据见表 6-11。

表 6-11　Q390 钢埋弧焊接头典型力学性能数据

板厚及坡口形式	焊接材料	热处理状态	焊接参数			接头强度		冷弯	冲击韧度/(J/cm²)	
			I/A	U/V	v/(m/h)	R_m/MPa	R_{eL}/MPa	($d=3a$)	焊缝	热影响区
30mm V 形坡口	H10Mn2 (ϕ4mm) HJ431	焊态	650～700	36～38	27	573 588	426 392	180°	84、84、125	—
									U 形缺口,20°C	
30mm V 形坡口	H10Mn2 (ϕ4mm) HJ431	650°C×2h	650～700	36～38	27	573 568	387 367	180°	53、70、55	73,57,59
									U 形缺口，-20°C	
30mm V 形坡口	H08MnMo (ϕ4mm) HJ431	650°C×2h	650～700	36～38	27	553 549	377 377	180°	79、98、75	—
									V 形缺口,20°C	
26mm V 形坡口	H08MnMo (ϕ4mm) HJ350	630°C×2h	550～600	36～38	24	527 575	—	180°	170	138
									V 形缺口,20°C	

6.5.3 13MnNiMoNbR 钢埋弧焊接头典型力学性能

13MnNiMoNbR 钢采用不同焊剂埋弧焊及不同热处理状态下接头典型力学性能数据见表 6-12。

表 6-12 13MnNiMoNbR 钢埋弧焊接头典型力学性能数据

板厚及坡口形式	焊接材料	热处理状态	焊接参数			焊缝强度		接头强度	冷弯	冲击韧度/(J/cm²)	
			I/A	U/V	v/(m/h)	R_m/MPa	A(%)	R_m/MPa	($d=3a$)	焊缝	热影响区
10mm U 形坡口	H08Mn2Mo (ϕ4mm) HJ350	(620°C ± 10°C) ×6h	600~650	36~38	25~30	—	—	690	180°	+20°C 时, 96 (V 形缺口)	111
66mm U 形坡口	H08Mn2Mo (ϕ4mm) HJ250	(630°C ± 10°C) ×3h	600~650	36~38	25~28	676~681	24.5~25.0	—	—	−20°C 时, 88,73,82 (V 形缺口)	—

6.5.4 15MnMoVN 调质高强度钢埋弧焊接头典型力学性能

15MnMoVN 调质高强度钢采用不同焊接材料埋弧焊接头在热处理状态下的典型力学性能数据见表 6-13。

表 6-13 15MnMoVN 高强度调质钢埋弧焊接头力学性能数据

板厚及坡口形式	焊接材料	热处理工艺参数	焊缝强度		接头强度		冷弯	A_{KV} 冲击韧度(J/cm²)	
			R_m/MPa	R_{eL}/MPa	R_m/MPa	R_{eL}/MPa	($d=3a$)	焊缝	热影响区
66mm U 形坡口	H08Mn2Mo (ϕ4mm) HJ350 + HJ250 (1:1)	630~640°C ×4h	—	—	647	544	180°	20°C 时, 162,122,112 −20°C 时, 138,88,76	20°C 时, 123,137,133 −20°C 时, 67,61,41
66mm U 形坡口	H08Mn2Mo (ϕ4mm) HJ250	630~640°C ×3h	—	—	637	583	180°	20°C 时,201 −20°C 时,87	—
66mm U 形坡口	H08Mn2NiMo (ϕ4mm) HJ350	630~640°C ×3h	—	—	625	537	180°	20°C 时, 162,184,178 −20°C 时, 80,78,82	—
66mm U 形坡口	S3NiMo (ϕ4mm) HJ350 + HJ250 (1:1)	(630°C ± 10°C) ×3h	671	597	660	547	180°	20°C 时, 112,123,84 −20°C 时, 55,67,57	— −20°C 时, 98,94,67

注：所列接头埋弧焊参数均为：$I=650\sim700$A，$U=34\sim36$V，$V\approx30$m/h。

6.5.5 15CrMoR 低合金耐热钢埋弧焊接头典型力学性能

各种板厚 15CrMoR 低合金耐热钢不同坡口形式埋弧焊接头热处理状态下的典型力学性能数据见表 6-14。

表6-14 15CrMoR低合金耐热钢埋弧焊接头力学性能数据

板厚及坡口形式	焊接材料	热处理参数	焊接参数			焊缝强度		接头强度	冷弯	常温冲击韧度/(J/cm²)	
			I/A	U/V	v/(m/h)	R_m/MPa	R_{eL}/MPa	R_m/MPa	($d=3a$)	焊缝③	热影响区③
40mm V形坡口	H12CrMo (ϕ3mm) HJ350	(660°C ± 10°C) ×2.5h	400 ~ 450	32 ~ 34	20	—	—	515 ~ 534	180°	321,127,152	215,263,210
14mm 直边对接	H12CrMo (ϕ4mm) HJ350	(660°C ± 10°C) ×1h	650 ~ 760	36 ~ 38	28 ~ 29	—	—	465 ~ 473	180°	141,122,146	209,218,202
40mm U形坡口	H12CrMo (ϕ3mm) HJ350	(650°C ± 10°C) ×2.5h	400 ~ 450	32 ~ 34	22 ~ 25	500°C 399 409	500°C① 262 285	548 ~ 550	100°	116	135
88mm U形坡口	EB2② (ϕ3mm) HJ350	(670°C ± 10°C) ×4h	450 ~ 500	34 ~ 36	20 ~ 25	572 400°C 470	466 400°C 369	433 ~ 431	100°	V形缺口 98,93,135	140,86,39
80mm 窄间隙坡口 宽度22mm	H12CrMo (ϕ3mm) SJ101	(650°C ± 10°C) ×6h	500 ~ 550	29 ~ 31	28 ~ 32	350°C 477 463	350°C 272 245	503 ~ 504	100°	V形缺口 172,166,142	184,160,106

① 350°C、400°C、500°C为高温短时拉伸试验温度。
② AWS焊丝标准牌号，相当于H12CrMo焊丝。
③ 冲击韧性试样除注明外，均为U形缺口。

6.5.6 12Cr1MoVR低合金耐热钢埋弧焊接头典型力学性能

各种板厚12Cr1MoVR低合金耐热钢不同坡口形式埋弧焊接头热处理状态下的典型力学性能数据见表6-15。

表6-15 12Cr1MoVR低合金耐热钢埋弧焊接头力学性能数据

板厚及坡口形式	焊接材料	热处理工艺参数	焊接参数			接头强度		冷弯	常温冲击韧度/(J/cm²)①	
			I/A	U/V	v(mm/h)	R_m/MPa	R_{eL}/MPa	$d=3a$	焊缝	热影响区
45mm U形坡口	H08CrMoV (ϕ2mm) HJ350	(730°C ± 10°C) ×4h	240 ~ 300	26 ~ 30	~21	529, 537	—	180°	115,117, 129	313, 245 232
35mm U形坡口	H08CrMoV (ϕ2mm) HJ350	(750°C ± 10°C) ×2h	240 ~ 280	26 ~ 28	~21	500, 480	—	180°	78,67, 64	290,118 74
40mm V形坡口	12Cr1MoV② (ϕ3mm) HJ350	(720°C ± 10°C) ×2h	550 ~ 570	32 ~ 36	~30	480,485 500°C③ 421	333,348 500°C 274	100°	181,107, 141	—
36mm V形坡口	H08CrMoV (ϕ3mm) HJ350	(710°C ± 10°C) ×3h	400 ~ 450	36 ~ 38	20 ~ 25	501, 514	—	100°	172,145 125 V形缺口 134	268,225 V形缺口 125

① 冲击试样除注明外均为U形缺口。
② 法国进口焊丝。
③ 500°C高温短时抗拉强度。

6.5.7　12Cr2Mo1R 低合金耐热钢埋弧焊接头典型力学性能

各种板厚 12Cr2Mo1R 低合金耐热钢 U 形坡口埋弧焊接头不同热处理状态下典型力学性能数据见表 6-16。

表 6-16　12Cr2Mo1R 低合金耐热钢埋弧焊接头力学性能数据

板厚及坡口形式	焊接材料	热处理工艺参数	焊接参数			焊缝强度		接头强度	冷弯	常温冲击韧度/(J/cm²)②	
			I/A	U/V	v(m/h)	R_m/MPa	A_5(%)	R_m/MPa	($d=3a$)	焊缝	热影响区
95mm U 形坡口	H10Cr3MnMoA (ϕ3mm) HJ350	(630°C ± 10°C) ×4h	450 ~ 500	32 ~ 34	25	637 ~ 681	17.5 ~ 20	671	180°	184,127	—
106mm U 形坡口	H10Cr3MnMoA (ϕ4mm) HJ350	(660°C ± 10°C) ×7h	660 ~ 650	34 ~ 36	25 ~ 30	—	—	569 ~ 564	180°	176,132	125,110
90mm U 形坡口	EB3① (ϕ3mm) HJ350 + HJ250 (1:1)	(730°C ± 10°C) ×4h	450 ~ 500	32 ~ 36	20 ~ 25	510 ~ 496	—	468 ~ 447	180°	116,113, 129 (V 形缺口)	165,182 201 (V 形缺口)

① EB3 是 AWS 焊丝标准牌号。

② 冲击试样缺口除注明外，均为 U 形缺口。

6.5.8　22NiMoCr37 核能容器用钢埋弧焊接头典型力学性能

22NiMoCr37（德国钢号）核能容器用厚钢板单丝和双丝串列埋弧焊对接接头在不同热处理状态下的力学性能数据见表 6-17。

表 6-17　22NiMoCr37 钢埋弧焊接头力学性能数据

板厚及坡口形式	焊接材料	热处理参数	焊接参数			接头强度			冷弯	冲击韧度/(J/cm²)	
			I/A	U/V	v/(m/h)	R_m/MPa	R_{eL}/MPa	A_5(%)		焊缝	热影响区
130mm U 形坡口	S2NiCrMo1① ϕ4mm LW320	550°C ×40h 600°C ×13h 610°C ×24h	650	32	32	690 (350°C) 610	605 (350°C) 500	23 20	180°	47	78
160mm 双 U 形坡口 双丝串列 埋弧焊	S2NiCrMo1 ϕ4mm LW320	550°C ×40h 610°C ×5h	前三层 单丝 650 填充层 双丝串列 前丝 650 后丝 550	28 28 30	32 48	726 ~ 677 (350°C) 618 ~ 588	637 ~ 588 (350°C) 530 ~ 490	— —	180°	0°C 时, 75,44	0°C 时, 157,188

① 德国焊丝牌号。

6.5.9　3.5Ni 低温钢埋弧焊接头典型力学性能

各种板厚 3.5Ni 钢埋弧焊接头不同热处理状态下的力学性能数据见表 6-18。

表6-18　3.5Ni钢埋弧焊接头力学性能数据

板厚及坡口形式	焊接材料	热处理状态	焊接参数			焊缝强度			冲击韧度③/(J/cm²)	
			I/A	U/V	v/(m/h)	R_{eL}/MPa	R_m/MPa	A_5(%)	焊缝	热影响区
46mm V形坡口	S2Ni① φ3mm OP40TT	(550°C±10°C)×1.5h	350	26	30	—	—	—	-100°C 49~110	-100°C 55~90
30mm V形坡口	US203E② φ3mm PEH203	(620°C±10°C)×2h	350~380	26~27	25~30	461	549	34	-100°C 98	—
30mm V形坡口	ET15-E CNB	焊态	—	—	—	446	516	31.5	-100°C >90	—
19mm V形坡口	LT3N BL3N	(610°C±10°C)×1h				389	523	33,2	-100°C 100	

① 德国焊丝牌号。

② 日本神户制钢焊丝牌号。

③ 冲击韧度单值为三个试样试验结果的平均值。

第7章　中合金钢埋弧焊工艺

7.1　概述

中合金钢是指合金元素总质量分数为6%～12%的一类合金钢，其特性与低合金钢和高合金钢有明显的差别。近20年来，为满足各种焊接结构在特殊运行条件下的性能要求，开发了多种中合金结构钢。按其用途基本上可分为中合金耐热钢和中合金低温钢两大类。这些中合金结构钢，即使其碳含量较低（质量分数不超过0.15%），但因其含量正好处于组织相图的马氏体区，钢材在供货状态下的原始金相组织基本上是马氏体，故焊接性较差，必须采用特种焊接材料和特殊的焊接工艺进行焊接。

7.2　中合金钢的基本特性

7.2.1　中合金耐热钢的基本特性

中合金耐热钢主要用于动力、石油化工装置的高温高压部件。其常用的合金系列有：5Cr0.5Mo、7Cr-0.5Mo、9Cr-1Mo-V、9Cr1Mo-V-Nb、9Cr-2Mo、9Cr-2Mo-V-Nb和9Cr0.5Mo-1.8W-V-Nb等。这类耐热钢的主要合金元素Cr决定了钢的工作性能。Cr含量越高，耐高温性能和抗高温氧化性能越好。在标准限定的碳含量下，按合金含量的高低，其供货状态下的组织为贝氏体和马氏体组织。为进一步提高中合金铬钢的蠕变强度，并降低其回火脆性，通常加入质量分数为0.5%～2%的Mo元素。为改善其焊接性，控制过冷奥氏体的转变速度，在降低碳含量的同时，加入了W、V、Ti及Nb等强化合金元素。目前已研制出多种焊接性尚可的低碳多元中合金耐热钢，例如10Cr9Mo1VNb、10Cr9MoWVNb、10Cr9MoW1.8VNb等钢，这些钢的碳平均质量分数为0.10%，供货状态下的组织为低碳马氏体。其抗高温的性能填补了低合金耐热钢和高合金耐热钢之间的空白。这些钢具有相当高的抗氧化性和耐热性。在高温、高压电站锅炉部件和化工炼油高温设备中部分取代高合金耐热钢，可以取得较高的经济效益。

目前在工程上常用的中合金耐热钢在国家标准GB/T 9948—2013、GB/T 5310—2017以及美国标准ASTM中有规定。

中合金耐热钢轧制成材后应按其合金总含量分别进行相应的热处理：等温退火，完全退火和正火+回火。

7.2.2　中合金低温钢的基本特性

目前最常用的中合金低温钢有两种：即Ni5钢和Ni9钢（Ni的名义质量分数分别为5%和9%的中合金钢），主要用于工作温度在-100～-196°C的各种液化气储罐和压力容器。Ni5钢在-180°C温度下仍有较高的冲击韧度。Ni9钢可以在深低温下达到更高的冲击韧度。

中合金镍钢的低温冲击韧度不仅取决于钢中的镍含量，而且在很大程度上取决于其热处理状态。在常规的正火处理状态下，Ni5钢冲击吸收能量27J的脆性转变温度只能达到-50°C，在空气调质状态下（正火+回火），脆性转变温度可降低到-120°C，而在水调质（水淬+高温回火）

状态下和特种调质（二次水淬 +700°C 回火）状态下，脆性转变温度降低到 -160°C 以下。

Ni9 钢也必须在特殊热处理状态下才能达到足够的低温冲击韧度。按相应的钢材标准规定，Ni9 钢需经二次正火 + 回火或淬火 + 高温回火热处理。二次正火温度分别为 900°C 和 800°C，以形成均一的组织。经 800°C 水淬或空冷后，可形成低碳马氏体 + 贝氏体组织。硬度一般不超过 400HV。经 570°C 回火后，最终形成高镍铁素体、碳化物和稳定的奥氏体混合组织。这种组织具有较高的强度和优良的冲击韧度。其中奥氏体在 -196°C 以下温度仍能保持稳定，保证了足够高的低温冲击韧度。

这两种低温镍钢在国内尚未列入钢材标准。目前在国际上通用的标准为德国工业标准（DIN1.5690）和美国 ASTM 标准（ASTMA/353/A353M、ASTMA553/A553M）。

7.3　中合金钢的焊接性

7.3.1　中合金耐热钢的焊接性

各种中合金耐热钢都具有较高的淬硬倾向，图 7-1 所示为铬钢的组织相图。从中可见，在 w(Cr) 为5% ~10% 的钢中，如果 w(C) 高于0.10%，其在等温热处理状态下的组织均为马氏体。

马氏体的硬度取决于钢中的碳含量和奥氏体化温度，降低碳含量可减小奥氏体化温度对硬度的影响。当 w(C) 低于 0.05% 时，其最高硬度可降低到 350HV 以下，即不会再引起焊接冷裂纹。但过低的碳含量将使钢的蠕变强度急剧下降。为保证耐热钢既具有足够的高温蠕变强度，又能保持可以接受的焊接性，中合金耐热钢中 w(C) 一般控制在 0.08% ~0.15% 范围内。在这种情况下，接头热影响区组织均为马氏体组织。其硬度一方面取决于母材的实际碳含量和合金成分，另一方面取决于焊接温度参数和焊后热处理的冷却条件。图 7-2 所示为 10Cr9Mo1WVNb 钢的连续冷却转变图。由图示曲线可见，当以较高的速度冷却时，其组织为全马氏体，最高硬度达 464HV。

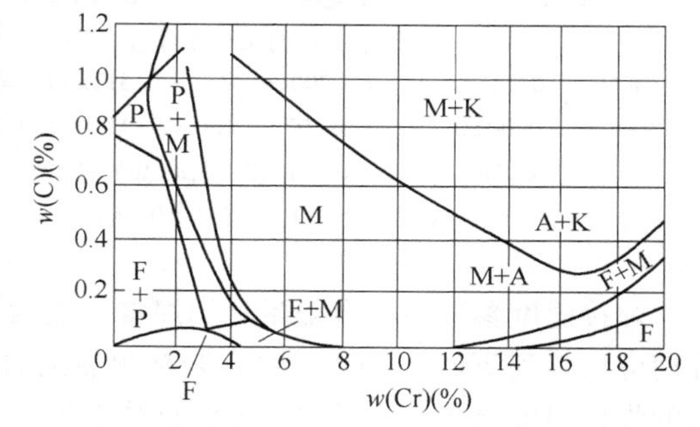

图 7-1　铬钢的组织相图
F—铁素体　P—珠光体　M—马氏体
K—碳化物　A—奥氏体

图 7-3 为 10Cr9Mo1VNb 钢焊接接头在焊后状态和焊后热处理状态下硬度实测结果。从中可见，在焊后状态下，焊缝及热影响区的硬度均超过了允许的最高硬度。经过适当的焊后热处理，接头各区的硬度降到了允许范围之内。因此中合金耐热钢焊接接头的焊后热处理是必不可少的。

碳化物形成元素，如钒、钨、铌和钛等对中合金钢的转变特性有较大的影响。不加碳化物形成元素的 5Cr-0.5Mo 钢，其淬硬性较大，即使自 1050°C 奥氏体化温度缓慢冷却时，也会形成脆性的马氏体组织，具有高的硬度和低的变形能力。在正火状态下，钢的组织为托氏体 + 马氏体，硬度为 370HBW。在弧焊热循环的作用下，热影响区组织为马氏体 + 碳化物。焊后热处理促使碳化物从马氏体固溶体中析出而形成回火马氏体。以钨、钒、钛等稳定化的 1Cr5Mo 钢则具有不同的转变特性。这种钢在相当宽的冷却速度范围内均发生贝氏体转变，钢在正火状态下具有均一的贝氏体组织。在弧焊接头的热影响区内，只有在毗邻熔合线的过热区内形成少量的马氏体，其余部分均为贝氏体组织，使接头具有较高的冲击韧度和抗裂性。

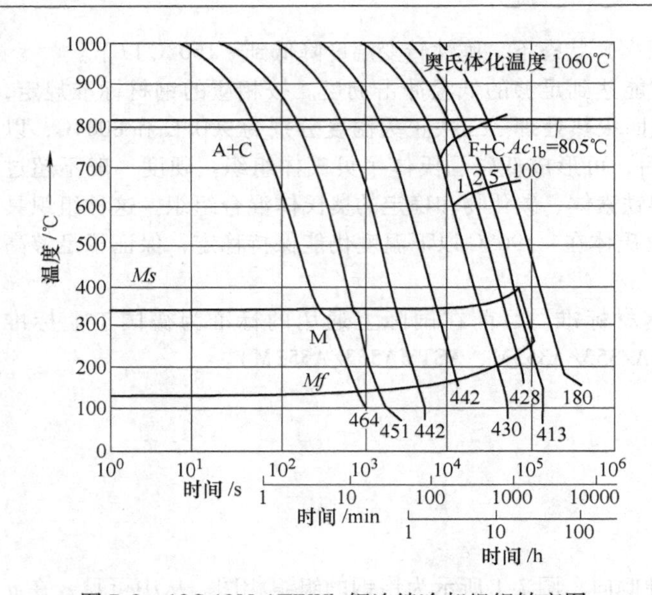

图 7-2 10Cr19Mo1WVNb 钢连续冷却组织转变图
（ATC—奥氏体＋碳化物，F＋C—铁素体＋碳化物，M—马氏体）钢的化学成分（%）：
$w(C)=0.115, w(Si)=0.200, w(Mn)=0.51, w(P)=0.017, w(S)=0.002, w(Al)=0.007, w(Cr)=8.85, w(Ni)=0.24, w(Mo)=0.94, w(V)=0.22, w(W)=0.95, w(N)=0.084, w(Nb)=0.069$

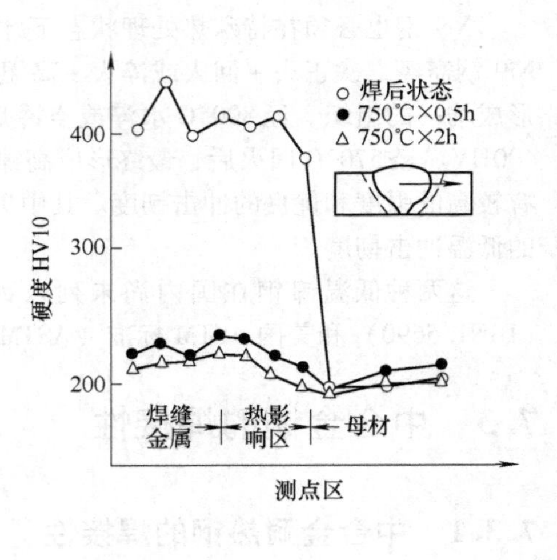

图 7-3 10Cr9Mo1VNb 钢焊接接头在焊态和热处理状态下的硬度曲线

焊接温度参数对中合金耐热钢焊接的成败起着关键性的作用。对于壁厚 10mm 以上的工件，焊前应预热到 200～300°C。当中合金耐热钢的 w(C) 在 0.1%～0.2% 范围内时，可按图 7-4a 所示的焊接温度参数进行焊接。即将预热温度控制在 Ms 点以下，使一部分奥氏体在焊接过程中转变为马氏体。由于层间温度始终保持在 230°C 以上，因此不会形成裂纹。焊接结束后，将焊件冷却到 100～150°C 使部分未转变的残留奥氏体转变为马氏体。接着立即将焊件做 720～780°C 回火处理。如果中合金耐热钢的 w(C) 低于 0.10%，则可按图 7-4b 所列的焊接温度参数进行焊接，其与图 7-4a 的主要区别在于焊接结束后，将焊件缓慢冷却至室温，使接头各区完全转变成马氏体组织。接着立即进行 750°C±10°C 高温回火处理。

焊后的回火温度和保温时间对中合金耐热钢接头的力学性能，特别是冲击韧度有较大的影响。回火温度越高，保温时间越长，低温冲击韧度越高，如图 7-5 曲线所示。但过高的回火温度将降低接头强度性能。当回火温度从 700°C 提高到 775°C 时，10Cr9Mo1VNb 钢接头的屈服强度和抗拉强度降低 200～250MPa。

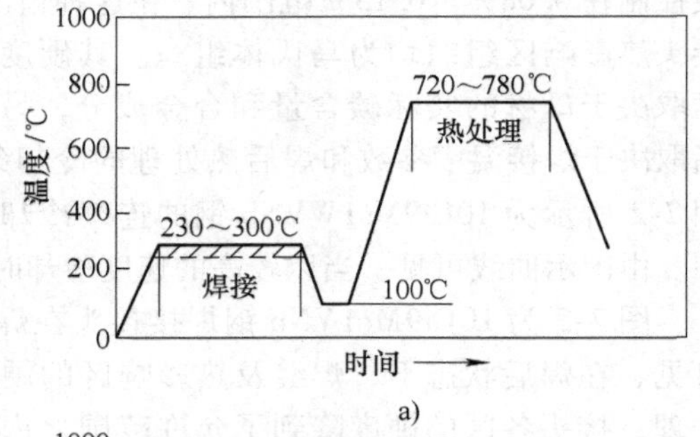

a)

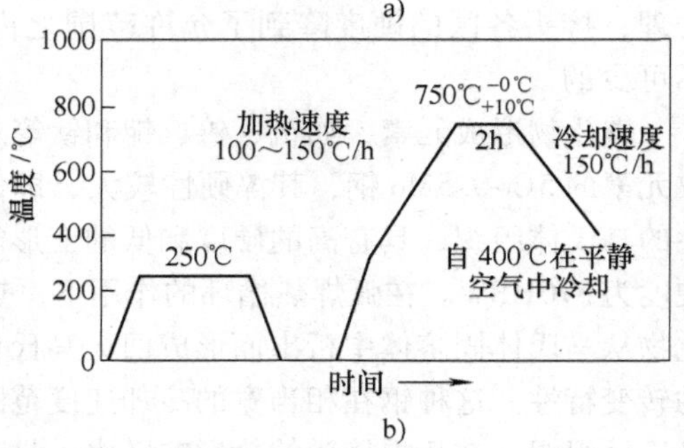

b)

图 7-4 中合金耐热钢焊接温度参数
a）标准型 b）低碳型

7.3.2　中合金低温镍钢的焊接性

1. Ni5 钢的焊接性

Ni5 钢与上述中合金耐热钢相比，具有较好的焊接性，但仍有一定的淬硬倾向。图 7-6 所示为 Ni5 钢火焰切割边缘硬度测定结果。从中可见，碳的平均质量分数为 0.13% 的 Ni5 钢板气割边缘最高硬度达 400HV，淬硬深度约 3.0mm。低碳型 [w(C)=0.06%] Ni5 钢板气割边缘最高硬度降低到了 350HV 以下，且淬硬深度不足 1.0mm。表明降低碳含量可明显改善 Ni5 钢的焊接性。

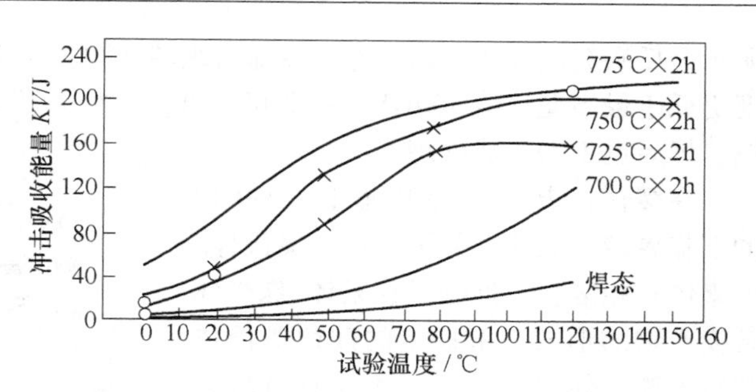

图 7-5　焊后回火参数对 10Cr9Mo1VNb 钢焊缝金属冲击韧度的影响

基于镍是一种奥氏体形成元素，Ni5 钢在高温下具有晶粒长大倾向。这将促使熔焊接头热影响区内粗晶的形成，从而降低了冲击韧度。图 7-7 示出以 19kJ/cm 热输入焊接的接头热影响区各部位的深低温冲击韧度。从中可见，近缝过热区的冲击吸收能量明显低于母材和焊缝金属，因此在 Ni5 钢的焊接中，应选用较低的热输入焊接。

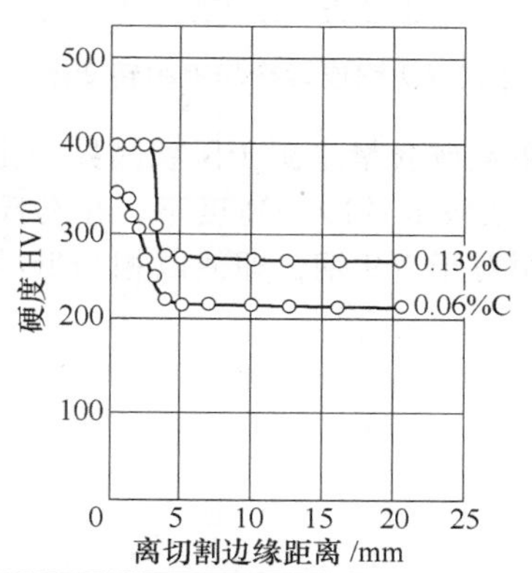

钢的化学成分(质量分数,%)				
w(C)	w(Si)	w(Mn)	w(Mo)	w(Ni)
0.13	0.30	1.21	0.20	5.56
0.06	0.21	1.11	0.21	5.14

图 7-6　Ni5 钢板气割边缘硬度测定结果

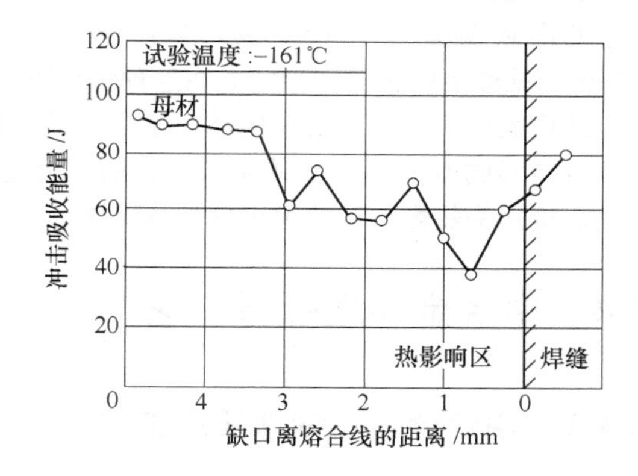

图 7-7　Ni5 钢以 19kJ/cm 热输入焊接的接头热影响区各部位的冲击能量

Ni5 钢还具有一定的热裂倾向，特别是当选用高镍铬合金焊材焊接时，焊缝金属热裂纹和弧坑裂纹形成概率较高。这主要归因于镍易与硫、磷、硼等杂质形成低熔点共晶相，且高镍奥氏体初次结晶方向性强，晶界低熔点共晶体偏聚较严重。为防止 Ni5 钢焊缝中热裂纹的形成，一方面应合理选择焊材，另一方面应采取适当的焊接工艺措施，例如严格控制焊接热输入和层间温度、加快焊件的冷却速度等。

2. Ni9 钢的焊接性

Ni9 钢的焊接性在很多方面与 Ni5 钢相似。由于其镍含量更高，焊接热影响区晶粒长大的倾向更强烈，焊缝金属的热裂敏感性更高。近年来，Ni9 钢已开始应用于大型焊接结构，对焊接接头的质量提出了更高的要求，成功研发了低碳高纯度 Ni9 钢。这种新型 Ni9 钢的碳含量不超过 0.1%（质量分数），S、P 杂质含量分别低于 0.01%（质量分数），明显地改善了焊接性。图 7-8

所示为低碳高纯度 Ni9 钢的连续冷却组织转变图。从中可见，即使以相当高的速度冷却时，其硬度仍低于最高允许值 400HV。据此可以推断，如果壁厚小于 30mm，这种新型 Ni9 钢焊前不必预热，焊后也不需要热处理。

在缓慢冷却的平衡状态下，Ni9 钢的下临界转变点 Ac_1 实际上处于奥氏体/铁素体双相区。镍抑制了铁素体/珠光体转变产物的形成。由稳定的残留奥氏体和富镍铁素体组成的显微组织具有较高的强度和良好的低温冲击韧度。

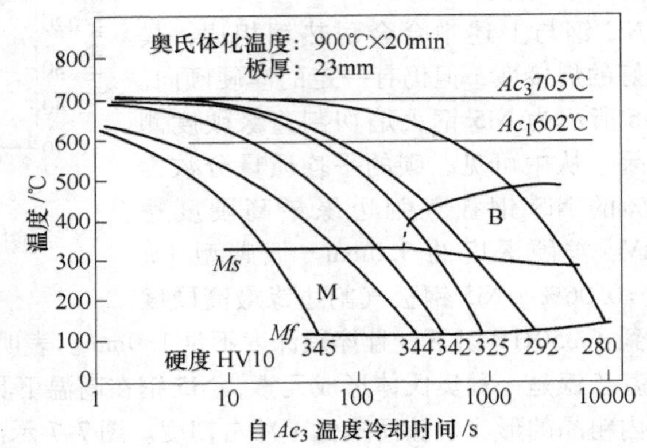

钢的化学成分（%）

w(C)	w(Si)	w(Mn)	w(Ni)	w(P)	w(S)	w(Al)
0.09	0.22	0.68	9.02	0.008	0.009	0.03

图 7-8　低碳 Ni9 钢连续冷却组织转变图

由图 7-8 可知，一方面，低碳 Ni9 钢使马氏体转变温度 *Ms* 或 *Mf* 相应降低到了 325°C 和 100°C，不再出现珠光体；另一方面，由于马氏体转变结束温度 *Mf* 较低，从奥氏体化温度冷却到室温后，将残留不稳定奥氏体。而在下临界温度以上的 α + β 区内的回火处理，可使奥氏体趋于稳定。在回火马氏体基体中，少量的高碳镍奥氏体（5% ~10%）在 -196°C 低温下仍能保持稳定。在这种情况下，奥氏体中的高碳含量来源于网状晶界碳化物的溶解，结果减少了脆性网状碳化物，提高了低温冲击韧度。在较低的冷却速度下，在马氏体基体中，可能形成奥氏体-铁素体 + 碳化物的混合组织。这说明对于 Ni9 钢，即使以相当低的速度冷却，焊接接头热影响区的组织总是马氏体。

7.4　中合金钢埋弧焊工艺

7.4.1　中合金耐热钢埋弧焊工艺

中合金耐热钢埋弧焊工艺主要包括：焊前准备、焊材选择、焊接参数的确定以及焊后热处理方法和工艺参数的拟定。

1. 焊前准备

中合金耐热钢可以采用热切割方法下料。当钢板厚度超过 30mm 时，热切割前应将切割边缘 200mm 宽度范围内预热到 150°C 以上。切割后应采用磁粉检测检查切割表面。焊接坡口应采用机械加工方法制备。坡口面及两侧母材表面上的油污应清除干净。

中合金钢焊接接头坡口形式和尺寸的设计原则是尽可能减少焊缝的横截面积。在保证焊缝根部全焊透的前提下，尽量减小坡口倾角或减小 U 形坡口底部圆角半径。缩小坡口宽度，使焊接过程在尽可能短的时间内完成，易于实现等温焊接工艺。对于中合金耐热钢，最合适的坡口形式是窄间隙或窄坡口。其宽度通常为 18 ~22mm。这不仅提高了焊接效率，缩短了焊接周期，而且还保证了接头的质量。

2. 焊接材料的选择

中合金耐热钢焊接材料的选择基本上有两种方案。一种是选用高铬镍奥氏体钢焊材，构成异种钢接头；另一种是选用与所焊母材合金成分相同的中合金铬钼钢焊材。在早期，焊接工程界倾向于选择第一种方案，因为采用高铬镍奥氏体钢焊材确实可以有效防止焊接热影响区裂纹的形成，且焊接工艺简单，焊前无须预热，焊后可不做热处理。但长期的运行经验表明，对于高温高压焊接部件，这种异种钢接头在高温下持续工作时，由于高铬镍钢焊缝金属的线胀系数与中合金铬钢有较大的差别，使接头始终受到较高的热应力作用。加上异种钢接头界面，随着碳向高铬镍焊缝金属不断扩散而形成高硬度区，最终导致接头提前失效。

当采用同质焊材焊接时，首先应保证接头具有与母材相当的高温强度，这就要求焊丝中的铬、钼含量不低于母材。但在焊材中铬含量也不宜过高，因铬与碳、铁等能形成复杂的碳化物 $(Fe \cdot Cr)_3C$，对焊接性产生不利的影响，提高了焊缝金属的空淬倾向。为解决这一矛盾，可采用铌、钒和钛等元素进行渗合金，以形成高度稳定的碳化物。在弧焊短时热循环的作用下，这些碳化物来不及溶解于固溶体中，从而使奥氏体内碳含量降低。随之过冷能力减弱，促使奥氏体在较高的温度下分解成珠光体型组织从而提高了焊缝金属的塑性和抗裂性。

在这些碳化物形成元素中，铌含量应严格加以控制。因铌在中铬钢中也会加剧焊缝金属的热裂倾向，故铌的质量分数不应大于0.10%。

在中铬钢焊缝金属中，碳含量的影响比较复杂，且随铬含量的不同而异。当Cr的质量分数在9%以下时，增加碳含量提高了焊缝金属的热裂倾向，如图7-9所示。但过低的碳含量会明显降低焊缝金属的常温和高温抗拉强度及蠕变强度。对9Cr1Mo钢而言，最合适的碳的质量分数为0.06%～0.12%。

各种常见合金元素对中铬钢焊缝金属性能的影响可以用Cr当量来表征。每种中铬钢焊缝金属可通过系列接头性能试验，得出最佳Cr当量。

图7-10所示为9Cr2Mo钢焊缝金属的Cr当量与冲击韧度的关系。从图中可见，对于埋弧焊焊缝金属，Cr当量应控制在9.6以下，以获得高韧性的单相马氏体组织。

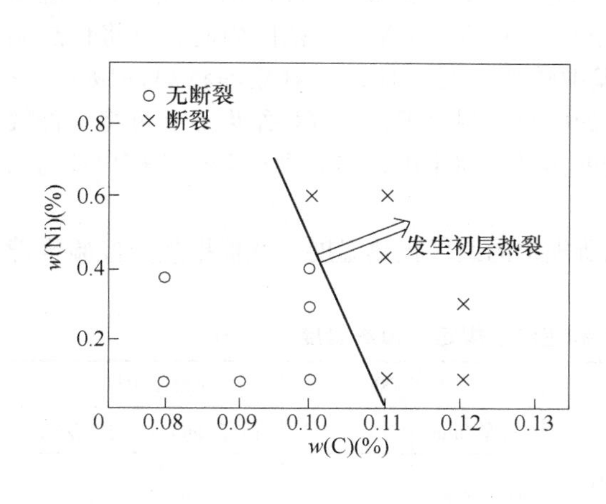

图7-9　碳含量对9Cr1Mo中合金耐热钢焊缝金属热裂倾向的影响

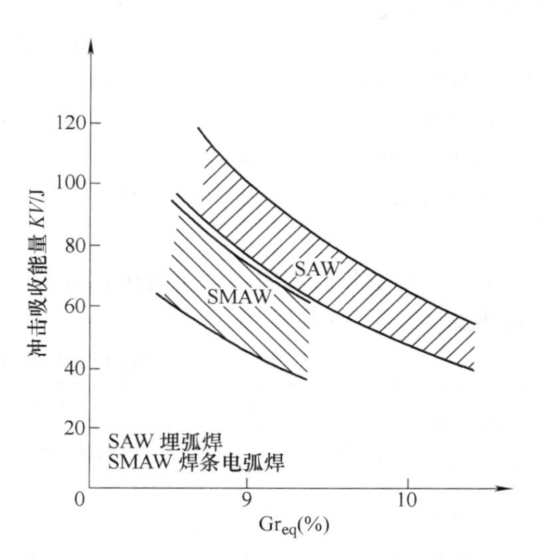

图7-10　9Cr2Mo钢埋弧焊焊缝金属的Cr当量与冲击韧度的关系

$Cr_{eq} = w(Cr) + 4w(Si) + 1.5w(Mo) - [22w(C) + 0.5w(Mn) + 1.2w(Ni)]$

各种常用中合金耐热钢埋弧焊焊丝化学成分及相配焊剂牌号见表7-1。焊剂应按低氢或超低氢级焊材处理和保管，焊剂的烘干参数应严格按焊接工艺规程的要求，并抽样检验其水分含量。

表 7-1　中合金耐热钢埋弧焊焊丝化学成分及相配焊剂牌号

焊丝牌号	化学成分(质量分数,%)								
	C	Si	Mn	Cr	Mo	V	S	P	其他元素
H10Cr5Mo	0.08～0.12	0.15～0.50	0.50～0.90	4.50～6.0	0.45～0.70	0.10～0.35	≤0.030	≤0.030	—
H10Cr5MoWV	0.08～0.12	0.15～0.50	0.50～0.80	5.0～6.5	0.60～0.80	0.25～0.40	≤0.015	≤0.020	W:0.25～0.45 Nb:0.04～0.14
H12Cr9Mo	0.08～0.15	0.15～0.50	0.50～1.00	8.5～10.0	0.70～1.00	—	≤0.030	≤0.030	—
H08Cr9MoV	0.06～0.10	0.15～0.50	0.50～1.00	8.5～10.0	0.80～1.10	0.20～0.35	≤0.030	≤0.030	Ni:0.50～0.80
H10Cr9MoVNb	0.06～0.12	0.15～0.50	0.50～1.00	8.5～10.0	0.80～1.10	0.15～0.40	≤0.030	≤0.030	Ni:0.40～1.00 Nb:0.04～0.08
相配焊剂	HJ250,HJ252,SJ101,SJ201								

3. 焊接参数的确定

在中合金耐热钢焊接参数中，对接头力学性能产生重大影响的焊接参数主要是温度参数和能量参数。

（1）焊接温度参数　在中合金耐热钢的焊接中，焊接温度参数是指工件的预热温度、层间温度和焊后保温温度（又称后热温度）等。

对于壁厚大于10mm的中合金耐热钢工件，为防止焊接冷裂纹和高硬度区的形成，焊前应做200～300°C的预热。当中合金耐热钢中碳的质量分数在0.10%～0.20%范围内时，可将预热温度控制在*Ms*点以下，使一部分奥氏体在焊接过程中转变为马氏体，接着立即将焊件做720～780°C的回火处理。对于碳的质量分数低于0.10%的中合金耐热钢，在焊接结束后，可将焊件缓慢冷却至室温，保持一段时间，使接头各区完全转变为马氏体组织，然后进行750°C±10°C的回火处理。

表7-2列出各种常用中合金耐热钢各制造法规所规定的最低预热温度以及根据生产经验推荐的预热温度。

表 7-2　中合金耐热钢埋弧焊各制造法规规定的预热温度

钢种	推荐温度		ASME BPVCⅧ		BS 5000		ASME B31.1	
	板厚/mm	温度/°C	板厚/mm	温度/°C	板厚/mm	温度/°C	板厚/mm	温度/°C
5Cr-0.5Mo	≥20	200	≤13 >13	150 200	所有厚度	200	所有厚度	180
7Cr-0.5Mo	≥6	200	所有厚度	200	所有厚度	200	所有厚度	180
9Cr-1Mo 9Cr-1MoV 9Cr-1MoVNb 9Cr-2Mo	≥6	200	所有厚度	200	所有厚度	200	所有厚度	180

（2）焊接能量参数　埋弧焊的能量参数是指焊接电流、电弧电压和焊接速度，其综合影响通常以热输入来表征。

中合金耐热钢虽然具有高的淬硬倾向，焊后状态的焊缝金属和热影响区均为马氏体组织，但焊接热输入如果超过限值，仍会产生不利的影响。图7-11所示为10Cr9MoWVNb钢弧焊接头横剖面硬度曲线，其焊接热输入为14.4kJ/cm，在热影响区内出现明显的“硬度谷”，软化带的宽度达2mm，即使焊后经740°C×4h回火处理，也未消除这种软化带。

对于长期在高温运行的接头，这种软化带将明显降低接头的高温持久强度，接头的持久断裂试验结果表明，大多数试样均断裂在热影响区内，且断裂时间比母材试样短得多。因此中合金钢埋弧焊时，必须严格控制焊接热输入和焊道厚度，且工件的预热温度和层间温度不宜高于250°C，尽量缩短焊接热影响区在830～860°C温度区间的停留时间，以减小其软化带的宽度。

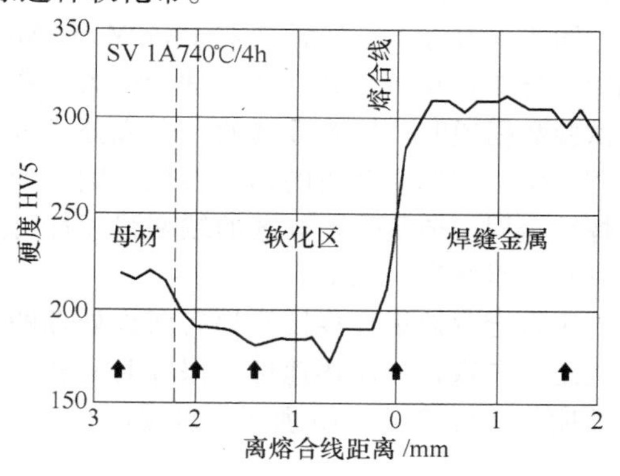

图7-11　10Cr9MoWVNb中合金钢埋弧焊接头横剖面硬度曲线（焊接热输入14.4kJ/cm）

4. 焊后热处理方法及工艺参数的拟定

中合金耐热钢焊接接头的焊后热处理方法主要是回火处理。回火处理的温度和保温时间对接头的力学性能，特别是冲击韧度有较大的影响。回火温度越高，保温时间越长，低温冲击韧度越高，但过高的回火温度将降低接头的抗拉强度和屈服强度。

各种中合金耐热钢焊件焊后回火处理的最佳工艺参数可通过系列回火试验来确定。图7-12所示为10Cr9Mo1V钢焊接接头在以不同回火参数处理后力学性能的试验数据。从中可见，随着回火参数的增大，即加热温度上升或保温时间延长，接头的冲击韧度提高，强度逐渐下降。因此应根据对接头性能的具体要求，兼顾强度和韧性确定合理的焊后热处理工艺参数。

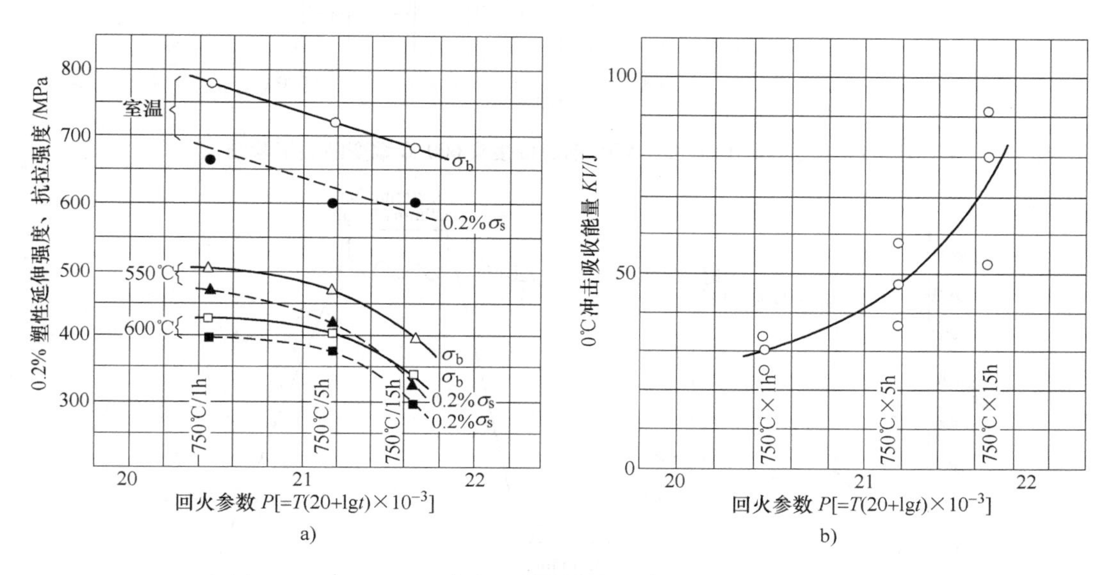

图7-12　10Cr9Mo1V钢焊接接头的回火参数与力学性能的关系

a）强度性能　b）冲击性能

图7-13所示为10Cr9MoWVNb中合金钢接头在不同回火处理后的高温持久强度曲线。从图中可见，经740°C×4h回火处理后，由于焊缝金属显微组织出现某种程度的回复而降低了高温持久

强度，因此对于必须保证高温持久强度的焊件，例如电站锅炉高温高压部件，应严格控制回火温度和保温时间，避免在组织回复区内长时间热处理。

图7-14所示为一种改进型10Cr9MoWVNb钢埋弧焊焊接头600°C蠕变断裂试验结果。图示试验数据说明，焊缝金属的合金成分经过合理调整，并选用合适的回火参数，则无论是焊缝金属，还是热影响区的蠕变强度都可达到与母材相当的水平。

中合金耐热钢焊接接头焊后回火处理的其他工艺参数，如加热速度、保温时间和冷却速度等，可按图7-15所示合理选取。

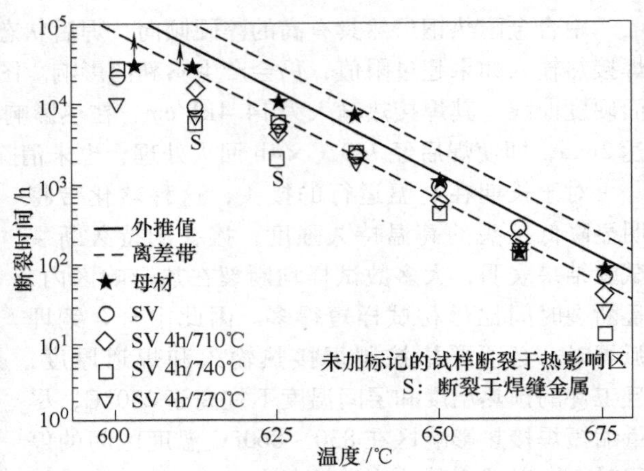

图7-13　10Cr9MoWVNb钢焊接接头在不同回火处理状态下高温持久强度曲线

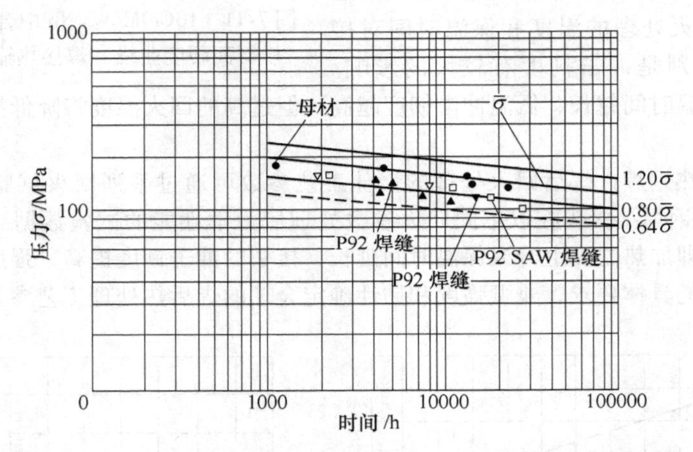

图7-14　改进型10Cr9MoWVNb钢焊接接头600°C蠕变断裂试验结果

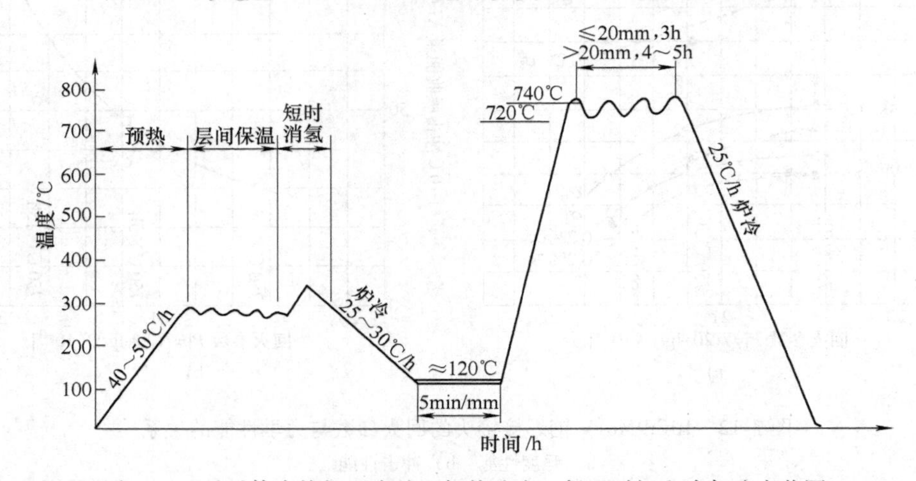

图7-15　马氏体中铬钢回火处理加热速度、保温时间和冷却速度范围

各国有关制造规程对常用中合金耐热钢规定的焊后回火处理温度范围及根据生产经验推荐的回火处理温度见表7-3。

表7-3　相关制造规程对中合金耐热钢焊接接头焊后回火温度的规定

钢种	推荐温度范围/°C	各标准规定温度范围/°C		
		ASME BPVCⅧ	ASME B31.1	BS 3351
5Cr-0.5Mo	700～730	≥680	700～760	710～760
5CrMoWVTiB	760～780	—	—	—
9Cr-1Mo	720～740	≥680	700～760	710～760
9Cr-1MoV	730～750	≥730	—	—
9Cr1MoVNb	730～750	≥750	—	—
10Cr9MoWVNb	730～760	—	—	—
9Cr2Mo	710～740	≥710	—	—

7.4.2　中合金低温镍钢埋弧焊工艺

1. 焊前准备

Ni5和Ni9钢板可采用火焰切割、等离子弧切割或机械剪切下料。焊接坡口应采用机械加工方法制备。在施工现场制备坡口时，可采用移动式铣边机，也可用火焰切割或等离子弧切割。但热切割坡口面及其边缘应用砂轮打磨修正，并清除表面氧化膜和过热层。

Ni9钢板边缘机械加工时，如果变形量较大，则可能增强钢板的磁性。夹紧工件时，应防止产生过量的变形。为防止焊接时出现磁偏吹，焊前应测量坡口边缘磁场强度，如果超过规定值，应通交流电进行去磁。

Ni5钢和Ni9钢接头焊接前，如果环境温度高于10°C，则无须预热。当焊接场地空气湿度超过80%时，应用火焰炬或电加热器将接缝附近钢板表面加热至65～80°C，以去除冷凝水。

焊剂在使用前应按焊剂种类在规定的温度下烘干2～3h。

2. 焊接材料的选择

（1）Ni5钢埋弧焊焊材的选择　Ni5钢埋弧焊用焊材可按焊件运行条件和质量要求，分别采用镍基合金、Cr-Ni奥氏体不锈钢和Ni5同质焊材。表7-4和表7-5分别列出采用三种焊丝埋弧焊的熔敷金属化学成分和焊接接头力学性能试验结果。

表7-4　Ni5钢3种不同类型焊丝熔敷金属化学成分

焊丝合金类型	熔敷金属化学成分(%,质量分数)										
	C	Si	Mn	S	P	Ni	Cr	Mo	Nb	Cu	其他
镍基合金	0.034	0.70	2.88	0.013	0.010	66.5	14.6	6.32	1.17	0.046	W:1.82
Cr-Ni奥氏体钢	0.148	0.428	3.2	0.008	0.018	8.9	19.8	1.83	—	0.272	W:2.02 V:0.073
Ni5钢	0.04	0.21	0.27	0.003	0.04	6.61	—	—	—	—	—

由表中数据可见，采用镍基合金焊丝焊接的Ni5钢接头具有最优的综合力学性能，－110°C低温冲击吸收能量大幅度高于标准要求值且相当稳定。Cr-Ni奥氏体钢焊丝焊接的接头性能次之，各项力学性能实测值基本满足标准要求值，而热影响区的－110°C低温冲击吸收能量偏低，这主要是由于奥氏体钢焊缝金属的线胀系数较大，导致热影响区的残余应力较高。Ni5钢同质焊材焊接的接头性能较差，焊缝金属的低温冲击能量刚达到标准要求最低值。

表 7-5　Ni5 钢 3 种不同类型焊丝焊接的接头力学性能试验结果

焊丝合金类型	拉伸性能			冲击性能	
	R_m/MPa	R_{eL}/MPa	A_5(%)	缺口位置	-110°C 冲击吸收能量/J
镍基合金	≥510	≥390	≥21	—	≥27
	585～665	425	25.0	焊缝	120、290、108
				熔合线	129、197、150
				热影响区	195、182、274
Cr-Ni 奥氏体钢	600～635	531	30.0	焊缝	110、110、122
				熔合线	80、94、88
				热影响区	78、40、50
Ni5 钢	590～635	525	18.0	焊缝	27、27、28
				熔合线	68、21、81
				热影响区	126、270、270

根据以上试验结果，在低温储罐和压力容器制造中，为稳妥起见，通常选用镍基合金焊接材料。对于某些对深低温冲击韧度要求不太高的构件，也可选用 Cr-Ni 奥氏体钢焊接材料，但事先必须充分评估奥氏体钢焊缝金属较高的线胀系数可能产生的不利影响。

（2）Ni9 钢焊接材料的选择　Ni9 钢焊接材料原则上可以采用铬镍奥氏体不锈钢焊材和镍基合金焊材。目前，Ni9 钢主要用于工作温度为 -196°C 的大型液化天然气储罐（LNG），对焊缝金属的力学性能和 -196°C 低温冲击韧度提出了更高的要求（见表 7-6），而且还应具有与母材相近的线胀系数。这是因为 LNG 储罐在运行过程中，工作温度会经常变化而产生膨胀和收缩，连接储罐壳体的焊缝必然同时受到交变热膨胀循环的作用。如果焊缝金属与 Ni9 钢母材的膨胀系数相差较大，则可能引起较高的交变内应力，最终将导致焊接接头疲劳寿命的缩短。

表 7-6　LNG 储罐对 Ni9 钢及其焊接接头力学性能的要求

抗拉强度 /MPa	屈服强度 /MPa	伸长率 (%)	-196°C 低温冲击试验			CTOD 试样 裂纹尖端张开位移
			冲击吸收能量/J	侧向膨胀量	试样剪切断面	
690～825	>430	>35	≥70	>0.38mm	>80%	>0.30mm

图 7-16 对比了不同温度下 Ni9 钢与几种合金成分焊缝金属的线胀系数。从中可见，ENiCrMo-6 型镍基合金熔敷金属的线胀系数与 Ni9 钢母材最接近，而 18-8 型 Cr-Ni 奥氏体钢焊缝金属的线胀系数与其相差最大。因此与 Ni9 钢相匹配的焊丝应在标准型镍基合金焊丝中进行选择。

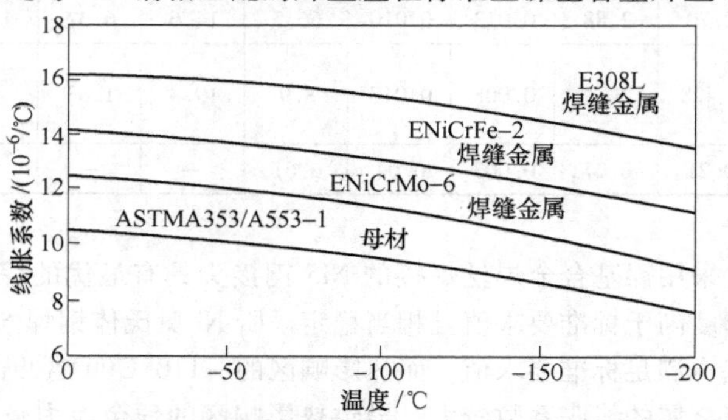

图 7-16　在不同温度下 Ni9 钢与几种高合金焊缝金属线胀系数对比

表7-7列出两种AWS A5.14/A5.14M标准规定的NiCrMo镍基合金埋弧焊焊丝化学成分，及其与碱性焊剂组合使用埋弧焊全焊缝金属化学成分。全焊缝金属的力学性能数据见表7-8。所配碱性焊剂的碱度为1.7。

表7-7　Ni9钢埋弧焊用镍基合金焊丝及焊缝金属化学成分

焊丝型号	化学成分(%,质量分数)										
	C	Mn	Fe	Si	Cu	Ni	Cr	Al	Ti	Nb	Mo	其他
ERNiCrMo-3	0.10	0.50	5.0	0.50	0.50	≥58.0	20.0~23.0	0.40	0.40	3.15~4.15	8.0~10.0	—
全焊缝金属	0.10	0.10	0.40	0.40	—	64.3	21.8	0.07	0.08	3.84	8.8	—
ERNiCrMo-4	0.02	1.0	4.0~7.0	0.08	0.50	余量	14.5~16.5	—	—	—	15.0~17.0	V:0.35 W:3.0~4.5
全焊缝金属	0.02	0.6	6.0	0.01	0.40	余量	15.0	0.06	0.07	0.03	15.8	W:3.5

注：表列焊丝标准化学成分中，单值为最大值。

表7-8　Ni9钢采用镍基合金焊丝埋弧焊全焊缝金属力学性能试验结果

焊丝型号	拉伸试验性能			深低温冲击性能	
	R_m/MPa	R_{eL}/MPa	A_5(%)	试验温度/°C	冲击吸收能量/J
ERNiCrMo-3	760	510	46	-196	80
ERNiCrMo-4	720	500	35	-196	80

注：冲击吸收能量为3个冲击试样冲击能的平均值。

由表中数据可知，ERNiCrMo-3和ERNiCrMo-4两种镍基合金焊丝配用碱性焊剂埋弧焊，焊缝金属的力学性能均可满足大型LNG储罐制造规程对Ni9钢焊接接头提出的要求。其中ERNiCrMo-3焊丝的市场价格相对较低，但因铌含量较高，可能形成Fe_3Nb低熔点共晶体而加剧了热裂倾向；ERNiCrMo-4焊丝的价格较高，而铌含量较低，焊缝金属的抗裂性较好。由于Ni9钢大型LNG储罐制造中，对埋弧焊焊接热输入有严格的限制，焊缝金属的热裂倾向将受到遏制，故从降低生产成本考虑，通常选择ERNiCrMo-3型焊丝，选配SJ601型烧结焊剂。

3. 焊接参数的确定

现代焊接工艺所采用的Ni5和Ni9钢均属于低碳型低温韧性钢，具有较好的焊接性，厚度在50mm以下的工件，焊前无须预热，焊后也不必热处理。

Ni5和Ni9钢埋弧焊时严格控制的焊接参数主要是热输入和层间温度，应将焊接热影响区内的组织变化限制到最小，以保持足够的深低温冲击韧度。通常焊接层间温度不应超过150°C，最好控制在100~120°C。焊接热输入应限制在10~30kJ/cm范围内。为此一般选用小直径焊丝和低的焊接电流。对于Ni5钢，焊接电流不应超过500A；对于Ni9钢，最大允许焊接电流应不大于300A。

7.5　中合金钢埋弧焊接头典型力学性能

7.5.1　中合金耐热钢埋弧焊接头典型力学性能

按上述焊接工艺焊制的各种中合金耐热钢埋弧焊接头力学性能基本上都能满足相关标准的要

求。本节以 10Cr9MoVNb 中合金钢为例，列举埋弧焊接头的常温和高温力学性能数据。表 7-9 列出 10Cr9MoVN 钢埋弧焊接头的典型常温力学性能数据。对于耐热钢接头来说，最重要的力学性能实际上是高温持久强度或蠕变断裂强度。图 7-17 所示为 10Cr9MoVNb 钢母材及其埋弧焊接头的蠕变断裂强度曲线。从中可见，横向于焊缝截取的接头高温蠕变试样，其蠕变断裂强度明显低于母材。通过接头横截面的硬度测定查明（图 7-18），在埋弧焊常用的热输入下，焊接热影响区出现了一定宽度的软化带，导致接头蠕变强度的下降。

表 7-9　10Cr9MoVNb 钢埋弧焊接头常温力学性能数据

试样热处理状态	拉伸试验性能			冲击试验性能	
	屈服强度/MPa	抗拉强度/MPa	伸长率(%)	试验温度/°C	冲击吸收能量/J
720 ~ 750°C × 2h	500 ~ 650	700 ~ 800	18 ~ 20	20	50 ~ 70
标准规定值	≥410	≥620	≥17	—	—

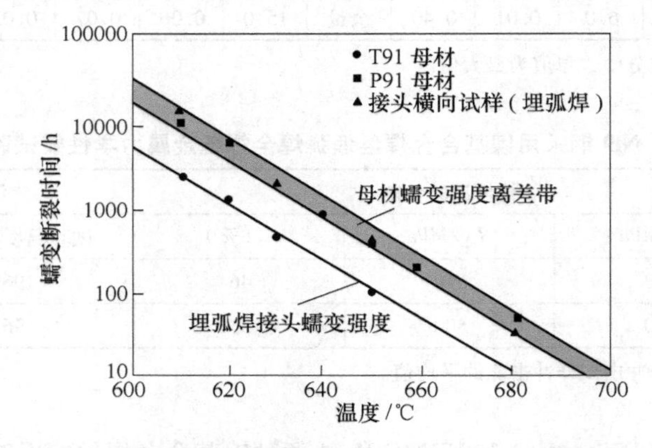

图 7-17　10Cr9MoVNb 钢及其埋弧焊接头的蠕变断裂强度曲线

注：T91 和 P91 为美国钢材牌号，主要成分同 10Cr9MoVNb。

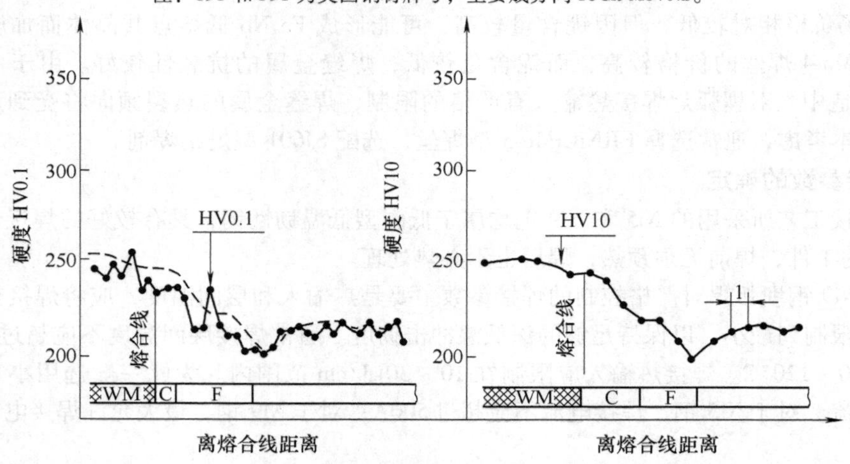

图 7-18　10Cr9MoVNb 钢埋弧焊接头横截面硬度实测结果

WM—焊缝金属　C—粗晶区　F—细晶区

10Cr9MoWVNb 钢中含有约 2.0%（质量分数）的 W，美国钢号为 ASTM A335 P92/T92，这种新型中合金耐热钢对焊接热输入不甚敏感，在埋弧焊接头中未出现明显的软化带，接头的蠕变断裂强度处于母材蠕变断裂强度的离差范围之内，试验结果如图 7-19 所示。

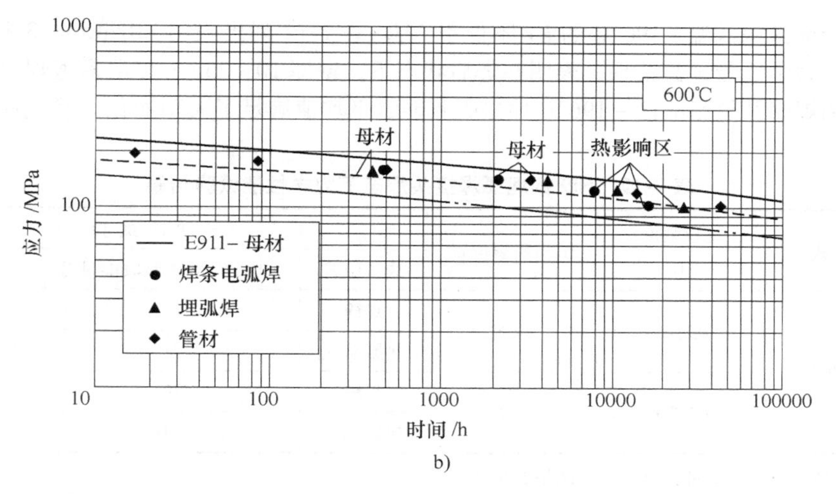

b)

图 7-19　10Cr9MoWVNb（ASTM A335 T92）钢焊接接头 600°C 蠕变断裂强度与母材蠕变强度试验结果的对比

7.5.2　中合金低温镍钢埋弧焊接头典型力学性能

1. Ni5 钢埋弧焊接头典型力学性能

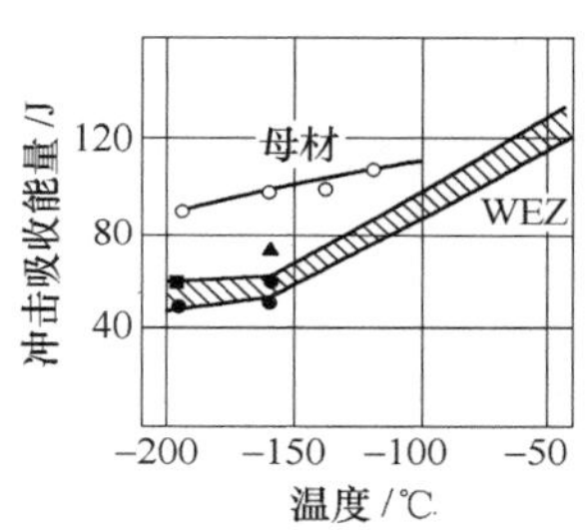

图 7-20　Ni5 钢埋弧焊接头热影响区不同温度下的冲击能量试验结果

WEZ—热影响区

Ni5 钢主要用于工作温度低于 -100°C 的液化气储罐和压力容器。对焊接接头力学性能的要求，除了强度性能不低于母材标准规定值外，最低工作温度下的冲击吸收能量不应低于 50J。表 7-10 列出采用 H00Cr19Ni10Mo3 焊丝埋弧焊的 Ni5 钢接头和全焊缝金属的力学性能试验结果。接头热影响区不同温度下的冲击试验数据如图 7-20 所示。从中可见，热影响区 -100°C 以下温度的冲击吸收能量明显低于母材，但仍满足 -100°C 冲击吸收能量不低于 50J 的要求。熔敷金属的化学成分见表 7-11。

表 7-10　Ni5 钢埋弧焊接头和全焊缝金属力学性能试验结果

试样形式	拉伸试验			冲击试验	
	屈服强度/MPa	抗拉强度/MPa	伸长率(%)	试验温度/°C	冲击吸收能量/J
接头横向拉伸	532	668	—	-161	80
全焊缝金属	450	650	37	-196	50

注：1. 屈服强度和抗拉强度表列值为两个试样实测值的平均值。

2. 冲击吸收能量表列值为 3 个冲击试样实测值的平均值。

表 7-11　Ni5 钢埋弧焊焊缝金属的主要化学成分

焊丝/焊剂牌号	焊缝金属化学成分(%,质量分数)					
	C	Mn	Cr	Ni	Mo	N
H00Cr19Ni10Mo3 SJ201	≤0.04	6.5	19.0	16.0	3.0	0.15

2. Ni9 钢埋弧焊接头典型力学性能

目前，Ni9 钢主要用于大型液化天然气储罐，对焊接接头性能的要求，除了强度性能外，最重要的考核指标是深低温 −196°C 的 *KV* 不低于 70J。表 7-12 列出采用 ERNiCrMo-3 和 SJ601 焊剂埋弧焊接头的力学性能试验结果，表明在焊后状态下，壁厚 10～23mm 多层多道焊对接接头的常温抗拉强度和焊缝及热影响区 −196°C 冲击吸收能量平均值满足了大型液化天然气储罐制造规程的要求。

表 7-12　Ni9 钢埋弧焊接头焊态下力学性能试验结果

接头坡口形式	抗拉强度/MPa	试样断裂位置	冲击试验		
			缺口位置	−196°C 冲击吸收能量/J	侧向扩散量
不对称 X 形坡口	705、706	焊缝	焊缝	76	>1.0mm
			热影响区	78	
	702、709	焊缝	焊缝	89	>1.0mm
			热影响区	180	

注：冲击吸收能量为 3 个冲击试样试验结果的平均值。

第8章　高合金钢埋弧焊工艺

8.1　概述

在焊接结构中常用的高合金钢有高合金不锈钢、高合金耐热钢和高合金高强度及超高强度钢。在发电、石油化工、制冷、核工业装备，食品饮料、乳品加工机械，船舶、车辆以及建筑钢结构中，高合金钢已占有越来越重要的地位。在我国，随着工业现代化进程的加快，这类钢的应用比例将逐年提高。高合金钢的焊接已成为必须攻克的技术关键。近年来，焊接结构向大型化和重型化发展，埋弧焊作为一种高效焊接方法已成为高合金钢焊接生产中不可或缺的加工手段，其应用范围正在不断扩大。

8.2　高合金钢的基本特性

8.2.1　高合金不锈钢的基本特性

1. 高合金不锈钢的分类

不锈钢按其耐蚀性可分为一般不锈钢和耐酸钢两大类。一般不锈钢是指在大气和水等弱腐蚀介质中耐蚀的钢；耐酸钢则是指在酸、碱、盐等强腐蚀介质中耐蚀的钢。这两类钢统称为不锈钢。为使不锈钢具有足够的耐蚀性，钢中铬的质量分数必须高于12%。为进一步提高不锈钢的耐蚀性和力学性能，不锈钢中还加入了Ni、Mo、Ti、Nb、Mn、W、Cu、N等合金元素。

高合金不锈钢按其金相组织类型可分为以下五类：铁素体不锈钢、马氏体不锈钢、奥氏体不锈钢、奥氏体-铁素体双相不锈钢和沉淀硬化不锈钢。

（1）奥氏体不锈钢　奥氏体不锈钢包括全奥氏体和奥氏体加少量铁素体的不锈钢。这类钢在焊接结构中应用最广泛。由于奥氏体不锈钢中Cr、Ni含量较高，它在氧化性、中性和弱还原性介质中均具有良好的耐蚀性，同时具有优良的塑性、韧性和较好的焊接性。

（2）铁素体不锈钢　基体组织为铁素体的不锈钢属于铁素体不锈钢。其中Cr13和Cr17系列铁素体不锈钢主要用于弱腐蚀环境。超低碳高铬含钼铁素体不锈钢，在氯化物介质中应力腐蚀倾向较小，同时具有良好的耐点蚀、耐缝隙腐蚀的性能。其焊接性略次于奥氏体不锈钢。

（3）马氏体不锈钢　马氏体不锈钢的基体组织为全马氏体。在这类钢中，Cr13系列马氏体不锈钢应用较广泛。在弱腐蚀介质中，它具有足够的耐蚀性，但焊接性较差。为提高Cr13系列马氏体不锈钢的各种性能，包括易加工性，目前已开发出添加适量Ni、Mo等合金元素的新型超低碳马氏体不锈钢。

（4）奥氏体-铁素体双相不锈钢　这是一种奥氏体和铁素体组织各占一半的不锈钢。它兼有奥氏体不锈钢和铁素体不锈钢的一些优良特性。其强度和韧性均较高，在氯化物介质中具有良好的耐应力腐蚀性能，焊接性较好。

（5）沉淀硬化不锈钢　沉淀硬化不锈钢是在普通不锈钢中添加沉淀硬化合金元素，并通过适当的热处理获得高强度、高韧性和高耐蚀性的一类不锈钢。按其组织类型，可分为马氏体、半奥氏体和奥氏体沉淀硬化不锈钢。这类不锈钢由于$w(C)<0.10\%$，在高强度下仍具有良好的塑

性和韧性以及较好的加工性能。

2. 高合金不锈钢的标准化学成分和力学性能

在各类焊接结构中常用的不锈钢板材、管材和带材的化学成分和力学性能在下列国家标准中做出了规定。

1）GB/T 20878—2007《不锈钢和耐热钢 牌号及化学成分》。

2）GB/T 4237—2015《不锈钢热轧钢板和钢带》。

3）GB/T 3280—2015《不锈钢冷轧钢板和钢带》。

4）GB/T 14975—2012《结构用不锈钢无缝钢管》。

5）GB/T 14976—2012《流体输送用不锈钢无缝钢管》。

6）GB/T 12771—2008《流体输送用不锈钢焊接钢管》。

7）GB/T 12770—2012《机械结构用不锈钢焊接钢管》。

8）GB/T 13296—2013《锅炉、热交换器用不锈钢无缝钢管》。

9）GB/T 2100—2017《通用耐蚀钢铸件》。

10）GB/T 8165—2008《不锈复合钢板和钢带》。

3. 高合金不锈钢的组织特点

各类高合金不锈钢在供货状态下的金相组织取决于钢中各种合金元素的含量。按照对组织形成机制的影响，不锈钢中的合金元素基本上可分成两大类：一类是促使奥氏体组织形成的元素，如碳、镍、锰、氮和铜等；另一类是促使形成铁素体的元素，如铬、硅、钼、钛、铌、钽、钒、钨和铝等。其综合影响可以用下列公式计算的铬当量 Cr_{eq} 和镍当量 Ni_{eq} 来表征。

$$Cr_{eq}=w(Cr)+w(Mo)+1.5w(Si)+0.5w(Nb)$$

$$Ni_{eq}=w(Ni)+30w(C)+0.5w(Mn)$$

各种不同 Cr_{eq} 和 Ni_{eq} 不锈钢的组织可以利用经典的舍夫勒（Schaeffer）组织图加以说明，如图 8-1 所示。

（1）奥氏体不锈钢　当铬镍不锈钢的 Cr_{eq} 和 Ni_{eq} 值在图 8-1 的 1 区范围内，即 $Cr_{eq}=17\%\sim28\%$，$Ni_{eq}=10\%\sim21\%$ 时，形成纯奥氏体或奥氏体加少量铁素体组织。具有这种组织的不锈钢在各种腐蚀介质下的耐蚀性较高，但对焊接热裂纹较为敏感。

（2）奥氏体-铁素体双相不锈钢　当高合金铬镍钢的 Cr_{eq} 和 Ni_{eq} 在图 8-1 的 2 区内，即 $Cr_{eq}=22\%\sim30\%$，$Ni_{eq}=7.5\%\sim13\%$ 时，则形成奥氏体和铁素体约各占一半的奥氏体-铁素体双相组织。这类高合金不锈钢具有优良的耐蚀性，特别是耐应力腐蚀能力相当高。焊接热裂纹敏感性大幅度低于奥氏体不锈钢。但因铁素体含量较高，焊缝金属对高温脆变较敏感。

（3）铁素体不锈钢　当高合金钢的

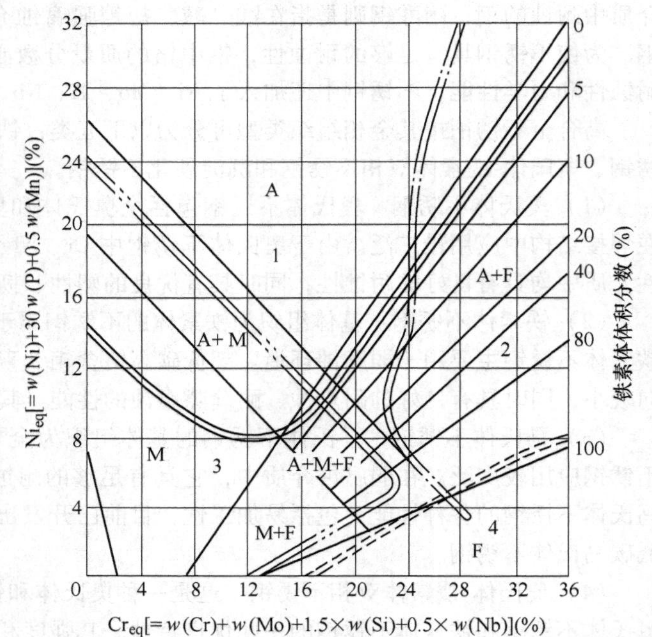

图 8-1　高合金铬镍钢焊缝金属组织图（舍夫勒组织图）

F—铁素体　M—马氏体　A—奥氏体

1 区—1250℃以上热裂敏感区　2 区—500～900℃温度区间 σ—相脆变区　3 区—400℃以下淬火裂纹敏感区

4 区—1150℃晶粒长大区

铬、镍当量落入图 8-1 的 4 区时，则形成全铁素体组织。在这种合金配比下，铁素体形成元素占绝对优势。Cr_{eq}在 12% ~27%，Ni_{eq}在 4% 以下，统称为铁素体铬钢。这类钢无淬硬倾向，焊接性尚可，焊缝金属和热影响区有晶粒长大倾向，导致接头韧性下降。

（4）马氏体不锈钢　当高合金钢的 Cr_{eq}和 Ni_{eq}在图 8-1 的 3 区范围内时，奥氏体在冷却过程中将全部转变为马氏体，形成马氏体铬钢。这类钢焊接接头的冷裂倾向高，焊接性较差。

（5）沉淀硬化不锈钢　沉淀硬化不锈钢是通过特殊热处理（淬火 + 时效），在马氏体、半奥氏体或奥氏体基体上沉淀碳化物和金属间化合物质点而形成独特的金相组织。适当的沉淀硬化热处理可显著提高不锈钢的强度，并改善其韧性。

4. 不锈钢的物理特性

各种高合金不锈钢的焊接性与其物理特性有直接的关系。表 8-1 列出奥氏体、铁素体、马氏体不锈钢和沉淀硬化不锈钢的物理特性常数，表中还列出了普通碳钢的相关常数，以做对比。

表 8-1　各类不锈钢的物理特性常数

物理特性常数	奥氏体钢	铁素体钢	马氏体钢	沉淀硬化钢	碳钢
弹性模量/GPa	195	200	200	200	205
密度/(g/cm^3)	8.0	7.8	7.8	7.8	7.86
热膨胀系数/[μm/(m·K)]	16.6	10.4	10.3	10.8	11.4
热导率/[W/(m·K)]	15.7	25.1	24.2	22.3	46.9
比热容/[J/(kg·K)]	500	460	460	460	500
电阻率/(μΩ·cm)	74	61	61	80	15
磁导率/(H/m)	1.02	600 ~1100	700 ~1000	95	1100
熔化温度/℃	1375 ~1450	1425 ~1530	1425 ~1530	1400 ~1440	1450

5. 不锈钢的耐蚀性

不锈钢与各种腐蚀介质接触时，会产生各种形式的腐蚀现象，包括均匀腐蚀、晶间腐蚀、点腐蚀、缝隙腐蚀和应力腐蚀。

（1）均匀腐蚀　这是指金属接触腐蚀介质的整个表面，普遍产生腐蚀的一种破坏形式。

在氧化性介质中，铬不锈钢易在表面形成富铬氧化膜。这种氧化膜将阻止金属离子化而产生钝化作用，可提高金属耐均匀腐蚀的能力。因此铬不锈钢和铬镍不锈钢在氧化性酸和大气中均有较高的耐蚀性。

在弱氧化性介质中，如稀硫酸和醋酸中，铬不锈钢依靠表面钝化的耐蚀性明显下降。高铬镍不锈钢由于铬含量较高，特别是添加钼、铜等合金元素的不锈钢，在还原性酸中，仍具有较高的耐蚀性。

（2）晶间腐蚀　在腐蚀介质作用下，起源于金属表面并沿晶界扩展的局部性腐蚀，称为晶间腐蚀，其金相学形貌如图 8-2 所示。晶间腐蚀导致金属晶粒间结合力丧失，强度急剧下降，是一种危险的腐蚀形式。图 8-3 所示为晶间腐蚀形成机理。

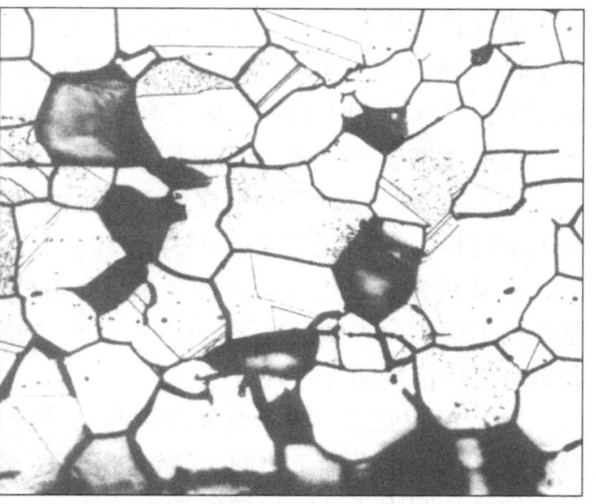

图 8-2　不锈钢晶间腐蚀的金相学形貌

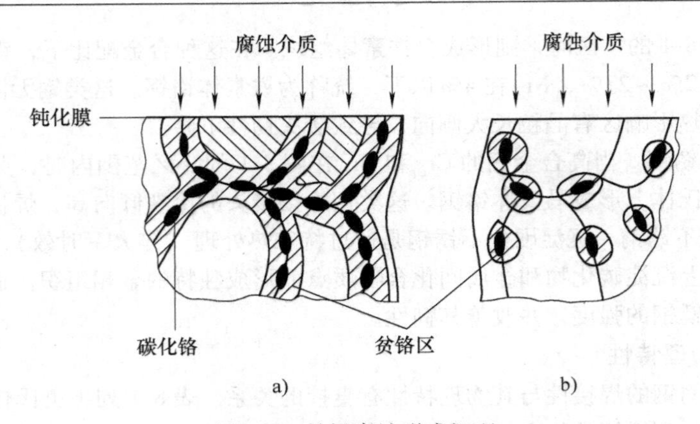

图 8-3　晶间腐蚀形成机理
a）晶间腐蚀倾向高　b）晶间腐蚀倾向低

奥氏体不锈钢在 450 ~ 800℃ 温度区间加热时，碳化铬将以相当快的速度形成，特别是在 650℃温度下，碳化铬的形成只需几秒钟。因此不锈钢母材或焊接接头在此温度区间的加热或热处理，被称为敏化处理。显然，在焊接接头中，敏化处理将导致热影响区的晶间腐蚀，即使是含稳定化元素钛或铌的奥氏体不锈钢焊接接头，如果经受敏化处理，则在强氧化性硝酸溶液作用下，也会在熔合线附近出现窄条状选择性腐蚀，常称为“刀状”腐蚀。这是一种特殊形式的晶间腐蚀，其形成部位和外貌如图 8-4 所示。这种腐蚀的起因是，不锈钢接头熔焊时，熔合线附近的金属因过热而使大部分碳化物溶解，而在接头快速冷却时又来不及形成稳定的碳化物。当接头再次被加热到敏化温度时，碳化铬沿晶界析出，造成该区晶界贫铬而产生晶间腐蚀。

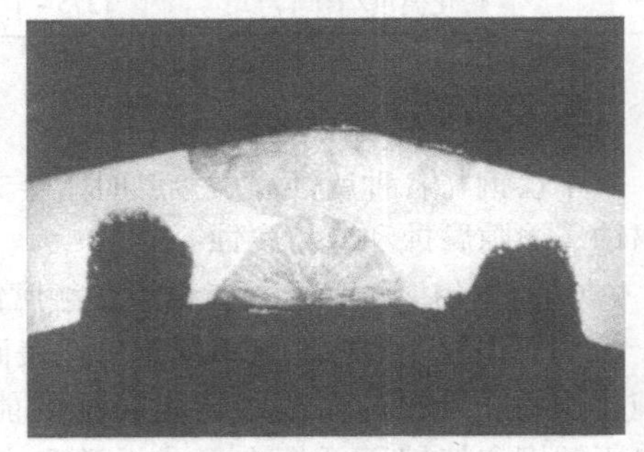

图 8-4　稳定型奥氏体不锈钢焊接接头中的“刀状”腐蚀

在铁素体不锈钢中，将钢加热到 925℃ 以上温度急冷，也会使其产生晶间腐蚀倾向。因为在该高温下，碳将固溶于 α 相中。在冷却过程中，即使冷却速度很高，也不能抑制碳化物沿晶界析出而降低晶界的耐蚀性。但在 650 ~ 815℃ 短时加热可以消除这种晶间腐蚀倾向。其原因是：铬在 γ 相中的扩散速度高于在 α 相中的扩散速度。在上述温度下加热，可以通过铬的晶内扩散，提高晶界贫铬区的铬含量而防止晶间腐蚀。

（3）点蚀　点蚀是在金属表面产生的尺寸小于 1.0mm 的穿孔性或坑蚀性宏观腐蚀。其形成原因是材料表面钝化膜的局部性破坏。点蚀的产生也与腐蚀介质的特性有关。介质中氯离子（Cl^-）浓度越低，点蚀的可能性越小。另外，降低不锈钢中的碳含量，增加铬、镍和钼的含量，能提高不锈钢耐点蚀的能力。例如，超低碳高铬镍钼奥氏体不锈钢和超高纯度高铬含钼铁素体不锈钢具有较高的耐点蚀性。

（4）缝隙腐蚀　这是金属构件与腐蚀介质长时间接触过程中在缝隙处产生的斑点状或溃疡形宏观腐蚀。常发生于垫圈、螺钉接合面、搭接接头、未焊透间隙和插座式接管根部等处。这种形式的腐蚀归因于缝隙处被腐蚀产物覆盖，腐蚀介质淤积而引起的电化学不均一性。18-8 型铬镍不锈钢、17-14Mo 型奥氏体不锈钢、铁素体和马氏体铬不锈钢在海水中均有缝隙腐蚀倾向。在不锈钢中，增加铬和钼的含量，可以提高其耐缝隙腐蚀的性能。

（5）应力腐蚀　这是金属材料在拉应力和特定的腐蚀介质共同作用下形成的一种以裂纹形式出现的腐蚀现象。这种裂纹的特征是分枝发达、裂纹端部尖锐，常起源于点蚀坑底部。典型的应力腐蚀裂纹形貌如图8-5所示。

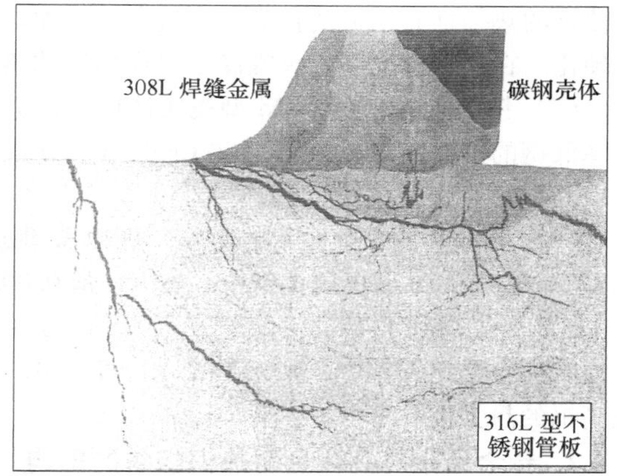

图8-5　典型的应力腐蚀裂纹形貌

应力腐蚀形成的原因与所接触介质的特性直接相关。腐蚀介质中存在一定浓度的氯离子（Cl^-）和氧是产生应力腐蚀的必要条件。在工业流程中，能引起应力腐蚀的介质主要有各种氯化物溶液、氢氧化物、硫酸和硫酸盐溶液、硝酸、盐酸、氢氟酸混合溶液等。奥氏体铬镍不锈钢也可被冷却水、蒸汽和空气中的冷凝水引起应力腐蚀。构件中的缝隙以及死角等部位，会造成介质浓缩而引起应力腐蚀。不锈钢冷作部件的残余应力和焊接残余应力会加速应力腐蚀裂纹的产生和扩展。

单从材料角度来看，铬镍奥氏体不锈钢比铬不锈钢更易产生应力腐蚀，而奥氏体-铁素体双相不锈钢具有较高的抗应力腐蚀的性能。

不锈钢的耐蚀性是不同于其他类型钢材的最主要的特性，因此不锈钢焊接质量最重要的考核指标是焊接接头在各种特定条件下的耐蚀性。

8.2.2　高合金耐热钢的基本特性

根据相关现行标准，高合金耐热钢按组织类型可分为奥氏体型、铁素体型、马氏体型和弥散硬化型四类。按基本合金系统，可分为铬镍型和高铬型。为提高这些耐热钢的抗氧化性、热强性并改善其加工工艺性，在这两种基本合金系统中还分别加入了Ti、Nb、Al、W、V、Mo、B、Si、Mn和Cu等合金元素。

1. 合金元素对高合金耐热钢力学性能的影响

（1）铬的影响　在铬镍型奥氏体耐热钢中，铬提高了钢在氧化环境中的热强性，其作用是通过γ固溶体强化。铬也是碳化物形成元素，因碳化铬的耐热性较低，其强化效果不很明显，但铬是高合金耐热钢中不可缺少的基本合金元素。

（2）碳的影响　碳是一种强烈的奥氏体形成元素，碳的质量分数只要增加万分之几就可抵消18-8型奥氏体钢中铁素体形成元素的作用。碳和氮共同提高铬镍奥氏体钢的热强性。氮的强化作用在于时效过程中形成了氮化物和碳氮化物。

（3）硅和铝的影响　硅和铝能提高奥氏体钢的抗氧化性。在18-8型Cr-Ni钢中，w(Si)从0.4%提高到2.4%，钢在980℃时的抗氧化性可提高近20倍，但硅严重恶化稳定型奥氏体钢的焊接性。铝对Cr-Ni型奥氏体钢的强化作用不大。在弥散硬化高合金耐热钢中，增加铝含量可提高低温和高温强度。

（4）钛和铌的影响　钛和铌都是强烈的碳化物形成元素，但其作用机制有所不同。在镍含量较低的奥氏体钢中，钛与碳结合成稳定的碳化物。加入少量的钛可提高钢的持久强度。铌与碳形成很难熔的碳化物（NbC），当w(Nb)增加到0.5%～2.0%时可提高奥氏体耐热钢的热强性，同时也改善了钢的高温持久塑性。但铌可能促使碳含量较低的奥氏体钢形成近缝区液化裂纹和焊缝金属的热裂纹。

（5）钼的影响　钼提高了奥氏体耐热钢的热强性，其强化作用在于稳定了γ固溶体并使晶界强化。钼也改善了奥氏体钢短时和长时拉伸塑性，对钢的焊接性产生一定的有利影响。在弥散硬化钢中，钼作为弥散硬化元素起最强烈的作用。钼的不利影响是降低了奥氏体钢的冲击韧度。

（6）钨的影响　钨的影响在很多方面与钼相似。钨单独加入时，只是强化了γ固溶体，不会使钢的热强性有明显的提高。不过它与其他合金元素共同加入奥氏体钢时，可能引起固溶体弥散硬化。在这种情况下，钨提高了奥氏体钢的热强性，但降低了韧性。

（7）钒的影响　在Cr-Ni型奥氏体钢中，钒提高热强性的作用不大。在氧化性介质中，钒可能降低钢的抗高温氧化性。但在Cr的质量分数为13%的钢中，V和Mo、W、Nb等元素一样，可提高钢的热强性。

（8）硼和其他合金元素的影响　硼以微量成分加入奥氏体钢时，提高了钢的热强性。例如在Cr14Ni18W2Nb型奥氏体钢中，w(B)从0.005%增加到0.015%时，钢的650℃高温持久强度从118MPa提高到了176MPa。

在高合金铬镍钢中，加入Cu、Al、Ti、B、Nb、N、P等元素可促使钢产生弥散硬化，从而提高钢的热强性。

2. 合金元素对高合金耐热钢组织的影响

在高合金耐热钢中，合金元素按其对钢组织结构和组织转变特性的影响可分成下列两组：一组是缩小奥氏体区的元素，其中包括Si、Cr、W、Mo、Ti、V和Al等。另一组是扩大奥氏体区的元素，有Mn、Ni、Co、Cu和N等。第一组元素使铁的α→γ转变点移向较高温度，并使γ→δ转变点移向较低温度，结果使奥氏体区缩小，如图8-6所示。在合金元素的极限含量下，w(Cr)=15%、w(W)=8%或w(Mo)=3%、w(Si)=1.5%，A_3点与A_4点重合，即γ区收缩，而α区连续地变为δ区。当这些合金元素含量较高时，即处于阴影线的右侧，从低温到高温均为纯铁素体。合金元素的临界含量取决于碳含量。在w(C)=0%的Fe-Cr二元合金中，w(Cr)超过15%，即形成铁素体钢，而当w(C)为0.25%和0.4%时，临界w(Cr)相应提高到24%～29%。

在图8-6的阴影线区内，则形成半铁素体钢。这种钢的一部分组织由不可转变的铁素体组成，而在较高温度下存在的奥氏体，按不同的冷却速度，可相应转变为珠光体、贝氏体和马氏体。因此在w(C)=0.10%的Cr13钢中，在高温下的组织由奥氏体+δ铁素体组成。如果钢从1100℃温度缓慢冷却，则奥氏体转变为珠光体，而δ铁素体不发生转变。从相同的高温油冷后，组织则由镶嵌δ铁素体的马氏体组成。在另一些半铁素体钢中，奥氏体在缓慢冷却时不转变为珠光体。这些钢的组织在所有温度下，均由δ铁素体和奥氏体组成，即形成了奥氏体-铁素体双相钢。

在图8-6阴影区的右侧形成马氏体钢，例如w(C)大于0.15%、w(Cr)=13%～18%的铬钢。

第二组合金元素使铁的γ→α转变点移向较低温度，并使γ→δ转变点移向较高温度，由此扩大了奥氏体区，缩小了α和δ区。当w(Ni)超过30%或w(Mn)达到14%的极限含量时，A_3点一直下降到室温。这种钢从室温到接近熔点，其组织均为奥氏体。

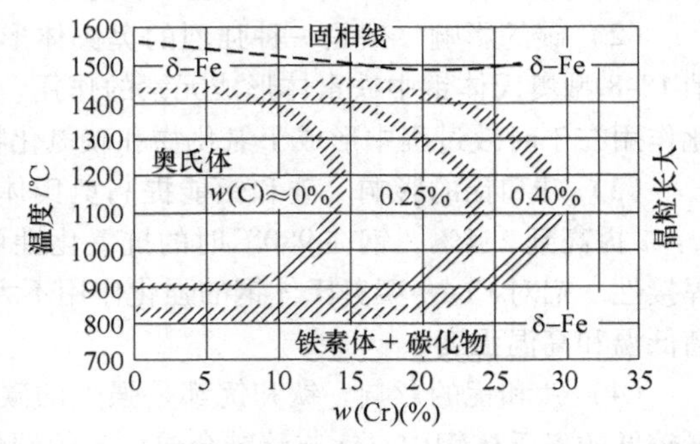

图8-6　Fe-Cr系合金在不同碳含量时的相图

当钢中存在多种合金元素时，其作用不是简单的叠加。这些元素的作用可能相互强化，也可能引起新作用。例如在Cr-Ni钢中，铁素体形成元素Cr和奥氏体形成元素Ni共存，其作用不是相互抵消，而是Cr加强了Ni的作用。在w(Cr)=18%～19%、w(Ni)=8%～12%的高合金钢已具有纯奥氏体组织。

在铸态的焊缝金属中，例如 $w(\mathrm{Cr})=18\%$ 和 $w(\mathrm{Ni})=8\%$ 的铬镍钢焊缝金属含有一定量的铁素体。这些铁素体晶体在缓慢冷却时可能富集铁素体形成元素。由于扩散速度随着温度的下降而减慢，在相继的 γ 结晶中不再达到完全的浓度平衡，也就不再符合平衡关系。当冷却到室温时，富集大量铁素体形成元素的区域，仍为铁素体组织，形成所谓亚稳奥氏体钢。

在高合金耐热钢中，各种合金元素对钢组织结构和各种性能的影响程度见表 8-2。

表 8-2　合金元素对高合金耐热钢性能和组织的影响

合金元素	对组织结构的影响			对性能的影响				
	形成铁素体	形成奥氏体	形成碳化物	提高耐蚀性	提高抗氧化性	提高高温强度	增强时效硬化	细化晶粒
Al	■	—	—	—	■	—	■	□
C	—	■	□	—	—	□	—	—
Cr	□	—	□	■	■	□	—	—
Co	—	—	—	—	—	■	—	—
Nb	□	—	■	□	—	■	—	□
Cu	—	—	—	□	—	—	□	—
Mn	—	△	—	—	—	□	—	—
Mo	□	—	△	□	—	□	—	—
Ni	—	□	—	■	□	□	—	—
N	—	■	—	—	—	□	—	■
Si	□	—	—	□	■	—	□	—
Ta	□	—	□	—	—	□	□	□
Ti	■	—	■	—	□	□	□	■
W	△	—	□	—	—	□	—	■
V	△	—	□	—	—	□	—	□

注：■—作用强烈；□—作用中等；△—作用微弱；—无作用。

3. 高合金耐热钢标准化学成分和力学性能

国产高合金耐热钢已纳入国家标准 GB/T 4238—2015《耐热钢板和钢带》和 GB/T 5310—2017《高压锅炉用无缝钢管》。其中 GB/T 4238—2015 规定了 21 种奥氏体型耐热钢、5 种铁素体型耐热钢、3 种马氏体型耐热钢和 6 种沉淀硬化型耐热钢的化学成分和力学性能。这些高合金耐热钢基本上满足了动力、核能、航空、航天以及石油化工装备的需要。

高合金耐热钢最重要的性能是在 600℃温度以上具有较高的强度和抗氧化性。钢的抗氧化性通常以失重率来表征。如果在某一确定的温度下失重率不超过 $1\mathrm{g/(m^2\cdot h)}$，则可认为这种钢在该温度下是抗氧化的。图 8-7 所示为 18-8CrNiTi、25-13CrNi、25-20CrNi 型奥氏体耐热钢在 600℃以上温度下的抗氧化性实测数据。由图示曲线可见，18-8CrNiTi 型奥氏体钢的抗氧化极限温度为 850℃、25-13CrNi 型钢抗氧化极限温度为 1000℃，而 25-20CrNi 型钢的抗氧化温度可达 1200℃。

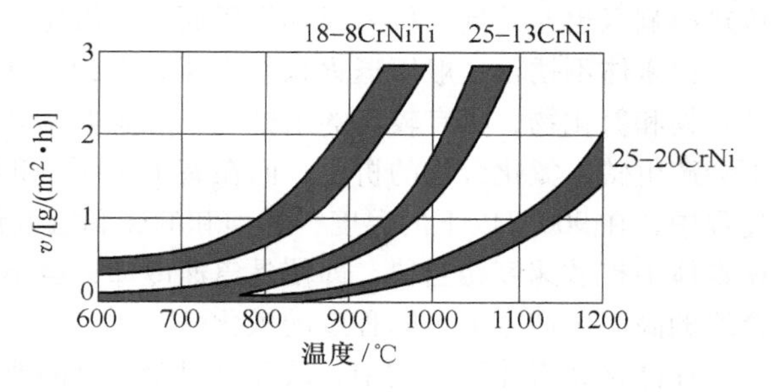

图 8-7　18-8CrNiTi、25-13CrNi 和 25-20CrNi 奥氏体钢在高温气氛中的失重率与温度的关系

4. 高合金耐热钢的热处理状态

各种高合金耐热钢以不同的热处理状态供货。奥氏体耐热钢极大部分以固溶处理状

态供货。铁素体和马氏体耐热钢则以退火状态供货。沉淀硬化耐热钢以固溶处理+时效状态供货。

8.3 高合金钢的焊接性

8.3.1 高合金不锈钢的焊接性

各类高合金不锈钢的焊接性，可利用图8-8所示的组织相图做如下概括的描述。在奥氏体钢区域，共晶线以上，因以奥氏体结晶，热裂纹倾向较高。在共晶线以下以δ铁素体结晶，对热裂纹不敏感。在双相组织区，钢在500~900℃温度范围内具有σ相脆变倾向。在马氏体钢区，在400℃以下敏感于淬火裂纹。在铁素体铬钢区，当加热到1150℃以上温度时，钢具有晶粒长大倾向。

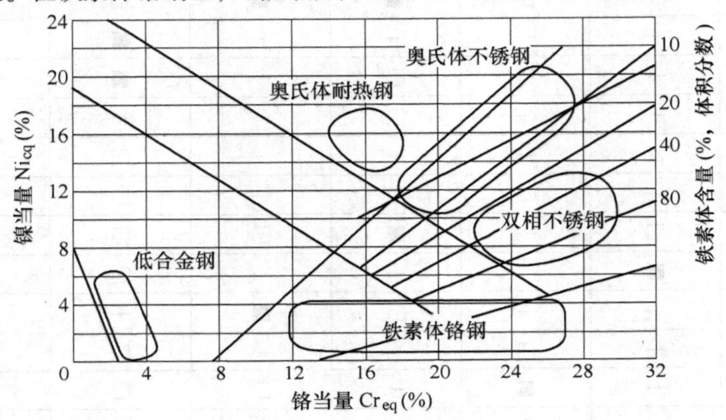

图8-8 评价高合金不锈钢焊接性的组织状态图

1. 铁素体不锈钢的焊接性

铁素体高铬不锈钢的焊接特点是对高温热作用比较敏感，在焊缝热影响区内容易形成粗晶区，从而降低接头的塑性和韧性。在焊接厚板和高拘束度接头时，可能导致焊接裂纹。

在铁素体铬钢焊接时，为获得无裂纹且各项性能与母材相当的焊接接头，应从焊材选择和焊接工艺两方面解决好下列问题。

（1）焊接接头的耐蚀性　高温加热对不含稳定化元素的高铬铁素体不锈钢晶间腐蚀倾向的影响不同于铬镍奥氏体不锈钢。如果将高铬铁素体不锈钢加热到950℃以上再冷却，则其耐蚀性急剧下降，即产生敏化。而在700~850℃短时退火处理，耐蚀性即可恢复。铁素体不锈钢的焊接热影响区也会受到焊接高温热作用而产生敏化。在强氧化性酸中，会在近缝区产生晶间腐蚀。

铁素体不锈钢一般以退火状态供货，其组织为固溶微量C和N的铁素体，以及少量均布的碳化物和氮化物，具有较高的耐蚀性。在加热温度低于900℃的焊接热影响区，组织较为稳定，不会产生碳、氮化合物的析出；而在高于900℃和1200℃的区域，碳、氮化合物大量溶解。冷却过程中，在900℃以下的温度，过饱和的碳和氮以化合物的形式析出而引起贫铬现象。碳和氮在铁素体中扩散速度相当快，即使是急速冷却，也不能抑制碳化物和氮化物的析出，因而在紧靠熔合线的高温区产生了不同程度的敏化。

在高铬铁素体不锈钢中，碳和氮对钢材晶间腐蚀倾向的影响是等效的，在评定钢材和接头的耐蚀性时，应考虑其总含量的影响。为提高铁素体不锈钢的耐蚀性，应降低其碳、氮总含量。例如 $w(C+N)=1.8\times10^{-4}$ 的Cr28钢，可通过水淬阻止碳、氮化合物的析出而提高耐蚀性。如C+

N 总含量超过了其在铬铁素体中的溶解度，且不含稳定化元素，则焊接热影响区的高温段将敏感于晶间腐蚀。

在铁素体不锈钢中，Cr 含量对钢的耐蚀性有明显的影响。随着 Cr 含量的增加，其在铁素体中的扩散速度加快，C 和 N 的扩散速度相对降低，其耐蚀性逐渐提高。表 8-3 列出铁素体不锈钢中 Cr 含量与焊接热影响区耐晶间腐蚀的 C + N 极限总含量之间的关系。从中可见，随着铬的质量分数从 19% 提高到 35%，允许的 C + N 总质量分数从 60×10^{-6} 提高到 250×10^{-6}。但应该注意到，随着 Cr 含量的提高，接头的塑性急剧下降。

表 8-3　铁素体不锈钢的 Cr 含量与 C + N 极限含量的关系

w(Cr)(%)	C + N 极限含量($\times 10^{-6}$,质量分数)	
	焊后无晶间腐蚀	接头焊后保持塑性
19	60 ~ 80	>700
26	100 ~ 130	200 ~ 500
30	130 ~ 200	80 ~ 100
35	~250	<20

在铬铁素体不锈钢中，加入 Ti 和 Nb 等稳定化元素，能可靠地防止焊接热影响区的晶间腐蚀。Ti 的加入量应为 C + N 总含量的 6 ~ 8 倍，Nb 的加入量为 C + N 总含量的 8 ~ 11 倍。这种稳定型铬不锈钢，从 1150℃ 高温空冷或水冷都能遏制晶间腐蚀的敏感性。

在 12Cr17 钢中加入适量的钛，不但可改善焊接热影响区耐晶间腐蚀性能，而且可稳定铁素体组织，防止马氏体的形成。

（2）焊接接头的塑性和韧性　铁素体高铬不锈钢具有热脆倾向。焊接接头被加热到 1000℃ 以上的近缝区，冷却后塑性和韧性会明显降低。将接头在 760 ~ 800℃ 温度下退火处理，其韧性可得到部分恢复。这种在高温下的热脆性主要与钢中 C + N 含量有关。对于铁素体不锈钢焊接接头，冷却速度越快，塑性越低；空冷或缓慢冷却，则塑性提高。如果将铁素体不锈钢 w(C) 降低到 0.01%，w(N) 降低到 0.015%，则无论是快冷或空冷，钢材均具有较好的塑性，其伸长率可达到 30% 以上。形成了所谓超级铁素体不锈钢。

铁素体铬不锈钢还具有 475℃ 脆性和 σ 相脆化的倾向。这种钢在 650 ~ 850℃ 温度范围内长时间加热时，部分铁素体可能转变为脆性的 σ 相，从而降低了钢的韧性。焊接过程中高温区的短时加热不会促使 σ 相的形成。铁素体铬钢在 500℃ 左右温度长时间加热，会出现 475℃ 脆变。σ 相是一种 Fe-Cr 金属间化合物，与铬在上述温度下长时间加热高速扩散而形成富铬区有关。而 475℃ 脆变是 σ 相析出前期沉淀硬化的结果。

在铁素体铬不锈钢的焊接中，还应注意热影响区马氏体的局部形成。某些铁素体铬不锈钢，如 12Cr17 钢，虽然各合金元素在标准规定的范围内，但当 C、N 含量偏上限时，可能导致奥氏体在高温区沿晶界形成，冷却后转变为马氏体，使接头的韧性下降。焊后热处理可使这类马氏体转变为铁素体，并促使碳化物球化，改善了接头的塑性和韧性。

由此可见，为确保铁素体铬不锈钢焊接接头的力学性能，必须严格限制母材和焊缝金属中的 C、N 含量，避免过热；焊后进行适当热处理，防止在敏化温度区间长时间加热。

2. 奥氏体铬镍不锈钢的焊接性

奥氏体铬镍不锈钢具有较好的塑性和韧性，无淬硬倾向，埋弧焊接头在焊后状态具有优良的综合力学性能。通常焊前不必预热、焊后无须热处理，焊接工艺较为简单。但奥氏体钢不发生二次相变，初生柱状晶体比较发达，故对焊接热裂纹比较敏感，尤其是采用高热输入焊接时，热裂问题更为突出，必须在焊材选配和焊接工艺上采取相应的措施。奥氏体铬镍不锈钢埋弧焊时，可能在焊缝金属和热影响区内发生组织和性能的变化，并由此引起接头耐蚀性下降和热裂倾向。

（1）焊接接头的耐蚀性　奥氏体铬镍不锈钢焊接结构，绝大多数用于腐蚀介质工况，焊接接头的耐蚀性是评定接头工作可靠性最重要的质量指标。焊接工艺的主要任务是确保接头在各种状态下的耐蚀性。各种奥氏体铬镍钢焊接时，在焊接高温的作用下，可能发生不利的冶金反应和组织变化，从而导致焊缝金属和热影响区耐蚀性的降低。

1）焊缝金属晶间腐蚀。在不含稳定化元素的18-8CrNi型奥氏体钢中，碳化铬可能在500～900℃温度范围内析出。多层焊道焊接过程中的重复加热就可能使碳化铬沿奥氏体晶界析出。由于碳的扩散速度比铬高，在碳化铬附近区域，会造成铬含量不足而形成贫铬区，因此经受重复加热的焊缝表面，如果与腐蚀介质接触，就可能产生晶间腐蚀。主要的防止方法是采用$w(C) \leqslant 0.03\%$的超低碳焊材，或以Nb稳定的奥氏体钢焊丝。焊后将焊件做固溶处理，也可取得相似的效果。但对于大型焊件，固溶处理较困难，且不经济。

2）热影响区晶间腐蚀。焊接热影响区存在一段敏感于碳化铬析出的区域，即被加热到500～900℃温度的区域。其宽度和受高温作用的时间取决于所选用的焊接热输入和焊接顺序。为防止热影响区晶间腐蚀，主要的工艺措施是加速焊接区的冷却速度，尽量缩短热影响区在高温的停留时间。如果焊件受结构所限，难以实施上述措施，则应在其设计阶段，选用Ti或Nb稳定型奥氏体不锈钢或超低碳不锈钢。

如前所述，在Nb或Ti稳定的奥氏体不锈钢焊接接头中，紧靠熔合线的过热区，在一些不利条件的作用下，可能出现所谓刀状腐蚀。防止这种腐蚀最根本的办法是选用超低碳级稳定型奥氏体不锈钢。在这种钢焊接接头近缝区内，即使NbC和TiC被全部溶解，也不会导致碳的偏聚而形成碳化铬，从而保持了整个接头的耐蚀性。

其次，可从接头设计和焊接顺序上采取相应措施，使与腐蚀介质接触一侧的焊缝，不经受敏化温度区间的重复加热。图8-9所示为一种双面焊接头，其所规定的焊接顺序使与腐蚀介质相接触的一侧焊缝最后焊接，可防止接头产生刀状腐蚀。

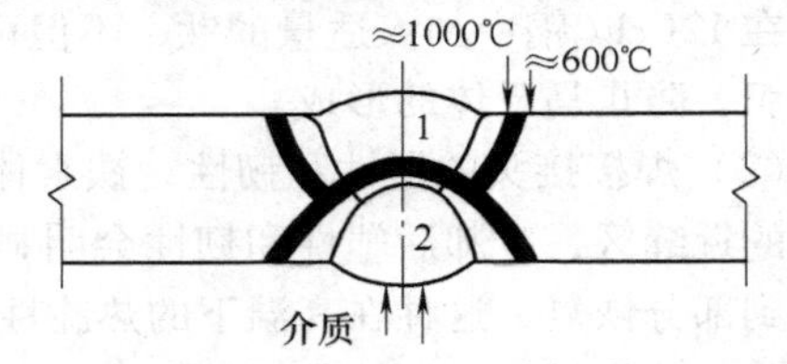

图8-9　防止接头过热区刀状腐蚀的焊接顺序
1—第一道焊缝不接触腐蚀介质
2—第二道焊缝接触腐蚀介质

（2）奥氏体钢焊接接头中的热裂纹　奥氏体铬镍钢埋弧焊时，按母材和焊缝金属的成分，在焊接接头中可能出现不同形式的热裂纹，并可分为结晶裂纹、液化裂纹和高温低塑性裂纹，如图8-10所示。

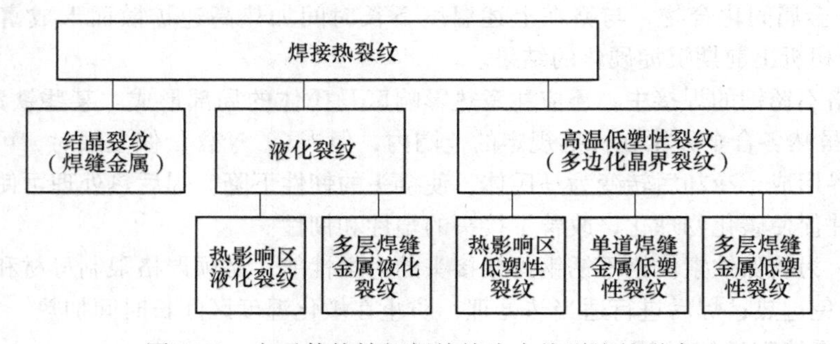

图8-10　奥氏体铬镍钢焊接接头中热裂纹的形式

结晶裂纹是焊接熔池初次结晶过程中形成的沿初次结晶晶界的裂纹。当焊接熔池尺寸较大时，多半沿焊缝结晶中心线产生。有时也会在枝晶间形成。在焊缝末端的弧坑内，往往会出现放射形的结晶裂纹。

液化裂纹出现于紧靠熔合线的高温过热区，裂纹尺寸较小，一般肉眼不易发现。

高温低塑性裂纹是奥氏体钢焊缝金属在固相线以下温度连续冷却时，塑性急剧下降引起的晶界裂纹。

1）焊缝金属中的结晶裂纹。焊缝金属中结晶裂纹形成的原因可归结为以下几点：

①焊缝金属中低熔点共晶相的存在。按照合金初次结晶的规律，纯度较高的合金最先结晶，而低熔点共晶体则最后凝固。铬镍奥氏体不锈钢焊缝金属中可能形成低熔点共晶的元素有C、Si、S、P、Nb、Ni、Sn、Sb等。如果焊缝金属中这些元素含量较高，就可能在结晶后期以低熔点液膜的形式存在于奥氏体柱状晶体之间。当焊接熔池继续冷却而产生收缩时，被液膜分隔的晶体边界就会被焊接应力拉开，而形成宏观裂纹。其形成过程如图8-11所示。

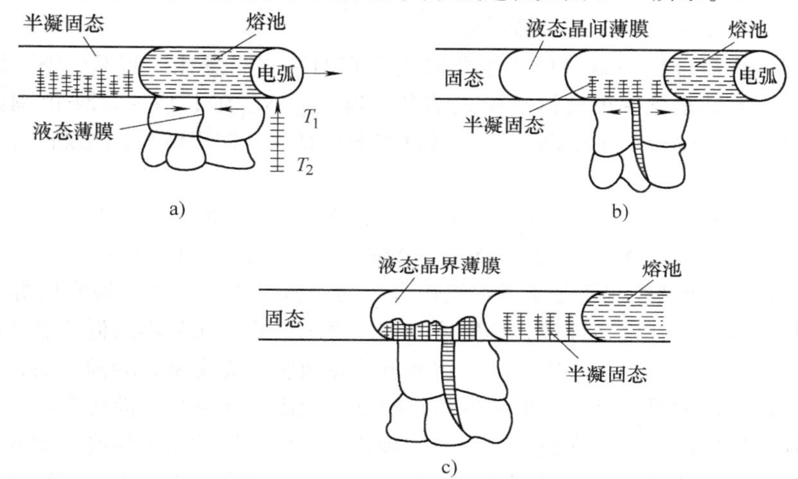

图8-11 焊缝金属和熔合区结晶裂纹形成过程

a）偏析膜液化 b）母材热裂纹 c）焊缝和母材中的热裂纹

T_1—晶体固相线温度 T_2—偏析膜固相线温度

②焊缝金属在结晶过程中经受应变。如果焊缝金属在结晶过程中经受的应变速率高于低熔点共晶体的凝固速度，就必然会产生裂纹；反之，将不会出现裂纹。

③焊接熔池初生晶体长大的方向。如果焊接熔池按照图8-12b、c所示的方式结晶，则低熔点液膜将被夹在正长大的柱状晶体之间，或夹在从两面对生的晶面之间。这样，正在结晶的焊缝金属初生柱状晶体，很容易被焊缝收缩应力拉开而形成裂纹。如果焊接熔池按图8-12a所示的方式结晶，则低熔点液膜将被正在长大的晶体推向熔池顶部，而不会夹在柱状晶体之间。在这种情况下，即使焊缝的收缩应力较高，也不易产生结晶裂纹。

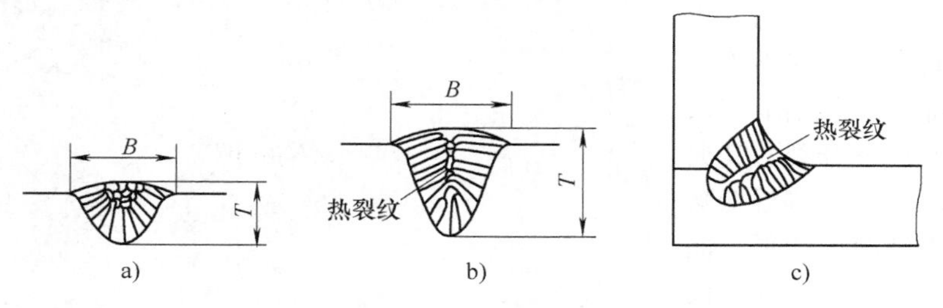

图8-12 焊接熔池结晶方式对结晶裂纹形成的影响

a）共生结晶方式 b）、c）对生结晶方式

④奥氏体铬镍钢焊缝金属的结晶模式。奥氏体铬镍钢焊缝金属按合金成分的不同，可能有三种结晶模式：第一种是全奥氏体结晶模式；第二种是先奥氏体+δ铁素体结晶模式，即先结晶形成奥氏体，然后在晶界处析出δ铁素体；第三种是先δ铁素体+奥氏体结晶模式，即先析出δ铁素体，然后形成奥氏体+δ铁素体组织。

在这三种结晶模式中，按先δ铁素体+奥氏体结晶模式结晶的焊缝金属，其抗裂性最高。而按全奥氏体结晶模式结晶的焊缝金属，其抗裂性最低。当焊缝金属按前一种模式结晶时，由于发生δ+L→γ反应，产生晶界的迁移，原在枝晶边界偏聚的低熔点杂质，被γ相晶粒所包围，而δ铁素体对S、P、Si等偏析元素有较高的溶解度，大幅度降低了低熔点液膜的数量，从而提高了焊缝金属的抗裂性。按先奥氏体+δ铁素体模式结晶的焊缝金属中，δ铁素体在结晶后期于奥氏体晶界上形成，产生了分隔低熔点液膜的作用，同时，δ铁素体也能固溶一定量的低熔点杂质元素，其抗裂性优于全奥氏体模式结晶的焊缝金属。

奥氏体铬镍钢焊缝金属的结晶模式主要取决于它的铬镍当量比。当Cr_{eq}/Ni_{eq}为1.47～1.58时，焊缝金属以先δ铁素体+奥氏体的模式结晶；当Cr_{eq}/Ni_{eq}在1.14～1.24范围内时，则以全奥氏体模式结晶；当此比值处于中间值时，则以先奥氏体+δ铁素体模式结晶。目前通用的铬、镍当量计算公式为：

$$Cr_{eq}=w(Cr)+1.37w(Mo)+1.5w(Si)+2w(Nb)+3w(Ti)$$

$$Ni_{eq}=w(Ni)+0.31w(Mn)+22w(C)+14.2w(N)+w(Cu)$$

2）液化裂纹。液化裂纹起源于紧靠焊缝熔合线的母材，或前道焊缝被次层焊道加热到接近于熔点的高温热影响区。在这些部位，奥氏体晶体本身未熔化，而晶界的低熔点共晶则已完全熔化而形成液膜。当焊接熔池自液态冷却时，这些低熔点液膜未完全重新凝固之前，热影响区已受到较大的应变，就可能使晶界开裂。液膜的熔点越低，凝固时间越长，液化裂纹的倾向越高。另外，由焊接热输入决定的近缝区在高温停留时间越长，产生裂纹的概率越高。图8-11b所示为奥氏体铬镍钢焊接接头液化裂纹的形成部位。从图中可见，液化裂纹也可能与焊缝金属的枝晶间裂纹贯通成宏观裂纹。

奥氏体铬镍钢焊接接头的液化裂纹归因于母材晶间低熔点共晶物的存在。母材的C、S、P、Si的含量超标，或在标准规定范围上限，就有出现液化裂纹的危险。全奥氏体钢与其他类型的铬镍钢相比，由于晶界杂质偏析严重，液化裂纹的倾向较大。在多层多道焊缝中，如果焊缝金属内S、P、C等杂质含量较高，则液化裂纹也可能在重叠焊缝的交界处产生。

3）高温低塑性裂纹。高温低塑性裂纹是一种焊接熔池凝固后，焊缝及热影响区在固相线以下温度继续冷却时，晶界多边化过程中形成的晶间裂纹。在铬镍奥氏体钢中，晶界的多边化过程会加剧晶界和晶内的物理不均一性，使材料的高温塑性急剧下降，在焊接拉应力作用下开裂。其典型形貌如图8-13所示。高温低塑性裂纹多产生于纯净度较低、晶界物理不均一性严重的铬镍奥氏体钢焊缝金属中。近期生产的铬镍奥氏体钢及其焊接材料都严格

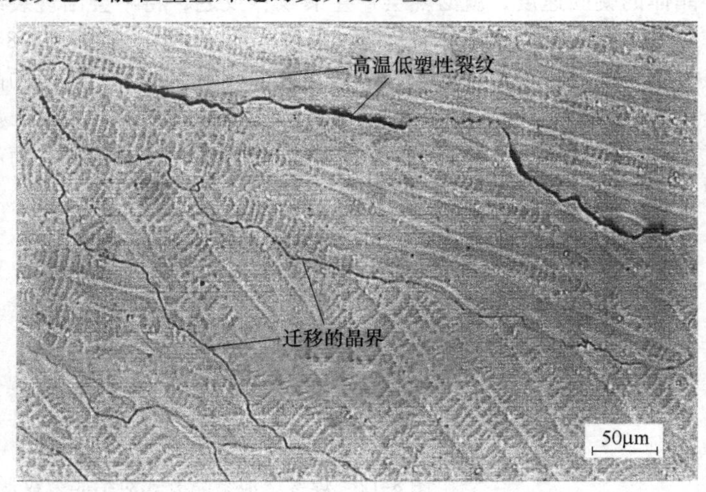

图8-13　高温低塑性裂纹的典型形貌

控制了各种有害杂质的含量，这种低塑性裂纹已很少出现。

（3）热裂纹的防止措施 为防止奥氏体铬镍钢焊接接头中的热裂纹，可从焊接冶金和焊接工艺两方面采取下列措施。

1）严格控制C、S、P、Si等杂质含量。奥氏体铬镍钢焊接接头中的热裂纹，无论是结晶裂纹、液化裂纹，还是高温低塑性裂纹，都是与材料本身所含的低熔点共晶体的偏聚以及晶界的物理和化学不均一性有关，因此防止热裂纹的根本措施是严格控制不锈钢母材和焊材中C、S、P、Si等杂质含量，提高材料本身的纯净度。对于厚壁结构和拘束度较高的接头，母材和熔敷金属中的S、P的质量分数应限制在0.02%以下。

2）调整焊缝金属的合金成分。调整焊缝金属合金成分的Cr_{eq}和Ni_{eq}，使其形成δ铁素体含量为3%～8%（体积分数）的奥氏体+铁素体双相组织。图8-14所示为奥氏体铬镍钢焊缝金属中铁素体含量与裂纹率的关系。从图中可见，焊缝金属中铁素体含量控制在6%～10%（体积分数），可以获得无裂纹的焊缝。但奥氏体焊缝金属中，铁素体含量不宜大于10%（体积分数），否则，在焊后加热过程中，铁素体将转变成σ相而使焊缝金属变脆。

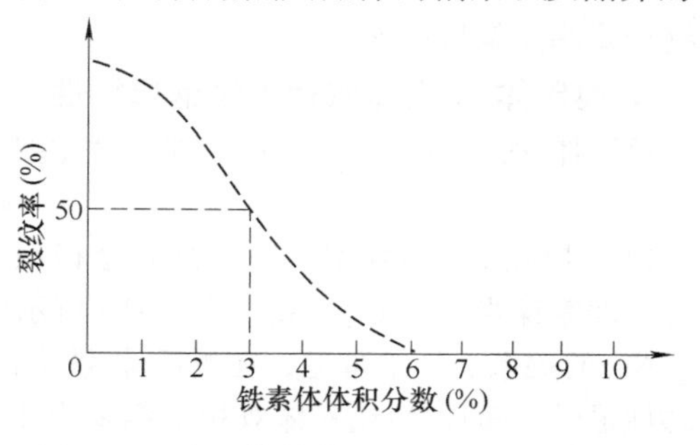

图8-14 奥氏体铬镍钢焊缝金属中铁素体含量与裂纹率的关系

铁素体含量适中的铬镍奥氏体钢焊缝金属合金成分的设计可以利用图8-15所示的WRC-1992高合金铬镍钢焊缝金属组织图。按焊缝金属实际合金成分计算出Cr_{eq}和Ni_{eq}，可方便地查到其铁素体含量。

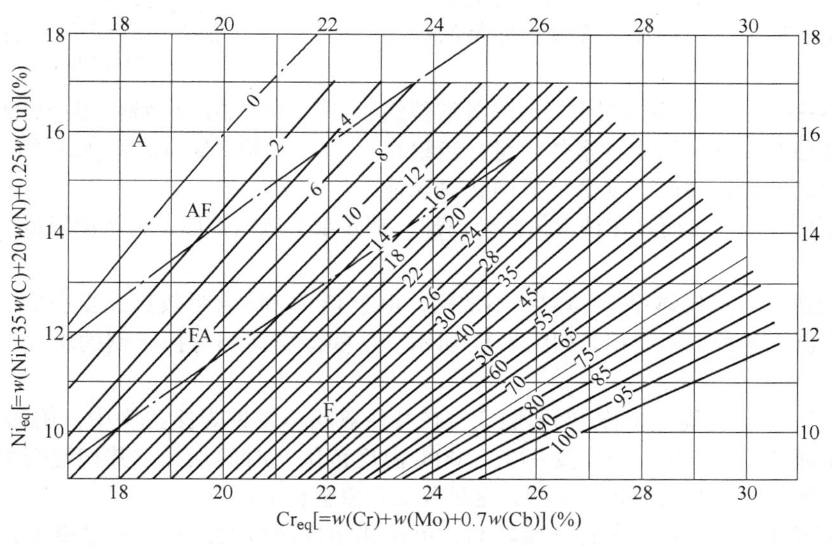

图8-15 WRC-1992高合金铬镍钢焊缝金属组织图

3）适当提高焊缝金属中Mn含量。合金元素锰虽是一种奥氏体形成元素，但它对硫有较大的亲和力，并能与硫结合成熔点较高的硫化锰，减少了焊接熔池中低熔点共晶物，提高了焊缝金属的抗裂性。因此在全奥氏体焊缝金属中，适当提高Mn含量，可以避免热裂纹的形成。

（4）热裂纹的防止 当不锈钢母材和焊材已被选定，则可以采取下列工艺措施，防止焊缝金属产生热裂纹。

1）合理设计坡口形状和尺寸，规定合适的接头装配间隙，改善焊缝的成形，并降低母材在焊缝金属中的比率。

2）正确调整焊接参数，适当提高电弧电压和焊接速度，降低焊接电流，以增大焊缝成形系数，形成向上共生结晶的焊缝形状。

3）减少焊接热输入，控制层间温度，外加强制冷却，以提高焊缝金属初次结晶速度，减弱焊缝金属晶间偏析程度。

3. 奥氏体-铁素体双相不锈钢焊接性

奥氏体-铁素体双相不锈钢的焊接性主要涉及焊缝金属的结晶裂纹、氢致裂纹和中温脆变等问题。

（1）焊缝金属的结晶裂纹　高合金铬镍不锈钢焊缝金属的结晶裂纹倾向主要取决于其合金成分，即铬镍当量比 Cr_{eq}/Ni_{eq}。图 8-16 所示为各种组织铬镍不锈钢焊缝金属结晶裂纹敏感性与 Cr_{eq}/Ni_{eq}的关系。从中可见，在奥氏体-铁素体不锈钢焊缝金属中，当 $Cr_{eq}/Ni_{eq}=1.5$ 时，其裂纹敏感性最低。奥氏体-铁素体双相不锈钢由于存在近一半的铁素体，与全奥氏体钢相比，其抗裂性要高得多。但在高拘束度的焊接接头中，或焊缝金属的纯净度较低时，也可能出现结晶裂纹。

（2）氢致裂纹　原则上可以认为，奥氏体-铁素体双相不锈钢焊缝金属对氢致裂纹是不敏感的。但在焊接工程上，双相不锈钢焊接接头曾多次出现过因氢致裂纹酿成的结构破坏，这归因于焊缝金属内高的氢含量和不利的显微组织。实际生产经验表明，当焊缝金属氢含量和拘束应力达到一定水平时，铁素体体积分数高于60%的组织，对氢致裂纹敏感。为防止这种裂纹的形成，应建立低氢的焊接环境。

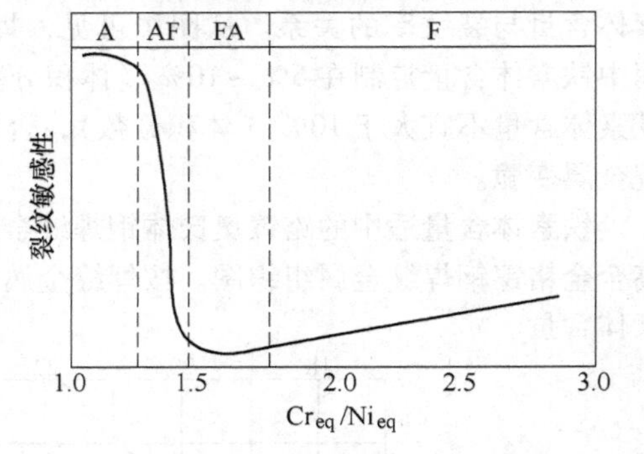

图 8-16　铬镍不锈钢焊缝金属结晶裂纹的敏感性与 Cr_{eq}/Ni_{eq} 比之间的关系

在奥氏体-铁素体双相不锈钢中，消除氢致裂纹的根本办法是控制焊缝金属内铁素体含量，当组织内存在足够数量的奥氏体时，则会形成网状奥氏体组织。这样不仅是晶界，而且在铁素体晶粒内部，都限制了氢的扩散，大幅度降低了氢致裂纹倾向。

（3）中温脆变　奥氏体-铁素体双相不锈钢，由于 Cr 和 Mo 含量较高，当经受一定温度范围的加热时，会沉淀各种金属间相，如图 8-17 所示。这些金属间相有损于钢的塑性、韧性和耐蚀性。

1）α 相脆变。α 相脆变也称 475℃脆变。在某些双相不锈钢焊接接头中，例如 Cr22 型双相不锈钢焊缝金属和热影响区，当经受 475～500℃温度范围长时间加热，其韧性会急剧下降。特别是当焊缝金属显微组织失去相平衡时，这种脆变现象会更加严重。

Cr25 型双相不锈钢，由于其氮含量较高，奥氏体相比例增大，减弱了焊接热影响区 α 相脆变倾向。但长时间在 475～500℃温度区间加热（10h 以上），仍难避 α 相的脆变。为保持焊接接头具有足够的塑性和韧性，应严格控制焊接热输入、层间温度和焊后热处理加热温度及保温时间。

2）σ 相脆变。由图 8-17 可见，双相不锈钢及其焊接接头在 570～850℃温度范围内加热时，将形成较复杂的金属间相，其中最主要的是 σ 相，即 FeCr 金属间化合物。图示的 C 形曲线还说明，这些金属间化合物在 800～850℃温度区间形成速度最快。在 1000℃以上温度再度溶解。

在双相不锈钢厚壁接头中，总是存在一次或多次被加热到 570～1000℃温度区间的区域，而

可能形成 δ 相或其他金属间化合物。Cr22 型双相不锈钢焊接接头中，在焊态下金属间相的形成通常是不明显的。在 Cr25 型双相不锈钢接头中，金属间相的形成要快得多。即使在焊态下，也可能形成这些金属间相。但局限于间断的微小区域，因此对焊接接头性能的影响不大。

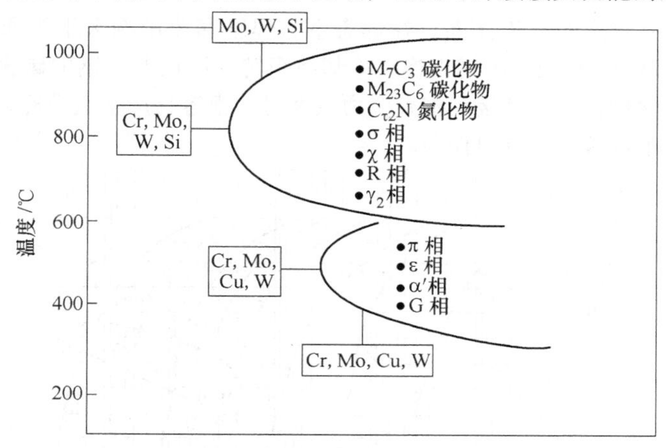

图 8-17　双相铬镍不锈钢中各种金属间相的沉淀与加热温度的关系

某些双相不锈钢构件，特别是铸钢件焊接接头，一般要求做焊后热处理，以优化显微组织。按 ASTM A240 和 ASTM A890 标准的规定，对于锻造和铸造双相不锈钢，要求最低在 1040℃ 温度水淬。但在确定焊件的热处理温度时，必须考虑焊丝中较高的镍含量。因为在双相不锈钢中，增加镍含量将提高 σ 相稳定的最高温度。图 8-18 的曲线清楚说明了这点。

采用 w（Ni）= 8% ~ 10% 焊丝焊接的 Cr22 型和 Cr25 型双相不锈钢焊缝金属中，曾发现大量的 σ 相。在 1040℃ 热处理后，其伸长率仅为 4%。在某些高镍双相不锈钢中，在 1095℃ 温度下热处理后，仍可发现 σ 相。只有经 1120 ~ 1150℃ 高温热处理后，才能充分消除 σ 相。

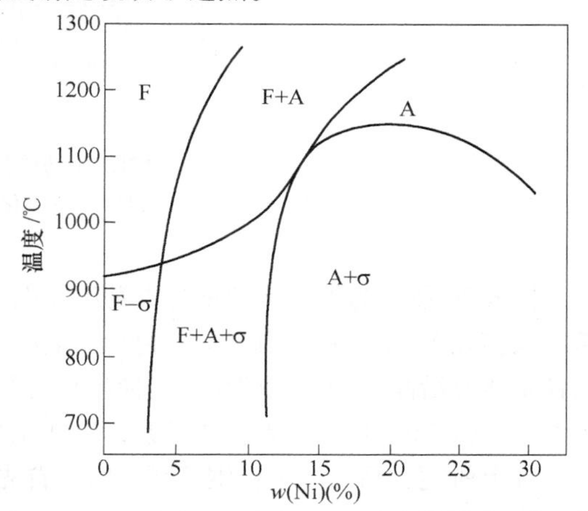

图 8-18　镍含量对 σ 相稳定温度的影响

从耐蚀性方面考虑，为消除 σ 相的高温热处理并不可取。由于双相不锈钢中的铁素体溶解了大量氮气，采用 1120 ~ 1150℃ 水淬，可能导致某些氮化物沉淀而降低耐蚀性和力学性能。为避免这种后果，可以采取分步热处理工艺，即将焊件加热到 1150℃ 保温一段时间，以溶解所有的 σ 相，接着炉冷至 1040℃，保温 2h 后淬火。经上述分步热处理可使焊缝金属具有高的塑性和韧性。

在实际焊接工程中，上述热处理工艺过于复杂，且不经济。一种合理的解决方案是，选用对 σ 相脆变不敏感的双相不锈钢焊材，控制焊缝金属中铁素体的体积分数不超过 50%。

此外，还应注意双相不锈钢埋弧焊接头紧靠熔合线的高温带（1150 ~ 1400℃）具有晶粒长大倾向，并且发生 γ→δ 相变，使 γ 相减少，δ 相增多。如果焊接接头的冷却速度较快，则 δ→γ 的二次相变将被抑制，使高温热影响区的相比例失调。当 δ 铁素体的体积分数大于 70% 时，二次相变的 γ 奥氏体可能变为针状和羽毛状，具有魏氏组织的特征，导致力学性能和耐蚀性下降。如焊接接头冷却速度较慢，使 δ→γ 的二次相变较充分，最终形成相比例较合适的双相组织。因此双相不锈钢焊接时，确定焊接热输入的原则是使接头冷却速度适中，以保证焊接热影响区形成比例恰当的双相组织。

4. 马氏体不锈钢的焊接性

马氏体不锈钢具有较高的空淬倾向，在焊态下，焊缝和热影响区组织通常为硬而脆的马氏体。图 8-19 所示的 12Cr13 马氏体不锈钢连续冷却组织转变图说明，钢的碳含量越高，淬硬倾向越大。当焊缝金属氢含量较高，且接头拘束应力较大时，很容易产生氢致冷裂纹。防止这种裂纹的形成是马氏体不锈钢焊接中的首要任务。

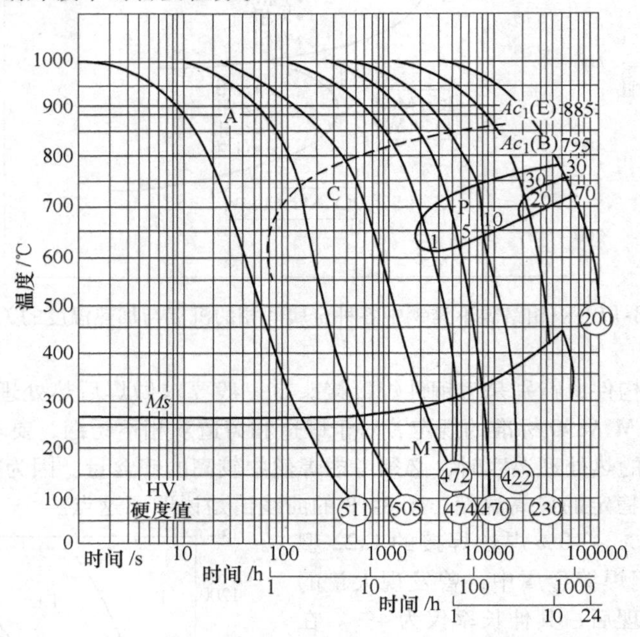

图 8-19 12Cr13 马氏体不锈钢连续冷却组织转变图

A—奥氏体 C—碳化物 P—珠光体 M—马氏体

图 8-20 所示为铬镍不锈钢舍夫勒组织图。从图中阴影线区可知，各种标准型马氏体不锈钢组织大多在 M 及 M + F 相区的交界处。当接头的冷却速度较低时，近缝区和焊缝金属会形成粗大的铁素体及沿晶界析出的碳化物，使接头的塑性和韧性明显降低。为解决这一问题，通常在焊丝中加入少量 Nb、Ti、Al 等合金元素，以细化焊缝金属晶粒，提高其塑性和韧性。

综上所述，马氏体不锈钢埋弧焊时，首先应选用低氢型碱性焊剂，建立低氢的焊接环境，尽可能降低焊缝金属的氢含量。其次是采取高温预热，并保持不低于预热温度的层间温度。这样不仅可降低焊接接头的冷却速度和热影响区硬度，而且有利于减少焊缝金属的氢含量，并使已形成的马氏体组织经受某种程度的回火作用。为保证接头的力学性能，焊后需作适当的热处理。与其他类型的不锈钢相比，马氏体不锈钢的焊接工艺较为复杂。

为将这种成本相对较低的马氏体不锈钢用于大型工程结构，例如海底油气输送管线、海上采油平台、大型水轮机部件和压水管道，近期已研制出多种超低碳 Cr-Ni-Mo 型马氏体不锈钢，又称超级马氏体不锈钢。其主要特点是将碳的质量分数降低到 0.02% 以下，以形成“软”的低碳马氏体。这种新型马氏体不锈钢与标准型马氏体不锈钢相比，具有较高的抗氢致裂纹的能力。在某些情况下，焊接接头在焊态下就具有符合要求的力学性能。

为补偿碳含量降低而丧失的强度性能，在钢中加入合金元素镍，促使奥氏体形成，并提高钢的可淬性。为改善其耐蚀性，还加入了合金元素钼和铜。同时严格控制S、P、O、N等有害杂质含量，使钢的纯净度达到相当高的等级，因此极大地改善了钢的焊接性。

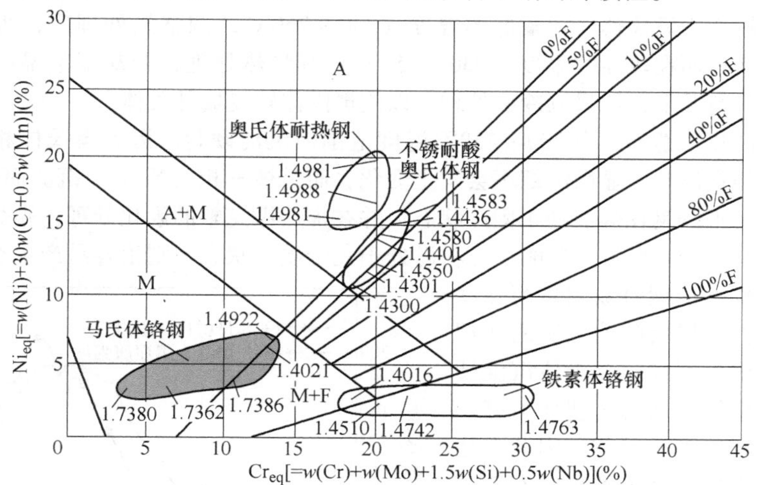

图8-20 在舍夫勒组织图中马氏体不锈钢原始组织相区

这些超级马氏体不锈钢的力学性能与标准型马氏体不锈钢相当。在淬火+回火状态下，其最低屈服强度为600~760MPa，抗拉强度为750~900MPa，伸长率为18%~25%。焊态下接头的最高硬度不超过300HV。在一般的情况下，焊前不必预热，焊后也无须热处理。如果接头壁厚超过20mm，应做100℃左右低温预热和短时焊后热处理。

由于大多数超级马氏体不锈钢的抗拉强度高于800MPa，当构件接头壁厚大于50mm时，其拘束应力较高，加剧了对氢致裂纹的敏感性。为防止这种裂纹的形成，必须选用超低氢型焊剂，保持低氢的焊接环境，并对工件进行适当的预热。

5. 沉淀硬化不锈钢的焊接性

沉淀硬化不锈钢的特点是通过特殊的热处理获得高强度，同时保持良好的耐蚀性。为使焊接接头达到与母材相当的力学性能，必须严格控制显微组织和热处理状态。在沉淀硬化马氏体和半奥氏体不锈钢中，大多数以铁素体凝固，并在凝固结束后形成全铁素体，或铁素体与奥氏体混合组织。在高温下，大部分铁素体转变为奥氏体。当冷却至室温时，奥氏体全部或部分转变为马氏体。如果这种转变基本结束，则形成马氏体沉淀硬化不锈钢；如果此转变大部分未完成，还残留大量奥氏体，则成为半奥氏体沉淀硬化不锈钢。这两种钢的组织内通常还残留某些高温铁素体。

在奥氏体钢中，这种在冷却过程中的组织转变要简单得多。在凝固结束时，显微组织为全奥氏体。当冷却至室温时，这种奥氏体仍保持稳定。由于未发生铁素体→奥氏体、奥氏体→马氏体的转变，在焊缝金属显微组织中，通常不会出现亚组织，而是相当明显的一次结晶组织。

沉淀硬化不锈钢绝大多数是在固溶处理状态，沉淀硬化之前进行焊接。在这种状态下，马氏体沉淀硬化不锈钢虽然硬度较高，但仍有一定的塑性。半奥氏体和奥氏体沉淀硬化不锈钢则硬度较低，且塑性很好。由于焊缝金属冷却速度快，在焊态下的焊缝金属内，一般不会发生沉淀。因此其显微组织和性能不同于固溶状态的母材。为提高接头的强度，需要做强化处理。对于马氏体沉淀硬化不锈钢，焊后在480~620℃温度范围内做一次热处理，使马氏体回火，并促进沉淀硬化。应当注意，在高于540℃温度下的热处理，焊缝金属组织内可能会重新形成某些奥氏体。

对于半奥氏体沉淀硬化不锈钢，由于在焊态下焊缝组织内可能存在大量的稳定奥氏体，通常要求做调整热处理，促使碳化物在高温下沉淀，并使奥氏体的稳定性降低。当从调整热处理温度冷却时，奥氏体转变为马氏体。在较低的温度（730～760℃）调整热处理后，所有的奥氏体实际上都发生了转变；而在较高的温度（930～955℃）调整热处理，冷却至室温后，可能残留一些奥氏体。在这种情况下，需采取冷冻处理，以使奥氏体转变成马氏体。

奥氏体沉淀硬化不锈钢可在700～750℃温度范围内沉淀硬化。因为奥氏体相当稳定，在上述温度下或冷却到室温时，显微组织不会发生变化，而是被γ相（Ni_3Ti）沉淀而强化。

如果沉淀硬化不锈钢在焊前处于固溶状态，并在焊后做完整的硬化处理，则焊缝的强度接近于母材，塑性略有下降。如果焊接时，母材已处于完全硬化状态，则很容易产生裂纹。马氏体和半奥氏体沉淀硬化不锈钢时效到最高强度后，其塑性相当低。焊接收缩应变的作用足以在焊缝周围诱发裂纹。奥氏体沉淀硬化不锈钢，在完全硬化状态，塑性虽高一些，但焊缝金属裂纹更为严重。因此在任何情况下，最好避免在完全硬化状态下焊接沉淀硬化不锈钢。

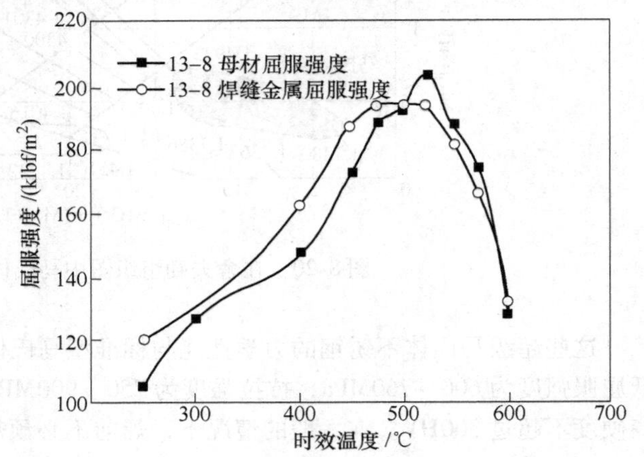

图 8-21 13-8CrNiMo 型沉淀硬化马氏体不锈钢及焊缝金属的屈服强度与时效温度的关系

注：1ft · lbf = 1.3558J。

沉淀硬化不锈钢可以在轻度过时效状态下焊接。在这种情况下，钢具有较高的塑性。但焊接接头不可能时效到全硬化状态，除非焊后再做固溶处理，并重新进行时效。这反而使焊接工艺更加复杂化。

沉淀硬化不锈钢焊接接头的力学性能还取决于焊缝金属的显微组织。对于马氏体和半奥氏体沉淀硬化不锈钢，焊缝金属中过量的残留铁素体可能降低塑性和韧性。通常要求铁素体的体积分数控制在10%以下。另外残留奥氏体的存在也将降低接头的强度。

马氏体沉淀硬化不锈钢焊接接头的力学性能与焊后热处理温度的关系如图8-21和图8-22所示。图示曲线表明，为使接头的强度与冲击韧度之间达到较好的平衡，要求在较高的温度范围内（550～600℃）进行焊后热处理。

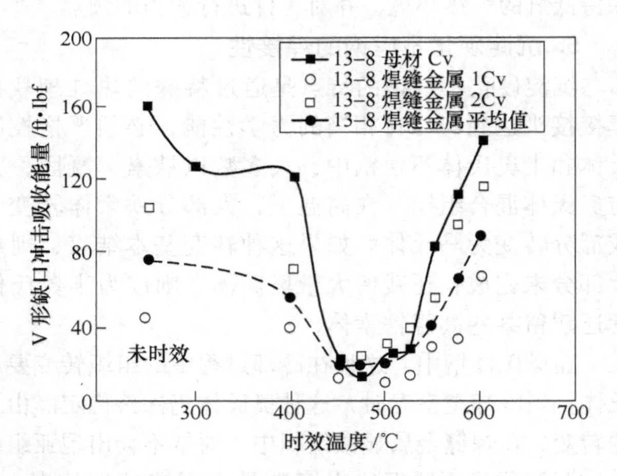

图 8-22 13-8CrNiMo 型沉淀硬化马氏体不锈钢及焊缝金属 V 形缺口冲击能量与时效温度的关系

注：1ft · lbf = 1.3558J。

沉淀硬化不锈钢由于碳含量较低，从焊接冶金观点评价，其焊接性较好。但在厚壁高拘束焊接接头中，还是存在裂纹的危险。图8-23所示为厚50mm的17-4PH马氏体沉淀硬化不锈钢焊接接头热影响区裂纹，其特点是沿条状铁素体生成。在A286型奥氏体沉淀硬化不锈钢焊接接头中，曾发现图8-24所示的液化裂纹，其大多分布于高温热影响区，部分裂纹是由莱氏体相（Lavesphase）熔化形成的。

综上所述，焊接沉淀硬化不锈钢时，应选用适当的焊接热输入，控制层间温度，建立低氢的焊接环境，特别注意正确制定焊后热处理温度。为消除奥氏体沉淀硬化不锈钢焊接接头中的结晶裂纹、液化裂纹和高温低塑性裂纹，最根本的办法是在钢冶炼时采取适当的措施，降低硫、磷、硅等杂质含量，提高钢的纯净度。目前已研制出超低碳级奥氏体沉淀硬化不锈钢，其S、P的质量分数控制在0.010%以下，Si的质量分数低于0.10%，合金系列为15-30Cr Ni-Mo-Ti-Al，基本上解决了上述高温裂纹问题。

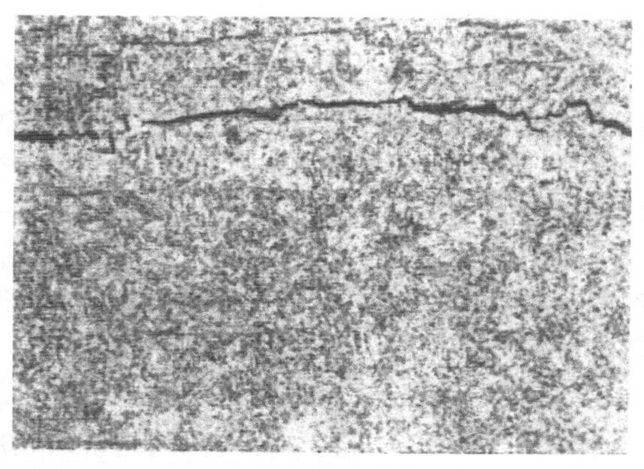

图8-23　17-4PH马氏体沉淀硬化不锈钢厚壁接头中的热影响区裂纹

对于大多数沉淀硬化不锈钢，在固溶状态下焊接时，其焊接性良好，焊前不必预热。

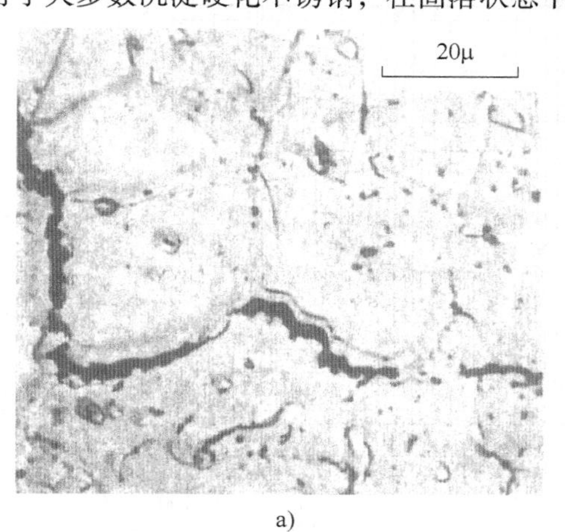

a)

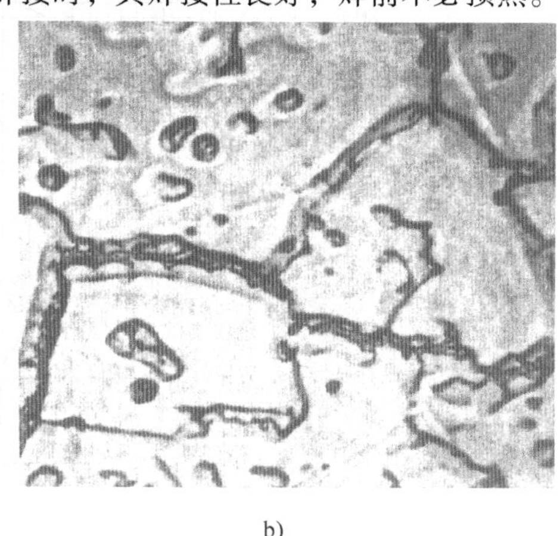

b)

图8-24　A-286型奥氏体沉淀硬化不锈钢焊接接头中的液化裂纹
a）热影响区裂纹　b）由莱氏体相熔化形成的裂纹

8.3.2　高合金耐热钢的焊接性

1. 马氏体高铬耐热钢的焊接性

马氏体高铬耐热钢基本上是C-Fe-Cr系合金。通常$w(\mathrm{Cr})=11\% \sim 18\%$。为提高其热强性，还加入W、Mo、V、Nb等合金元素。马氏体耐热钢与马氏体不锈钢不同，由于其碳含量较高，在所有实际的冷却条件下，组织均转变为马氏体。图8-25所示为典型马氏体耐热钢21Cr12MoV（德国钢种）的连续冷却转变图。由图示曲线可见，即使在较低的冷却速度下，也会产生淬火而形成硬度很高的马氏体组织。这种钢的奥氏体化温度为1050℃，从该温度快速冷却时，形成全马氏体组织。快速加热到820～960℃温度区间，奥氏体的转变是不完全的，而最终形成铁素体和马氏体组织。

在高铬耐热钢中，铬含量对钢的焊接行为有明显的影响。当$w(\mathrm{Cr})$从11%增加到17%时，钢的淬硬性会发生重大变化。当钢的$w(\mathrm{C})$大于0.08%时，则$w(\mathrm{Cr})$为12%的钢的焊接热影响区为全马氏体组织，而当铬含量提高到15%（质量分数）时，由于铬具有稳定铁素体的作用，将阻止其完全转变为奥氏体，残留部分未转变的铁素体。这样在快速冷却的焊接热影响区内，只有一部分组织转变为马氏体，其余为铁素体。在马氏体组织中存在较多的铁素体，将降低钢的硬度和冷裂倾向。

马氏体高铬钢可在退火、消除应力处理、回火或淬火 + 回火状态下焊接。焊接热影响区的硬度主要取决于钢的碳含量。当 w（C）超过 0.15% 时，热影响区硬度急剧提高。冷裂敏感性加大，韧性下降。由于这类钢的热导率较低，导致热影响区的温度梯度更为陡降，加上马氏体转变时的体积变化，引起了较高的相变应力，从而进一步加剧了冷裂倾向。

马氏体耐热钢焊接接头在焊态下的工作能力，取决于热影响区的综合力学性能，包括硬度和韧性之间的适当匹配。但要实现这点往往是相当困难的。为保证马氏体耐热钢焊接接头的使用可靠性，通常规定要做焊后热处理。

化学成分（质量分数，%）

C	Si	Mn	P	S	N	Al	Cu	Cr	Ni	Mo	V
0.21	0.34	0.50	0.023	0.013	0.0370	0.011	0.07	11.28	0.31	0.86	0.29

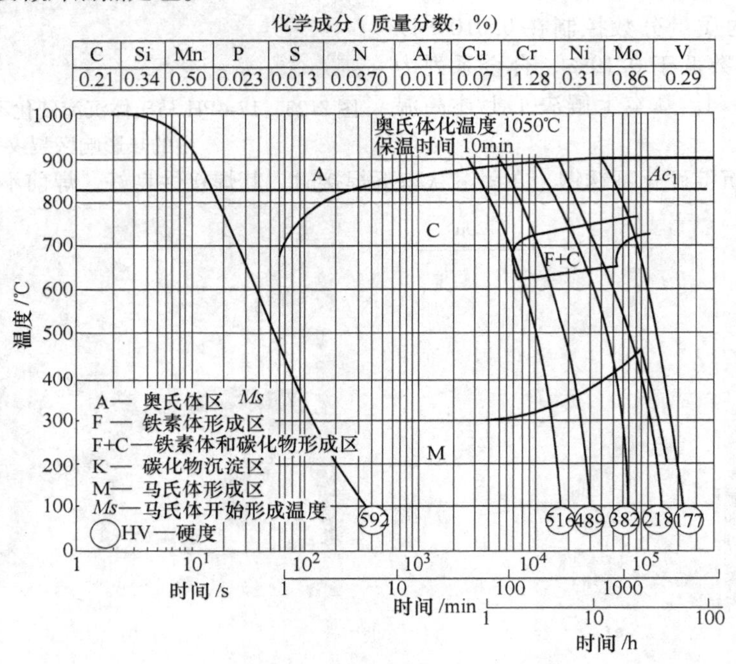

图 8-25　21Cr12MoV 高铬耐热钢连续冷却转变图

2. 铁素体高铬耐热钢的焊接性

铁素体高铬耐热钢是一种低碳型 C-Fe-Cr 系合金。为阻止加热时奥氏体的形成，在钢中加入了 Al、Nb、Mo 和 Ti 等铁素体稳定元素。图 8-26 所示为铬和碳含量对高铬钢奥氏体区范围的影响。从图中可见，随着铬含量的增加，碳含量的降低，奥氏体区逐渐缩小。当 w(Cr) > 17% 或 w(C) < 0.03% 时，钢中不再可能形成奥氏体，而为纯铁素体组织。因此这些钢不可能被淬硬，冷裂倾向较小。但标准型铁素体高铬耐热钢焊接接头过热区有晶粒长大倾向，使接头的塑性和韧性下降。为改善其焊接性，在降低钢的碳含量的同时，添加少量铝 [w(Al) = 0.2%]，以阻止在高温区内奥氏体的形成和晶粒过分长大。

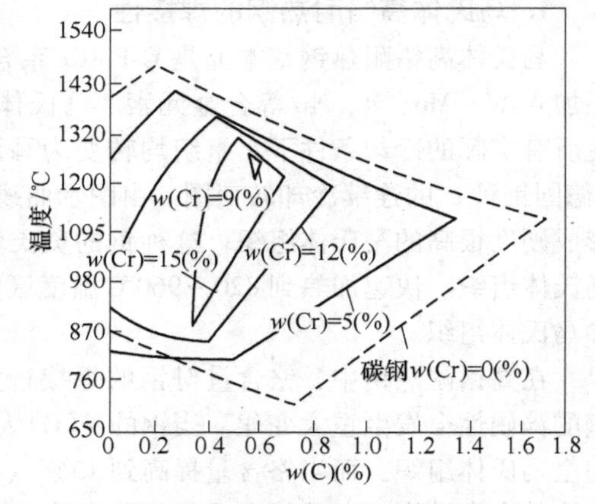

图 8-26　铬和碳含量对高铬钢奥氏体区范围的影响

在某些铁素体高铬钢中，在 820℃ 以上温度可能形成少量的奥氏体。从高温冷却时，奥氏体将转变为马氏体，造成轻微的淬硬。因钢的组织内只有一部分马氏体，其余均为“软”的铁素体，不可能由马氏体相变应力引起裂纹。但由于马氏体主要沿铁素体晶界分布，对接头的塑性起不利的作用。对于这些铁素体高铬钢，焊后最好在 760 ~ 820℃ 温度范围内做退火处理。

改善铁素体高铬耐热钢焊接性的最新方法是降低钢中间隙元素（C、O、N）的含量，提高钢的纯净度，并加入适量的铁素体稳定元素，这样可完全避免马氏体的形成。在一般情况下，这种高铬耐热钢焊前无须预热，焊后可不做热处理。在焊态下，接头具有较好的塑性和韧性。

w(Cr) > 17% 的高铬钢，在 450 ~ 525℃ 之间的温度下加热，可能由于沉淀过程产生 475℃ 脆变。如焊件在上述温度区间长时高温运行，铬含量较低的耐热钢[w(Cr) ≈ 14%]也倾向于 475℃ 脆变。

w(Cr) > 21% 的铁素体高铬耐热钢在 600 ~ 800℃ 温度范围内长时间加热将促使形成金属间化合物 σ 相，其性质硬而脆，硬度高达 800 ~ 1000HV，其中 w(Cr) = 52%、w(Fe) = 48%。如果钢中含有 Mo、Ni、Si 等合金元素，则 σ 相可能具有更复杂的成分。σ 相的形成速度取决于钢中铬含量和加热温度。在 800℃ 高温下，σ 相的形成速度可能达到最高值。在较低的温度下，σ 相的形成速度逐渐减慢。不过，σ 相转变和 475℃ 脆变都是可逆的。σ 相可以通过 850 ~ 950℃ 的短时加热，随后快速冷却来消除。475℃ 脆变可以在 700 ~ 800℃ 温度下短时加热，紧接水冷即可消除。

铁素体高铬钢焊接接头热影响区内，由于焊接高温的作用，不可避免地会形成粗晶。晶粒长大程度取决于所达到的最高温度及其保持时间。粗晶必然导致焊接接头过热区韧性的下降。因此铁素体高铬耐热钢焊接时，应尽可能采用低的热输入，并采用多层多道焊工艺。

3. 奥氏体耐热钢的焊接性

奥氏体耐热钢的焊接性与奥氏体不锈钢基本相同。总的来说，这类钢由于塑性和韧性较高，且不可淬硬，具有较好的焊接性。奥氏体耐热钢焊接的主要问题有：铁素体含量的控制、焊接热裂纹和 σ 相脆变。其中焊接热裂纹已在“奥氏体不锈钢的焊接性”一节中作了较详细的论述，本节主要讨论另两个问题。

（1）焊缝金属铁素体含量的控制　奥氏体耐热钢焊缝金属中的铁素体含量关系到抗裂性、σ 相脆变和热强性。从提高焊缝金属抗裂性出发，要求焊缝金属组织内含有一定量的铁素体；但从防止 σ 相脆变和提高热强性考虑，铁素体含量越低越好。

各种不同合金成分的铬镍奥氏体钢焊缝金属，在焊态下的铁素体含量可按图 8-15 来确定。在计算焊缝金属铬、镍当量时，应计及母材对焊缝金属的稀释率。此外，还应考虑焊接熔池的冷却速度。随着冷却速度的提高，焊缝金属中铁素体含量逐渐减少。

铁素体含量对奥氏体铬镍钢焊缝金属力学性能的影响如图 8-27 所示。从中可见，随着铁素体含量的增加，其常温抗拉强度提高，塑性下降，然而高温短时抗拉强度、高温持久强度及低温韧性随之明显降低。因此对于奥氏体铬镍耐热钢焊接接头，应当严格控制其铁素体含量。在某些特殊应用场合，可能要求采用全奥氏体焊缝金属。

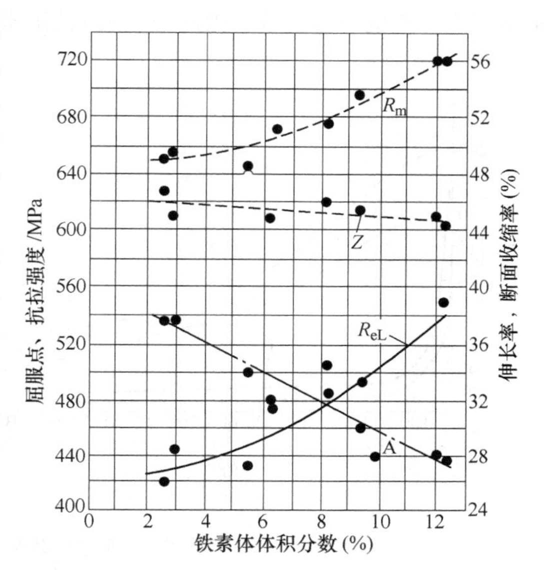

图 8-27　铁素体含量对奥氏体铬镍钢焊缝金属力学性能的影响

（2）σ 相脆变　铬镍奥氏体钢及其焊缝金属在高温持续加热过程中也会发生 σ 相脆变。σ 相析出温度范围为 650 ~ 850℃。Cr18Ni8 型奥氏体钢在 700 ~ 800℃ 温度下，Cr25Ni20 型奥氏体钢在

800~850℃温度下，σ相的析出速度最快。在Cr18Ni8型奥氏体钢中，当温度超过850℃时，σ相不再形成。Cr25Ni20型奥氏体钢在800℃以上温度加热时，σ相的析出速度要缓慢得多，在900℃以上高温下，σ相不再析出。

焊缝金属与轧制材料不同。在奥氏体组织内，总会含有一定量的铁素体。在高温加热过程中，铁素体将逐渐转变为σ相。随着转变温度的提高，σ相倾向于球化。在某些奥氏体钢焊缝金属中，σ相也能直接从奥氏体中析出，或者在奥氏体晶体内以魏氏组织形式析出。

σ相析出速度在很大程度上取决于金属的原始组织和加热过程的特性参数。σ相从铁素体转变的速度要比从奥氏体转变快得多。奥氏体钢在高温加热过程中，如果同时经受塑性流变或一定的拉应力，则可大幅度加快σ相析出。

在奥氏体钢中，σ相析出的原因可能与温度升高时碳化物的溶解有关。由于碳和铬的扩散速度不同，当碳化物溶解时，会形成一高铬区，σ相可能就在这一区域析出。

σ相对奥氏体钢的性能产生不利的影响，主要表现在冲击韧度明显下降。图8-28和图8-29分别为高温持续加热对Cr18Ni8型和Cr25Ni20型奥氏体钢及其焊缝金属冲击韧度的影响。σ相对钢材性能危害的程度取决于它的形状、尺寸和分布形式。此外，σ相对铬镍奥氏体钢的抗高温氧化性和接头的高温蠕变强度也会产生一定的有害影响。因此必须采取相应措施，控制奥氏体焊缝金属中σ相转变。

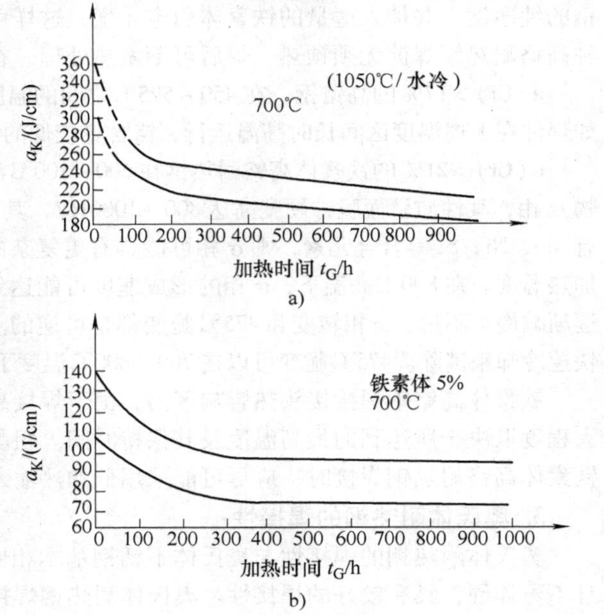

图8-28 700℃长时加热对Cr18Ni8型钢及其焊缝金属冲击韧度的影响
a）板材 b）焊缝金属

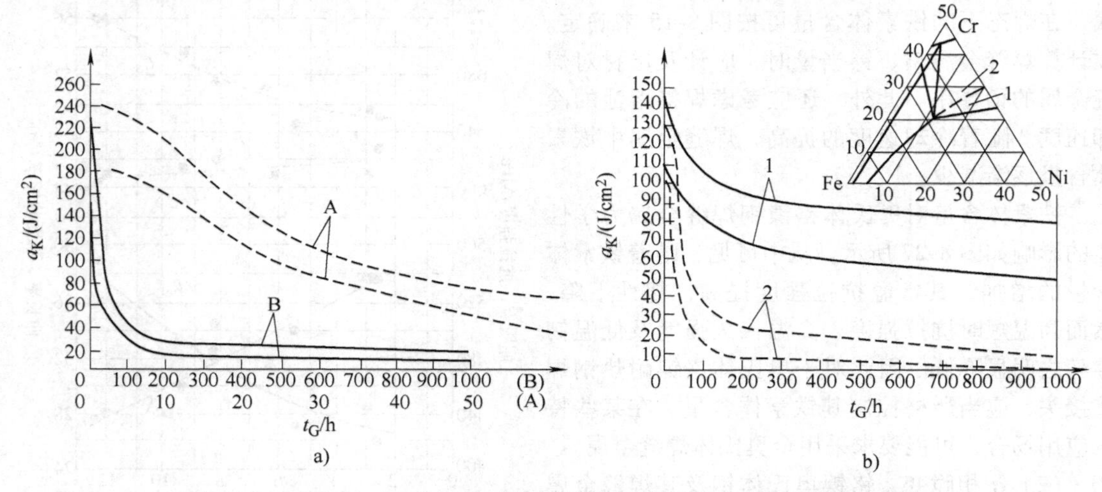

图8-29 800℃长时加热对Cr25Ni20型钢及其焊缝金属冲击韧度的影响
a）母材 b）焊缝金属
注：1. 曲线A的时间横坐标为10~50h；曲线B为100~1000h。
2. 1、2表示不同成分的25CrNi20焊缝金属。

防止奥氏体钢焊缝金属σ相形成最有效的措施是调整焊缝金属的合金成分，严格限制Mo、Si、Nb等加速σ相形成元素的含量，适当降低Cr含量，并相应提高Ni含量。例如，Cr23Ni22合金系奥氏体钢对σ相的敏感性比Cr25Ni20型奥氏体钢要低得多，在焊接工艺方面应采用低热输入，焊后应避免在600～850℃温度区间进行热处理。

4. 沉淀硬化高合金耐热钢的焊接性

沉淀硬化高合金耐热钢的焊接性与沉淀硬化不锈钢的焊接性基本相似。这些钢不仅具有高的热强性和抗氧化性，而塑性和断裂韧性较高。沉淀硬化是加入到钢中的Cu、Ti、Nb和Al等元素促成的。这些附加成分在固溶退火或奥氏体化过程中溶解，在时效热处理时，析出亚显微相，提高了基体的硬度和强度。沉淀硬化耐热钢按其基体组织可分为马氏体、半奥氏体和奥氏体三类沉淀硬化耐热钢。

大多数马氏体沉淀硬化耐热钢约在1040℃温度下固溶处理，此时其组织主要为奥氏体。淬火时奥氏体在150～95℃温度区间转变为马氏体。时效处理温度范围为480～620℃。

半奥氏体沉淀硬化耐热钢在固溶处理或退火状态的组织为奥氏体+δ铁素体。δ铁素体所占的比例最大可达20%。这种钢通过三道强化处理，分别是固溶处理、冰冷处理、时效硬化处理。固溶处理的温度范围为732～954℃；冰冷处理温度在-70℃以下，可使30%的奥氏体转变为马氏体；时效处理为454～538℃加热3h后空冷，其作用是使马氏体回火，进一步提高钢的强度和韧性。对于某些半奥氏体沉淀硬化钢，例如美国钢种AM350和AM355，在时效处理之前，加一道调整处理，即在774℃加热2～4h，空冷。其目的是在已形成的马氏体上，或在δ铁素体边界上沉淀碳化物，并使部分残留奥氏体转变为马氏体。

沉淀硬化奥氏体耐热钢合金含量较高，足以使固溶处理后，或任何时效硬化处理后，保持奥氏体组织。沉淀硬化奥氏体钢的热处理工艺比较简单：先做固溶处理，即将钢材加热到1100～1200℃，然后快速冷却；接着在650～760℃温度范围内时效处理。在时效过程中，Al、Ti、P等元素会形成金属间化合物而使钢明显强化。

虽然沉淀硬化奥氏体钢在成形、焊接、热处理之后总是保持奥氏体组织，但为产生沉淀硬化而加入钢中的某些元素，会对钢的性能产生不利的影响。例如Cu、Nb、Al和P等合金元素，可能在晶界上形成低熔点化合物，使钢具有红脆性及热裂倾向。某些钢种还可能对焊接热影响区的再热裂纹相当敏感。对于这些沉淀硬化耐热钢，必须选用低的焊接热输入和特种焊接材料，拟定适当的焊后热处理工艺。

上述三类沉淀硬化耐热钢共性的焊接问题是，为保证接头的力学性能和断裂韧性，焊件应做完整的热处理。对于大型或结构复杂的构件，应在焊前先做固溶处理，焊后再做时效硬化处理。

8.4 高合金钢埋弧焊工艺

8.4.1 高合金不锈钢埋弧焊工艺

1. 奥氏体不锈钢埋弧焊工艺

在拟定奥氏体不锈钢埋弧焊工艺时，应充分考虑以下工艺特点。

（1）奥氏体不锈钢中合金元素易烧损　奥氏体不锈钢含有较多的易氧化元素，如铬、钛等。如选用普通氧化性埋弧焊焊剂，不锈钢焊丝中的这些元素将被严重氧化烧损，并形成与焊缝表面结合牢固的渣壳，恶化了脱渣性和焊缝成形。同时也降低了焊缝金属的力学性能和耐蚀性。

为使焊缝金属各项性能基本等同于母材，必须确保焊缝金属的主要合金成分与所焊不锈钢母材相当。因此首先必须选用氧化性很小的高碱度焊剂，保证焊丝中的合金元素不会被氧化烧损。

(2) 焊缝中母材熔合比对成分的影响　埋弧焊是一种深熔焊接法，母材在焊缝中所占的比率相当高，并直接影响焊缝金属的合金成分。原则上，在埋弧焊焊缝中，母材的熔合比应控制在40%以下，以控制焊缝金属中合金成分含量。例如，焊缝中Cr含量可按下列公式计算：

$$Cr_s = (1-A)(Cr_D + \Delta Cr) + ACr_G$$

式中　Cr_s——焊缝金属铬的质量分数；

A——母材熔合比；

Cr_D——焊丝中铬的质量分数；

ΔCr——Cr的渗合金量或烧损量（按质量分数计）；

Cr_G——母材中的铬的质量分数。

由此可见，为将不锈钢埋弧焊焊缝金属合金成分控制在所要求的范围内，应合理设计接头的坡口形式，正确选用焊接电流，降低焊缝的熔透深度，保证母材的熔合比不超过40%。

(3) 不锈钢特殊物理性能的影响　奥氏体不锈钢以其特殊的物理性能——低的热导率、高电阻率和热膨胀系数以及表面高强度氧化膜等对焊接工艺产生重大的影响。这些特性决定了工件在埋弧焊时将产生较大的挠曲变形，并使近缝过热区扩大。为减弱这些不利影响，应合理设计焊接坡口形式，尽量缩小焊缝的横截面积。

(4) 埋弧焊高热输入的影响　埋弧焊与其他弧焊方法相比，焊接热输入要高得多，致使熔池尺寸较大、冷却速度和凝固速度较慢，加剧了结晶过程中合金元素和杂质的偏析，并形成粗大的初生结晶，导致焊缝金属和近缝区的热裂倾向。因此奥氏体不锈钢埋弧焊时，应通过焊接试验选定合适的热输入。可以通过选用细焊丝、适当降低焊接电流、加快焊接速度的方法，实现低热输入高效焊。

(5) 焊接电流种类的影响　奥氏体不锈钢埋弧焊可以采用交流电，也可采用反极性直流电，这主要取决于所选用的焊剂特性。由于在低的焊接电流下直流电弧较稳定，故大多数均采用直流电焊接。另外，奥氏体钢的电阻率较高，熔点较低，在使用相同直径焊丝时，焊接电流应比碳钢埋弧焊低20%左右。同理，应严格控制焊丝伸出长度，过大的焊丝伸出长度，会因电阻加热造成焊丝熔化速度不均匀，焊缝成形恶化，严重时还会造成未焊透。

(6) 焊接接头冷却速度的影响　奥氏体不锈钢埋弧焊接头的冷却速度对接头性能产生重要影响。通常要求焊后快速冷却，尽量缩短接头在高温下的停留时间，防止碳化铬沿晶界析出，使接头保持高的耐蚀性。此外，接头的冷却速度也在一定程度上决定了焊缝金属中的铁素体含量。冷却速度越慢，铁素体含量越多。当铁素体含量超过一定数量时，不仅降低焊缝金属的塑性（图8-30），而且也影响耐蚀性。因此焊接奥氏体不锈钢时，即使是厚板，也不应预热，并要控制层间温度不超过150℃。对于耐蚀性要求较高的焊件，往往需采取加速冷却焊缝的措施，例如将接缝压紧在通水冷却的铜衬垫上焊接，或在焊缝背面通压缩空气或喷水加速冷却。

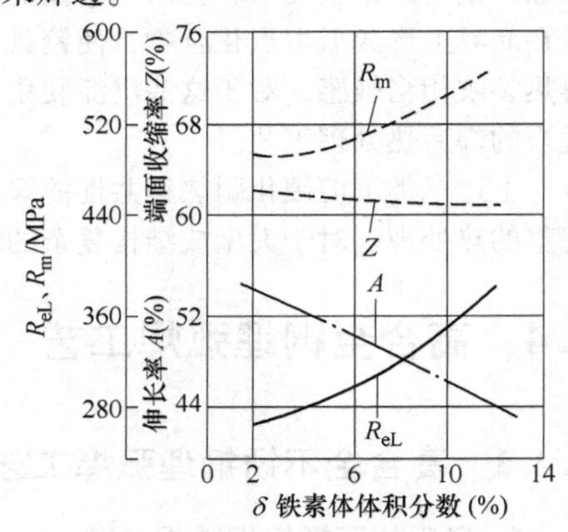

图8-30　铬镍奥氏体钢焊缝金属中铁素体含量对力学性能的影响

2. 奥氏体不锈钢埋弧焊工艺细则

(1) 焊前准备　奥氏体不锈钢可采用等离子弧切割下料，切割边缘应用机械加工法去除切割热影响区。如果采用冲剪方法下料，也应用切削加工法将冷作硬化带加工掉。

所有接缝边缘和焊接坡口应采用机械加工法制备。焊前应用丙酮彻底清除坡口表面及其两侧的油污。焊接坡口形式可采用直边对接、V形和U形坡口。坡口尺寸可参照国家标准GB/T

985.2—2008 的规定。

焊前应将焊剂在 250～300℃温度下烘干 2～3h。

散装焊丝表面应用丙酮清洗除油。密封包装的盘装和筒装焊丝开包后可直接使用。焊丝给送轮和校正轮焊前也应仔细清洗干净。

工件装配工夹具与不锈钢件表面接触部位也采用铜合金制造，防止碳钢器具表面的铁离子黏附于不锈钢表面而成为腐蚀起源点。

（2）焊接材料的选择　铬镍奥氏体不锈钢埋弧焊应选用无锰中硅中氟、低锰低硅高氟和无锰低硅高氟焊剂，如 HJ150、HJ151、HJ151Nb、HJ172 等。HJ151Nb 焊剂的标称成分与 HJ151 相同，只是掺了金属 Nb 粉末，适用于含 Nb 不锈钢的埋弧焊，其脱渣性良好。对于耐蚀性要求较低的焊接接头，也可选用工艺性较好的低锰高硅中氟焊剂，如 HJ260 焊剂。

烧结焊剂具有工艺性能良好、脱渣容易、焊缝金属成分稳定、易于控制等优点，在奥氏体不锈钢埋弧焊中已得到广泛的应用。国产不锈钢埋弧焊烧结焊剂有 SJ601 和 SJ641。SJ641 焊剂渣系为 $CaO-MgO-CaF_2-SiO_2$，粒度在 0.280～1.60mm 之间，直流反极性施焊，可配用 H0Cr21Ni10、H0Cr19Ni12Mo2 等不锈钢焊丝。SJ601 和 SJ601Cr 烧结焊剂可与除超低碳不锈钢焊丝之外的各种不锈钢焊丝组合使用。

在欧美各工业发达国家，奥氏体不锈钢埋弧焊几乎都采用烧结焊剂。表 8-4 和表 8-5 分别列出几种具代表性的烧结焊剂牌号、主要合金成分、特性以及与相应焊丝组合使用时，焊缝金属的化学成分和力学性能规定值。所列烧结焊剂也适用于奥氏体不锈钢带极埋弧堆焊。某些牌号的焊剂还适用于超低碳级奥氏体不锈钢的埋弧焊。

表 8-4　国外几种典型不锈钢埋弧焊烧结焊剂成分及特性

焊剂牌号	主要成分(%，质量分数)				主要特性
	SiO_2+TiO_2	$CaO+MgO$	Al_2O_3+MnO	CaF_2	
OP70CR	15	35	20	25	碱性焊剂，适用于直流电 最大承载电流 1000A 焊剂烘干温度 300℃ ×2h
OP70CRELC	20	25	20	30	碱性焊剂，超低碳级 适用于直流电，大电流亦可用交流 最大承载电流 800A 焊剂烘干温度 300℃ ×2h
OP71CRELC	25	35	10	25	碱性焊剂，超低碳级 适用于直流电，大电流也可用交流 最大承载电流 800A 掺入 2%(质量分数)铬铁粉 焊剂烘干温度 300℃ ×2h
OP74CR	15	35	20	25	碱性焊剂，交直流两用 最大承载电流 800A 适用于小直径筒体环缝和粗丝埋弧焊 焊剂烘干温度 300℃ ×2h
OP76	15	40	20	25	碱性焊剂，交直流两用 最大承载电流 800A 适用于小直径筒体环缝和粗丝埋弧焊 焊剂烘干温度 300℃ ×2h

表 8-5 采用表 8-4 所列烧结焊剂埋弧焊焊缝金属主要合金成分和力学性能规定值

焊剂牌号	焊丝牌号	主要合金成分(%，质量分数)				
		C	Cr	Ni	Mo	Nb
OP70CR	OE-199	<0.06	≥18	≥9	—	—
	OE-199Nb	<0.07	≥18	≥8	—	≥8×C
	OE19113	<0.06	≥18	≥10	≥2.5	—
	OE-19123Nb	<0.07	≥18	≥10	≥2.5	≥8×C
OP70CRELC	OE-199nc	<0.03	≥18	≥9	—	—
	OE-199	<0.06	≥18	≥9	—	—
	OE-199Nb	<0.07	≥18	≥8	—	≥8×C
	OE-19123nc	<0.03	≥18	≥10	≥2.5	—
	OE-19123	<0.06	≥18	≥10	≥2.5	—
	OE-19123Nb	<0.07	≥18	≥10	≥2.5	—

焊剂牌号	焊丝牌号	力学性能			
		R_m/MPa	R_{eL}/MPa	A(%)	20℃冲击韧度/(J/cm²)
OP70CR	OE-199	≥550	≥320	≥35	≥75
	OE-199Nb	≥575	≥350	≥30	≥65
	OE-19113	≥550	≥320	≥35	≥75
	OE-19123Nb	≥600	≥350	≥30	≥65
OP70CRELC	OE-199nc	≥550	≥320	≥35	≥75
	OE-199	≥550	≥320	≥35	≥75
	OE-199Nb	≥575	≥350	≥30	≥65
	OE-19123nc	≥550	≥320	≥35	≥75
	OE-19123	≥550	≥320	≥35	≥75
	OE-19123Nb	≥600	≥350	≥30	≥65

国产铬镍奥氏体不锈钢埋弧焊焊丝已列入国家标准 GB/T 17854—2018《埋弧焊用不锈钢焊丝-焊剂组合分类要求》，国际通用的不锈钢焊丝目前基本上采纳美国 AWS A5.9/A5.9M-2012《不锈钢焊丝和焊棒标准》。

选择埋弧焊焊丝时，首先应从保证接头耐蚀性出发，使焊缝金属主要合金成分 Cr、Ni、Mo、Nb（Ti）等与所焊不锈钢母材成分相当。考虑到合金元素 Cr 在埋弧焊时有一定的烧损，应选择 Cr 含量略高于母材的不锈钢焊丝。其次为焊制无裂纹的焊缝金属，应使焊缝金属内含有一定量的铁素体。为此，可利用图 8-15 所示的不锈钢焊缝金属组织图确定最合适的焊缝金属合金成分范围，选定合金成分相近的标准不锈钢焊丝。对于某些苛刻的腐蚀条件，要求焊缝金属为全奥氏体的场合，可以选择锰含量较高的不锈钢焊丝，如 ER307 等。

此外，应考虑埋弧焊工艺方法对焊缝金属合金成分的影响。在直边对接单面焊和双面焊时，母材的混合比较高，占 50%～80%，焊丝熔化金属仅占一小部分。而不锈钢埋弧焊时，通常选用碱性焊剂，由熔渣金属间冶金反应产生的合金元素渗合金量或烧损量较小。在这种情况下，只要按照母材的成分选择相应的焊丝，即可获得符合要求的焊缝金属。

在铬镍奥氏体不锈钢厚壁接头 V 形或 U 形坡口多层多道埋弧焊时，应特别注意后道焊缝对前道焊缝的热作用，使焊道间热影响区处于 600～900℃温度区间的时间延长，提供了铁素体向 σ

相转变的热力学条件。因此应严格控制焊缝金属合金成分，在保持抗裂性的前提下，尽量降低铁素体含量，并选配无锰低硅中氟或高氟焊剂，最大限度地减少合金元素的烧损，使焊缝金属始终保持所要求的合金成分。

（3）焊接参数制定

1）焊接温度参数制定。奥氏体不锈钢埋弧焊时，原则上焊前不必预热，且层间温度不应高于150℃。焊接厚10mm以下薄板时，应将接缝压紧在铜衬垫上，焊后一道焊缝使其快速冷却并防止焊件变形。无法采用铜衬垫的接缝，焊接过程中可用压缩空气吹焊缝背面或喷水加速冷却。厚度超过60mm的不锈钢工件，为降低焊接收缩应力，防止畸变，可将接缝局部预热至100～150℃。焊接过程中应控制层间温度不高于预热温度。

2）焊接能量参数制定。奥氏体不锈钢埋弧焊时，焊接能量参数主要有焊接电流I、电弧电压U和焊接速度v。其总的选择原则是应使焊接热输入不超过允许的极限，即选择适中的焊接电流，较高的焊接速度及与其相配的电弧电压。同时还应全面考虑焊接能量参数对焊缝形状、化学成分和金相组织的影响。

①焊接能量参数对焊缝形状的影响。奥氏体不锈钢的热导率为15.95W/(m·K)，约为普通碳钢的35.7%。低的热导率将促使在相同的焊接能量参数下产生较大的蓄热，由此可获得较大的熔深。焊接不锈钢时，如果要达到与碳钢相同的熔深，焊接电流可下降15%～20%。埋弧焊时，焊接电流每增加100A，焊缝熔深可增大1.25mm。为获得成形较好的焊缝，保证熔宽与熔深比大于2，焊接电流应比碳钢埋弧焊电流低20%～25%。

试验表明，不锈钢埋弧焊时，电弧电压在26～40V范围内变动，对熔深无多大影响，而焊接速度降低可能产生较大的熔深。

奥氏体不锈钢在20℃温度下的电阻率为72μΩ·cm，是普通碳钢电阻率的5倍。埋弧焊时，焊丝伸出长度的变化将对焊丝的熔化率产生明显的影响。焊丝伸出长度越长，其熔化率越大。另外，奥氏体不锈钢的熔点（1440℃）低于碳钢的熔点（1520℃），焊丝的熔化率会进一步提高。因此为保证焊缝良好的成形，应严格控制焊丝伸出长度不超过40mm。直径小于3mm的焊丝，伸出长度不应超过30mm。

②焊接能量参数对焊缝金属化学成分的影响。奥氏体不锈钢埋弧焊时，焊接能量参数对焊缝金属的化学成分有一定的影响，其中铬、铌、硅和锰的变化较明显，在这些参数中，电弧电压和焊接速度的影响较大。随着电弧电压的提高、电弧长度增大，焊剂熔化量增多，金属熔滴在电弧中过渡时间延长，反应强烈程度变大，合金元素烧损或渗合金量增加。图8-31所示为采用中锰中硅型焊剂焊接时，电弧电压对铬过渡系数的影响。从中可见，随着电弧电压的升高，铬的烧损量逐渐增加。

焊接速度对铬过渡系数的影响如图8-32所示，曲线表明，随着焊接速度的提高，由于焊剂单位消耗量减少，焊接冶金反应减弱，合金元素铬的烧损随之减少。

焊接电流对合金元素过渡系数的影响如图8-33所示。从中可见，焊接电流在250～650A范围内的变化对合金元素烧损和渗合金几乎没有影响。焊接能量参数的影响取决于焊剂的种类。在碱性烧结焊剂下埋弧焊时，焊接电流和电弧电压对铬的烧损都有明显的影响，如图8-34所示。在这种情况下，随着焊接电流的提

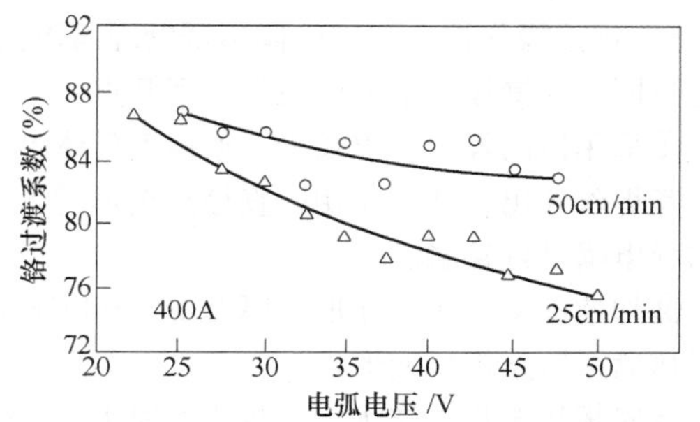

图8-31　采用中锰中硅焊剂埋弧焊焊接不锈钢时，电弧电压对铬过渡系数的影响

母材为碳钢，焊丝X8Cr17、焊剂LW280

高，铬的烧损量逐渐减少，而随着电弧电压的升高，铬的烧损量逐渐增加。

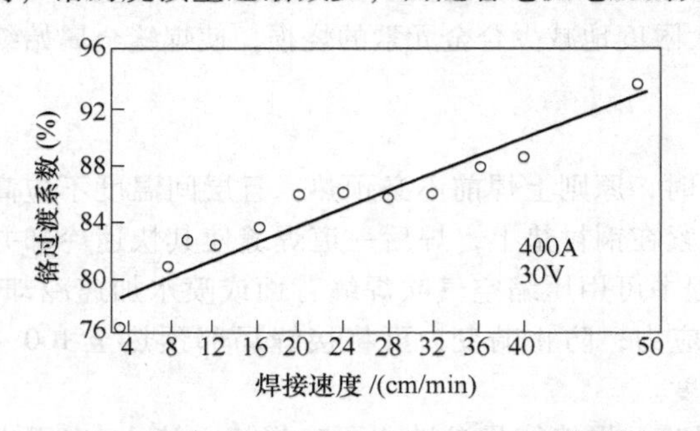

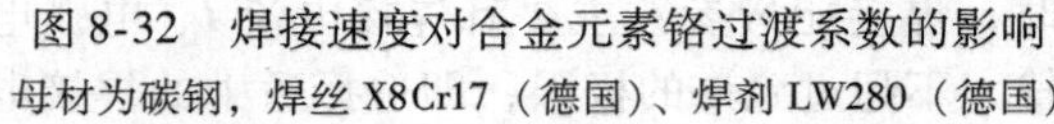
图 8-32 焊接速度对合金元素铬过渡系数的影响
母材为碳钢，焊丝 X8Cr17（德国）、焊剂 LW280（德国）

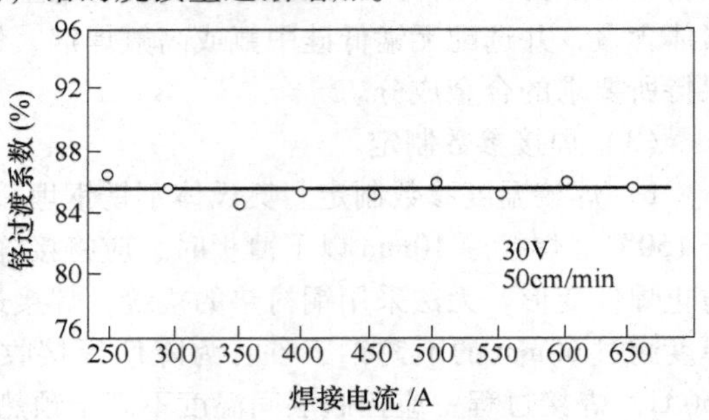

图 8-33 焊接电流对铬过渡系数的影响
母材为碳钢，焊丝 X8Cr17、焊剂 LW280

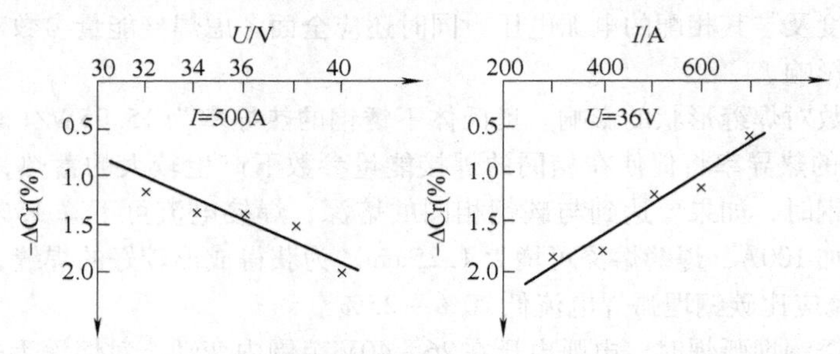

图 8-34 采用碱性烧结焊剂埋弧焊时，铬的烧损量与焊接电流和电弧电压的关系

③焊接能量参数对焊缝金属铁素体含量的影响。在许多焊接工程中，奥氏体不锈钢焊缝金属中的铁素体含量必须严加控制。它不仅取决于焊缝金属的合金成分，还与焊接能量参数有关。如在无锰中硅中氟焊剂下埋弧焊时，低的焊接电压可使焊缝金属各合金元素达到最佳的匹配，其铁素体含量可降到允许的范围内。因此在不恶化焊缝成形的前提下，应选用较低的电弧电压。

焊接电流和焊接速度的变化也会影响焊缝金属中的铁素体含量。提高焊接电流和降低焊接速度都会增加焊接热输入，降低焊缝的冷却速度，促使焊缝金属铁素体含量减少。

在厚板接头多层焊缝中，特别是对于含钼奥氏体不锈钢，采用下列焊接能量参数，可将焊缝金属铁素体含量控制在允许的范围内。

焊接电流：500～600A；电弧电压：27～32V，焊接速度：25m/h；焊丝直径：ϕ4mm。

3）焊接操作技术。奥氏体不锈钢埋弧焊操作技术基本上与碳钢埋弧焊相同，但两者因物理特性不同，在操作技术上应注意下列几点：

①采用短的焊丝伸出长度。铬镍奥氏体不锈钢因电阻率高，焊丝伸出长度容易受电阻热而发红，其焊丝伸出长度应比相同直径碳钢焊丝短 10～15mm。同时应适时更换导电嘴，保持焊丝表面与导电嘴良好接触。

②加速冷却，防止变形。厚度 10mm 以下的薄板单面焊时，背面应加铜衬垫，正面采用夹紧装置压紧，防止焊接变形。

③厚板接头焊接技术。当接头板厚大于 10mm 时，应开 V 形和 U 形坡口，并采用多层多道窄焊道技术，逐层仔细清理熔渣。

厚 20mm 以上平板对接纵缝焊应将工件反变形组装，反变形量按板厚和坡口形式而定。

④多层焊缝焊接顺序。多层焊缝的焊接顺序应将与腐蚀介质接触的一面焊缝最后焊接。焊后

应立即去除熔渣，以加快冷却。

⑤焊接电缆线夹头。铬镍不锈钢埋弧焊时接工件的焊接电缆线夹头应用铜质压头与工件表面压紧，避免钢制夹钳与不锈钢工件表面接触。

（4）奥氏体不锈钢埋弧焊典型焊接参数　厚5mm以下奥氏体不锈钢薄板直边对接加铜衬垫单面埋弧焊典型焊接参数列于表8-6。厚3～10mm不锈钢板直边对接双面埋弧焊典型焊接参数见表8-7。其中包括双丝并联埋弧焊参数。不同厚度各种形式坡口对接接头埋弧焊典型焊接参数分别列于表8-8和8-9。

表8-6　不锈钢薄板直边对接加铜衬垫单面埋弧焊焊接参数

接头板厚/mm	焊接电流/A	电弧电压/V	焊接速度/(m/h)	焊丝直径/mm	其他焊接参数
1.5	220	23	90～108	2.4	直流反接 中性熔炼焊剂 焊丝伸出长度20～25mm
2.0	260	24	90～108	2.4	
3.0	350	26	90	2.4	
4.0	420	27	84	2.4	
5.0	460	28	72	2.4	

表8-7　不锈钢板直边对接双面埋弧焊焊接参数

接头板厚/mm	间隙宽度 b/mm	焊道次序	焊接电流/A	电弧电压/V	焊接速度/(m/h)	焊丝直径/mm	其他焊接参数
3.0	<0.5	1 2	300 300	32 32	90 84	2×1.2	焊丝间距6mm 对角线排列
4.0	<0.8	1 2	300 300	32 32	48 42	2×1.2	焊丝间距6mm 并列布置
4.0	<0.3	1 2	300 300	28 28	72 62	2.4	烧结焊剂牌号OP70Cr 直流反接 焊丝伸出长度：10×焊丝直径
4.0	<0.3	1 2	320 360	32 32	72 48	3.0	
5.0	<0.3	1 2	350 350	32 32	60 42	3.0	
6.0	<0.5	1 2	300 400	32 33	75 60	3.0	
6.0	<0.5	1 2	350 400	34 34	54 30	3.0	
8.0	<0.5	1 2	500 550	34 34	30 24	4.0	
8.0	<0.5	1 2	550 600	34 34	42 30	4.0	
10	<0.8	1 2	600 650	34 35	36 24	4.0	
10	<0.8	1 2	650 700	35 36	42 30	4.0	

表 8-8 不锈钢板双 V 形坡口对接接头埋弧焊焊接参数

坡口形状及尺寸	板厚 S/mm	焊道次序	坡口尺寸 c/mm	坡口尺寸 a 或 b/mm	坡口尺寸 α/(°)	焊接电流 /A	电弧电压 /V	焊接速度 /(m/h)
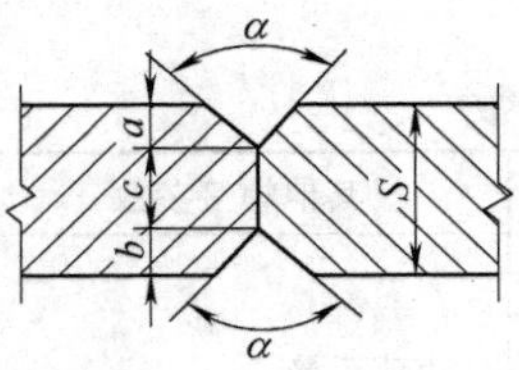	10	1	4	3	60	360	27	36
		2		3	60	400	30	36
	13	1	6	3.5	90	450	27	36
		2		3.5	90	550	30	36
	15	1	7	4	90	450	27	36
		2		4	90	550	30	36
	20	1	10	5	90	550	30	30
		2		5	90	600	35	30
	25	1	13	6	90	600	34	30
		2		6	90	700	39	30

表 8-9 不锈钢板各种坡口形式对接接头双面埋弧焊工艺参数

坡口形式及尺寸 /mm	板厚 t/mm	焊丝直径 /mm	焊道次序	焊接电流 /A	电弧电压 /V	焊接速度 /(cm/min)
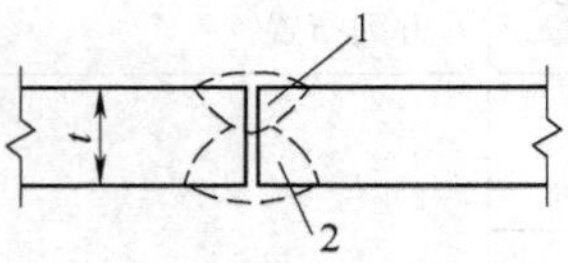	6	2.4	1	300	33	40
		2.4	2	400	34	40
		3.2	1	400	34	100
		3.2	2	500	34	130
	8	2.4	1	350	33	40
		2.4	2	450	34	40
		3.2	1	450	34	55
		3.2	2	550	34	55
		4.0	1	450	34	100
		4.0	2	550	34	130
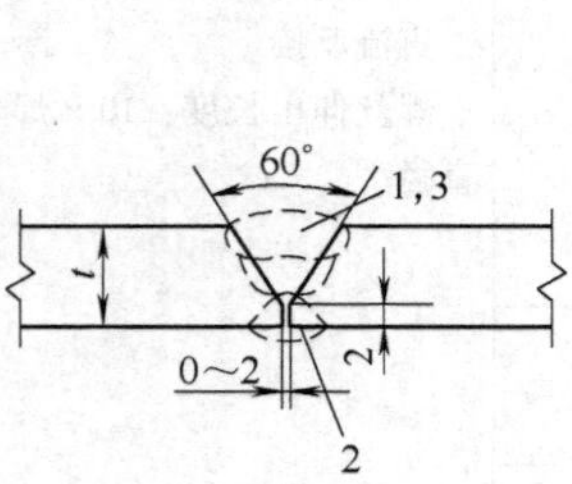	10	2.4	1	420	30	45
		2.4	2	420	32	40
		2.4	3	420	32	40
		3.2	1	500	30	55
		3.2	2	500	32	55
		4.0	1	550	31	65
		4.0	2	550	34	100
	12	4.0	1	600	32	60
		4.0	2	600	34	80
	20	4.0	1	575	31	60
		4.0	2	600	32	60
		4.0	3~5	600	34	65

（续）

坡口形式及尺寸 /mm	板厚 t/mm	焊丝直径 /mm	焊道次序	焊接电流 /A	电弧电压 /V	焊接速度 /(cm/min)
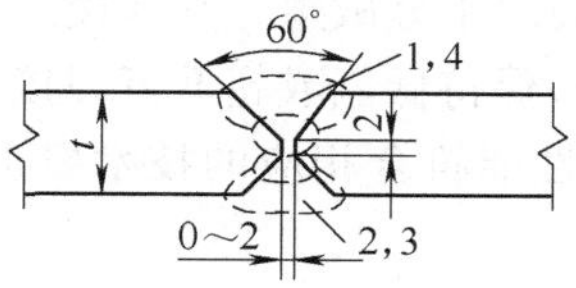 60° 1,4 2 t 0~2 2,3	25	4.0 4.0 4.0 4.0	1 2 3 4~8	550 600 600 600	32 34 34 34	60 50 50 60
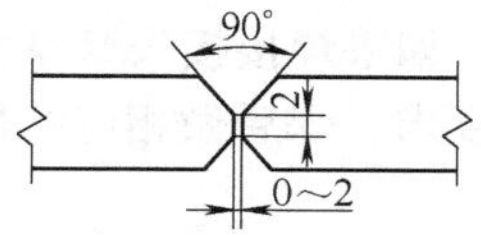 90° 2 0~2	6	2.0	1~n	300	31	60
	10	3.2	1~n	380	32	65
	16	3.2	1~n	450	34	70
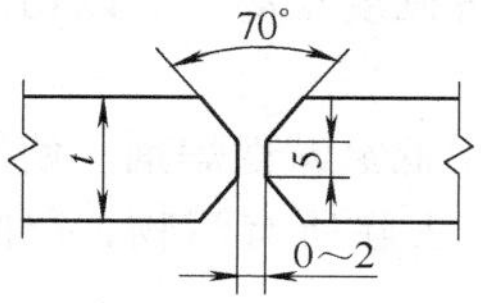 70° t 5 0~2	8	4.0 4.0	1 2	450 550	32 34	90 85
	10	4.0 4.0	1 2	500 600	32 34	65 85
	12	4.0 4.0	1 2	500 600	32 34	60 70
	14	4.0 4.0	1 2	550 600	32 34	60 60

（5）奥氏体不锈钢埋弧焊焊缝金属典型化学成分和力学性能　各种常用铬镍奥氏体不锈钢采用不同焊接材料埋弧焊时，焊缝金属的化学成分和力学性能检验结果见表8-10。表列数据证明，奥氏体不锈钢埋弧焊接头的理化性能均达到了所焊母材标准规定的指标，同时也符合各类不锈钢化工设备制造规程的技术要求。

表8-10　各种奥氏体不锈钢埋弧焊焊缝金属化学成分及力学性能

母材牌号及规格	坡口形式	焊丝焊剂牌号	焊缝金属化学成分(%，质量分数)							焊缝金属及接头力学性能				
			C	Si	Mn	Cr	Ni	Mo	其他	R_{eL} /MPa	R_m /MPa	A_5 (%)	Z (%)	KV/J
06Cr18Ni11Ti 15mm	80° V形坡口	H00Cr19Ni9 OK Flux10.91	0.033	0.69	0.53	19.42	9.97	—	N 0.035	353	548	45.4	—	-60℃　68 -130℃　58 -196℃　52
304、304L 321	60° V形坡口	ER308L Avesta Flux801	0.02	0.40	1.7	20.0	10.0	—	—	410	590	37		-20℃　65 -40℃　50 -196℃　35
316L、316	70° V形坡口	ER316L Avesta Flux801	0.02	0.40	1.7	18.5	12.2	2.6	—	410	570	35	—	+20℃　70 -40℃　60 -196℃　30
309、309L 及异种钢接头	70℃ V形坡口	ER309L Avesta Flux801	0.02	0.40	1.80	23.5	14.0	—	—	430	590	32		+20℃　60 -40℃　50
309Mo、309LMo 及异种钢接头 不锈钢表面堆焊	70℃ V形坡口	ER309LMo（改进型） Avesta Flax801	0.015	0.35	1.4	21.5	15.0	2.6	—	470	620	31		+20℃　50 -40℃　45

3. 马氏体不锈钢埋弧焊工艺

(1) 工艺特点　目前在工程上应用的马氏体不锈钢分为两大类，一种是碳含量为0.15%（质量分数）的标准型马氏体不锈钢，另一种是碳含量在0.06%（质量分数）以下的低碳超级马氏体不锈钢。标准型马氏体不锈钢具有相当高的淬硬倾向，对焊接冷裂纹十分敏感，其焊接工艺与奥氏体不锈钢相比截然不同。为防止焊接接头产生冷裂纹，除了严格保持低氢或超低氢焊接条件外，还应将工件进行预热，以降低接头的冷却速度。为保证接头的性能符合相应的技术要求，焊后必须进行适当的热处理。

对于低碳超级马氏体不锈钢，因其组织为低碳马氏体、淬硬倾向明显降低，焊接性明显改善，对氢致冷裂纹的敏感性很小，在一般的焊接条件下，焊前不必预热。如果焊接接头壁厚大于20mm，且拘束度较高，则应做100℃以上的预热。根据接头力学性能的要求，焊后做相应的热处理。

(2) 工艺细则

1) 焊前准备。马氏体不锈钢焊前准备的方法和工艺与奥氏体不锈钢基本相同。但马氏体不锈钢板材等离子弧切割后应用机械加工方法将淬硬层去除。如果切割边缘硬度很高，难以切削加工，则应将切割边缘进行局部退火，硬度降低后再进行切削加工。

为可靠地防止马氏体铬不锈钢埋弧焊接头中氢致裂纹的形成，应选用低氢碱性焊剂。使用前应300～350℃烘干2h。坡口表面和接缝两侧各20mm焊前应仔细清理，去除所有污物，严防外来杂质对焊缝金属增碳和渗氢。

2) 预热温度的选定。马氏体铬不锈钢焊接接头焊前的预热温度主要取决于它的碳含量。当$w(C)<0.05\%$时，预热温度为100～150℃；当$w(C)$为0.05～0.15%时，预热温度为200～250℃；当$w(C)>0.15\%$时，预热温度应提高到300～350℃。

对碳含量较高且拘束度较大的焊接接头，焊后应立即进行250～300℃的后热。

对于低碳超级马氏体铬不锈钢接头的埋弧焊，原则上焊前可不做预热。如果接头壁厚较大（>20mm）且拘束度较高，则应做100～150℃低温预热。

3) 焊接材料的选用。为使马氏体不锈钢埋弧焊焊接接头具有与母材相当的力学性能，目前基本上都采用同质焊丝，使焊缝金属的主要合金成分与母材相同。为防止氢致冷裂纹，应配用低氢碱性焊剂，使焊缝金属的扩散氢含量不超过5mL/100g。对于低碳超级马氏体不锈钢，应选用C、S、P含量严格控制的高纯度铬镍钼不锈钢焊丝。常用马氏体不锈钢埋弧焊焊丝可按表8-11选用。埋弧焊焊剂可选用HJ150、HJ151和SJ601、SJ608。焊剂在使用前应严格烘干，熔炼焊剂烘干温度为350～400℃，烧结焊剂烘干温度为300～350℃。

表8-11　常用马氏体铬不锈钢埋弧焊焊丝选用表

钢　号	ASTM 钢号	适用焊丝型号
06Cr13	403	H12Cr13，ER409
12Cr12	410	H12Cr13，ER410
12Cr13	420	H12Cr13，ER410
20Cr13	420	H12Cr13，ER410，ER410NiMo
14Cr17Ni2	431	H10Cr17，ER430
06Cr13Al	405	ER410NiMo，ER430
06Cr13Ti	409	ER409Nb
ZG0Cr13Ni4Mo	—	ER410NiMo
CA-6NM	AT34	ER410NiMo

4）焊接能量参数的制定。虽然马氏体不锈钢的电阻率略低于奥氏体不锈钢，但仍大幅度高于普通碳钢，因此只能选用较低的焊接电流，例如直径 ϕ4.0mm 焊丝，最大焊接电流不应超过500A。低碳超级马氏体不锈钢 ER410NiMo 型焊丝允许选用较高的焊接电流，ϕ4mm 焊丝最大焊接电流为600A。马氏体不锈钢埋弧焊时，热裂倾向较小，但为保证接头的韧性，仍需控制焊接热输入。对于标准型马氏体不锈钢，焊接热输入不应超过17kJ/cm；对于低碳超级马氏体不锈钢，焊接热输入最大不应超过15kJ/cm^2。

5）焊后热处理工艺参数的确定。为使马氏体不锈钢焊接接头具有符合技术要求的力学性能，焊后热处理是十分必要的。适当的焊后热处理可明显地降低焊缝和热影响区硬度，提高其塑性和韧性，并减小焊接残余应力。接头回火试验结果说明500～550℃的回火处理可显著降低热影响区硬度，但在475～550℃温度下的回火处理使韧性急剧降低，因此应当避免在上述温度区间进行回火处理，适宜的回火温度范围为650～750℃，保温时间按2.5min/mm计算。最短保温时间不应小于1h，接着空冷。由于高温回火时将析出较多的碳化物，对于耐蚀性要求较高的焊件，应在较低的温度下（620～650℃）进行回火处理。

对于低碳超级马氏体不锈钢焊接接头，焊后通常在590～620℃温度下进行回火处理。对于耐蚀性要求高的不锈钢接头，为保证焊接接头耐应力腐蚀性能，要求经670℃+610℃二次回火处理，以使接头各区的硬度不超过22HRC。

4. 铁素体不锈钢埋弧焊工艺

（1）工艺特点　普通铁素体不锈钢经780～850℃短时退火处理后具有细晶粒、碳化物均匀分布的铁素体组织，其力学性能和耐蚀性均良好。但在焊接接头中，加热到1000℃以上的热影响区，晶粒会急剧长大，导致塑性和韧性大幅度下降。在拘束度较大的接头中，还可能引起裂纹的形成。此外，加热到950℃以上温度冷却，会产生晶间敏化，因此普通铁素体不锈钢焊接接头高温热影响区对晶间腐蚀较为敏感。为解决上述问题，普通铁素体不锈钢埋弧焊时，应严格控制热输入，以尽可能缩小焊接接头的高温热影响区，并缩短高温停留时间。

超级铁素体不锈钢由于C和N含量很低，基本上克服了高温热影响区脆化和晶间腐蚀敏感的弊端。

（2）工艺细则

1）焊前准备。铁素体不锈钢焊前准备工作与马氏体不锈钢基本相同。虽然铁素体不锈钢无淬硬倾向，但当钢中C、N含量较高时，在高温加热快速冷却时，部分沿晶界形成的奥氏体可能转变为马氏体。因此在板料等离子弧切割后，接缝边缘切割表面应测量硬度。如果硬度超过350HV，则应在后续加工前，将坯料进行退火处理。

铁素体不锈钢接缝的焊前清理十分重要，特别是超级铁素体不锈钢，焊前应仔细清理。接缝和坡口表面的任何油脂和其他污染物必须清除干净。同时要保持工作场地、焊工工作服和手套清洁。

铁素体不锈钢埋弧焊焊剂焊前应在300～350℃温度下烘干2h，严格控制其水分含量，使焊缝金属的扩散氢含量小于5mL/100g。

2）预热温度。普通铁素体不锈钢工件应预热至150～300℃，以防止焊接热影响区内马氏体的形成。厚壁接头多层多道焊时，控制层间温度不超过200℃。

对于超级铁素体不锈钢原则上焊前可不必预热。如果接头壁厚大于20mm或接头拘束度较大，则应适当预热至100～150℃，并控制层间温度不超过150℃。

3）焊剂与焊丝的选择。铁素体不锈钢埋弧焊用焊剂应选择低氢型碱性焊剂，如HJ150、SJ601等。埋弧焊焊丝按所焊钢种选定，原则上选用同质焊丝，具体见表8-12。在某些工程应用场合，也可选用铬含量相当的铬镍奥氏体钢焊丝。

表 8-12 常用铁素体铬不锈钢埋弧焊焊丝选用

钢号	ASTM 钢号	适用焊丝型号
06Cr13Al，06Cr11Ti，022Cr11Ti	A410	H08Cr11Ti，H08Cr11Nb
10Cr17	A430	H10Cr17，ER430
10Cr17Mo	A434	ER430Mo
10Cr17MoNb	A436	ER430MoNb
19Cr19Mo2NbTi	A444	H08Cr19Ni12Mo2，ER316

4）焊接能量参数。铁素体不锈钢的电阻率与马氏体不锈钢相同，更为重要的是焊接接头过热区晶粒长大倾向很大，故埋弧焊时应尽量选择较低的焊接热输入，防止晶粒过分长大，同时缩小过热区的宽度。采用同质铁素体不锈钢焊丝埋弧焊时，ϕ32mm 和 ϕ4mm 焊丝允许最大焊接电流相应为 300A 和 400A。在保持焊缝良好成形的前提下，尽量提高焊接速度，最大限度地降低焊接热输入。

5）焊后热处理工艺参数。普通铁素体铬不锈钢焊后应做 750～800℃退火处理，可使铬重新均匀化，碳氮化合物球化，改善接头的塑性和韧性，并降低晶间腐蚀的敏感性。退火处理保温结束后应快速冷却，防止 σ 相和 475℃脆变。当选用奥氏体不锈钢焊丝焊接时，焊后通常不必热处理。

超级铁素体不锈钢焊接接头在焊态下具有良好的塑性和韧性，在一般情况下，焊后可不做热处理。当接头壁厚大于 30mm，拘束度较高的焊接接头应做焊后 700～750℃退火处理。

5. 奥氏体-铁素体双相不锈钢埋弧焊工艺

（1）工艺特点 奥氏体-铁素体双相不锈钢埋弧焊工艺，按其铬含量的高低略有差异。

1）Cr18 型超低碳奥氏体-铁素体双相不锈钢具有良好的焊接性，其对焊接冷裂纹和热裂纹的敏感性较低，焊接接头各区对高温脆化的倾向较小。当母材金相组织中铁素体的体积分数约为 50%时，如焊接材料选择正确，适当控制焊接热输入和层间温度，接头的力学性能和耐蚀性能够得到保证。

在焊接拘束度较大的接头时，应选用低氢型碱性焊剂，建立低氢的焊接环境，严格控制焊缝金属内的氢含量，防止氢致裂纹的形成。

2）Cr22 型双相不锈钢由于 Cr 含量较高，Si 含量较低且 N 含量增高，其耐蚀性优于 Cr18 型双相不锈钢。其焊接性良好，对焊接冷裂纹和热裂纹的敏感性较低，焊接热影响区的单相铁素体化的倾向较小。选用同质焊丝埋弧焊，接头的性能与母材相当。

3）Cr25 型双相不锈钢通常按超低碳级炼制。并定名为超级双相不锈钢，其耐蚀性很高，抗点蚀指数（PRE）大于 40。

Cr25 型双相不锈钢的焊接性良好。但因其合金含量较高，并添加了 Cu 和 W 等合金元素，在 600～1000℃温度范围内加热时，焊接热影响区及多层多道焊缝金属中易析出 σ 相、χ 相、碳化物和氮化物以及其他金属间化合物，促使接头耐蚀性、塑性和韧性明显下降。因此焊接这类钢时，应严格控制焊接热输入。但应注意不使接头的冷却速度过快，否则可能抑制 $\delta\rightarrow\gamma$ 转变，而形成单相铁素体组织。因此应按接头壁厚，适当调整焊接热输入，使接头的冷却速度处于所要求的范围内。

（2）工艺细则

1）焊前准备。奥氏体-铁素体双相不锈钢的焊前准备工作与前述的几种不锈钢基本相同。但现代双相不锈钢大多是超低碳和超级不锈钢，故应特别注意接缝和坡口表面的焊前清理，将所有油污和其他杂质清除干净，直至露出金属光泽。

奥氏体-铁素体双相不锈钢由于铬含量较高，焊缝金属流动性较差，为防止未熔合、夹渣之类缺陷的形成，对接接头 V 形坡口角度不应小于 70°。

2）预热和层间温度。普通级别的双相不锈钢，当接头壁厚大于 12mm 时，推荐预热至 100℃。氮含量≥0.15%（质量分数）的双相不锈钢和超级双相不锈钢焊前可不必预热。除非接头壁厚大于 50mm，或接头的拘束度相当大，才应做 100℃预热。

普通级别双相不锈钢接头的层间温度不应高于 200℃，超级双相不锈钢接头的层间温度不应超过 150℃。

3）焊接材料的选择。目前常用的奥氏体-铁素体双相不锈钢埋弧焊用焊丝及相配的焊剂列于表 8-13。焊缝金属典型的化学成分和力学性能数据见表 8-14。

表 8-13　奥氏体-铁素体双相不锈钢埋弧焊焊丝及相配焊剂选用表

钢号	ASTM 钢号	适用的焊丝型号	相配焊剂
022Cr19Ni5Mo3Si2N	—	H03Cr22Ni8Mo3N，ER2209	HJ150
022Cr22Ni5Mo3N	2205	H03Cr22Ni8Mo3N，ER2209	
022Cr23Ni4N	2304	H03Cr22Ni8Mo3N，ER2209	SJ601
03Cr25Ni6Mo3Cu2N	2553	H04Cr25Ni5Mo3Cu2N，ER2594	
022Cr25Ni7Mo4N	2507	H04Cr25Ni5Mo3Cu2N，ER2594，ER2509	

表 8-14　双相不锈钢埋弧焊焊缝金属典型化学成分和力学性能数据

焊丝型号	化学成分(%，质量分数)								
	C	Si	Mn	Cr	Ni	Mo	N	FN	焊剂型号
S2209	0.02	0.5	1.6	22.8	8.5	3.1	0.17	50	Avesta Flux801
S2209	0.02	0.6	1.3	22.5	9.0	3.0	0.15	45	OK Flax10.93
S2594	0.02	0.35	0.4	25.0	9.5	4.0	0.25	50	Avesta Flux805
S2509	0.02	0.5	0.6	24.5	9.5	3.5	0.19	40	OK Flux10.93

焊丝型号	R_{eL}/MPa	R_m/MPa	A_5(%)	热处理状态	冲击性能	
					试验温度/℃	冲击吸收能量/J
S2209	600	800	27	焊态	20℃ -46℃	100 70
S2209	630	780	30	焊态	20℃ -60℃ -110℃	140 110 80
S2594	600	800	27	焊态	20℃ -46℃	80 60
S2509	640	840	28	焊态	20℃ -66℃	85 50

6. 沉淀硬化不锈钢埋弧焊工艺

沉淀硬化不锈钢及其焊接材料和焊接工艺尚处于发展阶段。各种沉淀硬化不锈钢埋弧焊焊丝正在开发之中，尚未列入各国焊材标准。虽然各种沉淀硬化不锈钢碳含量较低，焊接性尚可，但加入钢中的各种沉淀硬化合金元素都会产生某种不利影响，甚至导致焊接热裂纹的形成。因此原则上不推荐采用高热输入的埋弧焊焊接沉淀硬化不锈钢。

如果不要求沉淀硬化不锈钢接头与母材等强，则可选用 S309L、S309LMo 和 S316L 等奥氏体不锈钢焊丝进行焊接，焊前不必预热，焊后也无须热处理。焊接热输入应限制在 15kJ/cm 以下。

8.4.2 高合金耐热钢埋弧焊工艺

1. 高合金马氏体耐热钢埋弧焊工艺

（1）工艺特点　高合金马氏体耐热钢埋弧焊工艺与马氏体不锈钢埋弧焊工艺有较大差别。焊接高合金马氏体耐热钢时，为保证焊接接头具有符合要求的高温持久强度和抗氧化性，焊缝金属必须含有质量分数为 0.10% ~0.20% 的碳，并加入一定量的 W、V、Nb、Co 等碳化物形成元素，因此其淬硬和冷裂倾向相当高。为焊制无裂纹且力学性能与母材相当的焊接接头，其焊接工艺比马氏体不锈钢复杂得多。

（2）工艺细则

1）焊前准备。高合金马氏体耐热钢的焊前准备工作基本上可参照马氏体铬不锈钢对焊前准备的规定。为保持低氢的焊接条件，碱性焊剂使用前应经 300 ~350℃烘干 2h。

2）预热及层间温度。按工件结构复杂程度、接头的壁厚和拘束度，可以采取高温预热（400 ~450℃）和常规预热（200 ~280℃）。焊接过程中层间温度不低于预热温度。为降低焊工的劳动强度，通常推荐采用常规预热，但焊接结束冷却至 90℃ ±10℃、保持 30min 后，立即进行回火处理。

3）焊剂和焊丝的选择。高合金马氏体耐热钢埋弧焊原则上应选用铬及其他合金元素含量与母材基本相同的焊丝，并配低氢碱性焊剂。在我国目前尚未将这种同质高铬耐热钢焊丝列入相应的焊丝标准。为此推荐采用已纳入欧盟标准的 SCrMoWV12 埋弧焊焊丝和焊剂。这种焊丝及其熔敷金属的典型化学成分和焊缝金属力学性能要求列于表 8-15。

表 8-15　马氏体高铬耐热钢埋弧焊焊丝及焊缝金属典型化学成分和力学性能

焊丝型号	化学成分（%，质量分数）								
	C	Si	Mn	Cr	Ni	Mo	V	W	其他
SCrMoWV12	0.25	0.25	0.8	11.5	0.6	0.9	0.3	0.5	—
SAFB265DCH5（焊缝金属成分）	0.18	0.3	0.75	11.4	0.45	0.85	0.3	0.5	—
SCrMoWV12-SAFB265DCH5 760℃/4h 退火处理	焊缝金属力学性能规定值								
	R_{eL}/MPa		R_m/MPa		A_5（%）		冲击吸收能量（20℃）/J		
	≥550		≥650		≥15		≥47		

4）焊后热处理工艺。图 8-35 所示为 X20CrMoV12-1 马氏体高铬耐热钢焊接温度参数和焊后热处理工艺参数示意图。其中规定了焊后热处理温度范围、加热和冷却速度，保温时间按壁厚而定。对于埋弧焊接头保温时间不少于 3h。

2. 高合金铁素体耐热钢埋弧焊工艺

（1）工艺特点　高合金铁素体耐热钢对高的焊接热输入较为敏感，焊接热影响区晶粒长大，导致塑性和韧性急剧下降，因此必须采用低的热输入进行焊接。高纯度的低碳铁素体耐热钢具有良好的焊接性，在焊接热循环的冷却条件下热影响区内不会形成马氏体，冷裂倾向很小，也不会因缓冷而变脆。

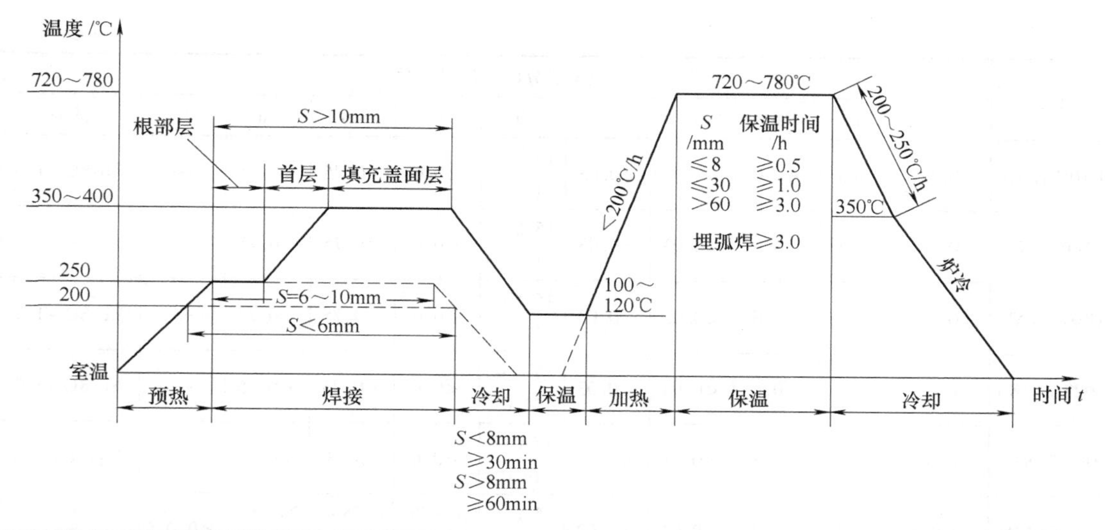

钢含碳量(%,质量分数)	预热温度范围/℃	层间温度/℃	热输入	焊后热处理要求
0.10 以下	150～200	≥150	中等	按接头壁厚定
0.10～0.20	200～300	≥250	中等	任何厚度均需热处理
0.20～0.30	300～400	≥300	高	任何厚度均需热处理

图 8-35　X20CrMoV12-1 马氏体高铬钢焊接温度参数和焊后热处理工艺参数示意图

(2) 工艺细则

1) 焊前准备。高合金铁素体耐热钢的焊前准备工作可参照高合金铁素体不锈钢对焊前准备工作的规定。

2) 焊前预热和层间温度。焊接高合金铁素体耐热钢时，预热的作用与马氏体耐热钢焊前预热不同。在一般的情况下，预热因降低了接头的冷却速度而产生不利的影响，使接头韧性下降。但对于某些铁素体耐热钢倾向于在晶界形成马氏体，则预热有助于防止热影响区焊接裂纹的形成，并可降低焊接应力。

高合金铁素体耐热钢焊前预热温度主要根据钢的合金成分、接头的壁厚和拘束度而定。适用的预热温度范围为 150～230℃。对于高拘束度接头，层间温度应略高于所选定的预热温度。对于高纯度低碳铁素体耐热钢焊前可不必预热。厚壁和高拘束度接头可适当做 100℃ 预热。

3) 焊丝和焊剂的选择。高合金铁素体耐热钢埋弧焊焊丝按接头的运行条件可以选择以下三种焊丝：合金成分基本与母材匹配的高铬钢焊丝，奥氏体铬镍高合金钢焊丝，镍基合金焊丝。对于在高温下长时运行的焊件，奥氏体钢焊缝金属线膨胀系数与铁素体耐热钢差异较大，不推荐采用。镍基合金焊丝由于价格昂贵，只有在特殊的焊接工程中才被采用。在大多数应用场合，最好采用与所焊铁素体耐热钢相配的高铬铁素体钢焊丝。GB/T 4241—2017《焊接用不锈钢盘条》国家标准列出了 7 种高合金铁素体不锈钢焊丝，基本上满足了高合金铁素体耐热钢埋弧焊的需要。这几种高合金铁素体不锈钢焊丝的标准化学成分列于表 8-16。

表 8-16　高合金铁素体不锈钢焊丝标准化学成分（按 GB/T 4241—2017）

牌号	化学成分(%,质量分数)									
	C	Si	Mn	P	S	Cr	Ni	Mo	Cu	N	其他
H06Cr12Ti	<0.08	<0.8	<0.8	<0.03	<0.03	10.5～13.5	<0.6	<0.50	<0.75	—	Ti:10C～1.5

（续）

牌号	化学成分(%,质量分数)									
	C	Si	Mn	P	S	Cr	Ni	Mo	Cu	N	其他
H10Cr12Nb	<0.12	<0.5	<0.6	<0.03	<0.03	10.5~13.5	<0.6	<0.75	<0.75	—	Nb:8C~1.0
H08Cr17	<0.10	<0.5	<0.6	<0.03	<0.03	15.5~17.0	<0.6	<0.75	<0.75	—	—
H08Cr17Nb	<0.10	<0.5	<0.6	<0.03	<0.03	15.5~17.0	<0.6	<0.75	<0.75	—	Nb:8C~1.2
H022Cr17Nb	<0.03	<0.5	<0.6	<0.03	<0.03	15.5~17.0	<0.6	<0.75	<0.75	—	Nb:8C~1.2
H03Cr18Ti	<0.04	<0.8	<0.8	<0.03	<0.03	17.0~19.0	<0.6	<0.5	<0.75	—	Ti:10C~1.1
H011Cr26Mo	<0.015	<0.4	<0.4	<0.02	<0.02	25.0~27.5	Ni+Cu<0.5	0.75~150	Ni+Cu<0.5	<0.015	—

常用高合金铁素体耐热钢埋弧焊丝选用表见表8-17。

表8-17 常用高合金铁素体耐热钢埋弧焊丝选用表

钢号	焊丝牌号	钢号	焊丝牌号
06Cr13Al	H06Cr14	10Cr17	H10Cr17
022Cr11Ti	H08Cr11Ti，H08Cr11Nb	16Cr25N	H01Cr26Mo
022Cr11NbTi	H08Cr11Ti，H08Cr11Nb	—	—

高合金铁素体耐热钢埋弧焊焊剂可选用HJ150或SJ601焊剂。

4）焊接参数。高合金铁素体耐热钢埋弧焊应选用低热输入焊接参数，即较低的焊接电流和较快的焊接速度。焊丝直径不宜超过4mm，最大焊接电流不应大于400A。

5）焊后热处理。铁素体耐热钢接头通常在亚临界温度范围内做焊后热处理，以防止晶粒进一步长大。适用的焊后热处理温度范围为700~840℃。在热处理过程中应注意最大限度地减少氧化。为防止脆变，在冷却过程中应快速通过540~370℃的温度区间，这也有利于控制焊件的变形和残余应力。高纯度铁素体耐热钢构件，如果壁厚不大于10mm，焊后可不做热处理。对于σ相脆变倾向较大的高铬铁素体钢，应尽可能避免在650~850℃危险温度区间进行焊后热处理。如果要求接头具有均一的力学性能，对于结构简单的构件，可在焊后做淬火+回火处理。

3. 高合金奥氏体耐热钢埋弧焊工艺

（1）工艺特点　奥氏体耐热钢与前述的马氏体、铁素体耐热钢相比具有较好的焊接性。其低的热导率、高的电阻率和线膨胀系数决定了焊件将产生较大的焊接挠曲变形、近缝区过热，以及热裂纹和液化裂纹的危险。此外，奥氏体耐热钢含有大量对氧亲和力较高的元素，因此必须选用低氧化物碱性焊剂，避免决定热强性能的合金元素过量烧损。同时，奥氏体耐热钢，特别是全奥氏体钢对焊接热裂纹比较敏感。必须控制焊接材料中C、S、P含量以及外来杂质的污染。

（2）工艺细则

1）焊前准备。奥氏体耐热钢应十分注意焊前的清理工作，仔细去除焊丝及坡口表面的油垢和其他杂质，并保持焊接环境的清洁。

为减少焊接收缩变形，应合理设计焊接坡口，尽量缩小焊缝横截面，V形坡口角度不宜大于

60°。当工件壁厚大于20mm时，最好采用U形坡口和窄间隙坡口。

2）焊接材料的选择。奥氏体耐热钢埋弧焊焊接材料的选择原则，首先要保证焊缝金属的致密性，无裂纹和气孔等缺陷。同时应使焊缝金属的热强性与母材基本等强度。这就要求其合金成分大致与母材相当。其次应考虑焊缝金属内铁素体含量的控制。对于长期在高温下运行的奥氏体钢焊件，焊缝金属内铁素体体积分数不应超过5%。为提高全奥氏体焊缝金属的抗裂性，选用w(Mn)达6%~8%的焊丝是一种有效的解决办法。表8-18列出常用奥氏体耐热钢埋弧焊焊丝选用表。从表中可见，一种奥氏体耐热钢可以采用多种焊丝来焊接，这主要取决于焊件的工作条件，即工作温度、介质和运行时间等。

表8-18 奥氏体耐热钢埋弧焊焊丝选用表

钢号	焊丝型号(AWS标准)	钢号	焊丝型号(AWS标准)
12Cr18Ni9 12Cr18Ni9Si3 06Cr19Ni10 07Cr19Ni10	S308，S308H	06Cr23Ni13 16Cr23Ni13	S309，S309LMo S309Mo
		06Cr25Ni20 20Cr25Ni20 16Cr25Ni20Si2	S310，S310Mo S310Si，S310Mo
06Cr18Ni11Ti 06Cr18Ni11Nb	S347，S321	06Cr19Ni13Mo3	S317，S317L
06Cr17Ni12Mo2	S316，S316H	12Cr16Ni35	S330

埋弧焊焊剂可选用HJ150、HJ151熔炼焊剂和SJ-601、SJ601Cr烧结焊剂。

3）焊接能量参数的确定。奥氏体耐热钢埋弧焊时，因铬镍钢焊丝电阻率较高，熔点较低，使用相同直径焊丝时，焊接电流应比焊接碳钢时低20%。同时为防止焊缝金属出现热裂纹，也应选取较低的焊接电流。焊丝直径与焊接电流的经验关系见表8-19。

表8-19 奥氏体耐热钢埋弧焊焊丝直径与焊接电流的关系

焊丝直径/mm	适用焊接电流范围/A	焊丝直径/mm	适用焊接电流范围/A
2.5	150~300	4.0	350~600
3.2	220~500	5.0	400~700

4）焊后热处理工艺参数。奥氏体耐热钢焊件原则上可不做焊后热处理。如果因焊件结构复杂，接头壁厚超过相应制造规程界定的极限，或部件的冷变形和热变形率超标等原因要求做焊后热处理，则可按下列原则做适当的热处理。

奥氏体耐热钢焊件的焊后热处理，按其加热温度可分低温、中温和高温焊后热处理。

低温焊后热处理是指加热温度低于500℃的热处理。这种热处理对接头的力学性能不会产生明显的影响。其主要作用是降低焊接接头的残余应力峰值，提高结构尺寸的稳定性。加热温度300~400℃的焊后热处理，可降低接头焊接残余应力峰值约40%，平均应力只降低5%~10%。在实际生产中，奥氏体耐热钢焊件低温焊后热处理常用的温度范围为400~500℃。

加热温度在550~800℃之间的热处理为中温热处理。这种热处理的目的主要是消除接头中的焊接应力，稳定结构的外形尺寸。但在这一温度区间，奥氏体组织内可能发生σ相和碳化物的析出，降低接头和母材的韧性。对于碳含量较高，或铁素体含量较高的奥氏体钢焊缝金属，应慎重选用中温热处理。

高温热处理的加热温度在900℃以上，其目的是将已形成的σ相和晶界碳化物溶解于固溶体中，以恢复接头的力学性能。为形成全奥氏体组织的固溶处理，也属于高温热处理。由于固溶处理的冷却速度很快，焊件将产生较大的变形，故只有那些形状规则对称的焊件或半成品，才能做这种热处理。几种常用奥氏体耐热钢焊件焊后固溶处理推荐的温度范围见表 8-20。加热结束后水冷或风冷。

表 8-20 几种常用奥氏体耐热钢焊件固溶处理推荐加热温度

钢 号	推荐加热温度/℃	钢 号	推荐加热温度/℃
06Cr19Ni10	1010 ~ 1120	06Cr18Ni11Ti	954 ~ 1065
06Cr23Ni13 06Cr17Ni12Mo2 06Cr19Ni13Mo3	1040 ~ 1120	06Cr18Ni11Nb	980 ~ 1065

4. 沉淀硬化高合金耐热钢埋弧焊工艺

（1）工艺特点 沉淀硬化高合金耐热钢在硬化状态下的塑性普遍很低，焊接性很差。通常在固溶状态下焊接，焊接以后再做时效硬化处理。埋弧焊作为一种高热输入焊接法，原则上不太适用于沉淀硬化高合金耐热钢的焊接。对于沉淀硬化奥氏体耐热钢，由于存在焊接裂纹问题，不必强求焊丝与母材完全一致。在一般情况下，可以采用奥氏体耐热钢或镍基合金焊丝。

（2）工艺细则

1）焊前准备。沉淀硬化高合金耐热钢埋弧焊的焊前准备基本上与上述各种高合金耐热钢相同。

2）焊丝和焊剂的选择。各种沉淀硬化耐热钢埋弧焊焊丝可按表 8-21 选用。在焊接含铝、钛等合金元素的沉淀硬化耐热钢时，应选用氧化性很小的焊剂，以保证焊丝中的铝能大部分过渡到焊缝金属中。已研制出适用于沉淀硬化耐热钢埋弧焊的烧结焊剂 SJ641。其主要组分为：$w(SiO_2)=22.84\%$，$w(MnO)=2.87\%$，$w(CaF_2)=18.5\%$，$w(MgO)=12.58\%$，$w(CaO)=7.63\%$，$w(Al_2O_3)=17.8\%$；碱度为 2.0。

3）焊接能量参数。沉淀硬化耐热钢埋弧焊时，必须严格控制各焊接能量参数。焊接电流、焊接速度和电弧电压的变化都会影响到焊剂的熔化量和熔渣与熔化金属间的反应速度和时间，最终使焊缝金属的成分发生变化。因此为获得性能均一的埋弧焊焊缝金属，在焊接过程中应尽可能将焊接能量参数保持恒定不变。

4）焊后热处理。沉淀硬化耐热钢焊接接头，如果要求焊缝金属具有等于或接近母材的强度性能，则应将焊件在焊后做相应的时效处理，例如在 520 ~ 600℃ 温度范围内做退火处理。对于半奥氏体沉淀硬化耐热钢接头，焊后热处理工艺比较复杂，可以在 −73℃ ×3h 冰冷处理 +454℃ ×3h 退火，也可以在上述处理前加一道 932℃ ×1h 固溶处理。在某些情况下，也可要求做双重时效处理，即 746℃ ×3h、空冷 +454℃ ×3h、空冷。对于壁厚大于 12mm 的焊件，通常要求焊后先做固溶处理，再做相应的时效处理。

8.5 高合金耐热钢埋弧焊接头性能

高合金耐热钢焊件可在各种不同的温度、负载和介质下工作，因此对焊接接头性能的要求，应按该焊接结构的实际用途而定。对于在长期高温下工作的接头来说，除了满足常温力学性能的最低要求外，更重要的是必须具有足够高的高温短时和高温持久强度，抗高温时效及抗高温氧化等性能。对于重要的焊接结构，接头的设计应遵循等热强原则，即接头的高温短时或高温持久强度不应低于母材标准的规定值。在短时和中期服役的高温焊接结构中，接头的短时高温强度是最重要的评定指标。而在长期服役（10 万 ~20 万 h）的高温高压部件中，接头的高温持久强度或高温蠕变强度是必须保证的接头力学性能。

在高合金耐热钢埋弧焊中，影响接头热强性的因素是多方面的，它不仅取决于填充焊丝的合金成分、焊缝金属的金相组织、焊接能量参数，而且还与焊后热处理的工艺参数有关，因此焊制热强性符合技术要求的接头是一项极其复杂的系统工程。表8-21和表8-22分别列出AM355（美国钢种）沉淀硬化耐热钢埋弧焊接头在不同热处理状态下的室温力学性能和短时高温力学性能数据。表中数据说明，即使是对热处理较敏感的沉淀硬化耐热钢，也可焊制出与母材基本等强的焊接接头。

表8-21　AM355沉淀硬化耐热钢埋弧焊接头力学性能

焊丝/焊剂牌号	热处理状态	屈服强度/MPa	抗拉强度/MPa	伸长率(%)	断面收缩率(%)	$KV(20℃)$/J
焊丝：AM355 焊剂：Arco-2	E+L+SCT454	1166	1338	11	24	—
	E+L+SCT538	1159	1283	10	29	111

注：L—932℃×1h，水淬；SCT454—-73℃×3h冰冷+454℃×3h退火，SCT538—-73℃×3h冰冷+538℃×3h退火，E—746℃×3h空冷。

表8-22　AM355沉淀硬化耐热钢埋弧焊接头高温短时力学性能

试验温度/℃	屈服强度/MPa	抗拉强度/MPa	伸长率(50mm)(%)	伸长率(13mm)(%)	热处理状态
室温	1132	1310	4.0	19	930℃×1h+-73℃×2h+454℃×2h空冷
316	919	1255	5.0	17	
370	823	1242	4.5	14	
427	775	1178	5.0	16	
482	707	1098	6.0	14	

高铬镍奥氏体耐热钢焊接接头的力学性能主要取决于焊缝金属的合金成分及其含量，而与热处理状态关系不大。这种耐热钢在焊后状态就具有合乎要求的高温力学性能。表8-23列出18-8型铬镍奥氏体钢焊缝金属在850℃以下高温短时力学性能的典型数据。

表8-23　18-8型铬镍奥氏体钢焊缝金属在850℃以下高温短时力学性能

钢号	焊丝型号	试验温度/℃	抗拉强度/MPa	屈服强度/MPa	伸长率(50mm)(%)	KV/J	焊缝金属主要合金成分(%，质量分数)
06Cr18Ni11Ti 06Cr18Ni11Nb	ER308	+20	565 633	260 347	60 52	129 122	Cr19.2、Ni8.5、Ti0.1
		500	402 485	138 275	43.2 36.0	— —	
		650	368 474	157 208	33.8 32.4	142 125	
		750	198 312	122 163	28.4 24.1	— —	
		850	127 201	104 138	19.7 11.2	— —	

奥氏体钢焊缝金属在350~875℃温度区间长时间加热和运行可能促使焊缝金属冲击韧度急剧下降。这种脆变是高温时效的结果。主要是由于碳化物从奥氏体晶体或晶界析出以及σ相和莱氏体相（Laves相）的形成。当奥氏体焊缝金属中δ铁素体的体积分数大于8%，即w(Cr)高于20%，并以铝、钛、铌、钒和硅等强化时，高温脆化现象相当严重。表8-24列出奥氏体+铁素体焊缝金属在400~475℃温度长时间加热后冲击韧度随保温时间的延长而逐渐降低的试验结果。

表8-24　加热温度和时间对奥氏体+铁素体组织焊缝金属冲击韧度的影响

加热温度和时间	焊后状态	400℃ 24h	450℃ 24h	450℃ 48h	450℃ 272h	450℃ 500h	450℃/800h 900℃/1h水淬	475℃ 18h	475℃ 42h
冲击韧度（-120℃） α_K/(J/cm^2)	117	61	28	24	13	9.8	98	34	49

表中数据还说明，焊缝金属的高温脆变可以通过900℃低温淬火加以消除。当焊缝金属中含有钛时，淬火温度应提高到950~1000℃。

影响铬镍奥氏体钢及其焊缝金属韧性的另一重要机制是冷作硬化现象。在经不同程度的塑性变形后，强度明显提高，塑性和冲击韧度急剧下降。表8-25列出12Cr18Ni9钢埋弧焊焊缝金属经10%~40%拉伸变形后强度性能和冲击韧度的试验结果。表中数据说明，12Cr18Ni9钢埋弧焊焊缝金属经40%冷变形后，屈服强度提高了1倍多，而断后伸长率只有焊态时的46%，冲击韧度降低了77%。

表8-25　12Cr18Ni9钢埋弧焊焊缝金属冷变形后的力学性能

冷变形度(%)	屈服强度/MPa	抗拉强度/MPa	伸长率(%)	断面收缩率(%)	冲击韧度 α_K/(J/cm^2)	硬度 HBW
焊态	318.5	593	60.0	55.6	107	149
10	360	608	54.7	64.0	78.4	207
20	498	685	54.7	66.0	50	241
30	609	747	43.5	55.6	33.3	255
40	692	774	28.0	55.6	24.5	262
焊缝金属主要合金成分(质量分数)：C=0.11%，Si=0.55%，Mn=0.94%，Cr=17.1%，Ni=10.8%						

奥氏体钢的冷作硬化可以通过1100~1300℃的高温淬火来消除，但淬火会在焊件表面形成氧化皮并使焊件产生严重的畸变，因此在许多情况下，以800~900℃空冷热处理代替淬火。

参 考 文 献

[1] 中国机械工程学会焊接学会．焊接手册：第1卷　焊接方法及设备[M]．3版(修订本)．北京：机械工业出版社，2016.

[2] 中国机械工程学会焊接学会，等．焊工手册：埋弧焊　气体保护焊　电渣焊　等离子弧焊[M]．2版．北京：机械工业出版社，2007.

[3] 陈裕川．焊接工艺设计与实例分析[M]．北京：机械工业出版社，2010.

[4] 陈裕川．高效埋弧焊技术的当代发展水平(一)-(十二)[J]．现代焊接，2013(7)-(12)，2014(1)-(6).

[5] 陈裕川．窄间隙埋弧焊技术的新发展(一)-(十)[J]．现代焊接，2012(4)-(12)，2013(1)-(6).

[6] 陈裕川．最新一代全数字控制AC/DC埋弧焊机(一)(二)[J]．现代焊接，2007(10)(11).

[7] 刘景凤．现代焊接工程手册；基础卷[M]．化学工业出版社，2015.

[8] 陈裕川，等．现代高效焊接方法及其应用[M]．北京：机械工业出版社，2015.